제3판

기초공학

이 상 덕 저

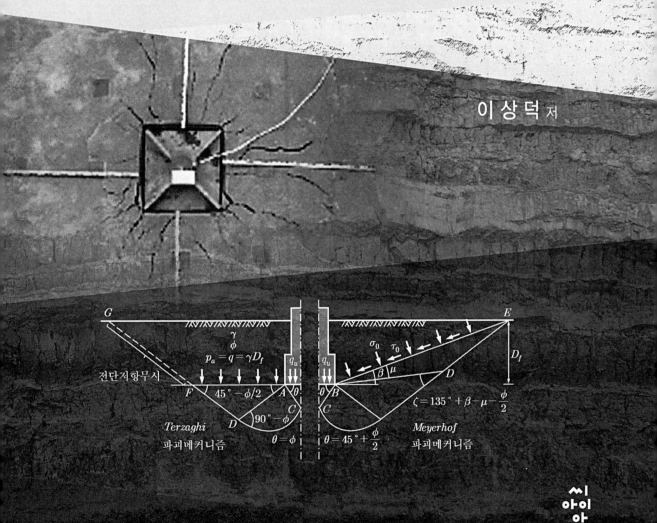

씨
아이
알

머리말

최근에 인구의 증가와 산업의 발달에 힘입어 각종 기간시설의 수요가 급격히 증가하고 구조물의 규모와 형상이 다양해졌으며, 전통적인 기초공학 분야 외에 새로운 영역(방수, 지반동결, 폐기물 매립장 건설)이 계속적으로 개척되었고 유사시에 사회, 경제적으로 부담해야 할 피해규모가 막대해졌다. 따라서 이에 대응하기 위한 노력이 그 어느 때보다도 절실하다.

지반의 거동은 인간이 이해하기에 너무 어려워서 그동안 비교적 많은 노력을 기울여 왔음에도 불구하고 우리의 지식은 극히 일천하여 지반을 다루는 일에서 여러 가지 억지를 부릴 수밖에 없었다. 다행히 최근 들어 많은 연구가 이루어지고 그 성과가 알려져서 건설기술자들이 희망을 갖고 실무에 임할 수 있게 되었다. 본서는 토질역학에서 익힌 지식을 무리 없이 실무에 적용할 수 있는 능력을 배양하기 위해서 건설기술자로서 필수적으로 알아야 할 기본적인 내용만을 선별하여 수록하였다. 따라서 본서를 접할 때에 다소 생소한 느낌이 들더라도 반드시 정독을 거듭하여 기술자로서의 기본적인 지식을 갖추어야 할 것이다.

일정에 『전문가를 위한 기초공학』을 출간하였으나 건설기술에 입문하는 학생이나 초급 기술자들에게는 다소 어렵거나 낯선 내용을 일부 수록하고 있었다. 따라서 주위의 조언과 요구를 수용하여 건설기술자가 알아야 할 기본적인 내용만을 선별하고 쉽게 풀이하여 본서를 구성하게 되었으며 단순한 식의 유도나 내용을 나열하기 보다는 독자들로 하여금 개념적으로 지반을 이해하는 데 도움이 될 수 있도록 노력하였음을 밝힌다.

최근 우리 건설기술자들의 활동무대가 이미 전 세계가 된 만큼 외국의 기술자들과 경쟁하여 생존하기 위해서는 우리의 기술을 향상시키고 활동 분야를 넓혀야 한다. 특히 우리의 낙후된 지반공학 기술수준을 선진 외국의 기술과 견줄 수 있을 만큼 향상시키기 위해서는 인고의 노력이 필요함을 절실히 느낀다.

본서가 갖추어지기까지 소중한 동기를 부여해 주고 지도해 주신 여러 스승님들과 선후배기술자들에게 부끄러운 마음으로 감사를 드린다. 오랜 시간 동안 오로지 인내로 지켜온 성은, 민선, 류정, 원희에게는 작은 선물이 될 수 있기를 바랄 뿐이다. 이날까지 보은을 엄두도 못내는 저자에게 삶의 본질을 일깨워주신 부모님께 또 한 가지 걱정을 끼쳐드리는 넋 같아 죄스런 마음을 벗어날 수 없다.

본서가 나오기까지 온갖 고생을 감수하고 좋은 책이 될 수 있도록 애써주신 도서출판 새론의 한민석 사장님과 도서출판 씨아이알의 김성배 사장님 및 관계자들에게 감사의 마음을 표시하고 싶다.

Champaign에서

이상덕

초판을 출간한 후 많은 조언과 질책에 몸 둘 바를 모르던 차에 여러 친지들의 격려에 개정판을 내기로 용기를 내었지만 이제서 뜻을 이루게 되었다. 처음에는 진부하다고 생각되는 내용들을 과감하게 삭제하고 새로운 내용을 대폭 추가하려고 하였으나, 생각할수록 중요하지 않은 것이 없고 추가할 것들이 너무 많아서 내용첨삭을 두고 고민하느라 10년을 훌쩍 넘기고 말았다.

기초공학은 자연현상을 토질역학이론으로 해석하여 실무에 적용하는 학문이라고 생각하고 준비하였다. 시간이 흐를수록 과거에 활발히 적용하던 기술이 쇠퇴하고 새로운 기술들이 개발되고 있으나 그 원리가 변하거나 새로운 것은 많지 않고, 지역과 나라에 따라 기술정서와 적용능력이 다르기 때문에 집필 수준과 방향을 정하기 쉽지 않았다.
따라서 기본원리를 서술하는데 치중하였다.

실무용 핸드북의 기능보다 이제 막 건설공학을 시작하는 초보기술자부터 완성단계 기술자까지 모두가 공감할 수 있는 기본원리를 담고자 노력하였고, 현재 기술을 이해하고 새로운 기술을 개발할 수 있는 능력을 함양하는데 도움이 될 수 있는 내용을 위주로 서술하였으며, 모든 장절을 일관성 있게 기술하고자 노력하였다. 또한 미래 선진 기초공학에서 반드시 다루어야 할 구조물 방수와 지반동결 및 폐기물 매립장을 건설하는데 필요한 내용에 큰 비중을 두고 기술하였다.

선진외국이나 국내에서 나오는 문헌에 비하면 이 책의 내용이 다소 미흡할 수도 있지만, 국내외 사정을 감안하여 지반공학을 전문으로 하지 않는 기술자들에게도 도움이 될 수 있도록 기본적인 내용을 선별하여 되도록 쉽게 서술하였다.

초판을 내면서부터 이루어진 많은 인연들에게 보답하고 이 시대를 사는 기술자로서 미력이나마 기초공학의 발전에 기여하고 싶은 마음으로 재판을 내게 되었다. 지금까지 이 책을 출간하기 위해 열성을 다한 여러 친지들과 가족들에게 더 없는 고마움과 책임을 느낀다. 이 책은 IGUA의 결집이기도 하다.

2011년 8월 沃湛齋에서 月城後人 靑愚 李相德

3판을 내면서

개정판을 출간한 후 여러 동료들의 격려를 받기도 하였지만, 국내 건설환경의 변화로 인하여 동반 위축되는 느낌이 있어서 이를 떨쳐버리기 위해서라도 3판을 낼 생각을 하게 되었다. 지금은 오로지 격려보다도 조언과 질책을 더 기대하는 마음이다.

처음에는 책의 내용들을 첨삭하는 일이 중요하다고 생각하였지만, 그동안 여러 친지들과 동료들의 조언을 받아들여 개정판에서는 내용첨삭보다 기본 지식과 이론을 정리할 수 있는 내용체계 정비를 우선시하였다.

시간이 흐를수록 과거기술이 쇠퇴하고 새로운 기술들이 개발되고 있으며, 지역과 국가에 따라 기술정서와 적용능력이 다른 점을 감안하여 기본원리에 충실하였다.

초보기술자부터 중진 기술자까지 현재 기술을 이해하고 새로운 기술을 개발할 수 있는 능력을 함양하는데 도움이 될 수 있도록 하기 위해 모든 장절을 일관성 있게 기술하고자 노력하였다.

책의 내용이 미흡하다는 생각은 떨칠 수 없으나 지반공학 전문 기술자들에게도 도움이 될 수 있는 기본적 내용에 충실하려고 노력하였다.

미래 기초공학에서 반드시 다루어야 할 구조물 방수와 지반동결 및 폐기물 매립장을 건설하는데 필요한 내용을 담은 장절에 큰 비중을 두었다.

3판은 초판을 내면서부터 이루어진 많은 인연들에게 보답하는 마음으로 준비하였다. 또한, 이 시대를 사는 기술자의 입장에서 미래를 이끌어갈 젊은 기술자들에게 미력이나마 기여하고 싶은 마음으로 3판을 준비하였다.

지금까지 이 책을 출간하기 위해 애써주신 CIR의 김성배 사장님과 식구들에게 감사드린다. 그리고 열성을 다한 여러 친지들과 IGUA가족들에게 더 없는 고마움과 책임을 느낀다. 이 책은 IGUA의 결집이다.

2014년 8월 沃湛齋에서 月城後人 靑愚 李相德

목　차

제1장   지반조사

1.1 개 요

지반조사 (ground investigation) 란 가장 경제적이고 안정된 구조물을 건설하기 위해 필요한 지반에 관한 정보를 취득할 목적으로 수행하는 모든 작업을 말하며, 예정 구조물의 중요도와 부지의 지질조건 및 특별히 해결해야 하는 문제 등을 고려하여 실시한다.

지반조사 작업은 조기에 세심하게 단계적 (1.2 절) 으로 실시해야 하며, 규모가 크거나 중요한 구조물일수록 그리고 지질조건이 복잡할수록 정밀한 네트워크를 작성하여 수행한다. 실내시험 목적에 적합한 시료를 채취 (1.3 절) 하고, 철저한 현장조사 (1.4 절) 나 현장 재하시험(1.5절)을 실시하며, 필요할 경우에는 시공 중에도 지반을 조사 (1.6 절) 한다. 채취한 시료에 대한 실내시험 (1.7 절) 결과를 참조하여 현장지반을 종합적으로 판정한 후에 누구나 내용을 이해할 수 있도록 명료한 보고서 (1.8 절) 를 작성한다.

지반조사 결과로부터 다음 사항을 예측하거나 결정할 수 있다.

- 공사비, 공사기간, 시공법 및 공사 장비
- 기초의 형태, 근입깊이, 지지력 및 침하
- 문제성 지반 (팽창성, 붕괴성, 폐기물 매립지반 등) 의 존재여부
- 지하수위 및 상태
- 구조물의 안정성
- 장차 구조물의 유지관리 및 보수를 위해 필요한 자료

특히, 다음 경우에는 지반에 대한 충분한 정보가 있어야만 안전하고 경제적인 공법을 선정할 수 있으므로 반드시 세밀한 지반조사가 선행되어야 한다.

- 현장의 경험만으로는 지반의 종류, 성상, 분포, 상대밀도, 지층두께 등에 대한 정보가 불충분한 경우
- 지층이 수평이 아닌 경우
- 지반의 지지력이 불충분한 경우
- 지하수면 이하로 지반을 굴착하는 경우
- 인접 구조물이 손상되었거나 손상될 징조가 보이는 경우
- 인근에서 시공 시 문제가 발생된 사례가 있는 지역

1.2 지반조사 단계

지반조사는 예비조사 (1.2.1 절) 와 본 조사 (1.2.2 절) 및 시공 중 지반조사 (1.2.3 절) 로 나누어 단계적으로 수행하며 (그림 1.1), 구조물의 용도와 규모, 지반 구성상태, 기존 지반조사 결과, 인접구조물의 관측치 등을 고려하여 효과적인 조사방법과 내용을 정한다.

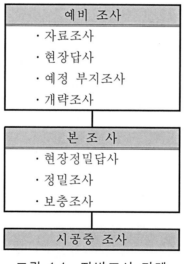

그림 1.1 지반조사 단계

1.2.1 예비조사

예비조사 (preliminary investigation) 는 부지를 선정하고, 기초의 형식을 결정하며, 본조사의 계획을 세우는데 필요한 자료를 얻고, 설계와 시공에 관한 일반적인 정보를 구하며, 구조물 설치시나 그 이후에 발생될 수 있는 문제점을 예견하기 위하여 실시한다.

예비조사는 어렵고 책임문제가 따르는 작업이므로 조사지역의 지반에 관한 경험과 예비지식이 풍부한 지반기술자가 수행해야 한다.

예비조사에서는 다음 내용을 중점적으로 조사한다.

· **지반의 평가**

　지질도를 면밀히 검토하여 기존 지표의 형상과 지반의 중요한 특성 및 불량지반(과거의 수로, 웅덩이, 연못 등)의 존재를 확인한다.

· **인접구조물 상태**

　인접한 구조물의 근접정도, 구조형식, 기초의 종류, 현재의 접지압 및 침하 등을 조사하고 기초파괴, 활동파괴 및 동해 등의 피해사례 유무와 내용을 조사한다.

· **지하수 상태**

　함수비 변화에 따른 지반 컨시스턴시의 변화와 부력에 의한 영향 등을 검토하고 현재 지하수위와 자연적 또는 인위적인 지하수위 변화 등을 조사한다.

예비조사는 자료조사 → 현장답사 → 예정부지조사 → 개략조사단계로 나누어 실시한다.

1) 자료조사

자료조사는 모든 기존자료를 수집하여 검토해서 현장의 지형 및 지질조건을 개략적으로 파악하고 공사위치를 선정하기 위하여 실시한다.

자료조사에서는 주로 다음의 자료를 수집하여 검토한다.

- 구조물의 형태(기둥간격, 하중)와 용도
- 기초의 요구조건
- 건설부지의 지형과 지질에 관한 자료(지형도, 지질도)
- 수리 및 수문자료(유량, 최고 홍수위, 조류에 관한 기록)
- 현장부근의 공사에 적용한 각종 시방서 및 지방 건설법규

자료조사를 통하여 다음 지질조건의 유무 및 상태를 판명할 수 있다.

- 특수지형(선상지, 자연제방, 삼각주, 단층, 단구, 해안사주 등)
- 과거에 일어났던 재해
- 개략적인 지질과 지표수, 수로의 과거이력 및 지하수 상태
- 시공에 의해 영향을 받을 수 있는 인접 구조물과 시설
- 시공시 유의할 사항이나 장차 정밀조사를 요하는 지질조건

2) 현장답사

현장답사는 현장을 답사하여 자료조사결과 나타난 사항들을 확인하고, 본 조사를 위한 자료를 수집하기 위하여 실시하며, 주로 다음 내용을 중점적으로 확인한다.

- 일반적 지형, 배수구의 존재유무, 암석쇄편의 상태
- 기존 절토면에서 노출된 지층단면 (노두관찰)
- 부지 내 및 주변의 식생
- 지하수위 및 지하수 이용상태
- 인접구조물의 균열이나 부등침하 등의 문제 유무

3) 예정 부지 조사

공사의 목적에 적합한 예정 부지를 찾기 위하여 수행하며, 현장 지형상태, 인접 기간시설과의 연계성, 구조물의 특성 등을 고려한다.

4) 개략조사

개략조사는 예정 부지를 선정하고 그곳의 지반상태를 개략적으로 확인하기 위해 수행하며, 사운딩 등을 실시하거나 지반을 굴착조사하며 현장시료를 채취하여 조사한다.

【예제】 다음에서 예비조사와 관련 없는 내용을 고르시오.

① 예비조사는 본 조사에 앞서 수행하는 간단한 조사이므로 초급기술자가 수행한다.
② 예비조사에서는 지반을 평가하고 인접구조물의 상태 및 지하수상태를 조사한다.
③ 예비조사는 『자료조사→현장답사→예정부지 조사→개략조사』의 순서대로 수행한다.
④ 자료조사는 현장의 지형 및 지질조건을 개략적으로 파악하기 위하여, 기존의 모든 자료를 수집하여 검토하는 과정이다.
⑤ 현장답사는 자료조사 결과 나타난 사항들을 현장에 가서 직접 확인하는 절차이다.
⑥ 예정 부지 조사는 공사목적에 적합한 예정 부지를 찾기 위해 수행한다.
⑦ 개략조사는 예정 부지를 선정하고 그 지반상태를 확인하기 위해서 실시한다.

【풀이】 ① 예비조사는 경험이 풍부한 책임기술자가 수행한다.

1.2.2 본 조사

본 조사 (main investigation)에서는 예비조사 결과를 바탕으로 충분한 조사기간을 가지고 예정부지의 지반을 정밀하게 조사하여 예비조사에서 발견된 지반공학적인 문제점을 확인하고 채취된 현장시료의 실내시험 등으로 취득한 상세정보를 통해 예상문제점에 대한 해결방안을 제시하는 과정을 수행한다.

본 조사를 통하여 현장지반에 대한 상세한 정보를 취득하여 각 구조물의 기초, 흙 구조물의 본체, 지하공사 등의 설계시공조건을 검토할 수 있으며, 이를 근거로 시공법을 결정하고 설계 및 시공 시 문제점을 예견하여 특별대책을 수립할 수 있다.

본 조사에서는 다음 내용을 조사한다.
- 시공부지 및 그 주변지역의 정밀지질답사
- 수문 지질학적 조사
- 각종 공사자료 수집
- 지반의 구성 및 상태
- 보링, 검층, 시굴
- 채취시료에 대한 물리·화학적 시험

본 조사는 현장정밀답사, 정밀조사, 보충조사로 구분하여 실시한다.

1) 현장 정밀 답사

현장정밀답사(site reconnaissance)에서는 현장을 정밀하게 답사하여 예비조사에서 나타난 문제점과 기타 중요한 사항들을 현장에서 확인한다.

2) 정밀조사

정밀조사(main investigation)에서는 현장 및 실내시험을 통하여 지반상태와 지지력 및 침하량 등 기초의 설계 및 시공에 필요한 모든 자료를 구한다.

3) 보충조사

보충조사(supplement investigation)에서는 이상의 지반조사에서 누락되었거나 추가로 조사해야할 사항이 발견되면 보충해서 조사를 수행한다.

【예제】 다음에서 본 조사에 대한 설명이 아닌 것을 고르시오.

① 본 조사를 통하여 현장지반에 대한 상세한 정보를 얻는다.
② 본 조사에는 현장정밀답사, 정밀조사, 보충조사 등이 포함된다.
③ 본 조사에서는 지반의 보링, 검층, 시굴 등을 실시한다.
④ 본 조사에서는 현장지반시료를 채취하며 필요한 실내시험을 실시한다.
⑤ 본 조사에서는 현장에 대한 답사를 실시하지 않는다.

【풀이】 ⑤ 본 조사에서 현장정밀답사를 실시한다.

1.2.3 시공 중 조사

모든 지반굴착 공정과 기초 조성작업 과정에서 일시적으로 문제점이 노출되면 시공 중에도 지반을 조사 (exploration during construction) 하며, 예비조사나 본 조사에서 얻은 가정이나 결론을 실제조건에 관련시켜서 분석하여 공사에 반영한다. 필요하면 시료를 채취하여 실내시험을 실시하며, 이를 근거로 시공 중 야기될 수 있는 긴급사태를 예측하고 그 내용을 보고서로 작성한다.

1.3 시료 채취

중요한 지반시료는 보링공이나 시험굴에서 채취 (sampling) 하며, 실험실로 옮겨서 각종 실내시험을 수행하여 지반의 특성을 판정한다.

흙 지반의 성질 중에서 교란시료로부터 판정이 가능한 것과 교란되지 않은 시료라야 판정이 가능한 것을 구분하여, 목적에 맞게 시료를 채취하며, 채취 중에 발생가능한 시료교란원인을 파악하여 대책 (1.3.1 절) 을 마련한다.

지반시료는 보통시료 (1.3.2 절) 와 특별시료 (1.3.3 절) 로 구분하며, 필요에 따라 등급을 구분한다 (표 1.1). 암반시료 (1.3.4 절) 는 채취 후 관찰이 중요하다. 채취시료는 상태를 정확히 표시 (1.3.5 절) 하여 취급자의 혼돈을 방지한다.

표 1.1 시료의 등급 (DIN 4021)

등 급	비교란 특성	시료로부터 결정이 가능한 지반특성
1	흙의 구조골격 함수비 단위중량 탄성계수 전단강도	지층의 경계면, 상대밀도, 함수비, 투수계수, 흙의 구조골격, 밀도, 습윤 단위중량, 탄성계수 흙의 컨시스턴시, 유기물함량, 간극비, 전단강도
2	흙의 구조골격 함수비 단위중량	지층의 경계면, 상대밀도, 함수비, 투수계수, 흙의 구조골격, 밀도, 습윤 단위중량, 흙의 컨시스턴시, 유기물함량, 간극비
3	흙의 구조골격 함수비	지층의 경계면, 상대밀도, 함수비, 흙의 구조골격, 밀도, 흙의 컨시스턴시, 유기물함량
4	흙의 구조골격	지층의 경계면, 상대밀도, 흙의 구조골격, 밀도, 흙의 컨시스턴시, 유기물함량
5	불완전한 시료	층상구조만 알 수 있음

비교란 시료는 채취 및 취급에 비용이 많이 들기 때문에 지반조사의 중요도에 따라 필요한 정도만 채취한다. 다수의 비교란 시료를 채취하는 것 보다는 채취한 시료에 대해 필요한 실내시험을 정성껏 그리고 정확하게 실시하는 것이 더 중요하다.

1.3.1 시료교란의 원인과 대책

시료를 채취하면 지중에서 받던 구속압력이 제거(release of in-situ stress)되므로 시료가 팽창하게 되며, 압력이 제거됨에 따라 물속에 용해되어 있던 공기가 기포형태로 나타나고 온도와 함수비가 변하여 본래의 구조골격을 유지하기가 매우 어렵다. 따라서 이런 영향을 고려하여 실내시험 (삼축압축시험) 에서는 원위치와 같은 크기의 백프레셔 (back pressure) 를 가한 후에 역학적 시험을 수행한다.

이와 같이 거의 불가피한 시료교란 (sample disturbance) 원인 외에도 시료를 채취하거나 취급도중에 다음 원인에 의해 시료가 교란될 수 있으므로 그 대책이 필요하다.

- 슬라임 (slime) 침입에 의한 교란
- 샘플러 내벽마찰에 의한 교란
- 샘플러 회수과정에서의 교란

【예제】 다음에서 시료채취과정에서 시료 교란의 원인이 아닌 것은 ?

① 슬라임 침입
② 샘플러 내벽의 마찰
③ 샘플러 회수 시 가해지는 부압
④ 샘플러의 빠른 관입속도

【풀이】 ④

1) 슬라임 침입에 의한 시료의 교란

샘플러 (sampler) 로 시료를 채취할 때에 샘플러의 내부에 슬라임이 침입하여 시료가 교란될 수 있으며 이러한 교란은 샘플러를 얇게 하거나 충격을 주지 않고 빠르게 $(30cm/s)$ 압입하여 줄일 수 있다. 또한 고정피스톤을 사용하여 슬라임 침입을 막을 수 있다. 슬라임 침입에 의한 교란을 무시할 정도로 작게 하기 위해서 샘플러 두께를 다음의 단면적비 C_a (area ratio) 로 한정한다 (그림 1.2).

$$C_a = \frac{D_a^2 - D_e^2}{D_e^2} \times 100 \% \ \langle \ 10 \% \tag{1.1}$$

여기서, D_e : 샘플러 칼날부의 내경

D_a : 샘플러의 외경

샘플러의 단면적비는 $C_a < 10\%$로 유지한다.

2) 샘플러 벽의 마찰에 의한 시료의 교란

샘플러 외벽과 지반사이의 마찰 때문에 샘플러를 압입하는 동안에 하부지반이 압박을 받아서 시료가 샘플러내로 들어오기 전에 이미 교란될 수 있다. 또한, 샘플러 내벽의 마찰로 인해 샘플러에 들어온 시료가 교란되어 채취한 시료길이가 원래 길이보다 줄어들 수 있다.

이러한 교란은 샘플러 날 부분 직경이 원통부분 직경보다 약간 작게 되도록 샘플러 내경비 C_i (inside clearance ratio)나 샘플러의 길이와 직경의 비 즉, 장경비 L_R (length to diameter ratio)를 조절하여 줄일 수 있다.

(1) 샘플러 내경비

샘플러 내경비 C_i (inside clearance ratio)는 샘플러 날 부분 내경 D_e 와 샘플러 원통부분 내경 D_i 로부터 다음과 같이 정의한다.

$$C_i = \frac{D_i - D_e}{D_e} \times 100 \% \tag{1.2}$$

샘플러 내경비 C_i 는 긴 샘플러에서는 $0.75 \sim 1.5\%$, 짧은 샘플러에서는 $0 \sim 0.5\%$가 일반적이다 (그림 1.2).

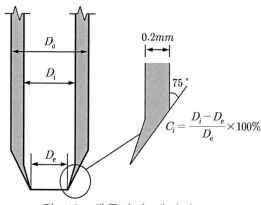

그림 1.2 샘플러의 내경비

(2) 샘플러 장경비

샘플러 장경비 L_R (length to diameter ratio)은 샘플러의 내경 D_i 에 대한 길이 L_S 의 비로 정의한다.

$$L_R = \frac{L_S}{D_i} \tag{1.3}$$

샘플러 장경비는 대체로 $L_R ≒ 10$ 정도를 유지한다.

3) 샘플러 회수과정에서의 교란

샘플러를 회수할 때에 샘플러 선단부분이 진공상태가 되어 인장응력이 발생되면서 시료가 절단되며, 이때에 시료의 절단면 부근이 교란될 수 있다.

이를 방지하기 위해 샘플러 선단에 시료컷터 (그림 1.3)나 강선을 설치하여 시료를 절단하거나 샘플러 밑에 압축공기를 가하여 샘플러 선단부분이 진공상태가 되는 것을 막을 수 있으나, 이런 장치를 설치하면 샘플러가 두꺼워 진다. 특수 장치가 없는 샘플러를 사용할 때에는 샘플러를 조심스럽게 180°회전하여 시료를 절단한 후 인발하여 회수한다.

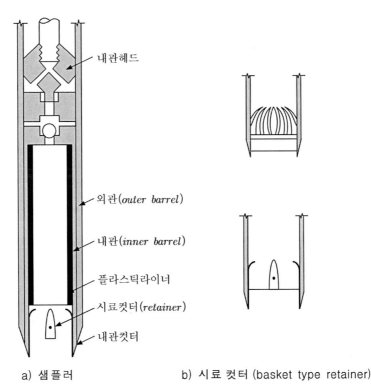

a) 샘플러   b) 시료 컷터 (basket type retainer)

그림 1.3 시료 컷터 부착 샘플러

1.3.2 보통시료 채취

보통시료는 구조골격이 다소 교란되거나 함수비가 변한 상태의 시료이며 보링공이나 시험굴에서 채취한다. 지층의 종류를 판정하거나 지반을 분류할 때에 사용된다.

지층이 변할 때마다 또는 최소 $1m$ 깊이마다 약 $5cm$ 깊이로 채취하며, 원래 위치를 알 수 있도록 기록한다.

사질토에서는 미세입자가 유실되지 않도록 주의하며, 교란되어 흐트러진 시료는 버리고 최대한 덩어리 상태를 취한다. 시료는 채취 즉시 약 $1l$ 정도의 용기에 담아서 봉한다.

점성토 시료를 용기에 담을 때에는 시료가 눌려지거나 이겨지지 않도록 하고 빈공간이 없도록 가득 채운다. 시료를 나무상자에 깊이 별로 보관하면 지층변화를 일목요연하게 볼 수 있다.

1.3.3 특별시료 채취

자연상태의 구조골격과 함수비를 그대로 유지하는 지반시료를 특별시료라고 하며, 채취 즉시 실험실로 옮겨서 단위중량과 함수비 및 역학적 특성을 측정한다. 특별시료는 대개 표 1.1의 1, 2, 3등급의 시료를 말하며 특수한 장비를 사용하여야 채취할 수 있다.

채취한 시료의 등급은 시료채취 방법과 과정, 지반의 종류와 구성, 작업자의 작업능력과 책임감 등에 따라 달라진다. 특히, 1등급의 시료는 채취방법이 확실하고 채취여건과 지반조건이 양호할 경우에만 획득할 수 있다.

특별시료를 많이 채취할수록 좋으나, 경제성 때문에 그 수를 한정하며, 점성토층에서는 최소한 2개, 그리고 대규모 지층에서는 여러 개를 채취한다. 특별시료는 채취 즉시 완전히 밀봉하여 구조골격이나 함수비가 변하지 않도록 한다.

1) 시험굴에서 특별 시료채취

시험굴(test pits)에서 특별시료를 채취할 때는, 사람이나 장비에 의해 교란된 시험굴의 바닥이나 계단부분은 피한다. 굴착 후 많은 시간이 경과된 시험굴에서는 건조되거나 강도변화가 일어난 표면을 제거하고 시료를 채취한다. 특히 점성토에서 이점에 주의해야 한다.

최대입경 $5mm$ 이하인 지반에서는 직경 $10cm$, 높이 $12cm$인 코어 컷터(DIN 4021형)로 시료를 채취하면 효과적이다. 코어 컷터는 일정한 가이드를 이용하여 흔들리지 않게 지반에 관입시킬 수 있다. 이때 코어 컷터를 타입하면 지반이 교란될 수 있으므로 견고한 지반을 제외하고는 가능한 한 타격하지 않고 관입시킨다.

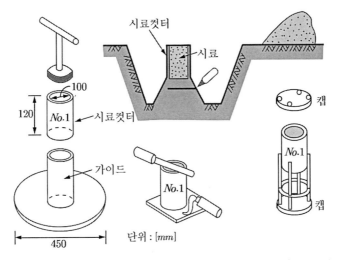

그림 1.4 코아 컷터 (DIN 4021형) 에 의한 시료채취

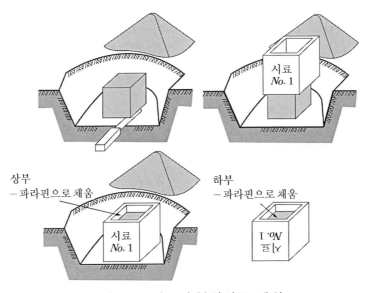

그림 1.5 비교란 블럭시료 채취

코어 컷터를 관입한 후에 조심스럽게 주변지반을 파내고 최종적으로 시료를 절단한다. 코어 컷터는 시료의 함수비가 변하지 않도록 즉시 캡을 씌우고 테이프 등으로 봉한다 (그림 1.4).

매우 견고하거나 입경이 큰 지반에서는 시료를 직접 굴착하여 채취할 수도 있으며, 시험 굴에서는 이 방법으로 1등급시료의 채취도 가능하다 (그림 1.5).

【예제】 코어 컷터(DIN 4021형)를 이용하여 시료를 채취할 때에 햄머로 타격하면 어떤 문제가 있나?

【풀이】 충격에 의해 지반이 교란될 수 있음.

2) 보링공에서 특별시료 채취

보링공에서도 시료채취기를 이용하여 특별시료를 채취할 수 있다. 이때에는 먼저 보링공의 바닥을 깨끗이 하고 무거운 추로 적은 수의 타격을 가하여 시료채취기를 지반에 타입하거나 빠르고 균일한 속도로 압입하여 시료채취 중 시료의 교란을 막는다. 시료의 높이는 20cm 이상 되어야 한다.

시료채취기는 개관형과 피스톤형이 있다.

개관형 시료채취기(open drive sampler)는 시료튜브, 지반 지지부, 채취기두부 및 연결부로 구성되고 마찰이 작도록 벽면은 매끄러우며, 두부에 밸브가 있어서 지하수가 빠질 수 있다. 채취기를 꺼낼 때에는 부압이 커서 힘이 많이 들기 때문에 컨시스턴시 지수가 $I_c > 0.5$인 점성토와 유기질 흙 및 지하수위보다 높게 있는 사질토의 특별시료 채취에 적용된다.

2, 3등급의 시료를 채취할 수가 있고 여건에 따라 1등급 시료의 채취도 가능하다. 강성지반과 큰 입자를 함유한 지반에서는 두꺼운 샘플러가 필요하다(그림 1.6).

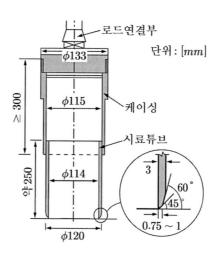

그림 1.6 개관형 시료채취기

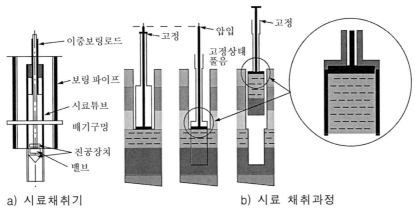

a) 시료채취기   b) 시료 채취과정

그림 1.7 피스톤형 시료채취기 및 채취과정

피스톤형 시료채취기 (piston sampler) 는 컨시스턴시 지수가 $I_c < 0.5$ 인 점성토와 유기질토 및 중간 이하의 상대밀도를 갖는 사질토의 특별시료 채취에 사용한다. 지반에 압입하여 2, 3등급의 시료를 채취할 수 있고 여건이 좋으면 1등급 시료의 채취도 가능하다 (그림 1.7).

시료는 채취 즉시 상하부의 교란된 부분을 제거하고 연화되거나 건조되지 않도록 파라핀으로 봉하고 플라스틱뚜껑이나 고무뚜껑을 씌운 후에 테이프로 다시 봉한다.

【예제】 다음에서 옳지 않은 것은?

① 직경 $100 mm$ 인 코어 컷터는 직경 5 mm이상의 입자가 없는 지반에 사용할 수 있다.

② 개관형 시료채취기는 컨시스턴시 지수가 $I_c > 0.5$ 인 점성토와 유기질토 또는 지하수위 상부에 있는 사질토 시료의 채취에 사용할 수 있다.

③ 피스톤형 시료채취기는 컨시스턴시 지수가 $I_c > 0.5$ 인 점성토 시료채취에 사용한다.

【풀이】 ③ $I_c < 0.5$

1.3.4 암석시료 채취

암석시료 (rock sample) 는 코어배럴의 선단에 비트를 부착하여 코어 상태로 채취하며, 회수된 암석시편의 상태로부터 지반상태를 어느 정도 예측할 수 있다.

회수된 암석시편의 양에 따라 회수율 TCR (Total Core Recovery) 을 정의한다.

$$\text{회수율}\,(TCR) = \frac{\text{회수된 시편의 길이 합계}}{\text{시편의 이론상 길이}} \times 100\,(\%) \tag{1.4}$$

회수율은 균질한 경암 등 에서는 거의 100 % 이며, 화강암, 심성암, 사암에서는 90 ~ 100% 그리고 편암질 암반에서는 70% 이상이 보통이다.

회수된 시편 중에서 길이 $101.6mm\,(4\,in)$ 이상 되는 시료의 회수정도를 특별히 RQD (Rock Quality Designation) 라고 하며, 암반상태 판정의 표준으로 사용된다.

$$RQD = \frac{\text{10cm 이상의 길이로 회수된 시편의 길이합계}}{\text{시편의 이론상 길이}} \times 100\,(\%) \tag{1.5}$$

RQD 에 따라서 표 1.2 와 같이 암질을 판정할 수 있다.

표 1.2 RQD 에 따른 암질분류

RQD [%]	0	25	50	75	90	100
암 질	매우 불량	불 량	보 통	양 호	우 수	

1.3.5 채취시료 표시

시료는 채취즉시 시료용기에 넣어서 밀봉하고 다음의 내용을 용기의 표면에 지워지지 않게 이중으로 표기한다.

① 예상구조물 이름 및 채취장소
② 시험굴이나 보링공의 번호
③ 시료번호
④ 시료의 채취심도(저면기준)
⑤ 특별시료의 상하 및 중심부 표시
⑥ 지반의 종류
⑦ 채취날짜

시료는 목재 상자에 넣어서 흔들리지 않게 운반하며 햇빛, 열 및 추위로부터 보호해야 하고 겨울에는 난방하지 않는 지하실공간에 얼지 않게 보관해야 한다.

1.4 현장 지반조사

현장지반조사 (site investigation) 는 지반의 역학적 특성과 물리적 성질을 규명하기 위하여 주로 본 조사 단계에서 수행하며, 대체로 다음 내용을 조사한다.

- 현장 지표조사 (1.4.1절)
- 콘크리트 유해물질 조사 (1.4.2절)
- 보링 조사 (1.4.3절)
- 사운딩 조사 (1.4.4절)
- 시험굴 조사 (1.4.5절)
- 지구물리학적 탐사 (1.4.6절)
- 지하수 조사 (1.4.7절)

현장 지반조사의 종류와 방법은 주로 현지지반에 대한 경험과 조달이 가능한 장비 그리고 구조물의 특성과 규모 및 시공법을 고려하여 예상 지반상태에 따라 결정한다.

1.4.1 현장 지표조사

현장 지표조사 (surface survey) 에서는 현장에서 노두와 지형 등을 관찰하여, 지표는 물론 지하에 대한 지층과 암석의 분포, 연대, 상호관계, 지질구조 등을 확인하거나 추정한다. 현장의 전체적인 지질상태를 파악하고 지반조사의 범위와 내용을 정하는데 큰 도움이 된다.

현장을 정밀하게 답사하여 현장의 식생, 노두, 하천의 흐름, 우물의 수위 등을 관찰하며, 그 결과로 부터 지반조사 환경, 지반과 지하수의 상태를 알 수 있다.

1.4.2 콘크리트 유해물질 조사

지반에는 콘크리트를 부식시키거나 강도를 저하시키는 화학성분 (황산염 등) 이 포함된 경우가 있다. 따라서 현장의 지반시료나 지하수가 검은 색을 띄거나, 석고를 포함하거나, 독한 냄새가 나거나, 가스가 나오거나, 산성을 나타내거나 그 밖에도 콘크리트 유해물질이 포함되었다는 것으로 판단되면 권위 있는 기관에 의뢰해서 지하수나 지반시료의 화학성분을 분석해야 한다.

또한, 중요한 구조물의 기초를 설계할 때는 특별한 징후가 발견되지 않더라도 지반시료에 대한 화학분석을 실시한다.

1.4.3 보링조사

보링조사 (boring, drilling) 는 지표로부터 지반에 구멍을 뚫어 심층지반을 신속하고 안전하게 조사하는 방법이며, 지하수의 영향을 받지 않고도 깊은 심도까지 굴착할 수 있으므로 가장 자주 활용하는 지반조사방법이다. 또한, 지반의 구성상태와 지하수위를 파악할 수 있고 비교란 시료를 채취할 수 있으며 보링공 (bore hole) 내에서 표준관입시험 등의 현장시험을 수행할 수 있다. 보링방법에 따라 시료의 회수량이 다르며 물을 공급하면서 보링하면 작업은 쉬워지나 함수비가 변하는 단점이 있다.

연약한 점성토나 지하수위 아래에 있는 느슨한 사질토 지반에서는 보링할 때에 보링공 벽이 견고하지 않아서 밀려들어오거나 허물어지므로 이를 방지하기 위하여 케이싱을 적용하거나 안정액으로 채운다. 케이싱은 외경이 159 mm 이상, 내경이 147 mm 이상이며, 이음매가 없어야 비교란 시료를 채취할 수 있다. 케이싱은 지반을 교란시킬 염려가 있으므로 타입해서는 안되고 정적하중을 가하거나 좌우로 회전시키면서 가압하여 관입시키며, 케이싱 슈를 달면 관입이 쉬워진다. 깊게 보링할 경우에는 케이싱의 직경을 변화시켜서 마찰을 줄인다. 즉, 처음에는 직경이 큰 것부터 시작하고 깊어질수록 차차 직경을 줄여 나간다. 조사가 끝나면 케이싱은 회수한다. 조사가 끝난 보링공은 지하수의 오염통로가 될 수 있으므로 반드시 되메우고 점토나 시멘트 몰탈 등으로 폐공처리를 하여야 한다.

보링조사는 목적에 따라 광역보링조사와 국지보링조사로 구분한다.

광역보링조사는 넓은 지역의 전체적인 지반상태를 알기 위하여 넓은 간격으로 실시하고 보링결과나 목적에 따라 보링 개수를 늘리거나 사운딩을 추가한다. 보링간격은 지층의 경사, 두께, 특성, 깊이 및 분포 등에 따라 결정하며 관련기관의 조사기준을 준용하기도 한다. 주보링과 추가보링 및 사운딩은 지지층이 충분히 두꺼운 것이 확인되고 지지층에 도달하면 중단한다.

국지보링조사는 개개의 구조물 바로 아래나 인접 지반에 대해서 시행하는 보링조사이며 현장지반이 활동 가능성이 있는 지반이거나 유기퇴적층 등 압축성이 큰 지반이면 구조물의 외곽지역에 대해서도 실시한다.

보링의 수, 깊이 및 위치는 그 지역에 대한 물리탐사 결과를 보고 결정하며 만약 그 자료가 없으면 구조물의 형태와 크기, 구조물 하중, 인접구조물, 지층의 규칙성 등을 참조하여 정한다. 예를 들어, 한 위치에 4 개 지점을 보링하여 그 결과를 분석하고, 그 결과에 따라 마무리하거나 추가 보링조사여부를 결정한다.

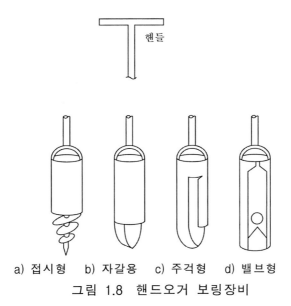

a) 접시형   b) 자갈용   c) 주걱형   d) 밸브형
그림 1.8 핸드오거 보링장비

1) 보링의 종류

보링은 굴착방법에 따라 핸드오거보링과 기계보링으로 구분한다.

핸드오거보링 (hand augar boring) 은 가장 간단하게 인력으로 하는 보링이며 대략 깊이 10 m 까지 가능하다 (그림 1.8).

기계보링은 5~10 HP 의 모터를 장착한 기계를 사용하여 실시하는 보링을 말하며 깊은 심도에 대한 보링이 가능하여 가장 보편적으로 사용하고, 퍼커션보링과 로터리보링이 있다.

· 퍼커션 보링 (percussion boring) : 와이어 로프에 퍼커션 보링비트를 달아 일정한 낙하고로 타격하여 보링하는 방법이며 보링공은 안정액으로 채워서 보링공벽이 무너지는 것을 방지한다. 지반 분쇄물은 베일러 (bailer) 를 써서 지상으로 배출한다.

· 로터리 보링 (rotary boring) : 보링로드의 끝에 설치한 비트를 1000~3000 rpm 으로 회전시키면서 압입하는 보링방법이다. 로드에서 슬러리를 주사하여 보링공벽을 보호하고 굴착된 흙을 지상으로 배제한다. 거의 모든 지반에 적용이 가능하며 작업효율이 좋고 확실하여 가장 널리 사용한다.

2) 보링의 깊이와 간격

(1) 보링의 깊이

최소보링깊이는 지지력과 침하에 주된 역할을 하는 깊이로 정하며 흙지반 일 때는 독립기초나 연속기초의 폭 B 의 3 배 ($d = 3B$) 나, 구조물 폭의 1.5 배 ($d = 1.5 B$) 또는 6 m 중에서 가장 작은 값으로 하며 시층이 규칙적으로 발달된 경우에도 최소한 6 m 는 보링한다.

연약층이나 공동이 깊은 곳에 있을 것으로 판단되면, 위의 값 보다 깊게 보링하며 터널에서는 터널 계획심도에서 최대폭(D)의 $0.5D$ 이상 깊게 보링한다.

말뚝이나 피어기초지반에서는 말뚝이나 피어의 예상 선단위치보다 약 30 % 더 깊게 보링한다. 보링하기 전에 충분한 지질자료를 획득할 수가 있는 경우에는 보링 개수를 줄일 수 있다 (Simmer, 1994).

Das (1984) 는 재하에 의한 연직응력의 증가량 $\Delta\sigma$ 이 평균접지압 σ_0 의 10 % 되는 깊이 D_1 ($\Delta\sigma(D_1) = 0.1\sigma_0$)과 상재하중에 의한 연직응력 증가량 $\Delta\sigma$ 이 자중에 의한 응력의 5 % 가 되는 깊이 D_2 (즉, $\Delta\sigma(D_2) = 0.05\,\gamma D_2$)를 계산하여 D_1 과 D_2 중 작은 깊이를 최소보링깊이로 하며, 국부적인 지층변화에 대비하여 기반암이 있더라도 언제나 3 m 이상 보링해야 한다고 하였다.

(2) 보링의 간격

건설부지 내에서 보링위치는 대표적인 점을 격자식으로 균등하게 배치하며, 국부적으로 연약한 지반이 있거나 큰 하중이 작용하는 곳은 별도로 보링한다. 부지가 넓어서 보링 개수가 너무 많아지면 중간지점에서 사운딩을 하여 보링 개수를 줄일 수 있다. 일반적으로 전체 건설비 예산의 0.1~0.5 % 범위 내에서 보링간격을 결정한다.

표 1.3 미국표준 보링간격 (G. Sowers)　　　　　　　　　　　　　　　　　　[단위 : m]

공사 종류	보통 지반	불규칙 지반
도　　　로	150~300	30
흙　　　댐	30	8~15
토　취　장	60	15~30
고 층 건 물	15	8
단 층 건 물	30	8~15

3) 보링 방법

보링작업은 대체로 기계화 되어 있으며 시료채취여부와 천공방법에 따라 여러 가지 방법으로 분류된다. 보링작업은 시료채취방법에 따라 작업수준이 달라지므로 지반조사의 목적에 맞도록 시료채취계획을 세우고 이에 적합한 보링방법을 정한다. 시료는 간단하게 소량만 채취하거나 불완전 시료를 채취할 수 있으며 조사비용을 생각하여 꼭 필요한 경우에만 완전한 코어시료를 채취한다.

보링할 때 굴착비트를 회전시키거나 타격하여 지반을 굴착하며, 굴착 부스러기는 물이나 압축공기를 이용하여 외부로 유출시킨다. 이때 작업이 간단하고 비트를 냉각시킬 수 있는 장점이 있기 때문에 대체로 물을 많이 사용한다.

(1) 회전식 보링

굴착비트를 회전시킴과 동시에 압력을 가하여 보링하는 방법이며 다시 다음 같이 분류한다 (그림 1.9).

· 회전식 코어채취 보링 : 비트를 회전시키면서 코어 주변의 지반이나 암반을 깎아서 중심부의 코어를 채취하는 보링방법이다. 코어는 자립하거나 내부튜브에 의해서 지지된다. 세척액을 이용해 부스러기를 밖으로 밀어내며 점토계통의 안정액을 세척액으로 쓰는 경우에는 케이싱이 필요하지 않다. 지반의 종류에 따라 다이아몬드, 고강도 금속 및 치차식 비트를 사용한다 (그림 1.9a).

· 회전식 스파이럴 보링 : 스파이럴을 회전시켜서 일일이 지반을 채취하면서 보링한다. 최대입경이 스파이럴 직경의 1/3 미만 ($D_{max} < D/3$)인 모든 지층에 적용 가능하다 (그림 1.9b).

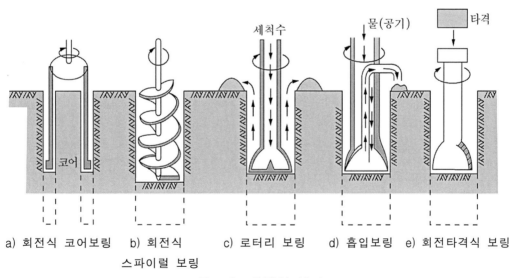

a) 회전식 코어보링   b) 회전식   c) 로터리 보링   d) 흡입보링   e) 회전타격식 보링
스파이럴 보링

그림 1.9 회전식 보링

· 로터리 보링 : 연약지반에서는 절단 끝을 강성지반에서는 회전 끝을 사용하여 회전식 보링기로 지반을 굴착한다. 파쇄물은 보링기 선단에서 분출되는 세척액으로 세척배출하며 안정액으로 세척할 때에는 별도의 케이싱이 필요하지 않다. 작업능력은 좋으나 불완전한 시료만 얻을 수 있다 (그림 1.9c).

- **흡입보링** : 회전 끌로 분쇄한 물질을 보링기 선단부에서 분사되는 세척액으로 세척한 후 보링로드를 통해서 흡입하는 방법이다. 케이싱 없이 보링하며, 작업속도가 빠르다. 직경이 큰 보링에 적합하나 지반의 형상에 관한 자료로는 충분하지 못하다 (그림 1.9d).

- **회전타격식 보링** : 드릴을 회전하면서 타격하는 방식으로 가동하므로 작업력이 향상되며 타격장치를 드릴 바로 위에 장치하면 유리하다 (그림 1.9e).

- **수동식 회전보링** : 보링기를 삼각대에 고정시킨 후에 수동식으로 회전하여 보링한다. 비트가 가득차면 즉시 꺼내서 흙을 제거하고 다시 진행한다. 강성지반이나 직경이 200 mm 미만인 적석층에는 스파이럴식을 적용하고 사질 또는 롬질 원적토 지반에는 원통식을 적용한다.

(2) 타격식 보링

줄에 무거운 보링기를 달고 계속 들어 올렸다가 낙하시켜서 타격하는 방법으로 지반을 분쇄하여 보링하는 방법이며 선단의 형상에 따라 다음과 같이 분류한다.

- **타격오거** : 지하수위면보다 상부에 있는 점토 및 실트지반에 적합하다.

- **밸브오거** : 지하수면 아래의 모래나 자갈지반의 보링조사에 적합하다. 타격에 의하여 느슨해진 지하수면 아래의 지반과 물의 혼합물이 시료통으로 들어간 후에 시료통을 들어 올리면 밸브가 닫혀지므로 내용물이 흘러 나가지 않는다. 자갈에서는 부압으로 시료를 빨아들이면 작업이 용이해진다. 견고하고 건조한 지반에 적용할 때는 반대로 물을 주입하면서 작업할 수 있다.

- **그라이퍼** : 말뚝의 시공 등 직경이 큰 경우에 적용하며 그라이퍼로 지반을 굴착하면서 시료를 채취하고 조사한다.

- **끌보링** : 입자가 큰 자갈지반이나 암반을 분쇄하는 데에는 고강도 금속으로 된 끌을 사용한다. 특별히 원형단면을 유지하려면 끌을 회전하면 된다. 끌을 냉각하기 위해서 물을 주입시키며 가끔 밸브오거로 분쇄물을 끌어 올린다. 지반의 강도는 보링작업의 진척속도로부터 판단할 수 있다.

- **평형 끌** : 편평한 끌로 보링하며 보링효과를 높이기 위해 대개 끌 끝에 돌기가 있다.

- **십자형 끌** : 경사지거나 절리가 발달된 불균질한 경성지반에서는 평형 끌이 측면으로 미끄러질 염려가 있으므로 십자형 끌을 사용한다.

(3) 타입식 보링

타입식 보링에서는 코어용 시료튜브를 지반에 타입하여 시료를 채취한 만큼 동시에 보링하는 방법이며 시료튜브는 단식과 복식 및 특수형이 있다. 튜브의 양단을 열고 타입하며 회수 시에는 윗 밸브가 닫히면서 시료가 안전하게 올라온다. 타입에너지는 일정한 크기로 하는 것이 좋으며 대개 타입해머나 폭발식 해머를 쓴다. 강성지반에는 적합하지 않다.

(4) 특수 보링

특수보링은 소형기구로 실시하는 수동식 보링과 사운딩 보링 등을 말하며 소량의 시료만을 채취할 수 있다.

· **수동보링** : 직경 30~80 mm 인 소형 보링기로 보링하며 선단에 스파이럴, 오거, 접시형 시료 채상장치 등을 달 수 있다. 케이싱 없이 보링하며 최고 보링깊이는 5 m 정도이다.

· **사운딩 보링** : 측면에 틈이 있는 사운딩 막대를 지반에 관입하였다가 뽑아내면 측면의 틈에 시료가 묻어 나오므로 즉시 시료의 함수비 등을 측정하여 지반의 특성을 파악할 수 있다. 동시에 관입저항으로부터 지반의 지지력을 판정할 수 있다.

【예제】 지반을 보링조사할 때에 지반 부스러기를 밖으로 유출시키는 방법이 아닌 것은?

① 스파이럴 사용
② 물주입
③ 압축공기
④ 흡입

【풀이】 해당 없음.

1.4.4 사운딩 조사

1) 사운딩

사운딩(sounding)이란 로드의 선단에 지중저항체를 설치하고 지반에 관입, 압입 또는 회전하거나 인발하여 그 저항치로부터 지반의 특성을 파악하는 지반조사 방법을 말한다. 사운딩은 관입에너지를 정적(static sounding)이나 동적(dynamic sounding)으로 가하며 점성토에서는 정적 사운딩을 그리고 사질토에서는 동적 사운딩을 적용한다.

사운딩은 지반의 형상을 알기 위한 수단중 하나이며 그 결과로부터 사질토의 상대밀도, 점성토의 컨시스턴시, 지반의 압축특성 및 전단강도를 구할 수 있다.

사운딩은 특히 지층경계니 암반 및 지지층 위치와 지하공동을 감지하는데 효과가 있다. 또한 보링으로 예측한 지반상태를 보링공 사이에서 사운딩으로 확인하여 지반조사 비용을 절감하고 지반조사의 신뢰성을 증진시킬 수 있다.

자주 사용하는 사운딩으로는 타입식 사운딩, 압입식 사운딩, 베인시험이 있으며 특수한 형태로 보링공내에서 실시하는 측압 사운딩과 방사선을 이용하는 방사선 사운딩이 있다.

2) 타입식 사운딩

타입식 사운딩은 타입장치를 이용해서 일정한 에너지를 가하여 사운딩 로드를 지반에 타입하는 동적 사운딩 방법으로 일정한 관입량에 도달하기 위한 타격수를 구하거나 일정한 타격수에 의한 관입량을 구한다.

사운딩은 타격하중과 사운딩 로드 자중의 비가 깊이에 따라 달라지는 단점이 있다. 또한 주변마찰의 영향 때문에 동일한 지반에서 일정 깊이를 관입시키는 데에 필요한 타격수는 심도가 깊을수록 많아진다. 이러한 영향은 점성토에서 특히 크다. 사질지반에서는 타격수가 초기에는 증가하다가 특정심도 이하에서는 일정해진다. 선단에 큰 자갈이나 암편이 있으면 타격수가 많아져서 연약한 지반을 강성지반으로 오해할 수가 있게 된다. 지하수위 아래의 점성토 지반에서는 타입시에 과잉간극수압이 작용하여 관입에 대해 저항하기 때문에 관입시험이 무의미해 질 수도 있다.

타입장치는 수동식과 기계식이 있으며 선단부와 관입방법에 따라 다양한 종류가 있으나 일반적으로 가장 널리 이용하는 사운딩 장치는 동적관입시험기(DIN 4094형)와 표준관입시험기(ASTM D 1586 – 58T형)가 있다.

(1) 동적관입시험기

동적관입시험(DPT, Dynamic Penetration Test)은 DIN 4094형 타입식 사운딩이며 경량형과 중량형이 있다. 경량동적관입시험장비는 로드 직경이 22 mm이며 단면적이 $10\ cm^2$인 콘을 10 kg의 추를 50 cm 낙하고로 타격하여 관입시키며 아주 견고한 지반이 아니면 8 m 정도까지 타입할 수 있다. 깊은 심도와 견고한 지반에서는 로드직경이 32 mm이며 단면적이 $14 cm^2$인 콘을 50 kg의 추를 50 cm 낙하고로 타격하여 관입시키는 중량동적관입시험장비를 사용한다.

보링공에서도 시행할 수가 있으며 분당 15~30 cm의 일정한 속도로 타입하고 매 10 cm 관입에 대한 타격수나 일정 타격수에 대한 관입량을 측정한다(그림 1.10). 동적관입시험은 큰 자갈과 조밀한 모래질 자갈을 제외한 모든 지반에 적용된다.

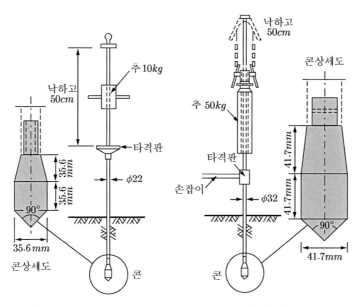

a) 경량 동적 관입시험장비   b) 중량 동적 관입시험장비

그림 1.10   동적관입시험장비 (DIN 4094 형)

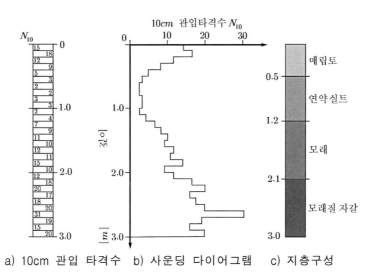

a) 10cm 관입 타격수   b) 사운딩 다이어그램   c) 지층구성

그림 1.11   동적 관입시험 결과

(2) 표준관입시험

표준관입시험 (SPT : Standard Penetration Test) 은 미국 재료시험협회 (ASTM : American Society for Testing Materials) 에서 정한 표준 사운딩 방법이며, 그림 1.12 와 같은 내공형 사운딩 선단부 (split spoon sampler or raymond sampler) 를 지반에 타입하여 관입저항을 측정한다.

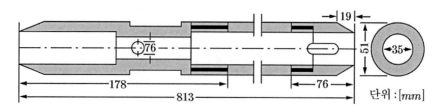

그림 1.12 ASTM 표준관입시험기

내공형 사운딩 즉, ASTM 표준관입시험기의 선단부 (샘플러) 는 외경/내경/길이가 5.1 cm / 3.5 cm / 81.0 cm 이며, 무게 63.5 kg 추를 75 cm 높이에서 낙하시켜서 즉, 추의 위치에너지를 가해 교란되지 않은 지반에 샘플러를 30 cm 관입시키는 데 필요한 타격수 N 값을 측정한다. 샘플러 (그림 1.12) 는 세부분으로 되어 있고, 샘플러를 회수하여 분해하면 중간 부분은 다시 2 개로 분리되기 때문에 그 안에 관입된 지반을 직접 육안으로 보고 판정할 수 있다. 시료는 교란상태이므로 물리적 성질을 추정할 수 있다.

지표부분 45 cm 는 주변마찰의 영향이 무의미하다. 그리고 지반교란에 의한 영향을 받지 않도록 하기 위해 우선 15 cm 를 관입시킨 후에 (예비타) 추가로 30 cm 관입시키는 데 필요한 (본타) 타격수 N_{30} 을 측정한다. 이때 타격수 N_{30} 을 특별히 N 값 (N value) 이라고 한다. 큰 자갈을 제외한 대부분의 흙에 적합하고, 심도가 크지 않으면 보링과 병행하여 수행한다.

N 값으로부터 지지력과 내부마찰각 및 변형계수를 구할 수 있다 (그림 1.13, 1.14). 점성토에서 $N = 8 \sim 15$ 이면 컨시스턴시 지수는 $I_c > 0.75$ 이고, 사질지반에서 $N = 10 \sim 30$ 이면 중간 정도 조밀한 지반이다.

① N 값의 보정

표준관입시험은 로드의 마찰과 토질 및 지중응력의 영향을 받으므로 그 측정치 N 을 다음과 같이 중복하여 보정 (N') 한다.

· 로드길이에 대한 보정 : 심도가 20 m 보다 깊으면 로드의 탄성압축변형에너지와 마찰 때문에 실제보다 큰 N값이 측정되므로 로드 길이 L 을 고려한 보정치 N' 를 구한다.

$$N' = N \qquad (단, \ L \leq 20m)$$
$$N' = (1.06 - 0.003\,L)\,N \qquad (단, \ L \geq 20m) \tag{1.6}$$

· 토질에 대한 보정 : 포화된 미세한 실트질 모래층에서 측정된 N 값이 15 이상이 되면 다음 식 (Terzaghi/Peck, 1967) 으로 보정한다.

$$N' = 15 + 0.5\,(N - 15) \tag{1.7}$$

· 상재하중에 대한 보정 : 상대밀도 $D_r < 0.5$ 인 모래지반에서는 상재하중에 의한 지중응력 p 의 영향을 보정한다 (Gibbs/Holts, 1957).

$$N' = \frac{4N}{0.04p + 1} \qquad (p \leq 73 \text{ kN/m}^2)$$

$$N' = \frac{4N}{0.01p + 3.25} \qquad (p > 73 \text{ kN/m}^2) \qquad (1.8)$$

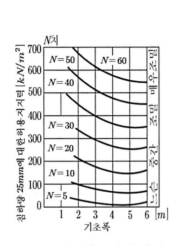

a) 기초지지력과 N값의 관계
(Terzaghi, 1967)

b) 내부마찰각-지지력계수 관계
(Peck/Hanson/Thornburn)

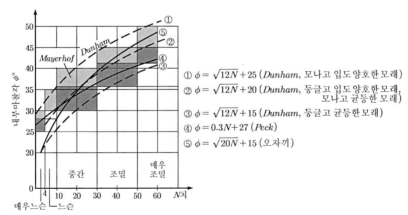

① $\phi = \sqrt{12N} + 25$ (*Dunham*, 모나고 입도양호한모래)

② $\phi = \sqrt{12N} + 20$ (*Dunham*, 둥글고 입도양호한모래, 모나고 균등한모래)

③ $\phi = \sqrt{12N} + 15$ (*Dunham*, 둥글고 균등한모래)

④ $\phi = 0.3N + 27$ (*Peck*)

⑤ $\phi = \sqrt{20N} + 15$ (오자끼)

그림 1.13 사질토에서 N값과 기초지지력 및 내부마찰각의 관계

② N 값의 이용

N값을 이용하여 지반의 강도정수를 구하고자 하는 노력이 많이 있었으며, 대개 자주 이용되는 강도정수와 N값의 관계식은 다음과 같다.

ⓐ 모래의 상대밀도 (relative density) 와 N값의 관계 (Melzer, 1967)

$$D_r = 0.317 \log N - 0.226 \gamma_t + 0.392 \pm 0.067 \qquad (1.9)$$

ⓑ 모래의 내부마찰각과 N 값과의 관계

모래에서는 N 값으로부터 내부마찰각을 구할 수 있으며 다음 식을 자주 이용한다.

· Dunham :

$\phi = \sqrt{12N} + 15$: 둥글고 균등한 모래

$\phi = \sqrt{12N} + 20$: 둥글고 입도분포 양호한 모래,

　　　　　　　　　　　모나고 균등한 모래 　　　　　　　　　　　　　　(1.10)

$\phi = \sqrt{12N} + 25$: 모나고 입도분포 양호한 모래

· Peck　 : $\phi = 0.3 N + 27$ 　　　　　　　　　　　　　　　　　　　(1.11)

· 오자끼 : $\phi = \sqrt{20N} + 15$ 　　　　　　　　　　　　　　　　　　(1.12)

ⓒ 점성토의 컨시스턴시, 일축압축강도 q_u 와 N 값의 관계

점성토의 일축압축강도(unconfined compressive strength)와 N 값의 관계는 대략 다음
과 같이 제시되어 있으나 신빙성은 떨어진다.

$$q_u = N/8 \ (\mathrm{kgf/cm^2}) = 12.5N(\mathrm{kN/m^2}) \tag{1.13}$$

다음 표 1.4 는 Peck/Hanson/Thornburn 이 현장에서 관찰한 결과이며 점토의 컨시스턴
시와 N 값의 관계를 나타낸다 (Terzaghi/Peck, 1967).

표 1.4　점토의 컨시스턴시와 N 값의 관계

점토상태	컨시스턴시 지수	N 값	현장관찰	q_u [kN/m²]	σ_a (DIN 1054) [kN/m²]
매우 연약 (very soft)	0~0.5	< 2	주먹이 쉽게 10cm 관입	0 < 25	0
연약 (soft)	0.5~0.6	2~4	엄지가 쉽게 10cm 관입	25~50	20
보통 (medium)	0.6~0.75	4~8	엄지가 어렵게 10cm 관입	50~100	40
굳음 (stiff)	0.75~1.0	8~15	손톱으로 자국남	100~200	100
매우 굳음 (very stiff)	$1.0 \sim w_s$	15~30	손톱자국 어려움	200~400	200
딱딱함 (hard)	$w = w_s$	30 <		400 <	400

ⓓ 지반의 압축성과 N 값의 관계

N 값과 변형계수 E_s 의 관계는 다음과 같이 계산한다 (Schulze/Menzenbach, 1967).

$$E_s = 1/m_v = C_1 + C_2 N \tag{1.14}$$

여기에서 m_v 는 체적압축계수 $[cm^2/kgf]$ 이고, 계수 $C_1,\ C_2$ 는 그림 1.14 와 같다.

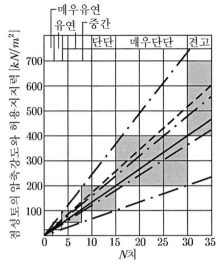

q_{as}' : 직사각형기초의 단기 허용지지력 $(= 1.8q_u,\ F = 2)$

q_{ac}' : 연속기초의 단기 허용지지력 $(= 1.3q_u,\ F = 2)$

q_{as} : 직사각형 기초의 허용지지력 $(= 1.2q_u,\ F = 3)$

q_{ac} : 연속기초의 허용지지력 $(= 1.0q_u,\ F = 3)$

c : 점착력 $c = \dfrac{1}{2}q_u$

a) 점성토의 압축강도 q 와 허용지지력, N 값의 관계 (Terzaghi/Peck, 1967)

$$E_s = 1/m_v = C_1 + C_2 N$$

m_v : 체적압축계수 $\left[cm^2/kgf \right]$

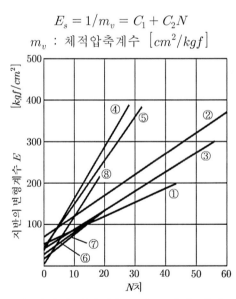

b) 지반의 변형계수 E 와 N 값의 관계
(Shulze/Menzenbach, 1967)

흙의 종류	C_1	C_2	흙의 종류	C_1	C_2
① 가는 모래 (지하수상부) $S_r < 50$, $C_u = 2$, 0.06-0.2mm	52	3.3	⑤ 모래질자갈 $S_r < 50$, $C_u = 60$, 0.06-0.2mm	38	10.5
② 가는 모래 (지하수상부) $S_r < 100$, $C_u = 2$, 0.06-0.2mm	71	4.5	⑥ 실트질모래 $S_r < 85$, $C_u = 8$, 0.02-2.0mm	24	5.3
③ 모래 $S_r < 50$, $C_u = 2$, 0.1-1.5mm	39	4.5	⑦ 약소성실트, 실트질점토 $S_r < 85$, $C_u = 60$, 0.002-0.1mm	12	5.8
④ 자갈섞인 모래 $S_r < 50$, $C_u = 4$, 0.65-12mm	43	11.8	⑧ 실트, 점토질 실트 $S_r < 85$, $I_p = 15$, 0.001-0.2mm	4	11.5

그림 1.14 점성토에서 압축강도, 지지력 및 변형특성과 N 값의 관계

표 1.5 N값과 모래의 내부마찰각 및 상대밀도의 관계
(Terzaghi, Peck, Meyerhof, Dunham, 오자끼)

N 값	상대 밀도	내부 마찰각[°]	
		Peck	Meyerhof
0~4	0.0~0.2 (매우 느슨, very loose)	〈 28.5	〈 30
4~10	0.2~0.4 (느슨, loose)	28.5~30	30~35
10~30	0.4~0.6 (보통, medium)	30~36	35~40
30~50	0.6~0.8 (조밀, dense)	36~41	40~45
50 〈	0.8~1.0 (매우 조밀, very dense)	41 〈	45 〈

【예제】 다음에서 옳지 않은 것은?

① 점성토지반에서는 동적 사운딩을 사질토 지반에서는 정적 사운딩을 적용한다.

② 사운딩으로 지반의 압축특성과 전단강도를 구할 수 있다.

③ 사운딩은 타입식 및 압입식 사운딩과 베인시험 등이 있다.

④ 동적관입시험에서는 분당 15~30cm 의 속도로 타입하고 10cm 관입에 대한 타격수나 일정한 타격수에 대한 관입량을 측정한다.

⑤ 사운딩의 타격수는 심도가 깊어질수록 많아진다.

⑥ 표준관입시험에서는 내공형 선단부를 30 cm 관입시키는 소요 타격수 N 값을 측정한다.

⑦ 표준관입시험의 샘플러에서 채취한 시료는 교란시료이다.

⑧ N값으로부터 지지력, 점토의 컨시스턴시, 내부마찰각, 변형계수를 구할 수 있다.

⑨ N값은 로드의 길이, 토질, 상재하중에 대해 보정한다.

【풀이】 ① 점성토는 정적사운딩, 사질토는 동적 사운딩을 적용한다.

3) 압입식 사운딩

압입식 사운딩은 콘을 타격하지 않고 일정한 압력을 가하여 지반 내에 압입시키는 방법이며, 콘 관입시험이 가장 대표적이다.

콘 관입시험 (CPT : Cone Penetration Test) 은 단면적 $A = 10cm^2$ 인 콘을 정적인 힘을 가하여 일정한 속도 (0.2~0.4 mm/min) 로 압입하여 관입시키면서 측정한 관입 저항치, 즉 콘지수 q_c 를 측정하여 지반상태나 특성을 조사하는 압입식 사운딩 시험이다.

덧치 콘 시험기 (dutch cone penetrometer) 는 이중관으로 되어 있어서 사운딩 로드의 선단 저항과 주변마찰을 분리하여 측정할 수가 있고 (그림 1.16), 큰 자갈 지반을 제외한 대개의 지반에 적용된다. 콘 지수 q_c 와 표준관입시험의 N 값과는 다음 관계가 성립된다.

사질토 : $q_c = (400 \sim 600)N$ (1.15)

자갈질 퇴적층 : $q_c = (800 \sim 1000)N$

압입 사운딩의 결과는 그림 1.16 과 같이 깊이 (연직축) 에 대한 관입저항 (수평축) 으로 표시한다. 그러나 깊은 심도에서는 수행이 어렵고 경비가 많이 든다. 비점성토에서 약 25 m 까지 가능하며 관입에 필요한 저항력을 얻기 위하여 지반에 앵커를 설치하기도 한다. 사질토에서 상대밀도와 선단저항력의 관계는 그림 1.15 와 같다.

콘지수 q_c 로부터 다음의 지반특성을 구할 수 있다.

- 일축압축강도 q_u : $\quad q_u = q_c/5$ (1.16)
- 점착력 c : $c = q_c/10$ (1.17)
- 탄성계수 E : $E = (2\sim8)q_c$ (1.18)
- 극한지지력 q_{ult} : $q_{ult} = 0.57q_c$ (1.19)
- 말뚝의 극한지지력 q_{ult} :

$$q_{ult} = q_c A_p + 0.005 q_c A_s \quad (A_p : 선단면적, \ A_s : 주변면적) \tag{1.20}$$

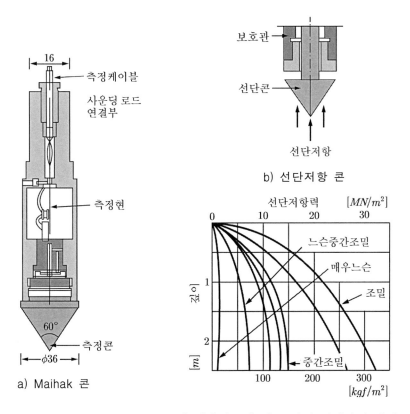

a) Maihak 콘

b) 선단저항 콘

c) 상대밀도에 따른 선단 저항치의 변화

그림 1.15 선단저항 측정 사운딩

【예제】 다음의 설명 중 틀린 것을 정정하시오.

① 콘 관입시험에서 콘 단면적은 $A = 10cm^2$ 이다.

② 콘 관입시험에서 콘은 $0.2 \sim 0.4$ mm/min 의 속도로 관입한다.

③ 덧치 콘 관입시험기는 선단저항과 주변마찰을 분리하여 측정할 수 있다.

④ 콘 관입시험은 모든 지반에 적용할 수 있다.

⑤ 콘 지수로부터 일축압축강도, 점착력, 탄성계수, 극한지력, 말뚝의 극한지력 등을 구할 수 있다.

【풀이】 ④ 콘 관입시험은 큰 자갈지반에는 적용할 수 없다.

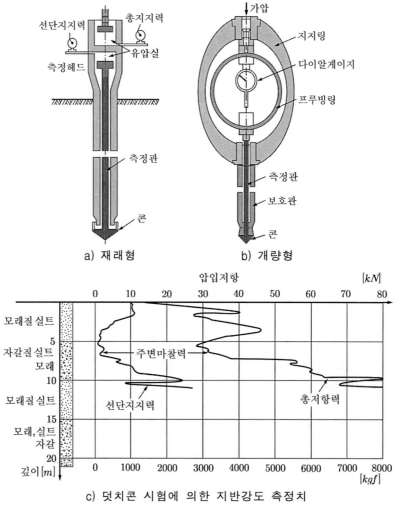

a) 재래형   b) 개량형

c) 덧치콘 시험에 의한 지반강도 측정치

그림 1.16 덧치콘 관입시험

4) 베인시험

베인시험 (Vane Test) 은 균열이 없는 연약한 점성토지반의 전단강도를 현장에서 직접 측정하는 방법이다. 직사각형 금속판을 십자형으로 회전축에 고정시켜서 만든 베인(그림 1.17)을 지반에 30 cm 이상 깊게 관입한 후에 일정한 각속도 (30°/min) 로 회전하여 베인 날개 둘레에서 원통형으로 전단파괴가 일어날 때 최대 회전모멘트를 측정한다. 회전속도는 그림 1.18 과 같이 초기상태와 교란상태에서 다르게 하여 최대 회전모멘트 $M_{\max}$ 를 측정하고 이로부터 지반의 전단강도 τ_f 를 계산한다.

$$\tau_f = \frac{M_{\max}}{\dfrac{\pi d^2 h}{2} + \dfrac{\pi d^3}{6}} = \frac{6}{7} \frac{M_{\max}}{\pi d^3} \qquad (1.21)$$

d : 베인의 직경 [cm]

h : 베인의 높이 $h = 2d$ [cm]

$M_{\max}$: 최대 회전모멘트 [MN·m]

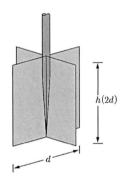

그림 1.17 베인날개

베인시험은 점착력이 $0.51\,kgf/cm^2$ 이하인 연약점토에 적합하며, 조사심도는 대략 10 m 이내로, 깊은 심도에서는 로드 비틀림 변형의 영향이 있다. 완전포화 점토의 전단강도 τ_f 는 비배수전단강도 S_u (undrained shear strength) 가 된다. 함수비가 큰 지반에서는 소성지수 I_p 에 따라 현장 비배수전단강도 S_{uf} 를 보정한다 (그림 1.19).

$$S_u = \lambda S_{uf} \qquad (1.22)$$

처음 느리게 회전하여 비교란 상태 비배수전단강도 S_{us} 를 측정한 후 속도를 빠르게 회전하여 교란상태 비배수전단강도 S_{ud} 를 측정하면 예민비 S_t (sensitive ratio) 를 구할 수 있다.

$$S_t = S_{us} / S_{ud} \qquad (1.23)$$

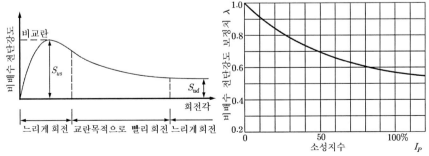

그림 1.18 베인시험   **그림 1.19 베인시험 결과 보정 (Bjerrum, 1973)**

5) 특수 사운딩

(1) 측압 사운딩

측압 사운딩은 공내 횡방향 재하시험 (borehole lateral load test) 이라고도 하며, 보링공을 기계적으로 수평으로 확장시키며 측압과 수평변위를 측정하여 지반반력계수 K 와 변형계수 E 등 지반의 역학적 특성을 구하는 시험 (Lee, 1996) 이며, 암반조사에서도 이용된다 (그림 1.20).

공내 재하시험은 크게 다음 두종류로 나뉜다.

- **보어홀잭 (borehole jack)** : 보링공과 치수가 같은 강성 재하판을 공벽에 접촉시키고 등변위로 가압하는 방법.

- **공내 팽창기 (borehole dilatometer)** : 고무튜브를 이용하여 보링공벽의 전주면에 등분포하중을 재하하는 방법으로 프레셔미터 시험 (PMT, pressuremeter test) 등이 있다.

Menard (1965) 는 프레셔미터 시험으로부터 구한 부피-압력곡선에서 탄성영역의 기울기 즉, 프레셔미터 율 E_{pm} (pressuremeter modulus) 을 다음과 같이 구하였다.

$$E_{pm} = (1+\nu)\,2\,V\,\frac{\Delta p}{\Delta V} \tag{1.24}$$

여기에서, ν 는 poisson 비이고 대체로 $\nu = 0.33$ 을 적용한다. 경험적으로 프레셔메터율 E_{pm} 은 지반의 변형계수 E_s 와 선형비례 관계이다.

$$E_s = \frac{E_{pm}}{\alpha} \tag{1.25}$$

여기에서 α 는 리올로지 상수 (rheological coefficient) 이며, 흙의 종류와 E_{pm}/p_l 의 비에 따라 표 1.6 의 값을 갖는다. p_l 는 압력-부피곡선에서 탄성영역과 소성역역의 경계압력이다 (그림 1.20).

표 1.6 Menard 의 리올로지 상수 (괄호안은 E_{pm}/p_l 의 비)

흙의 종류	피 트	점 토	실 트	모 래	모래, 자갈 혼합물
과 압 밀	1	1 (>16)	2/3 (>14)	1/2 (>12)	1/3 (>10)
정규압밀	1	2/3 (9~16)	1/2 (8~14)	1/3 (7~12)	1/4 (6~10)

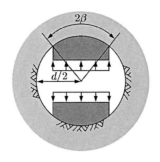

a) 보어홀 잭 (등변위법)

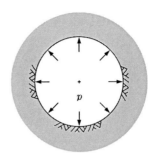

b) 공내 팽창기 (등분포 하중법)

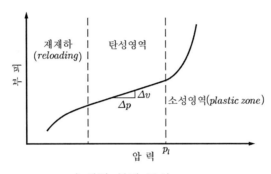

c) 압력-부피 곡선

그림 1.20 측압사운딩

(2) 방사능 사운딩

동위원소 사운딩이라고 하며 물체의 재질이 두꺼울수록 방사선이 많이 흡수되는 원리를 이용하여 지반 상태를 조사하는 방법이다. 대개 중성자선을 이용하여 함수비를 측정하지만 결과의 신뢰성은 떨어진다. 시험 중에 방사선에 노출되지 않도록 유의해야 한다.

방사능 사운딩은 지구물리학적 탐사의 동위원소 탐사에 해당된다.

【예제】 다음 설명 중에서 틀린 부분이 있으면 정정하시오.

① 베인시험에서 베인 날개를 분당 $30°$ 로 회전하면서 전단강도를 측정한다.
② 베인시험은 점착력이 $c \leq 0.51\,kgf/cm^2$ 인 지반에 적합하고 조사심도는 $10m$ 이내이다.
③ 베인시험으로부터 지반의 비배수 전단강도와 예민비를 측정할 수 있다.
④ Menard 형 프레셔미터 시험으로부터 탄성계수를 구할 수 있다.
⑤ 방사선 사운딩에서는 주로 중성자선을 이용한다.

【풀이】 해당 없음

1.4.5 시험굴 조사

일반적인 구조물의 기초에는 2~3 m 깊이의 시험굴 (test pits) 조사로는 불충분하다. 도로공사를 위한 지반조사 등에 적합하며, 시험굴의 바닥에서 사운딩을 하여 깊은 지반의 강성을 조사할 수 있다. 시험굴이 깊거나 지하수가 있을 때에는 널말뚝 등 토류벽을 설치해야 하므로 조사비용이 증가한다.

그러나 깊지 않은 지반에서 확실한 지반 판정할 수 있고 특별시료를 채취할 수 있다. 굴착단면 모양이 원형에서 많이 벗어날수록, 굴착 단면이 클수록, 굴착심도가 깊을수록, 지반이 불균질할수록, 점토함유율이 낮을수록 붕괴사고 위험이 커진다.

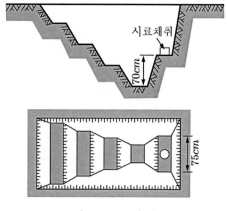

그림 1.21 시험굴

시험굴 조사는 지반을 직접 굴착하여 조사하는 방법으로 간단하면서도 가장 확실하게 지표부근 지반형상을 알 수 있는 시험이며 2~3 m 정도 깊이에서 경제적인 방법이다 (그림 1.21).

1.4.6 지구물리학적 조사

1) 지구물리학적 조사

지구 물리학적 지반조사 (geophysical investigation) 는 지반을 굴착하거나 시료를 채취하지 않고 지층의 종류와 두께를 알 수가 있는 지반조사방법이다. 토질공학적인 자료는 구할 수 없으나 광역조사에서 보링과 병행하면 보다 확실한 자료를 얻을 수 있다. 특히 지반내의 불연속면을 감지할 수 있으므로 댐건설 등에 매우 유효하다.

지진파 탐사, 동역학적 탐사, 전기저항 탐사, 방사능동위원소 탐사 등이 있다.

2) 지진파 탐사

지진파 탐사 (seismic prosperity) 는 탄성파탐사 (elastic wave exploration) 이라고도 하며 지진파를 통하여 지반을 굴착하지 않고도 광범위한 지역에서 지층의 형상과 지반의 종류 및 탄성계수를 알아내는 조사방법이다. 인공진원에서 탄성파를 이용하여 지하구조와 물질 성분을 개략적으로 알 수 있으며, 다음 두 가지 방법이 있다.

- 반사법 (reflection method) : 반사파를 이용하여 지반의 구조를 조사하는 방법이며 석유가스 등의 자원탐광 등 심층탐사에 적용된다.
- 굴절법 (refraction method) : 표층을 따라서 전파되는 직접파나 지층경계에서 굴절되어 전파되는 굴절파를 이용하여 비교적 얕은 지반을 탐사하는 방법이며 주로 토목 분야에 적용된다.

폭발 등에 의한 지반진동은 종파 (longitudinal wave) 가 되어 지층을 따라 전파된다. 지표를 따라 전파되는 표면파가 최초로 지진계에 도착되고 이때까지 걸린 시간 t_1 은 진원에서 지진계까지의 거리 s 와 파의 전파속도 v_1 으로 부터 다음과 같이 결정된다 (그림 1.22).

$$t_1 = s/v_1 \tag{1.26}$$

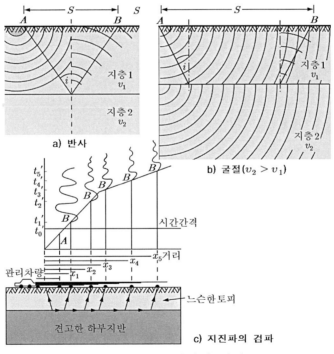

a) 반사

b) 굴절 $(v_2 > v_1)$

c) 지진파의 검파

그림 1.22   지진파 탐사

또한, 다른 파는 상부지층 (지층 1) 을 관통하고 하부지층 (지층 2) 의 경계면에서 굴절되어 지진계에 도달되며, 이 때 걸린 시간 t_2 는 다음과 같다.

$$t_2 = \frac{v_2}{v_1 \cos i} + \frac{s - 2\,T\tan i}{v_2} \tag{1.27}$$

$$\sin i = v_1/v_2$$

앞의 식으로 지층 1의 두께 T를 계산되며, 전파속도가 정확히 측정되지 않으면 측점을 변경하면서 측정한다. 지층이 두꺼운 경우에 적용된다.

지진파 탐사로부터 지층의 탄성계수 E (Young's Modulus)를 구할 수 있다. 즉, P 파의 속도 v 는 지반의 밀도 ρ 와 탄성계수 E 및 푸아송 비 ν 로부터 다음과 같이 계산한다.

$$v = \sqrt{\frac{E}{\rho}} \cdot \sqrt{\frac{1-\nu}{(1-2\nu)(1+\nu)}} \tag{1.28}$$

따라서 이 식을 변형하여 탄성계수 E 에 대한 식으로 바꾸면,

$$E = \rho v^2 \frac{(1-2\nu)(1+\nu)}{1-\nu} = \frac{\gamma v^2}{g} \frac{(1-2\nu)(1+\nu)}{1-\nu} \tag{1.29}$$

이므로, 속도 v 와 지반 단위중량 γ 및 중력가속도 g 를 적용하면 탄성계수 E 가 구해진다.

일반적으로 탄성계수 E 는 시험으로부터 구하기 어렵지만 지진파 탐사 결과를 이용하면 정확한 값을 구할 수 있다.

3) 동역학적 탐사

동역학적 탐사에서는 발진기를 이용하여 진폭과 진동수가 일정한 사인 (sine) 파를 발진하고 전파속도를 측정하여 지진파 탐사에서와 마찬가지로 지반의 종류와 지층 및 지반의 탄성계수를 구할 수 있다. 지층구성은 파악할 수 있으나 지층경계면의 깊이와 지층 두께는 결정하기가 어렵다. 두께 20 m 이하인 지반에 적합하다.

지진파 시험에서 이용하는 파는 종파인데 비하여 동역학적 탐사에서 이용하는 사인파는 횡파이다. 횡파의 전파속도는 종파에 비해 작고 대개 피트 (peat) 지층에서 약 80 m/s, 사암에서 약 700 m/s이며 지반의 강성도가 증가할수록 커진다.

4) 전기비저항 탐사

전기비저항 탐사 (electrical resistivity prospecting)는 지반의 전도성이 지반상태에 따라 다른 점을 이용한 지반조사방법이다. 일반적으로 지반의 함수비가 달라지면 전도성도 달라지고 건조 사질토보다 젖은 지반의 전기저항이 크다. 비저항 ρ_a (resistivity)는 단위 입방체 물질의 전기저항이다.

2개의 전극 E_1 과 E_2 를 통하여 지반에 직류전류를 흘려보내고 두 측점 S_1 과 S_2 를 설치하여 휘스톤 브리지를 통해 저항을 측정한다. E_1 과 E_2 의 거리 (S_1 과 S_2)를 2~35m 까지 늘려 가면 깊이 a 의 영향이 커진다. E_1 과 E_2 의 거리를 일정하게 유지한 채 E_1 을 중심으로 하여 회전하면 보다 넓은 지역을 탐사할 수가 있다. 특히 지하수위와 암반경계면의 위치를 정하는 데 효과적이다 (그림 1.23).

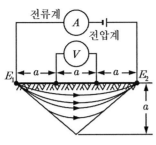

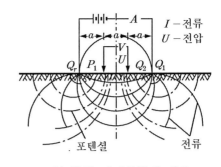

a) 전기 비저항 탐사 배치도   b) 전기 비저항탐사 개요

그림 1.23   전기 비저항탐사

5) 방사능 동위원소 탐사

원자의 질량은 양자와 중성자의 질량의 합이며, 원자의 분열로 인하여 양자수는 같으나, 중성자 수가 다른 원소가 발생된다. 양성자수가 같은 원소는 중성자수가 다르더라도 위상이 같으므로 이를 동위원소라 한다. 자연에는 서로 다른 방사선을 방출하는 동위원소가 많이 존재하며 지반조사에서는 다른 동위원소에 비해서 투과성이 좋은 감마 (γ) 선이 사용된다. 장시간에 걸쳐서 수행되는 시험에서는 반감기가 긴 동위원소를 사용해야 한다. 방사선이 물체를 투과할 때 물체의 종류, 밀도 및 두께에 따라 다른 정도로 흡수되며 흡수량은 지수 법칙이 적용되고 이로부터 원하는 값을 풀어낼 수 있다.

방사능 동위원소 탐사법에서는 사운딩 봉을 통해 동위원소를 지반에 주입하고 가이거 뮐러 (Geiger - Müller) 계수기로 지반을 투과한 방사선을 측정하여 방출량과 접수량의 차이로부터 지반의 상대밀도를 구한다 (그림 1.24).

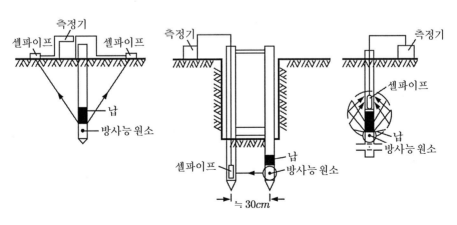

a) 단일 사운딩   b) 이중 사운딩   c) 심층 사운딩

그림 1.24   방사능 동위원소 탐사

감마선 사운딩에서는 20 m 이내의 깊이로 파이프를 타입하고, 파이프를 통하여 사운딩을 삽입한다. 사운딩은 하부에 방사능 원소가 있으며 그 위에 납으로된 차폐부가 있어서 방사능 원소에서 방출된 방사선은 지반에서 반사되어 차폐부의 위쪽에 있는 계수기에서 검출되며 지반에 따라서 검출량에 차이가 있다. 함수비를 측정할 때에는 감마선원소 (코발트) 대신에 동위원소인 라듐 - 배릴리움을 사용한다.

【예제】 다음에서 설명이 잘못된 것이 있으면 정정하시오.
  ① 지구물리학적 지반조사에서는 지반시료를 채취하지 않는다.
  ② 지구물리학적 지반조사에는 지진파 탐사, 동역학적 탐사, 전기저항 탐사, 방사능 동위 원소 탐사 등이 있다.
  ③ 지진파 탐사에서 반사법은 심층 지반탐사에, 굴절법은 얕은 지반탐사에 적용한다.
  ④ 지진파 탐사에서 속도 측정치 v 와 지반의 단위중량 γ 및 중력가속도 g 를 적용하면 지반의 탄성계수를 구할 수 있다.
  ⑤ 지진파 탐사에서는 종파를 이용하나 동역학적 탐사에서는 횡파인 사인파를 이용한다.
  ⑥ 전기비저항 탐사에서는 단위체적당 전기저항 즉, 비저항을 측정하여 지하수위와 암반 경계면을 측정한다.
  ⑦ 방사능 동위원소 탐사에서는 주로 감마선을 사용하며 지반의 상대밀도를 측정하고 라듐-베릴리움을 사용하여 함수비를 측정한다.

【풀이】 해당 없음

1.4.7 지하수조사

1) 개 요

지하수 조사 (ground water survey) 는 광대한 지역을 대상으로 하기 때문에 그 정밀도에는 한계가 있으며 조사에 소요되는 시간과 노력, 기술적인 경험과 정확한 판단 및 조사비용에 따라 성패가 좌우된다. 따라서 조사의 목적과 정밀성을 명확히 정한 후에 조사방법, 인원과 장비, 조사기간 및 경비 등을 충분히 고려하여 조사계획을 수립하고 수행한다.

지하수 조사는 조사목적에 따라 다음과 같은 것들이 있다.
  ① 가정 용수 조사
  ② 농업용수, 공업용수, 도시 생활용수 획득을 위한 대규모 지하수 개발계획을 위한 조사
  ③ 지하수 배수공법의 적용성 조사
  ④ 댐의 침투수조사
  ⑤ 지반 굴착공사를 위한 지하수조사

또한 지하수 조사시에는 다음 항목들을 순서를 정하여 면밀히 조사한다.

① 기존자료의 수집 및 검토
② 야외조사
 - 지질구조, 층서, 암석의 분포 등 지질조사
 - 우물 및 용천수의 분포 및 이용실태 조사
 - 지하수위 측정
 - 관측정의 위치선정 및 설계
 - 하천수량의 측정
 - 우물의 표고와 수위측정 및 검층
 - 지하수의 유향, 유속 조사
 - 물리조사의 측선설정
 - 시추시 채취된 시료의 물성시험
 - 수질분석
 - 대상지역에 대한 기상자료 수집 및 시기별 수위 변동 조사
 - 자료의 정리 및 분석

2) 수문조사

수문조사(hydrological survey)에서는 지하수의 노두인 우물이나 샘 등 지하수면을 조사하며, 측수조사, 간이 수질조사, 수온측정, 지질자료 및 양수시험의 관계 자료에 대한 검토 등을 통하여 지하수위 등고선도 등을 작성한다.

 - 측수조사 : 지표에서 지하수면 깊이와 지하수위 변동을 측정하거나 자료조사
 - 간이 수질조사 : 지하수의 전도도, pH, 수온 등의 조사
 - 지질조사 : 충적층의 두께 및 대수층의 위치와 두께에 대한 조사
 - 양수시험 : 양수에 따른 지하수위 변동 및 지하수의 계절적 변화에 관한 조사

수문지질조사 결과를 이용하여 필요에 따라 다음의 지하수 관련 수문지질도를 작성한다.

· 지하수위 등고선도(water table contour map) : 지하수면 지도에 해당되며, 지하수의 분포와 유동상태를 파악하는 데 이용하고, 이로부터 유선망의 작성도 가능하다.
· 지하수 등수두선도(piezometric surface map) : 피압지하수의 지하수 등수두선을 나타낸 수문지질도이다.
· 지하수위 심도도(depth to watertable map) : 지하수위 등고선도에 지형도를 겹쳐 그 차이를 그린 것으로, 배수, 지하수위 강하공사 등에 이용한다.
· 대수층 두께도(thickness of aquifer map) : 대수층의 두께 분포를 그린 것이다.
· 지하수 비전도도 등치선도(water conductivity map) : 지하수나 지표수의 비전도도의 분포를 그린 것으로 지하수의 오염 또는 염수의 영향등을 파악할 수 있다.

지하수 조사에서 대수층의 규모를 파악하는 것이 매우 중요하며, 위의 자료 이외에 전기탐사 등 물리탐사를 실시하여 보완하고 시험시추로 확인하면 좋다. 그 밖에 기반암의 절리상태와 파쇄대 분포 등에 특히 주의한다. 하천의 유량측정과 강우량 및 증발량 등의 기상조사도 포함한다. 하천의 유량은 하천유수의 횡단면을 여러 개로 나누어서 측정하며 측정오차가 심하므로 숙달이 필요하다.

3) 지하수위 조사

(1) 관측정 수위조사

현장주변에 지하수위 관측정 (ground water level observation well)을 설치한 후 정기적으로 지하수위 변화를 관측한다. 시간과 경비가 많이 소요되나 가장 정확하고 신속한 방법이다.

(2) 피에조미터 수위조사

현장에 피에조미터 (piezo-meter)를 설치하여 (그림 1.25b) 지하수위를 측정하는 방법이다. 그림 1.25a 와 같이 다양한 피에조미터 중에서 투수계수에 맞는 형태를 선택해서 사용한다.

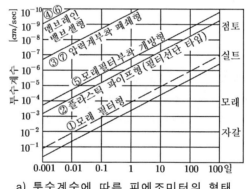

a) 투수계수에 따른 피에조미터의 형태

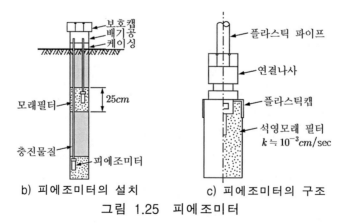

b) 피에조미터의 설치   c) 피에조미터의 구조

그림 1.25 피에조미터

4) 지구물리탐사

지구물리탐사법 (geo-physical investigation) 은 지반을 시추하지 않고 지표에서 지반의 자성, 밀도, 탄성, 전기적 성질 등의 지구물리적 성질을 측정하여 지반상태를 조사하는 방법이며, 지질구조나 지하수상태 및 광물의 분포를 알 수 있고 시추조사에 비하여 비용이 적게 든다.

지구물리탐사는 지질조사와 병행하면 좋은 성과를 얻을 수 있고 전기저항법과 탄성파법이 자주 적용된다. 탄성파법은 지구물리학적 조사에 설명되어 있다.

전기저항법은 전류를 지반으로 흘려보내고 지상에서 전압차를 측정하여 대수층의 존재를 추정하는 방법이다. 지층의 비저항 ρ 는 지층의 물성, 밀도, 간극비, 함수비에 따라 달라지며 물질의 저항 R 과 단면적 A 및 길이 L 로부터 다음과 같이 구한다.

전기저항법에는 연직탐사방법과 수평탐사방법이 있다.

$$\rho = \frac{RA}{L} \tag{1.30}$$

5) 현장투수시험

현장투수시험 (field permeability test) 은 주로 보링공에서 실시하며 지하수를 양수하거나 반대로 물을 주입하여 수위변화를 측정해서 지반의 투수계수를 정하는 개단시험과 일정 심도에서 팩커를 이용한 압력수 주입을 통해 지반의 투수계수를 정하는 팩커시험이 있다.

(1) 개단시험

개단시험 (open end test) 은 주로 투수계수가 큰 사질토지반에 적용하며 투수계수 k 는 유출 (또는 주입) 수량 Q 와 우물의 반경 r 및 수두차 (케이싱 상부로부터 지하수위까지의 깊이) H 로부터 다음과 같이 개략적으로 구한다 (Das, 1984).

$$k = \frac{Q}{5.5rH} \tag{1.31}$$

(2) 팩커시험

팩커시험 (packer test) 은 주로 암반에 적용하며 그림 1.26 과 같이 팩커를 이용하여 일정 심도에서 압력수를 주입하여 특정 지층의 투수계수를 구할 때 적용한다 (Das, 1984).

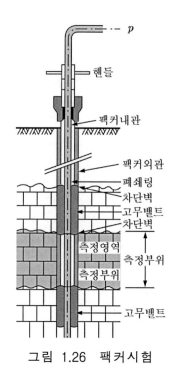

그림 1.26 팩커시험

$$k = \frac{Q}{2\pi LH} ln(L/r) \quad (단, \ 10\,r \leq L\,)$$

$$= \frac{Q}{2\pi LH} sinh^{-1}\frac{L}{2r} \quad (단, \ r \leq L < 10\,r\,) \tag{1.32}$$

여기에서 L 은 팩커주입 길이, H 는 수두차, r 는 보링공의 반경이다.

【예제】 다음의 내용 중 틀린 부분이 있으면 정정하시오.

① 지하수 조사에는 지하수위조사, 수문조사, 현장 투수시험 등이 포함된다.
② 지하수 조사에서는 노두인 우물이나 샘의 수위변화 관측이 중요하다.
③ 지하수위는 관측정이나 피에조미터를 설치하여 측정한다.
④ 지하수 조사에는 전기저항법과 탄성파법등 지구물리학적 탐사법이 적용된다.
⑤ 현장 투수시험 중 개단시험은 투수계수가 작은 점토지반, 팩커시험은 암지반에 적용한다.
⑥ 피에조미터는 지반의 투수계수에 따라 적합한 형태를 사용한다.

【풀이】 ⑤ 개단시험은 투수계수가 큰 사질토에 적용한다.

1.5 현장재하시험

현장재하시험 (field loading test) 은 현장에서 지반의 지지력 및 침하 특성 (1.5.1 절) 을 조사하기 위하여 시행하며, 평판재하시험 (1.5.2 절) 과 CBR 시험 (1.5.3 절) 이 중요하다.

1.5.1 재하시험

재하 (loading) 및 제하 (unloading) 가 끝난 후에 다음 단계의 하중을 단계적으로 재하한다. 무거운 물체를 사용하면 재하와 제하가 쉽지 않으므로 대개는 유압, 기어장치 또는 지렛대를 이용하고 앵커나 사하중으로 재하한다. 말뚝이나 재하판의 처짐은 2개 이상 측점에서 측정한다.

시험결과에 영향을 줄 수 있는 모든 종류의 진동원을 제거한 후에 시험을 실시해야 좋은 결과가 구해진다. 시간, 하중, 처짐을 측정하며 그 결과로 하중 - 침하곡선, 시간 - 침하곡선, 하중 - 시간곡선을 그린다.

그림 1.27 은 현장재하시험 결과를 나타내며 하중 - 침하곡선은 초기에는 거의 직선적으로 변하고 하중이 증가할수록 곡률이 커지며, 한계상태 이후에는 거의 수직선이 된다. 제하 시에도 변형의 일부는 그대로 남으며 이러한 잔류변형 즉, 소성변형은 상대밀도와 총 침하량에 따라 다르다.

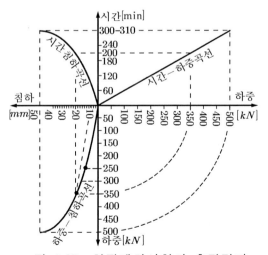

그림 1.27 현장재하시험의 측정결과

1.5.2 평판재하시험

평판재하시험 (plate loading test) 은 지반의 응력 - 침하관계와 지반의 지지력 및 압축성을 구하기 위하여 시행하며, 여기에서 구한 탄성변형계수 E_v (deformation modulus) 와 지반반력계수 k_s (coefficient of subgrade reaction) 는 도로와 활주로공사에 직접 응용된다.

1) 평판재하시험의 수행

평판재하시험기는 재하판, 가압장치 (유압펌프와 압력계), 측정간 및 3개의 변위 측정용 다이알 게이지로 구성되며 (그림 1.28), 현장의 화물트럭이나 중장비를 지지하중으로 이용한다. 재하판의 직경은 보통 300 mm 이며, 직경 80 mm 이상인 큰 자갈이나 암편이 많이 포함된 지반에서는 직경 600 mm 인 재하판을 이용한다. 재하도중에 대개 경사지게 침하가 일어나므로 반드시 재하판상의 3점에서 침하를 측정한다.

먼저 지반을 잘 고른 후에 재하판을 설치한다. 재하판은 수평이어야 하고 지반과의 사이에 공간이 없어야 된다. 입자가 큰 자갈 등이 있어서 평면으로 고르기 어려울 때에는 중간 크기의 건조한 모래나 석고반죽으로 재하판이 놓일 면을 고른다. 재하판 위에 가압장치와 측정장치를 설치한 다음에 $10 kN/m^2$ 정도의 하중을 가하여 안정시키고 0점을 맞춘다.

하중은 예상 극한지지력 (σ_{max}) 을 최소 7단계로 나누어 동일한 크기로 가하며 각 재하단계에서는 침하가 완료된 후에 다음 단계를 가한다. 재하는 3차로 나누어서 『1차 재하 → 1차 제하 → 2차 재하 → 2차 제하 → 3차 재하 → 3차 제하』의 순서로 수행한다.

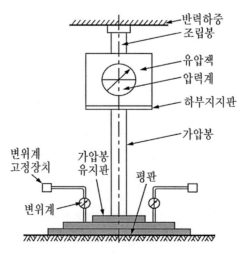

그림 1.28 평판재하시험 재하상태

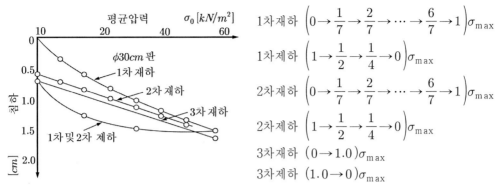

그림 1.29 평판재하시험 결과

1차 및 2차 재하는 예상 극한지지력을 7단계로 나누어 가하며, 1차 및 2차 제하는 $\sigma_{max} \rightarrow 0.5\sigma_{max} \rightarrow 0.25\sigma_{max} \rightarrow 0$ 의 3단계로 나누어 가한다. 3차 재하에서는 단계별로 하중을 가하지 않고 직접 최대치에서 초기 값으로 일시에 하중을 제거한다. 선형하중상태를 유지하려면 반복시험의 최종단계를 생략할 수 있다. 그림 1.29는 예상 극한지지력을 7단계로 나누어 수행한 예이다. 각 하중단계에서 침하량은 2분, 4분, 8분, 60분… 정도의 간격을 두고 0.01 mm의 정확도로 읽으며, 시간이 경과하여 15분 동안에 발생된 침하량이 0.01 mm 이하이면 침하가 완료된 것으로 보고 다음 단계의 하중을 가한다.

하중 - 침하곡선 (load settlement curve) 에서 항복점이 나타날 때까지 재하하며, 반력하중과 시간이 여유가 있으면 지반이 파괴될 때까지 재하를 계속한다. 장기허용지지력은 항복하중의 1/2 또는 파괴하중의 1/3로 하고, 단기허용지지력은 장기허용지지력의 2배로 한다.

변형계수 E_v 는 대개 직경이 300 mm인 재하판에서는 침하 5 mm 또는 평균접지압이 약 0.5 MN/m^2 일 때를, 직경이 600 mm인 재하판에서는 침하 7 mm 또는 평균접지압이 약 0.25 MN/m^2 일 때를 기준으로 하여 구한다 (Simmer, 1980).

2) 시험결과의 이용

측정한 평균압력 σ_0 와 평균침하 s 를 이용하여 평균압력 - 침하곡선을 그리고 이로부터 지반의 변형계수 E_v 와 지반반력계수 k_s 및 점성토의 비배수전단강도 S_u 등을 구한다.

(1) 변형계수 E_v

지반의 변형성을 나타내는 상수인 변형계수 E_v (deformation modulus) 는 평판재하시험의 결과로부터 다음과 같이 계산한다.

$$E_v = \frac{3}{4} d \frac{\Delta\sigma_0}{\Delta s} = 1.5\, r\, \frac{\Delta\sigma_0}{\Delta s} \tag{1.33}$$

여기에서 d 는 재하판 직경 [m] 이고, r 은 재하판의 반경 [m] 이며, $\Delta\sigma_0$ 와 Δs 는 대개 중간응력범위 즉, $(0.3 \sim 0.7)\sigma_{0,\max}$ 인 범위에서 구한다.

$\Delta s = s_2 - s_1$: 침하증가량 (m)

$\Delta\sigma_0 = \sigma_{02} - \sigma_{01}$: 접지압 증가분 (kN/m²)

(2) 지반반력계수

지반반력계수 k_s (coefficient of subgrade reaction) 는 단위크기의 지표침하를 일으키는 등분포하중의 크기로 정의한다.

$$k_s = \frac{\sigma_0}{s} \; [kN/m^3] \tag{1.34}$$

도로나 활주로공사 등에서는 평균압력 - 침하곡선에서 침하량 $s = 1.25\,\text{mm}$ 에 대한 평균 압력 σ_0 를 읽어서 지반반력계수를 구한다. 보통 직경 $762\,\text{mm}$ 인 재하판을 사용하며, 직경 이 $300 < d < 762\,\text{mm}$ 인 재하판에서 (지반의 깊이가 $1.5d$ 까지는 균질하다고 가정) 지반반력 계수를 다음과 같이 환산할 수 있다.

$$\frac{k_{s1}}{k_{s2}} = \frac{d_2}{d_1} \tag{1.35}$$

(3) 다짐관리

평판재하시험을 통하여 다짐정도를 관리할 수 있으며, 2 차 (E_{v2}) 및 1 차 (E_{v1}) 재하시의 변형계수의 비 E_{v2} / E_{v1} 으로부터 다짐상태를 판단한다 (표 1.7 참조).

또한 입경이 커서 일반적인 방법으로는 변형계수 E_s 를 구하기가 어려운 자갈 등의 지반 에서는 평판재하시험 결과로부터 개략적으로 다음과 같이 변형계수를 구할 수 있다.

$$E_s = \frac{\sigma_0}{s} \; d \tag{1.36}$$

(4) 점성토의 비배수전단강도

평판재하시험을 통하여 포화점성토의 급속재하 시 비배수전단강도 S_u (undrained shear strength) 를 구할 수 있다. 단, 재하판 직경의 3 배 만큼 주위 지반을 고른 후 기초파괴가 일어날 때까지 재하한다. 뚜렷한 파괴형상이 나타나지 않을 경우에는 재하판 직경의 0.1 에 해당하는 침하가 일어날 때까지 재하한다. 비배수전단강도 S_u 는 평판재하시험의 파괴하중 σ_f 로 부터 다음과 같이 구한다 (Lackner, 1975).

$$S_u = \sigma_f/6 \tag{1.37}$$

표 1.7 사질토에서 탄성변형률 E_{v2} 와 다짐도 D_{pr} 의 관계

지 반	D_{pr} [%]	E_{v2} [MPa]	E_{v2}/E_{v1}
GW - GP	≥ 103 ≥ 100 ≥ 97	≥ 120 ≥ 100 ≥ 80	$\leq 2.2,\ D_r \geq 103\,\%$인 경우
GP - SW - SP	≥ 100 ≥ 97 ≥ 95	≥ 80 ≥ 60 ≥ 45	$\leq 2.5,\ D_r < 103\,\%$인 경우

* E_{v1} : 1차 재하 시 변형계수

* E_{v2} : 2차 재하 시 변형계수

표 1.8 세립토/혼합토에서 간극비 n - 함수비 w-E_{v2}-E_{v2}/E_{v1} 관계 (공기함유 $n_a \leq 12\%$)

n [%]	w [%]	E_{v2} [MPa]	지 반	E_{v2}/E_{v1}
≤ 30	$7 \sim 15$	$45 \leq$	세립토	≤ 2.0
$30 < \cdots \leq 36$	$10 \sim 20$	$20 < \cdots < 45$		
$36 <$	$15 \leq$	≤ 20	혼합토	≤ 3.0

3) 평판재하시험 결과 적용시 유의사항

지반의 지지력은 지반의 성질 이외에도 기초의 근입깊이와 형상, 폭, 길이 및 지하수위 등에 의해 영향을 받으므로 실제기초보다 크기가 작은 재하판으로 행한 평판재하시험 결과 를 실제 기초에 그대로 적용하기가 어려우며 다음의 영향에 유의한다.

(1) 지반의 두께

재하판의 크기에 따라 지반내 응력변화 범위가 다르므로 재하판의 영향이 미치지 않는 깊이에 연약지반이 있으면 재하시험에서는 그 영향이 나타나지 않으나 실제기초에서는 그 영향으로 기초침하가 예상보다 크게 발생될 수 있다. 따라서 연약층의 전단 및 압축특성을 파악한 후에 실제기초의 침하량과 지지력을 산출한다.

(2) 지하수위

지하수위가 지표에 가까운 지반에서 지하수위가 상승하면 지반의 지지력이 대체로 반감 하므로 이를 고려하여 기초의 지지력을 판정한다.

(3) 스케일 이펙트 (scale effect)

지반이 균질한 경우에도 지지력과 침하량에 대한 재하판 크기 영향이 있으므로 지지력과 침하량에 대한 실제기초와 재하판의 스케일 이펙트를 다음과 같이 고려한다.

- **지지력** : 순수한 점토의 지지력은 재하판 크기에 의한 영향이 없으나, 순수한 모래에서는 지지력이 재하판의 폭에 비례하여 커진다.

- **침하량** : 순수한 점토에서 변형계수는 깊이에 대해서 일정하고 기초의 영향권은 재하판의 크기에 따라 커지므로 기초의 침하량은 재하판의 폭에 비례하여 커진다. 순수한 모래에서는 기초가 크면 기초의 영향권도 커지지만, 변형계수가 깊이에 따라서 증가하므로 기초의 침하량은 기초가 커지더라도 약간 증가하는 정도에 머문다.

【예제】 다음의 평판재하시험에 관한 설명 중 틀린 것을 정정하시오.

① 평판재하시험에서는 보통 직경 300 mm 인 재하판을 사용하고 직경 80 mm 이상인 큰 자갈이나 암편을 많이 포함하는 지반에서는 직경 600 mm 재하판을 이용한다.

② 재하장치를 설치한 후에 $10\,kN/m^2$ 정도의 초기하중을 가하여 안정시킨다.

③ 하중은 예상극한지지력을 7단계 정도로 나누어 동일한 크기로 가한다.

④ 각 재하단계에서 15분 동안에 발생된 침하량이 0.01 mm 이하이면 침하가 완료된 것으로 간주하고 다음 단계의 하중을 가한다.

⑤ 변형계수 E_v 는 직경이 300 mm 인 재하판에서는 침하 5 mm, 평균 접지압 $0.5\,MPa$ 때를 기준하고 직경 600 mm 인 재하판에서는 침하 7 mm, 평균 접지압 $0.25\,MN/m^2$ 일 때를 기준으로 구한다.

⑥ 평판재하시험 결과로부터 지반의 변형계수 E_v 와 지반 반력계수 및 다짐상태 등을 구할 수 있다.

⑦ 평판재하시험의 결과는 지층의 두께가 얇거나 지하수위가 높으면 실제와 다를 수가 있다.

【풀이】 해당 없음

1.5.3 CBR시험 (California Bearing Ratio)

CBR 시험 (노상토 지지력시험, California Bearing Ratio) 은 도로나 활주로의 포장두께를 결정하기 위하여 포장을 지지하는 노상토의 강도, 압축성, 팽창성, 수축성 등을 결정하는 시험으로 미국 캘리포니아 도로국에서 개발되어 전세계에 널리 보급되었다. 우리나라에서도 KS F 2320에 채택되어 있다.

직경이 50 mm인 강봉을 일정한 속도 (1.00 mm/min) 로 관입량이 12.5 mm가 될 때까지 현장지반이나 (현장시험) CBR 몰드 (직경 150 mm) 에 성형된 지반에 (실내시험) 관입시키면서 강봉의 관입량이 0.625 mm (또는 0.5 mm) 될 때마다 강봉에 작용하는 힘을 측정한다. 주변지반은 차후의 도로포장부의 하중에 해당하는 크기로 재하링을 사용하여 재하한다.

CBR 치는 관입량 2.5 mm (또는 5.0 mm) 에 대한 시험단위하중을 표준단위하중에 대한 백분율로 나타낸 값이다. 즉, CBR 치는 시험에서 강봉에 걸리는 단위면적당 하중을 표준단위하중 $\sigma_I = 7.0 \, \text{N/mm}^2$ (2.5 mm 관입에 대한 표준단위하중) 나 $\sigma_{II} = 10.55 \, \text{N/mm}^2$ (5.08 mm 관입에 대한 표준단위하중) 에 대한 백분률로 나타낸 값이다. 보통 2.5 mm 침하량에 대한 값을 CBR 치로 택하며 이 값이 5 mm 에 대한 값보다 크면 시험을 다시 하고 그래도 같은 결과가 나오면 5 mm 에 대한 값을 CBR 치로 택한다. 표준쇄석에서 실험한 여러 가지 관입량에 대한 CBR 표준단위하중은 표 1.9 와 같다.

표 1.9 CBR 표준단위하중

관입량 [mm]	2.5	5.0	7.5	10.0	12.5
표준단위하중 [kgf/cm²]	70	105	134	162	183
전하중 [kgf]	1370	2030	2630	3180	3600

【예제】 다음의 설명 중 틀린 곳이 있으면 정정하시오.

① CBR 시험은 도로나 활주로등의 노상토의 강도, 압축성, 팽창성, 수축성을 결정하는 시험이다.

② CBR 시험은 우리나라에서 KS F 2320 에 채택되어 있다.

③ CBR 은 직경 55 mm 인 강봉을 1.00 mm/min 속도로 관입시킬 때 관입량 2.5 mm (또는 5.0 mm) 시 시험단위하중의 표준단위하중에 대한 백분율로 나타낸 값이다.

【풀이】 ③ 직경 50 mm

1.6 시공중 토질시험

댐을 축조하거나 부지의 성토, 옹벽의 뒷채움, 지반개량 등을 시공할 때에는 지반의 다짐도 (1.6.1절), 함수비 (1.6.2절), 단위중량 (1.6.3절), 지지력 (1.6.4절), 지반진동 (1.6.5절) 등을 관리대상으로 선정하고 현장에서 지속적으로 측정하여 품질을 관리한다.

1.6.1 다짐관리

지반의 다짐상태는 다음의 방법으로 관리할 수 있다.

1) 다짐시험 (현장/실험실)

다짐의 상태는 함수비와 다짐방법에 따라 다르므로 다짐시험을 통해서 함수비 - 다짐작업 - 상대밀도의 관계를 정한다. 실험실에서는 보통 입경이 작은 시료만을 사용하므로 실험실에서 구한 최적함수비는 현장과 다를 수 있다. 다짐은 최적함수비의 2% 범위 내에서 실시하며 이 범위에서 벗어날 때에는 흙을 말리거나 물을 추가한다.

2) 평판재하시험 (현장)

평판재하시험을 실시하여 지반의 지지력은 물론 압축성과 다짐정도를 확인할 수 있다. 이때에도 하중은 단계적으로 가한다.

3) 롤러시험 (현장)

롤러로 다지기 전의 지표와 다진 후 지표의 수준을 측량하여 롤러의 다짐횟수와 지표의 침하관계를 구하면 허용 변형량에 해당하는 롤러의 다짐횟수를 추정할 수 있다. 넓은 면적에 대한 다짐성과를 검토할 때에 적합한 방법이다.

4) 사운딩 (현장)

다져진 지반에서 전체 깊이에 대해 일반적인 사운딩을 실시하여 깊이별로 다짐 정도를 검토할 수 있다.

【예제】 다음에서 다짐상태를 관리하는 시험이 아닌 것은?

① 현장실내다짐시험 ② 평판재하시험 ③ 현장롤러시험
④ 현장 사운딩 시험 ⑤ 현장함수비시험

【풀이】 ⑤

1.6.2 함수비 관리

지반의 함수비를 높일 경우에는 단순히 물을 추가하면 되기 때문에 문제가 되지 않으나 함수비를 작게 할 경우에는 오븐건조(실험실)하거나 지반을 가열(현장)하여 흙을 말려야 하므로 별도의 시간과 비용이 소요된다.

1.6.3 단위중량 관리

현장지반의 단위중량은 정확히 측정하기가 쉽지 않다. 보통 일정한 양의 흙시료를 채취하여 무게와 부피를 구해서 단위중량을 구하지만 흙시료의 정확한 부피를 구하기가 매우 어려우므로 여러 가지 방법이 적용되고 있다.

현장에서 적용할 수 있는 대표적인 방법은 모래치환법과 고무막법 및 특정기기를 이용하는 방법들이 있다.

• 모래치환법

모래치환법에서는 직경 약 230 mm, 깊이 약 250 mm 정도 되게 지반을 굴착하여 시료를 채취해서 습윤단위중량을 구하고 노건조하여 건조단위중량을 구한다. 이때에 시료의 현장부피는 굴착한 공간에 단위중량을 알고 있는 건조한 석영모래(보통 표준사)를 채운 후 사용한 모래의 부피를 측정하여 구한다. 이를 위한 기구는 그림 1.30 과 같다.

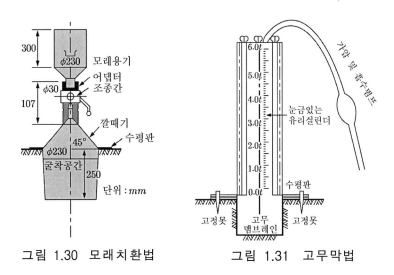

그림 1.30 모래치환법   그림 1.31 고무막법

- 고무막법

고무막법에서는 지반을 굴착하여 시료를 채취해서 무게를 측정하고 시료 즉, 굴착공간의 부피는 그림 1.31 과 같은 고무막이 장착된 실린더장치로 측정하여 습윤 단위중량과 노건조 단위중량을 구한다.

3) DIN 4021 코어커터 이용법

최대입경이 $\phi < 5\,mm$ 로 입자가 작은 지반에서는 부피를 알고 있는 얇은 강재실린더를 지반에 관입시켜서 흙시료를 채취하고 실린더 안의 흙시료의 무게를 실린더의 부피로 나누어서 지반의 단위중량을 구할 수 있다 (그림 1.4 참조).

1.6.4 지지력 관리

현장에서 지반의 지지력을 검토하기 위하여 자주 적용하는 방법은 평판재하시험과 CBR 관입시험이 있다.

- 평판재하시험

평판재하시험(plate loading test) 을 실시하여 지반의 지지력과 압축특성 (지반반력계수)을 구할 수 있다. 직경 $300 \sim 600\,mm$ 인 평판에 일정한 하중을 재하하여 그 하중에 의한 침하량이 15분간 0.01mm 보다 작아지면 안정된 것으로 간주하고 다음 단계 하중재하를 계속한다. 평판재하시험에 대한 기타 상세한 내용은 1.5.2항 참조한다.

- CBR 관입시험

현장 CBR시험은 실내 CBR시험과 같이 지지력 비를 얻는 방법으로 실내 CBR시험에서는 다짐시료에 대한 지지력을 파악하지만 현장 CBR시험은 자연노상토의 지지력 비를 구하는 시험이다. 관입 피스톤은 실내시험과 동일한 규격을 사용하며 관입속도 1mm/min로 관입량이 12.5mm가 될 때까지 현장지반에 관입하면서 관입량 2.5mm(또는 5.0mm)시 CBR값을 구하는 방법이다.

현장 CBR시험을 통해 현장에서 현재의 노상이나 노반의 지지력에 대한 적부를 판정할 수 있으며 지반의 CBR값과 지반반력계수와의 관계는 표1.10과 같다.

표 1.10 지반의 CBR 값과 지반반력계수의 관계

지 반	단위중량 [kN/m³]	현 장 지 지 력	
		CBR [%]	지반반력계수 ks [kN/m³]×10⁴
GW	20.0~22.5	60~80	>8
GP	17.5~21.0	25~60	>8
GM	21.0~23.0	40~80	>8
GC	19.0~22.5	20~40	5~8
SW	17.5~21.0	20~40	5~8
SP	16.0~19.0	10~25	5~8
SM	19.0~21.5	20~40	5~8
SC	17.0~21.0	10~20	5~8
ML	16.0~20.0	5~15	3~5
CL	16.0~20.0	5~15	3~5

* 유기질토(OL, OH)와 액성한계가 큰 지반(MH, CH)은 실내시험으로 정한다.

1.6.5 진동측정

진동속도가 3 mm/s 이하이면 구조물 손상이 거의 일어나지 않으며 진동속도의 한계치는 구조물의 형태에 따라 다르다 (표 1.11 스위스규정 SNV 640′370).

발파나 말뚝의 항타 등으로 지반이 진동할 경우에는 이로 인해서 인접 구조물이 불리한 영향을 받는 일이 없도록 측정을 통해서 이를 관리한다. 진동의 영향을 판정하는 기준으로 최대 진동속도 $V_{\max}$ (maximum vibration velocity)를 적용하며 보통 cm/s [또는 kine]의 단위로 표시한다.

최대진동속도는 x, y, z 세 방향에서 측정한 속도의 벡터 합이다 (그림 1.32).

$$V_{\max} = \sqrt{V_x^2 + V_y^2 + V_z^2} \tag{1.38}$$

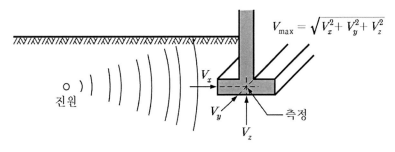

그림 1.32 최대 진동속도의 측정

표 1.11 구조물과 최대진동속도

구조물형태	진원	주파수 영역 [Hz]	최대진동속도 [mm/s]
I	M	10~30	12
		30~60	12~18*
	S	10~60	30
		60~90	30~40**
II	M	10~30	8
		30~60	8~12*
	S	10~60	18
		60~90	18~25**
III	M	10~30	5
		30~60	5~8*
	S	10~60	12
		60~90	12~18**
IV	M	10~30	3
		30~60	3~5*
	S	10~60	8
		60~90	8~12**

주)

I : 철근콘크리트구조 및 철골구조(모르타르 피복안한 상태)로 된 공장건물, 상가건물, 옹벽, 교량, 탑구조, 노출배관구조, 콘크리트피복을 하거나 안한 지하공동, 터널, 수직갱 등의 지하구조

II : 콘크리트로 기초 벽 및 복공이 있는 건물 ; 인공석재나 다듬돌 또는 콘크리트로 된 지상지하 연결벽, 다듬돌로된 옹벽, 흙지반에 설치된 배관 ; 벽돌 피복된 지하공동, 터널, 수직갱 등 지하구조물

III : 콘크리트로 된 기초벽 및 지하실복공이 있는 건물, 지상 층에 있는 목재발코니, 인공석 재료로 된 지상 지하연결벽

IV : 특별히 진동에 민감하거나 보호해야 할 구조물

M : 기계, 교통, 굴착장비에 의한 진동

S : 발파에 의한 진동

* : 작은 값은 30Hz에 대한 값, 큰 값은 60Hz에 대한 값. 그 중간은 직선적으로 변화

** : 작은 값은 60Hz에 대한 값, 큰 값은 90Hz에 대한 값. 그 중간은 직선적으로 변화

1.7 실내 토질시험

현장에서 채취한 교란 또는 비교란 시료에 대해서 실내 토질시험(laboratory soil test)을 수행하여 (표 1.12) 다음 내용에 관한 정밀한 자료를 얻는다.

① 기본 물성시험
② 역학시험
  - 강도시험
  - 압축성시험
③ 투수시험

실내시험에 관한 상세한 내용은 「토질시험」(2012, 이상덕)을 참조한다.

표 1.12 실내 토질시험

실 내 시 험	시 험 목 적	시 료 상 태	
		비 교 란	교 란
함수비	지반분류	*	*
습윤단위중량	지반분류	*	(*)
비중	지반분류	*	*
아터버그 한계	지반분류, 컨시스턴시		*
입도분포 체분석 하이드로미터분석	지반분류 건설재료로서 흙지반의 판정		*
유기질함유시험	지반분류		*
탄소함유시험	건설재료로서 흙지반의 판정 및 지반분류		*
베인시험	비배수전단강도 : 지지력, 안정, 토압	*	
폴콘시험	베인시험과 같음	*	
일축압축시험	베인시험과 같음	*	
삼축시험	배수 및 비배수강도 : 지지력, 안정, 토압	*	
직접전단시험	삼축시험과 같음	*	
압밀시험	압축성 = 압밀특성=투수계수 : 침하계산, 시공관리	*	
융기시험	지반의 융기특성	*	
프록터 다짐시험	최적함수비 : 흙의 건설재료판정, 시공관리		*
노상토 지지력시험(CBR)	도로지반의 지지력 : 도로지반의 치수결정 자갈질 모래의 건설재료판정		*

1.8 지반조사 보고서

지반을 조사한 모든 내용을 기본으로 지반조사보고서 (ground exploration reports) 를 작성한다. 지반조사보고서는 지반조사자의 자질과 능력을 나타내며 구조물의 설계와 시공 시에 중요한 참고자료가 되므로 정확하게 작성해야 한다.

1.8.1 보고서 내용

① 조사의 범위
② 구조물의 특징
③ 부지선정내용(인접구조물, 배수조건, 식생의 특징 등)
④ 지질조건
⑤ 현장탐사내용(보링횟수, 깊이, 형태)
⑥ 실내시험결과, 표준관입저항치, 콘관입저항치
⑦ 지하수상태
⑧ 최적기초의 형태
⑨ 지반조사의 결론, 조사에 대한 제안

1.8.2 첨부도표

① 부지의 위치도
② 보링위치의 평면도
③ 보링주상도
④ 실내시험결과
⑤ 기타 특별한 도표

1.8.3 보링주상도에 명시해야 할 내용

보링 주상도에는 시추공으로부터 구한 다음의 제 정보를 명시해야 한다.

① 굴착회사명, 주소
② 굴착자 성명
③ 작업설명, 작업횟수
④ 보링개수, 종류
⑤ 보링날짜
⑥ 목측된 지반의 성층
⑦ 지하수위 평가, 관찰
⑧ N값, SPT 깊이
⑨ 흙시료의 깊이, 형태
⑩ 사용한 코어배럴에 관한 기록

【연습문제】

【문 1.1】 지반조사를 세밀하게 실시해야 하는 경우를 열거하시오.

【문 1.2】 지반시료를 일반시료와 특별시료로 구분하여 채취할 필요성을 언급하시오.

【문 1.3】 흙의 구조골격이 흐트러지면 구할 수 없는 흙의 성질을 언급하시오.

【문 1.4】 직경 150 mm 의 흙시료를 채취하기 위한 샘플러의 최소칫수를 결정하시오.

【문 1.5】 암석시료를 채취할 때에 회수율이 RQD 보다 큰 경우의 암반상태를 설명하시오.

【문 1.6】 폭 2.0 m 인 연속기초를 2 열로 배치한 길이가 긴 구조물의 바닥면 폭이 10.0 m 인 경우에 보링조사해야 할 깊이를 정하시오.

【문 1.7】 N 값이 10 인 점토의 컨시스턴시, 일축압축강도, 변형계수를 구하시오.

【문 1.8】 N 값이 20 인 사질토의 물리적성질과 역학적 특성을 구하시오.

【문 1.9】 콘관입시험결과 콘지수 q_c 로부터 구할 수 있는 지반성질을 설명하시오.

【문 1.10】 지진파 탐사로부터 지반의 탄성계수를 구하는 식을 유도하시오.

【문 1.11】 루젼(Lugeon) 단위에 대해 설명하시오.

【문 1.12】 평판재하시험의 문제점을 설명하시오.

【문 1.13】 평판재하시험을 실시하여 도로 다짐정도를 관리하는 방법을 설명하시오.

【문 1.14】 평판재하시험결과로부터 포화점성토의 비배수전단강도를 구하는 방법을 설명하시오.

【문 1.15】 현장에서 시공중 다짐상태를 관리하는 방법을 설명하시오.

【문 1.16】 다음의 실내토질시험 중에서 비교란 시료를 필요로 하는 것을 고르시오.

① 함수비시험　　　　② 단위중량시험
③ 비중시험　　　　　④ 아터버그한계 시험
⑤ 입도분포시험　　　⑥ 유기질함유시험
⑦ 베인시험　　　　　⑧ 일축압축시험
⑨ 삼축압축시험　　　⑩ 직접전단시험
⑪ 압밀시험　　　　　⑫ 다짐시험
⑬ CBR시험

제 2 장   **얕은 기초**

2.1 개 요

기초는 상부구조물의 하중을 지반에 전달하기 위하여 상부구조와 일체로 설치하는 구조체이며, 지지층 즉, 하중을 지지할 수 있는 지층의 위치에 따라 지표나 얕은 지층 (얕은 기초) 또는 깊은 지층 (깊은 기초) 에 설치한다.

기초는 다음조건을 만족해야 한다.
① 기초는 정역학적으로 안정해야 한다.
② 기초는 최소 근입 깊이를 확보하여 지반의 습윤팽창, 건조수축, 동결, 온도변화, 지하수위 변동, 인접공사 등의 영향을 받지 않아야 한다.
③ 기초의 위치변화 (침하, 부등침하, 수평이동, 회전) 가 허용한계 이내이어야 한다.
④ 기초는 다음에 대해서 충분한 안전율을 유지해야 한다.
- 지반의 전단파괴 (지지력)
- 구조물 - 지반 시스템의 안정
- 기초바닥면의 활동
- 전도에 의한 파괴
- 부력의 영향

⑤ 기초는 기술적으로 시공이 가능해야 하고 경제적이며 시공하는 동안에 인접한 구조물에 피해가 없어야 한다.

얕은 기초는 상부구조물의 하중을 기초슬래브를 통해 접지압으로 지반에 직접 전달시키는 구조물이며, 그 거동에 영향을 미치는 일반적인 내용 (2.2 절) 을 정확히 알고 설계해야 한다. 얕은 기초는 상부구조물의 하중을 지탱할 수 있을 만큼 지반의 지지력 (2.3 절) 이 충분히 커야 하며, 침하거동 (2.4 절) 이 상부구조물에 불리하지 않고, 침하량이 허용 침하량 (2.5 절) 보다 작아야 한다.

2.2 얕은 기초

얕은 기초는 지지거동이 깊은 기초와 구분 (2.2.1절) 되며, 기초로서의 기능을 유지하기 위해 지지력과 침하에 대한 안정조건 (2.2.2 절) 을 충족해야 한다. 얕은 기초는 기둥(또는 벽)의 기초슬래브 접속상태에 따라 여러 종류 (2.2.3 절) 로 구분하며, 날씨나 지표지질변화에 의한 영향을 받지 않도록 일정한 근입깊이 (2.2.4 절) 로 설치한다. 얕은 기초는 상부구조물의 하중을 접지압 (2.2.5 절) 으로 지반에 전달하며, 그 크기와 분포형태는 기초와 지반의 상대강성에 따라 다르다. 얕은 기초는 구조물의 중요도와 작용하중의 형태에 따라 다른 안전율 (2.2.6 절) 을 적용해서 설계한다.

2.2.1 얕은 기초와 깊은 기초

기초 (foundation) 는 상부구조와 일체로 지반에 설치하는 구조체이며, 독립기초나 연속기초처럼 지표 또는 얕은 지반 내에 설치하는 슬래브 형태의 얕은 기초 (shallow foundation) 와 말뚝이나 피어 또는 케이슨처럼 지반 내에 깊게 설치하는 깊은 기초 (deep foundation) 로 구별된다. 그러나 얕은 기초와 깊은 기초를 엄밀히 구별하기는 어렵다.

얕은 기초와 깊은 기초는 다음과 같은 종류가 있다.

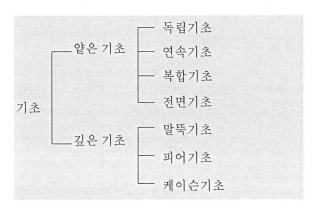

얕은 기초는 상부구조물의 하중을 지반에 직접 전달시키는 형태의 기초이며, 기초슬래브를 통해 지반에 전달된 구조물 하중을 소위 접지압으로 지지한다. 또한, 단순하게 근입깊이 D_f (penetration depth) 가 기초의 최소 폭 B 또는 일정한 깊이 (예를 들어 기초 폭의 8 배) 보다 깊지 않은 기초를 얕은 기초라고 말하기도 한다.

반면에 구조물 하중을 선단지지력과 주변마찰력으로 지지하는 형태의 기초를 깊은 기초라고 말한다.

얕은 기초는 상부구조물의 하중이 비교적 크지 않고, 양호한 (지지력이 큰) 지반이 지표에 가까이 있는 경우에 선택하며, 상부구조물의 하중을 지반에 직접 전달시키므로 직접기초 (direct foundation) 라고도 하고, 그 모양이 기둥의 하단 (선단부) 을 확대시킨 형태이므로 확대기초 (footing, spread foundation) 라고도 한다 (그림 2.1).

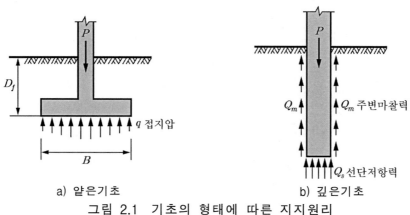

a) 얕은기초   b) 깊은기초
그림 2.1 기초의 형태에 따른 지지원리

상부구조물의 하중이 기초를 통해 지반에 전달되면 지반응력이 증가되고, 이로 인해 흙의 구조골격이 압축되어 기초가 침하된다. 기초침하량은 지반응력과 변형계수로부터 계산할 수 있다. 지반응력이 증가하면 지반의 압축변형 외에 전단변형이 발생되는데 그 크기는 변형계수 E_s 나 압축지수 C_c 값으로는 계산할 수 없다.

기초를 통해 전달된 하중에 의해 지반 내에 발생된 전단응력이 그 지반의 전단강도에 도달 (지반이 전단파괴) 되어 전단변형이 과도하게 일어나기 시작할 때의 하중을 지반의 지지력이라고 말한다.

실무에서는 3차원 지지력 문제를 풀기 위하여 평면상태에 대한 지지력공식을 적용한 후에 보정계수를 이용하여 보정한다. 지지력 공식을 무심코 사용한계를 벗어나게 적용하면 안전율을 틀리게 계산할 수 있는 위험이 있다.

2.2.2 얕은 기초 성립조건

얕은 기초의 하부지반은 강도가 커서 상부하중을 안정하게 지지할 수 있어야 하고 (허용지지력), 변형성이 작아서 상부구조물이 기울어지거나 상부구조물 부재에 균열이 생기지 않아야 한다 (허용 침하량).

얕은 기초는 다음 조건을 만족해야 하며, 그렇지 않을 때에는 깊은 기초로 변경하거나 지반의 성질을 개량한다.

① 구조물하중에 대해 지반의 지지력이 충분해야 한다.
② 구조물을 포함하는 지반전체가 안정되어야 한다(예 : 사면에 있는 구조물의 경우).
③ 침하량이 구조물의 허용 침하 이내이어야 한다.
④ 구조물에 의한 수평하중을 지반으로 전달할 수 있어야 한다.

2.2.3 얕은 기초 종류

얕은 기초는 상부구조물의 하중을 기초슬래브를 통해 지반에 직접 전달시키는 구조체이며, 기초슬래브와 기둥 및 벽체의 접속방식과 형태에 따라 독립기초, 연속기초, 복합기초, 전면기초로 구분한다 (그림 2.2).

1) 독립기초 (individual footing foundation) : 그림 2.2a

독립기초는 한 개의 기초슬래브가 하나의 기둥을 지지하는 형태의 기초를 말하며, 정사각형 및 원형기둥에는 정사각형 및 원형 독립기초가 가장 적합하다. 직사각형 독립기초는 벽체나 직사각형 기둥의 기초로 적합하다.

2) 복합기초 (combined foundation) : 그림 2.2b

복합기초는 2개 이상의 기둥이 서로 가까이 있어서 기초 슬래브를 각각 설치하기가 곤란하거나 편심의 우려가 있는 경우에 적용하고 하나의 기초 슬래브가 2개 이상의 기둥을 지지하는 기초형식이다. 복합기초는 연결보를 크게 하여 깊은 위치에 시공할 경우에 경제적이다.

3) 연속기초 (strip foundation) : 그림 2.2c

연속기초는 벽체 또는 2개 이상의 기둥을 하나의 기초슬래브로 지지하는 띠모양으로 긴 형태의 기초를 말하며, 줄기초나 띠기초 또는 대상기초라고도 한다.

4) 전면기초 (mat foundation) : 그림 2.2d

전면기초는 지지력이 작은 지반에서 여러 개의 기둥을 하나의 큰 기초슬래브에 연결하여 평균압력 (즉, 단위면적당 작용하중)을 감소시킨 형태의 기초이다. 그러나 단위면적당 작용하중은 감소하지만 변형 영향권이 확대되어 절대 침하량이 커지는 문제가 있다. 기초의 전체 소요면적이 시공면적의 2/3 이상일 때에 경제적이다. 사일로나 굴뚝의 기초는 대개 전면기초이다.

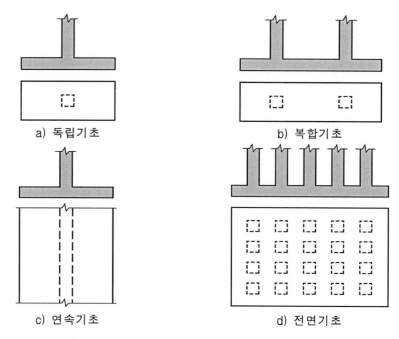

a) 독립기초

b) 복합기초

c) 연속기초

d) 전면기초

그림 2.2 얕은 기초의 종류

2.2.4 얕은 기초 근입깊이

지표부근의 지반은 건조수축, 습윤팽창, 지하수위 변동, 지반의 동결이나 풍화 등의 영향을 받아 부피가 변하여 지반내 각 점의 위치가 달라진다. 따라서 얕은 기초는 이런 영향을 받지 않도록 충분히 깊게 설치하며, 이 깊이를 근입깊이 D_f (penetration depth) 라고 한다.

얕은 기초의 근입깊이는 다음 원칙에 따라 결정한다.

① 지반의 지지력이 충분히 크지 않은 경우에는 기초하중을 지반에 균등하게 분포시킬 수 있는 면적으로 기초 폭에 해당하는 깊이까지 지반을 굴착하여 모래나 자갈로 치환하고 충분히 다지거나 빈배합 (버림) 콘크리트를 타설한 후에 기초를 설치한다.

② 지반의 건조수축에 의한 침하와 습윤팽창 및 동결에 의한 융기를 방지하기 위하여 항상 함수비 변화선 및 동결선 아래 일정한 깊이에 기초를 설치한다. 세립토 함유율이 3% 미만인 굵은 모래나 자갈 등 조립토는 모관상승고가 작아서 지하수면 상부에서는 물을 보유할 수 없으므로 동결작용이 일어나지 않는다.

③ 지반풍화의 영향을 받지 않도록 기초를 깊게 (평지에서 1.2 m, 경사지에서 0.6~1.0 m 이상) 설치한다.

④ 인접한 기초는 응력이 중첩되지 않도록 기초 간의 고저차를 제한한다.

2.2.5 얕은 기초 접지압

얕은 기초가 지반과 접촉하는 바닥면에서의 압력분포를 기초의 접지압 (contact pressure) 이라고 하며, 그 크기와 분포는 지반과 기초구조물의 상대적 특성에 따라 다르다. 얕은 기초를 설계할 때에는 접지압의 분포를 알아야 기초판에 작용하는 모멘트와 전단력을 계산할 수 있다. 접지압을 등분포로 가정하면 사질토에서는 안전측이지만 점성토에서는 불안전측일 수 있다. 전면기초와 같이 넓은 기초에서는 과다 또는 과소설계가 되지 않도록 접지압의 분포를 (불균일성) 고려해서 설계해야 한다.

접지압의 크기와 분포는 다음과 같은 지반 및 구조물의 특성에 의해 영향을 받는다.

① 지반의 종류 (점성토/사질토) 와 지층상태 및 역학적 거동특성 (탄성거동/소성거동)
② 지반의 압축특성 및 압축특성의 시간에 따른 변화
③ 사질토의 상대밀도
④ 구조물과 지반의 상대적인 휨강성도
⑤ 구조물의 크기와 기초의 길이, 폭 및 근입깊이
⑥ 작용하중의 크기 및 형태

1) 기초의 상대강성도

기초의 접지압은 기초구조물과 지반의 상대적인 휨강성도 즉, 강성도비 K (rigidity ratio) 에 따라 달라진다. 폭이 B 이고 길이가 L 인 기초의 강성도비 K 는 다음과 같이 정의한다 (Sommer, 1965).

$$K = \frac{E_c I}{E_s B^3 L} \tag{2.1}$$

여기에서 E_s 와 E_c 는 각각 지반의 변형계수와 기초 (콘크리트) 의 탄성계수이고 I 는 기초의 단면 2 차 모멘트이다. 기초의 두께 d 를 고려하여 단위길이의 기초에 대한 강성도비를 구하면 기초의 모양에 따라 다음과 같다.

기초의 강성도는 구조물 기초와 지반의 강성도비 K 에 따라서 다음과 같이 판정한다.

$K = 0$: 연성기초 또는 무한 강성지반 (암반)
$K = \infty$: 강성기초 또는 무한 연성지반
$0 < K < \infty$: 보통의 기초

완전한 의미의 연성기초나 강성기초는 실제로 존재할 수 없으나 실무에서는 $K > 0.5$ 이면 강성기초로, $0 < K < 0.5$ 이면 탄성기초로 간주할 수 있다 (DIN 4018).

직사각형기초(폭 B, 길이 L) :

$$K = \frac{E_c}{12E_s}\left(\frac{d}{B}\right)^3 \qquad (2.2)$$

원형기초 (직경 D) :

$$K = \frac{E_c}{12E_s}\left(\frac{d}{D}\right)^3 \qquad (2.3)$$

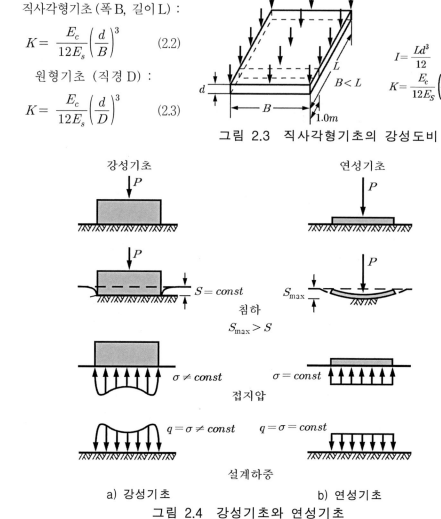

$$I = \frac{Ld^3}{12}$$

$$B < L \qquad K = \frac{E_c}{12E_S}\left(\frac{d}{B}\right)^3$$

그림 2.3 직사각형기초의 강성도비

그림 2.4 강성기초와 연성기초

【예제】 폭 2.0 m, 길이 3.0 m, 두께 50 cm 인 직사각형 콘크리트 기초의 강성도비를 구하시오. 콘크리트 탄성계수는 $E_c = 2 \times 10^4$ MPa 이고 지반의 변형계수는 $E_s = 100$ MPa 이다.

【풀이】 직사각형 기초이므로 식 (2.2) 를 적용하여 계산한다.

$$K = \frac{E_c}{12\,E_s}\left(\frac{d}{B}\right)^3 = \frac{1}{12}\ \frac{E_c}{E_s}\left(\frac{0.5}{2.0}\right)^3 = \frac{1}{12}\ \frac{20,000,000}{100,000}\left(\frac{0.5}{2.0}\right)^3 = 0.26$$

∴ 탄성기초.

2) 강성기초의 접지압

강성기초 (rigid foundation) 의 중심에 하중이 작용하면 침하가 발생하며 침하량은 기초 전체면적에서 균일하고 접지압 (contact pressure) 은 기초의 중앙보다 가장자리에서 더 크다 (그림 2.4a). 그러나 작용하중이 작을수록, 근입깊이가 증가할수록 등분포에 가까워진다.

기초의 가장자리에서는 Boussinesq 이론에 의한 접지압이 극한지지력보다도 더 커지는 모순이 생기기 때문에 (그림 2.5a), 그림 2.5b 와 같은 수정 접지압 (modified contact pressure) 을 적용한다. 강성기초의 접지압 분포는 지반의 종류와 작용하중의 크기에 따라서 달라진다. 그림 2.6 의 실선은 파괴상태에 도달하지 않은 파괴 전 상태 접지압을 나타내고, 점선은 하중이 증가하여 파괴상태에 도달된 파괴상태 접지압 분포를 나타낸다.

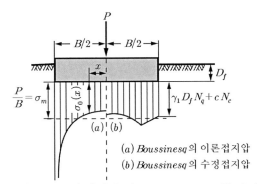

그림 2.5 강성기초의 Boussinesq 접지압

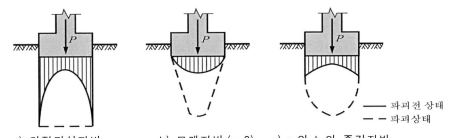

a) 완전탄성지반   b) 모래지반 (c=0)   c) a 와 b 의 중간지반

그림 2.6 지반의 종류에 따른 강성기초의 접지압 분포

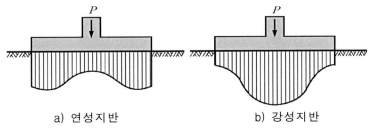

a) 연성지반   b) 강성지반

그림 2.7 지반의 강성에 따른 연성기초의 접지압 분포

3) 연성기초의 접지압

연성기초 (flexible foundation) 의 중심에 하중이 작용하면 접지압은 기초 전체에서 균등한 분포를 나타내며 침하형상은 가운데가 오목한 모양이고, 지반과 기초가 같이 변형하여 침하구덩이가 재하면적보다 더 크게 생긴다 (그림 2.4b).

콘크리트를 타설한 직후 또는 목재나 골재 또는 강재를 야적한 경우 등이 연성기초와 유사한 상태이다. 연속기초의 접지압은 지반의 강성도에 따라 다르다 (그림 2.7). 즉, 연성지반에서는 중앙에서 작고 가장자리에서 크며, 강성지반에서는 중앙에서 크고 가장자리에서 작은 분포가 된다.

4) 하중의 크기에 따른 접지압의 변화

접지압의 분포 (distribution of contact pressure) 는 기초에 작용하는 하중의 크기에 의해서도 달라진다. 그림 2.8은 중간 정도의 상대밀도를 갖는 사질토에서 재하시험한 경우에 하중의 증가에 따른 접지압을 나타낸다 (Leussink 등, 1966).

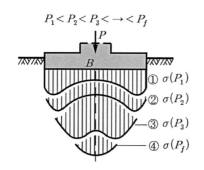

a) 작용하중의 크기에 따른 접지압

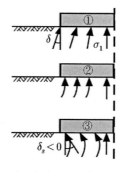

b) 최대 주응력방향

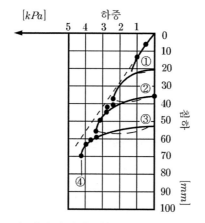

c) 재하단계에 따른 지반의 침하

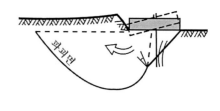

d) 기초지반의 파괴 형태

그림 2.8 작용하중의 크기에 따른 기초의 거동과 접지압 (중간 상대밀도)

하중 단계별 (그림 2.8a, c) 거동을 보면 다음과 같다.

①단계 : 사용하중단계이며 침하는 하중에 거의 비례한다. 접지압은 기초의 중앙보다 가
　　　　장자리에서 크지만 그림 2.5 의 Boussinesq 분포에 비하면 상당히 작은 것을 알
　　　　수 있다. 이것은 하중의 증가로 접지압이 이미 전이되기 시작했음을 나타낸다.

②단계 : 하중 - 침하곡선이 직선관계에서 벗어나 휘어지기 시작한다. 최대 접지압 위치
　　　　가 기초의 가운데 방향으로 이동하며 중앙부의 접지압이 크게 증가한다. 최대
　　　　주응력의 방향이 기초 외곽으로 향하기 시작한다 (그림 2.8b).

③단계 : 지반 내에서 정역학적으로 가능한 응력의 전이가 끝난 한계상태 (critical state)
　　　　이다. 이때에 최대주응력은 기초의 외곽을 향한다.

④단계 : 기초파괴상태로 기초아래에 생성된 지반파괴체는 불안정하여 그림 2.8d 와 같이
　　　　전단면을 따라 활동을 일으킨다. 지반의 강성이 커질수록 큰 파괴체가 형성된다.

5) 설계 접지압

기초저면의 접지압은 여러 가지 요인들의 복합적이고 상대적인 거동에 의하여 결정되므
로 그 분포를 정확히 구하기가 매우 어렵기 때문에 실무에서는 설계목적에 따라 접지압분
포를 다음과 같이 단순화시켜서 적용한다.

① 등분포 접지압 : 지반의 허용응력, 지지력계산
② 직선분포 접지압 : 기초의 단면력, 침하계산
③ 이형분포 접지압 : 휨성 기초판, 슬래브 계산

(1) 등분포 접지압 (uniform contact pressure)

등분포 접지압은 지반의 허용응력이나 지지력을 구할 때에 적용한다. 여기서 하중이
편심으로 작용하는 경우에도 기초저면의 접지압은 항상 등분포이고 하중 합력의 작용점이
항상 기초의 중심이 된다고 가정한다. 그림 2.9 의 빗금 친 부분은 하중 합력의 작용점이 그
중심인 유효기초 (폭 B_x', 길이 B_y') 를 나타낸다.

(2) 직선분포 접지압 (linear variable contact pressure)

기초의 단면력이나 침하량을 계산할 때에는 접지압이 직선분포라고 가정하며, 합력의 작
용위치에 따라 등분포나 사다리꼴분포 및 삼각형분포 하중이 된다.

① 합력이 기초의 중심에 작용하면 접지압 σ_0 는 등분포가 된다 (그림 2.10a).

$$\sigma_0 = \frac{P}{A} = \frac{P}{B_x B_y} \tag{2.4}$$

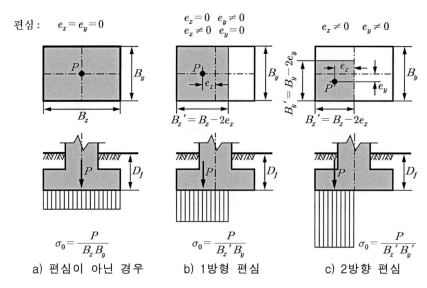

편심 : $e_x = e_y = 0$ $e_x = 0$ $e_y \neq 0$ $e_x \neq 0$ $e_y \neq 0$
$e_x \neq 0$ $e_y = 0$

$$\sigma_0 = \frac{P}{B_x B_y}$$ $$\sigma_0 = \frac{P}{B_x' B_y}$$ $$\sigma_0 = \frac{P}{B_x' B_y'}$$

a) 편심이 아닌 경우   b) 1방형 편심   c) 2방향 편심

그림 2.9 편심에 따른 등분포 접지압

② 합력이 편심으로 작용하면 휨모멘트가 유발되며, 편심의 크기가 $e < B/6$ 이면 (즉, 합력이 내핵에 작용, 그림 2.15 참조) 접지압은 사다리꼴 분포가 된다 (그림 2.10b).

$$\sigma_{01/2} = \frac{P}{A} \pm \frac{M}{W} = \frac{P}{B_x B_y} \pm \frac{P e_x 6}{B_x^2 B_y} \tag{2.5}$$

③ 편심크기가 $e = B_x/6$ 이면 한쪽 모서리의 접지압이 영 (0) 이 되어 삼각형분포가 된다.

$$\sigma_{01} = \frac{2P}{B_x B_y}, \quad \sigma_{02} = 0 \tag{2.5a}$$

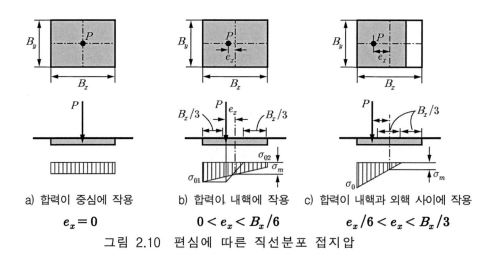

a) 합력이 중심에 작용   b) 합력이 내핵에 작용   c) 합력이 내핵과 외핵 사이에 작용
$e_x = 0$ $0 < e_x < B_x/6$ $e_x/6 < e_x < B_x/3$

그림 2.10 편심에 따른 직선분포 접지압

④ 편심이 더 커져서 $B/3 > e > B/6$ 이면 (즉, 합력이 내핵과 외핵사이에 작용, 그림 2.15참조) 기초의 끝쪽에 부(負)의 접지압이 발생하여 기초저면과 지반이 분리된다. 그러나 아직 접지압의 합력이 0 보다 크기 때문에 지반은 압축상태이다 (그림 2.10c).

⑤ 만일 편심이 $e > B/3$ 이면 (즉, 합력이 외핵을 벗어나서 작용) 접지압의 합력이 0 보다 작아져서 기초는 더 이상 안정 상태로 있지 못하고 전도 (overturning) 된다.

⑥ 편심이 x, y 양방향으로 걸리는 경우의 접지압은 다음과 같이 된다.

$$\sigma_{0\ 1/2} = \frac{P}{A} \pm \frac{M_x}{W_x} \pm \frac{M_y}{W_y} \tag{2.6}$$

(3) 이형분포 접지압

이형분포 접지압은 휨성 기초판이나 기초슬래브에 적용하며 기초바닥의 위치에 따라 다른 크기의 접지압을 적용한다. 접지압의 크기는 강성기초에서는 일정한 수식으로 주어지고 탄성기초에서는 기초의 연직변위에 의하여 결정된다.

가. 강성기초

강성기초는 강성도비 (식 2.1)가 $K > 0.5$ 인 경우이며 그 접지압 분포는 지반이 기초 폭보다 두껍고 압축성이며 변형계수가 일정하면 Boussinesq 의 수식으로 표현할 수 있다.

① 강성연속기초

강성 연속기초 (폭 B)에서 편심 e 로 집중하중 P 가 작용하면 평균압력은 $\sigma_{0m} = P/B$ 이며 중심에서 x 만큼 떨어진 곳 $(x \leq B/2)$ 의 접지압은 다음과 같다 (Borowicka, 1943).

$$\sigma_0 = \frac{2\sigma_{0m}}{\pi^2} \frac{1}{\sqrt{(1-\zeta^2)}} \left(1 + 4\zeta\frac{e}{B} \right) \tag{2.7}$$

단, 여기에서 $\zeta = \dfrac{x}{B/2}$ 이고 e 는 편심이다 $(e \leq B/4)$.

② 강성직사각형기초

폭 B 이고 길이 $L (B \leq L)$ 인 강성 직사각형기초의 중심에서 x 방향 편심 e 로 집중하중 P 가 작용하면 평균압력은 $\sigma_{0m} = P/BL$ 이며, 중심에서 x, y 만큼 떨어진 위치 (단, $x \leq B/2$, $y \leq L/2$)의 접지압 $\sigma_0(x, y)$ 은 다음과 같다 (Borowicka, 1943).

$$\sigma_0(x, y) = \frac{4\sigma_{0m}}{\pi^2} \frac{1}{\sqrt{(1-\zeta^2)(1-\eta^2)}} \left(1 + \zeta\frac{e_x}{B} \right) \tag{2.8}$$

여기서, $\zeta = \dfrac{x}{B/2}$, $\eta = \dfrac{y}{L/2}$ 이다.

③ 강성원형기초

반경 R 인 강성원형기초 중심에 집중하중 P 가 작용하면 평균압력은 $\sigma_{0m} = P/\pi R^2$ 이며 중심에서 r 만큼 떨어진 위치 $(r \le R)$ 의 접지압 $\sigma_0(r)$ 은 다음과 같다.

$$\sigma_0(r) = \sigma_{0m} \frac{1}{2\sqrt{1 - \left(\dfrac{r}{R}\right)^2}} \tag{2.9}$$

나. 탄성기초

탄성기초는 강성도비 (식 2.1) 가 $0.5 > K > 0$ 인 경우이며 그 접지압이 하중의 작용점 (즉, 기둥이나 벽체 바로 아래) 에 집중되고 그 집중정도는 지반의 변형이 작을수록 크다 (그림 2.11a). 따라서 강성이 큰 암반 등에서는 응력이 크게 집중되고 연약한 지반에서는 응력이 거의 등분포를 나타낸다. 탄성기초의 접지압은 일정한 형상으로 가정하거나 (그림 2.11b, c) 기초의 변위로부터 계산한다 (그림 2.11d, e).

① 일정 형상의 접지압 분포 가정

크기가 작은 하중이 작용하는 탄성기초의 접지압은 하중 작용점 사이에서는 등분포로 가정하고, 하중이 집중되는 곳은 더 크게 가정하여 (그림 2.11c) 모멘트가 과다하게 계산되지 않게 한다. 그밖에 하중작용점 사이에서는 직선분포 (그림 2.11b) 로 가정할 수 있다.

② 기초변위에 따른 접지압 분포 계산

지반의 변위를 구하여 탄성식을 적용해서 접지압의 크기를 계산할 수 있으며, 이때에는 지반을 스프링이나 (그림 2.11d, 연성법), 구의 집합체 (그림 2.11e, 강성법) 로 모델링하여 계산하며 지반의 침하형태와 기초의 휨모양이 일치할 때의 압력을 기초의 접지압으로 간주한다.

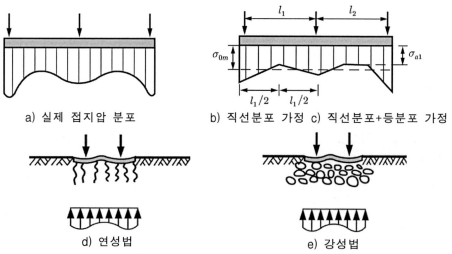

a) 실제 접지압 분포   b) 직선분포 가정 c) 직선분포+등분포 가정

d) 연성법   e) 강성법

그림 2.11 탄성기초의 이형분포 접지압

2.2.6 얕은 기초의 안전율

기초가 기능을 유지하기 위해서는 다음에 대해서 충분한 안전율(safety factor)을 확보해야 한다.

① 수평하중에 의한 기초의 미끄럼활동
② 기초의 전도
③ 지반의 전단파괴 (지지력)
④ 구조물 - 지반 시스템의 안정
⑤ 부력

기초의 안전율은 작용하중의 형태에 따라 대개 표 2.1 의 크기로 주어지며, 구조물의 중요도나 시방규정에 따라 다소 차이가 있을 수 있다.

표 2.1 얕은 기초의 안전율

안 전 율	사하중, 지속하중, 규칙적인 하중	불규칙 하중	충격 하중
활 동 η_g	1.50	1.35	1.20
전단파괴 η_s	2.00	1.50	1.30
부 력 η_a	1.10	1.10	1.05

1) 기초의 활동에 대한 안전

(1) 개 요

기초에 작용하는 수평하중이 기초의 수평저항력보다 크면 기초가 활동파괴(sliding failure) 된다. 기초의 활동파괴는 그림 2.12 와 같이 두 가지 형태가 있다.

① 기초와 지반의 접촉면 즉, 기초바닥면을 따라 활동하는 경우 (그림 2.12 a)
② 기초와 하부지반이 일체가 되어 활동하는 경우 (그림 2.12 b)

기초의 활동파괴에 대해 저항하는 힘은 기초바닥면의 마찰저항 R 과 기초전면의 수동토압 E_P 가 있다. 기초전면의 수동토압 E_P 는 작용 수평력이 영구적이고 기초의 수평변위가 일어날 수 있는 조건에서 적용한다.

기초 바닥면이 수평이고 작용하중의 연직분력이 V, 수평분력이 H 일 때에 마찰 저항력은 $R = V \tan \delta$ 이며, 활동파괴에 대한 안전율 η_g 는 다음과 같다.

$$H \leq \frac{1}{\eta_g} V \tan\delta, \quad \eta_g = \frac{V \tan\delta}{H} > 1.2 \sim 1.5 \tag{2.10}$$

여기에서 δ 는 기초와 지반 간 마찰각이며 대개 $\delta = 2\phi/3 \sim \phi$ 로 가정한다.

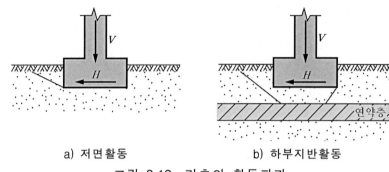

a) 저면활동 b) 하부지반활동

그림 2.12 기초의 활동파괴

기초를 현장타설 콘크리트로 건설할 때에는 바닥면 마찰각 δ 의 크기를 내부마찰각 ϕ 와 같다고 할 수 있다. 기초바닥이 지하수위보다 아래일 때에는 부력을 고려할 수 있다.

기초의 활동파괴에 대한 안전율 η_g 는 표 2.1 과 같이 하중형태에 따라 다르게 적용한다.

(2) 수동토압의 고려

기초가 충분히 깊게 설치된 경우에는 기초바닥의 마찰저항 R 외에 기초전면의 수동토압 E_p (passive earth pressure)가 활동에 대한 저항력으로 작용한다 (그림 2.13). 바닥면이 하중방향에 대해 불리하게 경사진 경우에는 수동토압 E_P 에 의한 저항을 고려하지는 않는다. 기초가 수평력을 받아서 수평변위를 일으킬 때 기초바닥면의 마찰저항은 작은 변위에서 극대치 R 에 도달하지만 기초전면의 수동저항은 변위가 매우 크게 일어나야 극대치 (수동토압 E_P)가 된다. 기초바닥의 마찰저항이 극대치 R 이 되는 수평변위의 크기 d_r 은 기초전면의 수동저항이 수동토압 E_P 가 되는 수평변위 d_p 보다 작다 ($d_r < d_p$).

기초바닥면의 마찰저항이 극대치 R 이 될 때에 (수평변위 d_r) 기초전면의 수동저항력의 크기는 대개 수동토압 E_p 의 절반정도의 크기 밖에 안 된다. 따라서 기초전면의 수동저항력은 감소수동토압 E_{pr} (reduced passive earth pressure) 즉, 수동토압 E_p 의 절반크기 (즉, $E_{pr} = 0.5E_p$)를 택한다.

기초의 수평변위가 크게 일어난 후에는 기초바닥면의 마찰저항은 일정한 크기를 유지하고 기초전면의 수동저항이 주저항력으로 작용한다. 독립기초에서 3차원 효과 즉, 기초의 측면마찰저항은 고려하지 않으며, 이는 안전측이다.

따라서 기초의 활동에 대한 안전율 η_g (safty factor for sliding)는 기초전면의 감소수동토압 E_{pr} 과 기초바닥면의 마찰저항 $R = V \tan\delta$ 을 적용하여 다음과 같다.

$$\eta_g = \frac{V\tan\delta + E_{pr}}{H} = \frac{V\tan\delta + 0.5E_p}{H} \tag{2.11}$$

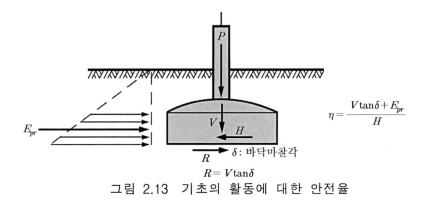

그림 2.13 기초의 활동에 대한 안전율

【예제】 연직하중 $1000\,kPa$, 수평하중 $100\,\mathrm{kN/m}$ 가 작용하는 기초가 $2\,\mathrm{m}$ 깊이로 근입설치 되어 있다. 기초가 설치된 지반은 내부마찰각 $\phi = 30^{o}$ 이고 점착력이 없는 단위중량 $20\,\mathrm{kN/m^3}$ 인 사질토이며 기초바닥은 매우 거칠다. 활동에 대한 안전율을 구하시오.

【풀이】 수동토압 : 수동토압계수 $K_p = \tan^2\left(45^o + \dfrac{\phi}{2}\right) = 3.0$

$$수동토압 \quad : E_p = \frac{1}{2}\gamma h^2 K_p = \frac{1}{2}(20)(2)^2\,(3) = 120\,\mathrm{kN/m}$$

$$감소수동토압: E_{pr} = 0.5\,E_p = 60\,\mathrm{kN/m}$$

활동에 대한 안전율 : 식 (2.11) 에서

$$\eta_g = \frac{V\tan\delta + E_{pr}}{H} = \frac{(1000)\tan 30\,^{\circ} + 60}{100} = 6.4 > 1.5$$

(3) 경사진 기초저면

한 방향으로 지속적인 수평력이 작용하는 경우에는 기초의 바닥면을 경사지게 시공하여 활동에 대한 안전율을 높일 수 있다 (그림 2.14).

이러한 기초의 안전성은 대개 다음과 같이 근사적인 방법으로 검토할 수 있다.

① 활동파괴에 대한 안전성은 경사진 기초저면 $\overline{BC}$ 를 따라 활동한다고 가정하고 검토한다. 이때에는 기초의 전면 BG 에 수동토압을 적용한다.
② 지반의 전단파괴 (지지력) 에 대한 안전성은 가상의 기초저면 (즉, 경사진 기초저면의 수평투영면 $\overline{HC}$) 을 생각하여 검토한다. 이때의 근입깊이는 $\overline{FH}$ 가 된다.

그밖에 $A - B - C - D$ 를 따라 전반파괴 된다고 가정하여 안전을 검토할 수도 있다.

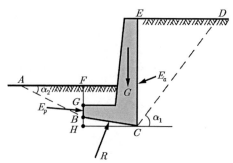

그림 2.14 저면이 경사진 기초의 활동에 대한 안정검토

2) 기초의 전도에 대한 안전

기초에 작용하는 하중의 합력이 편심으로 작용하면, 전도에 대한 안전성을 검토해야 한다. 기초의 전도는 전도모멘트 (overturning moment) 가 저항모멘트 (resisting moment) 보다 커지거나, 접지압의 합력이 0 보다 작아지는 경우에 일어난다. 따라서 기초의 전도에 대한 안전성은 첫째, 기초의 저면선단을 중심으로 전도모멘트와 저항모멘트를 구하여 비교하거나, 둘째, 기초에 작용하는 합력의 작용점 (편심) 을 구하여 기초저면에서 접지압의 합력이 0 보다 작아져서 비현실적인 상황이 되는 위치인지 확인하여 검토한다.

사소한 경계조건의 변화에 의해서도 전도에 대한 안전율이 급격히 변하는 높은 구조물, 교대, 교각, 또는 저면의 지하수압이 급변할 수 있는 높은 옹벽 등의 경우에는 두 가지 방법을 모두 적용하여 전도에 대한 안전율 (safety factor for overturning) 을 검토한다.

기초에 수평하중이 작용하지 않고 연직하중만이 편심으로 작용하는 경우에 첫째 방법은 전도에 대한 안전을 검토할 수 없는 불완전한 방법이므로, 두 번째 방법을 적용하여 기초의 내핵과 외핵의 개념으로 전도에 대한 안전을 검토하는 것이 좋다 (DIN 1054).

- 내 핵

기초에서 접지압을 직선분포로 가정할 때에는 기초에 작용하는 하중의 합력 작용점이 일정영역 (즉, 내핵, internal core) 안에 있으면 접지압은 기초바닥의 모든 위치에서 항상 압축력이 되어서 전도가 일어나지 않는다. 내핵의 모양 (그림 2.15 의 진한 음영부분) 은 직사각형 기초에서는 마름모꼴이고, 반경 R 인 원형기초에서는 반경이 $R/3$ 인 원형이다. 사하중과 같이 지속적인 하중이나 규칙적인 하중의 합력의 작용점은 내핵 안에 있도록 한다.

- 외 핵

기초에 작용하는 하중의 합력의 작용점이 기초의 내핵을 벗어나더라도 외핵 (external core) 안에 있으면 기초바닥의 일부에 부 (負) 의 접지압이 발생하지만 접지압의 합력은 영 (0) 보다 크므로 전도가 일어나지 않는다. 기초에 작용하는 지속적인 하중과 불규칙 하중 및 사고하중을 포함하여 모든 하중의 합력은 외핵 안에 있도록 한다.

외핵의 모양은 직사각형기초에서는 타원형이고 원형기초에서는 원형이며 (그림 2.15), 그 외부경계는 다음 식으로 정의한다.

직사각형기초 : $(e_x/B_x)^2 + (e_y/B_y)^2 = (1/3)^2$ (2.12)

원 형 기 초 : $e/R = 0.59$ (2.13)

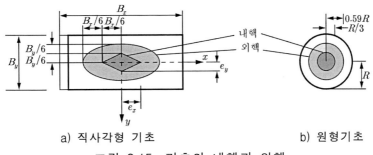

a) 직사각형 기초   b) 원형기초

그림 2.15 기초의 내핵과 외핵

3) 기초지반의 전단파괴 (지지력) 에 대한 안전

지반의 극한하중보다 큰 하중이 기초에 작용하면 하부지반이 전단파괴를 일으킨다. 일반적으로 기초의 전단파괴는 지반의 조밀한 상태와 근입깊이에 따라 다른 형태로 일어나며, 기초지반의 붕괴가 아니라 침하의 급격한 증가 현상으로 나타난다.

기초의 전단파괴에 대한 안전율 η_s는 기초의 극한하중과 현재하중의 비로 정의한다.

$$\eta_s = \frac{\text{극한하중}}{\text{현재하중}} \geq 2.0$$ (2.14)

이때에 극한하중은 기초지반의 지지력뿐만 아니라 허용침하를 고려한 하중이어야 한다.

4) 구조물-지반 시스템의 활동파괴에 대한 안전

경사지에 설치한 기초나 옹벽등과 같이 기초 양편의 지반고가 다른 경우에는 기초를 포함한 지반 전체가 활동파괴에 대해 안정해야 한다 (그림 2.16). 이때에는 대개 사면안정해석 방법으로 안정성을 검토하며 사면의 안전율을 적용한다.

$$\eta_g = \frac{\text{활동저항력}}{\text{활동력}} \geq 1.5$$ (2.15)

그림 2.16 구조물 - 지반 시스템의 활동파괴

2.3 얕은 기초의 지지력

기초에 큰 하중이 가해져서 지반 내 전단응력이 전단강도를 초과하면 기초하부의 지반이 이를 지탱하지 못하고 전단파괴 된다. 이때에 기초하부지반 전체가 파괴상태가 되지 않고 일정한 부분에만 전단변형이 집중되어 전단파괴면이 형성되고 이 면을 따라 활동이 일어난다.

지지력 (bearing capacity) 은 지반이 전단파괴되지 않고 지지할 수 있는 최대하중을 말하며, 2차원 상태에 대한 극한지지력이론 (2.3.1 절) 을 기본으로 하고, 기초의 형상과 근입깊이 및 하중경사 등을 고려한 일반지지력공식 (2.3.2 절) 을 적용하여 계산한다. 기초는 극한지지력을 안전율로 나눈 허용지지력 (2.3.3 절) 을 적용하여 설계한다. 중요도가 떨어지는 구조물의 경우에는 널리 통용되는 대표적인 지반에 대한 기준지지력을 참조하거나 표준관입시험과 평판재하시험 등 현장시험의 결과를 이용하여 개략적으로 지반의 지지력을 예측할 수 있다 (2.3.4 절). 층상지반, 편심하중 및 경사하중, 또는 배수조건 등의 특수한 조건인 경우에는 기본이론을 확장하여 적용한다 (2.3.5 절).

수평지반에 설치한 연속기초 (폭 B) 에서는 기초저면 아래 $1.5B$, 그리고, 전면기초 (폭 B) 에서는 기초저면아래 $2B$ 의 범위 내에 있는 지반이 기초의 지지력에 주된 역할을 한다.

【예제】 다음에서 지반의 지지력에 관한 내용 중 틀리는 것은?
① 기초의 지지력은 단위중량, 내부마찰각, 점착력에 관계된다.
② 극한지지력에 안전율을 곱하면 허용지지력이다.
③ 지반의 경사와 깊이는 지지력에 영향을 미친다.
④ 기초의 형상과 두께는 지지력에 영향을 미친다.
⑤ 지하수위가 지표면과 일치하면 지지력은 대략 반감한다.
⑥ 기초바닥이 깊을수록 그리고 기초 폭이 클수록 지지력이 크다.
【풀이】 ② 극한지지력을 안전율로 나누면 허용지지력이다.
④ 기초의 두께는 지지력에 무관하다.

2.3.1 기초의 극한 지지력이론

기초의 지지력은 기초에 가해진 하중에 의해 기초하부지반이 극한평형상태에 있다고 가정하고 이론적으로 계산할 수 있다. 기초의 지지력에 대한 이론들은 대개 기초지반의 전단파괴가 기초바닥면을 포함한 형태로 한정된 깊이에서 일어난다고 전제하고 있다.

그러나 기초에 인접해서 굴착공간 등이 있으면 기초바닥면의 일부에 국한된 부분파괴가 일어날 수 있고, 연약한 점토나 느슨한 사질토에서는 파괴면이 국부적으로만 발생되어 큰 변형이 일어날 수도 있다. 국부적인 전단파괴는 특히 말뚝기초에서 자주 나타난다.

기초 판이 비교적 연성인 독립기초, 연속기초, 큰 탱크기초 또는 강성도가 작은 댐 등 파괴가 양측에 대칭으로 동시에 일어날 수 있는 경우에는 부분적인 파괴를 가정하거나 기초의 폭을 약 절반정도 (즉, $b^* \simeq b/2$) 줄여서 지지력을 계산한다.

1) 기초지반의 파괴형태

기초에 가해진 과다하중으로 인한 지반의 전단파괴는 지반의 강성도와 기초의 근입깊이에 따라 다음의 세 가지 형태로 일어난다 (그림 2.17).

(1) 전반 전단파괴 (general shear failure) : 그림 2.17a

전반 전단파괴는 조밀한 모래나 굳은 점토지반에서 일어나며, 일정한 하중 q_u보다 큰 하중이 가해지면 침하가 급격하고 크게 일어나고 주위 지반이 융기하고 지표에 균열이 생긴다. 이때의 하중 q_u를 기초의 극한지지력 (ultimate bearing capacity) 이라 하며, 이후에는 그 이상 하중을 지탱하지 못하고 감소하므로 하중-침하곡선에서 최대점 (peak) 이 뚜렷하다.

(2) 국부 전단파괴 (local shear failure) : 그림 2.17b

보통의 모래지반이나 연약한 점성토에서는 하중이 증가하여도 명확한 활동면이 생성되지 않고, 파괴가 국부적으로 발생하여 점차 확대되면서 지반이 전단파괴된다. 이때에는 하중 - 침하곡선에서 최대점이 뚜렷하게 나타나지 않고 하중이 증가할수록 침하가 크게 일어난다. 일반적으로 하중 - 침하곡선의 경사가 더욱 급해져서 직선으로 변하기 시작하는 하중 q_u가 극한지지력이다.

(3) 관입 전단파괴 (punching shear failure) : 그림 2.17c

아주 느슨한 지반에서는 기초가 지반에 관입될 때에 주변지반이 융기되지 않고 오히려 기초를 따라 침하된다. 기초아래의 지반은 기초가 침하할수록 다져지므로 침하가 커질수록 하중은 증가한다. 하중 - 침하곡선에서는 최대점이 나타나지 않으므로 곡률이 최대가 되는 위치에서의 하중값을 극한지지력으로 한다.

사질토에서는 근입깊이가 얕을수록 그리고 상대밀도가 클수록 『관입전단』 → 『국부전단』 → 『전반전단』 형태로 파괴된다. 따라서 기초의 전단파괴 형상은 근입깊이와 상대밀도의 영향을 동시에 받아서 결정된다.

그림 2.18 을 보면 상대밀도가 같더라도 근입깊이에 따라 모든 형태의 파괴가 일어날 수 있음을 알 수 있다. 즉, 상대밀도가 0.85 인 지반에서 원형기초가 지표에 있으면 전반전단 파괴가 일어나지만 근입깊이가 $3.5B$ 이상이면 국부전단파괴 그리고 $4.5B$ 이상이면 관입전단파괴가 일어나는 것을 알 수 있다.

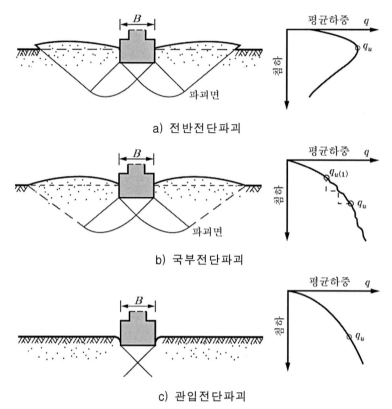

a) 전반전단파괴

b) 국부전단파괴

c) 관입전단파괴

그림 2.17 지반의 강성도에 따른 기초파괴의 형상 (Vesic, 1973)

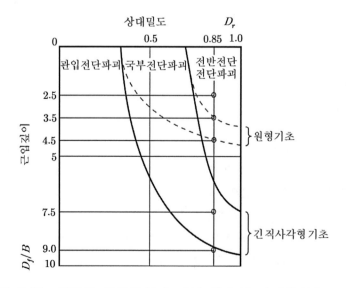

그림 2.18 사질토 상대밀도에 따른 기초의 파괴형상 (Vesic, 1973)

2) Terzaghi 의 극한지지력 이론

Terzaghi 는 기초에 의한 지반파괴의 형상을 그림 2.19 와 같이 직선과 대수나선의 결합으로 보고, 기초의 바닥면보다 위쪽에 있는 지반의 자중을 고려할 수 있도록 Prandtl (1921) 개념을 확장하여 극한지지력공식 (ultimate bearing capacity formula) 을 유도하였다. 기초의 바닥면보다 위쪽에 있는 지반의 (그림 2.19 의 *JH* 면과 *GI* 면) 전단저항은 무시하고 지반의 자중 $\gamma_1 D_f$ 만을 등분포 상재하중 q 로 간주한다.

Terzaghi 지지력공식은 수평기초에 한하며, 경사하중이나 편심하중에 의해 모멘트가 발생하는 기초나 경사기초 등에 적용하기에는 부적합하다. 또한, 안전측이며, 점착력이 큰 점토지반에 자주 적용하고, 계산이나 도표의 이용이 용이하여 널리 이용된다.

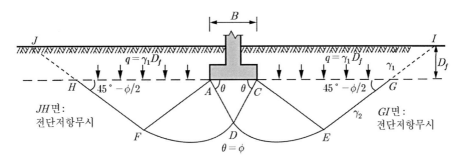

그림 2.19 강성연속기초하부지반의 전반전단파괴 메커니즘(Terzaghi, 1925)

Terzaghi 가 제시한 기초의 지지력공식은 다음 가정이 필요하며, 이 가정에서 벗어나는 경우 (즉, 경사하중이나 기초의 길이가 한정된 경우 등) 에 대해서는 지지력을 보정한다.

- 지반은 균질하고 등방성이며, 지표면은 수평이다.
- 기초바닥은 수평이고 거칠다.
- 기초는 무한히 길다 (평면문제).
- 하중은 기초의 중심에 연직으로 작용한다.
- 기초의 근입깊이 D_f 는 기초의 폭 B 보다 작다 ($D_f < B$).

(1) 전반 전단파괴 (general shear failure)

기초가 전반 전단파괴될 경우 극한지지력 q_u 에 대한 공식은 다음과 같이 3 개 항으로 구성되며 첫째항은 지반의 점착력, 둘째 항은 기초의 폭, 셋째 항은 기초의 근입깊이에 의한 지지력을 나타낸다.

$$q_u = \alpha c N_c + \beta \gamma_2 B N_\gamma + \gamma_1 D_f N_q \tag{2.16}$$

여기에서　　c : 지반의 점착력 $[kN/m^2]$

　　　　　　γ_1 / γ_2 : 기초바닥면 상/하부에 있는 지반의 단위중량 $[kN/m^3]$

N_c, N_r, N_q : 지지력계수로 내부마찰각의 함수이다.

α, β : 형상계수 (shape factor) 이다 (표 2.2).

표 2.2 기초형상계수 (Terzaghi, 1925)

형상계수	연속기초	원형기초	정사각형기초	직사각형기초
α	1.0	1.3	1.3	1+0.3B/L
β	0.5	0.3	0.4	0.5-0.1B/L

지지력계수 (coefficient of bearing capacity) 는 내부마찰각 ϕ 의 지수함수이고 다음 식으로 계산하거나 그림 2.20 의 그래프 또는 표 2.3 으로부터 구한다.

$$N_c = \cot\phi\left[\frac{e^{2(3\pi/4 - \phi/2)\tan\phi}}{2\cos^2(45 + \phi/2)} - 1\right] = \cot\phi(N_q - 1)$$

$$N_q = \frac{e^{2(3\pi/4 - \phi/2)\tan\phi}}{2\cos^2(45 + \phi/2)} \tag{2.17a}$$

$$N_r = \frac{1}{2}\left[\frac{K_{pr}}{\cos^2\phi} - 1\right]\tan\phi$$

점착력의 영향계수 N_c 와 덮개하중의 영향계수 N_q 는 Prandtl 과 Reissner 의 식을 계승하였고 쉽게 계산된다. 반면에 기초 폭의 영향계수 N_r 는 극한지지력에 대한 기여가 실제로 그렇게 크지 않으나, 하부지반의 자중에 의해서도 영향을 받으므로 기초하부 쐐기형 파괴체의 크기에 따라 다르다. 따라서 N_r 식은 쐐기형 파괴체 ΔACD 의 각도 θ 에 따라 여러 가지가 있으며, Terzaghi $(\theta = \phi)$ 와 다르게 $\theta = \pi/4 + \phi/2$ 로 하는 것이 많다. N_r 식은 특히 $\phi > 40$ 일 때에 차이가 크고, Brinch Hansen 식은 하한 값이며, Chen 식은 $\phi < 40$ 에서 잘 맞고, Ingra/Baecher 식은 $\phi < 50$ 에서 Chen 식보다 항상 크게 계산된다.

$N_\gamma = 2(1 + N_q)\tan\phi\tan(45 + \phi/2)$, $N_q = e^{\pi\tan\phi}\tan^2(\pi/4 + \phi/2)$ Chen (1975)

$N_\gamma = 1.5(N_q - 1)\tan\phi$ Brinch Hansen (1970)

$$N_\gamma = e^{(0.173\phi - 1.646)} \qquad \text{Ingra/Baecher (1983)} \tag{2.17b}$$

식 (2.17a) 의 N_r 식에서 보이는 K_{pr} 은 수동토압계수와 유사하지만 그 자체는 아니며, Terzaghi 가 확실히 정의하지 않고 N_r 에 대한 그래프와 표만 제시하였기 때문에 K_{pr} 식을 찾기 어렵다. 후세에 Terzaghi 의 N_r 에 근접하기 위하여 K_{pr} 에 대해 다음과 같은 형태의 여러 가지 식이 제시되었다 (Cernica, 1994).

$$K_{pr} = 3\tan^2[45 + (\phi + 33)/2] \tag{2.17c}$$

기초의 극한지지력은 근입깊이가 깊어질수록 커지며, 사질토에서는 기초의 크기 (기초의 폭) 에 정비례하여 증가한다. 순수한 점토지반에서 지표에 있는 연속기초의 지지력은 $q_u = c N_c$ 가 되어 기초의 크기에 무관하게 일정하다.

【예제】 폭 $3.0\,m$ 인 연속기초가 단위중량 $\gamma = 18\mathrm{kN/m^3}$ 이고 내부마찰각 $\phi = 30^o$ 인 모래지반의 표면에 설치되어 있다. 이 기초의 극한지지력을 구하시오.

【풀이】 형상계수 : 연속기초 $\alpha = 1.0$, $\beta = 0.5$

지지력계수 : 표 2.3 에서 $\phi = 30^o$ 이면, $N_c = 37.2$, $N_r = 19.7$, $N_q = 22.5$

극한지지력 : 식 (2.16) 에서

$$q_u = \alpha c N_c + \beta \gamma B N_r + \gamma D_f N_q$$
$$= (1.0)(0)(37.2) + (0.5)(18)(3.0)(19.7) + (18)(0)(22.5) \qquad = 502.4\,[kPa]$$

(2) 국부 전단파괴 (local shear failure)

국부 전단파괴가 일어날 경우에는 별도의 지지력이론이 제시되어 있지 않으므로 점착력과 내부마찰각을 다음과 같이 감소시켜서 전반 전단파괴에 대한 지지력계수 N_c, N_q, N_r 에 대한 식 (2.17a) 에 적용하여 지지력을 계산한다.

$$c_r = \tfrac{2}{3}\, c$$

$$\phi_r = \tan^{-1}\left(\tfrac{2}{3}\tan\phi\right) \tag{2.18}$$

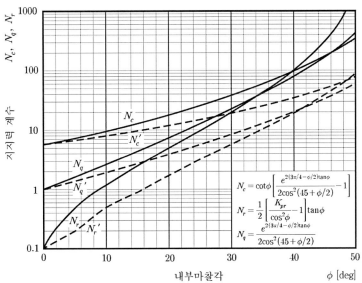

$$N_c = \cot\phi \left[\frac{e^{2(3\pi/4 - \phi/2)\tan\phi}}{2\cos^2(45 + \phi/2)} - 1 \right]$$

$$N_r = \frac{1}{2}\left[\frac{K_{pr}}{\cos^2\phi} - 1 \right]\tan\phi$$

$$N_q = \frac{e^{2(3\pi/4 - \phi/2)\tan\phi}}{2\cos^2(45 + \phi/2)}$$

N_c, N_q, N_r : 전반전단파괴에 대한 지지력계수
$N_c{'}$, $N_q{'}$, $N_r{'}$: 국부전단파괴에 대한 지지력계수

그림 2.20 Terzaghi의 얕은기초 지지력 계수

그림 2.20 과 표 2.3 에서 국부전단파괴에 대한 지지력계수 $N_c{}', N_r{}', N_q{}'$ 는 감소강도정수 c_r, ϕ_r 에 대한 지지력계수를 원래의 강도정수 c, ϕ 로 표시한 것이다.

표 2.3 Terzaghi 의 지지력계수 (전반전단파괴/국부전단파괴)

내부마찰각[°]	$N_c / N_c{}'$	$N_r / N_r{}'$	$N_q / N_q{}'$
0	5.7/5.7	0.0/0.0	1.0/1.0
5	7.3/6.7	0.5/0.2	1.6/1.4
10	9.6/8.0	1.2/0.5	2.7/1.9
15	12.9/9.7	2.5/0.9	4.4/2.7
20	17.7/11.8	5.0/1.7	7.4/3.9
25	25.1/14.8	9.7/3.2	12.7/5.6
30	37.2/19.0	19.7/5.7	22.5/8.3
35	57.8/25.1	42.5/10.1	41.4/12.7
40	95.7/34.5	100.4/18.8	81.3/20.2
45	172.3/49.8	297.5/37.7	173.3/33.8
48	258.3/63.9	780.1/60.4	287.9/47.5
50	347.5/76.5	1153.2/87.1	415.1/60.5

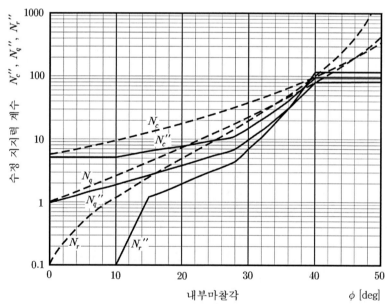

N_c, N_q, N_r : 전반전단파괴에 대한 지지력계수
$N_c{}'', N_q{}'', N_r{}''$: 수정 지지력 계수

그림 2.21 얕은 기초에 대한 Terzaghi 수정지지력계수

Terzaghi 공식에서는 지지력계수가 전반 전단파괴와 국부 전단파괴의 경우에 각기 다르게 주어져 있으나, 실제의 파괴가 내부마찰의 크기에 따라 어느 형태로 일어나는지는 예측하기가 어렵다. 즉, 내부마찰각이 몇 도에서는 전반 전단파괴가 일어나고 몇 도에서는 국부전단파괴가 일어나는지 명확히 구분할 수 없다.

따라서 두 가지 파괴형태를 모두 수용할 수 있도록 내부마찰각이 특정 값보다 작을 때에는 국부 전단파괴에 대한 식을 적용하고 내부마찰각이 특정 값 이상이면 전반 전단파괴식을 적용하도록 합성한 실용적인 식이 제시되어 있는데 이를 Terzaghi 수정지지력공식(modified formula of bearing capacity)이라 한다. Terzaghi 수정지지력계수 N_c'', N_r'', N_q''는 그림 2.21 및 표 2.4와 같다.

표 2.4 Terzaghi 의 수정지지력계수

내부마찰각[°]	0	5	10	15	20	25	28	30	32	36	40이상
N_c''	5.3	5.3	5.3	6.5	7.9	9.9	11.4	16.2	20.9	42.2	95.7
N_r''	0	0	0	1.2	2.0	3.3	4.4	7.5	10.6	30.5	114.0
N_q''	1.0	1.4	1.9	2.7	3.9	5.6	7.1	10.6	14.1	31.6	81.2

【예제】 다음에서 Terzaghi 지지력공식에 관한 설명 중 틀린 것을 찾으시오.

① 지지력계수 N_c, N_q, N_r 는 내부마찰각의 함수이다.
② α, β 는 형상계수이며, 기초모양에 따라 표 2.2 와 같다.
③ 근입깊이 D_f 가 클수록 극한지지력이 감소한다.
④ 극한지지력을 안전율로 나누면 허용지지력이 된다.
⑤ 점토지반에서 지표에 설치한 기초의 허용지지력은 대략 일축압축강도와 같다.
⑥ 연속기초의 형상계수는 $\alpha = 1.0$, $\beta = 0.5$ 이다.
⑦ 정사각형기초의 형상계수는 $\alpha = 1.3$, $\beta = 0.4$ 이다.
⑧ 직사각형기초(폭 B, 길이 L)의 형상계수는 $\alpha = 1 + 0.3B/L$, $\beta = 0.5 - 0.1B/L$ 이다.
⑨ 원형기초의 형상계수는 $\alpha = 1.3$, $\beta = 0.6$ 이다.
⑩ 국부전단파괴시의 극한지지력은 전반전단파괴시의 극한지지력보다 작다.

【풀이】 ③ 근입깊이가 클수록 지지력은 증가한다.
　　　　 ⑨ 형상계수는 원형에서 $\alpha = 1.3$, $\beta = 0.3$ 이다.

3) 기타 지지력 이론

Terzaghi 공식은 안전측이어서 지금까지 널리 사용되어 왔다. 특히 내부마찰각이 클 때에는 Terzaghi 이론의 지지력과 모형시험결과의 차이가 더욱 커서 너무 안전측이다.

Terzaghi 이론 이외에 여러 가지 지지력 이론들이 제시되어 있으나 수많은 현장시험과 경험을 통해 Meyerhof 이론과 DIN 4017 공식이 적용할만한 것으로 알려져 있다. Bell 은 토압이론을 적용하여 지지력공식을 유도하였으며, 지지력공식의 의미를 이해하는데 도움이 되나 실무에서는 잘 적용되지 않는다. 이들 지지력 이론들은 식의 모양이 동일하며 지지력 계수만 서로 다르다.

(1) Meyerhof 의 극한지지력

Meyerhof (1951, 1963) 는 Terzaghi 의 파괴메커니즘과 유사하지만, 기초바닥 바로 아래의 쐐기형파괴체의 각도가 다르고 대수나선과 직선으로 지표면까지 연장되는 파괴형상을 가정하여 극한 지지력공식을 유도하였다. 즉, 기초하부에 형성되는 쐐기형 파괴체 ΔABC 의 각도 (그림 2.22a) 를 Terzaghi 는 $\theta = \phi$ 로 하였으나 Meyerhof 는 $\theta = 45 + \phi/2$ 로 하였다. 그리고 Terzaghi 는 기초의 바닥면보다 위쪽에 있는 지반의 전단저항을 무시하고 단순히 상재하중으로 처리하여 지지력 공식을 유도하였으나 Meyerhof 는 기초 바닥면보다 위쪽에 있는 지반의 전단저항을 고려하였다.

그림 2.22a 에서 $\overline{BE}$ 면의 전단응력은 $\tau_0 = m(c + \sigma_0 \tan\phi)$ 가 되며, m 은 전단강도의 활용도 (degree of mobilization of shear strength) 로 $0 \le m \le 1$ 이다. 각도 μ 와 ξ 는 m 에 따라 결정되어, $m = 0$ 이면, $\mu = 45^o - \phi/2$, $\xi = 90^o + \beta$ 이고, $m = 1$ 이면, $\mu = 0$, $\xi = 135^o + \beta - \phi/2$ 이다. 각도 β 는 임의로 가정하는 값이다.

Meyerhof 의 극한지지력 공식은 연속기초에서는 Terzaghi 의 식과 같은 모양이며 다만 지지력계수 N_c, N_q, N_r 만 다를 뿐이다.

$$q_u = cN_c + \frac{1}{2}\gamma_2 BN_r + \gamma_1 D_f N_q \tag{2.19}$$

Terzaghi 의 조건 ($m = 0$, $\beta = 0$ 경우) 에서 Meyerhof 의 지지력계수 N_c, N_q, N_r 는 다음의 식으로 계산하거나 그림 2.22b 및 표 2.5 에서 구할 수 있다.

$$N_q = e^{\pi \tan\phi} \tan^2\left(45^o + \frac{\phi}{2}\right)$$
$$N_c = (N_q - 1)\cot\phi$$
$$N_r = (N_q - 1)\tan(1.4\phi) \tag{2.19a}$$

【예제】 내부마찰각 $\phi = 30^o$ 이고 단위중량이 $18.0\,kN/m^3$ 인 모래지반의 지표에 폭 $3.0\,m$ 의 연속기초를 설치할 때 극한지지력을 구하시오. 단, 점착력은 없다.

【풀이】 지지력계수 : $N_c = 30.1$, $N_r = 15.7$, $N_q = 18.4$ (표 2.5)

지지력 : 식 (2.19) 에서

$$q_u = cN_c + \frac{1}{2}\gamma_2 BN_r + \gamma_1 D_f N_q$$

$$= (0)(30.1) + (0.5)(18)(3.0)(15.7) + (18)(0)(18.4)$$

$$= 423.9\,[kPa]$$

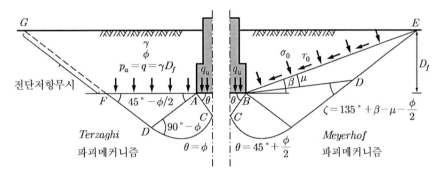

a) 기초하부지반의 전단파괴 메커니즘

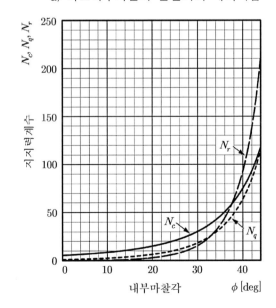

b) 지지력 계수 (단, $m = 0$, $\beta = 0$)

그림 2.22 Meyerhof의 파괴메커니즘과 지지력계수

표 2.5 Meyerhof 의 지지력계수 (단, $m=0$, $\beta=0$)

내부마찰각[°]	0	5	10	15	20	25	30	35	40	45
N_c	5.1	6.5	8.3	11.0	14.8	20.7	30.1	46.1	75.3	133.9
N_r	0.0	0.1	0.4	1.1	2.9	6.8	15.7	37.1	93.7	262.7
N_q	1.0	1.6	2.5	3.9	6.4	10.7	18.4	33.3	64.2	134.9

(2) DIN 4017 의 극한지지력

Terzaghi 파괴메커니즘은 대체로 타당한 것으로 인정되고 있으나, 그 후 많은 연구를 통하여 기초저면 아래 쐐기형 파괴체의 모양이 실제와 다른 (즉, 그림 2.19 의 각도 θ 는 ϕ 가 아니라 $45^o + \phi/2$ 에 가까운 값) 것이 판명되었다. DIN 4017 에서는 Prandtl 의 파괴메커니즘을 취하여 기초저면 아래 쐐기형 파괴체의 각도를 $\theta = 45^o + \phi/2$ 로 하고, Terzaghi 와 같은 맥락으로 기초 저면 위쪽 지반은 상재하중으로만 작용한다고 가정하고 그림 2.23a 의 C 점을 중심으로 모멘트를 취하여 극한지지력을 산정하였다.

DIN 4017 의 연속기초 극한지지력 공식은 다음과 같다.
$$q_u = cN_c + \gamma_2 B N_r + \gamma_1 D_f N_q \tag{2.20}$$

여기에서 두 번째 항의 계수가 Terzaghi 식 (식 2.16) 과 Meyerhof 식 (식 2.19) 에서는 1/2 이지만 DIN 4017 식에서는 1.0 이다. 이것은 DIN 4017 에서는 기초파괴가 한 방향으로만 일어난다고 보았기 때문이다. DIN 4017 의 지지력계수 N_c, N_q, N_r 에 대한 식은 다음과 같고, 그림 2.23 b 나 표 2.6 에서 구할 수 있다.

$$N_q = \tan^2\left(45^\circ + \frac{\phi}{2}\right)e^{\pi\tan\phi} = K_p e^{\pi\tan\phi} \tag{2.21}$$
$$N_c = (N_q - 1)\cot\phi$$
$$N_r = (N_q - 1)\tan\phi$$

【예제】 내부마찰각 $\phi = 30^o$ 이고 단위중량이 $18.0 \text{kN}/\text{m}^3$ 인 모래지반의 지표에 폭 3.0 m 의 연속기초를 설치할 때 그 극한지지력을 구하시오. 단, 점착력은 없다.

【풀이】 지지력계수 : 표 2.6 에서 $N_c = 30$, $N_r = 10$, $N_q = 18$
지지력 : $q_u = cN_c + \gamma_2 B N_r + \gamma_1 D_f N_g$ (식 2.20)
$$= (0)(30) + (18)(3.0)(10) + (18)(0)(18)$$
$$= 540 \ [\text{kPa}]$$

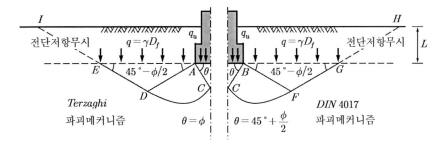

a) 기초하부 지반의 전단파괴메커니즘 (DIN 4017)

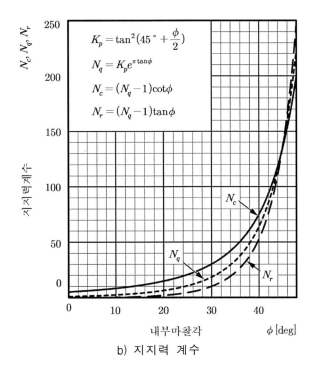

b) 지지력 계수

그림 2.23 DIN 4017의 파괴메커니즘과 지지력계수

표 2.6 DIN 4017 의 지지력계수

지지력 계수	내 부 마 찰 각 $\phi[°]$														
	0	5.0	10.0	15.0	20.0	22.5	25.0	27.5	30.0	32.5	35.0	37.5	40.0	42.5	45.0
N_c	5.0	6.5	8.5	11.0	15.0	17.5	20.5	25.0	30.0	37.0	46.0	58.0	75.0	99.0	134.0
N_r	0.0	0.0	0.5	1.0	2.0	3.0	4.5	7.0	10.0	15.0	23.0	34.0	53.0	83.0	134.0
N_q	1.0	1.5	2.5	4.0	6.5	8.0	10.5	14.0	18.0	25.0	33.0	46.0	64.0	92.0	135.0

2.3.2 일반 지지력공식

기초의 형상과 근입깊이 및 경사하중을 동시에 고려해야 하는 일반적인 경우에 대해서 기초의 일반 지지력공식(general formula of bearing capacity)을 많이 사용하고 있다. 일반 지지력 공식은 여러 가지 이론이 있음에도 불구하고 식이 동일하며, 다만 이론에 따라 형상계수, 깊이계수, 경사계수 등을 추가로 적용할 뿐이다. Terzaghi 지지력공식에서는 표 2.2의 형상계수만을 고려하였다. DIN 4017에서는 깊이계수를 고려하지 않으며 지지력 계수 N_γ 는 2 배한 값을 적용해야 한다 [식 (2.20) 참조].

$$q_u = F_{cs} F_{cd} F_{ci} cN_c + \frac{1}{2} F_{rs} F_{rd} F_{ri} \gamma_2 BN_r + F_{qs} F_{qd} F_{qi} \gamma_1 D_f N_q \tag{2.22}$$

여기에서, F_{cs}, F_{qs}, F_{rs} : 형상계수

F_{cd}, F_{qd}, F_{rd} : 깊이계수

F_{ci}, F_{qi}, F_{ri} : 경사계수

1) 형상계수

형상계수(shape factor)는 기초의 형상에 따른 지지력의 변화를 나타내는 값이며 기초가 직사각형인 경우에 폭/길이 즉, (B/L)의 관계에 따라 표 2.7과 같다.

표 2.7 형상계수

형상계수	Terzaghi (1925)	Meyerhof (1963)	DIN 4017 (1990) (원형과 정사각형은 같음)	Hansen (1970)
F_{cs}	$1+0.3\frac{B}{L}$(직사각형) 1.3 (원형)	$1+0.2\frac{B}{L}\tan^2\left(45° + \frac{\phi}{2}\right)$	$\frac{F_{qs}N_q - 1}{N_q - 1}$ $(\phi>0)$ $1+0.2\frac{B}{L}$ $(\phi=0)$	$0.2\frac{B}{L}$
F_{qs}	1	1 $(\phi=0)$ $1+0.1\frac{B}{L}tan^2(45° + \frac{\phi}{2})$ $(\phi \ge 10)$	$1+\frac{B}{L}\sin\phi$	$1+\frac{B}{L}\sin\phi$
F_{rs}	$0.5-0.1\frac{B}{L}$(직사각형) 0.3 (원형)	1 $(\phi=0)$ $1+0.1\frac{B}{L}tan^2(45° + \frac{\phi}{2})$ $(\phi \ge 10)$	$1-0.3\frac{B}{L}$	$1-0.4\frac{B}{L}$

2) 깊이계수 (depth factor)

기초의 지지력은 근입깊이의 영향을 크게 받으며 이를 고려할 수 있는 방안이 깊이계수 F_{cd}, F_{qd}, F_{rd} (depth factor)이다. 즉, 기초지지력을 깊이에 따라 보정하는 값이다.

대표적인 깊이계수는 표 2.8과 같으며, DIN 4017에서는 전부 1을 적용한다.

표 2.8 깊이계수

깊이 계수	Terzaghi (1925)	Meyerhof (1963)	DIN 4017	Hansen (1970)
F_{cd}	1	$1+0.2\dfrac{D_f}{B}\tan\left(45°+\dfrac{\phi}{2}\right)$	1	$1+0.4\dfrac{D_f}{B}$ $\quad(D_f\leq B)$ $1+0.4\tan^{-1}\left(\dfrac{D_f}{B}\right)$ $\quad(D_f>B)$
F_{qd}	1	$1\qquad(\phi=0)$ $1+0.1\dfrac{D_f}{B}\tan\left(45°+\dfrac{\phi}{2}\right)\;(\phi\geq0)$	1	$1+2\tan\phi(1-\sin\phi)^2\dfrac{D_f}{B}$ $\quad(D_f\leq B)$ $1+2\tan\phi(1-\sin\phi)^2\tan^{-1}\left(\dfrac{D_f}{B}\right)\;(D_f>B)$
F_{rd}	1	$1\qquad(\phi=0)$ $1+0.1\dfrac{D_f}{B}\tan\left(45°+\dfrac{\phi}{2}\right)\;(\phi\geq0)$	1	1

3) 경사계수

연직에 대해 θ 만큼 경사진 하중이 작용하면 수평분력이 발생하여 지지력이 영향을 받는다. 저면이 수평이면 수평분력은 $H=Q_u\sin\theta$ 이고, 연직분력은 $V=Q_u\cos\theta$ 이다. 경사계수(inclination factor)는 표 2.9 와 같다.

표 2.9 경사계수 　　　　　　　　　(단, θ : 하중경사, Q_u : 극한하중, η : 안전율)

경사 계수	Terzaghi (1925)	Meyerhof (1963)	DIN 4017 (1990) H는 B에 평행	DIN 4017 (1990) H는 L에 평행(L≥2B)	Hansen (1970)
F_{ci}	1	$\left(1-\dfrac{\theta}{90}\right)^2$	$F_{qi}-\dfrac{1-F_{qi}}{N_q-1}\quad(\phi\neq0)$ $\dfrac{1}{2}+\dfrac{1}{2}\sqrt{1-\dfrac{\eta H}{BLc_u}}$ $\quad(\phi=0,\;c=c_u)$	$F_{qi}-\dfrac{1-F_{qi}}{N_q-1}$ $(\phi\neq0,c\neq0,D_f=B,D_f=0)$ $\dfrac{1}{2}+\dfrac{1}{2}\sqrt{1-\dfrac{\eta H}{BLc_u}}$ $(\phi=0,\;c=c_u)$ 주*1,　주*2	$F_{qi}-\dfrac{1-F_{qi}}{N_q-1}$
F_{qi}	1	$\left(1-\dfrac{\theta}{90}\right)^2$	$\left(1-0.7\dfrac{\eta H}{\eta V+BLc\cot\phi}\right)^3$ $\quad(\phi\neq0)$ $\left(1-0.7\dfrac{H}{V}\right)^3$ $\quad(\phi\neq0,c=0)$ $1\quad(\phi=0,c=c_u)$	$1-\dfrac{\eta H}{\eta V+BLc\cot\phi}$ $(\phi\neq0,c\neq0,D_f=B)$ $\left(1-\dfrac{\eta H}{\eta V+BLc\cot\phi}\right)^2$ $(\phi\neq0,c\neq0,D_f=0)$ $1\quad(\phi=0,\;c=c_u)$	$\left(1-\dfrac{0.5H}{V+BLc\cot\phi}\right)^5$
F_{ri}	1	$1\atop(\phi=0)$ $\left(1-\dfrac{\theta}{\phi}\right)^2\atop(\phi\geq10)$	$\left(1-\dfrac{\eta H}{\eta V+BLc\cot\phi}\right)^3$ $\quad(\phi\neq0)$ $\left(1-\dfrac{H}{V}\right)^3$ $\quad(\phi\neq0,c=0)$	$1-\dfrac{\eta H}{\eta V+BLc\cot\phi}$ $(\phi\neq0,c\neq0,D_f=B)$ $\left(1-\dfrac{\eta H}{\eta V+BLc\cot\phi}\right)^2$ $(\phi\neq0,c\neq0,D_f=0)$주*1,주*2	$\left(1-\dfrac{0.7H}{V+BLc\cot\phi}\right)^5$

주*1 : $0<D_f/B<1$ 이면 $D_f=0$ 와 $D_f=B$ 사이에 보간법 적용
주*2 : $0<L/B<1$ 이면 H 가 B 에 평행한 경우와 H 가 L 에 평행인 경우의 값 사이에 보간법 적용

2.3.3 기초의 허용지지력

1) 허용지지력의 평가

기초는 지반의 전단파괴에 대해서 안정해야 할 뿐만 아니라 과도한 침하나 부등침하가 일어나지 말아야 하며, 이들을 고려한 지지력의 허용한계를 허용지지력 (allowable bearing capacity) 이라고 한다.

기초의 허용지지력은 지반과 기초 바닥사이에 작용하는 등분포나 사다리꼴분포 접지압의 허용치이다. 허용지지력 q_a 는 구조물과 지반의 특성에 따라 영향을 받기 때문에 다음의 변형과 안정 및 기타문제에 대한 확신이 있은 후에야 평가할 수 있다.

- 변형문제 :
  - 구조물의 형식과 사용목적에 따른 침하 및 부등침하의 허용치는 어느 정도인가 ?
  - 구조물에 연결된 각종 배관이나 도관 등의 허용변위는 어느 정도인가 ?
  - 일정시간 경과후의 침하량 및 일정한 크기의 침하발생에 소요시간은 어느 정도인가 ?

- 안정문제 :
  - 모든 건설공정과 재하순간에 하중을 지지할 수 있을 만큼 지지력이 충분한가 ?
  - 지지력에 대하여 국지적인 안정은 물론 전체적인 안정이 확보되는가 ?
  - 지반에 수평력을 작용시킬 수 있는가 ?

- 기타 문제 :
  - 기초가 동결심도보다 깊게 설치되어 있는가 ?
  - 기초의 전도가 일어날 가능성은 없는가 ?

허용지지력 결정에 어떤 문제가 가장 중요한가는 정하기가 어려우나, 대체로 가장 불리한 조건을 취하는 게 적합하고 변형문제가 판단기준이 되는 경우가 많다. 계획된 위치에서 이러한 조건이 맞지 않는다면 기초의 깊이를 깊게 하거나, 구조물의 무게를 조절하거나, 선행재하 하여 문제를 해결할 수 있으며 경우에 따라 전면기초로 계획할 수 있다. 그 밖에는 깊은 기초로 해야 한다.

기초의 극한지지력 식에서 나타난 바와 같이 점토의 지지력은 기초의 폭에 무관하게 일정하고, 사질토에서는 지지력이 기초의 폭에 비례하여 증가한다.

기초의 침하는 기초 폭이 클수록 증가하므로, 침하를 기준으로 지지력을 정하면 기초 폭이 커질수록 허용지지력은 감소한다. 따라서 허용지지력은 크기가 작은 기초에서는 기초의 극한지지력에 의해 정해지고, 크기가 큰 기초에서는 기초의 침하량에 의하여 결정된다.

2) 허용지지력

기초의 허용지지력 q_a 는 극한지지력 q_u 를 안전율 η_s 로 나누어(즉, $q_a = q_u / \eta_s$) 정하며, 여기서 안전율 η_s 는 전단강도개념을 도입한 Fellenius 안전율 $\eta = \tau_f / \tau$ 와 의미가 다르다. 기초지반의 지지력에 대한 안전율 η_s 는 대체로 2 보다 커야 한다.

기초바닥면보다 상부에 있는 흙의 자중 $\gamma_1 D_f$ 는 단순히 상재하중 q 이므로 이에 대해서는 안전율을 적용하지 않는다.

따라서 안전율 η_s 는

$$\eta_s = \frac{q_u - \gamma_1 D_f}{q_a - \gamma_1 D_f} \tag{2.23}$$

이고, 허용지지력 q_a 에 대해 풀어서 정리하면 다음이 된다.

$$q_a = \frac{1}{\eta_s}(q_u - \gamma_1 D_f) + \gamma_1 D_f = \frac{1}{\eta_s}[q_u + \gamma_1 D_f(\eta_s - 1)] \tag{2.24}$$

여기에 Terzaghi 극한지지력 q_u 를 적용하면 위 식은 다음과 같이 된다.

$$q_a = \frac{1}{\eta_s}[\alpha c N_c + \beta \gamma_2 B N_r + \gamma_1 D_f(N_q + \eta_s - 1)] \tag{2.25}$$

여기에서 $N_q + \eta_s - 1$ 을 단순히 N_q 로 하는 경우도 있다. 지지력 계수 N_c, N_q, N_r 는 동일한 파괴 형상에 대해서 구한 것이 아니며 특히 N_r 는 문헌에 따라 매우 다르다.

위의 식에서 점착력이 없는 사질토의 지지력은 기초 폭과 지반의 단위중량에 따라 변하는 것을 알 수 있다. 따라서 사질토에서 지하수위가 기초저면으로부터 기초 폭에 해당하는 깊이보다 깊지 않으면 지하수에 의한 영향을 받으며, 지하수위가 기초저면보다 위에 있으면 부력 때문에 지반의 수중단위중량 γ_{sub} 을 적용해야 하므로 지지력이 거의 반감된다.

점토에서는 내부마찰각이 0 이므로 위의 식 2.25 는 점착력에 대한 항만 남는다. 실제지반에서는 점착력이 깊이에 따라 변할 수 있으므로 보통 기초바닥면으로부터 기초 폭의 1/3 에 해당되는 깊이의 점착력을 그 지반에 대한 대표점착력으로 한다.

【예제】 다음에서 기초의 허용지지력에 대한 설명 중 틀리는 것을 찾으시오.

① 극한지지력에 대해 소정의 안전율을 가지는 하중과 침하량이 허용치 이하가 되는 하중 중에서 큰 값이다.

② 점성토의 지지력은 기초 폭에 무관하게 일정하다.

③ 사질토의 지지력은 기초 폭에 비례하여 커진다.

④ 점성토의 침하량은 기초 폭에 무관하게 일정하다.

⑤ 사질토의 침하량은 기초 폭이 증가함에 따라 작아진다.

⑥ 작은 기초의 허용지지력은 극한지지력에 의하여 결정된다.

⑦ 큰 기초의 허용지지력은 침하에 의해 결정된다.

【풀이】 ① 허용지지력은 극한지지력 기준과 침하기준을 비교해서 작은 쪽이다.

2.3.4 기타 지지력 결정방법

얕은 기초의 허용지지력은 다음처럼 간접적인 방법이나 경험적으로 결정할 수도 있다.

① 기준 지지력표 이용

② 표준관입시험 결과 이용

③ 평판재하시험 등 현장시험에서 구한 시험 허용지지력

1) 기준지지력표 이용

기초저면 하부로 기초 폭의 2 배에 해당하는 깊이까지 지반상태를 알고 있으며, 지층이 거의 수평이고, 정적인 하중만 작용하면 기초의 지지력과 침하에 대한 별도의 검토 없이도 기준지지력표 (standard bearing capacity chart) 의 값을 적용할 수 있다. 그러나 지지력표는 국가 또는 저자별로 다양하므로 전제조건에 유의하여 적용해야 한다.

암반의 지지력은 암반의 상태에 따라 다르다. 즉, 지지력은 풍화가 진행되지 않은 연암이나 경암이 균질하면 약 4 MPa 이고 편마구조나 절리가 있으면 2 MPa 이지만, 풍화가 진행된 연암과 경암이 균질하면 1.5 MPa, 편마구조나 절리가 있으면 1 MPa 정도가 된다. 그러나 암반의 지지력은 편차가 크므로 현장지지력 시험으로 확인해야 한다.

(1) 사질토

다음의 조건에 해당하는 사질지반에 대해서는 표 2.10 및 표 2.11 의 허용지지력을 적용할 수 있다 (DIN 1054). 그 밖의 사질토에서는 다른 방법으로 지지력을 구한다.

① 상대밀도 $D_r \geq 0.3$ 인 경우

· $C_u \leq 3$ 인 조립사질토 (SP, GP)

· $C_u \leq 3$ 이고 입경 0.006 mm 이하 세립이 15 % 미만인 혼합 조립토 (GM, GC)

② 상대밀도, $D_r \geq 0.45$ 인 경우

· $C_u > 3$ 인 조립사질토 (SP, SW, GP, GW)

· $C_u > 3$ 이고 입경 0.006 mm 이하 세립이 15 % 미만인 혼합 조립토 (SM, GM, GC)

표 2.10 사질토에서 침하에 민감한 연속기초의 허용지지력 (DIN 1054) $[kPa]$

최소 근입깊이 D_f [m]	기초 폭 B [m]						
	0.5	1.0	1.5	2.0	2.5	3.0	5.0
0.5	200	300	330	280	250	220	176
1.0	270	370	360	310	270	240	192
1.5	340	440	390	340	290	260	208
2.0	400	500	420	360	310	280	224
작은 구조물 $D_f < 0.3\,\mathrm{m}, B < 0.3\,\mathrm{m}$	150						

표 2.11 사질토에서 침하에 민감하지 않은 연속기초의 허용지지력 (DIN 1054) $[kPa]$

최소 근입깊이 D_f [m]	기초 폭 B [m]					
	0.5	1.0	1.5	2.0	3.0	5.0
0.5	200	300	400	500	500	500
1.0	270	370	470	570	570	570
1.5	340	440	540	640	640	640
2.0	400	500	600	700	700	700
작은 구조물 $D_f < 0.3\,\mathrm{m}, B < 0.3\,\mathrm{m}$	150					

(2) 점성토

점성토지반에 설치된 연속기초에 대해서 공사중 지반이 교란되지 않은 경우, 지반의 종류에 따라 표 2.12~2.15 의 허용지지력을 적용할 수 있다 (DIN 1054).

표 2.12 순수한 실트 (ML) 지반에서 연속기초의 허용지지력 $[kPa]$

최소근입깊이 D_f [m]	기초 폭 B [m]							
	$I_c > 0.75$				반고체			
	B ≤ 2	B = 3	B = 4	B = 5	B ≤ 2	B = 3	B = 4	B = 5
0.5	130	117	104	91	130	117	104	91
1.0	180	162	144	126	180	162	144	126
1.5	220	198	176	154	220	198	176	154
2.0	250	225	200	175	250	225	200	175

표 2.13 혼합토 (SM, SC, GM, GC) 에서 연속기초의 허용지지력 $[kPa]$

최소근입깊이 D_f [m]	기초 폭 B [m]											
	$I_c > 0.75$				반 고 체				고 체			
	B≤2	B=3	B=4	B=5	B≤2	B=3	B=4	B=5	B≤2	B=3	B=4	B=5
0.5	150	135	120	105	220	198	176	154	330	297	264	231
1.0	180	162	144	126	280	252	224	196	380	342	304	266
1.5	220	198	176	154	330	297	264	231	440	396	352	308
2.0	250	225	200	175	370	333	296	259	500	450	400	350

표 2.14 점토질 실트 (MH, CL) 지반에서 연속기초의 허용지지력   [*kPa*]

최소근입깊이 D_f [m]	기초 폭 B [m]											
	$I_c > 0.75$				반 고 체				고 체			
	B≤2	B=3	B=4	B=5	B≤2	B=3	B=4	B=5	B≤2	B=3	B=4	B=5
0.5	120	108	96	84	170	153	136	129	280	252	224	196
1.0	140	126	112	98	210	189	168	147	320	288	256	224
1.5	160	144	128	112	250	225	200	175	360	324	288	252
2.0	180	162	144	126	280	252	224	196	400	360	320	280

표 2.15 순수한 점토 (CH) 지반에서 연속기초의 허용지지력   [*kPa*]

최소근입깊이 D_f [m]	기초 폭 B [m]											
	$I_c > 0.75$				반 고 체				고 체			
	B≤2	B=3	B=4	B=5	B≤2	B=3	B=4	B=5	B≤2	B=3	B=4	B=5
0.5	90	81	72	63	140	126	112	98	200	180	160	140
1.0	110	99	88	77	180	162	144	126	240	216	192	168
1.5	130	117	104	91	210	189	168	147	270	243	216	189
2.0	150	135	120	105	230	207	184	161	300	270	240	210

2) 표준관입 시험결과를 이용한 기초의 지지력 결정

기초의 허용지지력 q_a 는 표준관입시험 (SPT, Standard Penetration Test) 의 결과인 N 값으로부터 구할 수 있다. 최근에는 간편성과 경제성 때문에 SPT 시험결과의 활용이 확대되어 있으나 시험자의 자질과 숙련도, 지반상태 및 경계조건 등에 따라 편차가 심할 수 있으므로 중요한 구조물 등에서는 SPT 결과에만 의존하지 말고 지반에 대한 광범위한 자료를 확보하여 허용지지력을 판정해야 한다.

(1) 사질토

건조하거나 습윤상태의 사질토지반에서 기초의 지지력은 기초의 폭과 표준관입시험결과를 이용하여 표 2.16 이나 표 2.17 로부터 직접 구할 수 있다.

일반적으로 $N < 10$ 이면 구조물 기초 지반으로의 적용을 숙고해야 한다. $N \leq 5$ 이면 진동에 의해 액상화 (liquefaction) 될 가능성이 있으므로 얕은 기초를 설치하기에 부적합한 지반이다. 그러나 $N > 5$ 이면 일정이상 하중을 받는 구조물을 지지할 수 있는 지반이므로 구조물의 최대침하가 허용치를 초과하지 않도록 허용지지력을 정한다.

Terzaghi/Peck (1967) 은 SPT 결과로부터 모래지반의 허용지지력을 구하는 방법을 제시하였으나 후에 너무 안전측인 것으로 확인되었다. Meyerhof (1956, 1974) 는 SPT 결과를 이용하여 1 인치 (25.4 mm) 침하를 기준으로 폭이 B 이고 근입깊이가 D_f 인 기초의 허용지지력을 구하는 식 (2.26) 을 제시하였으나 (그림 2.24, 표 2.16) 역시 다소 안전측이므로 Bowles (1988) 가 이를 다시 수정하였다 (식 2.27).

· Meyerhof (1974)

$$q_a = 12\,N\left(1 + \frac{D_f}{3B}\right) \qquad\qquad (B \leq 1.22\text{m}) \quad [\text{kN}/\text{m}^2] \qquad\qquad (2.26)$$

$$= 8N\left(\frac{B + 0.305}{B}\right)^2\left(1 + \frac{D_f}{3B}\right) \qquad (B > 1.22\text{m}) \quad [\text{kN}/\text{m}^2]$$

· Bowles (1988)

$$q_a = 20\,N\left(1 + \frac{D_f}{3B}\right) \qquad\qquad (B \leq 1.22\text{m}) \quad [\text{kN}/\text{m}^2] \qquad\qquad (2.27)$$

$$= 12.5N\left(\frac{B + 0.305}{B}\right)^2\left(1 + \frac{D_f}{3B}\right) \quad (B > 1.22\text{m}) \quad [\text{kN}/\text{m}^2]$$

이들은 모래, 실트질 모래, 또는 실트, 모래, 자갈 (25.4 mm 미만)의 혼합토 등에서 적용할 수 있으나 세립토에 적용할 때에는 주의해야 한다.

표 2.16 기초의 허용지지력 (Meyerhof, 1974) 25.4 mm 침하기준　　　　　　　 **[kPa]**

타격 수	기초 폭 B [m]								
N	1.2	1.8	2.4	3.0	3.6	4.2	4.8	6.0	7.2
5	60	54	51	48	47	46	45	44	44
10	120	109	101	97	94	92	90	88	87
15	180	163	152	145	141	138	135	133	130
20	240	217	202	193	187	183	180	177	174
25	300	272	253	241	234	229	225	221	217
30	360	326	303	290	281	275	270	255	261
35	420	378	354	338	328	321	315	309	304

표 2.17 기초의 허용지지력(Bowles, 1988) 25.4 mm 침하기준　　　　　　　　 **[kPa]**

타격 수	기초 폭 B [m]								
N	1.2	1.8	2.4	3.0	3.6	4.2	4.8	6.0	7.2
5	100	86	79	76	74	72	71	69	68
10	200	171	159	152	147	144	141	138	136
15	300	256	238	228	221	216	212	207	204
20	400	342	318	303	294	288	283	276	272
25	500	427	397	379	368	360	354	345	340
30	600	513	476	455	441	431	424	414	407
35	700	598	556	532	515	503	495	483	475

SPT 시험의 스플릿배럴은 내경이 35 mm 이므로 큰 입자 (직경 10 mm 이상)를 포함하는 지반에서는 자칫하면 N값이 실제보다 너무 크게 측정되어 허용지지력을 과대하게 평가할 수 있다. 사질토의 지표에 설치된 기초의 25.4 mm 침하기준 허용지지력은 N 값을 알면 그림 2.24와 표 2.16과 2.17로부터 구할 수 있다. 기초 폭이 크면 침하영향이 커져서 더 큰 침하가 유발되므로 허용침하를 25.4 mm 로 가정하면 지지력이 감소된다.

기준 침하량 s_k 가 25.4 mm 가 아니면 허용지지력 q_a 가 침하량에 비례한다고 가정하고 다음과 같이 수정해서 지지력 $q_a{'}$ 를 구한다.

$$q_a{'} = \frac{s_k}{25.4} q_a \tag{2.28}$$

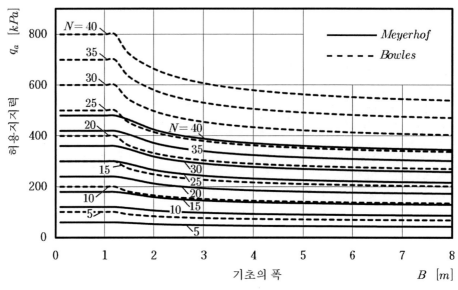

그림 2.24 N값과 기초의 허용지지력

【예제】 SPT 시험결과 $N=30$ 인 모래지반에 폭 3.0 m 의 기초를 1.5 m 깊이에 설치하였다. 허용지지력을 구하시오.

【풀이】 Meyerhof 식 (2.26) 에서

$$q_a = 8N\left(\frac{B+0.305}{B}\right)^2\left(1+\frac{D_f}{3B}\right)$$

$$= 8(30)\left(\frac{3.0+0.305}{3.0}\right)^2\left(1+\frac{1.5}{(3)(3.0)}\right) = 339.4 \ [\text{kPa}]$$

Bowles 식 (2.27)에서

$$q_a = 12.5N\left(\frac{B+0.305}{B}\right)^2\left(1+\frac{D_f}{3B}\right)$$

$$= (12.5)(30)\left(\frac{3.0+0.305}{3.0}\right)^2\left(1+\frac{1.5}{3(3.0)}\right) = 530.3 \ [\text{kPa}]$$

(2) 점성토

점성토에서도 표준관입시험의 결과에 따라 표 2.18의 허용지지력을 취할 수 있다. 점성토에서는 $N < 4$ 이면 구조물 기초지반으로 부적합한 연약지반이어서, 구조물을 건설하기 위해서는 개량해야 한다. 점성토에서는 동일한 지반이라도 함수비에 따라 SPT 결과가 다르므로 주의해서 적용해야 한다.

표 2.18 점성토에서 표준관입저항치에 의한 지지력 판정 (Terzaghi/Peck, 1967)

지반의 상태	표준관입 저항치 N	일축압축 강 도 [N/m²]	극한지지력 [kPa]		허용지지력 [kPa]			
					안전율 3		안전율 2	
			직사각형	연속기초	직사각형	연속기초	직사각형	연속기초
매우연약	< 2	< 25	< 92	< 71	< 30	< 22	< 45	< 32
연 약	2~4	25~50	92~185	71~142	30~60	22~45	45~90	32~65
중 간	4~8	50~100	185~370	142~285	60~120	45~90	90~180	65~130
강 성	8~15	100~200	370~740	285~570	120~240	90~180	180~360	130~260
매우 강성	15~30	200~400	740~1480	570~1140	240~480	180~360	360~720	260~520
경 성	30 <	400 <	1480 <	1140 <	480 <	360 <	720 <	520 <

【예제】 다음에서 얕은 기초 지지력을 구하는 방법이 아닌 것을 찾으시오.
① 지지력공식   ② 허용 지지력표 이용   ③ 평판재하시험   ④ 표준관입시험
⑤ 기존의 자료이용

【풀이】 없음

2.3.5 특수기초의 지지력

기초의 지지력은 특수한 경우 즉, 층상지반이거나 편심 또는 경사하중이 작용하는 경우에는 영향을 받으며, 배수조건을 고려하여 결정한다.

1) 층상지반의 지지력

기초의 지지력은 대체로 기초바닥면 하부 기초 폭 B 의 2배 이내(즉, $\leq 2B$)에 존재하는 지반에 의해 결정된다. 따라서 이 범위 내에 다수의 지층이 분포하는 경우에는 각 지층의 특성을 고려하여 지지력을 계산한다. 두 개 지층으로 구성된 지반에서는 하부지층이 더 견고하면 지지력이 증가하고 더 연약하면 지지력이 감소한다.

지반이 두 가지의 서로 다른 점성토층으로 구성된 경우에는 보통 상부 점성토층의 점착력을 써서 허용지지력을 계산한다. 일반적으로 점성토가 사질토에 비하여 지지력이 작으므로 두꺼운 점성토층의 하부에 사질토층이 있는 경우에는 점성토만을 생각한다.

반대로 사질토층 하부에 점성토층이 있는 경우에는 지지력이 기초 폭과 사질토층의 두께에 따라 결정된다. 즉, 기초의 저면으로부터 점성토층 상부경계면까지의 깊이 (사질토층 두께) 가 기초 폭의 2 배 이상이면 (그림 2.25a) 점성토층의 영향을 고려하지 않지만, 기초 폭의 2 배 이하이면 (그림 2.25b) 점성토층의 영향을 고려해야 한다. 이때에는 기초의 저면에서 하중이 일정한 비율 (1 : 1, 1 : 1.5 등) 로 확산된다고 가정하여 점성토층 상부경계면에 작용하는 하중을 계산하고, 지반을 점성토지반으로 이상화하여 구한 허용지지력과 상부의 사질토층만을 고려해서 구한 허용지지력을 비교하여 작은 값을 허용지지력으로 한다.

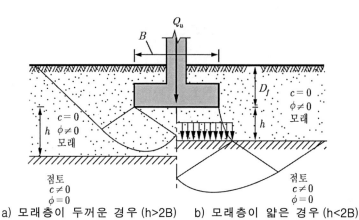

a) 모래층이 두꺼운 경우 (h>2B)   b) 모래층이 얇은 경우 (h<2B)

그림 2.25 모래층 하부에 있는 점토층의 영향에 따른 파괴메카니즘

점착력과 내부마찰각을 동시에 갖는 지층이 여러 개 모인 지반에서는 각각의 가중평균 강도정수를 적용하여 지지력을 구한다. 이때에는 유효깊이 ($0.5\,B\tan{(45° + \phi/2)}$) 이내의 지층만 고려하며 최상부 지층이 이보다 두꺼우면 단일 층으로 간주한다.

$$c_{av} = \frac{\sum c_i H_i}{\sum H_i}$$

$$\phi_{av} = \tan^{-1}(\frac{\sum H_i \tan\phi_i}{\sum H_i}) \tag{2.29}$$

여기에서 c_i 와 ϕ_i 및 H_i 는 i 번째 지층의 점착력과 내부마찰각 및 두께를 나타낸다.

2) 편심하중에 대한 지지력

기초에 편심하중이 작용하는 경우에는 그림 2.26 과 같이 하중 작용점에 대해서 대칭인 부분만을 바닥면으로 갖는 유효기초를 생각하여 지지력을 구한다. 즉, 실제기초를 유효 폭 (effective width) $B_x{}' = B_x - 2e_x$ 이고 유효길이 (effective length) $B_y{}' = B_y - 2e_y$ 인 유효기초로 대체하고 유효면적 $A' = B_x{}' B_y{}' = (B_x - 2e_x)(B_y - 2e_y)$ 의 중심에 하중이 작용하고 접지압이 등분포인 것으로 간주하여 극한지지력을 구한다.

이 방법은 기초의 극한지지력이 편심과 더불어 직선적으로 변한다는 가정을 전제로 한 것이며, 이 가정은 실제로 점성토에서는 거의 맞지만 사질토에서는 다소 어긋날 수 있다.

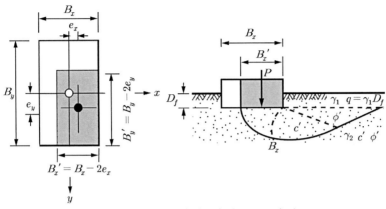

그림 2.26 편심에 의한 유효면적

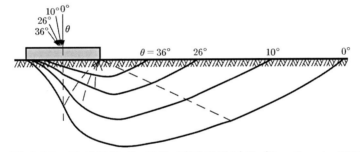

그림 2.27 경사하중에 의한 파괴메커니즘 (Smoltczyk, 1960)

3) 경사하중에 대한 지지력

경사하중이 작용하는 기초의 지지력은 과거에는 경사하중을 연직분력과 수평분력으로 나누고, 연직하중에 대해서는 기초가 연직하중만을 받는다고 생각하여 구하고, 수평하중에 대해서는 활동에 대한 안전을 검토하여 양자를 모두 충분한 안전율을 갖는지 판정하였다. 그러나 경사하중을 포함할 수 있도록 확장한 지지력 이론들이 제안되어 있다. Smoltczyk (1960)은 하중의 경사에 따른 기초 파괴메커니즘을 이론적으로 계산하였으며(그림 2.27), 하중의 경사가 클수록 얕은 파괴가 일어나서 지지력이 작아졌다.

Hansen(1970)은 Terzaghi의 지지력공식을 기초의 형상과 깊이뿐만 아니라 경사하중까지도 포함할 수 있는 식으로 확장하였다. Janbu(1957)는 수평하중을 고려한 지지력 계수 N_h를 도입하여 Terzaghi 이론을 경사하중을 받는 기초에 적용할 수 있도록 확장하였다. 또한, Meyerhof(1951)는 연직하중이 작용한다고 가정하여 지지력을 구한 후에 감소계수를 써서 지지력을 수정하는 방법을 택하였다.

4) 비배수 조건에 대한 지지력

기초의 지지력은 하중 재하속도와 과잉간극수압 소산(압밀)속도의 상대적 크기에 의해 큰 영향을 받으며, 이는 지반의 배수 및 비배수 조건으로 구분한다.

지반의 압밀시간이 하중 재하시간보다 짧으면(시간계수 $T > 3.0$ 또는 투수계수 $k > 10^{-6}\,\mathrm{m/s}$) 배수조건(drained condition)이라 하고, 압밀시간이 재하시간보다 훨씬 길면 (시간계수 $T < 0.01$ 또는 투수계수 $k < 10^{-9}\,\mathrm{m/s}$) 비배수조건(undrained condition)이라고 한다. 배수조건과 비배수조건 사이에 부분 배수조건이 있을 수 있다. 모래는 투수성이 좋아서 배수조건이고, 점토는 투수성이 낮아서 비배수조건이며 실트는 주변지층에 따라 상대적이다.

비배수조건에서 $\phi = 0$ 이면 지지력계수가 $N_q = 1$, $N_r = 0$ 이므로 지지력에 점착력만 고려되며, 기초의 폭은 관계가 없으므로 전응력 해석에 대한 기초의 지지력공식은 습윤단위 중량 γ_t 를 적용하고 다음과 같이 간단해진다.

$$q_u = cN_c + \gamma_t D_f \tag{2.30}$$

Skempton(1951)은 $\phi = 0$ 인 흙에서 기초의 형상, 폭, 근입깊이 등을 모두 고려한 지지력계수 N_c 를 구할 수 있는 그래프(그림 2.28)를 제시하였다. 여기에서 직사각형기초에 대한 지지력계수 N_c 는 정사각형기초의 값에 $(0.84 + 0.16\,B/L)$ 를 곱한 값이다.

점토의 극한지지력은 폭이 B 인 기초에 의하여 지반이 반경 B 인 원호로 전단파괴될 경우 점토 전단강도에 의한 저항모멘트와 활동모멘트가 같을 때(안전율 = 1)의 하중강도이다.

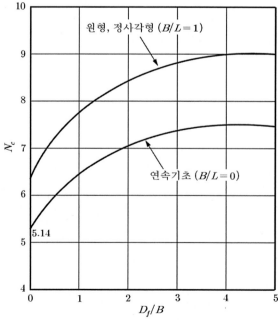

그림 2.28 점토 $(\phi = 0)$ 의 지지력계수 N_c (Skempton, 1951)

2.4 얕은 기초의 침하거동

상부구조물의 하중이 기초를 통해 지반에 전달되면 지반내 응력이 증가되므로 지반이 압축되어 침하가 발생되며 (2.4.1 절) 이렇게 상부구조물의 영향을 받는 깊이 (2.4.2 절) 는 기초의 폭과 지반에 따라 결정된다. 지반은 소성체이기 때문에 제하 시 일부변형이 잔류하여 재하-제하의 영향 (2.4.3 절) 을 받아 변형이 달라진다. 지반의 침하거동은 부력 (2.4.4 절), 선행재하 (2.4.5 절), 과재하 (2.4.6 절) 및 기초 강성 (2.4.7 절) 의 영향을 받는다.

2.4.1 침하 발생요인

상부 구조물 하중이 기초를 통하여 지반에 전달되면 지중응력이 증가되어 흙의 구조골격이 압축되거나 과잉간극수압이 발생되어 간극수가 배수되고 그 결과 지반이 압축되어서 구조물의 전체 또는 일부가 연직변위를 일으키는데 이를 침하 (settlement) 라고 한다. 지반 침하는 흙의 구조골격특성 (재하 및 제하시의 변형특성), 투수특성, 재하속도 및 구조물의 강성도 등에 관련된 요소에 의해 영향을 받는다.

구조물의 모든 부분에서 침하의 크기 즉, 침하량이 같으면 균등침하 (uniform settlement) 라고 하고, 구조물의 위치에 따라 침하량이 다르면 부등침하 (differential settlement) 라고 한다. 균등침하가 일어나면 구조물의 연직위치만 달라지지만, 부등침하가 일어나면 구조물에 추가응력이 발생되어 균열이 생기거나 구조물이 기울어져서 미관을 해치거나 구조적인 불안정, 기능상실이 발생된다.

구조물의 침하는 재하순간 지반이 탄성적으로 압축되어 일어나는 즉시침하 S_i (immediate settlement) 와 시간이 지남에 따라 간극의 물이 빠져나가면서 간극의 부피가 감소하여 일어나는 압밀침하 S_c (consolidation settlement) 의 합이다. 유기질토나 점성토에서는 즉시침하나 압밀침하 외에 이차압축침하 S_s (secondary compression) 가 추가된다 (그림 2.29).

$$S = S_i + S_c + S_s \tag{2.31}$$

구조물의 하중-침하거동은 선형탄성관계가 아니어서 사실 위와 같은 겹침의 원리가 적용되지 않는다. 그러나 경험적으로 볼 때에 겹쳐서 계산해도 실제에 근사한 결과를 얻는다. 엄밀히 말하자면 지반의 거동은 탄성거동이 아니지만 점토에서는 Hooke 법칙이 근사적으로 맞는다. 조립토의 침하는 외력에 의해 흙의 구조골격이 압축되어 일어나며, 지진이나 기계진동 및 흡수나 침수에 의하여 흙입자가 재배치되어서 일어날 때도 있다.

즉시침하는 재하즉시 발생하고 지반의 형상변화에 기인하는 경우가 많으며, 포화도가 낮거나 점성이 없는 흙에서는 침하의 대부분이 즉시침하이다.

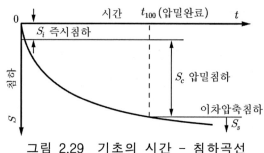

그림 2.29 기초의 시간 – 침하곡선

압밀침하는 외력에 의해 발생된 과잉간극수압(excess pore water pressure)에 의하여 수두차가 생겨서 간극의 물이 배수되어 일어난다. 따라서 압밀침하속도는 배수가능성(지반의 투수성과 경계조건)에 의하여 좌우된다. 투수계수가 큰 조립토에서는 간극의 물이 쉽게 빠져나가므로 압밀침하는 재하직후에 완료된다.

이차압축침하는 흙 구조골격의 압축특성에 따라 결정된다. 압밀침하에서 이차압축침하로 변하는 시간은 보통 과잉간극수압이 영(0)이 되는 시점을 기준으로 한다.

즉시침하와 압밀침하 및 이차압축침하의 기초이론은 제 6 장에서 상세히 설명되므로, 여기에서는 지반침하에 영향을 미치는 요소들과 침하량 계산방법 및 허용침하량을 다룬다.

구조물의 침하는 주로 다음 원인에 의해 지반이 변형될 때에 일어난다.
 – 외부하중에 의한 지반의 압축(지반의 탄소성변형)
 – 지하수위 강하에 의해 지반의 자중(유효응력)이 증가하여 발생하는 압축
 – 점성토지반의 건조수축
 – 지하수의 배수에 의한 지반의 부피변화(압밀)
 – 함수비의 증가로 인한 지반 지지력의 감소
 – 기초파괴에 의한 지반변형
 – 지하매설관등 지중공간의 압축이나 붕괴
 – 동상 후 연화작용에 의한 지반 지지력의 감소
 – 지반의 특정성분이 용해됨에 따른 압축성 증가로 인한 지반의 압축

기초바닥면 아래 지반 내 연직응력 σ_z 는 지반의 자중에 의한 응력 σ_{zg} 와 구조물의 하중에 의한 응력 σ_{zp} 의 합이다.

$$\sigma_z = \sigma_{zg} + \sigma_{zp} \tag{2.32}$$

침하를 계산할 때에는 지반의 자중에 의한 침하는 완료된 것으로 간주하고 구조물의 하중에 의한 침하만 계산한다. 지반침하는 흙의 구조골격특성(재하 및 제하시의 변형특성), 투수특성, 재하속도 및 구조물의 강성도 등에 관련된 요소에 의해 영향을 받는다.

2.4.2 외부하중의 영향깊이

압축성 지층이 지표에 가까이 있고 두껍지 않으면 일상적인 방법으로 침하를 계산할 수 있다. 그러나 압축성 지층이 매우 두꺼울 경우에는 기초바닥 아래로부터 깊은 곳은 구조물에 의한 영향을 거의 받지 않는다. 따라서 지반의 압축성과 하중의 크기를 고려하여 상재하중의 영향이 일정하게 (예, DIN 4019 에서 20 %) 되는 깊이 이내의 지반에 대해서만 침하를 계산한다. 이러한 깊이를 한계깊이 z_{cr} (critical depth) 라고 한다.

실제로 한계깊이 하부에 있는 심층 지반은 상재하중의 영향이 매우 작아서, 그 부분의 압축량이 전체 압축량에서 차지하는 비중이 매우 작다. 상재하중의 영향이 미치는 깊이는 기초의 크기가 클수록 깊어진다.

폭 B, 길이 L 인 $(B < L)$ 직사각형기초에서 상재하중의 영향이 10 % $(\Delta\sigma_z / \Delta\sigma = 10\%)$ 인 깊이는 정사각형 (즉, $L/B = 1$) 일 때에는 $z \coloneqq 1.9 B$ 정도이지만 길이가 무한히 길면 $(L/B = \infty)$, $z \coloneqq 6.2 B$ 가 된다. 그러나 지표층보다 심층지반의 압축성이 더 큰 경우에는 응력증가량 $\Delta\sigma_z$ 가 미소하더라도 전체 지표침하에서 하부지층의 침하가 차지하는 비중이 크게 되어 한계깊이의 의미가 적어진다.

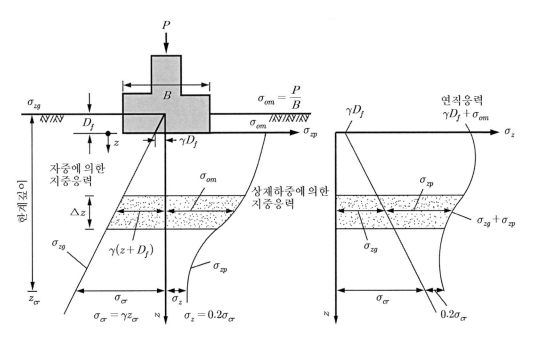

a) 자중에 의한 연직응력   b) 상재하중에 의한 연직응력   c) 지반내 총 연직응력

그림 2.30 지반 내 연직응력과 한계깊이

2.4.3 재하-제하의 영향

초기에 자중만 재하된 상태의 지반에서 구조물을 설치하기 위하여 (그림 2.31a) 지반을 굴착하면 제하 (unloading) 상태가 되어 하부지반이 융기되었다가, 구조물을 설치하면 재재하 (reloading) 상태가 되어 지중응력이 변한다. 이때에는 제하에 의한 지반의 융기를 고려해야 정확한 침하량을 구할 수 있다.

1) 지중응력

굴착저면으로부터 깊이 z 인 점 (그림 2.31a 의 A 점)의 연직응력은 굴착전과 후 및 구조물 설치 후에 다음과 같다.

굴 착 전 : $\sigma_{z0} = t_1\gamma + (t_2 + z)\gamma'$

굴 착 후 : $\sigma_{z1} = \sigma_{z0} - \Delta\sigma_{zg} = \sigma_{z0} - (t_1\gamma + t_2\gamma')J$

구조물설치후 : $\sigma_{z2} = \sigma_{z1} + \Delta\sigma_{zp} = \sigma_{z1} + \left(\dfrac{W}{BL} - t_2\gamma_w\right)J$ (2.33)

여기에서, W, B, L : 구조물의 무게, 폭, 길이

$\Delta\sigma_{zg}/\Delta\sigma_{zp}$: 지반굴착/구조물 하중재하로 인한 지중응력변화,

J : Boussinesq 의 응력분포에 대한 영향계수이다.

따라서 구조물 설치 후 구조물 하부지반의 응력상태 σ_{z2} 는 다음과 같다.

$$\sigma_{z2} = \sigma_{z0} - \Delta\sigma_{zg} + \Delta\sigma_{zp}$$ (2.34)

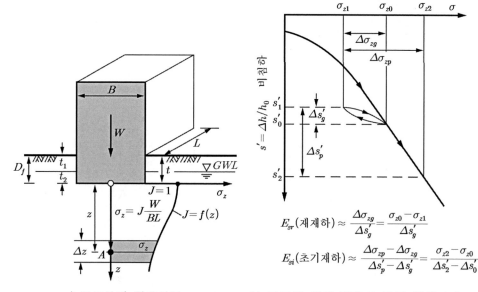

a) 구조물과 작용하중   b) 구조물 설치 전후의 하중 침하관계

그림 2.31 지반굴착 후 구조물 건설

2) 침하량

구조물 설치에 따른 하부지반의 침하량 Δs 는 초기재하와 재재하에 의한 침하의 합이다.

$$\Delta s = \frac{\Delta \sigma_{zg} \Delta z}{E_{sr}} + \frac{(\Delta \sigma_{zp} - \Delta \sigma_{zg}) \Delta z}{E_{si}} \tag{2.35}$$

여기에서 E_{sr} 는 재재하시, E_{si} 는 초기재하시의 압축 변형계수이다 (그림 2.31b).

$$E_{sr} \simeq \frac{\Delta \sigma_{zg}}{\Delta \epsilon_g} = \frac{\sigma_{zo} - \sigma_{z1}}{\Delta \epsilon_g} \tag{2.36}$$

$$E_{si} \simeq \frac{\Delta \sigma_{zp} - \Delta \sigma_{zg}}{\Delta \epsilon_p - \Delta \epsilon_g} = \frac{\sigma_{z2} - \sigma_{z0}}{\epsilon_2 - \epsilon_0} \tag{2.37}$$

만일 굴착에 의한 지반내 응력감소량 $\Delta \sigma_{zg}$ 가 구조물하중에 의한 응력증가량 $\Delta \sigma_{zp}$ 에 비하여 크지 않으면 재재하에 의한 침하를 무시할 수 있으므로 구조물 설치에 따른 침하량 Δs 는 식 (2.35) 로부터 다음과 같다.

$$\Delta s \simeq \frac{(\Delta \sigma_{zp} - \Delta \sigma_{zg}) \Delta z}{E_{si}} = \frac{\Delta \sigma_z \Delta z}{E_{si}} \tag{2.37}$$

구조물의 하중이 굴착한 지반의 무게보다 크면 그 응력차이 $\Delta \sigma_z = \Delta \sigma_{zp} - \Delta \sigma_{zg}$ 에 의하여 침하가 발생되며, 이는 초기재하에 속하므로 재재하시보다 압축량이 커진다. 이때에 응력의 변화량 $\Delta \sigma_z$ 는 순재하 하중 (pure loading) 이라고 한다.

$$\Delta \sigma_z = \Delta \sigma_{zp} - \Delta \sigma_{zg} = \left[\frac{W}{BL} - (t_1 \gamma + t_2 \gamma') - t_2 \gamma_w \right] J \tag{2.38}$$

근입깊이를 적당히 하여 순재하 하중 $\Delta \sigma_z$ 가 영이 되거나 영보다 작게 하면 ($\Delta \sigma_z \leq 0$) 구조물에 의한 지중응력보다 제거된 응력이 더 크므로 ($\Delta \sigma_{zg} \geq \Delta \sigma_{zp}$) 재재하에 의한 변위만 발생되기 때문에 침하량은 무시할 정도로 작거나 허용범위 이내에 있게 된다. 이런 상태를 '하중평형'이라고 말한다.

지반이 연약하거나 작용하중이 커서 전면기초를 설치한 경우에도 이러한 현상을 이용할 수 있다. 하중이 큰 구조물을 건설할 때에는 하중평형을 이루기 위하여 지하실을 여러 층 건설한다. 그러나 지반을 깊게 굴착할수록 부력에 의한 문제가 발생되므로 주의해야 한다. 지하수위 변화가 심할 때나 변형성이 비교적 큰 지반에서는 재재하시에 하중평형상태를 이루기가 어려울 수 있다.

2.4.4 부력의 영향

구조물이 지하수위 아래에 놓이게 되면, 지하수에 잠긴 구조물의 부피 V 에 해당하는 물의 무게 $\gamma_w V$ 만큼의 부력 (buoyancy) $A = \gamma_w V$ 이 작용한다. 만일 구조물 자중 W 보다 부력이 크면 상향으로 큰 변위가 발생되어 구조물이 불안정해진다.

따라서 부력 A 에 대해서 안정을 유지하기 위해서는 부력이 구조물의 무게를 안전율로 나눈 값보다 크지 않아야 한다. 즉, 다음 관계가 성립되어야 한다.

$$A \leq \frac{1}{\eta} W \tag{2.39}$$

부력에 대한 안전율 η 는 일반적으로 $\eta > 1.1$ 을 취한다. 그러나 위의 안전율을 적용할 때에는 지반과 구조물 외벽사이의 마찰력을 고려하지 않는다. 그것은 마찰력이 최대가 되기 위해서는 구조물이 변형을 일으켜야 하는데 이러한 변형은 어떠한 경우에도 허용되지 않기 때문이다.

구조물의 사용하중을 결정할 때에는 영구하중만 고려하고 지하수위 변동에 관한 다년간의 정확한 자료가 없는 경우에는 가능한 최대의 부력을 적용한다.

2.4.5 선행재하의 영향

지지력이 부족한 지반에 얕은 기초를 설치하기 위하여 선행재하 (preloading) 하여 지반을 개량하는 방법이 있다. 즉, 구조물의 하중과 같은 크기의 하중으로 선행재하하여 구조물에 의한 지반침하를 사전에 발생시킨 다음에 선행하중을 제거하고 구조물을 축조하면 지중응력이 변화되지 않으므로 구조물에 의한 침하가 거의 발생되지 않는다.

투수계수가 작은 연약 포화세립지반을 선행재하할 때에는 선행하중의 작용시간을 결정하는 문제와, 하중재하 시 지반의 활동파괴에 대한 안정을 검토하는 문제가 대두된다. 선행재하는 대체로 여분의 흙을 쌓아서 흙의 자중을 이용하는 경우가 많다.

2.4.6 과재하의 영향

선행재하 하여 지반을 안정시킬 경우에 소요하중 보다 큰 선행하중을 가하면 즉, 과재하 (excess loading) 하면 침하속도가 빨라져서 압밀시간을 줄일 수 있고, 구조물보다 넓은 면적에 하중을 가하면 하중 영향범위가 깊어져서 넓은 영역의 지반을 조기에 개량할 수 있다.

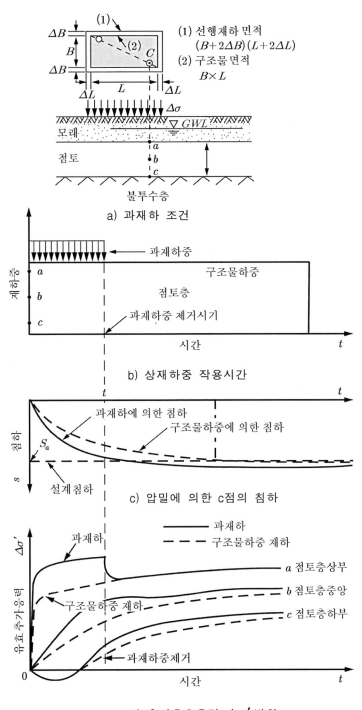

a) 과재하 조건

b) 상재하중 작용시간

c) 압밀에 의한 c점의 침하

d) 추가유효응력 $\Delta\sigma'$ 변화

그림 2.32 과재하에 의한 지반의 침하거동

과재하는 지반안정 문제가 발생되지 않는 한도 내에서 최대하중을 재하하여 허용침하분을 제외한 나머지 크기의 침하를 신속히 발생하도록 유도하여 지반을 개량하는 방법으로 오래전부터 적용되어 왔다. 비배수층의 상태가 양호하여 지반 안정문제가 발생되지 않는 지반일수록 과재하의 효과가 뚜렷하다.

그림 2.32a 는 크기가 $B \times L$ 인 구조물을 설치할 지반이 지표로부터 모래층, 점토층, 불투수암반층으로 된 일면배수조건에서 침하속도를 빠르게 하기 위해 과재하한 경우이다. 재하 영향범위를 깊게 하기 위해서 구조물보다 넓은 면적 $(B + 2\Delta B) \times (L + 2\Delta L)$ 에 과재하중을 가하였다.

그림 2.32b, c, d 에서 점선은 실제 구조물의 하중재하 상태이고 실선은 과재하중 재하상태를 나타낸다.

과재하중 작용시간을 그림 2.32b 와 같이 할 때에 점성토층의 압밀에 의한 침하상태는 그림 2.32 c 와 같고, 과재하로 인해 큰 침하가 발생하여 소요침하량 S_a 에 도달하는 시간이 t_0 에서 t 로 대폭 단축되며, 침하량이 예상침하량에 도달되는 것을 확인하고 과재하중을 제거해도 지반융기는 거의 무시할 정도로 작게 발생하는 것을 알 수 있다.

그림 2.32d 는 점성토층의 상부경계면(a 선)과 중앙(b 선) 및 하부경계면(c 선)에서 과재하와 과재하중 제거에 따른 유효응력의 변화를 나타내며, 과재하중에 의한 응력변화가 점토층 상부경계에서는 민감하지만 하부경계에 가까울수록 덜 민감한 것을 알 수 있다.

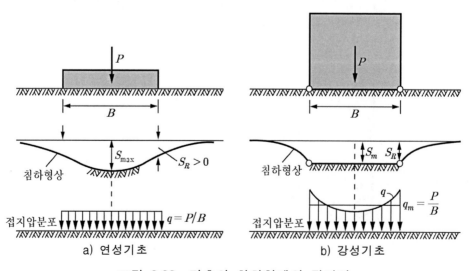

그림 2.33 기초의 침하형태와 접지압

2.4.7 기초강성의 영향

기초의 휨강성이 없거나 매우 작아서 지반과 같은 형상으로 변형되는 기초를 연성기초 (flexible foundation) 라고 하며, 재하면적보다 넓은 침하구덩이가 형성되고 기초의 위치별로 침하량이 서로 다르다 (그림 2.33a). 연성기초의 접지압은 등분포이므로 Boussinesq 식을 적분하여 위치별로 침하량을 계산할 수 있다.

반면에 강성기초 (rigid foundation) 는 기초의 형상대로 지반이 변형되어 침하는 기초의 모든 위치에서 균등하게 발생된다 (그림 2.33b). 강성기초의 모서리부분의 접지압은 이론적으로 무한히 크며, 지반의 극한지지력 보다 클 때에는 지반 내에 소성변형이 발생되고 그후에는 접지압이 유한한 크기로 감소된다.

강성기초의 접지압은 하중의 크기와 지반의 상태에 따라 변하므로 결정하기가 어렵기 때문에, 강성기초의 침하는 직접 계산할 수가 없다.

그러나 기초 강성에 무관하게 침하량이 같은 점 즉, C 점 (Characteristic point) 이 존재하기 때문에 강성기초를 연성기초로 간주하여 등분포 접지압 작용상태에서 C 점의 침하량을 구하면 강성기초의 침하량이 된다.

C 점의 위치는 직사각형 기초와 원형기초에서 그림 2.34 와 같다.

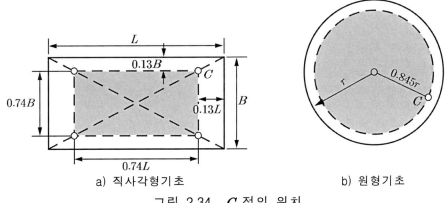

| a) 직사각형기초 | b) 원형기초 |

그림 2.34 C 점의 위치

2.5 얕은 기초의 허용침하량

얕은 기초의 전체 침하량은 재하순간에 흙의 구조골격이 압축되어 일어나는 즉시침하량 (2.5.1 절) 과 재하중에 의해 발생된 과잉간극수압이 소산되면서 일어나는 (즉, 간극수의 배수에 의한 흙의 부피 감소) 압밀침하량 (2.5.2 절) 및 압밀완료 후에 발생하는 이차압축침하량 (2.5.3 절) 을 합한 값이다.

보통 구조물에서는 기능성과 안전성 측면에서 부등침하 (2.5.4 절) 가 더 문제될 수 있으며 구조물의 특성과 기능 및 미관에 따라 경험적으로 허용침하 (2.5.5 절) 를 정하고 있다.

2.5.1 즉시침하

기초의 재하와 동시에 일어나는 즉시침하 (immediate settlement) 는 기초의 하중제거 시 회복이 가능한 탄성침하 (elastic settlement) 와 회복이 불가능한 소성침하 (plastic settlement) 의 합이다. 실무에서는 지반을 탄성체로 가정하고 탄성침하만을 계산하여도 충분한 경우가 많다.

구조물의 하중에 의한 지반의 침하계산에는 다음의 내용이 고려되어야 한다.
① 구조물 : 구조물의 종류, 크기 및 기초의 깊이 등
② 지반의 형상과 구성 : 지반의 종류, 보링 및 사운딩의 결과
③ 지반의 물성치 : 입도분포, 컨시스턴시, 상대밀도 등
④ 지반의 압축특성 : 일축압축시험, 평판재하시험 및 기타 현장시험의 결과

기초의 즉시침하는 지반을 탄성체로 보고 지반의 변형률을 적분하여 침하량을 계산하거나 (직접계산법) 아니면 탄성이론식과 유사한 지중응력분포함수를 가정하여 간접적으로 침하량을 계산한다 (간접계산법).

1) 직접계산법

탄성계수가 일정한 등방탄성지반에서 기초 침하량은 연직변형률 ϵ_z 를 적분하여 구할 수 있고, 이 침하계산방법을 직접계산법 (direct method for settlement calculation) 이라 한다.

$$s = \int_0^\infty \epsilon_z dz \qquad (2.40)$$

(1) 연성기초

연성기초는 접지압이 등분포이므로 침하량을 직접 계산할 수 있다. 변형계수가 E_s 인 지반에서 등분포하중 σ_0 를 받는 연성직사각형 기초 (폭 B, 길이 L) 의 모서리 바로 아래에서 침하량은 (Schleicher, 1926) $L \geq B$ 인 경우에 다음과 같다.

$$s = \sigma_0 \frac{1-\nu^2}{E_s} \frac{1}{\pi} \left[B\ln\left(\frac{L+\sqrt{B^2+L^2}}{B}\right) + L\ln\left(B+\frac{\sqrt{B^2+L^2}}{L}\right) \right] \tag{2.41}$$

위의 식을 변형하면 침하계수 I_w 를 구할 수 있다.

$$s = \sigma_0 B\frac{1-\nu^2}{E_s} \frac{1}{\pi} \left[\ln\left(m+\sqrt{1+m^2}\right) + m\ln\left(\frac{1+\sqrt{1+m^2}}{m}\right) \right]$$

$$= \sigma_0 B\frac{1-\nu^2}{E_s} I_w \tag{2.42}$$

여기에서 m 은 기초의 길이/폭의 비 즉, $m = L/B > 1$ 이다.

$$I_w = \frac{1}{\pi} \left[\ln\left(m+\sqrt{1+m^2}\right) + m\ln\left(\frac{1+\sqrt{1+m^2}}{m}\right) \right] \tag{2.43}$$

침하계수 I_w 는 위의 식으로 계산하거나 그림 2.35 (Kany, 1974) 로부터 구할 수 있다.

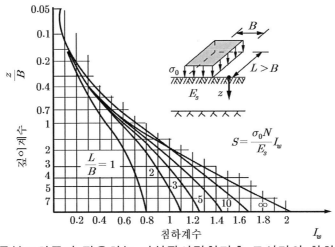

그림 2.35 등분포하중이 작용하는 연성직사각형기초 모서리의 침하 (Kany, 1974)

등분포하중이 작용하는 연성원형기초에서는 그림 2.36 (Leonhardt, 1963), 연성직사각형기초에 삼각형분포하중이 작용하는 기초의 침하는 그림 2.37 (Schaak, 1972)에서 구할 수 있다.

(2) 강성기초

강성기초의 침하는 전체적으로 균등하게 발생되지만 접지압은 그 분포가 복잡하여 직접 계산하기 어렵다. 따라서 강성기초의 침하량 (settlement of a rigid   foundation)은 간접적으로 즉, 연성기초 중앙의 침하량을 구하여 그 값의 약 75 % 를 취하거나, 연성기초의 C 점의 침하량을 구한다. 연성직사각형기초 C 점에 대한 침하량은 그림 2.38 에서 구할 수 있다.

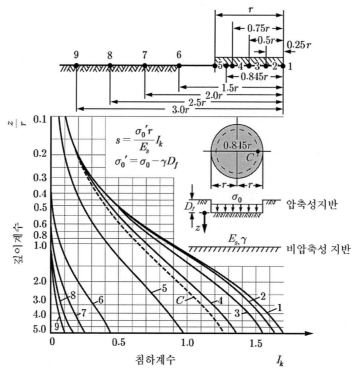

그림 2.36 등분포하중이 작용하는 연성원형기초의 침하 (Leonhardt, 1963)

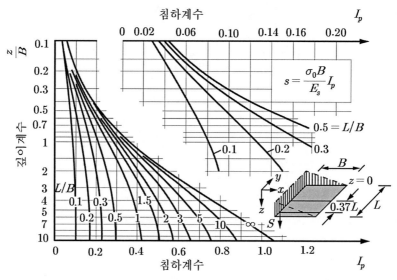

그림 2.37 삼각형분포하중이 작용하는 연성 직사각형기초의 침하
(단, ν=0.5, Schaak, 1972)

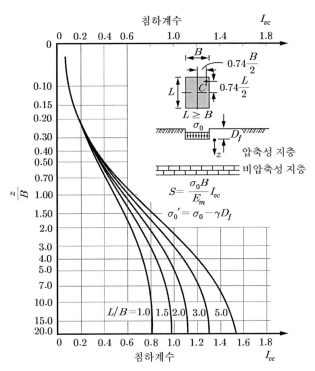

그림 2.38 직사각형 기초 c점 아래의 침하 (Kany, 1974, $\nu=0$)

2) 간접계산법

간접계산법 (indirect method for settlement calculation) 에서는 지반 내 연직응력의 분포가 지반의 종류에 상관없이 선형탄성이론식과 같은 유형의 분포함수에 따른다고 가정하고 침하를 계산한다. 실제 지반의 응력 – 침하거동은 비선형 관계이지만, 지반 내 연직응력이 구성방정식과 거의 무관하기 때문에 (Smoltczyk, 1993) 간접계산법에 의한 결과는 실제와 상당히 근사하다.

간접침하계산법에서는 지반의 비선형 응력-침하관계를 근사적으로 고려하고 있으며, 압밀시험의 결과를 이용할 수 있다. 그러나 이러한 침하계산법은 1차원 압밀시험조건과 같은 경계조건을 가질 때에만 허용된다. 기초저면하의 지반 내 연직응력은 지반의 자중에 의한 응력 σ_{zg} 와 구조물의 하중에 의한 응력 σ_{zp} 의 합이므로 (즉, $\sigma_{zgp} = \sigma_{zg} + \sigma_{zp}$, 그림 2.39b) 총 연직응력 σ_{zgp} 에 대한 변형계수 E_s 를 적용한다.

기초저면 지반을 두께 Δz 인 미세지층으로 나누고, 각각의 침하량 Δs 를 구하여 합하면 총침하량 $s = \sum \Delta s$ 가 되며 지반을 많은 수의 미세지층으로 나눌수록 정확한 값이 계산된다. 지반이 두꺼운 경우에는 한계깊이 z_{cr} (critical depth) 까지만 침하를 계산한다. 미세지층의 침하량 Δs 는 지반의 응력-비침하 곡선이나 침하계산식을 이용하여 구한다.

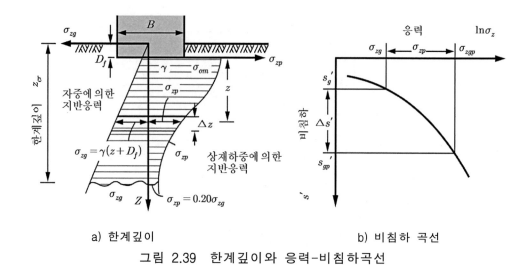

a) 한계깊이   b) 비침하 곡선

그림 2.39   한계깊이와 응력-비침하곡선

비침하 s'(specific settlement)는 재하시험에서 측정한 침하량 s 를 지층두께 H 로 나눈 값 ($s' = s/H$) 즉, 단위두께당 침하량이다. 비침하를 압밀시험으로부터 구할 수도 있다.

(1) 지반의 응력-비침하곡선 이용

지반의 응력-비침하 곡선상에서 자중에 의한 응력 σ_{zg} 에 대한 비침하 s_g' 와 총응력 σ_{zgp} 에 해당하는 비침하 s_{gp}' 로부터 비침하 증분 $\Delta s' = s_{gp}' - s_g'$ 를 구하여 두께 Δz 인 지층의 침하량을 계산할 수 있다.

$$\Delta s = \Delta s' \Delta z \tag{2.44}$$

(2) 침하계산식을 이용

두께 Δz 인 미세지층의 침하 Δs 는 후크의 법칙을 이용하여 계산할 수 있다. 즉, 현장의 응력수준에 해당하는 변형계수 E_s 값을 선택하여 다음의 식으로 침하량을 계산한다. 과압밀 지반에서는 변형계수 E_s 의 선택에 유의해야 한다.

$$\Delta s = \sigma_{zp} \Delta z / E_s \tag{2.45}$$

이 식에서 우측항의 분자 $\sigma_{zp} \Delta z$ 는 상재하중에 의한 지반내 응력분포곡선 ($\sigma_{zp} - z$ 곡선)의 면적 (그림 2.39a 에서 오른쪽 빗금 친 부분)이다. 따라서 지반내 응력분포곡선의 면적을 구하여 변형계수로 나누면 곧 침하량이 된다.

2.5.2 압밀침하

점성토 지반에서는 기초의 재하에 의해 지중응력이 증가되어 압밀침하 s_c (consolidation settlement)가 일어난다. 압밀침하 s_c 는 압밀층을 여러 개의 미세지층으로 분할하고 각각의 압밀침하량 Δs_{ci} 를 구하여 모두 합한 값이다. 미세지층의 침하는 체적압축계수나 압축지수를 이용하여 계산한다.

1) 체적압축계수 이용

미세지층의 침하량 Δs_i 는 지반의 체적압축계수 m_v 에 미세지층의 두께 Δh_i 와 미세지층 중간부분의 연직응력증가량 $\Delta \sigma_z$ 를 곱하여 ($\Delta s_i = m_v \, \Delta h_i \, \Delta \sigma_z$) 구한다. 기초하중을 가하기 전 자중에 의한 압밀은 완료된 것으로 간주하고 기초하중에 의한 압밀침하만 계산한다.

$$s_c = \sum \Delta s_{ci} = \sum m_v \Delta h_i \Delta \sigma_z \tag{2.46}$$

2) 압축지수 적용

압밀침하는 압축지수 C_c (compression index)를 적용하여 계산할 수 있다.

$$s_c = \sum \Delta s_i = \sum \frac{C_c}{1 + e_0} \Delta h \log \frac{p_{0 + \Delta \sigma_z}}{p_0} \tag{2.47}$$

여기서 e_0 와 p_0 는 미세지층 중간부분의 초기간극비와 초기유효응력(kPa)이다. 압축지수 C_c 는 압밀시험에서 구하며, 근사적으로 액성한계 w_L 로부터 구할 수도 있다.

$$C_c = 0.009(w_L - 10) : \text{정규압밀점토}$$
$$C_c = 0.007(w_L - 10) \ : \ \text{과압밀점토} \tag{2.48}$$

일정한 압밀도 U 로 압밀되는데 소요되는 시간 t 는 압밀계수 C_v (coefficient of consolidation)와 배수거리 D 및 시간계수 T_v 로부터 계산한다.

$$t = \frac{T_v D^2}{C_v} \tag{2.49}$$

시간계수는 압밀도 $U = 50\%$ 일 때 $T_v = 0.197$ 이고, 압밀도 $U = 90\%$ 일 때 $T_v = 0.848$ 이다.

【예제】 초기 유효연직응력이 $100 \, kPa$ 인 두께 $2.0 \, m$ 의 정규압밀점토지층에 유효연직 응력이 20% 증가하였을 때 그 압밀침하량을 구하시오. 단, 초기간극비는 $e_0 = 0.6$, 액성한계 $w_L = 50\%$ 이다.

【풀이】 정규압밀점토이므로 압축지수는 식 (2.48)에서 :
$$C_c = 0.009(w_L - 10) = 0.009(50 - 10) = 0.36$$

압밀침하량은 식 (2.47) 로부터

$$s_c = \frac{C_c}{1 + e_0} \Delta h \log \frac{p_0 + \Delta \sigma_z}{p_0}$$

$$= \frac{0.36}{1 + 0.6} (2.0) \log \frac{100 + (100)(0.2)}{100} = 0.0356 \, m = 3.56 \, cm$$

2.5.3 이차압축침하

점토에서는 일차압밀이 완료된 후에도 매우 작은 침하율과 침투속도로 오랫동안 침하가 계속되는데 이를 이차압축침하 (secondary compression) 라고 한다. 압밀이 완료된 상태이어서 이론적으로 과잉간극수압이 존재하지 않으나, 실제로 배수가 진행되므로 측정이 어려울 만큼 작은 과잉간극수압이 존재하는 것으로 추정할 수 있다.

이차압축침하량은 일차압밀이 완료된 후에도 일정한 하중을 가해서 이차압축변형과 시간의 관계를 측정해서 정할 수 있다. 이차압축곡선 (그림 2.40) 은 거의 직선에 가까우며, 그 기울기 즉, 이차압축지수 C_a (coefficient of secondary compression) 는 다음과 같이 정의한다.

$$C_a = \frac{\epsilon_1 - \epsilon_2}{\log(t_2/t_1)} \tag{2.50}$$

여기에서 ϵ_1 과 ϵ_2 는 각각 시간 t_1 과 t_2 일 때의 변형율을 의미한다. 이차압축지수 C_a 는 지반에 따라 다르다. 즉, 과압밀 점토에서 0.0005 ~ 0.0015, 정규압밀 점토에서 0.005 ~ 0.03, 유기질토와 피트에서 0.04 ~ 0.1 이다.

두께 H 인 지층의 이차압축침하 S_s 는 이차압축지수식 (식 2.50) 으로부터 다음과 같다.

$$S_s = H C_a \log \frac{t_1 - \Delta t}{t_1} \tag{2.51}$$

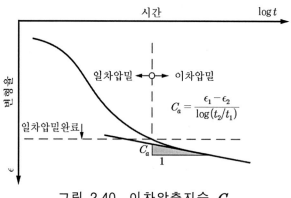

그림 2.40 이차압축지수 C_a

【예제】 이차압축지수가 $C_a = 0.01$ 이고 층 두께 10m 정규압밀 점성토 지반에 건물을 축조하여 10년이 경과해서 일차압밀이 완료된 상태이다. 앞으로 90년 후에 이 건물에 발생될 추가 침하량을 구하시오

【풀이】 앞으로 90년 동안 발생될 이차 압축침하량을 구하면 된다.

$$식(2.51): S_s = H C_a \log \frac{t_1 + \Delta t}{t_1}$$

$$= (10)(0.01) \log \frac{(10)(365)(24)(60) + (90)(365)(24)(60)}{(10)(365)(24)(60)}$$

$$= (10)(0.01) \log \frac{100}{10} = 0.10 \, m = 10 \, cm$$

2.5.4 부등침하

구조물의 침하가 균등하게 일어나면 구조물이 손상되기보다는 그 기능이 문제가 된다. 그러나 침하가 균등하지 않으면 이로 인한 추가하중이 구조물에 작용하게 되어 구조물이 손상될 수 있다. 따라서 보통 구조물에서는 부등침하(nonuniform settlement)가 더 문제가 된다. 구조물의 허용 침하량은 구조물의 특성과 지반조건 및 구조물과 지반의 상대 강성도 등에 의해 영향을 받으므로 해석적으로 정하기가 어려워서 대체로 경험에 의존하고 있다.

부등침하가 일어나면 구조물이 기울어지거나 수평위치가 이동된다. 구조물에서는 균등한 침하가 허용값 보다 크게 일어나서 생기는 문제보다 구조물내나 인접구조물사이의 부등침하에 의해 발생되는 문제가 더 심각한 경우가 많다.

다음의 원인들에 의해 발생되는 부등침하는 계산이 가능하다.
- 구조물 하부 압축성지층의 두께가 일정하지 않을 때(그림 2.41)
- 기초의 크기가 달라서 침하 영향권이 다른 경우
- 기초에 편심이 작용할 때
- 상재하중의 수평분력이 클 때(그림 2.42)
- 연성기초인 경우

기존 구조물에 인접하여 구조물을 신축할 때 응력의 상호 중첩효과에 의해 부등침하가 발생하여 구조물이 기울어질 수 있다. 이러한 경우에도 침하예측이 가능하다. 그러나 지반이 불균질하여 침하량이 지반 내 위치별로 다른 경우에는 침하예측이 어려우며, 특히 연약한 정규압밀점토나 유기질 토층이 있을 때 이러한 현상이 뚜렷하다. 그 밖에 조립토에서 상대밀도의 변화가 심할 경우에도 이러한 현상이 일어날 수 있다.

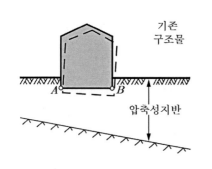

그림 2.41 압축성 지층두께차이에
의한 부등침하

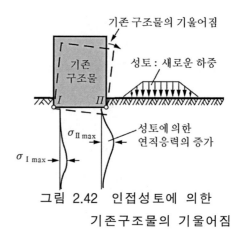

그림 2.42 인접성토에 의한
기존구조물의 기울어짐

【예제】 다음에서 부등침하의 발생 원인이 아닌 것을 찾으시오.

① 압축성 지층의 두께가 일정치 않은 경우
② 구조물 기초의 크기가 다른 경우
③ 기초에 작용하는 상재하중이 클 때
④ 기초에 작용하는 수평 상재하중이 클 때
⑤ 연성기초일 때
⑥ 구조물이 형상이 대칭인 경우

【풀이】 ⑥ 구조물이 형상이 비대칭일 때에 부등침하가 발생된다.

2.5.5 허용 침하량과 허용 처짐각

구조물에 손상이 발생되는 절대 침하량은 정하기가 쉽지 않으므로, 구조물의 허용 침하량 (allowable settlement) 은 대개 구조물의 구조적 특성과 기능 또는 미관에 따라 경험적으로 결정한다. Skempton/McDonald (1956) 는 독립기초에 대해서 점토에서는 6 cm, 사질토에서는 4 cm 를 허용침하로 하였으며, 전면기초에 대해 점토에서는 6~10 cm, 사질토에서는 4~6 cm를 허용침하로 정하였다. 그러나 지반의 침하와 함몰뿐만 아니라 구조물의 변형과 과재하에 의하여도 구조물에 균열이 발생될 수 있다.

균질한 지반이라도 구조물의 규모가 커서 길이가 길거나 바닥 면적이 넓으면 구조물의 중앙부에 응력이 중첩되어 외곽보다 침하가 크게 일어날 수 있다.

부등침하로 인한 구조물의 손상은 구조물과 지반의 상대강성도에 따라 다르므로 모든 구조물에 일률적으로 적용할 수 있는 허용 침하량 또는 허용 부등침하량은 있을 수 없다.

부등침하의 허용치는 구조물의 용도, 구조, 다른 구조물과의 연결상태 및 부속설비 등에 따라 결정되므로 일반화하여 수치로 나타내기 어렵기 때문에 대개 경험적으로 정할 뿐이다. 부등침하는 지층형상의 다양성과 하중의 부분집중에 의해서도 발생한다.

기초의 크기가 클수록 지반은 균질한 지반과 유사하게 거동하기 때문에 구조물의 독립 기초들을 하나의 공동 기초판으로 대체시키면 부등침하를 줄일 수도 있다. 또한 과도한 침하량을 줄이기 위해서 지반을 개량하거나 치환하는 방법도 적용된다. 일반적으로 정정구조물이 부정정구조물보다 침하에 덜 민감하다.

부등침하의 크기는 대개 부등침하의 절대치보다 부등침하량 Δs 와 부재의 길이 l 로부터 구한 처짐각 α (즉, $\tan\alpha = \Delta s/l$) 로 많이 표현한다 (그림 2.43).

처짐각이 1/500 미만 ($\Delta s/l < 1/500$) 이면 구조물이 손상되지 않으나, 처짐각이 1/300 이상이면 건물의 기능과 외형에 문제가 생길 수 있으며 처짐각이 1/150 이상이면 구조적 손상이 발생된다 (Briske, 1957). 철근콘크리트는 처짐각이 1/50 이상이면 균열이 발생된다. 침하에 민감한 기계 등이 있는 경우에는 허용 처짐각은 1/750 정도이며, 균열이 발생되어서는 안되는 경우에는 허용 처짐각은 1/500 을 한계로 한다. 처짐각이 1/250 이상이면 고층구조물의 기울어짐을 느낄 수 있다.

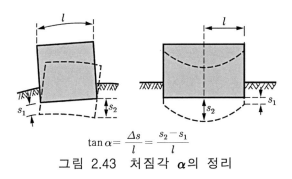

$$\tan\alpha = \frac{\Delta s}{l} = \frac{s_2 - s_1}{l}$$

그림 2.43 처짐각 α의 정리

일반적으로 통용되는 구조물의 허용 처짐각은 다음의 표 2.19 ~ 2.22 와 같다.

표 2.19 구조물의 허용 침하량

재　　료	최대 처짐각 (ℓ : 부재길이)
석재, 유리 및 기타 취성재료	$360 / \ell$
금속피막 및 유사 파손방지처리	$240 / \ell$
강재 및 콘크리트 골조	$150 / \ell \sim 180 / \ell$
목재 골조	$100 / \ell$
강재 또는 콘크리트 전단벽	설계기준

표 2.20 연속구조물의 허용 처짐각

구　조　물	연속구조의 최대경사
높은 연속 벽돌벽	1/200 ～ 1/100
주거용 벽돌건물	3/1000
기둥 간 조적벽	1/100
철근콘크리트 건물골조	1/500 ～ 2/500
철근콘크리트 차폐벽	3/1000
연속 강재골조	1/500
단순지지강재골조	1/200

표 2.21 허용 처짐각 (Bjerrum, 1963)

처 짐 각	허　용　범　위　및　구　조　물
1 / 100	- 정정구조물 및 옹벽의 위험한계
1 / 150	- 정정구조물 및 옹벽의 안전한계 - 오픈된 강재골조, 철근콘크리트 골조, 강재 저장탱크, 높은 강성구조물의 전도에 대한 위험한계
1 / 250	- 오픈된 강재 골조, 철근콘크리트 골조, 강재 저장탱크, 높은 강성구조물의 전도에 　대한 안전한계 - 골조건물의 패널벽체와 교대의 전도에 대한 위험한계 - 높은 건물의 기울음이 눈으로 확인되는 상태
1 / 300	- 고공크레인의 문제발생한계
1 / 500	- 골조건물의 패널벽체와 교대의 전도에 대한 안전한계 - 하중을 받는 무근콘크리트 벽체의 중앙부 처짐에 대한 위험한계
1 / 750	- 침하에 민감한 기계의 문제발생한계
1 / 1000	- 하중을 받는 무근콘크리트 벽체의 중앙부 처짐에 대한 안전한계 - 하중을 받는 무근콘크리트 벽체의 단부 처짐에 대한 위험한계
1 / 2000	- 하중을 받는 무근콘크리트 벽체의 단부 처짐에 대한 안전한계

표 2.22 얼지 않는 지반의 허용 처짐각　　　　　소련 건축규정 (Polshin/Tokar, 1957)

구　조		모래, 단단한 점토	소성점토	평균 최대침하량 [cm]
기중기 레일		0.003	0.003	
강구조, 콘크리트 구조		0.0010	0.0013	10
벽돌조적		0.0007	0.001	15
변형 일어나는 곳		0.005	0.005	
다층 블록조옹벽	L/H ≤ 3	0.003	0.004	8　L/H ≥ 2.5
	L/H ≤ 5	0.005	0.007	10 L/H ≥ 1.5
일층 제철소 건물		0.001	0.001	
연돌, 수조탑, 링기초		0.004	0.004	30

* H : 기초위의 벽체의 높이,　　L : 두점간의 거리

【연습문제】

【문 2.1】 얕은 기초에 대한 다음의 내용을 설명하시오.

    1. 얕은 기초의 구비조건

    2. 작용하중의 크기에 따른 접지압 분포

    3. 얕은 기초의 지지력 결정방안

    4. 얕은 기초와 깊은 기초의 역학적 구분

    5. 활동파괴에 대한 안정성 검토기준

【문 2.2】 Terzaghi, Meyerhof, DIN 4017 지지력 계산식을 상호 비교하여 설명하시오.

【문 2.3】 실트층 지반에 독립기초를 지표아래 1.0 m 에 설치하여 연직하중을 0.22 MPa 을 지지하고자 한다. 부분안전율 $\eta_\phi = 1.8$, $\eta_c = 2.5$ 를 유지하기 위해서 기초의 폭을 얼마로 해야 하는지 답하시오. 단, 실트층의 물성치는 포화단위중량 17.0kN/m^3 내부마찰각 26°, 점착력 20.0kPa 이다.

【문 2.4】 길이와 폭의 비가 $L/B = 1.5$ 인 직사각형 기초를 지표로부터 1.0 m 의 깊이에 설치하여 폭방향 편심 $e_B = 10$ cm 이고, 길이방향편심 $e_L = 20$ cm 이며 폭방향으로 $\Psi_B = 10o$ 경사진 1.0 MN 의 하중을 지지하려고 한다. 부분안전율 $\eta_\phi = 1.5$, $\eta_c = 2.5$ 를 유지하기 위한 기초의 크기를 계산하시오. 단, 지반의 내부마찰각 $\phi = 30^o$, 포화단위중량 17.0 kN/m^3, 점착력 12.0kPa 이다.

【문 2.5】 내부마찰각 $\phi = 30\,°$ 이고 단위중량이 18.0 kN/m^3 인 모래지반의 지표에 폭 5.0 m 직사각형기초가 설치되어 있을 때에 Terzaghi/Meyerhof/DIN 4017 의 방법으로 지지력을 구하여 비교하시오. 단 점착력은 0 이다.

    1. 길이 L = 5.0 m, 8.0 m, 10.0 m, 15.0 m, 20.0 m, 50.0 m 및 연속기초

    2. 하중이 연직에 대해서 θ = 0°, 5°, 10°, 15°, 20° 경사(단, 연속기초)

    3. 근입깊이가 0.0 m, 1.0 m, 2.0 m, 3.0 m, 4.0 m, 5.0 m, 10.0 m (단, 연속기초)

【문 2.6】 단위중량이 $\gamma = 18$ kN/m^3 로 일정하고 점착력이 없는 모래지반의 지표에 폭 5.0 m인 연속기초를 설치하였다. 내부마찰각이 $\phi = 5\,°$, 10 °, 20 °, 30 °, 35 ° 40 ° 일 경우에 Terzaghi/Meyerhof/DIN 4017 의 방법으로 지지력을 구하여 비교하시오.

【문 2.7】 단위중량이 $18.0\,kN/m^3$ 로 일정하고 내부마찰각이 $\phi = 0$ 인 점토지반의 지표에 폭이 $5.0\,m$ 인 연속기초를 설치하였다. 지반의 점착력이 $c = 5$, 10, 15, 20, 30, 40, $50\,kPa$ 일 때에 Terzaghi/Meyerhof/DIN 4017 의 방법으로 지지력을 구하여 비교하시오.

【문 2.8】 얕은 기초의 침하에 대한 다음의 내용을 설명하시오.
1. 즉시침하 발생원인   2. 점토와 모래의 침하거동 차이
3. 구조물의 침하발생원인   4. 침하영향깊이
5. 이차압축침하의 발생원인   6. 강성기초와 연성기초의 구별
7. 얕은 기초에서 c 점의 의미 8. 허용침하 결정기준
9. 부등침하 발생원인   10. 부등침하에 의한 구조물 손상의 특징

【문 2.9】 크기가 $B \times L = 3.0\,m \times 6.0\,m$ 인 연성직사각형 기초를 지표에 설치하여 연직하중 $q = 200\,kPa$ 를 지지하고자 한다. 기초 중앙에서의 침하량을 구하시오. (단, 지하수위는 지표아래 $3.0\,m$ 내에 있고 점토지반상부에 두께 $3.0\,m$ 인 모래지반이 있는 상태이고, 그 물성치는 다음과 같다. (또한, 점토층의 선행 압력은 자중에 의한 연직응력에 $35\,kPa$ 를 합한 값이다.)

모래지반 : 단위중량 $\gamma = 19.0\,kN/m^3$, 체적압축계수 $m_v = 30.0\,m^2/MN$
점토지반 : 건조단위중량 $\gamma_d = 14.0\,kN/m^3$, 비중 $G_s = 2.80$,
압축지수 $C_c = 3.0$, 이차압축지수 $C_s = 0.06$

내 용	지표	깊이 3.0 m	깊이 6.0 m	깊이 9.0 m	깊이 12.0 m
자중에 의한 연직응력 $[kPa]$	0	57.0	84.0	111.0	129.0
점토층 선행하중 $[kPa]$	0	92.0	119.0	143.0	164.0
상재하중에 의한 연직응력 $[kPa]$	200.0	96.0	37.6	19.2	12.8
전체연직응력 $[kPa]$	200.0	153.0	121.6	130.2	141.8
연직변형율 ϵ_L	0.0067	0.0032/0.0401	0.0061	0.0021	0.0013

제3장 깊은 기초

3.1 개 요

기초지반의 지지력(bearing capacity)이 불충분하거나 압축성이 커서 과도한 침하(settlement)가 예상되는 경우에는 말뚝, 샤프트, 케이슨 등 깊은 기초(deep foundation)를 설치하여 상부구조물 하중을 상태가 양호한 하부 지지층에 전달하거나, 지반을 개량(ground improvement)한 후에 얕은 기초를 설치한다.

깊은 기초와 얕은 기초를 기초의 근입 깊이만으로는 구분하기가 어렵지만 파괴거동으로는 명확하게 구분할 수 있다. 즉, 기초의 파괴거동이 지표까지 영향을 미쳐서 지표가 융기하거나 침하하는 경우를 얕은 기초라 하고 그렇지 않은 경우를 깊은 기초라고 한다. 이러한 깊이는 지반상태에 따라 다르나 사질토에서는 대체로 기초 폭의 6~8배 정도이다.

현장 상황이 다음과 같을 때에는 반드시 깊은 기초를 적용한다.

- 양호한 지지층이 깊게 위치하고 구조물의 자중을 줄일 수 없는 상황에서 지표부근의 연약지층을 개량하는 것이 깊은 기초 시공에 비하여 상대적으로 비경제적인 경우
- 지표부근의 지반굴착을 위한 지하수 배제가 어렵거나 불가능한 경우
- 구조물이 침하에 매우 민감하여 압축성이 작은 지층에 기초를 설치해야 하는 경우
- 구조물에 인접하여 장차 지반굴착이나 다른 지하구조물의 설치가 예상되어 이로 부터 구조물을 보호할 필요가 있는 경우

깊은 기초는 말뚝, 샤프트, 케이슨 등이 있으며 다음을 참조하여 그 형식을 결정한다.

- 지층의 성상 및 각 지층의 지지력
- 지하수위, 지하수 배제 및 지하수 흐름
- 인접구조물의 안전성
- 구조물의 침하에 대한 민감성
- 공사기간, 경제성 및 시공성
- 구조물의 규모, 구조 및 하중의 크기

가장 대표적인 깊은 기초는 말뚝기초 (3.2 절) 이며 오래전부터 여러 가지 종류가 사용되어 왔고, 단일말뚝이나 무리말뚝 형태로 타입 또는 매입하거나 현장 타설하여 설치한다.

말뚝의 허용지지력은 정역학적 또는 동역학적 공식으로 계산하거나 재하시험을 수행하여 극한지지력을 구하고 안전율로 나누어 구한다. 말뚝의 침하는 말뚝재료의 축방향 압축변형과 말뚝선단하중이나 주변마찰에 의해 주변지반에 전달된 하중에 의한 천단하부지반의 압축변형을 합한 크기로 일어난다.

말뚝의 부마찰력은 말뚝에 하중으로 작용하여 큰 침하를 유발시키므로 말뚝손상의 원인이 될 수가 있다. 말뚝의 인발저항력은 말뚝과 지반의 접착력과 말뚝재료의 인장강도 및 인발 파괴체의 자중으로부터 구한다. 상재하중이 커서 지지력이 큰 기초가 필요하면 무리말뚝을 설치한다.

말뚝은 본래 축력을 받는 부재이지만 수평력이나 인발력을 지지하기 위하여 설치하는 경우도 있다.

그 밖에 샤프트 또는 피어 (3.3 절) 나 케이슨 (3.4 절) 이 깊은 기초로 자주 적용된다.

【예제】 다음에서 깊은 기초를 적용하지 않아도 되는 이유는 ?

① 지하수위가 높아서 지반굴착이 어려운 경우
② 지표부근의 연약지반 개량이 비경제적인 경우
③ 구조물이 침하에 민감한 경우
④ 지반은 양호하나 지하실 공간의 활용성이 높은 경우

【풀이】 ④ 지반이 양호하면 얕은 기초를 적용한다.

3.2 말뚝기초

말뚝은 지표부근 상부지층의 지지력이 상부구조물의 하중을 지지하기에 부족한 경우에, 상부구조물의 하중을 지지력이 충분히 큰 하부지반에 전달하기 위하여 타입, 삽입, 압입 또는 기타 방법으로 지반내부에 설치하는 길이가 긴 기둥모양의 부재를 말하며, 기초슬래브가 말뚝에 의해 지지되는 기초를 말뚝기초라 한다. 말뚝기초는 가장 중요한 깊은 기초의 하나이다.

다음의 경우에는 반드시 말뚝기초를 선택한다.

- 기초 바닥면 아래 지반의 지지력이 충분하지 않으며, 지지층이 깊게 위치한 경우
- 기초 바닥면 아래 지반이 침식, 유실, 또는 활동파괴의 위험이 있는 경우
- 지하수위가 높은 경우
- 구조물의 강성도가 크지 않고 침하에 예민하며 부등침하를 피해야 하는 경우
- 면적이 넓고 여러 가지 다양한 크기의 하중이 작용하는 경우
- 케이슨 등 다른 형식의 깊은 기초를 시공하면 지반이 연화되어 인접구조물의 안정에 문제가 발생되는 경우
- 말뚝기초를 적용하면 신속하며 경제적인 시공이 가능하고, 지지력향상이 뚜렷할 때

말뚝은 설치방법과 기능 또는 재질에 따라 여러 가지로 분류 (3.2.1 절) 하며, 그 종류와 지반상태 및 상부구조물에 따라 설치방법과 순서 및 간격을 다르게 시공 (3.2.2 절) 한다.

말뚝은 지지거동 (3.2.3 절) 을 정확히 이해한 후에 지지력을 구하고, 침하 (3.2.4 절) 를 검토하여 설계한다. 또한, 말뚝에 작용하는 부마찰력과 인발저항력 (3.2.5 절) 을 고려해야한다. 상재하중이 커서 큰 지지력이 필요하면 무리말뚝 (3.2.6 절) 을 설치한다. 말뚝은 본래 축력을 받는 부재이지만 어느 정도의 수평력 (3.2.7 절) 을 지지하도록 설계할 수도 있다.

3.2.1 말뚝의 종류

말뚝은 설치방법과 기능 또는 재질에 따라 여러 종류로 분류한다.

1) 설치방법에 따른 분류

말뚝은 지반조건에 따라 타입하거나 진동관입하거나 천공한 후에 현장 타설하거나 기성말뚝을 매입하여 설치한다. 타격하거나 진동을 가하여 말뚝을 지반에 설치할 때에 소음과 진동 등 건설공해가 심하게 발생하면 인체나 주변구조물 또는 기설치한 말뚝에 나쁜 영향을 줄 수 있으므로 최근에는 건설공해가 적게 발생되는 방법이 우선 적용될 때가 많다.

(1) 타입공법

타입공법은 타격하거나 진동을 가하여 말뚝을 지반에 설치하는 방법이다. 말뚝을 햄머로 타격하여 지반에 근입시킬 때에는 (항타공법) 말뚝 상단에 캡을 설치하고 말뚝과 캡 사이에 쿠션을 두어서 햄머의 충격을 감소시킨다. 무거운 햄머를 끌어 올렸다가 낙하시키기 때문에 소음과 진동이 발생한다. 램을 들어 올리는 에너지가 필요하며 드롭 햄머, 증기 햄머, 디젤 햄머, 바이브로 햄머 등을 사용한다 (3.2.2 절).

최근에는 기진기 (바이브로 햄머) 를 이용하여 말뚝을 축방향으로 강제 진동시켜서 지반에 관입 (진동공법) 시키는 공법이 자주 적용된다. 진동공법은 진동수와 진폭에 따라 능률이 다르다 (그림 3.7). 기진력과 자중을 일정하게 하여 진동수를 변화시키면서 말뚝의 관입속도가 최대가 되는 진동수 즉, 최적 진동수를 구하여 적용한다. 포화 조립지반에 말뚝을 설치할 때나 쉬트 파일을 관입할 때에 효과적이다.

(2) 매입공법

최근에는 건설공해가 적게 발생되도록, 압입하거나 프리보링한 후 삽입하거나 가압하면서 내부를 굴착하여 밀어 넣거나 (중공말뚝) 말뚝선단에서 워터제트로 지반을 교란시키면서 말뚝을 설치하는 방법이 자주 적용되고 있다.

(3) 현장 타설공법

인력이나 기계로 지반을 굴착하고 나서 그 공간에 콘크리트를 타설하여 말뚝을 설치하는 방법이다. 어스드릴이나 어스오거로 보링하거나 워터제트 등으로 지반에 구멍을 뚫고 그 속에 콘크리트를 타설하여 말뚝을 만든다 (그림 3.4). 콘크리트를 타설한 후 케이싱 이나 외관을 지반에 남겨 두는 유각 현장타설 콘크리트 말뚝 (cased pile) 과 외관을 남겨두지 않는 무각 현장타설 콘크리트말뚝 (uncased pile) 이 있다. 대구경 ($\phi > 75\,cm$) 현장타설 콘크리트말뚝 (베노토, RCD 등) 을 샤프트 (shaft) 라 한다.

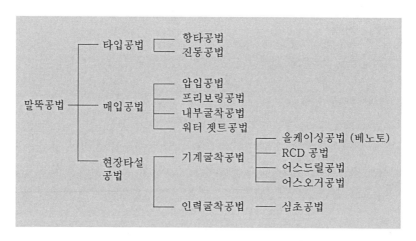

2) 기능에 따른 분류

(1) 선단지지말뚝 (end bearing pile)

상부구조물의 하중을 주로 선단 지지력으로 지지하는 말뚝이며, 주변마찰의 영향이 작거나 주변마찰을 기대할 수 없는 경우에 적용한다.

(2) 마찰말뚝 (friction pile)

상부구조물의 하중을 주로 주변마찰력으로 지지하는 말뚝이며, 지지층이 너무 깊게 위치하여 지지층까지 말뚝을 설치할 수 없을 때에 적용한다. 지반이 너무 연약하지 않고 어느 정도의 강도를 가져야 한다.

(3) 보통말뚝 (normal pile)

상부구조물 하중을 말뚝의 선단지지력과 주변마찰 및 부착력으로 지지하는 보통 말뚝이다.

(4) 다짐말뚝 (compaction pile)

느슨한 사질토를 조밀한 상태로 개량하기 위하여 사용하는 말뚝이다. 말뚝을 지반에 관입시키면 말뚝의 부피만큼 간극이 감소되므로 지반이 조밀해진다.

(5) 횡력저항말뚝 (lateral load bearing pile)

주로 횡력에 저항하기 위하여 안벽 등에 사용하는 말뚝이다.

(6) 인장말뚝 (tension pile)

주로 인발에 저항하도록 계획하는 말뚝으로 지지원리는 마찰말뚝과 같으나 힘의 작용방향이 반대이다. 이때 말뚝은 인장력을 받으므로 인장에 강한 재질을 사용한다.

(7) 활동 억제말뚝 (sliding control pile)

사면의 활동을 억제하거나 중지시킬 목적으로 유동중인 지반에 설치하는 말뚝으로 충분한 전단강도를 얻기 위하여 대개 큰 직경 (대체로 2~3 m) 으로 설치한다.

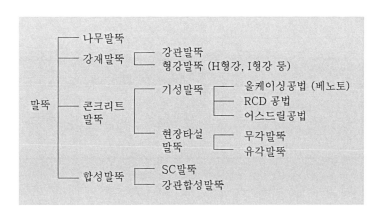

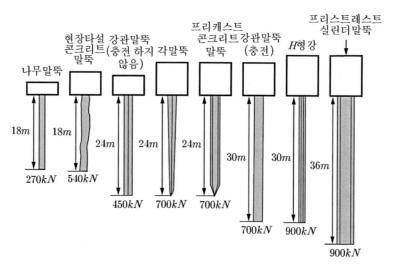

그림 3.1   여러 가지 말뚝의 개략적인 최대설계하중 (Carson, 1965)

3) 재질에 따른 분류

말뚝은 재질에 따라 나무말뚝, 강재말뚝, 콘크리트말뚝, 합성말뚝으로 구분하며 각각 개략적인 지지력은 그림 3.1 과 같다.

(1) 나무말뚝 (timber or wood pile)

과거에 가장 많이 사용하던 말뚝이며, 낙엽송이나 미송 등 통나무를 사용한다. 타입 중 선단부 손상을 피하고 관입이 용이하도록 선단에 강재 말뚝 슈를 설치하고, 항타 시 캡을 씌워 헤드를 보호한다. 대체로 길이는 $9 \sim 18\,m$ 정도이고 $100 \sim 600\,kN$ 의 지지력 (기성 콘크리트말뚝의 절반정도) 을 기대할 수 있다. 나무말뚝은 표 3.1 의 장단점을 가지며, 나무말뚝의 허용지지력은 말뚝 직경과 지지층 관입깊이에 따라 표 3.2 와 같다.

표 3.1 나무말뚝의 장단점

장 점	단 점
- 타입 시 지반이 다져진다. - 취급이 용이하고 절단이 쉽다. - 단면이 원형이므로 지지력이 크다. - 값이 비교적 싸다. - 가볍고 수송 및 타입이 쉽다.	- 쉽게 부식되므로 지하수위 이하에서만 오래 보존된다. - 단면의 크기와 길이 및 지지력이 한정된다. - 강한 항타에 의하여 손상되는 경우가 있다. - 부재연결이 어렵다.

표 3.2 나무말뚝의 허용지지력   [단위 : kN]

지지층	나무말뚝의 직경 [cm]				
관입깊이 [m]	15	20	25	30	35
3	100	150	200	300	400
4	150	200	300	400	500
5	–	300	400	500	600

【예제】 나무말뚝의 단점이 아닌 것은 ?

　　① 쉽게 부식된다.

　　② 단면의 크기와 길이 및 지지력이 한정된다.

　　③ 강한 항타 작업에 의해 손상된다.

　　④ 부재를 연결하기가 어렵다.

　　⑤ 무겁고 타입이 어렵다.

　　⑥ 값이 비싸다.

【풀이】 ⑤ 가볍고 타입이 쉽다.   ⑥ 값이 싸다.

(2) 강재말뚝(steel pile)

　다른 종류 말뚝에 비해 지지력이 크고 시공능률이 우수하여 널리 사용되고 있다. 보통 H 형강이나 강관을 사용하며, 그림 3.2 의 단면이 많이 쓰이고, 표 3.3 의 장단점을 갖는다.

　H 형강 말뚝은 강관말뚝에 비하여 가격이 싸고 흙의 배제량이 적기 때문에 좁은 곳에 조밀하게 타입할 수 있다. 강관말뚝은 모든 방향으로 강성이 고르며 단위중량당 단면계수, 외주면적, 선단의 저면적 등이 H 형강 말뚝보다 우수하다. 강관말뚝은 선단을 폐색한 폐단말뚝(closed end pile) 과 폐색하지 않은 개관말뚝(open end pile) 이 있다.

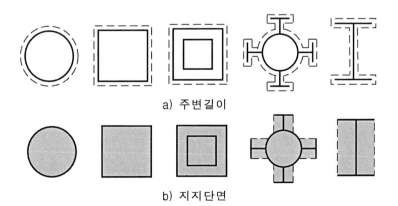

a) 주변길이

b) 지지단면

그림 3.2 강재말뚝의 주변면적과 선단 지지단면적

표 3.3 강재말뚝의 장단점

장 점	단 점
- 변형이 적게 일어나고, 허용지지력이 크다. - 타입 시 지반이 다져진다. - 단면 및 길이에 제한받지 않는다. - 재질이 강하여 중간 정도의 상대밀도를 갖는 지반을 관통하여 타입할 수 있고, 개당 100톤 이상 큰 지지력을 얻을 수 있다. - 단면의 휨강성이 커서 수평저항력이 크다. - 말뚝의 이음과 절단 등 취급이 용이하다. - 가벼워서 소형의 기계로 빠르고 용이하게 운반하고 타입할 수 있다. - 날개 등을 붙여서 선단 보강이 가능하다.	- 휨강성이 약한 I형 단면은 타입 시 휘어질 가능성이 있다. - 단가가 비싸다. - 부식이 잘 된다. 　부식 방지대책은 공사비 증가요인이 된다.

　　강재말뚝은 재료비가 비싸지만 지지력이 크고 시공능률이 우수하여 총 공사기간이 많이 단축되므로 대규모 공사에서는 오히려 경제적일 수 있다. 강재말뚝의 설계하중(design load)은 대체로 표 3.4의 허용지지력을 적용한다.

표 3.4 강재말뚝의 허용지지력 　　　　　　　　　　　　　　　　[단위 : kN]

지지층 관입깊이 [m]	H 형강		강 관		
	폭 [cm]	높이 [cm]	직경 [cm]		
	30	35	35	40	45
3	-	-	350	450	550
4	-	-	450	600	700
5	450	550	550	700	850
6	550	650	650	800	1000
7	600	750	700	900	1100
8	700	850	800	1000	1200

　　강재말뚝은 수분이나 대기에 노출되면 산화(부식)되어 단면이 감소되므로 지지력이 작아진다. 강재말뚝의 부식은 비교란 지반에서는 말뚝강도에 영향을 줄 정도로 심각하지는 않으나, 교란되거나 성토한 지반에서는 흙 속에 산소가 많이 있기 때문에 문제가 될 수 있다. pH 4 이하이거나 pH 9.5 이상인 지하수나 해수 또는 흐르는 물에서 특히 부식되기 쉽다. 강재말뚝의 부식은 보통 지반에서는 연간 0.05 mm, 해수에 직접 노출되거나 수면 부근에 있는 경우에는 연간 0.1~0.2 mm 정도로 예상하여 설계한다 (그림 3.3).

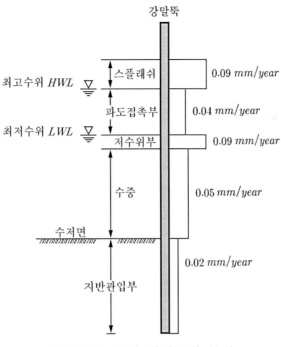

그림 3.3 물과 강말뚝의 부식

강재말뚝은 부식을 방지하거나 부식되더라도 소요단면을 확보 (corrosion margin) 하기 위하여 다음과 같은 대책을 쓴다.

- **두께증가** : 소요단면보다 두꺼운 부재를 사용하는 방법으로 공사비가 많이 든다.
- **방식도장** : 부식을 방지하기 위하여 표면을 방식 도장한다.
- **콘크리트 피복** : 지표면 부근이나 건습이 되풀이 되는 부분등 부식이 심한 부분을 콘크리트로 피복한다.
- **전기방식 (cathodic protection)** : 전기적으로 처리하여 부식을 방지하는 방법이며, 부식량을 1/10 이하로 감소시킬 수 있다.

【예제】 다음은 강재말뚝의 부식방지 대책이다. 틀린 것이 있으면 정정하시오.

① 소요단면보다 큰 단면을 적용한다.
② 표면에 방식도장 한다.
③ 표면에 콘크리트로 피복한다.
④ 전기적으로 방식처리 한다.

【풀이】 해당 없음.

(3) 콘크리트말뚝 (concrete pile)

콘크리트말뚝은 공장에서 제작한 후에 현장으로 운반하여 설치하는 기성 철근콘크리트 말뚝 (precast concrete pile) 과 지반을 천공하고 그 속에 콘크리트를 타설하여 만드는 현장 타설 콘크리트말뚝 (cast-in-place concrete pile) 이 있으며, 형상과 단면크기 및 길이를 다양하게 조절할 수 있어서 근래에 많이 사용한다. 콘크리트말뚝은 흙 속의 유기산이나 해수 또는 물의 동결 등에 의해 손상될 수 있다. 기성 또는 프리스트레스트 콘크리트말뚝은 단면이 정사각형일 경우에 대체로 표 3.5 와 같은 허용지지력을 갖는다.

표 3.5 철근콘크리트 또는 PS 말뚝의 허용지지력　　　　　　　　　　[단위 : kN]

지지층 관입깊이 [m]	정사각형의 한 변의 길이 [cm]				
	20	25	30	35	40
3	200	250	350	450	550
4	250	350	450	600	700
5	–	400	550	700	850
6	–	–	650	800	1000

① 기성 콘크리트말뚝 (precast reinforced concrete pile)

공장에서 원심력을 가해서 밀도와 강도가 크도록 제작한 후에 설치장소로 옮겨서 압입, 타입, 진동관입 또는 선행 보링한 공간에 삽입하여 설치하는 말뚝을 말한다.

기성 콘크리트말뚝은 상부구조와 연결이 용이하며, 강한 타격에 견디고 부식에 강하고, 상부구조물과 연결하기가 쉽다. 반면에 초기비용이 많이 들고, 절단과 이음이 어렵고, 운반이나 타입방법에 민감하고, 운반하기가 불편하다. 지하장애물이 있을 때에는 설치하기가 어렵고, 길이 조절이 어렵고, 타입 시 소음이 많이 나고, 인발이나 횡력에 대한 저항력이 약하다. 따라서 비교적 큰 지지력이 필요하거나 지하수위가 깊은 경우에 사용된다.

기성 철근콘크리트 말뚝은 철근으로 보강한 철근 콘크리트말뚝 (RC 말뚝 : reinforced concrete pile) 이나 프리스트레스트 콘크리트말뚝 (PC 말뚝: prestressed concrete pile) 및 고강도 프리스트레스트 콘크리트말뚝 (PHC 말뚝) 등이 있다.

a) 철근콘크리트 말뚝 (RC말뚝, centrifugally compacted reinforced concrete pile)

철근 보강한 철근콘크리트말뚝은 기성 콘크리트말뚝으로서는 많이 사용되며, 제작 또는 운반 중에 작용하는 휨응력과 수평하중에 의한 휨모멘트는 물론 항타 시에 압축 및 인장응력에 견디도록 설계해서 제작한다. 최소철근비는 1 % 이상, 콘크리트강도는 $40\,MPa$ 정도, 길이 $10 \sim 15\,m$ 로 만든다.

철근콘크리트 말뚝은 표 3.6 과 같은 장단점이 있다.

표 3.6 철근콘크리트말뚝의 장단점

장 점	단 점
- 쉽게 구입할 수 있다. - 길이 15 m 이하일 때에 경제적이다. - 재질이 균질하여 신뢰할 수 있다. - 강도가 커서 지지말뚝으로 적합하다. - 상부구조와의 연결이 용이하다.	- 말뚝이음이 어렵고, 이음이 2 개 이상일 경우에는 신뢰성이 크게 저하된다. - 중간 이상 강성을 갖는 토층($N > 30$)에서는 타입이 거의 불가능하다. - 무거워서 취급이 어렵다. - 타입 시 말뚝에 쉽게 균열이 발생되고, 균열을 통한 수분유입으로 철근부식의 우려가 있다.

【예제】 원심력 철근콘크리트 기성 말뚝의 장점이 아닌 것은 ?

　① 말뚝의 구입이 용이하다.

　② 길이가 길수록 경제적이다.

　③ 재질이 균질하여 신뢰성이 높다.

　④ 강도가 크다.

【풀이】 ② 길이 15 m 이하에서 경제적이다.

b) 프리스트레스트 콘크리트말뚝 (PC 말뚝 : Prestressed Concrete pile)

콘크리트에 프리스트레스를 가하여 만든 말뚝이며, 프리스트레스를 가하는 방법에 따라 프리텐션 방식과 포스트텐션 방식이 있다.

- **프리텐션방식** (pretension) : 강선을 미리 인장한 상태로 콘크리트를 타설하고, 콘크리트가 경화된 후에 강선의 인장장치를 푸는 방식이다.
- **포스트텐션방식** (posttension) : 부재에 미리 PC 강선이 들어갈 구멍을 뚫어 놓은 상태로 콘크리트를 타설하고, 콘크리트가 경화되면 구멍 속에 PC 강선이나 강봉을 넣어 인장하여 프리스트레스를 가하고 그 끝을 부재의 단부에 정착하는 방식이다.

PC 말뚝은 다음과 같은 특징이 있다.

- 균열이 잘 생기지 않아서 철근이 부식될 우려가 적고 내구성이 크다.
- 휨이 적게 발생한다.
- 타입 시 인장력을 받더라도 프리스트레스가 작용하여 인장파괴 되지 않는다.
- 이음이 쉽고 신뢰성이 있으며 지지력 감소가 매우 적다.
- 길이 조절이 쉽고 운반이 용이하다.

c) 고강도 프리스트레스트 콘크리트말뚝
(PHC말뚝 : Pretensioned High strength Conerete Piles)

PHC 말뚝은 압축강도가 $80\,MPa$ 을 넘는 프리텐션 (pre-tension) 방식의 원심력 고강도 프리스트레스트 콘크리트말뚝이며 고온고압 증기양생 (Auto-Clave 양생) 에 의한 고강도 PC 말뚝 (AC 말뚝이라고도 함) 이다. 최근에는 다른 방법으로도 즉, 고온고압 증기양생하지 않고도 고강도 PC 말뚝 양생이 가능해졌다. 고강도이므로 내충격성이 우수하며, 종래 PC 말뚝으로 시공이 불가능했던 중간강도 지층의 관통이나 장대말뚝 시공에 효과적이다.

통상적인 PC 말뚝에 사용되는 것과 같은 재료 (시멘트, PC 강) 를 써서 만들며, 혼화재는 실리카분말, 고성능 감수제, 특수 혼화재 등을 사용한다. PHC 말뚝의 종류, 프리스트레스양, 외경, 길이는 PC 말뚝과 거의 같고 두께는 $0\sim10\,mm$ 얇다.

【예제】 PC 말뚝의 장점이 아닌 것이 있으면 정정하시오.
① 균열이 잘생기지 않고 내구성이 크다.
② 휨이 적게 발생된다.
③ 타입 시 인장파괴 되지 않는다.
④ 이음이 어렵고 이음 시 지지력 감소가 적다.

【풀이】 ④ 이음이 쉽다.

② 현장타설 콘크리트말뚝 (cast-in-place concrete pile)

보링하거나 워터제트 등의 방법으로 지반에 천공하고 콘크리트를 타설하여 만든 말뚝을 말하며 (그림 3.4), 강관이나 철근 등 강재로 보강할 수 있다. 콘크리트를 타설한 후 케이싱 (casing) 이나 외관을 지반에 남겨두는 유각 현장타설 콘크리트 말뚝 (cased pile) 과 외관을 지반에 남겨두지 않는 무각 현장타설 콘크리트말뚝 (uncased pile) 이 있다.

현장타설 콘크리트 말뚝은 표 3.7 과 같은 장단점이 있다.

표 3.7 현장타설 콘크리트 말뚝의 장단점

장 점	단 점
- 운반 및 야적 비용이 들지 않는다. - 지층에 따라 길이조절이 가능하다. - 선단부에 구근을 만들어 지지력을 크게 할 수 있다. - 운반/취급 중 손상될 우려가 없다. - 말뚝의 양생기간이 필요하지 않다. - 철근/강재로 강성을 크게 할 수 있다.	- 케이싱을 타입하면 소음이 난다. - 인접말뚝 타입 시 진동, 수압, 토압으로 소정치수/품질확보가 어려울 수 있다. - 말뚝 몸체가 지중에서 형성되므로 품질관리상 어려움이 있다. - 케이싱 없는 경우에 지하수 성분 때문에 콘크리트가 잘 경화되지 않을 수 있다.

【예제】 현장타설 콘크리트 말뚝의 장점이 아닌 것이 있으면 정정하시오.

① 운반비와 야적비가 들지 않는다.

② 말뚝길이의 조절이 용이하다.

③ 말뚝 선단 부를 확장하여 지지력을 크게 할 수 있다.

④ 양생기간이 필요하다.

⑤ 케이싱의 타입 시에도 소음이 없다.

⑥ 품질관리에 문제가 없다.

【풀이】 ④ 양생기간이 필요 없다. ⑤ 소음이 크다. ⑥ 품질관리가 어렵다.

a) 무각 현장타설 콘크리트 말뚝 (uncased cast-in-place concrete piles)

케이싱을 원하는 깊이까지 타입한 후에 콘크리트 반죽을 채우면서 단계적으로 케이싱을 인발하여 설치하는 현장타설 콘크리트말뚝이다. 지반과 접촉이 우수하여 주변마찰저항이 크며, 초기비용이 적게 들고 어느 깊이든지 설치할 수 있다. 반면에 콘크리트를 급하게 타설하면 콘크리트에 공극이 생기고 공벽이 무너질 우려가 있다. 프랭키 말뚝과 페데스탈 말뚝이 가장 대표적이다.

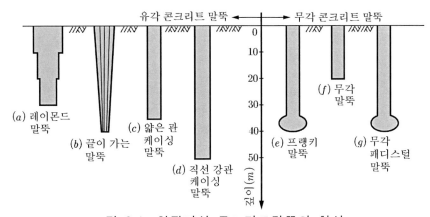

그림 3.4 현장타설 콘크리트말뚝의 형상

• 프랭키 말뚝 (Franki pile) : 콘크리트를 되게 반죽하여 강관에 채우고 강관 내에서 콘크리트 반죽을 드롭해머로 타격하면 콘크리트와 강관 내벽 사이 마찰저항 때문에 강관과 콘크리트가 분리되지 않고 지반에 관입된다. 지지층에 도달되면 강관을 약간 끌어 올려서 지표에 고정시키고 강관 내 콘크리트 반죽에 타격을 가하여 콘크리트가 강관에서 밖으로 밀려 나와 강관선단에 구근이 형성되게 한다. 이 일을 일정한 간격마다 되풀이하면 혹 같은 돌기를 많이 갖는 말뚝이 형성되고 강관의 주변지반이 압축되어 강도가 증가된다. 케이싱 내에서 콘크리트반죽만을 해머로 타격하므로 소음과 진동이 적어서 특히 도심지 시공에 적합하다 (그림 3.5).

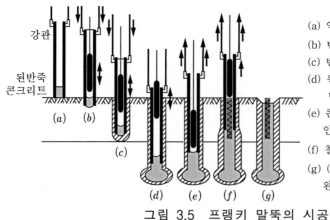

(a) 약 2 m 된반죽 콘크리트 채우기

(b) 반죽을 타격

(c) 반죽의 타격으로 강관이 근입

(d) 원하는 위치에서 강관을 고정하고
    반죽을 타격

(e) 콘크리트를 채우고 강관을
    인발하면서 타격

(f) 철근 삽입 후 콘크리트 채우기

(g) (a)~(f)를 반복하여 콘크리트말뚝
    완성

그림 3.5 프랭키 말뚝의 시공

• 페데스탈 말뚝 (pedestal pile) : 케이싱을 직접 지반에 타입하여 지지층에 도달시킨 후 프랭키 말뚝과 같은 방법으로 선단에 구근을 만들고, 콘크리트를 타설하여 케이싱을 뽑아 올리고 다지는 일련의 작업을 반복해서 만드는 말뚝이다. 강성도가 큰 강재 케이싱을 타입하므로 기성 콘크리트 말뚝의 타입이 어려운 지반에 말뚝을 설치하는 경우나 말뚝의 이음을 피할 경우에 적합하다 (그림 3.4g).

b) 유각 현장타설 콘크리트 말뚝 (cased cast-in-place concrete pile)

케이싱 (또는 외관)과 내관을 동시에 타입한 후에 내관만 뽑아내고 케이싱 안에 콘크리트를 타설하여 설치하는 말뚝이다. 느슨한 사질토나 연약한 점성토인 주변지반이 굴착 공간 내로 유입되는 것을 막기 위하여 케이싱이 필요하다. 비용이 적게 들고 길이연장이 용이한 장점이 있는 반면에 콘크리트 타설 후에는 이음이 곤란하고, 케이싱이 타입 중에 손상을 입을 수 있다. 가장 대표적인 레이몬드 말뚝 (Raymond pile)은 내관만을 뽑아 올리기가 쉽고 말뚝주변의 마찰저항이 크도록 약 30 : 1 의 경사로 선단을 가늘게 한다.

(4) 합성 말뚝

인장강도가 큰 강재와 압축강도가 큰 콘크리트를 합성하여, 재료의 장점을 최대로 이용하고 기능을 향상시킨 말뚝이다. 강관합성말뚝과 SC 말뚝이 있으며 최근에는 SC 말뚝의 적용이 증가하고 있다.

SC 말뚝은 강관 내에 콘크리트를 투입하고 원심력 성형하여 제조하는 강관 콘크리트 복합말뚝 (Steel Pipe & Concrete Composit Pile) 이며, 압축에 강한 콘크리트와 인장에 강한 강관의 복합체이므로 다른 말뚝에 비해 압축내력과 휨 내력이 매우 크다. 종래의 기성 콘크리트말뚝에 비해 휨강도와 변형 능력이 크기 때문에 내휨성 말뚝으로 효과적이다.

축압축력이 큰 범위에서는 강관과 콘크리트의 복합효과가 발휘되어 지진 시와 같이 축력변화가 클 경우나 발생휨모멘트가 큰 기초에 적용할 수 있다.

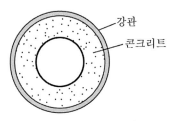

그림 3.6 SC말뚝 단면

콘크리트에 철근을 배근하거나 PC강재를 설치해서 프리스트레스를 가한 것도 있으며 팽창성 혼화재를 첨가하여 강관과 콘크리트를 일체화 한 것도 있다. 전체길이에 모두 사용 하기보다 휨모멘트가 큰 윗 말뚝에 사용하고 아랫 말뚝에는 PHC 말뚝을 접합해서 쓰는 경 우가 일반적이다. 말뚝 외경과 두께 및 사용하는 콘크리트는 PHC 말뚝의 것과 같다. 시멘 트와 골재 및 그 배합은 PHC 말뚝과 같으나 팽창성 혼화재를 사용하는 점이 다르다. 외부 의 강관의 부식을 고려하여 (부식대 2 mm) 설계한다. 강재 (E_s) 와 콘크리트 (E_c) 의 탄성 계수의 비 ($E_s / E_c = 6$) 는 원칙적으로 6으로 한다.

SC 말뚝은 윗 말뚝으로 많이 사용하므로 아래 말뚝인 PHC 말뚝과 용접이음 할 때가 많다. 강관에 개구부를 설치해서 용접하거나 개구부가 설치된 이음부재를 강관에 부착하여 용접 해서 잇는다.

3.2.2 말뚝의 시공

말뚝은 그 종류와 지반상태 및 상부구조물에 따라서 설치방법과 순서 및 간격을 달리하 여 시공한다.

1) 말뚝의 설치

말뚝을 설치할 때에는 항타공법이 가장 보편적으로 적용되며, 최근에는 건설공해를 줄이 기 위하여 소음과 진동이 없거나 아주 적은 압입식이나 워터제트식이 자주 사용된다.

(1) 항타 공법 (pile driving with hammer)

말뚝을 햄머로 타격하여 지반에 관입시키는 방법이며, 무거운 햄머를 에너지를 가하여 들어 올렸다가 낙하시키기 때문에 소음과 진동이 발생한다. 햄머는 드롭 햄머, 증기 햄머, 디젤 햄머, 바이브로 햄머 등이 사용된다.

① 드롭 햄머 (drop hammer)

윈치 등으로 햄머를 들어 올렸다가 말뚝두부에 자유낙하시켜 말뚝을 관입시키는 장비이다.

타격할 때마다 무거운 추를 들어 올리는 데 시간이 걸려서 시공능률이 떨어지므로 대규모공사에는 사용하지 않지만, 설비가 간단하여 소규모공사에서 짧은 나무말뚝 등을 타입할 때 이용된다. 너무 무거운 햄머를 사용하거나 낙하고를 크게 하면 윈치와 비계 등설비가 커지며 말뚝두부 파손이 심하고, 너무 작은 햄머를 사용하면 말뚝상부에만 응력이 발생하여 말뚝이 지반에 관입되지 않는다. 햄머 무게는 말뚝 무게의 3 배 정도로 한다.

② 증기 햄머 (steam hammer)

증기압을 이용하여 햄머를 들어 올렸다가 낙하시켜서 말뚝을 타입하는 장비이며 실린더, 피스톤, 램 및 자동 증기조종간으로 구성되고, 단동식과 복동식이 있다.

단동식 증기 햄머는 피스톤 하부에 증기압이 작용하여 피스톤과 램을 들어 올리고, 다 올라가면 하부증기를 배출시켜서 피스톤과 램을 자중으로 자유낙하 시키는 장치이다.

복동식 증기 햄머는 램을 들어 올렸던 하부증기를 배출하여 램을 낙하시키고 동시에 새로운 증기를 피스톤 상부에 가하여 피스톤과 램의 낙하를 가속시키는 장치이다. 타격 에너지는 램의 낙하 에너지와 증기압력의 합이다.

증기 햄머는 다음과 같은 특성이 있다.

- 단위 시간당 타격수가 많아서 드롭 햄머보다 시공능률이 좋다.
- 말뚝 축에 대한 타격이 확실하므로 말뚝의 상단이 적게 파손된다.
- 연속적으로 타격하므로 소음이 많이 나며, 단동식보다 복동식의 소음이 더 크다.
- 소요 시공 장비가 커서 소규모 현장에는 부적합하며 긴 말뚝의 타입에 적합하다.

③ 디젤 햄머 (diesel hammer)

디젤기관을 사용하여 폭발력으로 햄머를 밀어 올렸다가 낙하시켜서 말뚝을 타입하는 장치이며, 최근에 가장 많이 사용되는 항타기이다. 램의 낙하 시에도 연소 폭발시켜서 말뚝에 반력을 가하므로 타격 에너지는 램의 낙하에너지와 연소폭발압력의 합이 된다. 연료 소비량이 적고, 보조 장비가 불필요하며, 경사말뚝타입에 효율적이다. 중간이상의 단단한 지반에 적합하고, 아주 연약한 지반에서는 저항이 적어서 연소점화가 어려울 수 있다.

디젤 햄머는 제작사마다 여러 가지 모델이 있어서 제원과 작업능률이 각기 다르므로 현장에 잘 맞는 것을 선택해야 한다.

④ 바이브로 햄머 (vibro hammer)

기진기를 말뚝상단에 설치하여 말뚝을 종방향으로 강제 진동시켜서 지반에 관입시키는 장치이며 (그림 3.7), 그 능률은 진동수와 진폭에 따라 다르다. 기진력과 자중을 일정하게 하여 진동수를 변화시키면 말뚝의 관입속도가 최대가 되는 특정한 진동수, 즉 최적 진동수를 구할 수 있다. 포화 조립토에 말뚝을 설치할 때나 쉬트 파일 관입에 효과적이다.

바이브로 햄머는 표 3.8과 같은 장단점이 있다.

표 3.8 바이브로 햄머의 장단점

장　　　점	단　　　점
- 말뚝을 능률적으로 타입하고 인발할 수 있다. 특히 인발이 쉬우며 이는 다른 공법에서 볼 수 없는 장점이다. - 주위에 대한 진동의 영향이 다른 공법 보다 적다. - 말뚝 상부가 손상되지 않는다.	- 장애물을 관통하지 못할 수 있다. - 큰 설비가 필요하다. - 진동기-말뚝의 일체화 특수 캡이 필요하다. - 타입시보다 지지력이 작을 수 있다(점토). - 관입속도에 근거하여 극한지지력을 결정할 수 있는 일반적인 방법이 없다.

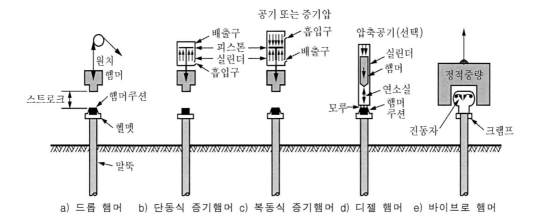

a) 드롭 햄머　b) 단동식 증기햄머　c) 복동식 증기햄머　d) 디젤 햄머　e) 바이브로 햄머

그림 3.7 말뚝항타장비

(2) 압입공법 (pile jacking method)

반력하중 (counter weight)을 가하고 오일 잭 (oil jack)을 사용하여 말뚝을 강제로 지반에 압입시키는 공법이다. 말뚝 주변 또는 선단부의 지반을 교란시키지는 않으나, 압입 시에 말뚝주변에 마찰저항이 작용하므로 이로 인한 압입저항이 크다. 압입기계의 자중은 반력하중이 된다 (그림 3.8). $N = 30$ 정도 지반까지 압입이 가능하며 압입이 불가능한 지층에서는 스크류 오거 (screw auger) 또는 워터 제트 (water jet) 등을 병행하여 시공한다. 말뚝 압입공법은 표 3.9와 같은 장단점이 있다.

표 3.9 말뚝압입공법의 장단점

장　　　점	단　　　점
- 무 소음/무 진동이다. - 말뚝이 손상되지 않는다. - 오일 잭에 측정기를 설치하여 지층 심도별 압입저항을 알 수 있다.	- 압입 시 매우 큰 반력하중이 필요하며 압입기계도 커서 기계의 해체와 운반 및 조립에 많은 시간이 필요하다.

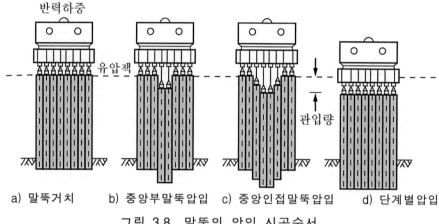

a) 말뚝거치   b) 중앙부말뚝압입   c) 중앙인접말뚝압입   d) 단계별압입

그림 3.8 말뚝의 압입 시공순서

(3) 워터제트식 (water jet) 관입공법

워터 제트식 말뚝관입공법은 기성말뚝의 선단부에서 압력수를 분출시켜서 말뚝의 관입저항을 감소시키면서 말뚝을 설치하는 공법이며, 햄머와 병용하면 효과적이다. 점성토에서는 함수비가 변하여 지지력이 떨어지므로 적합하지 않다.

2) 말뚝의 시공순서

다수의 말뚝을 타입할 때에 말뚝의 시공순서는 시공의 난이도, 말뚝기초의 성능, 시공 속도 등에 큰 영향을 미친다. 중앙부 보다 주변 말뚝을 먼저 타입하면 중앙부 지반이 다져져서 후에 말뚝을 타입하기가 어렵지만, 중앙부에서 시작하여 외측으로 차례로 말뚝을 타입하면 주변지반이 잘 다져지지 않으므로 말뚝을 정확히 타입 할 수 있다 (그림 3.9a).

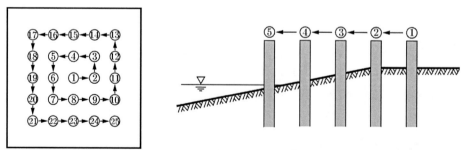

a) 무리말뚝 항타순서   b) 해안이나 경사지에서 말뚝 항타순서

그림 3.9 말뚝의 항타순서

잔교나 부두공사에서처럼 경사진 지표에 말뚝을 타입할 때에는 낮은 쪽에서 시작하면 말뚝을 타입할 때마다 흙이 낮은 쪽으로 밀려서 먼저 설치한 말뚝이 큰 횡력을 받아 기울어지거나 꺾어지므로, 높은 쪽부터 타입하기 시작하여 낮은 쪽으로 진행한다 (그림 3.9b).

3) 말뚝의 시공간격

말뚝 시공간격은 말뚝종류와 지반상태 및 상부구조물에 따라 다르다. 일반적으로 직경의 2.5 배 (직사각형 말뚝은 대각선 길이의 1.75 배) 이상 간격으로 설치하며, 간격이 너무 크면 ($4d$ 이상) 비경제적이다. 말뚝의 적당한 시공간격은 표 3.10 및 그림 3.10 과 같다.

표 3.10 말뚝 시공간격

말 뚝 의 종 류	말 뚝 간 격
암반 위의 선단지지말뚝	2.5d
연약한 점토를 관통하여 모래층에 설치한 선단지지말뚝	2.5d
비압축성 층을 관통하여 조밀한 모래층에 설치한 선단지지말뚝	3d
느슨한 모래층에 설치한 마찰말뚝	3d
굳은 점토층에 설치한 마찰말뚝	3~3.5d
연약 점토층에 설치한 마찰말뚝	3~3.5d
나무말뚝	2.5d 및 60 cm 이상
기성 콘크리트 말뚝	2.5d 및 75 cm 이상
현장 콘크리트 말뚝	2.5d 및 90 cm 이상
강재말뚝	2.5d 및 90 cm 이상

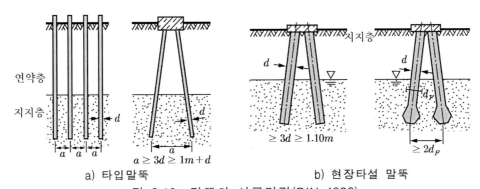

a) 타입말뚝   b) 현장타설 말뚝

그림 3.10 말뚝의 시공간격(DIN 4026)

【예제】 다음의 말뚝 항타에 관한 설명 중 틀린 것이 있으면 정정하시오.

① 드롭 햄머의 무게는 말뚝 무게의 3 배 정도가 적당하다.

② 중기 햄머는 드롭 햄머 보다 시공능률이 좋으나 설비가 커서 소규모현장에 부적합하다.

③ 디젤 햄머는 중간이상의 단단한 지반에 적합하고 경사말뚝에 효율적이다.

④ 바이브로 햄머는 관입속도에 근거하여 극한지지력을 결정한다.

⑤ 오일 잭을 이용하여 말뚝을 압입하면 무소음, 무진동이며, 심도별 압입저항을 알 수 있다.

⑥ 워터 제트식 말뚝관입공법은 점성토에 적합하다.

【풀이】 ④ 극한지지력을 결정할 수 있는 일반적인 방법이다.

⑥ 워터 제트식은 주변지반의 함수비가 변하여 점성토에 부적합하다.

3.2.3 말뚝의 지지거동

말뚝의 지지력은 말뚝의 지지거동을 정확히 이해한 후에, 정역학적 공식이나 동역학적 공식으로 계산하거나 재하시험을 통해서 구한 극한지지력을 안전율로 나누어 허용지지력을 결정하고 침하를 검토하여 설계한다. 연약한 점성토에서는 부마찰력 작용여부를 판단하여 설계에 반영한다.

말뚝은 작용하중에 대해서 내적지지력과 외적지지력이 충분히 커야 하며, 선단저항력과 주변마찰 저항력으로 외력에 저항한다. 말뚝을 타입하면 주변지반이 다져지므로 주변마찰저항이 크고 (배토 말뚝), 천공 후 삽입하면 주변지반의 응력이 거의 변하지 않아서 주변마찰저항이 작고 주로 선단저항력으로 지지하며 (비배토 말뚝), 천공구멍과 말뚝사이를 시멘트밀크 등으로 채우면 주변마찰 저항력이 커질 수도 있다.

말뚝의 하중 - 침하 거동은 말뚝종류에 따라 다르다. 즉, 말뚝의 극한 지지력은 마찰말뚝에서는 작은 침하에서 도달되고, 선단지지 말뚝에서는 침하가 어느 정도 일어난 후에 도달되며, 보통말뚝은 그 중간 형태를 나타낸다.

1) 말뚝의 지지거동

(1) 말뚝의 내적지지력과 외적지지력

말뚝이 그 기능을 발휘하기 위해서는 가해진 하중에 의해 파손되지 말아야 하고 (내적지지력), 주변지반의 강도가 충분히 커서 큰 침하가 일어나지 않고도 말뚝에 가해진 하중을 지지할 수 있어야 한다 (외적 지지력).

말뚝의 내적 지지력 (internal bearing capacity of pile) 은 지반상태와 무관하고 말뚝재료의 강도특성에 의해 결정된다. 따라서 작용하중에 따라 적합한 단면과 형상을 정하면 되므로 지반 공학적으로 문제가 되지 않는다.

반면에 외적 지지력 (external bearing capacity of pile) 은 말뚝재료의 특성과 무관하게 말뚝과 지반의 상호거동에 의하여 결정되므로 정하기가 어렵다. 따라서 지반공학에서 말뚝의 지지력은 곧, 말뚝의 외적 지지력을 의미한다.

(2) 마찰말뚝과 선단지지말뚝

말뚝에 가해진 하중 Q 는 말뚝표면의 주변마찰저항력 Q_m (side frictional resistance) 과 말뚝선단의 선단저항력 Q_s (end bearing resistance) 에 의해 지지된다.

$$Q = Q_m + Q_s \tag{3.1}$$

주변마찰력과 선단지지력이 각각 분담하는 몫은 말뚝설계에서 매우 중요하며, 지반의 종류와 구성 상태, 작용하중의 크기 (그림 3.11), 말뚝의 종류와 설치방법 및 근입깊이 등에 따라 결정된다 (표 3.11).

외부하중이 주로 주변마찰저항에 의해 지지되는 말뚝을 마찰말뚝 (friction pile) 이라 하고, 주로 선단저항에 의해 지지되는 말뚝을 선단지지말뚝 (end bearing pile) 이라 한다. 동일한 말뚝이라도 작용하중이 작으면 선단까지 전달되는 축력이 작아서 마찰말뚝으로 거동하고 하중이 커지면 선단저항이 차지하는 비율이 커지므로 선단지지말뚝으로 거동한다 (그림 3.11).

말뚝 선단의 위치가 지지력이 큰 암반이나 조밀한 모래 또는 자갈층 위에 있으면 선단지지말뚝으로 간주하고, 선단에 있는 지반이 충분한 지지력이 없는 경우에는 마찰말뚝으로 간주한다. 그런데 마찰말뚝의 지지거동 및 침하는 정확히 예측하기가 어려우므로 마찰말뚝은 지지층이 상당히 깊더라도 구조물이 비교적 가볍든가 허용 침하량이 크거나 침하에 대한 별다른 대책이 필요 없는 경우에 한하여 적용한다. 말뚝의 선단이 느슨한 모래층이나 점성토에 위치하여 선단지지력을 기대하지 못하는 경우에 마찰말뚝으로 구별하기도 한다.

지지층이 너무 깊지 않은 경우 (25 m 이하) 에는 나무말뚝이나 철근콘크리트 말뚝 등을 선단지지말뚝으로 사용하지만, 지지층이 깊은 경우 (25 m 이상) 에는 대체로 현장타설 콘크리트 말뚝, 강재말뚝, 피어, 케이슨 등을 사용한다. 따라서 연약지반을 개량한 후에 선단지지말뚝을 설치하면 훨씬 경제적일 경우도 있다.

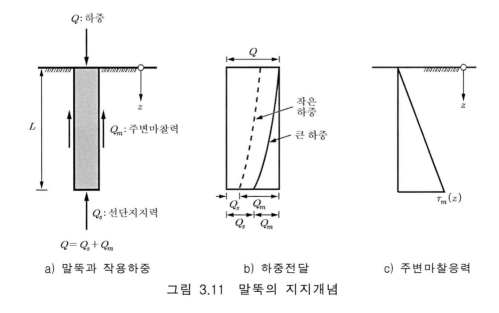

a) 말뚝과 작용하중   b) 하중전달   c) 주변마찰응력

그림 3.11 말뚝의 지지개념

표 3.11 선단지지응력과 평균주변마찰응력 (Franke, 1982)

지반의 종류	지지층내 관입깊이[4] (m)	평균 주변마찰응력 τ_m [kPa]				선단지지응력 σ_s [kPa]			
		나무 말뚝	철근 콘크리트 말뚝	원형강관, 박스형 개관말뚝	I형강 말뚝	나무 말뚝	철근 콘크리트 말뚝	원형강관[1], 박스형 개관말뚝[2]*	I형강[3] 말뚝
사질토	0~5	20~45	20~45	20~35	20~30	2.0~3.5	2.0~5.0	1.5~4.0	1.5~3.0
	5~10	40~65	40~65	35~55	30~50	3.0~7.5	3.5~6.5	3.0~6.0	2.5~5.0
	>10		60	50~75	40~75	3.0~7.5	4.0~8.0	3.5~7.5	3.0~6.0
점성토	0.5<Ic<0.75	5~20				-			
	0.75<Ic<1.0	20~45				0~2			
이회토 (반고체, 고체)	0~5		50~80	40~70	30~50		2~6	1.5~5	1.5~4.0
	5~10		80~100	60~90	40~70		5~9	4~9	3.0~7.5
	〉10		80~100	80~100	50~80		8~10	8~10	6.0~9.0

[1] : 선단폐쇄 강재 박스 말뚝은 철근콘크리트말뚝 참조

[2] : $\phi \le 500\,mm$ 인 강관이나 한 변 길이 $\le 500\,mm$ 인 박스형 말뚝

[3] : 플랜지폭 〈 350 mm 인 I 형강, 더 큰 O 형강에서 날개보강

[4] : τ_{mf} 에 대해서는 근입깊이 σ_{sf} 에 대해서는 지지층 내 근입깊이 (DIN 4026)

(3) 배토말뚝과 비배토 말뚝

콘크리트말뚝이나 끝이 막힌 강관말뚝 (폐단말뚝) 을 타입하면 주변지반이 횡방향으로 이동되어 지반이 다져지는데 이러한 말뚝을 배토 말뚝 (displacement pile) 이라고 하고, 주변 마찰저항이 크다. H형강이나 끝이 열린 강관말뚝 (개관말뚝) 은 타입할 때 주변지반의 횡방향 이동이 적어서 지반이 약간만 다져지므로 소배토 말뚝 (low displacement pile) 이라 한다.

반면에 천공말뚝 (bored pile) 은 말뚝을 설치하더라도 주변지반의 응력이 거의 변하지 않으므로 비배토 말뚝 (non-displacement pile) 이라고 하며, 주변마찰저항이 작고 주로 선단저항력으로 지지한다.

(4) 말뚝의 하중-침하거동과 극한 지지력

말뚝의 하중 - 침하 거동 (load - settlement behavior) 은 그림 3.12 와 같이 말뚝의 종류에 따라 다르다. 마찰말뚝에서는 작은 침하에서 극한 지지력에 도달되고, 선단지지 말뚝은 어느 정도의 침하가 일어난 후에 극한 지지력에 도달되며, 주변마찰력과 선단지지력을 모두 이용하는 보통말뚝에서는 그 중간 형태를 나타낸다.

말뚝의 주변 마찰 저항력은 말뚝의 길이와 직경과는 거의 무관하게 흙의 강도정수에 따라 작은 변위 $5 \sim 10 \, mm$ 에서 최대가 되지만 (Coyle/Reese, 1966), 선단지지력은 타입말뚝에서는 직경의 $10 \, \%$, 천공말뚝에서는 직경의 $30 \, \%$ 정도 변위에서 최대가 된다. 따라서 말뚝 극한지지력은 선단지지력이 극한치에 도달될 만큼 큰 침하가 일어난 후에 도달된다.

만일 안전율을 동일하게 적용하면 주변마찰은 극한치에 도달될 수 있으나 선단지지력은 일부만 동원될 수 있다. 따라서 선단지지력과 주변마찰에 대해 안전율을 다르게 적용하여 동일한 침하에 대한 허용지지력을 구하는 경우도 있다.

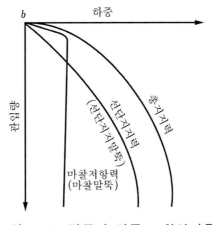

그림 3.12   말뚝의 하중 – 침하거동

말뚝의 극한지지력은 대체로 다음 방법으로 구한다. 말뚝의 정확한 극한지지력은 실제규모의 말뚝재하시험에 의하여 구할 수 있지만 이에는 상당한 시일과 비용이 소요된다.

- 흙의 전단강도를 고려한 정역학적 공식
- 말뚝의 동적관입저항성을 고려한 동역학적 공식
- 실제규모의 말뚝 재하시험
- 현장경험 및 현장시험

말뚝의 지지력을 수치해석적으로 구하고자 하는 시도가 많이 이루어져 왔으나 말뚝과 지반의 상호거동에 대한 지식이 아직은 만족할 만한 수준이 아니므로 항상 검증이 필요하다. 이것은 말뚝을 설치하는 사이에 주변지반이 교란되어 수평토압이 정지토압보다 커지거나 작아질 수 있고, 선단부의 응력이 커서 주변지반의 물성이 달라질 수 있으며, 말뚝의 재하로 인하여 선단응력 σ_s 와 주변마찰력 τ_m 의 활용도 (degree of mobilization) 가 달라지기 때문이다.

(5) 말뚝에 의한 주변지반의 연직응력

말뚝에 하중이 가해지면 말뚝의 선단저항력 Q_s 와 주변마찰저항력 τ_m 에 의해 주변지반
내 연직응력이 각각 다음 크기로 증가하며 연직응력의 총 증가량 $\Delta\sigma_z$ 는 이들의 합이다.

$$\Delta\sigma_z = \Delta\sigma_{zs} + \Delta\sigma_{zm}$$

$$\Delta\sigma_{zs} = \frac{Q_s}{D^2} I_s$$

$$\Delta\sigma_{zm} = \frac{Q_m}{D^2} I_m \tag{3.2}$$

여기에서 I_s 와 I_m 은 각각 선단저항력과 주변마찰력에 의한 연직응력증가 영향계수이다
(그림 3.13).

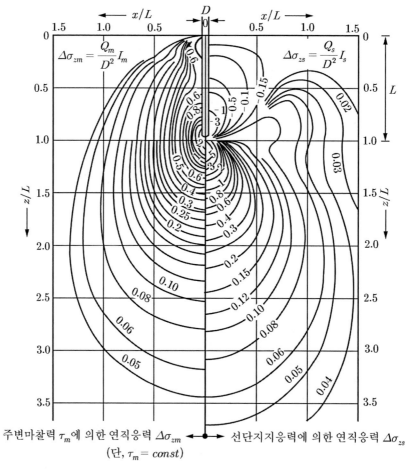

그림 3.13 말뚝 주변지반 내 연직응력 분포 (Grillo, 1948)

【예제】 다음에서 마찰말뚝을 적용하기에 부적합한 것은 ?

① 구조물이 비교적 가벼운 경우
② 허용 침하량이 큰 경우
③ 침하에 대한 대책이 필요없는 경우
④ 선단에 조밀한 모래가 있는 경우

【풀이】 ④ 선단지지말뚝 적용대상

2) 말뚝의 극한 지지력

(1) 정역학 공식에 의한 말뚝의 극한지지력(Q_u)

말뚝에 작용하는 힘의 정역학적 극한 평형식으로 부터 말뚝의 극한지지력을 구하는 식을 정역학적 극한지지력 공식 (ultimate bearing capacity formula) 이라 하며, 토압론, 얕은 기초 이론 (Terzaghi 식), 깊은 기초이론 (Meyerhof 식), 표준관입시험 (Meyerhof 식) 등을 바탕으로 하여 여러 가지 식이 제안되어 있다.

말뚝이 지지할 수 있는 극한하중 Q_u 는 말뚝선단의 지지력 Q_s 와 말뚝표면의 마찰저항력 Q_m 의 합이다.

$$Q_u + W_p = Q_m + Q_s \tag{3.3}$$

이며, 여기에서 W_p 는 말뚝의 무게이다.

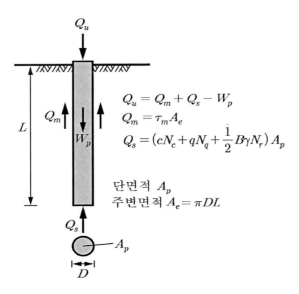

그림 3.14 말뚝의 주변마찰저항과 선단지지

선단지지력 Q_s 는 얕은 기초의 지지력 공식으로부터 비교적 간단히 구할 수 있다. 반면에 주변마찰력 Q_m 은 말뚝의 크기와 종류, 작용하중, 토질, 지반의 성층상태, 시공방법 및 시간경과에 따라 변하기 때문에 정확히 구하기가 매우 어렵다. 정역학적 지지력공식은 말뚝설계의 예비적인 검토와 시험말뚝의 길이 결정 그리고 재하시험을 수행하지 않고 항타공식으로 구한 극한지지력을 검토할 때 등에 이용한다.

① 말뚝의 선단지지력 (end bearing capacity of a pile)

말뚝의 선단지지력 Q_s 는 말뚝의 선단 하부지반의 파괴거동이 얕은 기초 하부지반의 파괴거동과 유사하다고 가정하고 얕은 기초 지지력공식을 적용하여 구한다.

균질한 모래에서 실시한 말뚝의 지지력 실험 (Vesic, 1967)에서 선단지지력은 처음에는 관입깊이에 정비례하여 증가하지만 말뚝관입깊이가 어느 한계를 초과하면 (선단지지력은 물론 주변마찰력도) 더 이상 커지지 않고 일정한 값을 유지한다. 따라서 근입깊이에 따른 말뚝의 선단지지력-침하관계는 그림 3.15와 같다. 여기에서 말뚝 1은 지표에서 근입시킨 경우이며 일정한 깊이 (한계깊이, 말뚝 4)부터는 더 이상 증가하지 않고 일정한 값을 유지하는 것을 알 수 있다. 이를 한계깊이 l_c 라고 하고 천공말뚝이나 타입말뚝에서 모두 유사하다 (그림 3.16). Vesic은 이를 아칭현상 (그림 3.17)에 기인한다고 생각하였다.

덮개압력도 어느 깊이부터 일정하다고 가정하고 계산하면 결과가 실제에 근접한다. 한계깊이는 Poulos/Davis (1972)나 Meyerhof (1976)의 방법으로 구할 수 있다.

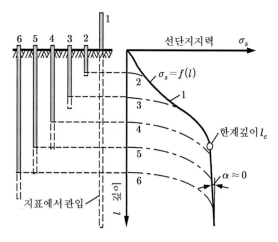

그림 3.15 말뚝의 근입깊이에 따른 선단지지력 분포

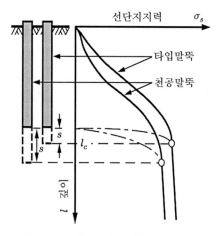

그림 3.16 천공말뚝과 타입말뚝의 선단지지력 한계깊이

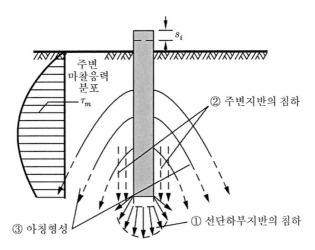

그림 3.17 말뚝주변의 아칭 (Franke, 1976a)

말뚝의 선단지지력은 주로 Terzaghi 나 Vesic 또는 Meyerhof 의 얕은 기초 지지력공식을 적용해서 계산한다.

a) Terzaghi 선단지지력

그림 3.18 은 말뚝의 선단지지력 계산에 적용하는 파괴메커니즘이며, 말뚝의 선단보다 상부에 위치한 지반에서 그 전단강도는 무시하고 자중을 상재하중으로 취급한다.

말뚝의 선단지지력 Q_s 는 Terzaghi 얕은 기초 지지력공식을 적용하여 구할 수 있다.

$$Q_s = \left\{ \alpha c \ N_c + \gamma_1 L N_q + \beta \gamma_2 D N_\gamma \right\} A_p \tag{3.4}$$

여기에서, c , γ , ϕ : 지반의 토질정수

$\quad\quad\quad D, A_p , L$: 말뚝의 직경 (폭) , 단면적, 길이

$\quad\quad\quad \alpha , \ \beta$: 단면형상계수(원형 : $\alpha = 1.3 , \beta = 0.3$, 정사각형 : $\alpha = 1.3 , \ \beta = 0.4$)

$\quad\quad\quad N_c, N_q, N_\gamma$: 얕은 기초의 지지력 계수 (표 3.3)

긴 말뚝에서는 길이에 비해 폭이 매우 작으므로 기초 폭의 영향(즉, 윗식의 3항)은 무시하고 선단지지력을 계산해도 큰 차이가 나지 않는다.

$$Q_s = q_u A_p = \left\{ \alpha c N_c + \gamma_1 L N_q \right\} A_p \tag{3.5}$$

그런데 얕은 기초에 대한 Terzaghi 지지력 이론의 지지력계수 N_c, N_q, N_γ 는 과소평가되어 있기 때문에 말뚝선단이 얕은 즉, 짧은 말뚝이나 표준관입저항치가 $N \leq 30$ 인 경우에 적용된다.

b) Vesic 선단지지력

Vesic(1977)은 공동팽창이론(expansion of cavity)을 적용하여 말뚝선단의 지지력을 계산하였다.

$$Q_s = q_s\, A_p = (cN_c + \sigma_0{}' N_q)\, A_p \tag{3.6}$$

여기에서 $\sigma_0{}'$ 는 말뚝선단의 평균유효응력 즉, 3축방향수직응력 ($\sigma_z = q'$, $\sigma_x = K_0 q'$, $\sigma_y = K_0 q'$)의 평균값이며, 정지토압계수 K_0 와 토피하중 $q' = \gamma L$ 로부터 계산한다.

$$\sigma_0{}' = \frac{1 + 2K_0}{3}\, q' \tag{3.7}$$

지지력계수 N_c 는 N_q 로부터 다음 식으로 계산한다.

$$N_c = (N_q - 1)\cot\phi \tag{3.8}$$

지지력계수 N_q 는 지반의 감소강성지수 I_{rr} (reduced rigidity index)와 내부마찰각 ϕ 로부터 결정된다 (그림 3.19).

감소강성지수 I_{rr} 은 강성지수 I_r (rigidity index)과 말뚝선단아래 소성영역의 평균 체적변형률 Δ 로부터 계산하며,

$$I_{rr} = \frac{I_r}{1 + I_r\, \Delta} \tag{3.9}$$

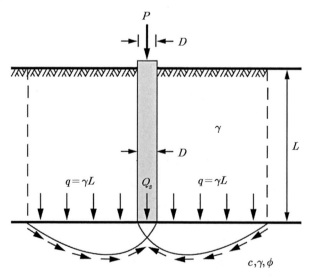

그림 3.18 말뚝의 선단지지개념

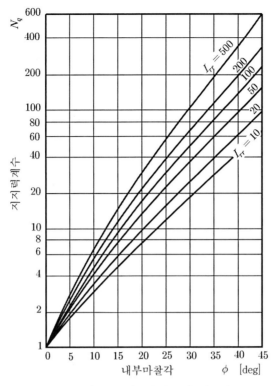

그림 3.19 마찰각과 강성지수에 따른 N_q

강성지수 I_r 은 지반의 탄성계수 E 와 Poisson 비 ν 및 전단탄성계수 G 로부터,

$$I_r = \frac{E}{2(1+\nu)(c+q'\tan\phi)} = \frac{G}{c+q'\tan\phi} \tag{3.10}$$

이며, 지반에 따라 다음 값을 갖는다.

$I_r = $ 70 ~ 150 : 모래

50 ~ 100 : 실트 및 점토 (배수상태)

100 ~ 200 : 점토 (비배수 상태)

조밀한 모래나 포화점토는 등체적 변형거동을 나타내므로 (즉, $\Delta = 0$), 식 (3.9) 에서 감소강성지수 I_{rr} 과 강성지수 I_r 이 같아진다.

$$I_r = I_{rr} \tag{3.11}$$

비배수상태의 점토 $(\phi = 0)$ 에서 지지력계수 N_c 는 다음과 같다.

$$N_c = \frac{4}{3}(\ln I_{rr} + 1) + \frac{\pi}{2} + 1 \tag{3.12}$$

c) Meyerhof 선단지지력

Meyerhof 식은 모래에 설치한 깊은 기초의 지지력에 대한 것이지만, 점토에도 적용할 수 있도록 개선되어 있어서 실무에 자주 적용된다. 점착력이 없는 $(c=0)$ 사질토에서 얕은 기초 지지력공식 (식 3.4) 은 두 번째 항만 남아서 다음과 같이 간단해진다.

$$Q_s = \gamma_1 L N_q A_p = q' N_q A_p \tag{3.13}$$

이 식에서 지지력계수 N_q 는 Meyerhof (1976) 가 제안한 것을 많이 적용하고 있다.

말뚝은 대개 타입하거나 (driven pile) 천공하여 (bored pile) 설치하므로 설치 전과 설치 후에 주변 지반의 전단저항 각이 변한다. 즉, 타입하면 주변 모래가 더 조밀해지고, 천공하면 반대로 느슨해진다. 따라서 지지력계수를 구할 때에는 말뚝 설치 전 내부마찰각 ϕ_0' 을 다음 식으로 수정하여 (즉, 전단저항각 ϕ) 그림 3.20a 와 같이 적용한다.

$$\begin{aligned} \phi &= (\phi_0' + 40°)/2 && (\text{타입말뚝}) \\ &= (\phi_0' - 3) && (\text{천공말뚝}) \end{aligned} \tag{3.14}$$

Meyerhof 는 말뚝 선단주변의 지지층에 의해 선단지지력이 결정되는 것으로 판단하여 말뚝의 지지층 관입길이 L_b 를 말뚝의 폭 D 로 나눈 관입비 L_b/D (penetration ratio) 를 정의하였다. 즉, 균질한 지반에 설치한 말뚝에서 지지층 관입길이 L_b 는 말뚝의 실제 관입길이 L 과 같고 $(L_b = L)$, 그림 3.20a 와 같이 상부 연약층을 관통하여 지지층에 관입된 말뚝에서 지지층관입길이 L_b 는 실제관입길이 L 보다 작다 $(L_b < L)$.

말뚝은 선단주변의 지지층에 의해 지지되므로 선단지지력은 관입비가 증가할수록 증가하다가 한계 관입비 $(L_b/D)_{cr}$ 보다 깊어지면 일정한 크기 (극한지지력 q_l) 를 유지한다 (그림 3.20c). 그림 3.21 에서 점선은 점토에 대한 한계관입비와 지지력계수 N_c 를 나타내고 실선은 모래에 대한 한계관입비와 지지력계수 N_q 를 나타낸다.

말뚝의 선단지지력 q_s 는 관입비가 한계관입비보다 작으면 [즉, $(L_b/D) < (L_b/D)_{cr}$],

$$q_s = q' N_q \tag{3.15}$$

이고, 관입비가 한계관입비보다 크면 [즉, $(L_b/D) > (L_b/D)_{cr}$],

$$q_s = q_l = 5 N_q \tan\phi \tag{3.16}$$

이며, 이 값은 선단지지력의 한계치 q_l (극한지지력) 을 나타낸다.

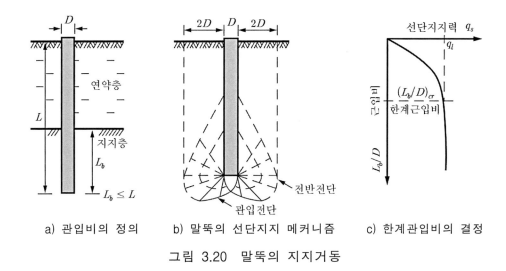

a) 관입비의 정의   b) 말뚝의 선단지지 메커니즘   c) 한계관입비의 결정

그림 3.20   말뚝의 지지거동

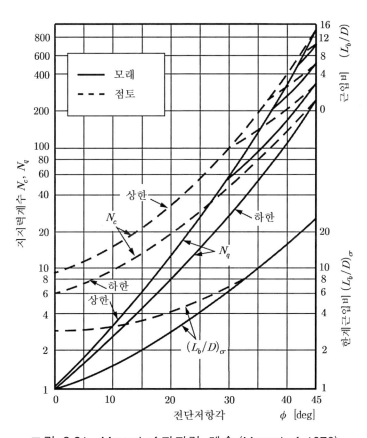

그림 3.21   Meyerhof 지지력 계수 (Meyerhof, 1976)

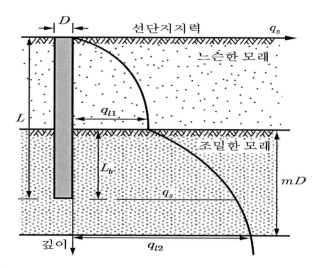

그림 3.22 느슨한 모래층을 관통하여 조밀한 모래층에 설치한 말뚝의 선단지지력

지지력계수 N_c 와 N_q 는 지지층의 전단저항각 ϕ 에 의해 결정되며 관입비 L_b/D 에 따라 증가하고, 관입비가 한계관입비의 절반크기 $[L_b/D = 0.5(L_b/D)_{cr}]$ 일 때에 최대가 된다. 따라서 말뚝길이가 한계관입길이의 절반보다 크면 $(L > 0.5l_c)$ 지지력계수의 상한 값을 적용하고, 작으면 $(L < 0.5l_c)$ 상한과 하한에 대해 보간법으로 지지력계수를 정한다. 그림 3.21 에서 지지력계수 상한선은 $\phi > 30°$ 일 때에는 관입비에 따라 다르다. 대개 관입비가 한계관입비의 절반보다 크게 $[L_b/D > 0.5(L_b/D)_{cr}]$ 되도록 설계하므로 지지력계수는 최대 값을 적용한다.

그림 3.22 와 같이 느슨한 모래층을 관통하여 조밀한 모래층 (지지층) 에 설치된 말뚝의 선단지지력 q_s 는 말뚝의 지지층 관입길이 L_b 에 따라서 다음과 같으며, 그 한계치는 지지층 (즉, 조밀한 모래층) 의 극한선단지지력 q_{l2} 이다.

$$q_s = q_{l1} + (q_{l2} - q_{l1})\frac{L_b}{mD} \leq q_{l2} \tag{3.17}$$

여기에서 q_{l1} 은 상부 느슨한 모래층의 극한선단지지력이고, 지지층에서는 선단지지력이 깊이 mD 까지 선형으로 증가하고 깊이 mD 에서 극한선단지지력 q_{l2} 가 된다고 가정한다. 극한선단지지력 q_{l1} 과 q_{l2} 는 식 (3.16) 으로부터 구한다.

Meyerhof (1976) 는 현장관측결과를 근거로 하여 균질한 사질토의 극한선단저항력을 말뚝 선단부 (선단상부 $10D$ 에서 선단하부 $4D$ 까지) 의 평균 표준관입 저항치 N 으로부터 다음과 같이 구하였다 (Das, 1984).

$$q_u = 40N\frac{L}{D} \leq 400N \quad (\text{kN/m}) \tag{3.18}$$

d) 점토의 선단지지력

지반이 점착력과 내부마찰각을 모두 가질 때에는 지지력계수 N_c 와 N_q 는 사질토일 때와 같은 방법으로 구한다. 점토에서는 $\phi = 0$ 이므로 Terzaghi 얕은 기초 지지력계수가 $N_c = 5.7$, $N_q = 1$, $N_r = 0$ 이고, 원형말뚝(단면적 A_p, 형상계수 $\alpha = 1.3$)에서 다음 같다.

$$Q_s = (9c + \gamma L)A_p \tag{3.19}$$

이때에 한계깊이 l_c 아래에서 점토의 특성과 예민비 등에 따라 N_c 값은 5(정규압밀점토)~10(과압밀 점토) 까지 변하지만 보통 $N_c = 9$ 를 적용한다.

이 식을 말뚝의 극한하중에 대한 식(3.3)에 대입하여 정리하면 다음과 같고,

$$Q_u + W_p = Q_m + (9c + \gamma L)A_p \tag{3.20}$$

말뚝무게가 말뚝이 대체한 흙 무게와 거의 같으므로($\gamma L A_p \simeq W_p$) 다음 식이 되고,

$$Q_u = Q_m + 9cA_p = Q_m + Q_s \tag{3.21}$$

점토에 설치된 단면적 A_p 인 말뚝의 선단지지력 Q_s 는 말뚝종류에 상관없이 일정하다.

$$Q_s = 9cA_p \tag{3.22}$$

점토에서는 말뚝 관입 시 말뚝직경의 0.5 배 범위 내 주변지반에서는 큰 전단변형이 발생되어 교란되고 압축되어 비배수 강도가 말뚝설치전보다 작아져서 항타 직후의 지지력은 매우 작다. 포화점토에서는 말뚝 관입 시에 큰 과잉간극수압이 발생하지만 시간경과에 따라 압밀이 진행되어 전단저항력이 점차로 커지고 틱소트로피 현상에 의하여 원래 지반강도가 회복된다. 따라서 점성토에 설치한 말뚝의 재하시험은 항타 후 일정기간(최소 2주일)동안 방치하여 과잉간극수압이 소산되어 강도가 원지반에 가깝게 회복되었을 때에 실시한다.

② 말뚝의 주변마찰력

말뚝 주변마찰응력 τ_m (skin friction)은 말뚝표면에 작용하는 유효수직응력 σ_n' (effective normal stress)와 부착력 c_a 및 지반과 말뚝사이 벽마찰각 δ 에 의하여 발생된다.

$$\tau_m = \sigma_n' \tan\delta + c_a \tag{3.23}$$

수평지반에 설치된 연직말뚝에서는 말뚝표면의 유효수직응력 σ_n' 가 지반의 유효수평응력 σ_h' (effective horizontal stress)이고, 유효수평응력 σ_h' 는 토압계수 K (earth pressure coefficient)와 유효연직응력 σ_v' (effective vertical stress)로부터 $\sigma_h' = K\sigma_v'$ 로 결정된다.

지반 내 유효연직응력 σ_v' 가 깊이에 대해 직선적으로 변하면 위 식은 다음과 같다.

$$\tau_m = \sigma_h' \tan\delta + c_a = \sigma_v' K \tan\delta + c_a \tag{3.24}$$

지반의 유효연직응력 σ_v' 는 지반의 종류에 따라 다르므로 다층지반에서 말뚝의 주변마찰력은 그림 3.23 과 같이 각 지층별로 계산한다.

$$Q_m = U\int_0^L \tau_m dL = U\Sigma\tau_m\Delta L = U\Sigma(\sigma_{hi}'\tan\delta_i + c_{ai})\Delta L_i \tag{3.25}$$

여기에서 $\sigma_{hi}, \delta_i, c_{ai}, \Delta L_i$ 는 지층별 유효수평응력, 벽마찰각, 부착력, 말뚝길이이고, U 는 말뚝의 둘레이다.

지표부근 지반은 교란이 심하고 말뚝선단부근에서는 지반과 말뚝의 상대변위가 매우 작으므로 말뚝상하부 일정 깊이 (상부 $1.5\,m$, 하부 $1.5\,m$) 는 주변마찰력계산에서 제외할 수 있다.

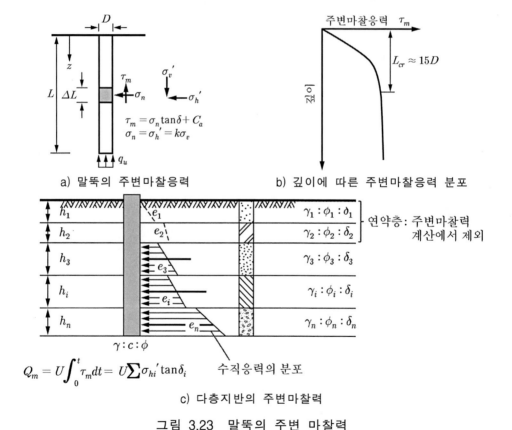

a) 말뚝의 주변마찰응력   b) 깊이에 따른 주변마찰응력 분포

$$Q_m = U\int_0^t \tau_m dt = U\sum\sigma_{hi}'\tan\delta_i$$

c) 다층지반의 주변마찰력

그림 3.23 말뚝의 주변 마찰력

a) 점토의 주변마찰력

점토에 설치된 단면적 A_p 인 말뚝의 선단지지력 Q_s 는 식 (3.22) 에서 말뚝의 종류에 상관없이 $Q_s = 9cA_p$ 로 일정하므로, 점토에서는 말뚝의 극한지지력 Q_u 를 결정하는 일이 말뚝표면 (주변면적 $A_e = U\Delta L$) 의 주변마찰저항력 Q_m 을 구하는 일이 된다.

점토에서는 내부마찰각이 '영' $(\phi = 0)$ 이어서 벽마찰각이 '영' $(\delta = 0)$ 이므로, 주변마찰응력 τ_m 은 식 (3.23) 으로부터 $\tau_m = c_a$ 이다. 말뚝표면의 부착력 c_a (adhesion) 는 주변지반의 점착력과 관계가 있다 (표 3.12). 점토지반에서 주변마찰응력 τ_m 은 지반의 비배수전단강도 S_u 와 지반 내 유효연직응력 $\sigma_v{'}$ 의 함수이며, 이들의 관계를 나타내는 방법에 따라 여러 가지 말뚝지지력 계산법이 파생 된다 (표 3.13).

표 3.12 점토의 점착력과 부착력 (Tomlinson, 1957)   [단위: kPa]

말뚝의 종류	점착력 c	부착력 c_a
콘크리트말뚝	0~37	0~34
나무말뚝	37~74	34~49
	74~147	49~64
강재말뚝	0~37	0~34
	37~74	34~49
	74~147	49~59

(a) α 법

주변마찰응력 τ_m 은 점토의 평균 비배수전단강도 $\overline{S}_u$ 의 함수라고 가정하는 방법이다.

$$\tau_m = c_a = f(\overline{S}_u) = \alpha \overline{S}_u = \alpha c_u \tag{3.26}$$

여기서 α 는 말뚝과 지반사이의 접착계수 (adhesion factor) 이며, 지반의 비배수 점착력 c_u 에 따라 달라져서 연약한 $(c_u \leq 24\,kPa)$ 점토에서 $\alpha = 1$ 이고 점착력이 클수록 작아진다 (그림 3.24). 길이가 짧은 타입말뚝에서는 Woodward 가 제안한 값을 사용하고, 굳은 점토나 기타 여러 가지 조건의 점토에서는 Tomlinson (1970) 이나 Hunt (1986) 를 참조한다.

따라서 주변마찰저항력 Q_m 은 다음과 같다.

$$Q_m = \Sigma \tau_m U \Delta L \tag{3.27}$$

(b) β 법

말뚝을 관입하는 사이에 주변지반은 교란되거나 다져져서 성질이 달라지므로, 말뚝항타 전 지반의 비배수전단강도 S_u 를 이용하여 주변마찰력을 구하는 것이 문제가 될 수 있다.

따라서 β 법에서는 말뚝의 주변마찰응력 τ_m 을 재성형 점토의 유효강도정수 ϕ' 를 이용하여 구하고 주어진 깊이에서 유효연직응력 $\sigma_v{'}$ 만을 고려하여 주변마찰력 τ_m 을 구한다.

$$\tau_m = c_a = f(\overline{\sigma}_v{'}) = \beta \sigma_v{'} \tag{3.28}$$

여기에서 계수 β 는 토압계수 K 와 교란상태의 내부마찰각에 ϕ' 의해 결정된다.

$$\beta = K \tan \phi' \tag{3.29}$$

표 3.13 말뚝의 지지력 계산법

지지력 계산법	내 용	참 고 문 헌
α 법	$\tau_m = c_a = f(\overline{S_u})$	Tomlinson (1957, 1970) Hunt(1986)
β 법	$\tau_m = c_a = f(\sigma_v')$	Meyerhof (1976)
λ 법	$\tau_m = c_a = f(\overline{S_u}, \overline{\sigma_v}')$	Vijayvergiya/Focht (1972)
c/p 법	$\tau_m = c_a = f(S_u/\sigma_v')$	Semple/Rigden (1984) Randolph (1986)

(단, $\overline{S_u}$ 와 $\overline{\sigma_v}'$ 는 지반이 균질하지 않을 때에 비배수전단강도 S_u (undrained shear strength) 와 유효연직응력 σ_v' (effective vertical stress) 의 평균값이다.)

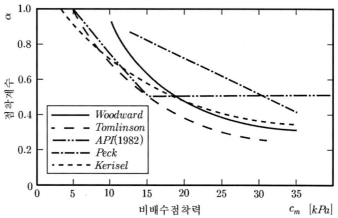

그림 3.24 점토지반에 설치된 타입말뚝에 대한 점착계수의 값 (McClelland, 1974)

이 때 토압계수 K 는 일반적으로 정지토압계수 K_0 를 적용한다 (Burland, 1974).

$$K_0 = 1 - \sin\phi' \qquad (정규압밀점토)$$
$$= (1 - \sin\phi')\sqrt{OCR} \quad (과압밀점토) \tag{3.30}$$

Meyerhof 는 단단한 점토에 타입한 말뚝에서는 토압계수 $K = 1.5K_0$ 를 적용하고 현장타설 말뚝에서는 타입말뚝에 대한 토압계수의 절반정도를 적용할 것을 제안하였다.

따라서 식 (3.29) 과 (3.30) 을 식 (3.28) 에 대입하면 다음과 같고,

$$\tau_m = \sigma_v'(1 - \sin\phi')\tan\phi' \qquad (정규압밀점토)$$
$$= \sqrt{OCR}\,\sigma_v'(1 - \sin\phi')\tan\phi' \qquad (과압밀점토) \tag{3.31}$$

전체 마찰저항력 Q_m 은 아래와 같다.

$$Q_m = \Sigma\tau_m U\Delta L \tag{3.32}$$

(c) λ 방법

말뚝을 관입하면 주변지반이 수동상태가 된다고 가정하고 주변마찰력 τ_m 을 비배수전단강도 S_u 와 유효연직응력 $\sigma_v{}'$ 을 모두 고려하여 구할 수 있다.

$$\tau_m = c_a = f(\overline{S_u}, \overline{\sigma}_v{}') = \lambda(\overline{\sigma}_v{}' + 2\overline{S_u}) \tag{3.33}$$

여기에서 λ 는 말뚝의 관입깊이에 따라 변하는 값이며 Vijayvergiya/Focht(1972)가 제안한 그래프에서 구한다(그림 3.25).

층상지반(layered soil)에서는 비배수전단강도 S_u 와 유효연직응력 $\sigma_v{}'$ 의 가중평균값 $\overline{S_u}$ 와 $\overline{\sigma_v{}'}$ 를 적용한다.

$$\overline{S_u} = \frac{1}{L}\Sigma S_{ui} L_i$$

$$\overline{\sigma_v{}'} = \frac{1}{L}\Sigma A_i \tag{3.34}$$

여기에 L_i 는 말뚝의 층별 관입길이이고, A_i 는 유효연직응력도(즉, 유효연직응력-깊이 그래프)의 층별 면적이며, 말뚝의 총 관입길이는 L 이다.

전체 마찰저항력 Q_m 은 다음과 같다.

$$Q_m = \sum \tau_m U \Delta L \tag{3.35}$$

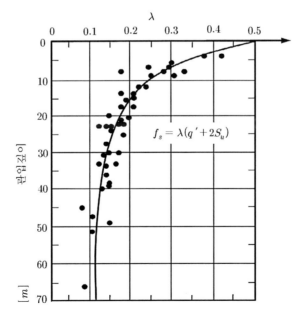

그림 3.25 말뚝의 관입깊이에 따른 λ 값의 변화 (Vijayvergiya/Focht, 1972)

b) 모래의 주변마찰력

모래에서는 부착력이 없으므로 ($c_a = 0$) 주변마찰응력 τ_m (side friction) 은 식 (3.24) 에서 다음과 같이 된다.

$$\tau_m = K \sigma_v' \tan\delta \tag{3.36}$$

마찰응력 τ_m 은 수평토압계수 K 와 지반과 말뚝 사이 마찰각 δ 의 함수 ($\tau_m = f(K)$ 또는 $\tau_m = f(K\tan\delta)$) 이며 내부마찰각 ϕ 에 의해 결정된다. 내부마찰각 ϕ 는 현장에서 표준관입 시험 등을 실시하여 구한다. 말뚝과 지반사이 마찰계수 $\mu = \tan\delta$ 는 대체로 조밀한 모래에서 0.8, 느슨한 모래에서 0.5 정도를 선택해서 사용하면 된다. 깊이 z 에서 유효연직응력 σ_v' 는 유효 토피하중 γz 이므로 지표면에서 깊어질수록 커지지만 일정한 깊이 (말뚝직경의 약 15 배) 부터 는 더 이상 증가하지 않는다. 이를 한계깊이 l_c 라 하고, 지반의 내부마찰각과 압축성 및 상대밀도에 따라 달라진다 (Poulos/Davis, 1972).

말뚝이 관입되면 주변지반이 압축되어 단위중량이 커져서 수평토압계수 K 가 정지토압계수 K_0 보다 커질 ($K > K_0$) 경우도 많다. 근사적으로 말뚝상부에서는 Rankine 수동토압계수 K_p 와 거의 같고 ($K = K_p$), 선단에서는 정지토압계수 K_0 보다 작다 ($K < K_0$).

수평토압계수 K 는 말뚝의 설치방법에 따라 대개 다음 값을 적용한다 (Das, 1984).

$K = K_0 = 1 - \sin\phi$: 굴착말뚝

$K = (1 \sim 1.4) K_0$: 소량배토말뚝

$K = (1 \sim 1.8) K_0$: 배토말뚝 $\tag{3.37}$

Meyerhof (1976) 는 주변마찰응력 τ_m 을 평균 표준관입 저항치 $\overline{N}$ 으로부터 구하였다.

$\tau_m = 2\overline{N}$ $[kN/m]$: 큰 변위타입말뚝 (배토말뚝)

$= \overline{N}$: 작은 변위타입말뚝 (소량배토말뚝) $\tag{3.38}$

주변마찰저항력 Q_m 은 주변마찰응력 τ_m 을 식 (3.25) 에 대입하여 구한다.

$$Q_m = U \Sigma \tau_m \Delta L \tag{3.39}$$

【예제】 다음은 단일 말뚝의 극한지지력을 정역학적으로 구하는 방법에 대한 설명 이다. 틀린 것이 있으면 정정하시오.

① 지반에 설치된 말뚝에 작용하는 힘에 대해 정역학적 평형식을 적용한다.

② 정역학적 공식은 말뚝설계의 예비검토, 시험 말뚝의 길이 결정, 항타공식으로 구한 극한 지지력을 검토할 때에 적용한다.

③ 말뚝의 선단지지력은 얕은 기초의 지지력공식을 적용하여 구한다.

④ 말뚝의 주변 마찰력을 지표부 1.5 m 와 선단부 1.5 m 는 제외한 길이에 대해서 계산한다.

【풀이】 해당 없음.

(2) 동역학적 공식에 의한 말뚝의 극한지지력

말뚝을 항타할 때에 타격 에너지와 지반의 변형에 의해 소모된 에너지가 같다고 가정하고, 동적 관입저항에서 정적 저항을 추정하여 말뚝의 지지력을 구하는 방법이다.

① 항타공식

동역학적 극한지지력 공식 (항타공식) 은 시간적 요소가 강도를 지배하는 지반에 설치한 마찰말뚝에는 적합하지 않고 모래나 자갈층 등에 설치한 보통말뚝에 한해서 적용될 수 있으며, 그 신빙성은 동역학적 저항의 정밀도 (에너지 손실을 구하는 방법의 정밀도) 에 따라 결정된다. 이와 같이 항타공식에 의한 방법은 시험이 간편한 이점은 있지만 아직은 정밀도에 문제점이 많기 때문에 한정된 경우에만 사용된다. 그러나 충분한 개수의 말뚝에 대하여 재하시험을 실시하고 이들의 결과에 의하여 항타공식의 계수를 조절하면 나머지 항타 시공을 잘 관리할 수 있으며, 또한 이렇게 구한 극한지지력은 신빙성이 있다.

말뚝의 항타 에너지 E_b 는 말뚝이 s 만큼 관입되는 동안에 말뚝표면의 마찰에 의한 에너지 E_m 과 말뚝선단 하부지반의 변형에 의한 에너지 E_d, 말뚝의 압축변형에 의한 에너지 E_p 그리고 열이나 소리 및 빛 등의 에너지 E_e 로 소모된다.

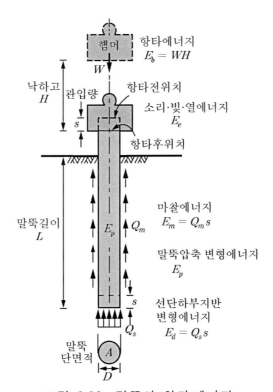

그림 3.26 말뚝의 항타 에너지

따라서 말뚝을 항타할 때에는 다음과 같은 에너지 평형식이 성립된다.

$$E_b = E_m + E_d + E_p + E_e$$

$$E_m = Q_m s$$

$$E_d = Q_s s \tag{3.40}$$

여기에서 항타 에너지 E_b 는 주로 햄머의 위치에너지이며, 햄머의 무게 W 와 낙하고 H 로부터 $E_b = WH$ 로 계산된다. 또한, 마찰에너지 E_m 과 선단하부지반의 변형에너지 E_d 는 말뚝이 s 만큼 관입되는 동안에 각각 주변마찰력 Q_m 과 선단지지력 Q_s 가 행한 일이므로 각각 $E_m = Q_m s$ 및 $E_d = Q_s s$ 가 된다.

항타시 말뚝자체의 변형은 거의 탄성변형이므로 항타 후에는 거의 회복되고, 소리와 열 및 빛 등에 의한 에너지는 경우에 따라 무시할 수 없을 만큼 커질 수도 있다. 따라서 위 식 (3.40) 는 다시 정리하면 다음과 같다.

$$\begin{aligned} E_b &= Q_m s + Q_s s + E_p + E_e \\ &= (Q_m + Q_s)s + E_p + E_e \end{aligned} \tag{3.41}$$

그런데 말뚝 극한지지력 Q_u 는 주변마찰력 Q_m 과 선단지지력 Q_s 의 합($Q_u = Q_m + Q_s$) 이므로 식 (3.41) 은 다음과 같이 극한지지력 Q_u 에 대한 식으로 변환할 수 있다.

$$Q_u = Q_m + Q_s = \frac{E_b - (E_p + E_e)}{s} \tag{3.42}$$

따라서 말뚝의 항타 에너지 E_b 와 말뚝의 압축변형에너지 E_p 및 에너지 손실량 E_e 를 알면, 항타 중 관입량 s 로부터 말뚝의 극한 지지력 Q_u 를 구할 수 있다. 따라서 오래 전부터 말뚝의 항타 에너지로부터 말뚝의 극한지지력을 구하는 시도가 이루어져서 여러 가지 방법들이 제시되어 있으며 이들을 말뚝의 동역학적 지지력공식이라 하고 지반 내에서 소산된 에너지를 추적하는 방법에 따라 여러 가지의 방법이 파생된다.

자주 이용되는 동역학적 말뚝지지력공식은 Engineering News 항타공식, Hiley 항타공식, Weissenbach 항타공식 등이 있다. 항타공식으로 구한 극한지지력의 신빙성에 대해서는 논란이 많지만 Hiley 공식이 대체로 합리적인 것으로 인정되고 있다. 모래나 자갈층 등이 지지층인 경우에는 Hiley 공식의 결과와 재하시험결과가 비교적 잘 일치하지만 이때에도 일부말뚝에 대해서는 재하시험을 실시하여 확인하는 것이 좋다. 항타공식은 최종 관입량 s 가 적어도 $5\,mm$ 이상이 되어야 정확히 적용할 수 있다. 말뚝의 최종 관입량은 햄머의 무게나 낙하고를 변화시켜서 항타 에너지를 조절하여 크게 할 수 있지만 항타 에너지를 너무 크게 하면 시공하기가 위험하고 말뚝두부를 손상시킬 위험성이 있어서 햄머 무게 W_H 를 말뚝 무게의 1.5~2.5 배 정도로 하는 것이 좋다.

　　말뚝의 관입에 대한 지반의 동적저항은 시간에 따라 달라진다. 따라서 말뚝 항타 중 동적 저항과 항타 관입한 이후의 정적저항을 결부시키기가 매우 어렵다. 즉, 세립의 연약한 포화지반에서는 항타 중에 말뚝 주변지반에 과잉간극수압이 발생되어 관입저항이 크다. 그런데 과잉 간극수압의 소산속도는 경과시간과 지반상태에 따라 다르므로 항타 중의 과잉간극수압의 영향 하에서 측정한 동적저항으로부터, 타입 후 시간이 경과하여 과잉간극수압이 소산된 상태의 정적저항을 예측하기가 매우 어렵다. 반면에 투수성이 커서 과잉간극수압이 빨리 소산되는 중간이상 조밀한 모래와 견고한 점토 등에서는 정적저항을 어느 정도 예측할 수 있다.

　　이러한 문제점은 말뚝을 긴 탄성막대로 보고 햄머 충격에 의한 압력파의 전파를 나타내는 소위 파동방정식 (wave equation) 을 풀어서 어느 정도 해결할 수 있다.

　　② 엔지니어링 뉴스 항타공식 (ENR공식 ; Engineering News formula)

　　이는 가장 초기의 항타공식이며, 말뚝항타 중에 발생된 에너지 손실로 인하여 감소된 관입량의 크기가 말뚝의 탄성 압축량 C(elastic deformation) 와 같다고 보고 에너지 평형식을 적용하여 말뚝의 극한지지력 Q_u 를 계산한다.

$$Q_u = \frac{W_H H}{s + C} \tag{3.43}$$

　　여기에서 W_H 는 햄머 무게이고, H 는 낙하고이며, s 는 1 회 타격당 관입량 (cm) 이다. 경험적으로 말뚝의 탄성 압축량은 드롭 햄머로 타입한 말뚝에서는 $C = 2.5\,\mathrm{cm}$, 스팀 햄머로 타입한 말뚝에서는 $C = 0.25\,\mathrm{cm}$ 를 적용하고, 여러 가지 불확실성을 고려하여 안전율 $F_s = 6$ 을 적용하여 허용지지력 Q_s 를 구한다. 이 식은 간편하지만 에너지 손실을 너무 단순하게 적용해서 현장상태와 지질조건에 따라 실제와 큰 차이를 보일 때가 많아 그 적용성이 제한된다.

　　ENR 공식은 여러 차례 수정을 거쳤으며 최근 수정 ENR 공식에서는 다음과 같이 햄머의 타격효율 e_f 와 반발계수 e 를 고려하고 있다 (Michigan state highway commission, 1965).

$$Q_u = \frac{e_f W_H H}{s + 0.25} \frac{W_H + e^2 W_p}{W_H + W_p} \tag{3.44}$$

여기에서 W_p 는 말뚝의 무게이다.

　　③ Hiley 항타공식

　　Hiley 는 햄머의 타격효율 e_f 와 말뚝두부에서 햄머의 반발 (반발계수 e) 은 물론 말뚝 (C_1) 과 지반 (C_2) 및 캡 쿠션 (C_3) 의 탄성변형량을 고려한 정밀한 항타공식을 제시하였다.

$$Q_u = \frac{e_f W_H H}{s + 0.5(C_1 + C_2 + C_3)} \frac{W_H + e^2 W_p}{W_H + W_p} \tag{3.45}$$

여기에서 햄머 효율 e_f 는 해머 종류에 따라 다르고(드롭 햄머나 디젤햄머 1.0, 증기 햄머 0.9, 윈치 햄머 0.7), 반발계수 e 는 완전 탄성말뚝이면 $e = 1$, 완전 비탄성말뚝이면 $e = 0$ 이다 (나무말뚝에서 단동 0.25, 복동 0.4, 강말뚝 0.3 ~ 0.5, 콘크리트말뚝 0.25 ~ 0.5).

말뚝의 축방향 탄성변형량 C_1 과 지반의 탄성변형량 C_2 는 항타시험 시 리바운드 량을 측정하여 결정한다. 말뚝의 탄성변형량 C_1 은 말뚝의 종류에 따라 표 3.14와 같고, 지반의 탄성변형량 C_2 는 단면적 A 이고 길이 L 이며, 탄성계수 E 인 재료로 된 말뚝에서는 다음 식으로 계산한다.

$$C_2 = \frac{Q_u \, L}{A E} \tag{3.46}$$

캡 쿠션의 탄성변형량 C_3 는 말뚝 선단부 지반응력에 따라 표 3.15에서 값을 선택한다.

표 3.14 말뚝의 탄성변형량 C_1　　　　　　　　　　　　　　　　　[단위 : cm]

말 뚝 의　　형 상	말뚝두부의 압력 [kPa]			
	3,500	7,000	10,500	14,000
나무말뚝 머리	1.3	2.6	4.0	5.1
기성콘크리트말뚝에 두께 8~10 cm 나무를 대고 타격	2.0	4.0	5.7	7.6
기성콘크리트말뚝에 두께 1.3~2.6 cm 나무 대고 타격	0.6	1.3	2.0	2.6
콘크리트말뚝에 철제 캡을 씌우고 타격	1.0	2.0	3.0	4.0
철판과 철제 캡 사이에 두께 5 mm 천을 대고 타격	0	0	0	0

표 3.15 캡, 쿠션의 탄성변형량

말뚝선단 작용응력 [kPa]	3500	7,000	10,500	14,000
C_3 [mm]	0.7~2.5	2.5~5.1	2.5~7.1	1.3~5.1

【예제】 다음은 단일 말뚝 극한지지력을 동역학적으로 구하는 방법이다. 틀린 것이 있으면 정정하시오.
　① 항타공식은 점성토지반이나 사질토지반에 설치된 마찰말뚝에는 부적합하다.
　② 항타공식은 재하시험을 충분히 수행하여 항타계수를 조절한 후에 적용하는 것이 좋다.
　③ 항타공식은 최종 관입량이 5 mm 이상 되어야 정확히 적용할 수 있다.
　④ 항타공식으로부터 지지력 예측이 어려운 것은 항타 중발생 과잉간극수압 때문이다.
　⑤ Hiley 항타공식에서는 햄머의 타격효율, 햄머의 반발, 말뚝의 탄성변형량, 지반과 캡 쿠션의 탄성변형량, 과잉 간극수압의 소산정도를 고려한다.

【풀이】 ⑤ 과잉간극수압의 소산을 고려할 수 없다.

(3) 정재하 시험에 의한 말뚝의 극한 지지력

말뚝 정재하 시험 (static pile loading test) 은 말뚝의 두부에 하중을 재하하면서 하중과 변위 관계를 측정하여 말뚝의 극한 지지력을 구하는 시험이다. 연직재하시험 (vertical loading test) 과 수평 재하시험 (horizontal loading test) 및 인발시험 (pull-out test) 등이 있다.

말뚝의 재하시험을 실시하는 목적은 다음과 같다.
  - 말뚝의 지지력을 검증하거나 수정
  - 공사규모나 현장여건상 최적 말뚝의 개수를 정하여 경제성 확보
  - 특수하거나 익숙하지 않은 말뚝을 사용
  - 지지층 하부지반이 압축성 지층이거나 예상과 다른 지층일 때

① 재하시험

재하시험은 경우에 따라 다를 수 있으나, 대개 동일한 지반에서 최소 3 개의 시험말뚝을 설치하여 반드시 2 개 이상을 재하시험하고, 약 $1,500m^2$ 마다 1 개 시험한다. 말뚝의 축방향 재하시험은 말뚝의 하중 – 침하곡선 (loading – settlement curve) 을 구하기 위해서 실시한다. 이때에 하중은 건설 중인 말뚝의 지지력이 손상되지 않는 범위내로 정하여 재하한다.

재하시험용 말뚝은 그림 3.27a 와 같이 설치하며, 사용하중의 2.2 배 또는 최소한 1.5 배까지 재하한다. 하중은 유압잭으로 가하고 가해진 하중은 말뚝 상부에서 측정한다. 말뚝의 변위는 편심하중이 작용하는지 판단하기 위해서 3 점에서 측정한다.

말뚝의 재하시험에는 여건에 따라 다음과 같이 여러 가지 재하방법을 적용한다.

a) 표준 재하시험 (maintained load test, ASTM D3689)

현장에서 가장 일반적으로 적용되며, 설계하중의 200 % (또는 파괴 시까지) 하중을 8 단계로 나누어 (단계별로 25 % 씩 증가) 재하하는 장시간 (70 시간 이상) 시험이다. 하중을 가한 상태에서 침하율이 0.25 mm/h 가 되거나 2 시간이 경과하면 다음 단계 하중을 가하고, 최종 단계 (200 %) 에서는 하중을 24 시간 유지하며 파괴되지 않고 침하율이 0.25 mm/h 이하이면 12 시간동안 하중을 유지한다. 하중제하 (unloading) 는 최대하중의 25 % 씩 하며 단계별로 1 시간씩 하중을 유지한다. 세 번 이상 제하 – 재하 (unloading – loading) 를 반복하여 소성변형곡선을 결정할 수 있다.

b) 급속재하시험 (Quick test, ASTM D1143)

총 1 ~ 4 시간이 소요되는 전형적인 단기시험으로 설계하중의 200 % 나 파괴 시까지 10 ~ 20 단계로 나누어 재하하며 매 단계 마다 2.5 ~ 15 분 동안 하중을 유지한다. 설계하중의 결정이나 시공 중 지지력확인에 적합하다.

c) 등속관입시험 (constant rate of penetration, ASTM D1143, D3689)

점토에서는 0.75 mm/min (= 0.03 in/min), 모래에서는 1.5 mm/min (= 0.06 in/min) 의 등속도로 최대 연직변위가 말뚝직경의 15 % 가 될 때까지 관입한다. 등속을 유지하기 위해서 변위제어용 특수 재하장비가 필요하다. 점토에 설치한 말뚝이나 극한지지력만을 측정하는 경우에 적합하며, 마찰말뚝의 거동자료와 설계하중을 확인하기에 알맞다.

d) 등속재하시험 (constant time interval)

설계하중의 20 % 에 해당하는 하중을 10 등분하여 단계별로 하중을 정하고, 각 단계마다 침하율에 상관없이 1 시간동안 하중을 유지한다. 8 단계까지 재하하여 8 시간이 소요된다.

e) 하중평형시험 (equilibrium load test)

표준재하시험에 소요되는 시간의 1/3 정도 시간에 표준재하시험과 동일한 하중 – 침하곡선을 구하기 위해 고안 되었으나 아직 ASTM 등에 채택되지 않은 방법이다. 예상파괴하중을 10 등분한 하중을, 단계별로 재하하여 5~15 분 (낮은 하중단계에서 5 분, 높은 하중 단계에서 15 분) 동안 유지하다가 유압잭의 밸브를 잠그고 일정해질 때까지 기다린 후에 하중과 침하를 기록하고 다음단계 하중을 가한다. 인발시험으로 말뚝의 파괴하중을 결정할 때에는 상향변위가 갑자기 증가하기 시작하는 하중 (즉, 하중 – 변위곡선의 피크점) 이 곧, 파괴하중이다. 부마찰 상태에서는 지지층에 포함된 부분의 하중만을 고려한다.

하중은 그림 3.27b 와 같이 단계별로 재하하며 각 재하단계마다 최종침하량을 측정한다. 그림 3.27c 는 i 번째 재하단계에서 최종 30 분 이내에 발생한 침하량 $\Delta s_{i,30}$ 을 세로축으로 하고, 하중 Q 를 가로축으로 하여 시험결과를 나타낸 것이다. 여기에서 갑작스럽게 곡률이 변화하는 점 Q_c 가 말뚝의 크리프하중이다.

실제 말뚝보다 직경이 작은 말뚝으로 시험할 경우에는 주변마찰에 대해서만 상사법칙을 적용하여 극한하중을 환산해도 된다. 재하시험에 의해 구한 말뚝의 지지력은 가장 실제에 가까운 값이며 말뚝의 안전율은 대개 표 3.18 의 값을 적용한다.

타입말뚝에서는 주변지반에 과잉간극수압이 발생하여, 말뚝의 지지력이 과소평가될 수 있으므로 타입 후에 과잉간극수압이 완전히 소산되어 흙이 최대 전단강도를 회복한 시기 (3~30 일) 에 재하시험을 실시해야 하며, 투수성이 낮은 지반일수록 과잉간극수압의 소산속도 (강도회복속도) 가 느리다. 조밀한 포화 세립토나 실트에서는 타입 후 시간이 경과되면 지반이 이완 (relaxation) 되어 타입저항 즉, 지지력이 작아진다.

현장말뚝에 대한 재하시험에서 말뚝의 시험하중은 다음 값을 초과하지 않아야 한다.

- **인장말뚝** : 크리프하중 Q_c 및 사용하중의 1.25 배
- **압축말뚝** : 크리프하중 Q_c 및 사용하중의 1.50 배

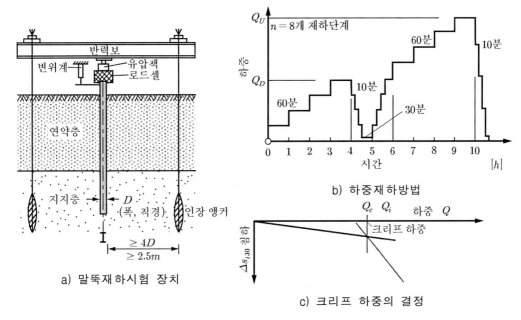

b) 하중재하방법

a) 말뚝재하시험 장치

c) 크리프 하중의 결정

그림 3.27 말뚝의 정재하시험

② 극한하중결정

말뚝 재하시험에서는 말뚝이 파괴될 때까지 재하하지 않기 때문에 하중-침하곡선(즉, $s - \log t$, $\dfrac{ds}{d \log t} - p$, $\log p - \log s$, $\log p - s$, $p - \log s$)이 대개 뚜렷한 피크점이나 극한점 (말뚝이 급격히 침하하기 시작하는 하중)을 나타내지 않는 수가 많으므로, 하중-침하 곡 선에서 극한하중 Q_u (ultimate load)를 결정하기가 매우 어렵다.

하중제거 시 말뚝의 탄성침하량을 배제한 순 침하량이 지반의 특성을 잘 나타내므로 순 침하량(관입량)을 기준할 때가 많다. 말뚝의 극한하중은 말뚝이 파괴되는 하중(인장시험) 이나 재하시험에서 가한 최대하중이나 2배의 설계하중 재하상태의 순 침하량 19 mm (0.75 in)에 대한 하중이나 잔류침하 $s = 0.15 + D/120$ (inch)에 해당하는 하중으로 정할 수 있다.

말뚝의 극한하중은 원칙적으로 다음 여러 가지 기준을 근거로 하여 결정하며, 각 기준 에 대해 많은 방법들이 파생되어 있다.
- 하중-전침하곡선의 형태
- 전침하량 기준
- 하중-침하곡선에 대한 지수함수 가정
- 잔류침하량 기준
- 탄성침하와 잔류침하 관계

a) 하중-전침하곡선의 형태 : 그림 3.28a

하중-전침하곡선의 형태로부터 다음 방법으로 극한하중을 결정할 수 있다.

- 초기접선과 후기접선이 만나는 점에 대한 하중(Mansur/Kaufmann, 1956)
- 기울기가 급변하는 점 또는 후기직선의 시작점에 대한 하중(Schenck, 1951)
- 접선기울기(침하증가)가 최대인 점에 대한 하중(Vesic, 1963)

b) 전침하량 기준 : 그림 3.28b

말뚝의 하중-침하곡선이 뚜렷한 파괴양상을 나타내지 않는 경우에는 표 3.16과 같이 전침하량을 기준으로 하거나, (말뚝의 직경이 커질수록 침하가 크게 일어나는 사실을 참조하여) 말뚝의 직경을 고려한 침하량에 대한 하중을 극한(허용)하중으로 정할 수 있다.

표 3.16 전침하량을 기준으로 극한하중을 결정하는 방법

방　　　법	기 준　전 침 하 량	구 분
Mansur/Kaufmann (1956)	0.5cm	허용하중
Muhs (1959,1963)	2.0cm	극한하중
New York City Building Law	2.5cm	극한하중
Terzaghi/Peck (1961)	5.1cm(2in)	극한하중
Terzaghi (1942)	0.1D	극한하중
Indian Standard 2911　(1964/65)	1.2cm에 해당하는 하중의 2/3	허용하중
	0.1D에 해당하는 하중의 1/2	허용하중

(단, D는 말뚝의 직경)

c) 지수함수 : 그림 3.28c

선단지지말뚝에서 임의하중 P_c 를 가정하여 $\ln(1 - P_s/P_c)$ -침하 s 의 관계를 표시하면, 하중이 작은 재하초기단계($P_L > P_c$)에서는 위로 오목한 곡선이 되다가, 극한하중 P_L 에서는 직선이 되고, 재하후기 단계($P_L < P_c$)에서는 위로 볼록한 곡선이 된다(Van der Veen, 1953). 따라서 이 특성으로부터 극한하중을 찾을 수 있다.

d) 잔류침하량 기준 : 그림 3.28d

말뚝재하시험에서 측정한 하중-잔류침하량 관계곡선에서 잔류침하량이 표 3.17과 같이 일정한 크기가 되었을 때의 하중을 극한(또는 허용)하중으로 할 수 있다. 구조물과 지반의 특성에 따라 다소 편차를 보일 수 있다.

e) 탄성침하와 잔류침하의 관계 : 그림 3.28e

말뚝재하시험결과를 탄성침하와 잔류침하로 구분하고 하중-전침하곡선과 하중-잔류침하곡선 및 하중-탄성침하곡선을 중첩하여 그리고, 그 관계로부터 극한(또는 허용)하중을 정할 수 있다.

표 3.17 잔류침하량을 기준으로 극한하중을 결정하는 방법

방 법	기 준 잔 류 침 하 량	구 분
Indian Standard 2911 (1964/65)	0.6 cm 해당하는 하중의 2/3	허용하중
Bureau Veritas in Paris	0.3 cm	허용하중
	1.0 cm 해당하는 하중의 2/3	허용하중
	2.0 cm 해당하는 하중의 1/2	허용하중
DIN 4026	0.025 D	극한하중
USA	0.020 D	극한하중
Magnel (1948)	0.8 cm	극한하중
Stand. Spec. for Highway Bridge (1958)	0.65 cm (0.25in)	극한하중
COE	0.65 cm (0.25in)	극한하중

- Szechy (1961)

탄성침하변화량 ΔS_e 와 잔류침하변화량 ΔS_b 의 비 ($\Delta S_e / \Delta S_b$)가 최대가 될 때를 허용하중(Pa)으로 하였다.

- Christiani/Nielsen (1965)

잔류침하 S_b 가 탄성침하 S_e 의 1.5배 ($S_b = 1.5 S_e$)일 때를 극한하중(P_c)으로 하였다.

【예제】 다음은 말뚝의 재하시험에 관한 설명이다. 틀린 것이 있으면 정정하시오.

① 말뚝재하시험을 통해서 가장 확실하게 극한지지력을 구할 수 있다.

② 재하시험은 말뚝지지력을 검증하고, 현장에 적합하게 시공하며, 익숙하지 않은 말뚝의 거동을 확인하고, 하부 지지층에 대한 불확실성을 확인하기위해 실시한다.

③ 말뚝재하시험은 가능한 한 현장에서 건설 중인 말뚝을 대상으로 실시한다.

④ 말뚝재하시험은 최소한 사용하중의 1.5배 이상 보통 2배까지 재하 한다.

⑤ 말뚝의 재하시험 후에 극한 하중은 대체로 관입량을 기준으로 한다.

⑥ 조밀한 세립토나 실트에서는 시간이 경과되면 지지력이 작아진다.

⑦ 타입직후에 재하시험하면 과잉간극수압의 영향으로 지지력이 과소평가될 수 있다.

⑧ 말뚝의 재하시험은 항타로 인한 과잉간극수압이 완전히 소산되어 지반이 전단강도를 완전히 회복한 시기 (3~30일)에 실시해야한다.

【풀이】 해당 없음.

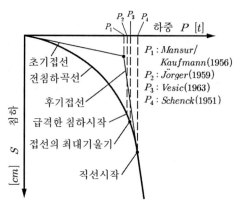

a) 하중-전침하곡선의 형태

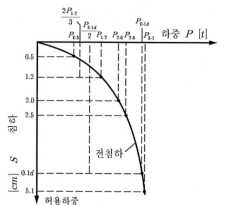

b) 전침하 기준

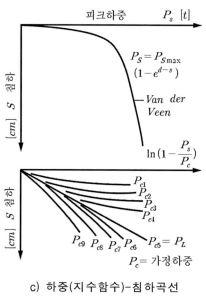

c) 하중(지수함수)-침하곡선

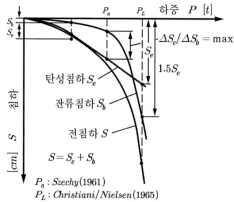

e) 탄성침하와 잔류침하 관계기준

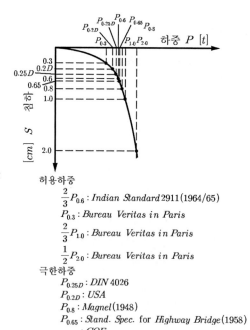

d) 잔류침하기준

그림 3.28 말뚝의 극한하중 결정방법 (Schulze/Muhs, 1967)

3) 말뚝의 허용지지력 (allowable bearing capacity of pile)

말뚝에 작용하는 힘은 압축력이며, 드물게 인장력이 작용하거나 인장력과 압축력이 교차하여 작용한다. 말뚝은 침하가 선형변화에서 벗어나거나 변화가 심할 때를 극한상태로 본다.

축력만을 받는 말뚝의 허용지지력 Q_a 는 다음 사항을 고려하여 결정하며,

- 말뚝재료의 허용하중
- 말뚝이음에 따른 지지력 감소
- 세장비에 따른 지지력
- 부마찰력
- 무리말뚝효과
- 말뚝의 침하량

다음에서 가장 작은 값으로 하고, 일반적으로 말뚝의 재료는 지반에 비해 강성이 매우 크므로 다음 ① 에 의해 지지력이 결정된다.

- 지반에 따라 결정되는 말뚝의 허용연직지지력 (allowable ground bearing capacity)
- 말뚝재료의 허용압축응력 (allowable compressive stress of a pile material)
- 구조물의 허용침하량 (allowable settlement of a structure) 에 대한 하중

말뚝의 축방향 압축력에 대한 허용지지력 Q_a 는 말뚝의 극한지지력 Q_u (ultimate bearing capacity of pile) 를 안전율 η_s 로 나눈 값이다.

$$Q_a = Q_u / \eta_s \tag{3.47}$$

표 3.18 말뚝의 안전율 η_s

말뚝의 종류	선단지지말뚝	마찰말뚝	
		양호한 모래 지반	기타 지반
평상시	3	3	4
지진시	2	2	3

말뚝의 극한지지력을 정적재하시험이나 정적지지력공식으로 정할 경우에는 안전율 (safety factor)은 $\eta_s = 3$ 을 적용하고, 동적재하시험이나 동적지지력공식으로 정할 경우에는 안전율은 $\eta_s = 3 \sim 8$ 을 적용한다. 대체로 말뚝 안전율은 표 3.18 의 값을 적용한다.

그러나 다음과 같이 불리한 조건일 때는 더 큰 안전율을 적용한다.
- 큰 충격하중이 예상될 때
- 침하량에 제한이 있거나 또는 부등침하를 피해야 할 때
- 지반의 성질이 시간과 더불어 악화할 우려가 있을 때
- 마찰말뚝으로 된 무리말뚝인데도 단일말뚝에 대해서만 재하시험을 하였을 때
- 마찰말뚝에 가해진 동하중의 재하시간이 정하중과 같은 정도로 길 때. 그러나 가설공사나 큰 침하가 허용되는 구조물에서는 작은 안전율을 적용해도 좋다.

3.2.4 말뚝의 침하거동

단일 말뚝의 침하 (settlement) 는 다음 3 가지 요인에 의하여 발생되며 (그림 3.29),
- 말뚝의 축방향 압축변형에 의한 침하 s_a
- 말뚝선단에 전달된 하중에 의한 선단하부지반의 압축변형에 의한 침하 s_p
- 말뚝의 주변마찰에 의해 선단하부지반에 전달된 하중에 의한 침하 s_r

전체침하량 s (total settlement of a pile) 는 위 침하량을 모두 합한 크기이다.

$$s = s_a + s_p + s_r \tag{3.48}$$

1) 말뚝의 축방향 압축변형에 의한 침하(s_a)

말뚝 (단면적 A_p , 길이 L, 탄성계수 E_p) 은 축방향 하중이 작용하면 탄성변형 (elastic deformation) 되며, 탄성압축 변형량 s_a 는 말뚝선단까지 전달된 축하중에 대한 선단지지력 Q_s 와 말뚝의 주변마찰력 Q_m 에 의한 압축 변형량의 합이 된다.

$$s_a = (Q_s + \alpha_s Q_m) \frac{L}{A_p E_p} \tag{3.49}$$

여기에서 α_s 는 주변 마찰력의 분포형태에 따라 다음 값을 적용한다 (Vesic, 1977).

표 3.19 하중분포형태에 따른 α_s

하 중 분 포 형 태	α_s
포물선 또는 균등분포	0.5
말뚝두부에서 선단까지 삼각형 분포	0.67
말뚝두부에서 선단까지 역삼각형 분포	0.33

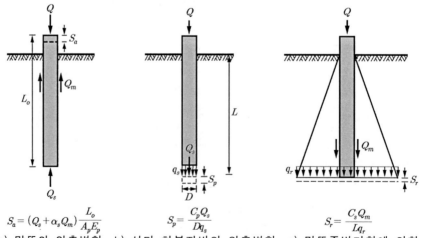

$$S_a = (Q_s + \alpha_s Q_m)\frac{L_o}{A_p E_p}$$

a) 말뚝의 압축변형

$$S_p = \frac{C_p Q_s}{D q_s}$$

b) 선단 하부지반의 압축변형

$$S_r = \frac{C_s Q_m}{L q_r}$$

c) 말뚝주변마찰에 의한 주변지반의 압축변형

그림 3.29 말뚝의 침하계산

2) 말뚝선단 하부지반의 압축변형에 의한 침하

말뚝선단에서 지반에 전달된 하중 Q_s 에 의하여 선단하부지반 (탄성계수 E, Poisson비 ν) 이 압축변형 되며, 그 크기는 얕은 기초의 탄성침하계산식 (Schleicher, 1972) 또는 경험식 (Vesic, 1977) 을 적용하여 계산한다.

직경 D 이고 선단지지력 Q_s 인 말뚝의 탄성침하는 다음 식으로 계산한다 (Harr, 1966).

$$s_p = Q_s \, D \, \frac{(1-\nu^2)}{E} \, I_{wp} \tag{3.50}$$

여기에서, I_{wp} 는 말뚝의 침하영향계수 (influence factor for pile settlement) 이며, 사질토에서는 그림 3.30 에서 구하고 지반의 탄성계수와 Poisson 비는 표 3.20 값을 적용한다.

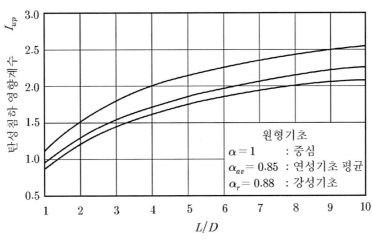

그림 3.30 탄성침하 영향계수

표 3.20 여러 가지 흙의 탄성계수와 Poisson 비 (Das, 1984)

흙의 종류		탄성계수 $[t/m^2]$	Poisson 비
모래	느슨한	1000 ~ 2400	0.20 ~ 0.40
	중간 조밀한	1700 ~ 2800	0.25 ~ 0.40
	조밀한	3500 ~ 5500	0.30 ~ 0.45
	실트질	1000 ~ 1700	0.20 ~ 0.40
모래와 자갈 혼합		6900 ~ 17200	0.15 ~ 0.35
점토	연약한	200 ~ 500	0.20 ~ 0.50
	중간	500 ~ 1000	
	단단한	1000 ~ 2400	

또한, Vesic (1977) 은 다음 반경험식을 제안하였다.

$$s_p = \frac{C_p Q_s}{D q_s} \tag{3.51}$$

여기에서 C_p 는 경험계수로 흙의 종류와 말뚝의 시공방법에 따라 다르며, 선단하부지반이 연약하지 않고 말뚝직경의 10 배보다 두꺼우면 표 3.21 의 값을 갖는다.

표 3.21 **말뚝침하의 경험계수 C_p**

흙의 종류	타입 말뚝	천공 말뚝
모래(조밀~느슨)	0.02~0.04	0.09~0.18
점토(단단~연약)	0.02~0.03	0.03~0.06
실트(조밀~느슨)	0.03~0.05	0.09~0.12

3) 말뚝주변마찰에 의해 선단하부지반에 전달된 하중에 의한 침하 s_r

주변 마찰력 Q_m 에 의해 말뚝으로부터 전달된 하중에 의해 말뚝 주변지반이 선단 하부지반을 가압하여 침하가 발생되며, 그 크기는 다음 식이나 경험식 (식 3.54) 으로 계산한다.

$$s_r = \frac{Q_m}{R_p L} \frac{D}{E} (1 - \nu^2) I_{wr} \tag{3.52}$$

여기서, $\dfrac{Q_m}{R_p L}$ 은 둘레 R_p 인 말뚝에 의해 전달되는 주변마찰력의 평균값이다.

침하영향계수 I_{wr} 은 경험적으로 다음과 같다 (Vesic, 1977).

$$I_{wr} = 2 + 0.35 \sqrt{\frac{L}{R_p}} \tag{3.53}$$

또한, Vesic (1977) 은 침하량 s_r 을 구할 수 있는 경험식도 제안하였다.

$$s_r = \frac{C_s Q_m}{L q_r} \tag{3.54}$$

여기에서 C_s 는 말뚝의 주변 마찰에 의한 영향 계수이고 다음의 식으로 계산하고, 경험계수 C_p 는 표 3.21 의 값을 적용한다.

$$C_s = \left(0.93 + 0.16 \frac{L}{D}\right) C_p \tag{3.55}$$

【예제】 다음에서 말뚝의 침하요인이 아닌 것은 ?
　① 말뚝의 축방향 압축변형　　② 말뚝선단 하부지반의 탄성변형
　③ 말뚝주변마찰에 의한 주변지반의 압축변형　④ 말뚝의 좌굴변형

【풀이】 해당 없음.

3.2.5 말뚝의 부마찰력과 인발저항력

부마찰력은 말뚝에 하중으로 작용하여 큰 침하를 유발시켜서 말뚝손상의 원인이 되는 경우가 많다. 말뚝은 부마찰 발생가능성을 설계단계에서 확인하고 크기를 구하며 말뚝손상 가능성이 있으면 저감대책을 마련한다.

1) 말뚝의 부마찰력

(1) 부마찰력

말뚝이 구조물의 하중을 지반에 전달할 때에 지반이 정지상태이면 말뚝은 하향으로 침하 거동하므로 주변 마찰력은 상향으로 작용한다(그림 3.31a). 그러나 말뚝설치 후에 발생하는 원지반의 압축이나 압밀 등에 의한 주변지반 압축량이 말뚝의 침하량보다 크면 지반이 말뚝에 대해 상대적으로 하향으로 거동하므로 주변마찰력은 하향으로 작용하는데 이를 부마찰 상태(그림 3.31b)라고 하고, 이때의 마찰력을 부 주변마찰력 또는 간단히 부마찰력 (negative skin friction)이라고 한다. 특히, 경사말뚝이 부마찰 상태이면 말뚝의 상하부에 서로 다른 마찰력이 작용하게 되어 말뚝이 휘어져서 손상되거나 그 기능을 상실한다(그림 3.31c). 따라서 부마찰상태가 예상되는 곳에서는 경사말뚝의 설치를 피하는 게 좋다.

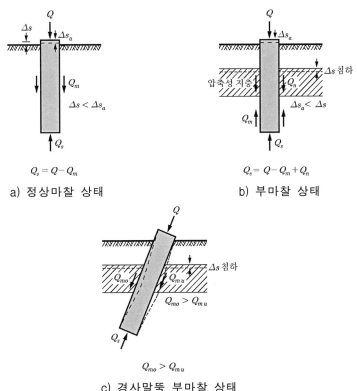

a) 정상마찰 상태

b) 부마찰 상태

c) 경사말뚝 부마찰 상태

그림 3.31 말뚝의 부마찰력

(2) 말뚝 부마찰력의 분포

말뚝 주변지반의 침하변위가 말뚝의 하향변위보다 크면 말뚝표면에 하향으로 부마찰력이 작용하며, 상대변위가 15 mm 이상이면 마찰력이 완전한 크기로 발휘된다. 이때에 말뚝에서 주변지반과 상대변위가 영이 되는 위치 (그림 3.32) 를 중립점 (neutral point) 이라 한다.

부마찰력의 크기와 분포는 다음에 따라 달라진다.
  - 지반과 말뚝의 상대거동
  - 작용하중에 의한 말뚝의 탄성압축거동
  - 주변지반의 압밀도

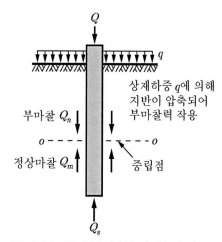

그림 3.32 부마찰 말뚝의 중립점

마찰력 크기는 말뚝표면에 작용하는 수직응력 σ_0 에 따라 결정되며, 말뚝표면 단위면적당 최대 단위 부마찰력 f_n (maximum unit negative skin friction) 은 다음과 같다 (Bjerrum, 1973).

$$f_n = \beta \, p_0 \tag{3.56}$$

여기에서 β 는 경험적 마찰계수이며 점토에서는 $\beta = 0.20 \sim 0.25$, 실트에서는 $\beta = 0.25 \sim 0.30$, 모래에서는 $\beta = 0.30 \sim 0.50$ 이다. p_o 는 유효토피하중이다.

부마찰력은 대개 안전측이므로 별도 안전율을 적용하지 않는다. 즉, 안전율이 $\eta_{sn} = 1$ 이다. 따라서 부마찰력 Q_n 을 고려한 말뚝의 허용하중 Q_a 는 말뚝 안전율이 η_{sn} 일 때 다음과 같다.

$$Q_a = \frac{Q_u}{\eta_{sn}} - Q_n \tag{3.57}$$

(3) 부마찰력의 저감

말뚝에 부마찰력이 작용하면 말뚝선단에 응력이 집중되어 여러 가지 문제가 발생된다. 따라서 말뚝이 설계기능을 유지하기 위해서 다음의 방법으로 부마찰력을 저감시킨다.

- 주변면적을 작게 하기 위해 직경이 작은 말뚝을 사용
- 압축성 지반을 말뚝직경보다 크게 천공하고 안정액으로 채운 후에 말뚝을 설치
- 말뚝 주위에 케이싱이나 슬리브 설치
- 마찰감소를 위해 말뚝샤프트를 코팅
- 깨끗하게 천공

이렇게 하면 그 부분의 마찰저항력을 기대할 수 없으므로 부마찰의 근원인 압축성지층 위치에 한하여 적용하고, 말뚝 선단부(직경의 약 10 배 길이)에는 적용하지 않는다.

【예제】 다음은 말뚝의 부마찰력에 관한 설명이다. 틀린 것이 있으면 정정하시오.
① 말뚝의 압축량보다 주변지반의 압축량이 크면 부마찰력이 발생된다.
② 말뚝에 부마찰력이 작용하면 말뚝이 파괴되거나 큰 침하가 발생된다.
③ 말뚝 부마찰력의 크기와 분포는 지반과 말뚝의 상대거동과 주변지반의 압밀도 및 말뚝의 압축성 등에 의해 결정된다.
④ 부마찰력은 말뚝 표면의 면적을 줄이고, 표면을 매끄럽게 마감하면 줄일 수가 있다.
⑤ 말뚝의 허용하중을 정할 때에 말뚝의 부마찰력에 안전율은 2.0을 적용한다.

【풀이】 ⑤ 말뚝의 부마찰력에는 안전율을 적용하지 않는다.

2) 말뚝의 인발저항력

인장말뚝에서는 주변 마찰력만 작용하며, 주변마찰력이 압축말뚝보다 더 작기 때문에 인발시험을 통해 구한 주변마찰력으로부터 인발저항력을 결정하면 안전측에 속한다. 인장말뚝의 인발파괴는 말뚝과 지반의 접착이 손상되거나, 말뚝재료가 인장파괴 되거나, 그림 3.33 과 같이 지반에 파괴체가 형성되면서 발생된다.

접착손상에 의한 파괴는 다일러턴시를 고려하면 역학적 해석이 가능하나 현장에서 인발시험으로 확인해야 한다. 말뚝의 인발에 대한 안전율은 보통 1.4 가 적용된다.

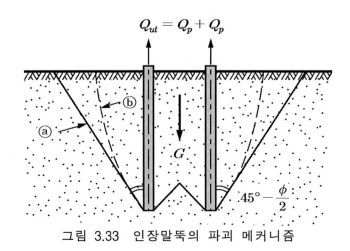

$$Q_{ut} = Q_p + Q_p$$

그림 3.33 인장말뚝의 파괴 메커니즘

말뚝의 인발파괴는 실제로 그림 3.33 의 ⓑ 선과 같이 작은 체적으로 일어나지만, 파괴면의 전단저항을 정확히 고려하기가 어렵기 때문에 대개 파괴면을 그림 3.33 의 ⓐ 선으로 가정하여 파괴면의 전단저항은 무시하고 계산한다. 이렇게 하면 파괴체를 ⓑ 선으로 가정했을 경우보다 파괴체의 자중이 더 커서 인발저항력이 더 크므로 안전측이다.

말뚝의 허용인발저항력 Q_{at} (allowable pull out resistance of a pile) 는 지반과 말뚝표면의 상향 마찰 저항력을 안전율로 나눈 값과 말뚝본체의 허용인장응력 (allowable tensile stress) 중에서 작은 값으로 한다.

(1) 정역학 공식

점성토에 설치한 인장말뚝의 극한인발저항력 Q_{ut} (ultimate pull out resistance) 는 말뚝주변의 점착저항이므로 둘레 U 와 길이 L 인 말뚝에서 다음과 같다.

$$Q_{ut} = ULc \tag{3.58}$$

점착력 c 는 보통 일축압축강도 q_e 의 절반크기 즉, $c = q_e/2$ 를 적용하지만 그 최대치는 $30\,kPa$ 로 제한한다.

사질토에 설치한 인장말뚝의 극한인발저항력 Q_{ut} 는 말뚝주변에 작용하는 마찰력으로부터 계산할 수 있고, K_h 는 수평토압계수이다.

$$Q_{ut} = \frac{1}{2} f K_h \gamma U L^2 \tag{3.59}$$

말뚝표면과 흙 사이 마찰계수 f 는 지반에 따라 다음 값을 적용한다.

$f = 0.1$: 연약지반

0.3 : 습윤 점토, 포화모래, 롬, 점토

0.4 : 습윤 모래, 자갈, 건조 롬, 점토

$0.5 \sim 0.7$: 건조모래, 자갈

말뚝의 허용 인발저항력 Q_{at}는 극한 인발저항력 Q_{ut}의 일부(즉, 극한인발저항력을 안전율η 로 나눈 크기 Q_{ut}/η_{st})와 부력을 고려한 말뚝의 자중 W_P 의 합이다.

$$Q_{at} = W_p + \frac{Q_{ut}}{\eta_{st}} \tag{3.60}$$

(2) 인발시험

말뚝의 허용 인발력은 현장 인발시험에서 구한 극한 인발력 Q_{ut} 로부터 계산하며, 이때에 안전율은 극한 인발저항력에서 말뚝의 자중을 제외한 하중에만 적용한다.

$$Q_{at} = W_p + \frac{Q_{ut} - W_p}{\eta_{st}} \tag{3.61}$$

단기간의 인발시험에서는 인발저항력이 있는 것으로 인정되었다 하더라도 장기간에 걸쳐서 서서히 인발될 우려가 있으므로 평상시의 인발저항력은 고려하지 않는 것이 좋다.

【예제】 다음은 인장말뚝에 관한 설명이다. 틀린 것이 있으면 정정하시오.

① 인장말뚝의 주변마찰력은 항상 압축말뚝보다 작다.

② 인장말뚝의 파괴원인은 지반과 말뚝의 접착손상, 말뚝재질의 인장파괴, 주변지반의 파괴 등이 있다.

③ 말뚝의 허용인발저항력은 지반과 말뚝표면의 상향마찰력을 안전율로 나눈 값으로 한다.

④ 말뚝의 허용인발저항력은 극한인발저항력과 말뚝의 자중의 합이다.

【풀이】 ③ 말뚝체의 허용인장응력을 초과해서는 안된다.

3.2.6 무리말뚝의 거동

상재하중이 커서 지지력이 크게 요구될 때에는 말뚝의 직경을 크게 하거나 하나의 기초에 여러 개 말뚝을 설치한다. 그러나 직경이 큰 말뚝은 특수한 공법과 시공 장비가 필요하므로 대개 여러 개 작은 말뚝을 캡 (cap) 으로 묶어서 무리로 작용할 수 있도록 설치한다. 이러한 종류의 말뚝을 무리말뚝 또는 군말뚝 (group pile) 이라고 한다.

무리말뚝의 지지력은 지반의 종류 즉, 점성토와 사질토에 따라 다르며, 그 침하는 단일말뚝의 침하로부터 계산하거나 경험적으로 구한다. 또한, 무리말뚝에 의해 일체화된 토체에도 부마찰력이 작용할 수 있으며, 이 토체의 자중에 해당하는 크기의 상향지지력을 갖는다.

1) 무리말뚝의 지지력

말뚝을 설치하는 동안에 지반이 교란되는 경우에는 그 영향이 인접한 말뚝에 미치기 때문에 무리말뚝의 지지력 (bearing capacity of pile group) 은 개개 말뚝 지지력의 합보다 작다. 그러나 말뚝을 설치하는 동안에 주변지반이 더 조밀해지는 경우에는 무리말뚝의 지지력은 말뚝 개개 지지력의 합보다 커진다. 동일한 지층의 동일 심도에서 단일말뚝 지지력의 합에 대한 무리말뚝의 지지력의 비를 무리말뚝의 효율 (efficiency of pile group) 로 정의하여 관리한다.

무리말뚝의 선단이 암반에 설치된 경우에는 무리말뚝으로 결합된 지반이 불안정한 경사면이나 절리 등의 활동층을 따라 블록파괴를 일으킬 가능성이 있는지 판단하고, 블록파괴 가능성이 없는 경우에는 무리말뚝의 지지력은 말뚝개개의 지지력의 합 (말뚝 한개 지지력에 말뚝의 개수를 곱한 크기) 이다.

특이한 조건이 아니면, 무리말뚝내의 모든 말뚝들은 형태가 동일하고 지지력이 같다고 보고 설계한다. 무리말뚝의 지지력은 개개 말뚝지지력의 합과 말뚝무리 전체를 거대한 단일말뚝으로 간주하여 계산한 지지력을 비교하여 작은 값을 취한다.

2) 점성토에서 무리말뚝의 지지력

점성토는 무리말뚝에 의해 블록화 되어 거동하므로 대개 블록파괴로 간주하여 지지력과 침하거동을 분석한다. 점성토에 짧은 무리말뚝을 설치한 경우 (얕은 무리말뚝, shallow pile group) 에는 말뚝길이 만큼 근입된 확대기초로 간주하여 지지력을 구하고, 긴 무리말뚝을 설치할 경우 (깊은 무리말뚝, deep pile group) 에는 말뚝의 지지력 외에 기초 판의 지지력을 추가한다.

(1) 얕은 무리말뚝의 지지력

① Terzaghi/Peck 의 무리말뚝 지지력

점성토에 얕게 설치된 무리말뚝의 지지력은 무리말뚝에 의하여 블록화된 지반을 말뚝길이 L 만큼 근입된 확대기초체로 간주하고 블록측면의 전단저항을 고려하여 계산한다 (Terzaghi/Peck, 1967). 즉, 그림 3.34 과 같이 폭 B 이고 길이 A 이며 근입깊이 L 인 확대기초로 간주하며 그 지지력 Q_g 는 다음과 같다.

$$Q_g = BAcN_c + 2(B+A)Lc_m \tag{3.62}$$

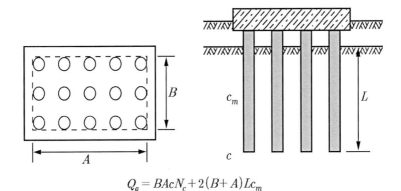

$$Q_g = BAcN_c + 2(B+A)Lc_m$$

그림 3.34 Terzaghi & Peck의 무리말뚝지지력

여기에서 c 는 말뚝 선단하부지반의 점착력이며, c_m 은 말뚝구간 지반의 평균점착력이다. 지지력계수 N_c 는 기초 체의 근입깊이와 형상에 따라 (그림 3.35) 결정된다.

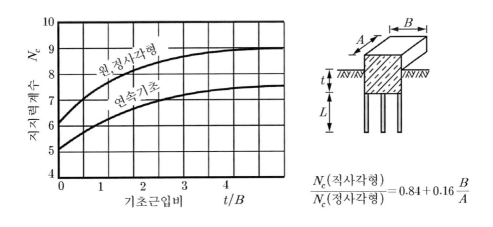

$$\frac{N_c(\text{직사각형})}{N_c(\text{정사각형})} = 0.84 + 0.16\frac{B}{A}$$

그림 3.35 기초의 깊이와 형상에 따른 지지력계수 N_c

② Whitaker 의 무리말뚝 지지력

Whitaker 는 시험을 통하여 무리말뚝의 파괴메커니즘이 말뚝의 개수 n 과 간격 a 에 의존하는 것을 발견하고 점성토에 설치한 무리말뚝을 말뚝 길이만큼 근입된 확대기초체로 간주하여 Terzaghi 공식에 의한 지지력 Q_g (식 3.62) 와 개개 말뚝의 극한지지력 Q_u 를 고려하여 무리말뚝의 극한지지력 Q_{ug} 를 구하였다.

$$\frac{1}{Q_{ug}^2} = \frac{1}{n^2 Q_u^2} + \frac{1}{Q_g^2} \tag{3.63}$$

무리말뚝의 극한지지력 Q_{ug} 는 말뚝의 개별적인 극한지지력 Q_u 의 합 $(nQ_u$) 보다 작으며 두 값을 비교하여 무리말뚝의 지지력 감소계수 η 를 구하면 다음과 같다.

$$\eta = \frac{Q_{ug}}{n\, Q_u} \tag{3.64}$$

이 관계를 식 (3.63) 에 대입하면 다음 식이 성립된다.

$$\frac{1}{\eta^2} = 1 + \frac{n^2 Q_u^2}{Q_g^2} \tag{3.65}$$

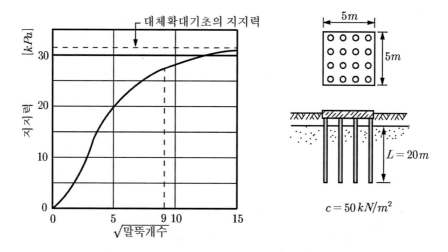

그림 3.36 무리말뚝의 말뚝 개수와 지지력

경험상 무리말뚝의 지지력은 말뚝 개개의 지지력 합보다 작으므로 $\eta < 1$ 이다. 그림 3.36 은 정사각형으로 배치된 무리말뚝의 지지력과 말뚝개수의 관계를 나타낸 것이다. 여기에서 말뚝개수가 많아질수록 지지력이 급격히 증가하여 일정한 말뚝개수 (> 80 개) 부터는 깊은 확대기초의 지지력과 같아지는 것을 알 수 있다.

(2) 깊은 무리말뚝의 지지력

점성토에 n 개의 긴 말뚝(직경 d, 단면적 A)을 이용하여 설치한 깊은 무리말뚝기초(폭 B, 길이 A, 그림 3.37)의 극한지지력 Q_{ug} 는 무리말뚝을 구성하고 있는 각 말뚝의 극한지지력 Q_u 의 합에 기초판의 지지력을 추가한 값이다. 기초판의 지지력은 전체면적 BA 에서 n 개 말뚝의 총 단면적 nA_p 를 뺀 유효면적 $(BA - nA_p)$ 으로 계산한다.

$$Q_{ug} = n(c_m \pi d + A_p c_b N_c) + N_{cc} c_c (BA - nA_p) \tag{3.66}$$

여기에서 c_b : 말뚝선단 하부지반의 점착력

$\quad\quad c_c$: 기초 판 하부지반의 점착력

$\quad\quad c_m$: 말뚝의 전체길이 L 에 대한 평균점착력

$\quad\quad N_c$: 말뚝선단 하부지반에 대한 얕은 기초의 지지력계수

또한, 기초 판의 지지력계수 N_{cc} 는 기초 판의 형상(B/A 비)에 의해 결정된다.

$$N_{cc} = 5.14(1 + 0.2 B/A) \quad (단, B < A) \tag{3.67}$$

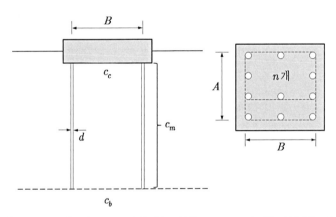

그림 3.37 n 개 말뚝을 사용한 면적 $B \times A$ 인 무리말뚝 기초판

3) 사질토에서 무리말뚝의 지지력

사질토에서는 무리말뚝 내 인접말뚝의 중심간 간격이 직경의 2 배 이상이어야 하며, 말뚝간격이 직경의 7 배 이상이면 단일말뚝으로 간주한다. 또한 각각의 말뚝이 지지력파괴에 대해 적절한 안전율을 가지고 있고 사질토 하부에 연약한 지층이 놓여있지 않는 한 무리말뚝으로 결합된 지반이 블록파괴를 일으키지 않는다고 생각한다.

사질토 하부지반이 연약지층인 경우에는 단일말뚝 지지력의 합이나 블록파괴를 가정하여 구한 지지력 중에서 작은 값을 극한지지력으로 한다. 사질토에서 때때로 무리말뚝의 지지력이 개개 말뚝지지력의 합보다 커지는(감소계수 $\zeta > 1$) 경우도 있다. 말뚝간격이 $(2 \sim 3)d$ 인 경우에 무리말뚝 지지력이 최대가 되고 이때의 감소계수 ζ 는 $1.3 \sim 2.0$ 의 범위이다(그림 3.38, 표 3.22).

표 3.22 무리말뚝의 지지력

저 자	지 반	말 뚝					감소계수 ζ
		길이 L[m]	직경d [m]	L/d	개수 n	간격 a	
Cambefort (1953)	부식토 강성점토 모 래 자 갈	2.54	0.05	50	2~7	2 3 5 9	1.39 1.64 1.17 1.07
Kezdi (1957)	습윤모래	2.03	0.1×0.1	20	4 (선형배치)	2 3 4 6	2.1 1.8 1.5 1.05
					4 (정방형배치)	2 3 4 6	2.1 2.0 1.75 1.1

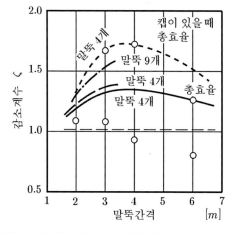

그림 3.38 사질토에서 말뚝의 간격에 따른 무리말뚝의 지지력

느슨한 조립토는 말뚝관입에 의해 조밀해지므로 무리말뚝 내 개개 말뚝의 지지력이 단일 말뚝 지지력보다 커질 수 있으나, 현장조사나 시험에 의해 입증된 경우에만 설계에 반영한다.

4) 무리말뚝의 침하

무리말뚝의 침하거동(settlement of pile group)은 지반상태에 따라 다르며, 특히 말뚝선 단하부에 있는 지층의 압축성에 의해 큰 영향을 받는다.

(1) 탄성침하

사질토에서는 무리말뚝을 설치하더라도 지반이 블록화 되어 일체로 거동하기보다는 각각 의 말뚝이 개별적으로 거동한다.

따라서 무리말뚝의 탄성침하 s_g 는 무리말뚝기초의 폭 B_g 와 말뚝 직경 D 의 상대적인 크기를 고려하여 단일말뚝의 탄성침하 s_0 로부터 계산하며 (Vesic, 1969), 단일말뚝의 탄성침하 s_0 는 계산하거나 재하 시험하여 결정한다.

$$s_g = \sqrt{\frac{B_g}{s_0 D}} \tag{3.68}$$

Meyerhof (1976) 는 무리말뚝의 탄성침하량 s_g 를 말뚝선단 하부의 침하영역 (대체로 B_g 깊이) 이내 수정평균 표준관입 저항치 N_{cor} 를 이용해서 경험적으로 산정하였다.

$$s_g = \frac{0.92q\sqrt{B_g}}{N_{cor}}I \qquad [\mathrm{mm}] \tag{3.69}$$

여기서, $q = \dfrac{Q}{L_g B_g} [\mathrm{kN/m^2}]$

$\qquad L_g, B_g$: 무리말뚝 기초의 길이, 폭 $[m]$

$\qquad I$: 영향계수 $= 1 - \dfrac{L}{8B_g} \geq 0.5$

$\qquad L$: 말뚝의 근입깊이

점성토에서는 무리말뚝의 탄성침하는 콘 관입저항력 q_c (cone penetration resistance) 로부터 계산할 수도 있다.

$$s_g' = \frac{qB_g I}{2q_c} \tag{3.70}$$

(2) 압밀침하

포화점성토에서는 무리말뚝이 지반과 일체로 작용하며, 말뚝길이의 ⅔ 깊이까지는 비압축성 지반으로 간주하고 그 이하에서 하중이 일정한 폭으로 확산된다고 가정하여 (그림 3.39a) 두께 H 인 하부지층의 압축량 즉, 침하량을 계산한다.

만일 지반이 2개 지층으로 구성되어 있고 상부 층이 연약지층이면 말뚝이 하부의 지지층에만 설치되어 있는 것으로 간주하고 하중의 확산을 생각한다 (그림 3.39b).

무리말뚝이 점토에 설치되어 있는 경우에는 지지층에 관입된 말뚝길이 L 의 하부 1/3 지점에 가상확대기초의 바닥이 있다고 생각하고 일정 응력분포법 (예, 2:1 응력분포법 등) 을 적용하여 다음 순서대로 압밀침하량을 계산한다.

① 무리말뚝 기초에 작용하는 실제하중 Q_g 를 계산한다.
② 하중 Q_g 가 가상확대기초에 작용하고 2:1 로 확대된다고 가정한다.

③ 각 지층의 중앙 (가상 확대기초 바닥으로부터 깊이 z_i)에서 응력증분 Δp_i 를 계산한다.

$$\Delta p_i = \frac{Q_g}{(B+z_i)(A+z_i)}$$

④ 증가된 응력 Δp_i 에 의해 유발된 각 지층 (두께 H_i)의 압밀침하량 ΔS_i 를 계산한다.

$$\Delta s_i = \frac{\Delta e_i}{1+e_{0i}}H_i = \frac{C_{ci}H_i}{1+e_{0i}}log\frac{p_{oi}+\Delta p_i}{p_{0i}}$$

여기에서 e_{0i} 와 Δe_i 는 각각 i 층의 초기 (시공 전) 및 응력증가로 인한 간극비의 변화이고, p_{0i} 는 초기 연직응력이다.

⑤ 전체압밀침하량 s_g 를 계산한다.

$$s_g = \Sigma \Delta s_i$$

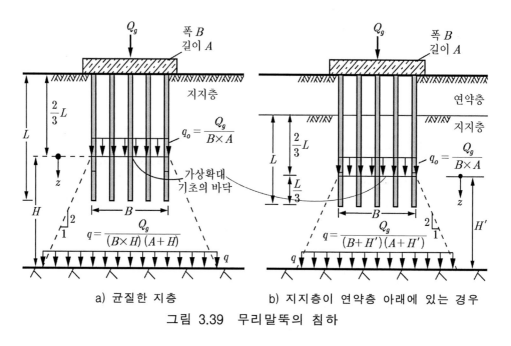

a) 균질한 지층 b) 지지층이 연약층 아래에 있는 경우

그림 3.39 무리말뚝의 침하

(3) 경험적 방법

무리말뚝의 침하 (settlement of pile group)는 근사적으로만 추정이 가능하며 실험을 기초로 한 경험적인 방법으로 구할 수 있다.

폭 B 인 무리말뚝의 침하 s_g 는 단일말뚝의 침하 s_o 에 비하여 말뚝간격 a 가 커질수록 그리고, 무리말뚝 기초의 폭 B 와 말뚝의 간격 a 의 상대적 크기 B/a 가 작아질수록 증가한다. 말뚝간격이 좁으면 지중응력의 확산범위가 한정되어 침하가 줄어 든다 (그림 3.40).

위 결과로부터 Meyerhof 는 무리말뚝의 침하 s_g 를 근사적으로 구하는 식을 제안하였다.

$$s_g = \frac{x(5-x/3)}{(1+1/m)^2}\, s_0 \tag{3.71}$$

여기에서, m : 말뚝열의 수

x : 말뚝간격 a 와 직경 d 의 비 즉, $x = a/d$

만일 무리말뚝의 선단하부지반의 지중응력 σ 가 단일말뚝의 선단파괴압력 σ_f의 1/3 보다 작으면 (즉, $\sigma \leq \sigma_f\,/3$), 단일말뚝의 침하 s_o 는

$$s_0 = \frac{\sigma d}{30\,\sigma_f} \tag{3.72}$$

이므로, 무리말뚝의 침하는 다음과 같다.

$$s_g = \frac{x(5-x/3)}{(1+1/m)^2}\, \frac{\sigma d}{30\,\sigma_f} \tag{3.73}$$

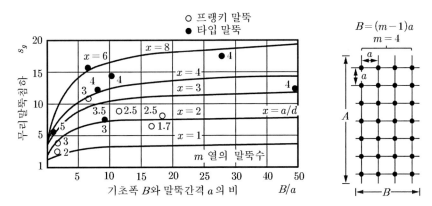

그림 3.40 말뚝의 간격에 따른 무리 말뚝의 침하

5) 무리말뚝의 부마찰력 (negative skin friction of pile group)

무리말뚝에서도 성토지반이 압축되거나 성토체 하부의 지반이 압축되어 부마찰력이 작용할 수 있으며, 그 크기는 성토지반이나 압축성지반의 전 중량을 초과하지 않는다.

폭 B, 길이 A 인 무리말뚝 기초에 하중 Q 가 작용할 때 부마찰력 크기 Q_{ng} 는 다음과 같다.

$$Q_{ng} \leq Q + BA\left(\gamma_1 D_1 + \gamma_2 D_2\right) \tag{3.74}$$

여기에서, γ_1, D_1 : 성토지반의 단위중량, 두께

γ_2, D_2 : 압축성지반의 단위중량, 두께

6) 무리말뚝의 상향지지력

무리말뚝의 상향지지력 (uplift bearing capacity of pile group)은 각 말뚝의 주변마찰력의 합이나 말뚝에 의해 블록화 된 지반의 무게 중에서 작은 값을 취하며, 지반에 따라 그림 3.41 의 형태로 블록화 된다. 블록화 된 지반의 무게를 계산할 때에 말뚝은 흙으로 간주한다.

(1) 사질토

인발에 대해 그림 3.41a 와 같이 블록화 되며, 상향지지력은 다음 중에서 작은 값으로 한다.

① 개개 말뚝의 주변마찰력의 합 : $\sum Q_m = n \, Q_m$

② 말뚝에 의해 블록화 된 지반의 무게

$$\gamma A B L + B L^2 \tan\left(45° - \frac{\phi}{2}\right) + A L^2 \tan\left(45° - \frac{\phi}{2}\right)$$

(2) 점성토

인발에 대해 그림 3.41b 와 같이 블록화 되며, 상향지지력은 다음 중에서 작은 값으로 한다.

① 개개 말뚝의 주변마찰력의 합 : $\sum Q_m = n \, Q_m$

② 말뚝에 의해 블록화 된 지반의 무게와 블록주변의 점착력

$$\gamma A B L + 2 (B + A) L S_u$$

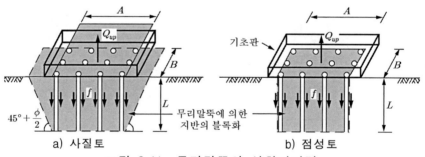

그림 3.41 무리말뚝의 상향지지력

【예제】 다음은 무리말뚝에 관한 설명이다. 틀린 것이 있으면 정정하시오.

① 무리말뚝에서 개개의 말뚝의 효율은 항상 1.0 미만이다.

② 점성토에서 얕은 무리말뚝은 길이 만큼 근입된 얕은 기초로 간주하여 지지력을 구한다.

③ 사질토에서 말뚝간의 간격이 말뚝직경의 7 배 이상이면 단일말뚝으로 간주한다.

④ 점성토에서는 무리말뚝에 의하여 주변지반이 블록화 되어 일체로 거동한다.

⑤ 사질토에서는 무리말뚝에 의하여 주변지반이 블록화 되어 일체로 거동한다.

【풀이】 ① 사질토에서 1.0 보다 커질 수 있다.

⑤ 사질토에서는 무리말뚝이더라도 개별 거동의 특성이 우세하며 특수한 경우에서 일부 블록화 거동양상을 보인다.

3.2.7 말뚝의 수평저항력

말뚝은 단면의 크기에 비하여 길이가 긴 부재이어서 두부에 연직 편심하중 또는 횡력 (연직말뚝에서는 수평력)이 작용하거나 지반이 수평방향으로 유동하면 말뚝에 모멘트가 발생되어 휘어진다. 보통 말뚝은 아주 작은 크기의 횡력 밖에 지지하지 못한다.

연직말뚝에 작용하는 수평력이 너무 커서, 발생된 응력이 말뚝의 강도를 초과하거나 모멘트가 말뚝의 허용모멘트를 초과하면 말뚝이 구조적으로 파괴된다. 따라서 말뚝에 축력의 3%를 초과하는 수평력이 작용하거나 작용할 가능성이 있는 경우에는 수평력에 대한 말뚝의 거동을 분석하여 안정성을 확인하고 설계에 반영하여 구조물의 형태를 결정하거나 수평력에 저항할 수 있는 재료의 말뚝을 적용하기도 한다.

말뚝의 허용 수평지지력은 허용 수평변위를 유발하는 수평력으로 한다. 말뚝의 극한 수평지지력은 말뚝의 종류나 형상 및 지반에 따라 결정되고, 과도한 수평력이 작용할 때에는 특별한 대책이 필요하다.

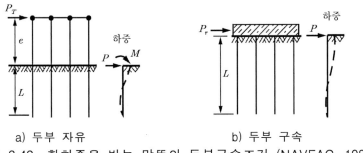

a) 두부 자유   b) 두부 구속

그림 3.42 횡하중을 받는 말뚝의 두부구속조건 (NAVFAC, 1982)

1) 연직말뚝의 수평저항

말뚝의 수평방향 하중-변위관계는 지반상태나 수평방향 지반반력계수 (coefficient of horizontal subgrade reaction), 말뚝 관입길이, 휨강성, 두부 구속조건 및 응력-변형률 특성의 영향을 받는다.

연직말뚝 두부에 수평력이나 모멘트가 작용하면 말뚝은 휨변형을 일으키고 이에 대하여 주변지반이 수평방향으로 저항하게 되며, 수평저항력의 크기와 분포는 말뚝두부의 구속상태와 말뚝과 지반의 상대적인 강성에 따라 결정된다. 말뚝의 길이가 짧으면 수평하중이 작용할 때에 축변형이 거의 발생되지 않으며, 극한 수평저항력이 흙의 강도에 의해 지배된다.

그러나 말뚝이 길면 수평하중에 의해 축변형이 발생되고 극한 수평저항력이 말뚝의 저항모멘트에 의해 지배된다.

말뚝이 지지하고 있는 구조물에 수평토압, 풍압, 파압, 지진하중 등의 수평력이 가해지면 말뚝두부에 수평하중과 모멘트가 발생된다.

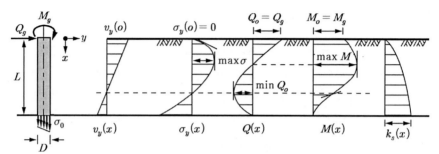

a) 재하상태 b) 수평변위 c) 수평응력 d) 전단력 e) 모멘트 f) 지반반력계수
그림 3.43 수평력을 받는 말뚝의 거동

(1) 수평 지반반력계수

수평하중을 받는 연직말뚝의 휨 변형거동은 말뚝의 최대응력과 말뚝상부의 허용변위 및 주변지반의 수평방향 허용지지력에 따라 결정되며, 지반의 수평 지반반력계수 k_h (coefficient of horizontal subgrade reaction) 를 적용하여 해석한다.

수평 지반반력계수는 변위에 의해 결정되며, 말뚝의 강성과 지반의 종류에 따라 다르고, 말뚝전체 길이에 대해서 등분포나 삼각형분포 또는 곡선분포를 나타낸다 (그림 3.44).

사질토나 약간 과압밀된 점토에서는 수평 지반반력계수 k_h 가 깊이 z 에 따라 선형적으로 증가 (삼각형분포) 한다고 가정하고 (그림 3.44c) 다음 식으로 나타낸다.

$$k_h = \frac{fz}{D} \tag{3.75}$$

여기에서 D 는 재하 폭 (말뚝의 폭 또는 직경) 이며, f 는 수평 지반반력 변화계수이고 깊이에 따른 수평 지반반력계수 분포의 기울기를 나타낸다.

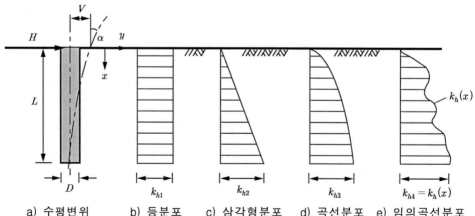

a) 수평변위   b) 등분포   c) 삼각형분포   d) 곡선분포   e) 임의곡선분포
그림 3.44 연직말뚝의 수평방향 지반반력계수 분포

그러나 심하게 과압밀된 점토에서는 수평 지반반력계수 k_h 가 깊이에 대해 일정하다(등분포)고 가정하며(그림 3.44b), 그 크기는 점토의 비배수전단강도 S_u 에 따라 다음과 같다.

$$k_h = (30 \sim 75)\, S_u \tag{3.76}$$

수평 지반반력계수는 반복하중이나 장기하중이 작용하면 감소하며, 수평 지반반력계수가 감소하면 말뚝의 수평변위가 증가한다. 수평 지반반력계수는 반복하중이 작용하면 모래에서는 초기치의 25 %, 조밀한 모래에서는 50 % 정도 감소하고, 장기하중이 작용하면 연약점성토에서는 20~30 %, 견고한 점성토에서는 20~50 %, 모래에서는 80~90 % 정도 감소된다.

간격이 말뚝직경의 6~8 배보다 작은 말뚝은 무리말뚝으로 거동하므로, 하중방향에 대한 수평 지반반력계수는 말뚝간격을 고려하여 감소시킨다. 말뚝에 작용하는 수평력은 대체로 극한 수평지지력의 1/3 을 초과하지 않도록 하며, 말뚝의 수평변위는 6 mm 이내로 한정한다.

(2) 수평 지반반력의 결정

말뚝이 지지하고 있는 구조물에 수평력이 작용하여 말뚝두부에 수평하중과 모멘트가 발생되는 경우에는 계산에 의하거나 현장에서 수평 재하시험을 실시해서 구한 수평 지반반력을 이용해서 말뚝의 수평지지력을 계산한다.

수평 지반반력을 계산으로 구할 때에는 말뚝 근입부 지반전체가 소성파괴 된다고 가정하거나(극한 지반반력법, plasticity method), 지반을 탄성체로 가정하거나(탄성 지반반력법, elasticity method), 또는 말뚝하부 지반은 탄성체이고 말뚝상부 지반은 소성파괴 된다고(복합 지반반력법, compound method) 가정한다.

극한 지반반력법을 적용하면 말뚝의 변위와 무관한 극한수평지지력을 구할 수 있고, 탄성 지반반력법에서는 말뚝의 허용 수평변위량에 대한 허용수평지지력을 구할 수 있으며, 복합 지반반력법을 적용하면 극한 수평지지력과 말뚝의 변위를 모두 구할 수 있다.

① 극한 지반반력법

극한 지반반력법은 말뚝 근입부 지반전체가 소성파괴 된다고 가정하며 극한평형법이라고도 한다. 말뚝의 근입부에 해당하는 지반 전체가 극한상태에 도달되며, 그때 지반 반력분포가 등분포나 삼각형 또는 포물선이라고 가정하고 힘의 평형을 적용하여 극한 수평지지력을 구한다. 변위와 무관한 형태로 지반반력분포를 가정하므로 관입길이가 짧은 말뚝에 적용할 수 있다. Broms 방법(그림 3.45)이 여기에 속한다.

그밖에 수평 지반반력계수 k_h 가 깊이에 따라 직선적으로 증가한다고 가정하면 수평지반반력 곡선의 모양이 2 차 포물선이 된다(그림 3.46).

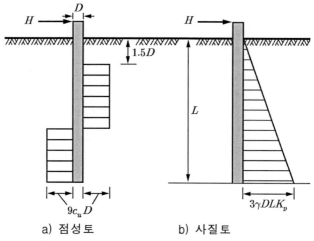

a) 점성토   b) 사질토

그림 3.45   Broms의 극한지반반력 (1964a)

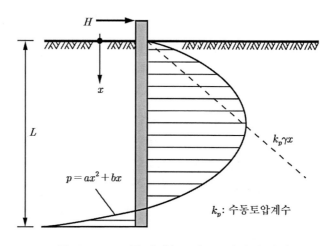

그림 3.46   포물선 분포의 극한지반반력

② 탄성 지반반력법

탄성 지반반력법은 지반이 탄성체이고 지반반력이 말뚝의 변위에 선형 또는 비선형적으로 비례한다고 가정하고 지반반력을 구하는 방법이다(그림 3.47). 지반을 탄성상태로 가정하기 때문에 극한상태의 지반반력 즉, 극한지지력은 구할 수 없으나, 주어진 허용 변위량에 대한 허용 지지력을 구할 수 있다. 이 방법은 말뚝 관입부 전체에 대해서 지반파괴가 일어나지 않는(즉, 변위가 비교적 크게 허용되는) 말뚝에 적용할 수 있다.

비선형 탄성 지반반력법에서는 비선형 미분방정식을 풀기가 쉽지 않아서 유한차분법등을 적용하며, 기준말뚝에 대한 기준곡선으로부터 상사법칙을 적용해서 계산하는 실용적인 방법이 적용되고 있다.

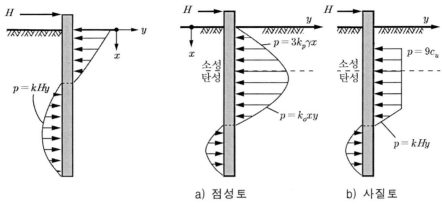

그림3.47 탄성 지반반력법

a) 점성토　　　b) 사질토

그림 3.48 Broms 의 복합 지반반력법

③ 복합지반 반력법

복합지반 반력법은 $p - y$ 곡선법이라고도 한다. 지반에 탄성상태와 소성상태가 공존한다고 가정하고 탄성상태인 말뚝하부지반에서는 탄성 지반반력법을 적용하고 소성상태인 말뚝 상부지반에서는 극한 지반반력법을 적용한다. 따라서 말뚝의 극한 수평지지력은 물론 수평변위도 구할 수 있다. 탄성 지반반력법과 극한 지반반력법에 적용하는 모델에 따라 매우 다양한 방법이 파생된다. Broms 는 긴 말뚝에서 최대휨모멘트 발생위치보다 상부에 있는 지반은 소성화 된다고 가정하고 축 직각방향 극한지지력을 구하였고 (그림 3.48), 지반모델의 적정여부에 대한 문제가 있으나 실제 말뚝-지반 거동을 비교적 잘 계산할 수 있는 방법이다.

(3) 주동말뚝과 수동말뚝의 지반반력

연직말뚝이 지표면상에서 수평하중을 받아 수평방향으로 변위를 일으키면 주변지반이 이에 저항함에 따라 하중이 지반에 전달된다. 이러한 말뚝을 주동말뚝 (active pile) 이라 하고 (그림 3.49a), 말뚝이 움직이는 주체이고 말뚝의 변위에 의해 주변지반이 변형된다.

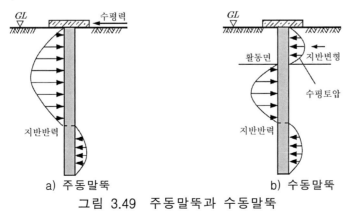

a) 주동말뚝　　　　　　b) 수동말뚝

그림 3.49 주동말뚝과 수동말뚝

반면에 말뚝의 주변지반이 변위를 일으키면, 말뚝이 이에 저항함에 따라 말뚝에 수평토압이 작용하는 경우가 있다. 이러한 말뚝을 수동말뚝 (passive pile) 이라 하고 (그림 3.49b), 성토 등 상재하중에 의하여 수평변형이 발생되는 (연약지반 내에 설치한) 말뚝이나 (사면파괴나) 측방유동 억제말뚝 등이 여기에 속한다. 주변지반이 움직이는 주체이고 주변지반의 변위에 의해 말뚝이 변형된다.

2) 연직말뚝의 수평허용지지력

수평방향 지반반력계수가 말뚝의 전체길이에서 등분포이거나 삼각형분포일 때에 말뚝 (길이 L, 폭이나 직경 D) 의 탄성길이 L^e (Elastic length) 또는 특성길이 (characteristic length) 는 말뚝의 휨강성 EI 로부터 다음 식으로 계산한다.

$$L^e = \sqrt[4]{\frac{EI}{Dk_h}} \text{ (등분포인경우)-점토}$$

$$L^e = \sqrt[5]{\frac{EI}{Dk_h}} \text{ (삼각형분포인 경우)-모래} \tag{3.77}$$

말뚝이 수평력을 안정하게 지지하기 위해서는 탄성길이의 2 배 ($L = 2L^e$) 정도를 지지층에 관입시켜야 한다 (Schiel, 1970). 말뚝관입장이 탄성길이의 2 배 보다 짧으면 ($L < 2L^e$) 강성말뚝 (rigid pile) 으로 거동하고, 탄성길이의 4 배 보다 길면 ($L \geqq 4L^e$) 무한히 긴 말뚝 (long pile) 으로 거동한다. 말뚝이 휨 변형될 때에 말뚝전면 지반은 수동파괴 되지 않는다고 가정한다.

말뚝두부에 축의 직각방향으로 수평력 Q_g 와 모멘트 M_g 가 작용할 때에 지중부(길이 dx)의 응력상태(그림 3.50a)는 탄성지반에 대한 보의 휨 이론 (theory of beams on elastic foundation) 과 힘의 평형조건에서 구할 수 있다.

$$EI\frac{d^4 y}{dx^4} + p = 0 \tag{3.78}$$

여기에서 휨 강성 EI 는 말뚝재질과 단면의 형상과 크기에 따라 결정되고, x 는 말뚝의 머리로부터 축 방향 거리이고 y 는 축 직각방향 거리이다.

지반반력 p 를 지반반력계수 k_h 로 나타내면 (Winkler, 1867),

$$p = k_h y \tag{3.79}$$

이므로, 식 (3.78) 는 다음 식이 된다.

$$EI\frac{d^4 y}{dx^4} + k_h y = 0 \tag{3.78a}$$

따라서 수평 지반반력계수 k_h 를 알면 연직말뚝의 수평변위거동을 해석할 수 있다.

(1) 사질토

지표면의 말뚝두부에서 축 직각방향으로 수평하중 Q_g 와 모멘트 M_g 가 작용하는 길이 L 인 연직말뚝에서 (그림 3.50) 임의 깊이 x 에 대해서 그림 3.50c 의 부호규정에 의거하여 위 식의 해를 구하면 다음과 같다 (Matlock/Reese, 1960).

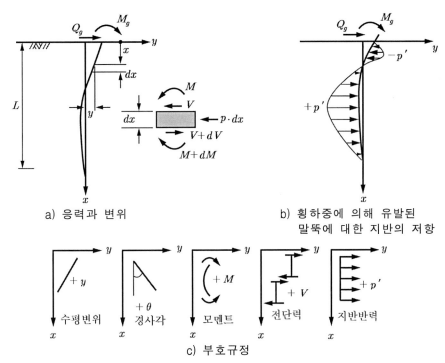

a) 응력과 변위   b) 횡하중에 의해 유발된 말뚝에 대한 지반의 저항

c) 부호규정

그림 3.50 직각방향 축력과 모멘트가 작용하는 말뚝의 응력과 변위

- 수평 처짐 $y_x(x)$

$$y_x(x) = A_y \frac{Q_g L^{e^3}}{EI} + B_y \frac{M_g L^{e^2}}{EI} \tag{3.80a}$$

- 경사각 $\theta_x(x)$

$$\theta_x(x) = A_\theta \frac{Q_g L^{e^2}}{EI} + B_\theta \frac{M_g L^e}{EI} \tag{3.80b}$$

- 모멘트 $M_x(x)$

$$M_x(x) = A_m Q_g L^e + B_m M_g \tag{3.80c}$$

- 전단력 $V_x(x)$

$$V_x(x) = A_v Q_g + B_v \frac{M_g}{L^e} \tag{3.80d}$$

- 지반반력 $p_x(x)$

$$p_x(x) = A_p \frac{Q_g}{L^e} + B_p \frac{M_g}{L^{e2}}$$ (3.80e)

여기에서 A_y, A_θ, A_m, A_v, A_p, B_y, B_θ, B_m, B_v, B_p 는 계수이며, 탄성길이의 5 배 보다 긴 ($L > 5L^e$) 긴 말뚝에 대한 값들이 표 3.23 에 주어져 있다.

사질토에서는 지반반력계수가 깊이에 비례하므로 탄성길이 L^e 는 식 (3.77) 의 삼각형분포인 경우이며, 수평 지반반력계수 k_h 는 표 3.24 와 같이 가정한다.

표 3.23 사질토에 설치된 긴 말뚝에 대한 계수, $k_x = k_h x$ (단, $X = x/L^e$)

X	A_y	A_θ	A_m	A_v	A_p	B_y	B_θ	B_m	B_v	B_p
0.0	2.435	-1.623	0.000	1.000	0.000	1.623	-1.750	1.000	0.000	0.000
0.1	2.273	-1.618	0.100	0.989	-0.277	1.453	-1.650	1.000	-0.007	-0.154
0.2	2.112	-1.603	0.198	0.956	-0.422	1.293	-1.550	0.999	-0.028	-0.259
0.3	1.952	-1.578	0.291	0.906	-0.586	1.143	-1.450	0.994	-0.058	-0.343
0.4	1.796	-1.545	0.379	0.840	-0.718	1.003	-1.351	0.987	-0.095	-0.401
0.5	1.644	-1.503	0.459	0.764	-0.822	0.873	-1.253	0.976	-0.137	-0.436
0.6	1.496	-1.454	0.532	0.677	-0.897	0.752	-1.156	0.960	-0.181	-0.451
0.7	1.353	-1.397	0.595	0.585	-0.947	0.642	-1.061	0.939	-0.226	-0.449
0.8	1.216	-1.335	0.649	0.489	-0.973	0.540	-0.968	0.914	-0.270	-0.432
0.9	1.086	-1.268	0.693	0.392	-0.977	0.448	-0.878	0.885	-0.312	-0.403
1.0	0.962	-1.197	0.727	0.295	-0.962	0.364	-0.792	0.852	-0.350	-0.364
1.2	0.738	-1.047	0.767	0.109	-0.885	0.223	-0.629	0.775	-0.414	-0.268
1.4	0.544	-0.893	0.772	-0.056	-0.761	0.112	-0.482	0.688	-0.456	-0.157
1.6	0.381	-0.741	0.746	-0.193	-0.609	0.029	-0.354	0.594	-0.477	-0.047
1.8	0.247	-0.596	0.696	-0.298	-0.445	-0.030	-0.245	0.498	-0.476	0.054
2.0	0.142	-0.464	0.628	-0.371	-0.283	-0.070	-0.155	0.404	-0.456	0.140
3.0	-0.075	-0.040	0.225	-0.349	0.226	-0.039	0.057	0.059	-0.213	0.268
4.0	-0.050	0.052	0.000	-0.106	0.201	-0.028	0.049	-0.042	0.017	0.112
5.0	-0.009	0.025	-0.033	0.015	0.046	0.000	-0.011	-0.026	0.029	-0.002

표 3.24 일반적인 수평지반반력계수 k_h

지반의 종류		k_h [kPa]
건조 또는 습윤모래	느슨	1,800 ~ 2,200
	중간	5,500 ~ 7,000
	조밀	15,000 ~ 18,000
수중모래	느슨	1,000 ~ 1,400
	중간	3,500 ~ 4,500
	조밀	9,000 ~ 12,000

사질토에 설치되고 탄성길이의 5배 보다 짧은($L < 5L^e$) 짧은 말뚝(short rigid pile)에 대한 A_y, A_m, B_y, B_m 의 값은 그림 3.51 에 주어져 있다.

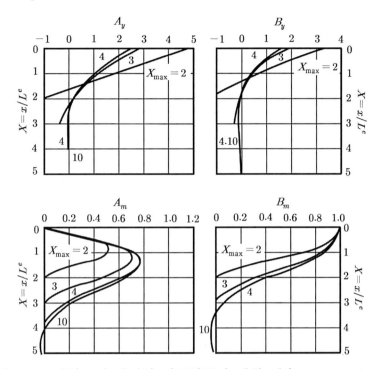

그림 3.51   사질토에 설치된 짧은말뚝에 대한 계수 A_y, B_y, A_m, B_m

(2) 점토

점토에 관입된 말뚝에 대한 식 (3.78a) 의 해는 다음과 같다 (Davidson/Gill, 1963).

– 수평 처짐 $y_x(x)$

$$y_x(x) = A_y' \frac{Q_g L^{e3}}{EI} + B_y' \frac{M_g L^{e2}}{EI} \tag{3.81a}$$

– 모멘트 $M_x(x)$

$$M_x(x) = A_m' Q_g L^e + B_m' M_g \tag{3.81b}$$

계수 A_y', B_y', A_m', B_m' 는 그림 3.52 에 있다. 점토에서는 수평 지반반력계수 k_h 가 깊이에 대해 일정 (등분포) 하므로 탄성길이 L^e 는 식 (3.77) 의 등분포인 경우에 대한 값이다.

점토의 수평 지반반력계수 k_h 는 Vesic (1961) 에 의하여 다음과 같이 계산하며, D 는 말뚝의 폭 (직경) 이고, E_s 는 지반의 압밀변형계수이다.

$$k_h = 0.65 \sqrt[12]{\frac{E_s D^4}{EI}} \frac{E_s}{1-\nu^2} \tag{3.82}$$

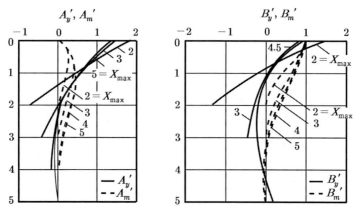

그림 3.52 점토에서 A_y', B_y', A_m', B_m'의 분포(Davidson/Gill, 1963)

점토의 압밀변형계수 E_s 는 다음 식으로 계산하거나 압밀시험으로부터 구한다.

$$E_s = \frac{3(1-\nu)}{m_v} \tag{3.83}$$

여기에서 m_v 는 체적변형계수이며, 점토의 Poisson 비는 $\nu = 0.3 \sim 0.4$ 이다.

$$m_v = \frac{\Delta e}{\Delta p (1 + e_{av})} \tag{3.84}$$

3) 연직말뚝의 두부 구속조건과 수평지지력

수평력을 받는 연직말뚝의 거동은 두부 고정상태와 말뚝 길이 그리고 말뚝-지반의 상대적 강성에 따라 다르다. 말뚝두부가 힌지 (hinge) 처럼 거동하는 경우를 두부자유 (free head) 라 하고, 고정단 (fixed end) 처럼 거동하는 경우를 두부구속 (fixed head) 이라 한다.

짧은 말뚝은 두부자유이면 지표지반의 저항이외에 회전 (rotation) 으로 인해 선단부에 수동저항이 유발되고, 두부와 선단부의 수동저항이 너무 크면 회전에 의해 파괴된다. 짧은 말뚝이 말뚝 캡이나 브레이싱에 의해 두부구속 상태이면 수평이동 (translation) 에 의해 파괴된다. 짧은 말뚝의 횡방향 지지력은 수평 지반반력에 의해 정해진다.

긴 말뚝은 하부 수동저항이 매우 커서 회전하지 않고 연직상태를 유지하며, 휨모멘트가 최대인 곳에서 항복모멘트를 초과하면 균열이 발생되어 파괴된다. 말뚝 캡 직하부에서도 휨모멘트가 크게 발생되어 균열이 생길 수 있다. 긴 말뚝의 횡방향 지지력은 말뚝의 강도에 의해 결정된다.

(1) 점토에서 연직말뚝의 수평지지력

점토지반에 설치된 연직말뚝이 수평력을 받으면 그림 3.53a 와 같이 수평변위를 일으키고, 이때 수평 지반반력은 지표에서는 약 $2 c_u D$ 이고 깊이 $3D$ 까지는 대략 직선적으로 증가하며, 그 아래에서는 $(8 \sim 12) c_u D$ 로 일정한 값을 유지한다.

Broms(1964a)는 이를 단순화하여 지반반력이 지표면에서 1.5D까지는 작용하지 않고 그 아래에는 $9c_u D$로 일정하다고 가정하고(그림 3.54a) 짧은 말뚝의 횡방향 지지력을 구하였다. 긴 말뚝의 횡방향 지지력은 말뚝의 항복모멘트 M_y에 의하여 결정된다.

① 두부자유 조건

두부가 구속되지 않게 점토지반에 설치한 짧은 말뚝에서(그림 3.54a) 최대휨모멘트 $M_{\max}$는 전단응력이 '영'인 위치에서 발생되며, 그 위치와 크기는 다음과 같다.

$$f = \frac{H_u}{9c_u D} \tag{3.85}$$

$$M_{\max} = H_u(e + 1.5D + f) - f(9c_u D)\frac{f}{2} \quad = H_u(e + 1.5D + 0.5f) \tag{3.86}$$

횡방향 하중 H_u와 최대모멘트 $M_{\max}$는 점착력 c_u와 말뚝의 직경 D 및 말뚝 관입비 L/D를 고려하여 그림 3.55a에서 구한다. 최대모멘트 $M_{\max}$가 말뚝 항복모멘트 M_y보다 작으면 짧은 말뚝으로 거동하고, 크면 긴 말뚝으로(그림 3.54b) 거동한다.

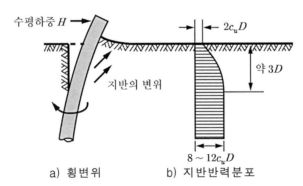

a) 횡변위   b) 지반반력분포

그림 3.53 말뚝의 수평변위와 수평 지반반력의 분포

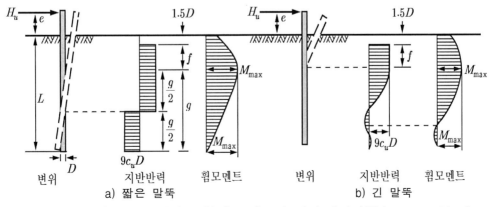

a) 짧은 말뚝   b) 긴 말뚝

그림 3.54 점토에 설치된 두부자유 말뚝의 파괴 메커니즘 (Broms, 1964a)

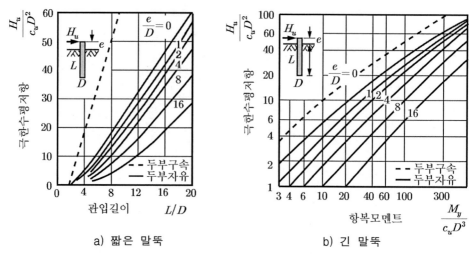

a) 짧은 말뚝

b) 긴 말뚝

그림 3.55 점토지반에 설치된 말뚝의 극한 수평지지력 (Broms, 1964a)

횡방향지지력 H_u 는 위식의 최대모멘트 M_{max} 를 항복모멘트 M_y 로 대체하여 계산하거나, 그림 3.55b 에서 항복모멘트 M_y 에 대한 극한 수평지지력 H_u 를 구할 수 있다.

$$H_u = \frac{M_y}{e + 1.5D + 0.5f} \tag{3.87}$$

② 두부구속 조건

두부 구속조건에서는 지반반력분포를 그림 3.56 와 같이 가정하며, 두부에서 최대모멘트가 발생된다. 짧은 말뚝의 극한 수평지지력 H_u 와 최대휨모멘트 M_{max} 는 다음과 같다.

$$H_u = 9c_u D(L - 1.5D) \tag{3.88}$$

$$M_{max} = H_u(0.5L + 0.75D) = 4.5c_u D(L^2 - 2.25D) \tag{3.89}$$

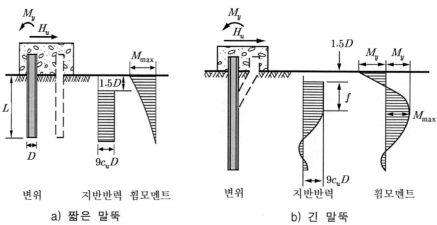

변위   지반반력 휨모멘트

변위   지반반력   휨모멘트

a) 짧은 말뚝

b) 긴 말뚝

그림 3.56 점토에서 두부구속 말뚝의 파괴 메커니즘 (Broms, 1964a)

말뚝두부에서 발생되는 최대모멘트 $M_{\max}$ 가 항복모멘트 M_y 보다 크면 ($M_{\max} > M_y$) 긴 말뚝으로 거동하며, 이 때 극한수평지지력 H_u 는 다음과 같다.

$$H_u = \frac{2M_y}{1.5D + 0.5f} \tag{3.90}$$

또한, 항복모멘트 M_y 에 대한 극한수평지지력 H_u 를 그림 3.55b 에서 구할 수 있다.

(2) 사질토에서 연직말뚝의 극한수평지지력

사질토에 설치된 말뚝 (그림 3.57) 에서 Broms (1946b) 는 다음을 가정하고, 짧은 말뚝과 긴 말뚝을 구분하여 수평력을 받는 말뚝의 변위와 지반반력 및 모멘트를 구하였다.
 - 말뚝배면의 주동토압은 무시한다.
 - 말뚝전면의 수동토압은 Rankine수동토압의 3 배와 같은 크기이다.
 - 말뚝단면의 형상은 수평저항력의 분포와 무관하다.
 - 전 수평저항은 고려하는 변위에서 발생된다.

① 두부자유 조건
• **짧은 말뚝 :**

사질토에 설치된 두부자유 조건의 짧은 말뚝에서는 그림 3.57a 의 지반 반력분포를 적용하고 말뚝선단에서의 모멘트의 합계를 '영'으로 하여 지반의 단위중량, 수동토압계수 K_p, 말뚝의 폭 D, 근입비 L/D 를 고려해서 극한수평저항력 H_u 를 계산한다. 그 밖에 그림 3.87a 의 도표에서 극한 수평저항력 H_u 를 구할 수 있다.

$$H_u = \frac{0.5\gamma DL^3 K_p}{e + L} \tag{3.91}$$

말뚝의 극한수평지지력 H_u 는 폭 3D 인 벽체의 수동토압과 같다.

$$H_u = \frac{3}{2}\gamma DK_p f^2 \tag{3.92}$$

이 식을 정리하면 최대모멘트가 발생하는 위치 f 를 구할 수 있다.

$$f = 0.82\left(\frac{H_u}{DK_p\gamma}\right)^{\frac{1}{2}} \tag{3.93}$$

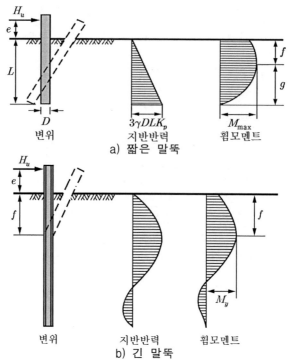

a) 짧은 말뚝

b) 긴 말뚝

그림 3.57 사질토에 설치한 두부자유 말뚝의 파괴 메커니즘 (Broms, 1964b)

따라서 최대휨모멘트 $M_{\max}$ 는 다음과 같다.

$$M_{\max} = H_u\left(e + \frac{2}{3}f\right) \tag{3.94}$$

- 긴 말뚝 :

위 식에서 구한 최대휨모멘트가 항복모멘트 M_y 보다 크면 ($M_{\max} > M_y$), 긴 말뚝으로 거동하므로 극한 수평지지력 H_u 는 다음과 같다.

$$H_u = \frac{M_y}{e + \frac{2}{3}f} = \frac{M_y}{e + \frac{2}{3}\left(\frac{2}{3}\dfrac{H_u}{\gamma DK_p}\right)^{0.5}} \tag{3.95}$$

그밖에 그림 3.58b 에서 항복모멘트 M_y 에 대한 극한수평지지력 H_u 를 구할 수 있다.

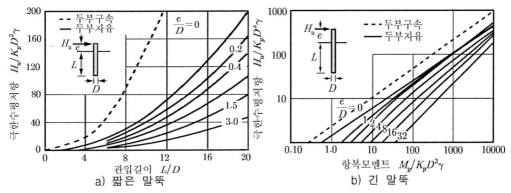

그림 3.58 사질토에 설치한 말뚝의 극한수평지지력 (Broms, 1964b)

② 두부구속

• 짧은 말뚝 :

두부가 구속된 짧은 말뚝의 거동과 지반반력 및 모멘트는 그림 3.59a 와 같으   며, 극한
수평지지력 H_u 는 다음 식으로 계산하거나 그림 3.58a 에서 직접 구한다.

$$H_u = 1.5 \gamma L^2 D K_p \tag{3.96}$$

따라서 최대휨모멘트 M_{max} 는 다음과 같다.

$$M_{max} = \frac{2}{3} H_u L \tag{3.97}$$

• 긴 말뚝 :

위 식을 적용해서 구한 말뚝의 최대휨모멘트 M_{max} 가 항복모멘트 M_y 를 초과하면
($M_{max} > M_y$) 긴 말뚝으로 거동한다(그림 3.59b). 그런데 최대모멘트가 항복모멘트에 도
달되는 위치가 두 곳(말뚝 캡 연결부와 f 위치)이므로 다음 식이 성립되고,

$$H_u\left(e + \frac{2}{3} f\right) = 2 M_y \tag{3.98}$$

위 식을 정리하면 극한수평지지력 H_u 에 대한 식이 된다.

$$H_u = \frac{2M_y}{e + \frac{2}{3} f} = \frac{2M_y}{e + \frac{2}{3}\left(\frac{2}{3}\frac{H_u}{\gamma D K_p}\right)^{0.5}} \tag{3.99}$$

그밖에 그림 3.58b 에서 항복모멘트 M_y 에 대한 극한수평지지력 H_u 를 구할 수 있다.

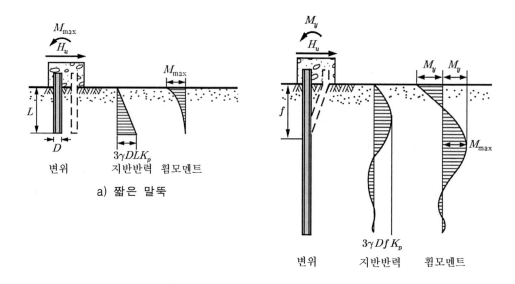

그림 3.59 사질토에 설치된 두부구속 말뚝의 파괴 메커니즘 (Broms, 1946b)

【예제】 다음은 말뚝의 수평지지력에 대한 설명이다. 틀린 것이 있으면 정정하시오.

① 말뚝에서 축력의 3 %를 초과하는 수평력이 작용하면 이를 고려하여 설계한다.

② 말뚝의 수평하중-수평변위 관계는 지반의 수평방향 지반반력계수, 관입깊이, 휨 강성, 두부구속조건, 응력-변형률 특성, 연직방향지반반력계수 등에 의해 결정된다.

③ 수평지반반력계수는 반복하중이나, 장기하중이 작용하면 감소한다.

④ 무리말뚝에서는 수평지반반력계수를 말뚝의 간격에 따라 감소시킨다.

⑤ 수평력에 대한 안전율은 3으로 하고, 최대 수평변위는 6 mm 이내로 한다.

【풀이】 ② 연직방향 지반반력계수는 무관하다.

4) 말뚝의 횡력에 대한 대책

말뚝은 그 치수나 재료가 한정되어 일정한 크기 이상의 휨모멘트를 지지하지 못하기 때문에 대개 축방향으로만 재하되는 것으로 간주한다. 이 때 말뚝의 휨강도는 안전측에 대한 여유 값이 되며, 예상 못했던 편심이나 지반진동 등에 대한 안전대책이 된다.

말뚝이 축에 수직인 방향의 힘을 받을 때에는 그 사용 목적상 횡력을 지지하도록 설계한 경우와 지반의 유동에 의하여 횡력이 작용하는 경우가 있다 (그림 3.60). 이와 같은 현상이 예상되거나 진행 중인 경우에는 말뚝의 횡방향 안정을 검토해야 한다.

　　말뚝에 작용하는 횡력이 지속적이거나 규칙적이고 그 크기가 전체 하중의 3 % 를 초과하지 않거나, 불규칙적이고 그 크기가 전체 하중의 5 % 를 초과하지 않으면 별도로 횡력을 고려하지 않아도 된다 (Schiel, 1970). 그러나 계선주와 엄지말뚝은 예외이다. 대형말뚝은 단면과 재료강성도가 충분히 크므로 애초에 횡력을 받도록 계획할 수도 있다.

　　말뚝에 그림 3.60 과 같은 요인으로 불가피한 횡력이 작용하는 경우에는 이에 대한 대책이 필요하다. 구조물을 설계할 때에 이미 이와 같은 현상을 예견하여 구조물의 형태를 결정하는 것이 바람직하며, 이미 구조물이 설치된 후에 이런 현상이 일어날 때에는 대책을 마련해야 한다.

　　횡력에 대한 가장 보편적인 대책은 다음과 같다.
　 – 횡력 차단구조물 설치
　 – 깊은 기초를 시공하여 발생되는 횡력을 감소시킴
　 – 지반개량으로 연직지지력 증가
　 – 연약지반을 양질지반으로 치환
　 – 지반의 선행재하
　 – 말뚝 재료의 변경

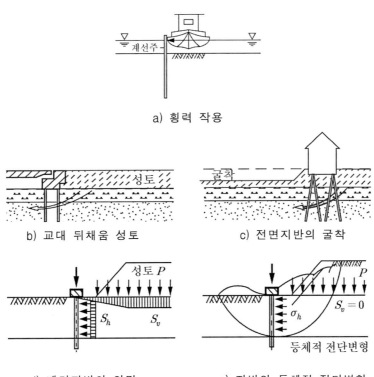

a) 횡력 작용

b) 교대 뒤채움 성토　　　　　　　c) 전면지반의 굴착

d) 배면지반의 압밀　　　　　　e) 지반의 등체적 전단변형

그림 3.60 말뚝의 횡하중 증가원인

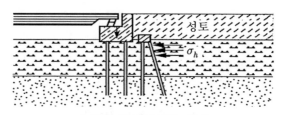

a) 횡력 차단구조물 설치

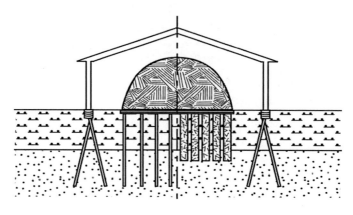

b) 깊은 기초 시공   c) 지반개량

그림 3.61 말뚝에 작용하는 횡력에 대한 대책

그림 3.61a 는 횡력 차단 구조물을 설치한 경우이며, 그림 3.61 b, c 는 적재하중의 중량에 의한 지반의 수평유동을 예견하고 건물을 설계할 때에 이미 지반을 개량하거나 기초의 형태를 깊은 기초로 한 경우이다.

【예제】 다음은 말뚝의 횡력에 대한 대책이다. 틀린 것이 있으면 정정하시오.

① 횡력 차단구조물을 설치한다.
② 깊은 기초를 시공하여 횡력을 감소시킨다.
③ 하부지반을 개량하여 연직지지력을 증가시킨다.
④ 지반을 치환한다.
⑤ 지반을 선행재하 하여 지반의 강도를 증가시킨다.
⑥ 말뚝재료를 강성이 큰 것으로 바꾼다.
⑦ 말뚝의 직경을 크게 한다.

【풀이】 해당 없음.

3.3 샤프트 기초

지반을 굴착한 후에 콘크리트를 현장 타설하여 설치하는 구조부재를 피어기초 (pier) 라고 말하며, 직경이 작은 것을 현장타설 말뚝이라 하고 직경이 사람이 들어가 작업할 수 있을 만큼 충분히 크게 ($\phi > 750$ mm) 굴착하는 것을 샤프트 (shaft) 라고 한다. 그 밖에 케이슨 (cassion) 이 여기에 속한다.

샤프트는 지반을 사각형이나 타원형 또는 원형단면으로 하고 충분히 크게 굴착하기 때문에 하부지층의 상태와 역학적 특성을 직접 확인할 수 있고, 단면이 커서 횡력 등 외력에 대한 저항성이 크며, 필요에 따라 선단을 확장하여 지지력을 증가시킬 수 있고, 각종 지반굴착장비를 이용하여 굴착효율을 증대시킬 수 있어서 유리하다.

샤프트를 굴착 (3.3.1 절) 하는 동안 굴착벽은 케이싱을 설치하거나 안정액으로 채워서 지지하며, 케이싱은 콘크리트 타설 후에 제거하거나 남겨둘 수 있다. 샤프트는 지지력 (3.3.2 절) 이 충분히 크고 침하 (3.3.3 절) 가 허용치 이내인 지반까지 굴착하여 설치한다.

샤프트 기초는 표 3.25 와 같은 장·단점을 가지며, 다음 내용에 유의하여 시공한다.
- 굴착진행에 따라 흙의 종류와 상태를 기록한다.
- 설계위치에 도달되면 장애물이나 공동 또는 측벽 등을 점검한다.
- 콘크리트를 자유낙하 시켜 타설할 때에 굴착측벽에 접촉되지 않도록 한다.
- 콘크리트 타설 중에 철근이 비틀리거나 좌굴되지 않도록 유의한다.
- 케이싱 인발 중 공극발생 여부를 콘크리트 양으로부터 검토한다.
- 콘크리트 충진 전에 케이싱을 인발하지 않는다.
- 바닥의 슬라임을 반드시 제거한다.
- 바닥이 암반이면 샤프트 직경의 1.5 배 이상 깊게 보링하여 지반상태를 확인한다.
- 바닥의 지층상태, 공동, 파쇄유무 등을 판단하기 위해 육안 검사한다.
- 케이싱 인발시 콘크리트양이 부족하지 않도록 유동성이 좋은 콘크리트로 충분히 채운다.
- 굴착시 지하수 유입 및 굴착측벽의 붕괴에 유의하여야 한다.

3.3.1 샤프트 굴착공법

샤프트는 인력 (Chicago 공법, Gow 공법 등) 이나 장비 (Benoto 공법, Calweld 공법, Reverse Circulation 공법 등) 로 굴착하며, 최근에는 각종 지반굴착기가 발달하여 기계 (장비) 굴착공법이 주로 사용되고 있다. 기계굴착하면 인력굴착할 때에 비하여 쉽고 빠르지만 굴착공 내부를 육안으로 직접 확인하지 못하는 단점이 있다.

표 3.25 샤프트 기초의 장·단점

장점	- 직경이 비교적 크므로 지지력이 크고, 횡력에 의한 휨모멘트에 저항할 수 있다. - 인력굴착 시에는 선단지반과 콘크리트를 잘 밀착시켜서 선단지지력을 확보할 수 있고, 지지층의 토질상태를 직접 조사하여 지지력을 확인할 수 있다. - 샤프트 직경의 3배 이내에서 선단을 확장하면 큰 양압력을 지탱할 수 있다. - 시공 시에 소음이 생기지 않아서 도시 내의 공사에 적합하다. - 시공 시에 지표의 융기(heaving)와 지반진동이 일어나지 않는다. - 샤프트는 주위 흙을 배제하지 않으므로(non-displacement pile) 인접한 말뚝이 옆으로 밀리든가 솟아오르는 등의 피해가 생기지 않는다. - 말뚝의 타입이 어려운 조밀한 자갈층이나 모래층에서도 기계를 사용하여 굴착하고 설치할 수 있다. - 일반적으로 공사비가 싸다. - 다양한 지반조건에 적용할 수 있다. - 현장조건에 따라 샤프트의 깊이와 직경을 현장에서 쉽게 변경할 수 있다.
단점	- 좋은 품질을 얻기 위해서는 작업숙련도가 필요하다. - 케이싱을 인발할 때에 콘크리트가 들어 올려져서 공동이 생기거나, 흙이 공벽에서 무너져 내려서 콘크리트와 섞일 위험이 있다. - 연약한 지반에서는 샤프트주위와 선단의 지반을 이완시킬 우려가 크다. - 지하수위 아래의 느슨한 사질토에서는 시공 시 파이핑 현상 등이 발생될 수 있다. - 사질토에서는 지하수위 아래에서 말뚝선단을 종모양으로 확장하기가 어렵다. - 작은 직경에서 지반상태를 확인하기 어렵고 중간이 가늘어지기 쉽다.

1) 인력굴착

(1) 시카고 공법 (Chicago method)

시카고 공법은 그림 3.62와 같이 판형부재를 연직으로 설치하면서 굴착하는 공법이며, 강성이 중간 정도(굴착벽이 수직으로 서 있는 정도) 이상인 점성토지반에 사용된다.

먼저 원형단면으로 0.6~1.8 m 굴착한 후에 흙막이 판으로 지지하고 반원형 강제띠 2개를 조합하여 만든 링으로 흙막이 판의 상하를 고정시킨다. 이 작업을 반복하여 하부 지지층에 도달되면 샤프트 저부를 종(bell) 모양으로 확대하여 지지면적을 크게 한다(그림 3.62).

사람이 들어가서 작업할 수 있도록 직경을 최소한 1.1 m 이상으로 하며, 상부는 지표수가 유입되지 못하도록 지표면보다 높게 돌출시킨다. 이 공법은 지반이 물로 포화된 모래층이나 점성이 없는 연약한 얇은 실트 층을 함유하지 않는 한 지하수위 아래에서도 적용할 수 있다. 지반 내에 얇은 포화토층이 있는 경우에는 차수해야 하며 이와 같은 경우에는 고우공법(Gow method)이 적합하다.

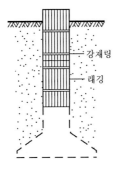

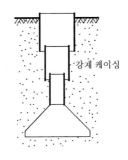

그림 3.62 시카고 공법 　　　그림 3.63 고우 공법

(2) 고우공법 (Gow method)

길이 $1.8 \sim 5.0\,\mathrm{m}$인 원통형 강재 케이싱을 지반에 삽입하고 내부 흙을 인력굴착한 후에 다시 다음 원통형 강재 케이싱을 삽입하는 작업을 반복한다. 케이싱의 직경은 하단으로 갈수록 작게 하며 상하 케이싱의 직경은 약 $5\,\mathrm{cm}$ 정도 차이를 둔다. 각 강재케이싱은 일정한 치수로 겹쳐지도록 하며 겹치는 치수는 지반의 강성에 따라 다르게 한다. 즉, 케이싱이 겹치는 틈을 통해서 주변지반이 안쪽으로 유동되지 않도록 겹치는 치수를 조절한다. 이 방법으로 $30\,\mathrm{m}$ 깊이까지 샤프트를 설치할 수 있고, 시카고 공법보다 약간 연약한 지반에 적합하다.

2) 기계굴착

(1) 베노토 공법 (Benoto method)

베노토 굴착기를 사용하여 지지층까지 굴착하고 그 속에 콘크리트를 현장 타설하여 기둥형 기초를 만드는 공법이다. 선단에 컷팅 에지가 있는 강재 케이싱을 반회전 요동시켜서 마찰을 줄여 지중에 압입시키는 동시에 햄머 그래브 (hammer grab) 로 지반을 굴착하고, 굴착공간을 벤토나이트 슬러리로 채워서 굴착 중에 지중응력의 변화가 거의 일어나지 않는다. 따라서 주변지반을 이완시키지 않고 굴착하여 콘크리트를 타설할 수 있다. 해머 그래브 선단의 컷팅 에지를 교체할 수 있어서 연약지반부터 강성지반 및 자갈층까지 능률적으로 굴착할 수 있고 선단 지지층을 이완시킬 염려가 없으므로 특히 수중굴착 시 우수한 공법이다.

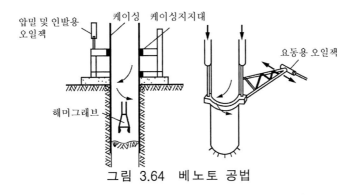

그림 3.64 베노토 공법

(2) 칼웰드공법 (Calwelde earthdrill method)

미국 칼웰드사가 개발한 공법으로, 케이싱 튜브를 사용하지 않는 점이 베노토 공법과 다르다(그림 3.65). 연약지반이나 기타 문제성 지반이 중간에 있을 때에는 부분적으로 케이싱을 설치한다. 회전식 버킷으로 굴착하기 때문에 굴착도중과 버킷을 꺼낼 때에 지반이 다소 이완되어서 샤프트의 지지력이 베노토 공법으로 굴착했을 때보다 작아진다.

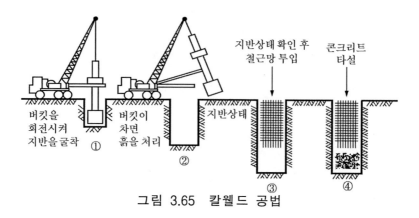

그림 3.65 칼웰드 공법

(3) 리버스 서큘레이션 공법 (RCD 공법, Reverse Circulation Drilling method)

독일에서 개발된 리버스 서큘레이션 공법은 케이싱을 사용하지 않고, 굴착공과 저수탱크 사이에 물을 환류시켜서 지반의 세립자와 물을 혼합하여 슬러리 상태로 만들어서 굴착 흙벽을 지지하는 공법이다(그림 3.66). 드릴 파이프 선단의 특수 비트를 회전시켜 지반을 굴착하고, 굴착된 토사는 드릴 파이프를 통해 물과 함께 지상 저수탱크에 배출하며, 토사를 걸러내고 물은 다시 굴착공간으로 되돌아가게 한다.

그래브나 버킷을 지상으로 인양하지 않으므로 연속굴착이 가능하고 시공능률이 좋다. 수중 굴착도 가능하나 너무 굳은 지반에는 부적당하다. 피압지하수가 있어서 공벽이 무너지면 굴착공 내 수위를 높인다. 굴착저면에 침전된 부유 토립자를 제거하고 콘크리트를 타설한다.

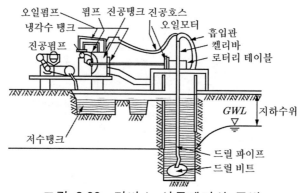

그림 3.66 리버스 서큘레이션 공법

3.3.2 샤프트의 지지력

샤프트는 직경이 큰 현장타설 말뚝이므로 그 지지력과 침하는 단일말뚝과 같은 방법으로 계산한다. 샤프트는 자중이 크고 하부가 확대된 형태를 설치하는 경우가 있는 것이 현장타설 말뚝과 다르며 현장타설 말뚝에 비해 주변마찰의 역할이 작은 반면에 선단지지력의 역할이 크다.

샤프트의 극한지지력 Q_u (ultimate bearing capacity of a shaft)는 보통 말뚝에서와 마찬가지로 선단지지력 Q_s 와 주변마찰저항력 Q_m 의 합이다.

$$Q_u = Q_s + Q_m \tag{3.100}$$

이때에 적용하는 지반 강도정수는 샤프트 바닥의 상부지반에서는 직경의 1.0 배, 하부지반에서는 2.5 배 깊이에 대한 평균값을 취한다.

샤프트의 선단지지력 Q_s (end hearing capacity of a shaft)는 얕은 기초 지지력공식을 적용하여 계산하며, 지지력계수는 Meyerhof 등의 방법으로 구한다. 샤프트의 길이가 길면 기초 폭의 영향을 무시할 수가 있다. 샤프트는 직경이 크므로 굴착한 흙의 무게를 제외하고 순 지지력을 택한다.

단면적 A_p 인 원형샤프트의 선단지지력 Q_s 는 다음과 같다.

$$Q_s = (cN_c + q'N_q - q')A_p = \{cN_c + q'(N_q - 1)\}A_p \tag{3.101}$$

샤프트의 주변마찰저항력 Q_m (side friction of a shaft)은 단일말뚝의 주변마찰저항과 같은 방법으로 구하며, 둘레 U_s 인 샤프트가, 단위마찰저항 τ_m 이고 두께 Δl 인 여러 개의 지층을 관통하여 설치되어 있을 때, 주변 마찰저항력은 다음과 같다.

$$Q_m = \Sigma U_s \tau_m \Delta l \tag{3.102}$$

샤프트 인발저항력은 인장말뚝과 같은 방법으로 계산하며, 그 자중과 주변마찰 저항력의 합에 해당하는 크기의 인발력을 버틸 수 있다. 하부 확장기로 하부를 확대한 종모양 샤프트 (bell type shaft)는 매우 큰 인발저항력을 발휘할 수 있으며, 그 인발저항력은 일반적으로 지중에 설치된 앵커정착판과 같은 방법으로 계산한다.

샤프트의 횡방향 지지력은 말뚝의 횡방향 지지력과 마찬가지로 탄성보 이론과 Winkler 모델 (수평방향 지반반력계수 k_h)을 적용하여 계산한다.

1) 사질토에 설치된 샤프트의 지지력

모래지반에서는 $c = 0$ 이므로 선단지지력 Q_s 는 위의 식 (3.101) 에서 다음이 된다.

$$Q_s = q'(N_q - 1)A_p \tag{3.103}$$

주변마찰력 Q_m 은 다음의 단위마찰 저항응력 τ_m 을 식 (3.39) 에 적용하여 구한다.

$$\tau_m = k_0 q' \tan\delta \tag{3.104}$$

여기에서 k_0 는 정지토압계수이고, q' 는 유효 연직응력이며, δ 는 샤프트와 흙의 마찰각이다. 단위마찰저항 τ_m 은 샤프트 직경의 15 배 깊이까지는 증가하고 그 이하에서는 일정하다고 가정한다.

2) 점토에 설치된 샤프트의 지지력

점토에서는 $\phi = 0$ 이므로 식 (3.101) 에서 $N_q = 0$ 가 되어 선단지지력 Q_s 는 다음과 같다.

$$Q_s = c_u N_c A_p \tag{3.105}$$

점토에 설치된 샤프트의 최대 선단지지력은 폭 (또는 직경) 의 $10 \sim 15\%$ 크기로 침하될 때에 도달되고, 점토에서는 $N_c = 9$ 이므로 위 식에 대입하면 그 최대 값을 구할 수 있다.

주변마찰저항 Q_m 은 샤프트가 폭 (또는 직경) 의 5% 침하될 때에 최대치에 도달되고 그 이상으로 침하되면 약간 감소하다가 거의 일정한 값에 수렴하게 되며, 이때에는 $\alpha = 0.35 \sim 0.40$ 을 적용한다.

$$Q_m = \Sigma\alpha c_u \Delta l A_p \tag{3.106}$$

이때에 α 는 $0.15 \sim 0.75$ 로 변하므로, $\alpha = 0.35 \sim 0.40$ 을 적용하면 안전측이다.

3.3.3 샤프트의 침하

샤프트의 침하 s (settlement of a shaft) 는 단일말뚝의 침하와 같은 방법으로 계산하며, 샤프트 축 방향 변형에 의한 침하 s_a 와 선단하중에 의한 선단 하부지반의 침하 s_p 및 주변마찰력에 의해 유발된 주변지반의 침하 s_r 의 합이다.

$$s = s_a + s_p + s_r \tag{3.107}$$

이때에 주변마찰에 의해 주위지반에 전달되는 하중은 샤프트의 축 하중이나 선단하중에 비하여 매우 작으므로 이에 의한 침하 s_r 은 무시할 수도 있다.

3.4 케이슨 기초

케이슨 기초 (caisson foundation) 는 지하구조물을 지상에서 먼저 만들고, 그 내부의 흙을 굴착하여 계획고까지 침매시켜서 설치하는 기초를 말한다. 케이슨은 흙지반에 적용되며 독일의 Kahl (1854) 에 의해서 라인강 교각공사에 최초로 적용되었다. 일반적으로 유효깊이가 기초폭 (단변) 의 1/2정도보다 작은 케이슨은 직접기초로서 설계하며, 이보다 깊거나 본체를 강체로 간주할 수 있는 케이슨은 깊은 기초로 취급한다 (3.4.1절) .

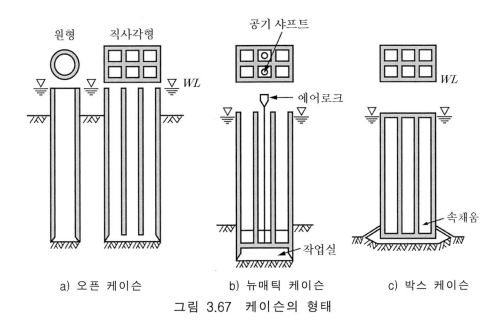

그림 3.67 케이슨의 형태

케이슨은 지지력 (3.4.2절) 이 충분히 크고 침하 (3.4.3절) 가 허용치 이내인 지지층에 도달할 때까지 지반을 굴착하고 설치하며, 오픈 케이슨 (open caisson), 뉴매틱 케이슨 (pneumatic caisson), 박스 케이슨 (box caisson 이나 floating caisson) 으로 분류 (3.4.4절) 한다 (그림 3.67). 케이슨은 지지력과 수평저항력이 큰 깊은 기초이며, 현장타설 말뚝이나 샤프트와 시공방법 (3.4.5절) 이 다르다.

3.4.1 케이슨 특성

케이슨은 수직도를 유지하면서 내부 흙을 굴착하여 제자리에 정치시킨 후에 콘크리트를 타설하여 바닥을 막는다. 케이슨의 선단에 있는 굴착 날 (cutting edge) 은 굴착이 용이하도록 안쪽으로 경사져 있고 마찰을 줄이기 위해 케이슨의 폭을 굴착 날의 폭보다 약간 작게 한다.

케이슨 기초는 표 3.26 과 같은 장단점이 있다.

표 3.26 케이슨 기초의 장·단점

장
점
	- 가설구조 없이 지반굴착이 가능하다.
	- 지하수위 이하로 굴착이 가능하다.
	- 수심 25 m 이상인 하상 또는 해상에서 교각기초를 건설할 수 있는 유일한
	  방법이며, 때에 따라 말뚝기초와 병용할 수 있다.
	- 케이슨을 계획고까지 침매시킨 후에 굴착 바닥에 콘크리트를 타설하여
	  지하공간을 확보할 수 있다.
	- 큰 수평력이 작용하는 경우에도 변위를 최소로 하여 시공할 수 있다.
	- 하상 또는 해상에서 시공할 때에는 케이슨의 일부 또는 전부를 육지에서
	  미리 제작한 후에 현지로 운반하여 설치할 수 있다.
	- 케이슨 시공에는 특수 장비와 특수기술자가 거의 필요치 않으므로, 이들이
	  갖춰지지 않은 현장에서 적용하기 쉽다.

단 점	- 케이슨 근접지반의 침하를 고려해야 한다. - 시공오차는 높이 10 cm 이고 수직도오차는 1 % 정도이다. - 시간에 따른 공정의 예측이 어렵다. - 굴착 날이 장애물에 도달되면, 잠수부를 동원해서 이를 제거해야 한다. - 유동성 지반에서는 케이슨내로 지반이 유동되어 주변지반파괴가 예상된다. - 경사지에서 시공하면 사면파괴가 일어날 가능성이 있다.

3.4.2 케이슨의 지지력

1) 케이슨의 허용 연직지지력

케이슨의 허용 연직지지력 Q_{av} (allowable vertical bearing capacity of a caisson) 는 얕은 기초에 대한 식으로 계산한 극한지지력 Q_{uv} 를 안전율로 나누어서 구한다. 이때에 케이슨 바닥보다 위쪽의 지반은 단순히 상재하중으로 간주하므로 안전율은 케이슨 바닥의 하부 지반에 대해서만 적용한다.

케이슨의 연직방향 안전율 η_{sv} (safety factor of a caisson) 는 대체로 평상 시에는 3.0 으로 하고 지진 시에는 2.0 으로 한다.

$$Q_{uv} = \alpha c N_c + \beta \gamma_2 B N_r + \gamma_1 D_f N_q \tag{3.108a}$$

$$Q_{av} = \frac{1}{\eta_{sv}} (Q_{uv} - \gamma_1 D_f) + \gamma_1 \, D_f = \frac{1}{\eta_{sv}} Q_{uv} + (\eta_{sv} - 1) \gamma_1 D_f \frac{1}{\eta_{sv}} \tag{3.108b}$$

2) 케이슨의 허용수평지지력

(1) 수평하중 및 모멘트가 작용할 때

높이 h 인 케이슨의 허용수평지지력 Q_{ah} (allowable horizontal bearing capacity of a caisson)는 그 위치에서 지반의 수동토압을 극한 수평지지력 Q_{uh} 으로 간주하여 안전율 η_{sh} 로 나눈 값이며, 수평방향 안전율 η_{sh} 는 평상시에 1.5, 지진 시에 1.1로 한다.

$$Q_{uh} = \frac{1}{2}\gamma h^2 K_p + h\,c\ 2\sqrt{K_p} \tag{3.109a}$$

$$Q_{ah} = Q_{uh}/\eta_{sh} \tag{3.109b}$$

여기에서, K_p 는 Rankine 의 수동토압계수이다.

(2) 케이슨 저면지반의 허용전단저항력 H_a

케이슨 저면과 지반사이의 허용전단저항력 H_a 는 케이슨 저면과 지반 사이에 작용하는 극한전단저항력 H_u 를 안전율 η_s 로 나누어 정한다. 안전율 η_s 는 평상시에는 1.5, 지진 시에는 1.2를 적용한다. 이 때 면적 A 인 케이슨 저면의 극한전단저항력 H_u 는 케이슨저면과 지반사이의 부착력 c_B 와 마찰 (마찰각 ϕ_B) 에 의한 저항력의 합이 된다.

$$H_u = c_B A + P\tan\phi_B \tag{3.110a}$$

$$H_a = H_u/\eta_s \tag{3.110b}$$

여기에서 P 는 케이슨 저면에 작용하는 연직력이다. 케이슨 저면과 지반 사이 마찰각 ϕ_B 는 흙과 콘크리트에서 $\phi_B = 2/3\phi$, 암반과 콘크리트에서 $\tan\phi_B = 0.6$ 으로 한다.

(3) 케이슨의 주변마찰력

케이슨의 침매 시 발생하는 주변마찰력 (side friction of a caisson)은 케이슨의 외주면과 지반사이의 전단저항력이다. 케이슨은 침매 시 하중을 추가로 더 가하지 않도록 가능하면 주변마찰력보다도 큰 무게를 가지도록 설계한다. Terzaghi/Peck (1967) 은 주변마찰력을 표 3.27 과 같이 제안하였다.

표 3.27 케이슨의 주변마찰력

지 반 의 종 류	주변 마찰력 f (t/m²)
실트와 연약점토	0.73~3.0
매우 굳은 점토	5.0~20.0
느슨한 모래	1.25~3.5
치밀한 모래	3.5~7.0
치밀한 자갈	5.0~10.0

주위지반에 비해 케이슨의 지지층이 상당히 강한 경우에는, 케이슨 완성 후에 시일이 경과함에 따라 주변마찰력이 무시할 수 있을 만큼 감소하여 하중의 대부분은 저면에서 지지되므로 연직하중에 대한 선단지지력만을 검토하고 주변마찰력을 무시하는 것이 안전하다.

(4) 부 주변마찰력 (negative skin friction)

압밀지층을 관통하여 지지층에 도달한 케이슨에서는 주변 부 주변마찰력 Q_{nc} (negative skin friction of a caisson)을 검토해야 한다. 케이슨 부 주변마찰력의 계산방법에 대해서는 정설이 없으나 주변장이 U 이고 압축지층 저면의 깊이가 H 일 때에 다음과 같이 한다.

$$Q_{nc} = UHF \tag{3.111}$$

여기에서 케이슨 주변 평균마찰력 F 는 일축압축강도 q_u 의 절반 즉, $q_u / 2$ 로 보아도 좋다. 이때에 부 주변마찰력과 기타 장기하중의 합의 1.5 배 크기가 되는 하중이 케이슨 저면의 극한지지력을 초과하지 않으면 안전하다고 본다.

3.4.3 케이슨의 침하

1) 케이슨 연직침하

케이슨에서는 시공 후 작용하중에 의한 연직침하를 계산해야 하며, 케이슨에 큰 수평하중이나 모멘트가 작용하면 이에 의한 수평변위를 계산한다. 케이슨 저면 하부의 지반침하는 일반기초와 같은 방법으로 사질토에서는 탄성침하를 점성토에서 압밀침하를 계산한다.

케이슨 상단부의 연직침하 s_0 (vertical settlement of a caisson)는 케이슨의 저면하부에 있는 지반의 침하 s 와 케이슨의 탄성변위 Δl 을 합한 크기이며,

$$s_0 = s + \Delta l \tag{3.112}$$

케이슨의 탄성변위 Δl 은 중간단면적 A_0 와 상단부 연직하중 V_0 로부터 계산한다.

$$\Delta l = \frac{l}{EA_0} \left[V_0 + \frac{1}{2} w \, l \right] \tag{3.113}$$

여기에서 l 은 케이슨의 저면길이이고, w 는 케이슨 저면의 단위길이 당 무게이며 E 는 케이슨의 탄성계수이다.

2) 점성토

케이슨 저면 하부 기초지반이 두께 H 인 정규압밀 점토일 때에, 케이슨하중 ΔP 에 의한 압밀침하량은 지반의 압축지수 C_c 와 초기 간극비 e_0 를 적용하여 압밀 침하식으로 계산한다.

$$s = \frac{\Delta e}{1 + e_0} H = \frac{C_c}{1 + e_0} H \log \frac{P_0 + \Delta P}{P_0} \tag{3.114}$$

여기에서, P_0 는 초기하중이고 ΔP 는 증가하중이다. 과압밀 점토에서는 선행하중을 초과한 하중에 대해서만 압밀침하를 계산한다.

3) 사질토

케이슨 저면 하부지반이 사질토인 경우에, 면적 A 인 케이슨 바닥에 작용하는 연직하중 V 에 의한 사질토층의 연직방향 탄성침하 s 는 지반반력계수 k_v 를 적용하여 계산한다.

$$s = \frac{V}{k_v A} \tag{3.115}$$

3.4.4 케이슨 종류

1) 오픈케이슨

(1) 오픈케이슨의 특성

오픈 케이슨은 현장에서 뚜껑이나 바닥이 없는 우물통 모양의 케이슨을 건조한 다음에 통내의 흙을 굴착하여 케이슨을 침매 시키고 점차 케이슨을 이어가면서 원하는 지지층까지 도달시켜서, 수중에서 바닥 콘크리트 슬래브를 타설하고 그 속을 모래, 자갈, 빈배합 콘크리트 등으로 채운 다음에 상부콘크리트 슬래브를 설치하는 공법이다 (그림 3.68).

이 공법의 장·단점은 다음과 같다.

- 장점
    - 침매 깊이에 제한이 없다.
    - 기계설비가 비교적 간단하다.
    - 공사비가 일반적으로 싸다.
- 단점
    - 케이슨 저부에서 슬라임을 깨끗이 제거하기가 어렵고, 기초지반의 지지력과 토질상태 등을 직접 조사 확인할 수 없다.

    - 수중 타설한 저부 콘크리트가 불충분한 것이 되기 쉽다.

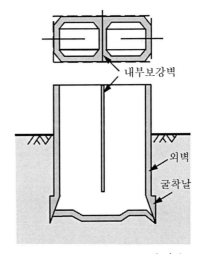

그림 3.68 오픈 케이슨

- 전석 등 장애물이 있을 때에는 굴착 - 침하작업이 지장을 받아서 공사가 늦어진다.
- 지지암반 경계면이 불규칙하거나 경사져서 케이슨이 암반에 도달된 후에 기울어질 위험성이 있으면, 시멘트 그라우팅하여 암반과 케이슨 저부를 강하게 밀착시킨다.

– 굴착 시 굴착날 끝의 하부지반이 이완되어 보일링과 히빙이 일어날 수 있다. 이를 예방하기 위해서는 케이슨 내부의 수위가 외부수위 보다 높도록 물을 주입하거나 케이슨저면의 굴착 깊이를 항상 날 끝 위치보다 높도록 케이슨 침하를 선행시킨다.

– 무게중심이 높아져서 케이슨이 기울어질 염려가 있다.

– 침매 하중을 가할 때에는 하중의 재하와 제거를 반복해야 하므로 공기가 늦어진다.

(2) 오픈 케이슨의 구조

① 단면형상

오픈 케이슨의 단면형상은 주로 상부구조 형상에 의해 결정되며 다음과 같은 것들이 있다.

· **원형** : 면적에 비해서 주변장이 짧아 다른 단면형상보다 주변마찰이 작으며 이동 및 회전이 쉽고 흐르는 물에서는 물의 흐름저항이 적다.

· **직사각형** : 폭 대 길이의 비를 1 : 3 이하로 한다. 이보다 크면 침매 중에 콘크리트 구조물에 비틀림이 생긴다. 또한 다른 단면에 비하여 동일면적에 대한 주변장이 크고 주변마찰력이 커서 침매가 어렵다.

· **정사각형** : 원형보다 주변장이 크고 주변마찰이 크다.

· **직사각형과 원의 혼성형** : 교각 등에서 유수저항을 감소시키기 위해 직사각형의 양단을 원형으로 한 형태이며 이때에도 장단비는 1 : 3 이하로 한다.

· **타원형** : 하천을 사각으로 횡단할 때에 교각의 유수저항과 상류측 수면융기를 줄이는 데 유리하지만 거푸집 비용이 많이 든다.

② 측벽

케이슨은 보통 철근콘크리트 구조로 하며 측벽 두께는 40~80 cm 정도이다. 측벽 두께에 따라 케이슨 자중이 달라지므로, 측벽의 두께는 주변마찰력을 추정하여 자중과 침하에 대한 저항력의 평형을 검토하여 결정한다. 케이슨 측벽의 두께는 구조물의 안정조건뿐만 아니라 시공조건도 고려하여 결정한다. 강성지반에서는 케이슨의 자중이 부족할 수 있으므로 추가로 하중을 가한다. 측벽에서 공기, 물, 슬러리 등을 분사시키면 마찰력이 1/3 정도 경감하므로 하중재하 없이 또는 작은 하중을 재하하여 침매시킬 수 있다.

③ 케이슨 굴착날

케이슨의 굴착 날 (cutting edge) 은 외벽의 선단부분을 말하며 케이슨의 지중관입을 쉽게 해주고 지중장애물에 부딪히거나 불규칙한 굴착으로 인하여 케이슨 굴착 날에 공극이 생길 때에 측벽의 응력을 평형화시키는 역할을 한다. 케이슨 굴착 날은 3 m 이상 높게 설치하며 그 각도는 지반에 따라 30° ~ 60° 정도로 한다. 주변마찰을 줄이기 위해 끝날 상부에 5~10 cm 정도의 소단을 만들거나 일정한 경사를 둔다. 케이슨의 굴착 날은 그림 3.69 와 같이 강재 끝날을 붙여서 보호한다.

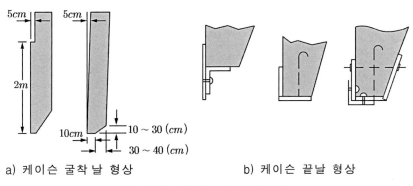

a) 케이슨 굴착 날 형상　　　　　b) 케이슨 끝날 형상

그림 3.69 케이슨의 굴착 날

(3) 오픈 케이슨의 침매

케이슨은 육상은 물론 해상에서도 침매시킬 수 있으며 해상에서는 주변에 물막이를 가설하거나 육지에서 제작하여 원위치로 예인한 후에 가라 앉혀서 설치한다. 케이슨의 침매작업은 내부의 토사를 굴착하고 하중을 가하는 일이 주공정이며, 케이슨이 기울어지거나 굴착 중에 위치가 이동되지 않도록 주의한다.

케이슨은 무거울수록 좋지만 너무 자중이 크면 콘크리트를 타설하는 동안에 너무 큰 침하가 일어날 수 있다. 그러나 너무 가벼우면 하중을 가해야 하는데 하중의 재하 및 제하작업은 번거롭고 공사비가 많이 든다.

① 굴착

케이슨의 침매 공정은 내부 굴착속도에 의해 좌우된다. 인력으로 굴착할 때에는 버킷으로 토사를 실어 올리며 대형 케이슨인 경우에는 크램 쉘이나 버킷 등 기계를 사용하여 굴착한다. 케이슨은 실제에서는 거의 수중굴착이며, 건조한 상태에서 굴착할 때보다 능률은 떨어지나 더 안전하다. 사질토에서는 수중 굴착할 때에 샌드펌프를 사용할 수 있다.

처음의 3 m 정도까지는 침매 중에 기울어지거나 위치이동이 일어날 위험이 있으므로 주의한다. 대형 케이슨에서는 침매 초기에 2차 응력이 발생되지 않도록 균등 침매시켜야 한다. 침매를 가능하게 하고 침매 속도를 빠르게 하기 위하여 케이슨의 자중 이외에 추가하중을 가하거나 여러 가지 방법으로 주변마찰을 줄여 준다.

② 침매 방법

케이슨의 침매를 촉진시키기 위하여 케이슨에 다음 방법으로 유효하중을 가한다.

- **하중 재하** : 현장의 자재나 골재 또는 굴착한 내부토사 등을 사용하여 자중을 증가시키거나 주변에 앵커를 설치해서 재하하여 케이슨의 침매를 돕는다.

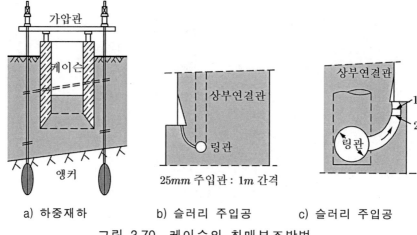

a) 하중재하   b) 슬러리 주입공   c) 슬러리 주입공

그림 3.70 케이슨의 침매보조방법

- **공기나 물 분사** : 굴착 날의 끝날 부분에서 공기나 물 또는 그 혼합물을 분사시켜서 주변마찰을 감소시킨다. 점성토에서는 물, 사질토에서는 물과 공기의 혼합물이 주로 쓰인다.

- **물하중 재하** : 케이슨의 하부에 수밀한 챔버를 설치하여 물을 채우면 효과적인 재하 하중이 된다. 물의 양으로 침매 속도를 조절할 수 있다.

- **내수위저하** : 케이슨 내부의 수위를 내려서 부력을 감소시켜서 자중을 증가시킬 수 있다. 그러나 내수위를 너무 많이 내리면 보일링과 히빙 현상이 생겨서 케이슨이 급격히 침매 되거나 기울어지므로 주의해야 한다.

- **발파** : 진동발파에 의해서 케이슨을 침매시키는 방법이다. 즉, 화약의 폭발력을 이용해서 케이슨 자체에 충격하중을 가하여 마찰저항을 감소시킨다.

- **내부감압** : 뉴매틱 케이슨에서는, 밀폐공간의 압력을 낮추면 결과적으로 하중을 가하는 효과를 얻으므로. 밀폐공간의 압력을 조절하여 케이슨의 침매를 돕는다.

③ 케이슨의 속채움

케이슨을 소정의 위치에 침매시키고 재하시험 등으로 지지력이 충분한 것이 확인되면 굴착을 중지하고 밑바닥을 고르고 이완된 토사를 제거한 후 조약돌 또는 자갈을 포설한 다음에 저부콘크리트를 타설한다.

④ 지지력의 확인

굴착바닥에서 평판재하실험 등을 실시하여 지지력을 확인한다.

【예제】 다음 오픈케이슨에 관한 설명 중 틀린 것이 있으면 정정하시오.

① 침매 깊이에 제한이 없고 기계설비가 간단하여 공사비가 저렴하다.
② 바닥 콘크리트는 수중 타설할 수 있다.
③ 지지암반 경계가 불규칙하거나 경사져도 문제가 없다.
④ 기초지반의 보일링과 히빙이 발생 할 수 있으므로 항상 주의한다.
⑤ 주로 원형단면으로 건설하며 직사각형이나 타원형도 가능하다.
⑥ 외벽은 마찰이 적도록 매끄럽게 마감하고 슬러리 등을 주입한다.
⑦ 초기 굴착 시에 케이슨이 기울어지지 않도록 유의한다.

【풀이】 ③ 케이슨이 기울어질 우려가 있다.

2) 뉴매틱 케이슨 (압축공기식 케이슨, pneumatic caisson)

(1) 뉴매틱 케이슨의 특성

뉴매틱 케이슨(pneunmatic caisson)은 굴착 날 부위의 작업 공간 등 케이슨의 일부 또는 전부에 압축공기를 가하여 건조한 상태에서 굴착하는 케이슨을 말한다. 이 방법은 1841년 프랑스 기술자 Triger가 제안하였다. 굴착작업 중에 바닥에 접근이 가능하여 장애물 등을 제거할 수 있고, 굴착완료 후에 지반의 지지력 시험이 가능하며 침하가 작은 장점이 있다.

콘크리트를 치고 침매시키는 작업을 서로 방해받지 않고 수행할 수 있는 반면에 공사비가 추가되며 인건비가 높은 단점이 있다. 뉴매틱 케이슨은 연직이나 경사지게 굴착할 수 있다.

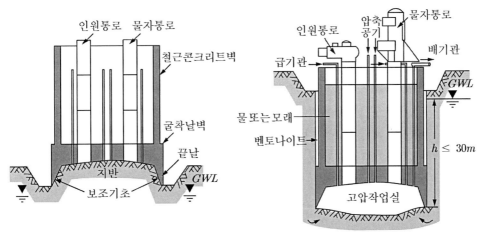

a) 굴착 초기   b) 굴착 후

그림 3.71 뉴메틱 케이슨

그림 3.71은 뉴매틱 케이슨을 나타내며, 지반굴착은 과거에는 인력으로 했으나 현재에는 작은 굴착기계, 준설식, 공기식 또는 유압식으로 하며 소규모 발파도 병행 가능하다. 버력처리가 문제되지 않도록 인원과 물자 운반통로를 구별하여 설치한다.

일반 케이슨에 비하여 작업공간을 제외한 상부공간을 작게 하는 대신에 나머지 공간을 모래나 물 등으로 채워서 굴착하중을 조절할 수 있으며, 접근통로만 폐쇄하면 되기 때문에 폐쇄공간이 작다. 콘크리트를 칠 때에는 시공이음이 없어야 한다.

(2) 장단점

뉴매틱 케이슨은 케이슨 저부를 슬래브로 막아서 작업실을 만들고 이 작업실에 압축공기를 가하여 지하수 유입이나 지반의 보일링과 히빙 등을 막으면서 인력굴착으로 케이슨을 침매시키는 방법이다. 뉴매틱 케이슨은 작업실을 만들어 여기에 압축공기를 사용한다는 점만이 다를 뿐 나머지는 모두 오픈 케이슨과 같으며 이 공법의 장단점은 다음과 같다.

- **장 점**
  - 지하수를 완전히 배제하여 건조 상태에서 작업하므로 침하공정 진행속도가 일정하며 끝날 밑의 장애물을 쉽게 제거할 수 있어 공정이 빠르고 공기를 확실히 예측할 수 있다.
  - 지반을 직접 확인할 수 있고 지지력을 비교적 정확히 측정할 수 있다.
  - 침매하중의 증감이 쉽고 중심위치가 낮아 위치이동이나 기울어짐이 적으므로 정위치에 설치할 수 있으며, 위치이동이 생겼거나 기울어지더라도 수정이 비교적 쉽다.
  - 수중콘크리트를 사용하지 않으므로 바닥슬래브를 신뢰성 있게 시공할 수 있다.
  - 기초지반의 보일링과 히빙을 방지할 수 있어서 인접 구조물에 피해를 주지 않는다.

- **단 점**
  - 압축공기를 이용하여 시공하므로 비싼 기계설비가 필요하다. 따라서 소규모 공사나 심도가 아주 깊은 공사(심도 40 m 이상) 등에는 비경제적이다.
  - 작업자와 노동조건의 제약 때문에 작업자 모집이 곤란하며 노무비가 비싸게 든다.
  - 주야로 작업하므로 관리 및 작업인원이 많이 필요하다.
  - 케이슨병이 발생한다. 케이슨병은 고압에서 작업을 한 후에 대기압 중에 나올 때 갑작스런 감압 때문에 혈액이나 조직 내에 용해되어 있던 질소가스가 기포화 되어 체내에 잔류하여 모세혈관을 막아서 생기는 병이다.
  - 소음과 진동이 커서 도시에서는 부적당하다.
  - 굴착 깊이에 제한이 있다. 사람이 견딜 수 있는 압력 한도는 3.5~4.0 기압이기 때문에 수면 아래 40 m 하부는 굴착이 불가능하며, 10 m 이하에서는 오픈 케이슨이 경제적으로 유리하다. 뉴매틱 케이슨의 적용심도는 수면 이하 10~40 m 정도이다.

(3) 뉴매틱 케이슨의 설비

뉴매틱 케이슨은 압축공기를 사용하는 작업실이 있다는 점이 오픈 케이슨과 다르다. 천정의 높이는 작업에 지장이 없는 한 낮게 정하며, 보통 2 m 정도로 한다. 천정에 에어 록 (air lock)이 있는 샤프트를 설치하여 작업실의 내부와 외부의 연락통로로 하고 작업원과 재료를 출입시킨다.

압축공기는 작업실내의 물을 배출하는 데 필요하며 작업실내의 기압은 날 끝에서 침입하는 물의 압력과 평형을 유지하여야 한다.

지하수가 많거나 지반에서 가스가 배출되는 지역에서는 만일의 정전사고에 대비하여 전원은 2계통에서 구하며, 사고 시에 즉시 바꿔서 송전할 수 있도록 정비한다. 특수한 경우에는 디젤 발전기나 디젤 컴프레서도 사용하지만 전기가 가장 편리하고 경제적인 에너지일 경우가 많다. 작업실 내에는 습기가 많고 짙은 안개가 생기기 쉬우므로 조명은 충분히 하고 습기에 의한 누전에 주의해야 한다.

높은 압력에서 작업하므로 케이슨병에 걸리기 쉬운데, 사람의 체질, 건강상태, 기압, 체류 시간, 감압속도 등에 따라서 큰 차이가 있다. 급속감압은 발병의 큰 원인중의 하나이며, 발병했을 때에는 환자를 일단 원래 압력 하에 있게 한 다음 서서히 감압하는 것이 효과적인 치료방법이다. 이와 같은 치료를 위하여 요양 챔버를 미리 설치해 두어야 한다.

(4) 뉴매틱 케이슨의 침매

케이슨은 끝날의 하부지반을 굴착하면 자연스럽게 침매되며, 침매가 어느정도 진행되면 마찰저항이 커져서 끝날 하부지반을 굴착하는 것만으로 더 이상 침매되지 않을 때가 있다. 이때에는 작업실 내 양압력을 일시적으로 감소시키거나 (감압 침매) 작업실 내 기압을 전부 제거하여 (배기 침매) 침매시킨다.

주변마찰력을 없애기 위해서 굴착날 상부에서 1 m 간격으로 노즐을 설치하여 슬러리를 주입하기도 한다. 케이슨의 중량이 크면 작업실 내 양압력이 높아지므로 케이슨병 발생의 위험과 공기 소비량이 크게 되어 비경제적이다.

케이슨의 침매작업이 완료되면 작업실 천정과 지반의 사이에 오일 잭 (30~50 t)을 설치하고 보통 0.1 m² 의 재하판을 사용하여 기초지반의 지지력을 시험한다. 지지력이 충분히 크면 작업실을 콘크리트로 채운다. 이때에 콘크리트가 케이슨의 끝날과 작업실의 주변 및 천정에 고르게 차도록 한다.

압력에 따라 작업시간과 압력저하시간 및 압력변화의 허용치가 규정되어 있으며 물자반입 등으로 불가피하게 압력을 낮출 경우에는 먼저 인력을 철수시켜야 한다. 지반을 발파하는 경우에는 발파에 의한 가스를 완전히 배기한 후에 인력을 투입해야 한다.

【예제】 다음의 뉴매틱에 관한 설명 중 틀린 것이 있으면 정정하시오.
　① 뉴매틱 케이슨은 콘크리트 타설하고 침매시키는 작업이 간섭 없이 진행될 수 있다.
　② 뉴매틱 케이슨 내 작업실 압력은 약 4기압정도가 한계이다.
　③ 굴착 중에 지반을 직접 관찰하므로 정확한 지지력 측정이 가능하다.
　④ 수중콘크리트를 사용하여 저부 콘크리트를 신뢰성 있게 타설할 수 있다.
　⑤ 압축공기를 이용하므로 비싼 기계설비가 필요하다.
　⑥ 고압 하에서 작업하므로 케이슨병이 발생하지 않도록 대책과 설비가 필요하다.

【풀이】　④ 수중콘크리트를 사용하지 않는다.

3) 박스 케이슨 (box caisson)

박스케이슨은 저면이 막힌 박스형 케이슨을 육상에서 건조한 후에 해상에 진수시켜서 예정위치로 예인하고 박스내부를 모래, 자갈, 콘크리트 또는 물로 채우고 침매시켜서 설치하는 공법이다.

(1) 박스케이슨의 특성

박스 케이슨은 다음 장단점이 있다.

- 장 점
- 공사비가 싸다.
- 현 위치에서 케이슨을 구축하는 것이 비싸거나 부적당할 때에 적용된다.

- 단 점
- 지반의 표면은 원래 수평이거나 또는 수평면으로 굴착해야 한다.
- 케이슨을 지지하기에 알맞은 지층이 지표면 근처에 있는 경우에만 적합하다. 포화된 흙은 굴착 내부로 쉽게 유입되므로 깊게 굴착할수록 공사비가 증액된다.
- 기초부분이 세굴되지 않도록 해야 한다.

(2) 박스 케이슨의 침매

수심이 비교적 얕고 기초지반이 암반이거나 비세굴성 조밀한 모래인 경우에는 표면을 평탄하게 고르고 그 위에 케이슨을 설치할 수 있다. 기초지반이 세굴 되거나 활동파괴 되는 곳에서는 케이슨이 적당하지 않다. 수심이 깊으면 사석을 깔고 그 위에 케이슨을 설치한다.

연약한 기초지반에서는 양질의 사석을 사용할 수 있으며 연약층이 깊어서 굴착이 불가능한 경우에는 말뚝으로 지지된 콘크리트 슬래브 위에 설치할 수도 있다. 사석 하부에 침상을 설치하여 케이슨에 의한 지중응력을 분산시키는 방법도 있다.

【예제】 다음의 박스케이슨에 대한 설명 중 틀린 것이 있으면 정정하시오.

① 박스케이슨은 육상에서 건설하고 수상에 진수하며 예정위치로 예인하여 침매시킨다.
② 박스케이슨은 현 위치에서 케이슨을 구축하기가 비싸거나 부적합할 때에 적용한다.
③ 케이슨을 지지하기에 충분한 지층이 깊을 때에 적용한다.
④ 기초부분 지반의 세굴에 대한 대책이 필요하다.
⑤ 연약한 기초지반에서는 양질의 사석을 깔고 케이슨을 설치한다.
⑥ 현장지반 조건에 따라 말뚝으로 지지된 슬래브위에 설치할 수 있다.

【풀이】 ③ 지지층이 깊지 않을 때에 적용한다.

3.4.5 케이슨의 시공

케이슨은 설치 깊이와 치수에 제한이 없다. 케이슨은 큰 하중이 작용할 경우에 대비하여 강성도가 충분히 크도록 단면을 결정하며, 단면의 크기에 비해 케이슨의 높이가 작을 경우에는 어려움이 뒤따른다. 외벽은 침매에 지장이 없도록 매끄럽게 마감하며 자중이 크도록 두껍게 한다 (약 60 cm).

케이슨의 단면크기는 얕은 기초에 준하는 사용목적이나 안전성을 확보할 수 있는 치수로 정한다. 정역학적으로 가장 유리한 단면은 원형단면이며, 가능한 한 대칭형으로 하여 굴착 하중과 토압이 고르게 분산되게 한다. 흡입 굴착할 경우에는 단면을 하부로 갈수록 커지게 하여 안전율을 크게 할 수 있다.

케이슨 침매 시 한 면이 주동상태이면 마주보는 면은 수동상태가 되므로 이를 고려하여 안전율과 침하 및 기울어짐을 계산한다. 케이슨 저면에서 최대지반반력은 지반의 허용지지력과 그 점에서의 지반의 허용수평지지력을 초과하지 않아야 하고, 전단저항력은 케이슨 저면과 지반 사이의 허용전단력을 초과하지 말아야 한다.

케이슨 상단부의 변위는 상부구조에 따른 허용 변위량을 고려하여 검토하며 케이슨 각 부분의 응력이 허용응력을 초과하지 않아야 한다.

해상에 플랫폼을 설치하여 제작하거나, 케이슨의 일부 또는 전부를 육상에서 제작하여 현지로 예인하여 침매시킨다. 그밖에 육상에서 제작한 강재거푸집을 현장에 운반하여 침매시킨 후 콘크리트를 쳐서 만드는 방법도 있다.

케이슨은 대체로 대칭으로 굴착한다. 굴착초기에는 벽체가 높지 않으나, 굴착 후기에는 벽체가 높아지기 때문에 케이슨이 처지거나 휘어지는 경우가 생길 수 있다. 사각형 단면을 갖는 대형 케이슨은 평행사변형 형태의 변형에 민감하므로 침매 중에 대각선으로 스트러트를 설치하는 것이 좋다.

케이슨에는 항상 연직하중이 작용하도록 침매 및 콘크리트 타설 시공속도를 조절하며, 침매 속도는 결정하기가 어려우나 대개 25~40 cm/day 정도이다. 케이슨의 침매는 벽마찰 때문에 간헐적으로 일어나므로 굴착작업을 중단 없이 계속해야 한다. 케이슨을 침매시킬 때에는 굴착과 콘크리트 타설 작업이 서로 간섭되기 때문에 작은 단면으로 미리 제작했다가 조립하는 식의 공법이 유리하다.

굴착작업이 끝나면 굴착저면에 콘크리트를 타설하고 마감한다.

【예제】 케이슨의 시공 시 주의 사항 중에 틀린 것이 있으면 정정하시오.
① 케이슨은 충분한 강성을 가져야 한다.
② 케이슨의 단면 크기에 비해 높이가 작으면 어려움이 뒤따른다.
③ 케이슨 침매 시 한 면이 주동상태이면 마주 보는 면은 수동상태이다.
④ 케이슨 저면의 최대지반 반력은 그 지점의 허용지지력을 초과하지 말아야 된다.
⑤ 케이슨 굴착은 대칭으로 하고 벽체가 휘어지지 않도록 유의한다.
⑥ 대형사각형 단면은 평행사변형 형태의 변형에 민감하므로 침매 중에 대각선으로 스트러트를 설치한다.
⑦ 케이슨의 굴착은 중단 없이 일정한 속도로 진행한다.
⑧ 케이슨에는 항상 연직하중이 작용하도록 시공속도를 조절한다.

【풀이】 해당 없음

【연습문제】

【문 3.1】 말뚝기초의 선택여건을 열거하시오.

【문 3.2】 강말뚝의 장단점을 설명하시오.

【문 3.3】 프랭키 말뚝과 페데스탈 말뚝의 차이점을 상세히 설명하시오.

【문 3.4】 말뚝재하시험의 재하방법을 설명하고, 상호 비교하시오.

【문 3.5】 말뚝재하시험 후에 극한지지력을 결정하는 방법을 설명하고 가장 유리하고, 확실한 방법을 추천하시오.

【문 3.6】 선단지지말뚝과 마찰말뚝에 대해 설명하시오.

【문 3.7】 $N = 30$ 인 사질토에서 길이 $15\,m$, 직경 $30\,cm$ 인 다음 말뚝을 설치했을 때 각각 극한지지력을 결정하시오 단, 필요한 설계값은 대표적인 값을 사용하시오.
① 콘크리트 말뚝
② 나무말뚝
③ 강재말뚝

【문 3.8】 느슨한 세립의 모래지반에 설치한 말뚝이 지진이 발생했을 때 나타낼 거동을 설명하시오.

【문 3.9】 표준관입시험 자료를 이용해서 말뚝을 설계하는 방법을 설명하시오

【문 3.10】 콘 관입시험 결과를 이용해서 말뚝을 설계하는 방법을 설명하시오.

【문 3.11】 항타말뚝과 소구경 피어의 거동을 상호비교하여 설명하시오

【문 3.12】 말뚝에서 '$\sigma - z$ 곡선' 과 '$p - y$ 곡선'을 설명하시오.

【문 3.13】 말뚝의 선단이 위치한 지지층의 하부에 연약한 지층이 두껍게 존재할 때에 말뚝의 설치개념을 설명하시오.

【문 3.14】 길이 10 m 인 나무말뚝을 느슨한 모래지반 ($N=30$) 에 설치할 때에 직경을 30 cm 로 하는 것보다 직경을 45 cm 로 하면 지지력이 얼마나 증가하나 ?

【문 3.15】 수평방향지반반력계수를 결정하는 방법을 설명하시오.

【문 3.16】 현장에서 자주 사용하는 H 250 빔을 $N=20$ 인 점토지반에 어느 깊이 이상 관입시켜야 안정되게 횡력을 지지할 수 있나 ?

【문 3.17】 다음의 샤프트 건설 공법을 상세히 설명하시오
　　　　　① 시카고 공법
　　　　　② 고우 공법
　　　　　③ 베노토 공법
　　　　　④ 칼웰드 공법
　　　　　⑤ 리버스 서큘레이션 공법

【문 3.18】 오픈 케이슨의 구조와 시공 방법을 설명하시오.

【문 3.19】 케이슨의 굴착 날의 설계주안점을 설명하시오.

【문 3.20】 케이슨의 침매방법과 침매 가속화 방안을 설명하시오.

【문 3.21】 케이슨 굴착 시 하부지반의 지지력을 구하는 방법을 설명하시오.

【문 3.22】 뉴매틱 케이슨의 특수설비에 대해 설명하시오.

【문 3.23】 뉴매틱 케이슨의 시공 중 암반을 발파할 때의 주의 사항을 열거하시오.

【문 3.24】 박스케이슨과 기타케이슨의 차이점을 설명하시오.

【문 3.25】 케이슨의 침매를 용이하게 할 수 있는 구조형태를 설명하시오.

제4장 옹벽

4.1 개 요

옹벽 (retaining wall)은 작용외력을 저판의 마찰저항력으로 지지하는 개념의 구조물을 말하며, 널말뚝 (sheet pile)은 작용외력을 지반에 관입된 널말뚝 부분에서의 수동토압으로 지지하는 구조물을 말한다 (그림 4.1).

기술적으로 문제가 없고 경제성이 있으면서 주위환경에 적합한 옹벽 등 지지구조물을 축조하기 위해서는 다음 내용을 고려하여 설계해야 한다.

- 지반상태 : 절토, 성토 또는 기존사면
- 지반의 전단강도
- 시공 중 및 완공 후에 필요한
  안전율과 허용변위
- 상하부에 가해지는 하중 및 교통량
  하중의 종류와 크기
- 시공 중 및 완공 후 필수공간의 크기
- 시공단계, 공사기간 및 조달 가능한
  건설재료
- 식생 가능성
- 앵커설치 가능성
- 배수문제

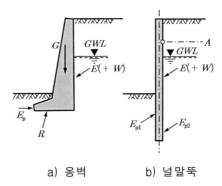

a) 옹벽   b) 널말뚝

그림 4.1 옹벽과 널말뚝의 지지원리

옹벽의 하부지반과 뒤채움 지반의 물리적 및 역학적 지반특성을 정확히 구하기 위하여 지반조사 (soil investigation)를 그림 4.2와 같은 범위의 지반에 대하여 실시한다. 옹벽 설치를 위한 지반조사에서는 다음 내용을 검토한다.

- 지반시료의 채취 및 취급상태
- 지반분류, 전단강도, 지지력, 침하, 안정, 토압
- 지하수 배수처리
- 뒤채움 및 다짐
- 문제성지반의 유무 및 대책

옹벽은 기본개념에 충실하게 현장에 가장 적합한 형식 (4.2 절) 으로 안정하게 (4.3 절) 건설해야 하며, 환경문제나 경제성 및 현장조건에 따라 다양한 형태의 특수옹벽 (4.4 절) 들이 개발되어 적용되고 있다. 댐이나 코퍼댐 (cofferdam, 4.5 절) 도 넓은 의미의 옹벽으로 이해할 수 있다.

특수 옹벽으로는 전면판과 보강재를 층별로 설치하면서 다짐성토하는 보강토 옹벽 (reinforced earth wall), 박스형 철망에 잡석이나 자갈을 채워서 벽체를 만드는 가비온 옹벽 (Gabion), 목재나 철근콘크리트 또는 강재로 만든 엘레멘트 부재를 설치하고 그 사이 공간을 흙으로 채워서 완성하는 조립식 옹벽 (crib retaining wall), 호안구조나 점토 굴착면 및 성토면에 토목섬유를 이용한 지지구조물을 설치하여 만드는 토목섬유 벽 (geosynthetic retaining wall) 등이 있다.

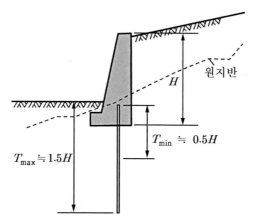

그림 4.2 옹벽설치를 위한 지반조사 범위

【예제】 다음의 옹벽에 관한 설명 중 틀린 것이 있으면 정정하시오.

① 옹벽은 작용외력을 저판의 마찰력으로 지지한다.

② 옹벽과 같은 개념으로 널말뚝, 보강토, 가비온, 코퍼댐, 댐 등이 있다.

③ 옹벽의 설계 시에는 지반상태, 허용범위, 공사기간, 배수문제, 작업공간 등을 고려한다.

④ 옹벽 시공을 위해 지반을 조사할 때는 적어도 옹벽높이 절반깊이까지의 지반상태를 조사해야 한다.

【풀이】 ② 널말뚝은 개념이 다른 토류구조물이다.

4.2 옹벽의 형식

옹벽은 가장 오래된 토류구조형식이며, 그만큼 형식(4.2.1절)과 재료 및 규모가 다양하며, 중력식 옹벽(4.2.2절)과 캔틸레버식 옹벽(4.2.3절)이 대표적이다.

4.2.1 옹벽 형식

그림 4.3에서, a)는 사다리꼴 중력식 옹벽으로 보통의 지반에서 중간 이하의 규모인 옹벽에 자주 적용되는 형태이다. b)는 후면절단형 중력식 옹벽으로 양호한 지반에서 경사가 급하고 높은 옹벽을 설치할 때에 적용한다.

c)는 약간 보강된 반 중력식 옹벽으로 a)에 비하여 높고 경사가 급할 때에 경제적이다. d)는 수평날개벽을 갖는 보강옹벽으로 역학적으로 안정하고 경제적이지만 저면지반이 지지력이 충분한 지반이어야 한다. e)는 지지력이 불충분한 지반에 적합한 캔틸레버식 옹벽이고, f)는 길이가 긴 옹벽에 적합한 부벽식 옹벽이다.

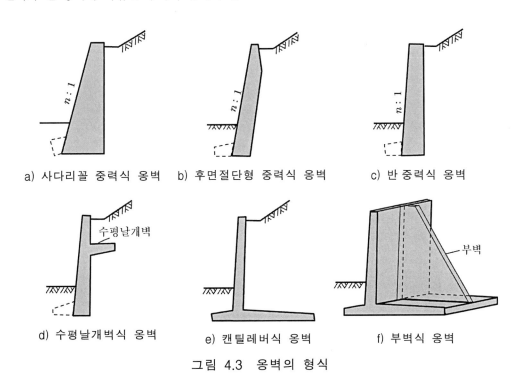

a) 사다리꼴 중력식 옹벽   b) 후면절단형 중력식 옹벽   c) 반 중력식 옹벽

d) 수평날개벽식 옹벽   e) 캔틸레버식 옹벽   f) 부벽식 옹벽

그림 4.3 옹벽의 형식

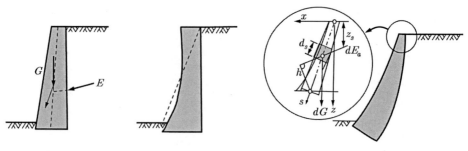

a) 사다리꼴 옹벽   b) 변형 사다리꼴 옹벽   c) 중력식 옹벽의 이상 형상

그림 4.4 중력식 옹벽의 형태

4.2.2 중력식 옹벽 (gravity retaining wall)

중력식 옹벽은 작용 외력과 벽체의 자중 및 수압의 합력이 저면의 내핵에 오도록 설치한 구조물이다. 중력식 옹벽의 모양은 사다리꼴이 많으나 (그림 4.4 a, b), 가장 이상적인 형태는 옹벽의 어느 지점에서나 모멘트의 합이 영 (0) 이 되는 그림 4.4 c 와 같은 곡선형이다.

옹벽이 높으면 앞굽판을 설치하며 (그림 4.5) 활동에 대한 안전율을 크게 하기 위하여 저면을 경사지게 할 수 있다. 옹벽의 배면은 대개 배수가 양호한 흙으로 채우고 약하게 다진다. 이때 지나치게 다지면 큰 다짐토압 (earth pressure by compaction) 이 옹벽에 추가로 가해지므로 유의해야 한다. 옹벽의 뒷채움 구조는 그림 4.6 과 같이 다양한 형태가 있다.

그림 4.5 앞굽판을 갖는 중력식 옹벽

a) 중력식   b) 중력식   c) 중력식   d) 캔틸레버식

① 지표 배수구 ② 뒷채움 ③ 콘크리트 ④ 유공벽돌
⑤ 필터 자갈층 ⑥ 콘크리트 채움 ⑦ 배수관

그림 4.6 옹벽의 뒷채움 구조

4.2.3 캔틸레버식 옹벽 (cantilever retaining wall)

캔틸레버식 옹벽은 벽체 단면의 크기를 줄인 대신 충분히 큰 하중(뒤채움 흙의 자중)이 저판상부에 작용하도록 해서 지지효과를 크게 한 즉, 역학적으로 유리한 형식의 옹벽이다. 그림 4.7과 같이 여러 가지 형태가 가능하다. 벽체단면의 감소로 인한 시스템 강도저하는 뒷면에 부벽을 설치하여 보강할 수 있다. 이러한 옹벽을 캔틸레버식 옹벽이라고 하며, 단면 형태에 따라 L형, 역 L형, 또는 역 T형 옹벽이라고 한다.

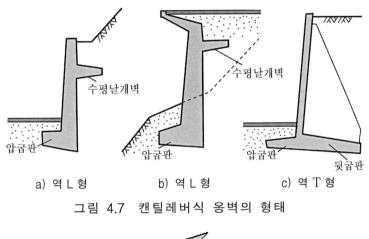

a) 역 L 형   b) 역 L 형   c) 역 T 형

그림 4.7 캔틸레버식 옹벽의 형태

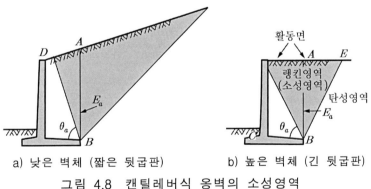

a) 낮은 벽체 (짧은 뒷굽판)   b) 높은 벽체 (긴 뒷굽판)

그림 4.8 캔틸레버식 옹벽의 소성영역

그림 4.8과 같이 옹벽 뒷굽판의 길이와 벽체의 높이에 따라 파괴메커니즘이 다르며 이에 따라 다른 방법으로 토압을 계산한다.

1) 캔틸레버식 옹벽의 토압

캔틸레버식 옹벽이 변위를 일으키면 그림 4.9a 와 같이 뒷굽 상부점 위로 활동쐐기(sliding wedge)가 생기며 벽체 뒤 뒷굽판 바로 위에 있는 지반은 벽체와 일체가 되어 영향을 받지 않는다.

랭킨 토압이론을 적용하면 흙쐐기 각도는 $90° - \phi$ 가 되고 뒷굽판 윗부분에 얹혀 있는 지반은 수평과 $\theta'_a = 90° + \phi - \theta_a$ 각도를 이룬다. 점성토로 성토한 경우에도 점착력을 고려하지 않고 단순한 사질토로 간주하여 계산한다. 활동 쐐기의 형상 즉, 각도 θ_a 는 도해법이나 시산법 또는 그래프를 이용하여 결정할 수 있다.

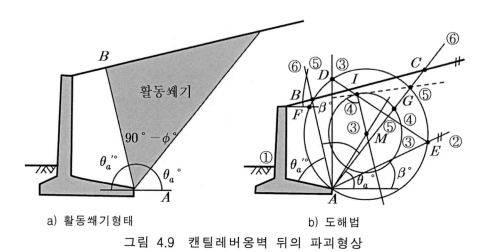

a) 활동쐐기형태   b) 도해법

그림 4.9 캔틸레버옹벽 뒤의 파괴형상

(1) 도해법

캔틸레버 옹벽의 뒷채움 지반 흙쐐기의 각도를 도해법으로 결정할 수 있다 (그림 4.9b).
① 캔틸레버식 옹벽을 적절한 치수로 그린다.
② 뒷굽판 상단점 A 에서 연직선과 뒷채움지면과 평행한 선을 긋는다.
③ 뒤채움 지반의 중간 정도 높이에서 원의 중점 M 을 임의로 정하고 뒷굽판의 상단점 A 를 지나는 반경 $R = \overline{AM}$ 의 원을 그려서, 원이 연직선과 만나는 점을 D 라 하고 지면에 평행한 선과 만나는 점을 E 라고 한다.
④ 반경 $r = R\sin\phi$ 인 작은 원을 중점 M 에 대해 그리고 $\overline{DE}$ 와 교차점 I 를 구한다.
⑤ 점 I 에서 원에 접선을 그어서 큰 원과 만나는 점 F 와 G 를 구한다.
⑥ 점 A 에서 점 F 를 지나는 직선 AF 의 연장선이 옹벽쪽 활동면이 되고, 점 A 에서 점 G 를 지나는 직선 AG 의 연장선이 뒤채움 지반쪽 활동면이 된다.

(2) 그래프 이용

캔틸레버식 옹벽의 뒤쪽에 형성되는 활동쐐기의 각도를 직접 구할 수 있는 그래프가 VSS (1966, 스위스 도로기술자 협회) 에 의하여 제시되어 있어서 (그림 4.10), 뒤채움 지반의 지표경사 β 와 지반의 내부마찰각 ϕ 로부터 쐐기의 각도 θ_a 를 구할 수 있다.

(3) 시산법을 이용

벽체 바로 뒤의 활동면의 각 $\theta_a{}'$ 는 그림 4.9a 로부터 $\theta_a{}' = 90° + \phi - \theta_a$ 이고, 가상

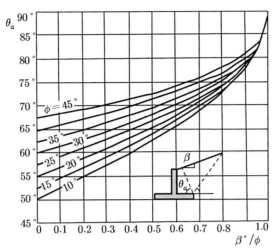

그림 4.10 캔틸레버옹벽 뒤의 파괴형상의 결정

벽체뒷면의 각도를 α 라고 하면 $\alpha = \phi - \theta_a$, $\theta_a{}' = 90° + \alpha$ 이므로, 결국 $\phi/2 - 45°$ $\leq \alpha \leq 0$ 의 관계가 성립된다. 활동면에서 토압은 연직선에 대해 $\delta_a = \phi$ 로 작용하므로 다음과 같이 시산법으로 구할 수 있다.

① 임의로 초기각 α_1 을 정한다.

② 초기 각 α_1 과 주어진 각도 δ, ϕ, β 를 적용하여 θ_a 를 구한다.

③ θ_a 를 $\alpha_2 = \phi - \theta_a$ 식에 적용하여 계산치 α_2 를 구한다.

④ 초기 α_1 과 계산치 α_2 가 다르면 새로운 α_1 을 가정하여 위의 계산을 반복한다.

⑤ 초기 α_1 과 계산치 α_2 가 같아지면 $\theta_a{}' = 90^o + \alpha_2$ 식으로 $\theta_a{}'$ 를 구한다.

2) 뒷굽판 길이의 영향

캔틸레버 옹벽의 안정검토 시 토압은 캔틸레버식 옹벽의 뒷굽판의 길이에 따라 긴 뒷굽판(그림 4.11)과 짧은 뒷굽판(그림 4.12)으로 나누어 생각할 수 있다.

(1) 긴 뒷굽판

뒷굽판이 충분히 길어서 (그림 4.11) 벽측 활동면이 지표면을 지나는 경우에는 랭킨의 이론에 따라 그림 4.11a 의 힘의 다각형에서 $E_{a1} + G_E = E_{a2}$ 가 된다. 이때 안정검토는 그림 4.11b 에 $\delta_{a2} = \phi$, 또는 그림 4.11c 에 $\delta_{a1} = \beta$ 를 적용하는데, 대개 후자를 많이 적용한다.

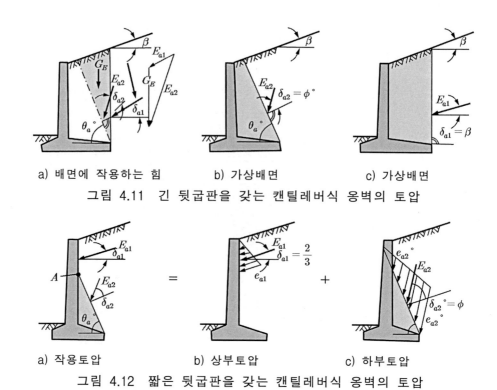

a) 배면에 작용하는 힘   b) 가상배면   c) 가상배면

그림 4.11 긴 뒷굽판을 갖는 캔틸레버식 옹벽의 토압

a) 작용토압   b) 상부토압   c) 하부토압

그림 4.12 짧은 뒷굽판을 갖는 캔틸레버식 옹벽의 토압

(2) 짧은 뒷굽판

뒷굽판 길이가 짧으면 (그림 4.12a) 벽측의 활동면은 벽체 뒷면과 A 점에서 만나게 된다. 점 A 의 상부벽체에는 주동토압 E_a 가 작용하며, 벽마찰각은 벽체의 조도에 따라 다르나 대개 $\delta_{a1} = 2/3\phi$ 로 한다 (그림 4.12b). 점 A 의 하부에서는 벽측 활동면에 $\delta_{a2} = \phi$ 를 적용한다 (그림 4.12c). 캔틸레버 옹벽이 암반 등 견고한 지반에 놓여서 전도보다는 수평변위가 일어나는 조건인 경우에는 그림 4.11c 와 같이 연직 대체면에 $\delta_0 = \phi$ 로 하여 정지토압 E_0 를 적용한다.

【예제】 다음의 설명중 틀린 것이 있으면 정정하시오.

① 옹벽 형식은 중력식, 캔틸레버식, 부벽식 등이 있다.

② 중력식옹벽은 작용외력과 벽체의 자중 및 수압의 합력이 저면의 내핵에 오도록 설치한 구조물이며 사다리꼴형식이 가장 이상적이다.

③ 중력식옹벽이 높아져서 작용토압이 커지면 앞굽판을 설치하거나 저면을 경사지게 한다.

④ 캔틸레버식 옹벽에는 L 형, 역 T 형, 역 L 형 등이 있다.

⑤ 캔틸레버식 옹벽에 작용하는 토압은 뒷굽판의 길이를 고려하여 계산한다.

【풀이】 ② 가장 이상적인 형태는 모멘트가 작용하지 않는 곡선형이다.

4.3 옹벽의 안정

옹벽에 작용하는 가장 대표적인 외력은 토압이며 (4.3.1 절), 옹벽은 그림 4.13 과 같은 여러 가지 형태로 파괴가 일어날 가능성이 있으므로 이들 모든 경우에 대하여 안정을 검토 (4.3.2 절) 하고, 특히 배면에 수압이 걸리지 않도록 배수시스템 (4.3.3 절) 을 적합하게 설치해야 한다.

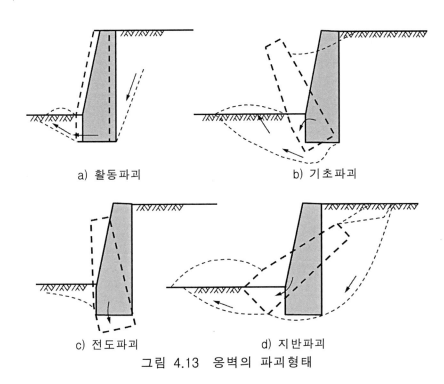

a) 활동파괴   b) 기초파괴

c) 전도파괴   d) 지반파괴

그림 4.13 옹벽의 파괴형태

4.3.1 옹벽에 작용하는 토압

옹벽에 작용하는 토압의 크기, 분포 및 작용방향은 다음의 값에 의해 결정된다.
- 뒤채움 지반의 토질정수와 입도분포
- 벽마찰각
- 벽체의 변위형태(수평이동, 회전, 부등침하)
- 지하수관계
- 벽체배면 및 뒤채움 지반의 형상, 교통하중 및 구조물 하중등 작용외력

옹벽의 벽체와 지반 간 부착력 (adhesion) 에 의해 인장응력을 지지할 수 있는 경우에는 점착력 (cohesion) 이 전부 활용되는 것으로 가정한다. 부착력이 없는 경우에는 인장응력이 전달되지 않기 때문에 점착력의 영향을 감소시켜야 한다. 벽체와 지반 간 부착력을 간단히 정할 수 없으므로 대체로 점착고까지는 점착력이 작용하지 않는 것으로 한다.

【예제】 옹벽에 작용하는 토압의 크기, 분포 및 작용방향에 영향을 미치는 값이 아닌 것은?

① 뒤채움 지반의 토질정수 ② 벽마찰각 ③ 벽체의 변위형태

④ 지하수 상태 ⑤ 벽체배면의 형상 ⑥ 뒤채움 지반의 형상

⑦ 벽체의 두께

【풀이】 ⑦ 일반적으로 옹벽은 강체로 간주하여 계산

4.3.2 옹벽의 안정 (stability of retaining wall)

1) 안정검토 순서

일반적으로 옹벽의 안정은 다음의 순서로 검토한다 (그림 4.14).

① 옹벽 하부지반과 뒤채움 지반의 점착력, 내부마찰각, 단위중량을 구한 후에 옹벽의 형식을 선택하고 단면을 예측한다.

② 옹벽뒷면에 작용하는 토압을 구한다.

③ 옹벽의 저면에 작용하는 하중 즉, 토압, 수압 및 자중의 합력 작용점, 크기 및 경사를 구한다. 벽체뒷면의 토압분포도를 그린다.

④ 옹벽의 저면에서 활동에 대한 안전율과 기초파괴에 대한 안전율이 충분하도록 저면의 폭과 저면경사를 결정한다.

⑤ 옹벽의 벽체와 저면에서 콘크리트와 철근의 응력을 검토한다.

⑥ 옹벽의 침하를 계산하여 허용치 이내에 오도록 한다.

⑦ 옹벽을 포함한 지반이 지반파괴를 일으키지 않는지 검토한다.

⑧ 시공단계에 따른 벽체의 안정과 벽체응력을 검토한다.

2) 옹벽의 안정검토

옹벽은 활동하지 않고, 기초파괴가 일어나지 않으며, 침하가 허용치 이내가 되어야 하므로, 활동, 전도, 침하, 기초파괴, 지반파괴, 부력에 의한 파괴, 세굴에 의한 파괴에 대한 안정을 검토해야 한다.

(1) 활동에 대한 안정

옹벽의 저면경사를 고려한 옹벽의 활동 (sliding) 에 대한 안전율(safety factor) η_a 는 다음 식으로 계산한다.

$$\eta_a = \frac{\text{활동에 저항하는 힘}}{\text{활동을 일으키는 힘}} = \frac{\tan \delta_s}{\tan (\delta_R - \alpha)} \geq 1.5 \tag{4.1}$$

여기에서 α : 저면의 수평에 대한 경사

   δ_R : 합력(R)의 연직방향에 대한 경사

   δ_s : 바닥면의 마찰각 (일반적으로 $\delta_s \fallingdotseq \phi$)

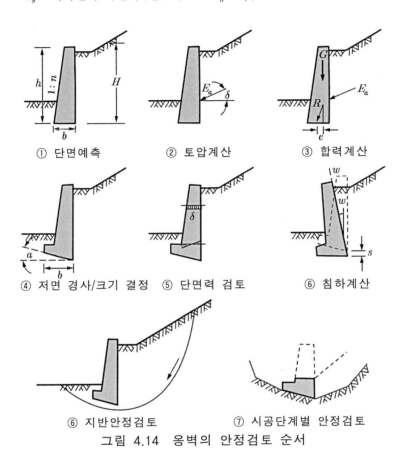

① 단면예측   ② 토압계산   ③ 합력계산

④ 저면 경사/크기 결정   ⑤ 단면력 검토   ⑥ 침하계산

⑥ 지반안정검토   ⑦ 시공단계별 안정검토

그림 4.14 옹벽의 안정검토 순서

그림 4.15 저면이 경사진 옹벽   그림 4.16 저면이 경사진 옹벽의 지지력

또한 활동에 대한 안전율이 η_a 가 되기 위한 저면의 경사각은 (단, $\delta_s = \phi$) 다음과 같이 계산한다 (그림 4.15).

$$\tan \alpha \geq \frac{\eta_a \tan \delta_R - \tan \delta_s}{\eta_a + \tan \delta_R \tan \delta_s} \tag{4.2}$$

지반의 점착력은 무시하는 경우가 많으며 이때는 안전측에 속한다. 그러나 가설구조물에서는 점착력이 변화되지 않고 일정할 것으로 판단되면 점착력을 고려할 수도 있다. 저면에 작용하는 합력이 편심으로 작용하면 일반기초에서와 같이 유효폭으로 계산한다.

(2) 기초파괴에 대한 안정

옹벽 저면의 경사를 고려한 경우에 옹벽의 지지력 (bearing capacity) 은 얕은 기초와 같이 계산할 수 있으며 옹벽의 기초파괴에 대한 안전율 η_b 는 얕은 기초 지지력 P_g 와 옹벽에 작용하는 힘의 합력중 연직방향 분력 R_v 의 비로 정의한다 (그림 4.16).

$$\eta_b = \frac{\text{지반지지력}}{\sum \text{작용연직력}} = \frac{P_g}{R_v} \geq 2.0 \tag{4.3}$$

(3) 전도에 대한 안정

옹벽의 전도 (overturning) 에 대한 안정은 얕은 기초와 같은 방법으로 검토하며 옹벽저면의 선단을 중심으로 모멘트를 취했을 때에 안전율이 충분해야 한다. 또한 작용외력과 옹벽의 자중 및 수압의 합력이 저판의 내핵에 포함되는가를 검토해야 한다.

(4) 지반파괴에 대한 안정

옹벽을 포함하여 주변지반이 지반파괴를 일으키는지를 검토해야 한다. 이때에 원형 활동면은 옹벽저면의 후단을 지나는 것으로 가정한다.

저항 모멘트 M_r 와 활동 모멘트 M_d 를 비교하여 옹벽의 지반파괴에 대한 안전율 η_g 를 정하며, 원의 중점을 변화시키면서 최소안전율을 구하고 그때의 활동면을 찾는다.

$$\eta_g = \frac{M_r}{M_d} = \frac{\sum \text{저항모멘트}}{\sum \text{활동모멘트}} \geq 1.4 \tag{4.4}$$

(5) 부력에 대한 안정

옹벽 바닥판저면이 지하수위 아래에 있는 경우에는 옹벽에 부력 (voyance) 이 작용하므로 이에 대한 안정을 검토해야 한다. 옹벽의 부력에 대한 안전율 η_t 는 다음과 같이 계산한다.

$$\eta_t = \frac{\text{자중}}{\text{바닥면에 작용하는 수압}} \geq 1.1 \tag{4.5}$$

(6) 세굴에 대한 안정

옹벽의 배면지반이 투수계수가 크고 지하수량이 많으면, 옹벽을 설치 후에 저면 아래의 지반으로 침투되고 이에 의해 저면하부지반이 세굴 (scour) 될 수 있다. 옹벽의 세굴에 대한 안전율 η_w 는 다음과 같다.

$$\eta_w = \frac{\text{지반의 부력을 고려한 단위중량}}{\text{단위체적 당 침투력}} \geq 3 \tag{4.6}$$

(7) 침하에 대한 안정

일반적으로 옹벽에 작용하는 힘은 편심으로 경사지게 작용하므로 옹벽저면에서의 응력은 등분포상태가 아니다. 따라서 바닥판에서 부등침하가 일어나 옹벽이 기울어지게 되므로 옹벽에서는 반드시 침하 (settlement) 를 검토해야 한다. 옹벽의 부등침하 (differential settlement) 유발요인은 연직력 V, 편심에 의한 모멘트 M 및 수평력 H 에 의한 회전 등이 있다(그림 4.17). 따라서 이들을 각각 계산하여 전체 부등침하를 구한 후에 옹벽의 침하에 대한 안전율 η_s 를 구한다. 일반적으로 옹벽의 부등침하의 허용한계는 $1 : 250$ 이다.

$$\eta_s = \frac{\text{부등침하량}}{\text{기초폭}} \leq \frac{1}{250} \tag{4.7}$$

【 예제 】 옹벽의 안정검토 내용이 아닌 것은 ?

① 활동 ② 기초파괴 ③ 전도 ④ 지반파괴
⑤ 부력 ⑥ 세굴 ⑦ 침하 ⑧ 공사비

【 풀이 】 ⑧

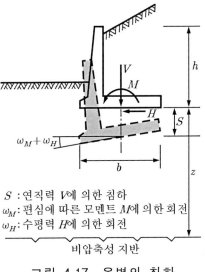

S : 연직력 V에 의한 침하
ω_M : 편심에 따른 모멘트 M에 의한 회전
ω_H : 수평력 H에 의한 회전

비압축성 지반

그림 4.17 옹벽의 침하

4.3.3 옹벽의 배수

옹벽저판의 윗면은 배수가 용이하도록 경사지게 (약 10 %) 시공하며 옹벽의 뒤채움에는 옹벽에서의 배수 (drainage of retaining wall) 를 위하여 다음의 시설을 설치한다.

- 배수층
- 지표수 유입방지를 위한 지표 불투수층
- 배수층을 통과한 물을 모아서 배수하는 배수암거

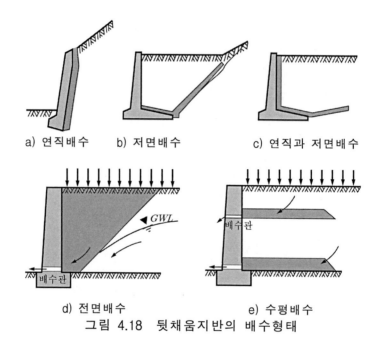

a) 연직배수   b) 저면배수   c) 연직과 저면배수

d) 전면배수   e) 수평배수

그림 4.18   뒷채움지반의 배수형태

배수층은 옹벽이 추가로 수압을 받지 않도록 설치해야 하며 그림 4.18 a~c 와 같은 기본형식이 있다. 그림 4.18a 는 가장 일반적인 경우로 배수층을 벽체를 따라 설치하며, b 는 뒤채움지반이 점성토는 아니지만 배수가 불량한 지반일 경우에 적용되는 방법이며, c 는 점성토로 뒷채움 했을 경우에 압밀을 촉진시킬 수 있는 방법이다. 그밖에 그림 4.18 d~e 는 기본배수형식을 주변의 특수한 상황에 따라 적용한 옹벽의 배수 필터층 시공 예를 나타낸다.

【예제】 옹벽의 배수시설 및 배수방안에 관한 설명 중 틀린 것이 있으면 정정하시오.
  ① 옹벽의 배면에 수압이 작용하면 안전율이 급격히 저하된다.
  ② 옹벽배면의 지표는 지하수가 유입되지 않도록 불투수층을 설치한다.
  ③ 옹벽배면의 원지반에서 유입되는 지하수는 배수구를 통해 즉시 배수한다.

【풀이】 해당 없음.

4.4 특수 옹벽

옹벽은 바닥과 지반과의 마찰로 수평력을 지지하는 형태의 구조물이며, 일반적인 강성옹벽이외에 지반공학원리를 이용한 각종 형태의 옹벽들이 근래에 개발되어 적용되고 있다.

보강토 옹벽 (4.4.1 절), 가비온 옹벽 (4.4.2 절), 조립식 옹벽 (4.4.3 절), 토목섬유 옹벽 (4.4.4 절) 등 특수옹벽들이 개발되어 일반화되고 있다.

4.4.1 보강토 옹벽 (reinforced earth wall)

보강토 옹벽 (reinforced earth wall) 은 층별로 보강재를 설치하면서 다짐성토하고 전면판을 설치하여 건설하며, 프랑스에서 개발되어 현재는 전 세계적으로 도로성토나 단지조성 등에 가설 또는 영구구조물로 활용되고 있다.

보강토 옹벽은 일반옹벽과 동일한 개념으로 안정을 검토하고, 철저하게 품질관리하면서 시공한다.

1) 보강토 옹벽 특성

보강토 옹벽은 벽체가 유연성이 있기 때문에 부등침하의 영향이나 기초지반상태의 영향을 비교적 적게 받고, 보강재 (reinforcement) 의 형상과 재료를 적절하게 선택하면 성토높이의 제약을 크게 받지 않고, 공정이 단순하여 별도로 특수한 기술이나 장비가 필요하지 않다는 장점이 있다.

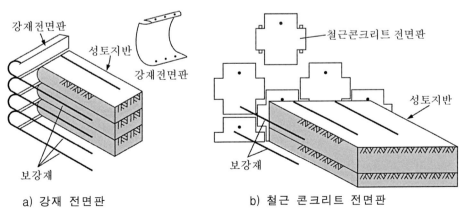

a) 강재 전면판   b) 철근 콘크리트 전면판

그림 4.19 보강토 옹벽

보강토 옹벽은 그림 4.19와 같은 형상으로 설치하며 대개 다음과 같이 가정한다.
- 벽마찰은 없다.
- 활동파괴면은 수평면에 대해 경사 $45° + \phi/2$인 평면이다.
- 작용토압은 주동토압이다.

보강토 옹벽의 전면판으로 초기에는 강재 전면판이 사용되었으나 부식 등 문제를 해결하기 위하여 최근에는 철근콘크리트 전면판이 많이 사용된다.

【예제】 다음 설명 중 틀린 것이 있으면 정정하시오.
① 보강토 옹벽은 영구 또는 가설구조물로 활용할 수 있다.
② 보강토 옹벽은 기초지반상태의 영향을 비교적 적게 받고 부등침하의 영향이 적다.
③ 보강토 옹벽에서 벽마찰은 없으며 작용토압은 주동토압이다.
④ 보강토 옹벽의 전면판은 강재나 콘크리트로 하며 역학적으로 중요한 역할을 한다.

【풀이】 ④ 전면판은 역학적으로 의미가 적다.

2) 보강토 옹벽의 안정

보강토 옹벽의 안정은 일반 옹벽과 같은 개념으로 검토한다. 다만, 층별로 성토하면서 전면판과 보강재를 설치하기 때문에 다음의 안정을 추가로 검토해야 한다.
- 전면판의 기울어짐
- 보강토 옹벽의 활동파괴나 지반파괴(외적안정)
- 보강재의 뽑힘이나 끊어짐(내적안정)

(1) 전면판의 허용경사

보강토 옹벽의 전면판은 층별로 성토하면서 설치하기 때문에 시공 중에 기울어지거나 어긋나기 쉽다. 따라서 대체로 다음과 같이 허용경사를 정하여 시공상태를 관리한다.
- 철근콘크리트 전면판 : $\tan\alpha = 1/300$
- 강재 전면판 : $\tan\alpha = 1/100$

(2) 보강토 옹벽의 외적안정

보강토 옹벽에서는 보강띠 선단을 경계로 하는 토체를 지지구조물로 간주하고 다음에 대한 안전율을 검토한다. 이를 보강토 옹벽의 외적안전율(external safety factor)이라 한다.
- 기초 지지력파괴
- 침하에 의한 파괴
- 활동파괴
- 지반파괴

보강토 옹벽이 외적안정을 확보하기 위해서는 그림 4.20 의 기본 치수를 가져야 한다. 즉, 보강띠는 최소한 보강토 옹벽 높이의 0.7~0.8 배 이상 길어야 하며, 기초 깊이는 수평지반에서는 보강토 옹벽 높이의 0.1, 경사지반에서는 0.2 로 해야 한다. 그러나 이 치수는 현장 조건에 따라 달라질 수 있다.

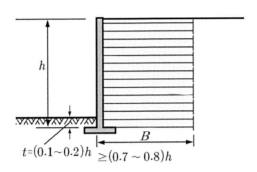

$t = (0.1 \sim 0.2)h$ $\geq (0.7 \sim 0.8)h$

그림 4.20 보강토 옹벽의 기본치수

① 기초지지력 파괴

일반적인 옹벽과 마찬가지로 보강토 옹벽에서도 기초지반의 지지력을 검토하여 성토하중이 허용지지력 이내가 되도록 한다.

② 침하에 의한 파괴

보강토 옹벽의 성토하중은 매우 큰 편이므로 기초지반의 침하가 크게 발생할 수 있으므로, 보강토 옹벽을 연성기초로 간주하여 설계 성토하중에 의한 침하를 검토한다.

③ 활동파괴

보강토 옹벽에서 보강재의 재료상태나 설치상태가 부적절하거나, 성토지반의 전단강도가 작거나, 또는 작용하중이 과다하면 성토체에서 쐐기형 활동파괴가 일어날 수 있다. 이에 대해서는 많은 연구가 진행되어 대체로 직선이나 대수나선형 활동파괴면이 형성되는 것이 알려져 있으며, 대개 한계평형법 (limit equilibrium method) 이나 극한해석법 (limit analysis method) 을 적용해서 안정을 검토한다.

그림 4.21 과 같이 수평에 대해서 각도 θ 인 활동면을 따라 활동을 일으키는 토체는 한계평형상태 (limit equilibrium state) 이며, 이때 토체에는 다음과 같은 힘이 작용한다.
 – 토체의 자중 G
 – 수평외력 H 및 연직외력 V
 – 토압 E 의 연직성분 E_v 및 수평성분 E_h
 – 활동면의 반력 Q
 – 활동면에 놓인 보강띠들이 발휘하는 인장력의 합 ΣZ_i

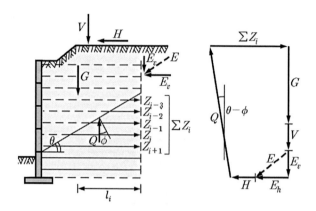

그림 4.21   한계상태에 대한 보강띠 작용력의 계산

따라서 활동면의 각도가 θ 일 때에 수평방향 힘의 평형식은 다음과 같으며, 모든 가능한 활동파괴면에 대해서 안전율을 검토하여 최소안전율과 그때의 활동면을 구할 수 있다.

$$\sum Z_i = E_h + H + (G + V + E_v)\tan(\theta - \phi) \tag{4.8}$$

각 보강띠의 인장력 Z_i 는 보강띠의 인장강도 (tensile strength) 와 활동에 대한 인발저항력 (pull out resistance) 중에서 작은 값을 안전율로 나눈 허용인장력을 적용한다.

④ 지반파괴

보강토 옹벽의 기초지반이 연약하거나, 옹벽의 높이에 비해 보강재 길이가 짧거나, 보강토 옹벽의 전면을 굴착하거나, 보강토 옹벽을 사면에 설치한 경우 등에는 지반파괴가 발생할 가능성이 높다. 지반파괴에 대한 안정은 보강토 옹벽의 후단 (그림 4.22 B점) 을 지나는 활동면을 가정하여 검토한다.

(3) 보강토 옹벽의 내적안정

보강토 옹벽에서 보강재가 끊어지거나 (인장강도) 뽑히는 (인발저항력) 경우에 대한 안정성을 내적안정 (internal safety) 이라 하며 내적안전율 (internal safety factor) 로 관리한다.

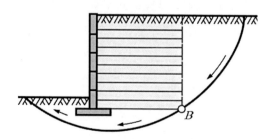

그림 4.22   보강토 옹벽에서 지반파괴

① 보강재의 파단 안전율

보강재에 발생되는 인장력 Z_i 는 벽체에 작용하는 수평력과 같으며, 깊이 h_i 에 비례하고 보강 기층에서 최대가 된다 (그림 4.23). 따라서 보강재에 발생하는 인장력 Z_i 는 보강재의 연직간격 X 와 수평간격 S 및 지표로부터 깊이 h_i 로부터 계산할 수 있다.

$$Z_i = K_a \gamma h_i X S \tag{4.9}$$

보강재가 끊어지는데 대한 안전율 η_B 는 단면적 A_i, 허용인장강도 σ_{ta} 인 보강재의 최대 허용인장력 Z_B 와 작용 인장력 Z_i 의 비로 정의한다.

$$\eta_B = \frac{Z_B}{Z_i} = \frac{\sigma_{ta} A_i}{K_a \gamma h_i X S} \tag{4.10}$$

보강재 최대인장력 Z_B 는 허용인장강도에 단면적을 곱한 값이며, 강재 보강재 단면적은 부식에 대비한 두께 $1.0\,\mathrm{mm}$ (corrosion margin) 를 고려해서 계산한다. 최대인장력 작용위치 (그림 4.23b 의 점선) 는 지표에서는 벽체상단부터 높이의 $0.25 \sim 0.35$ 배 위치이다. 보강재와 전면판의 연결부에 보강재 인장력 Z_i 의 $85\,\%$ 정도가 작용한다 (그림 4.23c). 안전율 η_B 는 보강재의 항복 ($\eta = 1.5$) 이나 인장파괴 ($\eta = 2.2$) 에 대한 안전율보다 커야 한다.

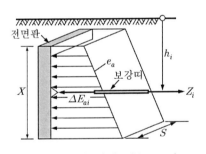

a) 보강재에 재하 되는 토압

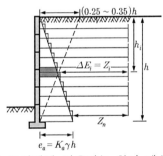

b) 보강재에 작용하는 힘의 계산

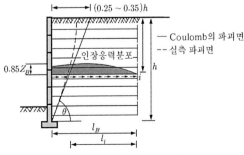

c) 보강재에 작용하는 응력분포

그림 4.23 보강토 옹벽의 내적안전

② 보강재의 인발 안전율

보강재에 작용하는 수직력이 충분하지 못하면 보강재와 지반사이에서 마찰저항력이 부족하여 보강재가 뽑히게 된다. 보강재가 뽑히는데 대한 안전율 η_H 는 벽체 뒤로 활동면이 형성되어 활동파괴가 일어난다고 가정하여 계산한다.

보강재 인발저항 길이 l_i 는 전체길이 l_B 에서 활동쐐기에 포함된 부분 $(h-h_i)\cot\theta$ 을 뺀 길이이다 (그림 4.24). 활동면 각도는 수평에 대해서 $\theta = 45^o + \phi/2$ 라고 간주한다.

$$l_i = l_B - (h - h_i)\cot\theta \tag{4.11}$$

지표에서 깊이 h_i 인 보강재의 인발저항력 Z_{Ri} 은 (그림 4.25) 보강재 위에 실리는 지반의 자중 γh_i 와 마찰계수 μ 및 보강재의 상하 접촉면적 $2b\,l_i$ 로부터 계산한다.

$$Z_{Ri} = \mu h_i \gamma 2 b l_i \tag{4.12}$$

보강재의 마찰계수는 대개 0.5 로 하고 특별히 고안된 보강재에서는 0.7 까지 허용되며 뒤채움 지반의 상대밀도에 따라 다르게 적용할 수 있다.

모든 보강재의 총 인발저항력 Z_R 은 각 보강재 인발저항력 Z_{Ri} 의 합이다.

$$Z_R = \sum Z_{Ri} = \mu\gamma 2 b \sum l_i h_i \tag{4.13}$$

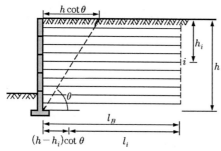

그림 4.24 보강재의 인발저항 길이 l_i

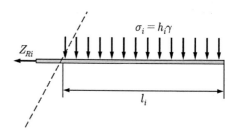

그림 4.25 인발저항 길이의 계산

보강재가 뽑히는데 대한 안전율 η_H 은 마찰계수가 0.5 일 때 다음과 같다.

$$\text{전체 시스템} : \eta_H = \frac{\text{보강재의 총인발저항력}}{\text{보강재의 총인장력}} = \frac{Z_R}{\sum Z_{i \geq 2.0}} \tag{4.14a}$$

$$\text{개개 보강띠} : \eta_{Hi} = \frac{\text{보강재 현재길이}}{\text{보강재 소요길이}} = \frac{l_{iv}}{l_{ie}} \geq 1.5 \tag{4.14b}$$

보강재 소요길이 l_{ie} 는 보강재 인장력 Z_i 을 마찰로 저항할 수 있는 길이이며 식 (4.15) 로 계산한다.

$$l_{ie} = \frac{Z_i}{2\mu b r h_i} \tag{4.15}$$

【예제】 다음의 설명 중 틀린 것이 있으면 정정하시오.

① 보강토 옹벽은 일반적인 옹벽과 같은 개념으로 안정을 검토한다.

② 보강토 옹벽은 추가적으로 전면판의 기울어짐, 내적 및 외적안정을 검토한다.

③ 보강토 옹벽에서는 지지력파괴, 침하, 활동, 지반파괴에 대한 외적안전율을 검토한다.

④ 보강토 옹벽의 침하검토 시 연성기초체로 간주한다.

⑤ 보강토 옹벽에서 지반파괴는 보강토 체를 따라 발생하는 활동면에 대해서도 검토한다.

⑥ 보강토옹벽의 내적 안정검토는 보강띠가 끊어지거나 인발파괴되는데 대한 검토이다.

⑦ 보강띠가 끊어지는데 대한 안전율은 강재의 인장파괴에 대해서 1.5 이다.

⑧ 보강띠가 뽑히는데 대한 안전율 검토 시에는 주로 평면 활동파괴면을 가정한다.

【풀이】 ⑤ 옹벽후단을 지나는 원호활동파괴면을 가정한다.
⑦ 안전율 2.2

3) 보강토 옹벽의 시공

보강토 옹벽은 층별로 보강재를 삽입하고 다짐성토하면서 전면판을 설치하여 건설하며 비교적 공정이 단순한 것이 특징이나 세심한 품질관리가 중요하다.

(1) 보강재

강재 보강띠는 가열해서 $54\mu m$ 두께로 아연 도금한 판형이나 굴곡형의 강철띠이며, 대개 폭이 $40 \sim 120\,mm$ 이고 두께가 $3 \sim 5\,mm$ 이다. 최근 합성수지 보강재가 실용화되었으며, 신축률을 작게 하고 인발저항력을 크게 하기 위하여 여러 가지 재료와 형태가 개발되어 있다. 강재 보강띠는 부식이 문제가 되고, 합성수지계통 보강재는 인장변형이 문제가 된다.

(2) 지반다짐

보강재의 인발저항력은 지반과 보강재의 표면마찰에 의해 발생되므로 양호하게 성토해야 한다. 성토지반은 세립토 (No.200 체 통과 분) 함유율이 $15\,\%$ 미만이고, 입경 $100\,mm$ 이상 입자함유율이 $25\,\%$ 미만이며, 최대입경이 $250\,mm$ 미만이어야 한다.

성토 흙은 풍화되지 않은 것이어야 하고, 투수성이 좋아야 하며, 콘크리트에 유해한 성분이나 유기질을 포함하지 않아야 한다. 양호한 흙을 35~40 cm 두께로 성토하고 내부마찰각이 25°이상이 되도록 다져야 한다. 성토 흙은 강재 보강띠의 부식을 방지하기 위하여 지구물리학적 또는 전기화학적 규정을 따라야한다 (7≤pH≤10 범위)

(3) 성토전면 처리

성토체 전면은 1.5 m×1.5 m 의 철근콘크리트 전면판을 연속기초 위에 차례로 배치하고, 보강띠는 이 철근콘크리트 전면판의 배면에 연결한다 (그림 4.26).

부식방지 처리된 강재 전면판을 사용할 때에는 철판을 그림 4.27b 와 같이 수평으로 연결한다. 강재 전면판은 두께 3~5 mm 이고 높이 약 37.5 cm 인 것을 사용한다.

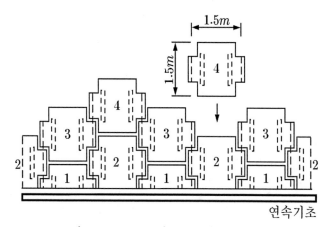

그림 4.26 콘크리트 전면판의 조립

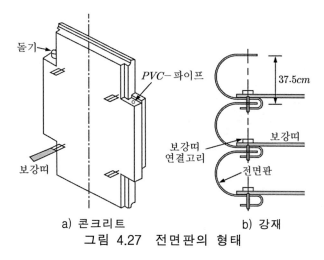

a) 콘크리트   b) 강재
그림 4.27 전면판의 형태

4.4.2 가비온 옹벽 (gabion)

철망으로 된 박스를 잡석이나 자갈로 채워서 설치한 옹벽을 가비온 옹벽이라고 하며, 중력식 옹벽의 기능이 있을 뿐만 아니라 굴착단면의 미화효과도 있어서 (그림 4.28) 특히 암반 절토사면의 처리에 적합하다. 가비온 옹벽은 절토 및 성토사면의 처리, 조경 및 사방시설, 사면보호시설, 호안구조물 및 하천변 정리에 적용할 수 있으며 일부 콘크리트구조물을 대체하여 시공할 수 있다.

가비온 옹벽은 다음과 같은 장점을 갖는다.
- 투수성이 좋아 배수기능이 양호하다.
- 시공이 간편하고 신속하며 즉시 재하할 수 있다.
- 식물성장에 좋은 여건이므로 즉시 녹화된다.
- 부등침하에 잘 견딘다.
- 고도의 기술이나 숙련 없이도 건설할 수 있다.
- 확실한 시공이 가능하고 품질관리가 용이하다.
- 자재확보가 용이하고 공사비가 저렴하다.

1) 가비온 옹벽의 형태

가비온 옹벽에는 고농도 아연도금 철사로 만든 철망을 사용하며 철망용접방식에 따라서 마카페리 (Maccaferri) 시스템과 루와 (Ruwa) 시스템으로 구분한다.

마카페리시스템은 철사를 그림 4.29a 와 같이 육각형으로 엮어서 만들며, 반면에 루와 시스템에서는 직경 3 mm 철사를 그림 4.29b 와 같이 75 mm × 75 mm 크기 직사각형으로 엮어서 만든다. 채움 돌은 풍화가 잘 안 되는 직경이 80~200 mm 되는 자연석을 사용한다.

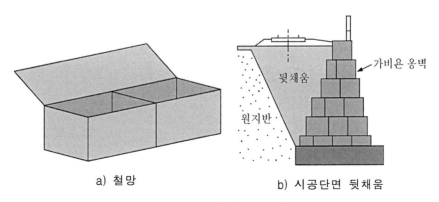

a) 철망   b) 시공단면 뒷채움

그림 4.28 가비온 옹벽

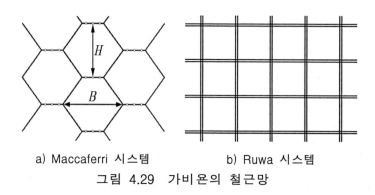

a) Maccaferri 시스템   b) Ruwa 시스템

그림 4.29 가비온의 철근망

2) 가비온 옹벽의 안정검토

가비온 옹벽은 일반옹벽과 동일한 내용으로 안정을 검토한다. 가비온 옹벽에는 그림 4.30
과 같은 힘들이 작용하며, 철망박스를 계단형태로 쌓으므로, 전체시스템은 물론 각 시공단
계별로 저면의 활동, 전도, 지반파괴, 지지력, 가비온 박스, 접촉면의 전단, 침하 등에 대한
안정성을 검토해야 한다.

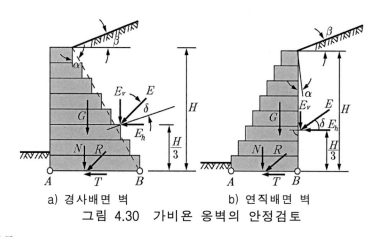

a) 경사배면 벽   b) 연직배면 벽

그림 4.30 가비온 옹벽의 안정검토

(1) 저면활동

가비온 옹벽에서도 바닥 활동파괴 (sliding failure)에 대한 안정을 검토한다. 가비온 구조
의 간극율은 대체로 $n = 0.3 \sim 0.4$로 하며, 바닥이 흙이면 마찰계수를 $f = \tan \phi$로 하고,
콘크리트이면 $f = f$로 한다.

$$\text{안전율 } \eta = \frac{\text{바닥마찰저항력}}{\text{활동력}} \geq 1.5 \tag{4.16}$$

(2) 전도 (safety against overturning)

가비온 선단 (그림 4.30 의 A점)을 중심으로 전도에 대한 안정을 검토한다.

$$\text{안전율 } \eta = \frac{\text{저항모멘트}}{\text{전도모멘트}} \geq 1.5 \tag{4.17}$$

지반파괴 (safety against ground failure)

가비욘 옹벽을 포함한 지반이 가비욘 후단(그림 4.30 의 B 점)을 지나는 활동면을 따라 지반파괴를 일으키는데 대한 안정을 검토한다. 대개 절편법을 적용한다.

$$\text{안전율 } \eta = \frac{\text{저항모멘트}}{\text{활동모멘트}} \geq 1.2 \tag{4.18}$$

(4) 지지력 (safety against bearing capacity)

가비욘 구조체의 하중에 의하여, 기초지반이 전단파괴 되지 않도록 일상적인 기초지지력 공식을 적용하여 구한 허용지지력보다 바닥면에서의 평균압력이 작은지 검토한다.

$$\text{안전율 } \eta = \frac{\text{허용지지력}}{\text{평균압력}} \geq 1.0 \tag{4.19}$$

(5) 가비욘 박스 접촉면의 전단

가비욘 박스 구조체가 수평력에 의한 전단변형이 허용치 이내인지 검토한다.

$$\text{안전율 } \eta = \frac{\text{허용변위}}{\text{전단변위}} \geq 1.0 \tag{4.20}$$

(6) 침하

가비욘구조체 하중에 의한 지반침하가 허용치이내이어야 한다.

$$\text{안전율 } \eta = \frac{\text{허용침하}}{\text{침하}} \geq 1.0 \tag{4.21}$$

3) 가비욘 옹벽의 시공

가비욘 옹벽은 시공이 간편하고 급속시공이 가능하며 고도의 기술이나 숙련공이 없이도 확실한 시공이 가능하다.

가비욘 옹벽은 대개 다음 순서대로 시공한다.

- 기초바닥을 잘 정리한다. 세굴이나 부등침하의 위험이 있는 곳에서는 매트를 약 50 cm 두께로 깔아서 상부 가비욘 하중을 고르게 분포시킨다.
- 철망을 규격에 맞게 정확히 조립한다.
- 풍화가 잘 안되는 자연석 (호박돌)으로 조형미를 살려서 고른 밀도로 잘 채운다.
- 철망을 채운 후에 터지거나 끊어지지 않도록 잘 묶는다.
- 필요시 가비욘 배면에 필터재를 설치한다.
- 대체로 앞면이나 뒷면을 계단형태로 단쌓기 한다.

【예제】 다음의 설명중 틀린 것이 있으면 정정하시오.

① 가비온 옹벽은 중력식옹벽의 기능이 있으면서 굴착단면의 미화효과가 크다.

② 가비온 옹벽은 일반옹벽과 같은 개념으로 안정성을 검토한다.

③ 가비온 옹벽은 시공이 간편하고 급속시공이 가능하며, 고도의 기술이 필요없다.

④ 가비온 옹벽에 채움돌은 풍화가 잘 안 되는 자연석이 좋다.

【풀이】 해당 없음.

4.4.3 조립식 옹벽(crib retaining wall)

엘레먼트 조립식 (또는 틀구조) 옹벽은 미관을 우선으로 하고 다음으로 기술과 경제성을 고려하는 경우에 적용하며, 특히 철근콘크리트 엘레먼트가 다양하고 풍부하게 기성품으로 나와 있어서 적용하기가 용이하다. 목재나 철근콘크리트 또는 강재로 만든 엘레먼트를 설치하고 흙을 채우므로 일종의 중력식 옹벽이며, 안정상 필요한 자중이 충분하고 거기에 식생이 가능하여 지지구조물이나 방음벽으로 자주 이용된다.

엘레먼트 조립식 옹벽은 개발자에 따라서 형태가 다양하다 (그림 4.31).

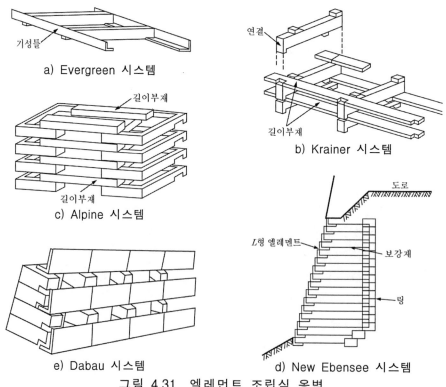

그림 4.31 엘레먼트 조립식 옹벽

조립식 옹벽은 먼저 엘레먼트를 조립하고 흙으로 채우고 다져서 벽체를 만든 후에 뒤채움하여 설치하며 반드시 뒤채움이 끝나고 안정된 후에 다음 단계 벽체를 조립한다. 일반옹벽과 같은 방법으로 안정을 검토하며, 다만 조립식 옹벽의 벽체는 강성구조가 아니므로 시공단계별로 활동에 대해서 검토한다. 내부의 채움 흙은 과대한 수압이 작용하지 않도록 투수성이 좋은 모래, 자갈 등을 사용한다.

4.4.4 토목섬유 옹벽

토목섬유 (geo-textile)를 이용한 지지구조물은 호안구조나 점토의 굴착면 및 성토면과 자연사면의 안정처리에 자주 적용되며, 이러한 옹벽을 토목섬유 옹벽이라고 한다 (그림 4.32). 이때에 토목섬유는 지지구조를 보강하고 흙입자 유실을 막는 역할을 하며, 대개 폴리에스터 종류의 토목섬유가 자주 이용된다.

토목섬유 옹벽은 다음과 같은 장단점이 있다.

- 장 점
  - 기존지반을 건설재료로 사용할 수 있다.
  - 시공직후에 재하가 가능하다.
  - 투수성이 좋다.

- 단 점
  - 연성 변형이 크다.
  - 부분적으로 시생이 안 되니 부분이 써써서 비너이 약기 떨어진다

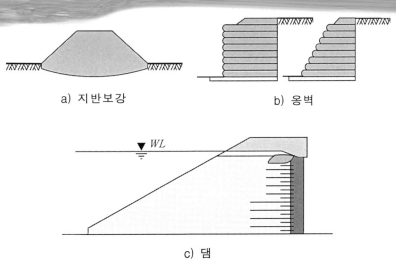

a) 지반보강   b) 옹벽

c) 댐

그림 4.32 토목섬유를 이용한 지지구조물

4.5 코퍼댐

코퍼댐 (cofferdam) 은 수심이 너무 깊지 않은 수저지반을 굴착할 때 설치하는 가설 지지 구조물이며 '가물막이' 라고도 하고, 마주보는 두 벽체를 앵커로 고정하고 부력이 작용하지 않을 만큼 투수성이 큰 사질토로 채워서 그 전단저항으로 안정을 유지한다. 벽체는 보통 널말뚝으로 하며 특수한 경우에는 영구구조물로 쓰기도 한다. 코퍼댐은 외부하중 (주로 수 평력) 을 채움 흙의 전단력, 벽체와 채움 흙 사이의 전단력, 바닥의 전단력, 때로는 널말뚝의 관입저항으로 지지한다. 따라서 전단강도가 발휘되려면 상부가 수십 cm 크기의 변위를 일 으켜야 한다.

코퍼댐은 외력의 지지형태에 따라 그 형식 (4.5.1 절) 이 구분되며, 채움 지반이나 기초지반에 서 전단파괴가 발생되지 않도록 안정 (4.5.2 절) 을 검토한다.

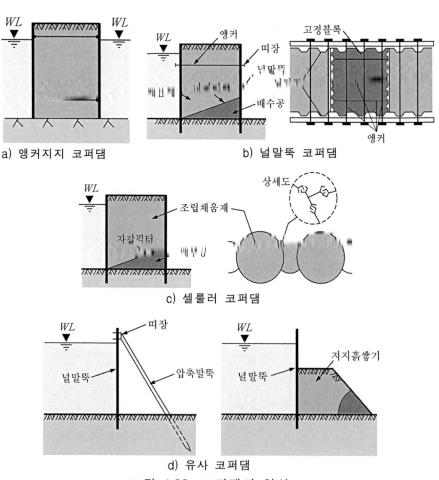

a) 앵커지지 코퍼댐   b) 널말뚝 코퍼댐

c) 셀룰러 코퍼댐

d) 유사 코퍼댐

그림 4.33 코퍼댐의 형식

4.5.1 코퍼댐의 형식

코퍼댐은 외력의 지지형태에 따라 다음과 같이 형식을 구분한다.

(1) 앵커지지 코퍼댐 (anchored cofferdam)

벽체를 지반에 근입시키지 않고 단순하게 벽체의 상부와 하부에 인장앵커를 설치하여 수평력을 지지하는 형식을 취하는 가장 근본적인 형식의 코퍼댐이다 (그림 4.33a).

(2) 널말뚝 코퍼댐 (sheet pile cofferdam)

널말뚝 벽체를 타입할 수 있는 지반에서는 벽체를 일정한 깊이로 타입해서 지반에 근입하여 앵커지지 코퍼댐의 하부앵커를 대신하고 상부에만 앵커를 설치하는 형식의 코퍼댐이다. 따라서 비용이 많이 드는 하부 수중앵커 설치작업이 생략되기 때문에 앵커지지 코퍼댐 보다 경제성이 향상된 형식이다 (그림 4.33b).

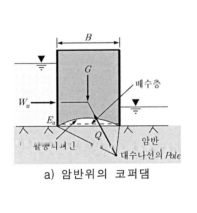
a) 암반위의 코퍼댐

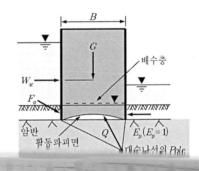

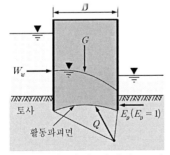
c) 토사층에 얕게 설치한 코퍼댐

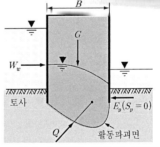
d) 토사층에 깊게 설치한 코퍼댐

그림 4.34 코퍼댐의 파괴형태

(3) 셀룰러 코퍼댐 (cellular cofferdam)

내부앵커를 설치하지 않고 벽체를 원형 셀 형태로 설치하여 벽체가 자체강성으로 하중을 지지한다. 벽체에 인장력이 발생하지 않으므로 웨이브 형이 아닌 판형 프로필을 사용한다 (그림 4.33c).

(4) 유사 코퍼댐

코퍼댐이 하중을 지지하지 못하거나, 변위가 허용되지 않는 경우 외부지지 앵커나 지지 말뚝 및 흙쌓기 등으로 지지한다 (그림 4.33d).

4.5.2 코퍼댐의 안정

코퍼댐은 주로 수평력을 지지하는 구조물이며, 수평력은 채움지반의 전단저항력에 의해 지지된다. 코퍼댐은 대체로 투수성 벽체로 설계한다. 따라서 코퍼댐의 양측 벽체 사이에는 투수성이 좋고 전단강도가 큰 조립토 즉, 모래나 자갈로 채운다.

과도한 수평력이 작용하는 경우에는 앵커지지 코퍼댐에서는 채움 지반이 전단파괴된다. 반면에 널말뚝 코퍼댐은 벽체를 지반에 근입하여 설치하므로 널말뚝 코퍼댐의 파괴형상은 코퍼댐이 설치된 기초지반의 형상과 설치깊이에 따라 다르다.

코퍼댐의 채움지반과 기초지반은 대개 대수나선 형태의 곡면 파괴면을 따라 활동파괴 된다 (그림 4.34).

Jelinek / Ostermayer (1967) 는 소형으로 모델시험을 수행해서 코퍼댐에서 곡면으로 활동파괴면이 형성되는 것을 확인하였고, 파괴면을 대수나선으로 가정하고 코퍼댐의 전단파괴에 대한 안정을 계산방법을 제시하였다.

그림 4.35a 에서 대수나선의 R 점에서 각도 α 는 대략 그림 4.35d 와 같이 채움 흙의 내부 마찰각 ϕ' 와 코퍼댐의 치수 즉, 폭과 높이의 비 B/H 에 의하여 결정되며, 간단하게 $\alpha = \pi/45^o - \phi/2$ 로 할 수도 있다.

그림 4.35b 와 같이 코퍼댐의 활동파괴면은 코퍼댐 양 측벽과 지표면이 만나는 점 L 점과 R 점을 지나는 대수나선형으로 형성되며, 두 점을 지나는 대수나선의 형상을 변화시키면서 수평력이 최소가 되는 대수나선을 찾으면 이 면이 곧, 활동파괴면이고,. 이때의 수평저항력이 코퍼댐이 지지할 수 있는 최대 수평력 H_{max} 이된다.

코퍼댐에 작용하는 힘은 채움 흙의 자중 G와 외력 H_w(대체로 수평력 즉, 수압)이며, 이에 대한 저항력은 활동파괴면의 전단저항력 Q이다. 그런데 채움 흙의 자중 G는 크기와 방향을 알고 외력 H_w와 저항력 Q는 방향을 알고 있으므로, 이로부터 힘의 다각형을 그려서 미지의 힘들을 구할 수 있다(그림 4.35c).

대수나선형의 파괴면 하부와 바닥면 사이에 있는 지반(그림 4.35a의 진한 음영부분 면적 A_s)은 코퍼댐의 안정과는 무관하므로 코퍼댐 자중 G의 계산에서 제외시킨다. 따라서 코퍼댐의 자중 G는 코퍼댐 단면적 BH에서 A_s를 뺀 단면적에 채움 흙의 단위중량을 곱한 크기 즉, $G = \gamma(BH - A_s)$이다.

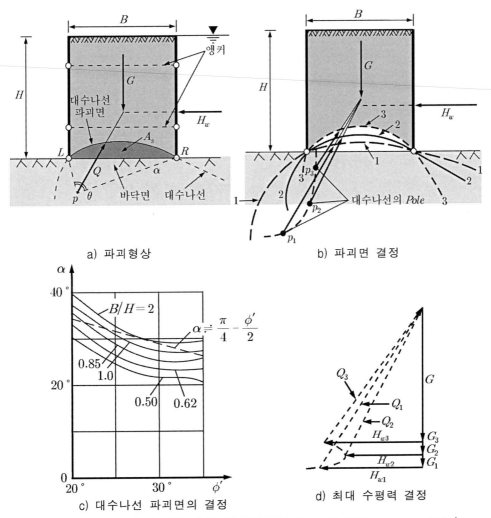

a) 파괴형상

b) 파괴면 결정

c) 대수나선 파괴면의 결정

d) 최대 수평력 결정

그림 4.35 코퍼댐의 대수나선 파괴모델(Jelinek & Ostermayer, 1967)

코퍼댐의 안전율 η_F 는 코퍼댐이 지지할 수 있는 최대 수평력 $H_{w\,max}$ (그림 4.35c) 와 현재 작용하는 수평력 (주로 수압) H_w 를 비교하여 다음과 같이 계산한다.

$$\eta_F = \frac{H_{w\,max}}{H_w} \tag{4.22}$$

코퍼댐의 널말뚝 벽이 흙지반에 관입된 경우에는 코퍼댐의 상류측 널말뚝 근입부에는 주동토압이 작용하고 하류측 널말뚝 근입부에는 수동토압이 작용한다. 따라서 이를 고려하여 활동을 일으키는 모멘트 M_D 와 이에 저항하는 저항모멘트 M_R 을 구한 후에 상호 비교하여 안전율을 구할 수 있다 (그림 4.36).

$$\eta_M = \frac{\sum M_R}{\sum M_D} \geq 1.5 \tag{4.23}$$

코퍼댐의 형상은 폭과 높이로 결정한다. 높이는 지지해야할 수심 등이며 대체로 사전에 그 크기가 결정되어 있으므로 수평력을 지지하는데 소요되는 폭을 정하는 경우가 많다. 즉, 코퍼댐의 안전율은 폭이 클수록 크다.

코퍼댐의 소요 폭 B 는 안전율 $\eta = 1$ 이 되는데 필요한 폭이며, 채움 흙의 내부마찰각 ϕ' 와 높이 H 에 따라 결정된다. 경험적으로 폭과 높이가 같으면 즉, $B = H$ 이면 안전하며 (그림 4.37), Jelinek/Ostermayer 에 의하면 $B = H$ 일 때 안전율은 $\eta = 1.4$ 이다.

그 밖에 간편한 방법으로 코퍼댐의 파괴면을 평면으로 가정하여 안전율을 계산할 수도 있다 (그림 4.38).

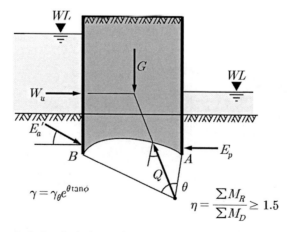

그림 4.36 지반에 관입된 코퍼댐의 안정 (Jelinek/Ostermeyer, 1967)

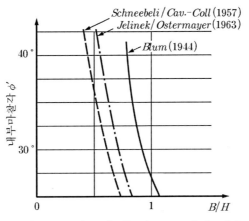

그림 4.37 채움 흙에 따른 코퍼댐 치수

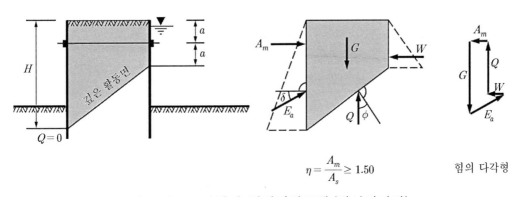

$$\eta = \frac{A_m}{A_s} \geq 1.50$$

힘의 다각형

그림 4.38 코퍼댐의 평면파괴모델 (직선파괴면)

【예제】 다음의 설명중 틀린 것이 있으면 정정하시오.

① 코퍼댐은 마주보는 두 벽체를 앵커로 고정하고 투수성이 큰 재료로 채워서 만든다.

② 외력을 채움 흙의 전단력, 벽체와 흙 사이의 전단력, 바닥의 전단력으로 지지한다.

③ 코퍼댐에는 앵커지지 코퍼댐, 널말뚝식, 셀룰러 코퍼댐, 유사 코퍼댐이 있다.

④ 코퍼댐의 안정계산 시 평면 또는 대수나선형 파괴면을 가정한다.

⑤ 폭과 높이가 1 : 1 이면 대체로 안정성이 있다.

⑥ 코퍼댐의 소요폭은 채움 흙의 내부마찰각과 높이에 따라 결정된다.

⑦ 코퍼댐은 주로 수평력을 지지하기 위하여 건설한다.

【풀이】 해당 없음.

【연습문제】

【문 4.1】 옹벽을 건설할 때에 고려해야할 사항들을 설명하시오.

【문 4.2】 옹벽건설을 위한 지반조사의 규모와 내용을 설명하시오.

【문 4.3】 캔틸레버옹벽에서 뒷굽판의 크기에 따른 토압계산방법을 설명하시오.

【문 4.4】 캔틸레버옹벽의 배면에 형성되는 파괴형태를 결정하는 방법을 설명하시오.

【문 4.5】 옹벽의 활동에 대한 안전율을 정의하고, 활동억제 대책을 마련하시오.

【문 4.6】 저면이 경사진 옹벽의 기초파괴에 대한 안정검토 방법을 설명하시오.

【문 4.7】 옹벽의 전도에 대한 안정성을 검토하는 방법을 설명하시오.

【문 4.8】 옹벽의 지반파괴에 대한 안정성을 검토하는 방안을 설명하시오.

【문 4.9】 옹벽침하에 의해 입게 되는 피해상황을 예견하고 검토방법 및 기준을 설명하시오.

【문 4.10】 보강토 옹벽의 안정검토 방법과 내용을 설명하시오.

【문 4.11】 보강토 옹벽에서 보강재의 종류에 따라 내적안정을 검토하는 방법을 설명하시오.

【문 4.12】 보강토 옹벽의 외적안정성을 향상시키는 방법을 제시하시오.

【문 4.13】 보강토 옹벽의 내적안정성을 향상시키는 방법을 제시하시오.

【문 4.14】 보강토 옹벽의 뒷채움 지반이 갖추어야 할 조건을 설명하시오.

【문 4.15】 가비온 옹벽의 장점을 나열하고 설명하시오.

【문 4.16】 엘레멘트 조립식옹벽의 장단점을 설명하시오.

【문 4.17】 토목섬유옹벽의 적용성과 적용한계점을 설명하시오.

【문 4.18】 코퍼댐의 지지기능을 향상시킬 수 있는 방안을 제시하시오.

제 5 장　지반굴착과 토류벽

5.1 개 요

구조물 기초를 지지력이 충분하고 압축성이 작으며 동결심도보다 깊은 지반에 설치하거나 또는 지하공간을 활용하기 위하여 지반을 굴착한다. 이때에 가파른 경사로 굴착하여 토공을 적게 할수록 경제적이지만 상대적으로 굴착면의 안정문제가 발생된다.

지반은 자체 전단강도만으로 자립할 수 있도록 한정된 깊이로 (지보하지 않거나 약간 지보한 후) 굴착하거나, 안전한 경사를 유지하며 굴착하거나, 지보시스템 즉, 흙막이 벽 (토류벽)을 설치하여 지지하면서 급경사로 굴착한다 (5.2 절). 급경사로 깊게 굴착한 흙벽은 지반의 전단강도만으로 자립할 수 없어서 토류벽을 설치하여 지지한다. 토류벽에는 지반의 자중과 상재하중에 의한 토압 (5.3 절)이 작용하며, 차수성 연속 토류벽에는 수압이 작용한다. 지반과 토류벽은 지반 내에 인장부재를 설치하고 양단을 정착하는 앵커 (5.4 절)를 설치하여 안정시킨다. 토류벽으로 널말뚝 벽 (5.5 절), 슬러리 월 (5.6 절), 엄지말뚝 벽 (5.7 절), 주열식 벽 (5.8 절) 등이 자주 적용된다.

5.2 지반굴착

현장공간에 여유가 있고, 주변에 침하에 민감한 구조물이 없으며, 굴착심도가 얕고, 지반상태가 양호하면 토류벽을 설치하지 않고 사면으로 굴착할 수 있어서 경제적이다. 그렇지 않은 경우에는 굴착벽면을 부분 또는 전체적으로 지보하고 굴착한다. 지보시스템은 안정하고 경제적이며 시공성이 좋아야 한다.

지반은 굴착깊이와 지보형태에 따라 얕은 굴착과 깊은 굴착으로 구분하여 굴착한다. 지반의 전단강도만으로 자립할 수 있는 깊이 (한계깊이)보다 얕게 굴착 (얕은 굴착)할 때에는 약간 지보하거나 지보하지 않는다 (5.2.1 절). 지반을 한계깊이 보다 깊게 굴착 (깊은 굴착)할 때에는 안전한 경사를 유지하며 굴착하거나, 토류벽을 설치하고 지보재 (버팀대, 앵커)로 지지하고 급경사로 굴착한다 (5.2.2 절). 주변구조물의 안정성 확보와 굴착조건에 따라 지보재 설치유무를 결정한다.

5.2.1 얕은 굴착

지반의 전단강도를 이용하여 지보하지 않거나 약간 지보하여 굴착할 수 있는 깊이 이내로 지반을 굴착하는 것을 얕은 굴착 (shallow excavation) 이라고 한다.

지반을 얕게 굴착할 때에는 대개 다음 방법을 적용한다.
 – 사면굴착
 – 연직굴착
 – 특수굴착

1) 사면굴착

지반을 굴착할 때에 주변공간이 여유가 있거나 굴착깊이가 깊지 않은 경우에는 사면굴착 (open cut with sloping sides) 하면 시공이 용이하고 경제적일 수 있다. 이때에 굴착경사에 따라 사면 안정해석을 수행해야 하지만 대표적인 지반에 대해서 굴착깊이가 3 m 미만일 때에는 사면안정해석을 실시하지 않고도 허용굴착경사 (allowable slope angle) 로 굴착할 수 있다 (그림 5.1).

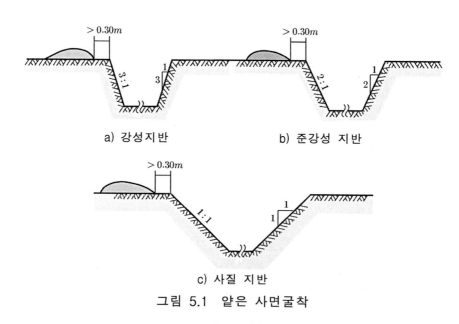

a) 강성지반   b) 준강성 지반

c) 사질 지반

그림 5.1 얕은 사면굴착

허용굴착경사 $\beta_{\max}$ 는 지반조건에 따라 대개 다음과 같다.

· 사질토 또는 연약 점성토 : $\beta_{\max} = 45^o$

· 컨시스턴시 지수 0.75 이상($I_c \geqq 0.75$)인 점성토 : $\beta_{\max} = 60^o$

· 연암 : $\beta_{\max} = 80^o$

· 경암 : $\beta_{\max} = 90^o$

그러나 굴착이 어렵거나, 활동성 지층이 존재하거나, 지하수가 배출되거나, 교통량하중에 의한 진동 등 사면안정 저해요인이 있는 경우에는 위 허용굴착경사 β_{max} 보다 낮은 경사로 굴착한다. 또한, 지반의 건조나 동결, 지하수 유입, 또는 활동면의 형성으로 지반이 불안정해질 수 있는 경우에는 굴착경사를 낮추거나 특수조치를 취하여 굴착사면을 보호한다.

지반이 불안정하거나, 관리목적 또는 지하수 배출 등을 위하여 필요한 경우에는 공사의 목적과 종류에 맞게 일정한 높이마다 소단을 설치한다.

다음의 경우에는 항상 굴착사면에 대해 안정해석을 실시한다.

- 굴착경사가 허용굴착경사 β_{max}를 초과하는 경우
- 기존장비로 굴착하기가 위험한 경우
- 사면의 높이가 5 m 이상인 경우
- 사면의 안정을 저해하는 특별한 원인이 있는 경우

2) 연직굴착

보통지반에서는 굴착 깊이가 1.25 m 이하이면 특별히 지보 (supporting) 하지 않고도 (그림 5.2a) 연직으로 굴착 (open cut with vertical sides) 할 수 있다. 강성 지반을 1.25~1.75 m 로 굴착할 때에 하부 1.25 m 는 연직으로 굴착하고 그 상부 지반은 그림 5.1 의 허용굴착경사보다 낮은 경사로 사면굴착하거나 수평보로 지보한다 (그림 5.2b). 깊이 1.75 m 이상 연직굴착하거나, 굴착깊이가 1.75 m 이하라도 굴착면이 불안정한 조건이면 토류벽을 설치하고 굴착면을 지보한다 (그림 5.2c).

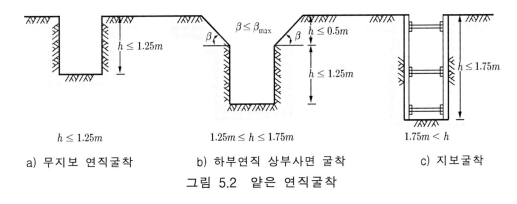

$h \leq 1.25m$ $1.25m \leq h \leq 1.75m$ $1.75m < h$

a) 무지보 연직굴착   b) 하부연직 상부사면 굴착   c) 지보굴착

그림 5.2 얕은 연직굴착

이때에 흙막이 벽체에 작용하는 토압이나 수압 등의 외력을 고르게 분포시키고 지지하는 굴착 길이방향 수평부재를 띠장 (wale) 이라고 하고, 띠장을 지지하는 가로방향의 수평재를 버팀대 (strut, brace), 버팀대를 지지하는 기둥을 지주 (post) 라고 한다.

다음 경우에는 항상 지보해야 한다.
- 교통량하중 등으로 벽체의 안정성이 저해될 우려가 있는 경우
- 굴착장비나 교통량에 의하여 인접지반에 지반진동이 발생되는 경우
- 인접지반이 선행굴착작업등에 의해서 이완된 경우

지반을 연직굴착 할 때에 폭이 0.5 m 이상 되어야 사람접근이 가능하며 굴착단계별로 지보의 안정성이 보장되어야 한다. 굴착공사가 장기간 중단되거나 강우 등에 의해 재하조건이 변화된 경우 또는 인근에서 발파작업을 실시한 경우에는 작업개시 전에 반드시 안정성을 재검토한다. 굴착한 흙은 인접해서 적치하면 굴착벽에 하중으로 작용할 수 있다.

3) 특수굴착

얕은굴착을 할 때에 굴착벽면을 연속사용이 가능한 패널 엘레멘트 등으로 지보하고 굴착하면 작업이 신속하고 작업공간이 넓으며 지반교란이 적다. 대표적인 것으로 크링스 (Krings) 시스템 등이 있다 (그림 5.3). 그러나 공사비가 많이 들 수 있다.

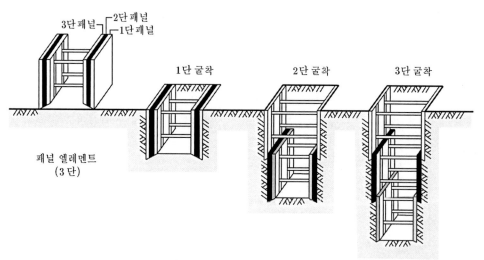

그림 5.3 3 단 Krings 시스템

【예제】 다음의 내용 중 틀린 것이 있으면 정정하시오
① 지반을 얕게 굴착할 때에는 사면굴착하거나 연직 또는 특수한 형태로 굴착한다.
② 얕게 사면굴착할 때에 허용굴착경사는 사질토나 연약점토에서 45°, 연암에서 80°, 굳은 점성토에서 60° 이다.
③ 지반건조, 지하수 유입, 지반동결, 활동면 형성 시에는 굴착사면을 안정하게 조치한다.
④ 사면소단은 지반이 불안정하거나, 관리목적 및 지하수배출 등을 위해 필요하다.

【풀이】 해당 없음

【예제】 다음에서 사면안정해석을 반드시 실시하지 않아도 되는 경우는?

　① 굴착경사가 허용굴착경사보다 큰 경우

　② 높이 5 m 이상인 사면

　③ 기존굴착장비로 굴착하기가 위험한 경우

　④ 기타 안정저해요인이 있는 경우

　⑤ 각도 40°인 자연상태의 3 m 높이의 사면

【풀이】 ⑤

【예제】 다음에서 내용이 틀린 것이 있으면 정정하시오.

　① 연직 굴착 깊이가 1.25 m 이하이면 특별히 지보하지 않아도 된다.

　② 굴착공사가 장기간 중단되었거나 지속적인 강우로 재하조건이 변경된 경우 또는 인근에서 발파작업을 실시한 경우 등에는 작업개시 전에 안정을 체크한다.

　③ 특수굴착 시에는 대개 공사비가 많이 든다.

　④ 지속적으로 강우가 내린 후에는 현장상태를 확인한 후 작업을 시작한다.

【풀이】 해당 없음

5.2.2 깊은 굴착

　지반의 전단강도만으로 자립할 수 있는 한계깊이 보다 깊게 지반을 굴착하는 것을 깊은 굴착 (deep excavation) 이라고 한다. 깊은 굴착에서 공간적으로 여유가 있고 주변에 인접하여 침하에 민감한 구조물이 없으며, 지반상태가 양호하면 지보 없이 사면굴착할 수 있다.

　굴착깊이가 깊을 때에 사면굴착하면 토공량이 많아서 토류벽을 설치하고 굴착하는 것보다 오히려 비경제적이고 굴착면 처리가 어려워질 수 있다. 지보시스템을 설치한 토류벽은 굴착벽면의 안정을 유지할 수 있어야 하고 경제적이어야 하며 시공성이 좋아야 한다.

1) 깊은 굴착의 지보시스템

　깊은 굴착에서 굴착면 지지벽체 (earth retaining wall) 는 타입, 진동압입 또는 천공 후 삽입 (케이싱이 있는 경우와 없는 경우) 하여 설치하며 전체공정 동안에 지반과 지보구조가 밀착 상태인 경우 (널말뚝, 슬러리월, 주열식벽) 와 일부 또는 전체공정에서 밀착되지 않은 경우 (엄지말뚝벽, 불연속말뚝벽) 등이 있다.

　또한, 굴착바닥면 하부에 있는 벽체가 연속적으로 설치되는 경우 (지중 연속벽) 와 불연속적으로 설치되는 경우 (지중 불연속벽) 가 있다.

다음 깊은 굴착 지보시스템(supporting system for deep excavation)이 자주 적용된다.

(1) 지중 연속벽
- 현장타설 주열식 벽
- ICOS-VEDER 벽
- 널말뚝 벽
- 슬러리 월
- PC 세그먼트 벽
- 바우어 시스템 벽
- 쏠레땅쉬 시스템 벽

(2) 지중 불연속벽
- 엄지말뚝 벽
- 노출식 현장타설 말뚝 벽

깊은 굴착의 지보시스템은 다음 사항을 검토하여 선정한다.
- 시공성
- 지반상태, 지하수 및 구조물 조건에 따른 타당성
- 시공과정 및 공정의 장단점
- 인접구조물의 영향
- 진동, 소음 등의 환경영향
- 굴착, 지보, 공기, 교통장애 등 제반사항을 고려한 경제성

2) 지중 연속벽

지중 연속벽은 여러 가지 목적으로 철근콘크리트 벽체나 철근콘크리트 말뚝을 현장타설하여 설치한다. 일반적으로 다음과 같은 형식이 있다 (그림 5.4).

(1) 현장타설 주열식 벽

현장타설 주열식 벽(cast in place concrete pile wall)은 우선 일정한 간격으로 지반을 천공하여 무보강 콘크리트 말뚝을 현장 타설한 후 말뚝사이를 겹침 굴착하여 철근콘크리트 말뚝을 설치하고 앵커나 스트러트로 안정시키며 지반을 굴착하는 지중 연속벽이다 (그림 5.4a).

(2) ICOS-VEDER 벽

ICOS - VEDER 벽 (ICOS-VEDER wall)은 무보강 콘크리트말뚝을 현장 타설한 후에 그 사이를 일정한 폭으로 굴착하고 철근보강콘크리트를 타설하여 설치하는 벽체이다. 지반을 굴착하는 동안과 굴착 후 콘크리트를 치기 전까지 굴착공간을 벤토나이트 슬러리 (bentonite slurry) 로 채워서 굴착흙벽을 지지한다 (그림 5.4b).

(3) 널말뚝 벽

널말뚝 벽 (sheet pile wall)은 연약한 실트지반이나 느슨한 사질토의 경우 지표에서 강성 널말뚝을 연속적으로 지반에 압입 또는 타입하여 설치하는 대표적 지중연속벽체이며 (그림 5.4c), 지중 장애물이 없어서 널말뚝을 타입할 수 있는 지반이어야 한다. 5.5 절에 상세히 설명되어 있다.

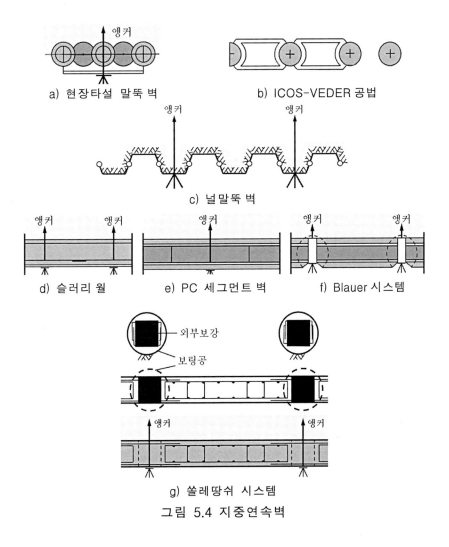

a) 현장타설 말뚝 벽   b) ICOS-VEDER 공법

c) 널말뚝 벽

d) 슬러리 월   e) PC 세그먼트 벽   f) Blauer 시스템

g) 쏠레땅쉬 시스템

그림 5.4 지중연속벽

(4) 슬러리 월

슬러리월 (slurry wall)은 0.5~1.5 m의 폭과, 2~8 m의 길이로 지반을 굴착하고 콘크리트를 현장타설하여 지표에서 설치하는 철근콘크리트 지중연속벽체이다. 굴착공간은 콘크리트 타설 전까지는 벤토나이트 슬러리로 채워서 안정을 유지한다. 세그먼트를 연속적으로 설치하며 벽체는 대개 수밀성이다. 필요에 따라 앵커나 스트러트를 설치할 수 있다 (그림 5.4d). 5.6 절에 설명되어 있다.

(5) 프리캐스트 철근콘크리트 세그먼트벽

PC 세그먼트 벽 (precast reinforced concrete wall)은 굴착깊이가 깊지 않은 곳에 적용되며, 슬러리월 공법으로 지반을 굴착하되 벽체를 현장 타설하지 않고 기성 철근콘크리트 세그먼트를 삽입하여 벽체를 설치하는 공법이다. 기타 공간은 점토 - 시멘트 혼합물로 채운다 (그림 5.4e).

(6) 바우어 시스템 벽

바우어 시스템 벽 (Bauer system wall)은 (4)와 (5)의 혼합형으로 일정한 간격으로 천공하여 H빔을 삽입하고 그 사이를 굴착하면서 기성 세그먼트를 H빔 사이에 끼워서 지중연속벽체를 만드는 공법이다. H빔을 정밀하게 설치하여야 기성 세그먼트들을 제대로 설치할 수 있다 (그림 5.4f).

(7) 쏠레땅쉬 시스템 벽

쏠레땅쉬 벽 (Soletanche system wall)은 바우어시스템의 변형으로 연결철근을 갖춘 기성 철근콘크리트 세그먼트를 설치하여 수평 및 연직방향으로 하중을 지지할 수 있는 지중연속벽이다 (그림 5.4g).

3) 지중 불연속벽

지중 불연속벽은 지표에서 굴착저면까지는 연속적으로 벽을 설치하여 배면 지반을 안정시키고 굴착하지만 굴착저면 하부의 지반에 관입·설치된 부분이 불연속인 벽체를 말한다. 엄지말뚝식 벽이 대표적이며, 벽체배면토압을 굴착저면 하부지반에 근입된 엄지말뚝의 수동저항으로 지지한다.

(1) 엄지말뚝 벽

엄지말뚝 벽 (soldier pile wall)은 강재엄지말뚝 (soldier pile)을 지반에 일정한 간격으로 설치하고, 지반을 굴착하면서 엄지말뚝 사이에 토류판을 끼워서 배면 지반을 안정시키는 경제적이고 자주 적용되는 지반안정벽체이다 (그림 5.5a). 5.4 절에 상세히 언급되어 왔다.

(2) 노출식 현장타설 말뚝 벽

철근보강 콘크리트 말뚝을 일정한 간격으로 현장에서 타설한 후에 지반을 굴착하고 말뚝에는 앵커나 스트럿을 설치하여 안정을 유지한다. 지반이 어느 정도 강성을 가질 때에 적용한다 (그림 5.5b).

또한, 말뚝 사이 지반을 평면굴착하고 굴착면에 철근망을 대고 숏크리트를 쳐서 지반의 안정을 유지하는 벽체도 있으며 점성이 큰 지반에 적용한다 (그림 5.5c).

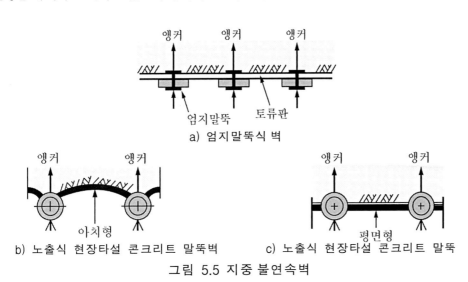

그림 5.5 지중 불연속벽

【 예제 】 다음의 내용 중에서 틀린 것이 있으면 정정하시오.

① 지반의 전단강도만으로 자립할 수 있는 한계깊이 이상으로 깊게 굴착하는 경우를 깊은 굴착이라 한다.

② 깊은 굴착은 지중 연속벽이나 지중 불연속벽을 이용하여 지보한다.

③ 깊은 굴착 지보시스템은 시공성, 지반상태, 인접구조물, 진동·소음 등 환경저해요인을 고려하여 결정한다.

④ 지중 연속벽은 현장타설 주열식 벽, ICOS - VEDER 벽, 슬러리월, 널말뚝 벽, PC 세그먼트 벽 등이 있다.

⑤ 지중 불연속벽은 엄지말뚝 벽, 노출식 현장타설 말뚝 벽 등이 있다.

【 풀이 】 해당 없음.

5.3 토류벽

급경사로 굴착한 굴착면은 지반의 전단강도와 토류벽에 의해 지지된다. 토류벽의 작용력은 굴착면 상부 벽체에 작용하는 수평토압이며, 굴착면 하부 벽체전면에서 수동토압으로 지지하고, 근입깊이 (5.3.1 절) 가 깊어질수록 상부 수평토압에 의한 영향이 감소되어 어느 한계부터 영향이 없다. 토류벽은 지반자중과 상재하중에 의한 토압 (5.3.2 절) 을 모두 고려하여 설계한다.

5.3.1 토류벽 근입깊이

앵커나 스트러트로 지지한 토류벽은 지반에 구속모멘트를 일으킬 필요가 없으며, 주어진 하중조건하에서 구속응력의 발생여부는 벽체 근입깊이에 달려있다. 토류벽은 깊게 근입될수록 굴착저면 상부의 수평토압에 의한 영향이 감소되어 어느 한계부터는 거의 영향을 받지 않는다.

일점지지 토류벽에서 벽체변위와 토압 및 모멘트 분포는 근입깊이에 따라 그림 5.6 과 같다. 토류벽은 근입깊이가 깊다고 효과가 있는 것은 아니며 준설선하부에서 세번째로 순토압이 '0' 이 되는 점 (그림 5.6의 ⓐ 점) 을 최대 근입깊이 (penetration depth) 로 한다. 또한, 근입깊이가 너무 작으면 토류벽 하부가 구속되지 않아서 배후지반이 붕괴되며, 그 한계치 즉, 최소 근입깊이는 준설선 하부지반에서 토류벽 전면지반이 수동에서 주동으로 바뀌는 깊이 (그림 5.6의 ⓓ점) 로 한다. 토류벽 근입깊이는 그림 5.6 에서 ⓐ 점과 ⓓ 점 사이로 한다.

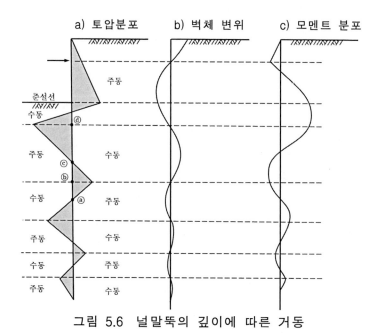

그림 5.6 널말뚝의 깊이에 따른 거동

5.3.2 토류벽에 작용하는 토압

급경사로 굴착한 흙벽은 지반의 전단강도와 토류벽에 의하여 지지된다. 따라서 토류벽은 토압 E_a (earth pressure) 를 작용력으로 간주하여 설계하며, 지반의 자중에 의한 토압 E_{ag} (5.3.2 절 1)) 와 상재하중에 의한 토압 E_{ap} (5.3.2 절 2)) 를 모두 고려한다.

$$E_a = E_{ag} + E_{ap} \tag{5.1}$$

토류벽에 작용하는 토압은 벽체의 변위에 따라 전이되어 그 분포가 달라진다.

1) 자중에 의한 토압

지반의 자중에 의해 연직 토류벽에 작용하는 토압 (earth pressure induced by self weight of soil) 은 곧, 수평응력 σ_h 이며 지반의 단위중량 γ 에 깊이 z 를 곱한 연직응력 $\sigma_z = \gamma z$ 에 수평토압계수 K_{ah} (horizontal earth pressure coefficient) 를 곱하여 구하므로 깊이에 선형비례하고, $e = \sigma_h = k\sigma_z = k_{ah}\gamma z$ 가 된다. 이때에 지층상태와 지하수위 등을 모두 고려한다.

2) 인접구조물 하중에 의한 토압

토류벽에 인접하여 일정한 범위 내에 구조물이 있는 경우 토류벽은 지반의 자중에 의한 토압 E_{ag} 외에 인접구조물하중에 의한 토압 E_{ap} 을 추가로 받게 된다. 사용하중에 의한 주동토압 (active earth pressure) 은 사용하중의 형태와 위치에 따라 그 분포가 다르며 지반의 자중에 의한 주동토압 E_{ag} 를 계산할 때와 같은 벽마찰각 δ_a 를 적용한다.

(1) 등분포 하중에 의한 토압

그림 5.7 과 같이 벽체로부터 a 만큼 떨어진 곳에 크기 p 의 등분포하중 (uniform distributed load) 이 작용할 때에는 하중의 선단에서 수평에 대해서 내부마찰각 ϕ 만큼 기울어진 선이 벽체와 만나는 A 점에서 부터 사용하중의 영향이 나타나며 그 크기는 $\Delta e_{ap} = pK_{ah}$ 이다.

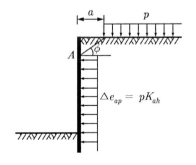

그림 5.7 등분포하중에 의한 토압

(2) 띠하중에 의한 토압

띠하중 (strip load) 의 영향범위는 띠하중의 폭 b 와 벽체로부터의 거리 a 에 따라 결정되며 띠하중에 의한 수평주동토압의 분포는 그림 5.8 과 같이 여러가지 형태로 가정할 수 있다.

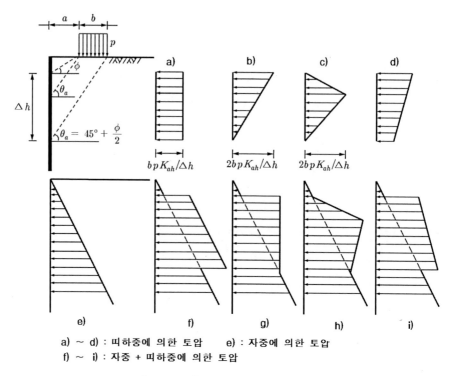

a) ～ d) : 띠하중에 의한 토압   e) : 자중에 의한 토압
f) ～ i) : 자중 + 띠하중에 의한 토압

그림 5.8 띠하중에 의한 수평토압

띠하중 선단에서는 내부마찰각 ϕ, 후단에서는 활동면 각도 $\theta_a = 45° + \phi/2$ 로 그은 선이 벽체와 만나는 점 사이에서 사각형이나 삼각형 분포한다고 가정하며 합력 E_{ap} 는 다음과 같다.

$$E_{ap} = b\,p\,K_{ah} \tag{5.2}$$

(3) 선하중에 의한 토압

선하중(line load)에 의한 토압은 선하중을 폭이 없는 띠하중으로 생각하여 구하며, 그림 5.9와 같이 Δh 의 범위 내에서 사각형 또는 삼각형 분포로 가정한다.

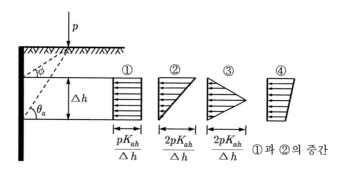

그림 5.9 선하중에 의한 수평토압

(4) 독립기초 하중에 의한 토압

벽체에 인접하여 폭 b, 길이 l 이고 평균압력 p 가 작용하는 독립기초가 있는 경우에는 이를 폭이 b 인 띠하중으로 전환하여 2차원해법을 적용한다. 즉, 그림 5.10a 와 같이 독립기초 뒷모서리에서 45°로 확산된다고 가정한 범위내의 벽체길이 l_1 과 길이가 같고 폭이 b 인 대체 띠하중으로 전환한다. 독립기초가 서로 인접하여 그림 5.10b 와 같이 서로 영향을 미치는 경우에는 외곽영향권 범위내의 벽체길이 l_2 와 같은 길이의 (폭 b) 대체 띠하중으로 전환하여 사용하중에 의한 토압을 계산한다.

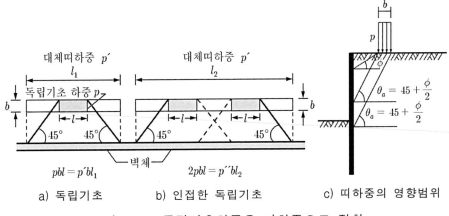

a) 독립기초　　　 b) 인접한 독립기초　　　 c) 띠하중의 영향범위

그림 5.10 독립기초하중을 띠하중으로 전환

【예제】 다음에서 토류벽에 작용하는 토압이 아닌 것은 ?

　① 자중에 의한 토압 ② 상재하중에 의한 토압 ③ 교통하중에 의한 토압 ④ 풍하중

【풀이】 ④

3) 토류벽에서 토압의 전이

벽체에 작용하는 토압의 분포는 벽체의 변위에 따라 다르며 고전적인 삼각형 토압분포는 강성벽체가 하단을 중심으로 회전하는 경우에만 성립된다. 스트러트를 다단 설치한 토류벽에서는 벽체가 강성이 아니고 스트러트로 벽체변위가 부분적으로 억제되기 때문에 토압분포가 고전적인 삼각형분포와 달라지는데 이를 토압의 전이(apparent earth pressure)라고 한다. 따라서 굴착면 상부벽체의 토압은 고전토압보다 커지고 깊은 벽체의 토압은 고전토압보다 작아져서 전체 토압의 합력은 작용위치가 높아진다.

스트러트를 설치한 토류벽에서 토압의 전이는 오래 전부터 관심의 대상이었으며 실무에 자주 적용되는 형태는 그림 5.11 과 같다.

그러나 토압의 전이 메커니즘은 매우 복잡하며 시공단계나 토류벽의 변형과 강성도에 따라 다르기 때문에 일반적인 전이토압의 분포를 말하기가 어렵다. 토압의 전이는 스트러트를 설치한 벽체에서 일어나며 주동토압만 전이되고 수동토압과 지하수의 수압은 전이되지 않는다 (그림 5.12). 스트러트를 여러 단 설치한 토류벽은 역학적으로 연속보와 같이 거동하며 역학적인 시스템의 선택보다는 적절한 토압의 분포와 시공단계의 적절한 적용이 더 중요한 의미를 갖는다.

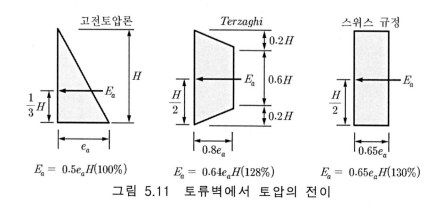

그림 5.11 토류벽에서 토압의 전이

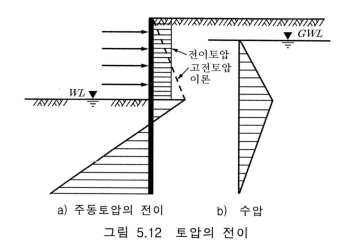

a) 주동토압의 전이   b) 수압

그림 5.12 토압의 전이

스트러트를 여러 단 설치할 경우에는 별도로 다음과 같이 가정하며, 이로 인해 계산된 부재의 단면력이 실제와 큰 차이가 날 수 있다.

- 지반은 탄성거동을 한다.
- 각 시공단계는 서로 영향을 미치지 않는다.
- 스트러트 휨성 차이가 단면력에 미치는 영향은 무시한다.
- 굴착저면 위쪽 주동토압의 분포는 토압의 전이로 인하여 지반조건에 따라 직사각형 또는 사다리꼴이 되었다고 가정한다.

단차 h 로 다단으로 스트러트를 설치한 토류벽은 그림 5.13과 같이 토류벽 배면의 토압은 근사적으로 크기 $e_a = 0.65 \gamma H K_{ah}$ 인 직사각형 분포로 가정하여 해석할 수 있다(그림 5.11).

스트러트 지지력 : $V \simeq e_a h$

모멘트 : $M_{F1} \simeq e_a h^2 / 12$

지지모멘트 : $M_s \simeq e_a h^2 / 10$ (5.3)

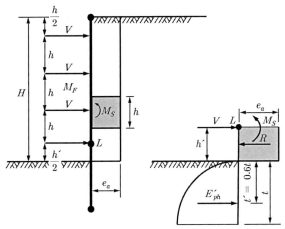

그림 5.13 다단지지토류벽의 근사해

최하단 스트러트 L점을 중심으로 모멘트를 취하면 소요 수동토압 E_{ph}'을 구할 수 있다.

$$(h' + t') E_{ph}' = 0.5 R h' - M_s \tag{5.4}$$

여기에서 $R = h' e_a$ 이므로 수동토압은 다음과 같이 된다.

$$E_{ph}' = \frac{0.5 R h' - M_s}{h' + t'} = \frac{0.5 e_a h'^2 - M_s}{h' + t'} \tag{5.5}$$

근입깊이는 소요 수동토압 E_{ph}'와 가능 수동토압 E_p'을 비교하여 계산할 수 있다. 지지 모멘트 M_s를 작게 가정하면 안전측 근입깊이 t'가 구해진다. 매우 깊은 굴착 시 최하단 스트러트 변위가 수동토압이 동원될 만큼 크게 일어날 수 없으므로 큰 안전율로 계산해야 한다.

【예제】 다음 설명 중 틀린 것이 있으면 정정하시오.
① 토류벽은 강체가 아니고 벽체변위가 스트러트로 억제되어 삼각형분포와 다르다.
② 토압이 전이되어 얕은 곳은 커지고 깊은 곳은 작아져서 합력위치가 높아진다.
③ 토압의 전이는 스트러트를 설치하지 않을 때에도 일어난다.
④ 주동토압은 전이 되지만 수동토압과 수압은 전이되지 않는다.

【풀이】 해당 없음

5.4 앵커

앵커 (anchor) 는 흙 또는 암 지반 내에 인장부재를 설치하고 자유면 또는 지반 내 두 점에서 정착하며, 인장력을 가하여 지반이나 구조물을 안정시키는 구조부재를 말한다.

앵커는 정착방식과 용도 및 설치방식과 형상에 따라 다양한 형태 (5.4.1 절) 가 있다. 앵커는 인발되거나 인장부재가 인장파괴 되지 않으며 (내적 지지력), 앵커를 설치한 지반이 활동파괴 되지 않게 (외적 지지력) 즉, 지지력 (5.4.2 절) 이 충분히 크도록 설치한다. 최근 앵커의 시공사례가 급증하고 적용대상이 확대되고 있으며, 여러 가지 특수앵커 (5.4.3 절) 들이 적용되고 있다. 앵커에서도 크리프거동이 일어나서 시간이 지나감에 따라 앵커의 긴장력이 감소되어 전체적인 안정에 영향을 미칠 수 있다. 앵커의 크리프거동 (5.4.4 절) 은 앵커크리프치 K_s 로 나타낸다.

5.4.1 앵커의 형태

앵커는 정착방식과 용도 및 설치방식과 형상에 따라 다양한 형태가 있으므로, 목적에 적합한 종류를 선택하여 설치하며, 형상의 특성을 정확히 이해하여 적용해야 한다.

1) 앵커의 정착

앵커는 두 개 지점에서 정착하며, 대개 두 정착점 중에서 한 점은 자유면 (또는 벽체) 에 나머지 한 점은 지반 내에 설치한다. 그러나 두 정착점이 모두 자유면 (또는 벽체)에 있는 경우 (코퍼댐 등) 도 있다 (그림 5.14).

2) 앵커의 용도
앵커의 용도는 그림 5.15 와 같이 다양하다.
- 토류벽의 인징
- 인장기초
- 부력을 받는 기초의 안정
- 암반사면의 안정
- 터널의 지보

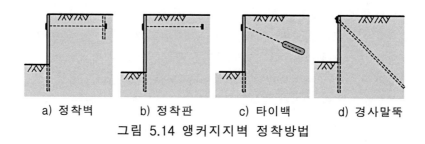

| a) 정착벽 | b) 정착판 | c) 타이백 | d) 경사말뚝 |

그림 5.14 앵커지지벽 정착방법

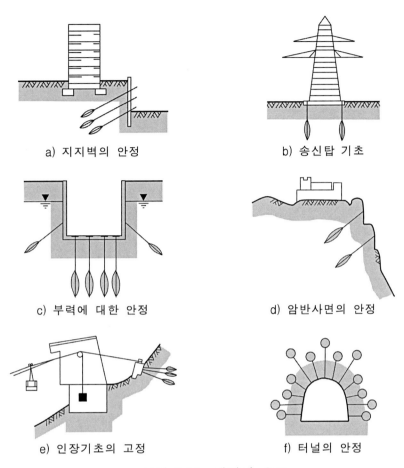

a) 지지벽의 안정   b) 송신탑 기초

c) 부력에 대한 안정   d) 암반사면의 안정

e) 인장기초의 고정   f) 터널의 안정

그림 5.15 앵커의 용도

3) 앵커의 종류

앵커는 지반상태, 적용방법, 정착방법 및 재하방법에 따라 표 5.1 과 같이 구분한다.

표 5.1 앵커의 분류

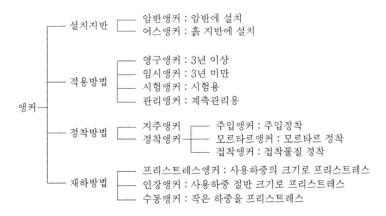

- 설치지반
  - 암반앵커 : 암반에 설치
  - 어스앵커 : 흙 지반에 설치
- 적용방법
  - 영구앵커 : 3년 이상
  - 임시앵커 : 3년 미만
  - 시험앵커 : 시험용
  - 관리앵커 : 계측관리용
- 정착방법
  - 지주앵커
  - 정착앵커
    - 주입앵커 : 주입정착
    - 모르타르앵커 : 모르타르 정착
    - 접착앵커 : 접착물질 정착
- 재하방법
  - 프리스트레스앵커 : 사용하중의 크기로 프리스트레스
  - 인장앵커 : 사용하중 절반 크기로 프리스트레스
  - 수동앵커 : 작은 하중을 프리스트레스

【 예제 】 다음의 설명 중 틀린 것이 있으면 정정하시오.

① 앵커는 지반 내에 인장부재를 설치하고 인장응력을 가하여 지반이나 구조물을 안정 시키는 구조부재이다.

② 앵커는 인장부재가 끊어지거나 뽑히지 않아야 하며 이를 내적안정이라고 한다.

③ 앵커는 토류벽의 안정, 인장기초, 암사면의 안정, 터널의 지보 등에 이용된다.

④ 앵커는 자유면이나 지반 내에 정착시키며, 두 정착점이 자유면일 수도 있다.

【 풀이 】 해당 없음

4) 앵커의 설치

앵커는 지반을 대개 직경 $\phi 80 \sim 150 \mathrm{mm}$ 로 천공한 후에 인장재를 삽입하고 지반 내에 정착시켜서 설치한다. 이때 지반의 종류와 상태, 앵커형태, 앵커길이에 적합한 방법을 선택 하여 다음 순서대로 설치한다. 일반적으로 앵커의 길이는 $30\mathrm{m}$, 경사는 수평에 대해 10° 정 도로 한다.

① 앵커형태에 적합하게 지반을 천공한다.

② 케이싱을 삽입한다.

③ 인장재를 삽입한다.

④ 시멘트 모르타르를 주입하여 타이백을 형성하고 보링케이싱을 제거한다.

⑤ 물이나 벤토나이트 슬러리로 인장재 주위의 천공 공을 세척한다.

⑥ 천공 공을 시멘트 모르타르로 채운다.

⑦ 모르타르가 경화되면 추가로 모르타르를 주입한다.

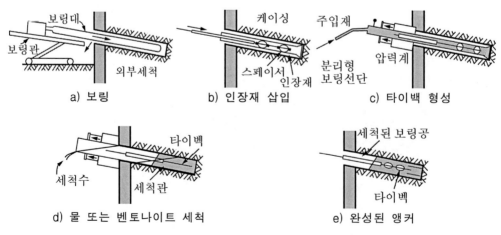

a) 보링

b) 인장재 삽입

c) 타이백 형성

d) 물 또는 벤토나이트 세척

e) 완성된 앵커

그림 5.16 케이싱이 있는 경우의 앵커보링

점착력이 크거나 강성인 지반에서는 케이싱 (casing) 을 설치하지 않을 수도 있으나, 점착력이 작은 지반에서는 천공 공벽이 무너지므로 케이싱을 설치한다. 천공 쇄설물은 보통 수세식으로 배출하며, 함수비 증가에 민감한 지반에서는 압축공기로 배출한다. 천공 공을 케이싱하지 않고 벤토나이트 슬러리 등의 안정액으로 지지할 수도 있다.

앵커는 부력이나 토압 등을 지반에 안정적으로 전달하는 것이 목적이므로 정착부 (앵커판이나 타이백) 를 중립 또는 수동영역에 설치한다. 여기에서 주동 및 수동영역과 중립영역은 그림 5.17 과 같이 정의한다.

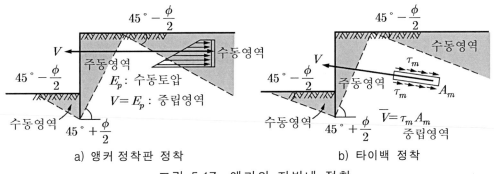

a) 앵커 정착판 정착   b) 타이백 정착

그림 5.17 앵커의 지반내 정착

앵커 정착판은 보통 수동영역에 설치하며(그림 5.17a), 앵커 정착판의 인발저항력 V 는 앵커 정착판이 유발할 수 있는 수동토압이 되므로 토질역학이론을 적용하여 결정한다.

반면에 타이백은 중립영역에 설치하며 (그림 5.17b) 그 지지력 V 는 타이백의 주변 마찰력에 의해 유발되고 타이백의 주변마찰응력 τ_m 과 주변면적 A_m 으로부터 계산한다.

$$V = A_m \, \tau_m \tag{5.6}$$

【예제】 다음 설명 중 틀린 것이 있으면 정정하시오.
 ① 앵커는 대개 직경 $\phi = 80 \sim 150\,mm$ 로 천공하여 설치하고, 길이는 $30\,m$ 정도 경사는 수평에 대해 약 $10\,^\circ$ 정도이다.
 ② 앵커 천공할 때에는 점착력이 작은 지반에서는 케이싱을 설치한다.
 ③ 앵커의 정착부는 중립 또는 수동영역에 설치한다.
 ④ 앵커 정착판은 주동영역에 설치하고 타이백은 중립영역에 설치한다.

【풀이】 ④ 앵커 정착판은 주동영역에 설치한다.

5) 앵커의 구성

일반적으로 앵커는 앵커헤드와 인장재 및 정착부의 3부분으로 구성하며 (그림 5.18), 경우에 따라 변형이 가능하다.

(1) 앵커헤드

앵커헤드 (anchor head) 는 앵커를 벽체나 구조물에 정착 또는 접속시키는 부재를 말하며 인장부재의 형상에 따라 다양한 형태가 있다. 그림 5.19a 는 강봉형 앵커, 그림 5.20b 는 강연선형 앵커의 헤드를 나타낸다.

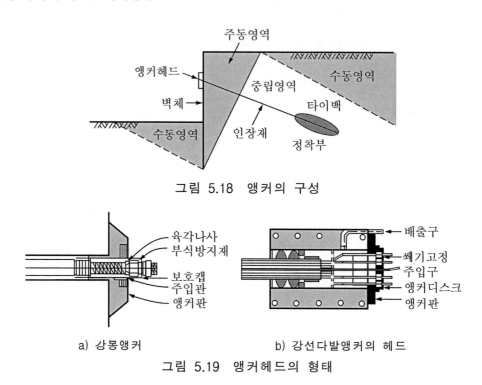

그림 5.18 앵커의 구성

a) 강봉앵커

b) 강선다발앵커의 헤드

그림 5.19 앵커헤드의 형태

(2) 인장재

인장재 (tie rod) 는 앵커헤드에 걸린 힘을 정착부에 전달하는 부재이며 (그림 5.18), 인장 강도가 큰 특수 강봉이나 강연선을 사용하고 대개 부식방지처리가 되어있다. 재료의 인장 파괴에 대한 안전율이 1.75 이상이어야 한다.

(3) 타이백

타이백 (tie back) 은 앵커력을 지반에 전달하는 부분이며, 일반적으로 첨가재나 혼화재를 혼합하지 않은 보통 시멘트 모르타르를 주입하여 만든다.

타이백은 앵커력을 지반에 전달하는 방법에 따라 인장형과 압축형으로 구분한다.

- 인장형 타이백 (tension type tie back) : 힘이 앞에서 뒤로 전달되며 (그림 5.20a), 타이
백에 인장력이 작용하므로 강재가 인장 변형되면 타이백에 균열이 발생되어 불리하다.
- 압축형 타이백 (compression type tie back) : 힘이 뒤에서 앞으로 전달되도록 인장
재선단에 강관이나 강판을 연결한 형태이며 (그림 5.20b), 타이백이 압축상태라 유리하다.

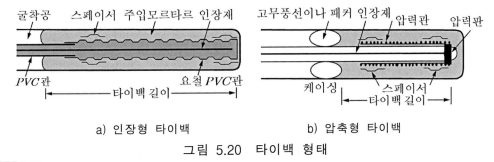

a) 인장형 타이백   b) 압축형 타이백

그림 5.20 타이백 형태

타이백의 길이 즉, 앵커 정착장 l_v 는 대개 앵커의 기능지속시간과 설치지반에 따른 기준
길이 l_{v0} 에 긴장력 P_n 의 크기에 따른 소요길이를 추가하여 다음과 같이 구한다.

$$l_v = l_{v0} + f \sqrt{P_n} \tag{5.7}$$

여기서, f 는 비례상수로 앵커의 종류와 설치지반에 따라 다음의 표 5.2 와 같다.

표 5.2 타이백의 기준길이 l_{v0} 와 비례상수 f

앵커의 종류	임시 앵커		영구 앵커	
	$l_{v0}[m]$	f	$l_{v0}[m]$	f
암반 앵커	2	0.2	3	0.3
어스 앵커	4	0.3	4	0.4

앵커 인발저항력 V_v 와 정착장 l_v 는 지반에 따라 경험적으로 대개 표 5.3 과 같다

표 5.3 앵커 저항력의 경험치

흙 지반	인발저항력 V_v [kN]		정착장 l_v(m)
	느슨한 지반	조밀한 지반	
자갈질 모래	최고 600	최고 1000	4~7
실트질 모래	최고 400	최고 600	4~7
암 반	인발저항력 V_v [kN]		정착장 l_v(m)
	절리 발달	절리 적음	
화강암, 편마암, 경백운석, 현무암, 경석회암	최고 2000	최고 4000	4~7
연석회암, 연백운석, 경사암	최고 1200	최고 2000	4~7

【예제】 다음의 설명 중에서 틀린 것이 있으면 정정하시오.

① 인장재는 강봉이나 강연선을 사용하고 인장파괴 안전율이 1.75 이상이어야 한다.

② 타이백을 첨가재나 혼화재를 섞은 시멘트 모르타르로 만든다.

③ 인장형 타이백은 강재가 인장 변형되면 균열이 발생한다.

④ 압축형 타이백은 힘이 앞에서 뒤로 전달되어서 유리하다.

⑤ 모래지반에서는 앵커의 정착장을 $4 \sim 7m$로 한다.

【풀이】 ② 첨가재나 혼화재를 안 섞은 모르타르로 만든다.

④ 압축형 타이백은 힘을 뒤에서 앞으로 전달한다.

5.4.2 앵커의 지지력

앵커의 지지력은 보통 두 가지 측면 즉, 앵커의 인발파괴나 인장파괴에 대한 지지력(내적지지력)과 앵커를 설치한 지반의 활동파괴에 대한 지지력(외적지지력)에 대해서 검토한다.

1) 내적 지지력

앵커는 다음의 여러 가지 원인에 의하여 소요 지지력을 발휘하지 못하는 경우가 있으므로 내적지지력(internal bearing capacity of anchor)에 대한 검토가 필요하다.

ⓐ 앵커헤드의 기능상실

ⓑ 인장부재의 인장파괴

ⓒ 인장부재와 타이백 연결부의 파괴

ⓓ 타이백의 인장 또는 압축파괴

ⓔ 타이백의 인발파괴

여기에서 ⓐ~ⓓ 는 앵커의 재료선정이나 시공불량 등에 의하여 발생되며, 안정성이 확인된 앵커를 사용하여 정확하고 성실하게 시공할 때에는 문제가 되지 않는다. 그러나 ⓔ 의 타이백의 인발파괴는 타이백의 형상과 크기는 물론 설치된 지반의 상태 및 경계조건에 따라 영향을 받으므로 중요한 지반공학적 검토대상이 된다.

(1) 앵커의 인발저항

앵커의 인발저항력은 타이백과 주변지반 사이의 마찰에 의하여 유발되며, 앵커의 인발거동은 매우 복잡하므로 보통 다음과 같이 가정한다.

- 앵커의 인발파괴는 앵커작용력이 지반의 유효인발저항력보다 클 때에 일어난다.
- 지반의 인발저항은 타이백에 작용하는 토피 하중에 의하여 유발된다.
- 타이백은 주변지반을 밀어낼 경우에만 파괴가 일어난다. 이때에 주변지반의 파괴가 일어나지만 파괴상태를 정확히 파악하기는 매우 어렵다.

앵커의 타이백은 대개 직경 $100 \sim 150\,\mathrm{mm}$, 길이 $4 \sim 10\,\mathrm{m}$ 로 설치하며, 지표에서 $4\,\mathrm{m}$ 이상 깊은 지점에 있으면, 인발저항력이 상재하중의 영향을 거의 받지 않고 지반 전단강도의 영향만 받는다. 앵커의 인발저항력은 지반의 전단강도가 증가함에 따라 자중의 영향이 작아지므로 오히려 감소하며, 정착부의 길이에 비선형 비례하여 증가하지만 길이가 $7\,\mathrm{m}$ 이상이면 점진적인 파괴가 발생되어 비경제적일 수 있다. 점성토에서는 인발저항력이 직경에 비례하여 커지나, 사질토에서는 정착부의 직경에 의한 영향은 뚜렷하지 않다.

그림 5.21 과 같이 직경 b, 길이 l_v 인 타이백의 인발저항력 V_v 은 타이백 상부지반의 자중 G_k 에 의한 마찰저항력과 점착력의 합이다. G_k 의 타이백에 대한 수직 성분을 G_l, 접선 방향성분을 G_h 라하고 지반과 타이백 표면간의 마찰각 δ이 지반의 내부마찰각 ϕ 와 같다고 보면, 인발저항력 V_v 는 타이백에 작용하는 상부지반의 자중 G_k 의 타이백 접선방향 성분 G_h 와 주변마찰력 $G_l \tan \phi$ 의 합이 된다.

$$V_v \;=\; G_h + G_l \tan \phi \;=\; G_k(\sin\theta + \cos\theta\tan\phi) \tag{5.8}$$

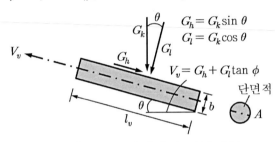

$$G_h = G_k \sin \theta$$
$$G_l = G_k \cos \theta$$
$$V_v = G_h + G_l \tan \phi$$

그림 5.21 타이백의 인발저항

타이백 상부 지반의 자중 G_k 는 인접 앵커가 서로 영향이 없을 만큼 충분히 떨어진 경우 (그림 5.22b) 와 거리가 근접하여 서로 영향이 있는 경우 (그림 5.22c) 에 따라 다소 차이가 있다.

① 인접앵커의 영향을 받지 않는 경우

인접앵커간 거리 e 가 멀어서 영향이 없으면 그림 5.22b 와 같이 타이백 상부 각도 α 인 범위 내 토체가 앵커 인발저항에 영향을 미친다고 보고 영향지반의 자중 G_h 를 계산한다.

$$G_k = \gamma \left(b + t_v \tan \alpha\right) t_v \, l_v \cos\theta \tag{5.9}$$

따라서 앵커의 인발저항력 V_v 는 식 (5.8) 에서 다음과 같이 된다.

$$V_v = \gamma \left(b + t_v \tan \alpha\right) t_v \, l_v \cos\theta \left(\sin\theta + \cos\theta \tan\phi\right) \tag{5.10}$$

그런데, 타이백 직경 b 와 앵커 경사 θ 를 거의 무시할 수 있으므로 $b \simeq 0$, $\sin\theta \simeq 0$ 이고 $\alpha = \phi$ 라고 하면, 앵커의 인발저항력 V_v 에 관한 식 (5.10)은 다음과 같이 간단해진다.

$$V_v = \gamma \, t_v^2 \tan^2\phi \, l_v \tag{5.11}$$

② 인접앵커의 영향을 받는 경우

앵커 간격 e 가 촘촘하여 서로 간섭효과가 일어날 때에는 그림 5.22c 와 같이 영향지반의 형상을 제한하여 자중 G_k 를 결정한다.

$$G_k = \gamma\, t_v\, e\, l_v \cos\theta \tag{5.12}$$

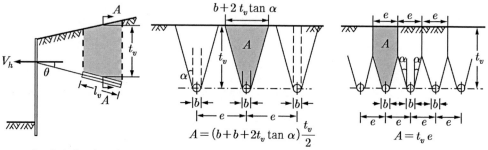

a) 타이백 작용하중   b) 인접앵커의 영향범위   c) 인접앵커의 상호영향

그림 5.22   인접앵커의 영향 없는 앵커의 인발 저항력

따라서 앵커의 인발저항력 V_v 는 식 (5.8) 에서 다음이 되고,

$$V_v = \gamma\, t_v\, e\, l_v \cos\theta\, (\sin\theta + \cos\theta \tan\phi) \tag{5.13}$$

b 와 θ 는 매우 작아서 $b \simeq 0,\ \sin\theta \simeq 0$ 이고, $\alpha = \phi$ 이면 다음이 된다.

$$V_v = \gamma\, t_v \tan\phi\, e\, l_v \tag{5.14}$$

(2) 앵커의 인발에 대한 안전율

앵커인발에 대한 안전율은 극한 인발저항력 V_u 와 사용하중 V_G 의 비 $\eta_s = V_u / V_G$ 나 전단강도 τ_f 와 전단응력 τ_v 의 비 $\eta_F = \tau_f / \tau_v$ 이며, 표 5.4 의 소요안전율 보다 커야 한다.

【예제】 다음에서 앵커의 내적지지력 손실 원인이 아닌 깃은 ?
① 앵커헤드 기능 상실 ② 인장부재의 인장파괴 ③ 인장부재와 타이백 연결부 파괴
④ 타이백의 인장 또는 압축파괴 ⑤ 타이백의 인발파괴 ⑥ 큰 외력의 작용

【풀이】 ⑥ 외적지지력 손실의 원인이 된다.

표 5.4 앵커의 안전율

앵커의 중요성 (파괴 시 기준)	임시앵커		영구앵커	
	η_s	η_F	η_s	η_F
구조적으로 경미한 영향 (사회적으로 문제 안됨)	1.3	1.2	1.6	1.4
구조적으로 심각한 영향 (사회적으로 문제 안됨)	1.5	1.3	1.8	1.4
구조적으로 매우 심각한 영향 (사회적으로 문제됨)	1.8	1.4	2.0	1.5

2) 외적지지력

앵커가 설치된 지반의 활동파괴에 대한 안전율을 외적 안전율이라 하고 대개 지반의 전단강도 τ_f 와 전단응력 τ 의 비로 정의하고 통상적 토질역학적 계산방법을 적용하여 구한다. 활동면이 벽체를 절단하는 경우에는 벽체의 전단저항 S 를 고려할 수 있다.

(1) 앵커의 안전율

앵커의 안정을 검토할 때에는 설계토압에 따라 다른 안전율을 적용한다. 즉, 벽체가 주동토압으로 설계된 경우에는 안전율을 1.5, 정지토압으로 설계된 경우에는 안전율 1.33 을 적용한다. 앵커가 설치된 지반의 파괴메커니즘에 대해 논란이 많으며, 편의상 평면파괴를 적용하지만 곡면파괴 (Schulze, 1976 : Goldscheider/Kolymbas, 1980) 를 적용할 때도 많다 (그림 5.23).

앵커에 긴장력 V_N 을 가한 경우에 파괴메커니즘은 같다고 생각하며, 긴장력은 내력이므로 안전율 계산에는 고려하지 않고, 앵커력 V 에서 긴장력 V_N 을 뺀 값 $V - V_N$ 을 앵커력으로 간주하여 안정을 계산한다. 앵커는 정착부 설치위치에 따라 얕은 앵커와 깊은 앵커로 구분한다.

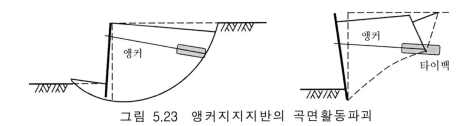

그림 5.23 앵커지지지반의 곡면활동파괴

(2) 얕은 앵커의 파괴

앵커의 정착부가 수동영역에 설치된 앵커(shallow anchor)의 인발저항력은 정착부의 수동저항에 의하여 유발된다 (그림 5.27). 정착부를 지표까지 연장된 벽체로 간주하고 정착부의 전면에 수동토압, 뒷면에 주동토압을 적용하여 인발저항력을 계산한다.

(3) 깊은 앵커의 파괴

① 안전율의 정의

중립영역에 정착부를 설치한 깊은 앵커 (deep anchor) 는 연직사면과 같은 메커니즘으로 파괴된다 (그림 5.24). 타이백 중심에서 벽체하단으로 이어지는 평면파괴면을 가정하며, 활동파괴에 대한 안전율은 극한인발저항력 V_u 와 앵커력 V 의 비이고 항상 1.5 이상이어야 한다.

$$\eta = V_u / V > 1.5 \tag{5.15}$$

그림 5.24 의 파괴체 HBF 는 주동토압 E_a 를 발생시키며, 파괴체 $HCDF$ 무게는 G_1 이다. CD 면 뒷부분의 토압이 E_1 이고, 쐐기 HBF 의 저항력은 Q_a 이므로 활동파괴면 $\overline{DF}$ 에서는 활동저항력 Q_1 이 발생된다.

Q_a 는 E_a 와 G_a 벡터의 합이기 때문에 힘의 다각형을 그려서 앵커력 V 를 구할 수 있다. 경우에 따라 지반의 점착력을 고려할 수 있다. 지반이 불균질하고 층상구조인 경우에도 파괴메커니즘은 균질한 경우와 같다고 보며, 주동토압 E_a 는 앵커력 V 에 주된 역할을 할 때만 고려한다. 자중 G 와 저항력 Q 가 거의 동일 작용선상에 있을 때에는 ($\theta \simeq \phi$) 위 안전율을 정의하기 어려우므로, Fellenius 개념의 안전율을 적용하며 항상 $1.2 \sim 1.4$ 이상이어야 한다.

$$\eta = \frac{\tan \phi_m}{\tan \phi_v} \geq 1.2 \sim 1.4 \tag{5.16}$$

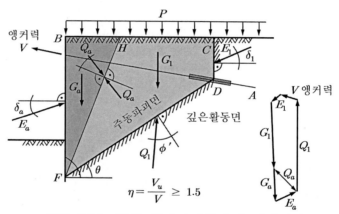

그림 5.24 깊은 앵커지지벽체의 안정계산

② Janbu 방법

Janbu 는 평면활동파괴면 (그림 5.25) 을 가정하고 활동면상에서 활동력과 저항력의 비를 안전율 η 로 정의하였다.

$$\eta = \frac{[(G + V_v + E_{av} - E_{pv})\tan \phi_m + c_m\, b \tan\alpha]/n_\alpha + S}{(G + V_v + E_{av} - E_{pv})\tan \alpha + E_{ah} - E_{ph} - V_h + W} \tag{5.17}$$

여기에서 n_α 는 다음과 같이 b 와 y 로부터 결정된다.

$$n_\alpha = \cos^2\alpha\left(1 + \frac{\tan \alpha \tan \phi_m}{\eta}\right) = \frac{b}{\eta(b^2 + y^2)}\left(b\eta + y\tan \phi_m\right) \tag{5.18}$$

$$\tan \phi_m = \frac{\tan \phi}{\eta} \ , \ c_m = \frac{c}{\eta}$$

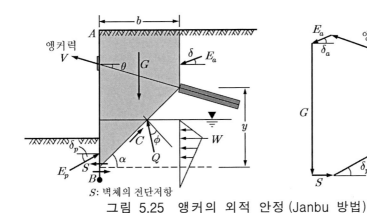

그림 5.25 앵커의 외적 안정 (Janbu 방법)

③ Kranz 방법

Kranz도 평면 활동파괴면을 가정하여 앵커설치벽체의 안정을 계산하였으나 Janbu와는 달리 안전율을 최대 앵커력 V_m 과 기존 앵커력 V 의 비로 정의하였다 (그림 5.26).

$$\eta = V_m / V \tag{5.19}$$

여기서 최대 앵커력 V_m 은 힘의 평형식을 적용하여 도해법 또는 해석적인 방법으로 구한다.

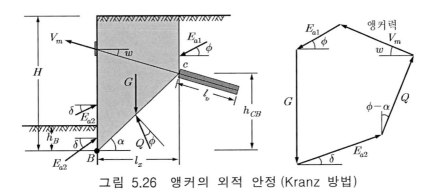

그림 5.26 앵커의 외적 안정 (Kranz 방법)

【예제】 다음의 설명 중 틀린 것이 있으면 정정하시오.

① 앵커설치지반의 활동파괴에 대한 안전율은 전단강도 τ_f 와 전단응력 τ 의 비로 정한다.

② 벽체 설계토압이 주동토압이면 1.5, 정지토압이면 1.33을 앵커의 외적안전율로 한다.

③ 앵커설치지반의 활동파괴면은 평면 또는 곡면이다.

④ 앵커의 긴장력은 무시할 수 없는 크기이므로 안전율의 계산에 고려한다.

⑤ 앵커의 정착부가 주동영역에 설치되는 앵커를 얕은 앵커라고 한다.

⑥ 깊은 앵커에서는 연직사면과 같은 메카니즘으로 파괴가 일어난다.

【풀이】 ④ 긴장력은 외적 안정계산에서 제외
⑤ 얕은 앵커는 정착부가 수동영역에 설치됨.

5.4.3 특수 앵커

앵커의 적용이 확대되면서 연직앵커판, 부력앵커, 인장기초앵커 등 특수한 앵커들이 현장에 적용되고 있으며, 장차 특수소재를 사용한 앵커가 개발되어 현장에 적용될 것으로 기대된다.

1) 연직 앵커판

성토지반에서는 성토체 내에 연직 앵커판을 설치하고 여기에 인장재를 연결한 후에 그 위에 한층 씩 성토하여 앵커를 설치한다. 이와 같이 앵커판이 지표에 비교적 가까운 (얕은 앵커) 경우에는 (그림 5.27) 파괴는 지표부근 (깊이 4 m 미만) 에서 일어나며, 앵커력 V 는 앵커판 전면 수동토압과 뒷면 주동토압을 고려하여 계산하고 안전율이 1.5 이상 되게 크기를 정한다.

$$\eta_a = \frac{E_{ph}}{V_{hv} + E_{ah}} \geq 1.5 \tag{5.20}$$

앵커는 보통 앵커판의 무게중심점(현장에서는 중앙점)에 접속시키며, 앵커간의 간격이 앵커판 폭의 2~3 배 이상 떨어지면 앵커는 서로 독립적으로 거동한다.

지표에 작용하는 상재하중은 전체 시스템의 안정에 불리하게 작용하는 주동토압을 계산할때만 고려한다. 앵커판의 전면에 작용하는 수동토압의 계산에서는 벽마찰각을 고려하지 않으나 (즉, $\delta_p = 0$) 벽체뒷면에 작용하는 주동토압을 계산할 때에는 벽마찰각 $\delta_a = \frac{2}{3}\phi$ 를 적용한다.

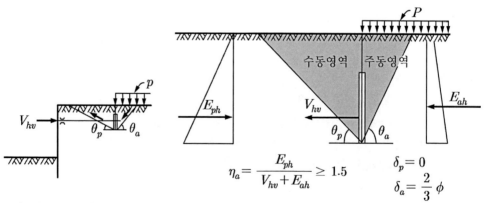

a) 앵커판의 파괴   b) 앵커판의 안정

그림 5.27 얕은 앵커의 안정계산

2) 부력앵커

구조물을 지하수위 하부 지반에 설치하면 지하수에 잠긴 부분의 부피에 해당하는 물의 무게만큼의 부력을 받게 되며, 구조물의 하중이 충분히 크지 않은 경우에는 부력에 의하여 구조물이 불안정해지므로 이를 방지하기 위하여 부력방지 앵커를 설치한다 (그림 5.28).

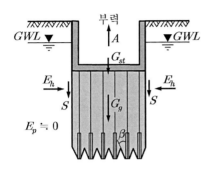

$$\eta_a = \frac{G_{st} + G_g}{A} \geq 1.1$$

지　　반	β
점성토(강성)	20
점성토(반고체, 고체)	30
사질토	30
암반	45

그림 5.28 부력앵커

부력앵커에서는 구조물의 무게 G_{st} 와 앵커에 의해 결합된 지반의 무게 G_g 를 부력 A 에 대한 저항력으로 간주하여 안전율을 계산하며 항상 1.1 이상으로 한다. 이때에 앵커에 의해 결합된 지반과 원지반간의 전단저항 S 는 고려하지 않는다.

$$\eta_a = \frac{G_{st} + G_g}{A} \geq 1.1 \tag{5.21}$$

3) 인장기초 앵커

케이블의 기초처럼 항상 인장력이 작용하는 기초를 인장기초라고 하고 대개 영구앵커나 인장말뚝을 설치하여 안정을 유지하며 (그림 5.29), 이 경우에 안전율은 최대 인발저항력 Z_m 과 현재 작용하는 인장력 Z_v 의 비로 정의하며, 항상 1.5 이상으로 한다 (Ostermayer, 1982).

$$\eta_a = Z_m / Z_v \geq 1.5 \tag{5.22}$$

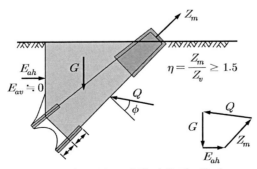

그림 5.29 인장기초의 앵커

【예제】 다음의 설명 중 틀린 것이 있으면 정정하시오.

① 앵커판의 안정계산에서 전면에는 수동토압 뒷면에는 주동토압을 적용한다.

② 앵커판의 수동토압계산에는 벽마찰각을 고려하지 않으나, 주동토압계산에서는
$\delta = \dfrac{2}{3}\phi$ 를 적용한다.

③ 앵커판의 간격이 폭의 2~3 배 이상 떨어지면 서로 독립적으로 거동한다.

④ 지표의 상재하중은 수동토압계산에만 고려한다.

⑤ 부력방지앵커는 영구앵커이다.

⑥ 부력에 대한 안정을 검토할 때에는 원지반과 앵커로 결합된 지반 간의 전단저항은 고려
하지 않는다.

⑦ 인장기초 안정용 영구앵커는 안전율이 1.5 이상이어야 한다.

【풀이】 ④ 상재하중은 전체시스템에 불리하게 작용하는 경우 즉, 주동토압계산에서만 고
려한다.

5.4.4 앵커의 크리프 거동

앵커에서도 크리프 (creep) 거동이 일어나서 시간이 지나감에 따라 앵커의 긴장력이 감소
되어 전체적인 안정에 영향을 미칠수 있다.

앵커의 크리프거동은 앵커의 크리프치 K_s 로 나타내며, 이는 앵커헤드의 변위 s(mm)와
시간 $\log t$ (min)의 관계 즉, $s - \log t$ 곡선의 기울기를 나타낸다.

$$K_s = \frac{s_2 - s_1}{\log t_2 / t_1} \tag{5.23}$$

앵커헤드의 변위 s 는 다음 변위들의 합이다.
- 인장부재의 탄성변위 및 타이백의 압축변위
- 타이백과 지반간의 전단변위
- 타이백과 앵커헤드 사이 지반의 체적변형

처음의 두 가지 즉, ①과 ②의 변위는 앵커 크리프치 K_s 에는 아무런 영향을 미치지
않는다. 동적하중에 의한 전단강도의 감소는 앵커력에 영향을 미치기 때문에 동적 하중이
가해질 가능성이 있는 경우에는 앵커가 기능을 상실하더라도 전체 시스템의 안전율이 1 보
다 크게 유지되도록 설계해야 한다.

그림 5.30 은 앵커의 경험적인 크리프치 K_s 를 나타내며, 파괴에 대한 안전율 η 이 모래지반에서는 1.5 그리고 점토에서는 2 를 초과하면 크리프치가 급속하게 변화함을 알 수 있다. 크리프치는 일반적으로 사용하중에서 $K_s \leq 0.5 \sim 0.6\,mm$ 이어야 한다. 크리프 경향이 뚜렷한 지반에서는 $K_s = 2\,mm$ 인 상태에서 극한하중을 정한다. 이렇게 하면, 안전율을 1.5 로할 때 사용하중에 대해 크리프치가 $K_s = 0.6\,mm$ 를 초과하지 않는다. 크리프치가 $K_s = 0.5\,mm$ 이면 설치 후 30 분부터 50 년이 될 때까지 앵커헤드가 3\,mm 변화하는 것을 나타낸다.

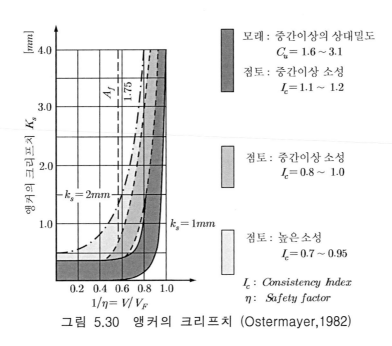

그림 5.30 앵커의 크리프치 (Ostermayer,1982)

【예제】 다음의 설명 중 틀린 것이 있으면 정정하시오.

① 앵커에서도 크리프거동이 일어나서 시간이 갈수록 긴장력이 감소된다.

② 앵커헤드의 변위는 인장재 탄성변위, 타이백 압축변위, 타이백과 지반간의 전단변위의 합이다.

③ 타이백과 앵커헤드 사이 지반의 체적변형은 앵커의 크리프 거동과는 무관하다.

④ 동적하중이 작용하는 경우에는 앵커가 기능을 상실하더라도 안전율이 1보다 커야한다.

【풀이】 ③ 타이백과 앵커헤드사이 지반의 체적변형을 앵커헤드의 변위에 포함되어 앵커의 크리프 거동에 직접적으로 영향을 미친다.

5.5 널말뚝 벽

널말뚝(sheet pile wall)은 연약한 실트지반이나 느슨한 사질토지반을 굴착하기 위하여 주로 강재부재를 연속적으로 지반에 삽입하여 설치하는 벽체이며 최근에는 부재의 강성을 보완하여 강도가 큰 지반에 쓰기도 한다. 널말뚝(5.5.1 절)에서는 작용토압을 굴착면 하부지반의 수동토압으로 지지하므로 이들을 비교하여 안정(5.5.2 절)을 검토하며, 캔틸레버식(5.5.3 절)과 앵커지지식(5.5.4 절)이 있다. 널말뚝은 차수벽이므로 지하수압은 정수압(5.5.5 절)으로 작용한다.

5.5.1 널말뚝의 특성

널말뚝은 강성도가 충분하고 지중에 장애물이 없어야 하며, 타입 또는 압입 중에 끝이 말리거나 이음부가 파손되거나 변형이 크지 않도록 단면을 정한다. 깊이가 20 m 보다 깊은 경우에는 타입에 어려움이 있으므로 반드시 사전에 검토가 있어야 하고 필요하면 현장널말뚝타입시험을 실시한다. 강재널말뚝은 흐르는 물에서는 0.03 mm / 년, 해수에서는 0.1 mm / 년의 부식을 예상한다.

1) 널말뚝의 특성

널말뚝공법은 다음과 같은 장단점이 있다.
- 장 점 :
  - 깊은 굴착에 적용할 수 있다.
  - 비교적 수밀성이 좋으므로 지하수위의 강하를 막을 수 있다.
  - 지하수를 포함하는 사질토층의 지반유출을 막을 수 있다.
  - 근입깊이를 조절하여 히빙이나 보일링을 방지할 수 있다.
  - 재질이 균질하고 지반에 따라 강성을 조절할 수 있다.
  - 사후에 재사용할 수 있다.
  - 타입이 쉬운 지반에서는 공사가 빨리 진행된다.
  - 단면의 선택폭이 넓다.

- 단 점 :
  - 타입 또는 압입이 가능한 지반에만 적용할 수 있다.
  - 강성이 작아서 변형이 크고 이로 인하여 주변지반의 침하가 발생할 수 있다.
  - 타입하므로 엄지말뚝공법보다 공사기간이 길다.
  - 지하매설물이 있는 경우에 시공상 문제가 있다.
  - 타입 시에는 소음과 진동이 심하다.
  - 시공이음의 정밀도가 나쁘면 깊은 굴착이 곤란하다.

2) 널말뚝의 벽마찰각

널말뚝의 안정계산에는 수평방향의 토압성분을 적용한다. 지반이 수평이고 $(\beta = 0)$ 벽체가 연직 $(\alpha = 0)$ 인 경우에는 토압계수가 주로 내부마찰각과 벽마찰각에 의해 결정된다.

널말뚝의 벽마찰각 (wall friction angle) 은 주로 다음 값에 의존한다.
- 지반의 전단강도
- 벽체의 조도
- 벽체의 시공방법
- 벽체와 지반의 상대변위

일반적으로 널말뚝의 안정을 계산할 때에는 벽마찰각은 벽체의 변위조건에 따라 다음 값으로 한다. 슬러리월은 벽체의 강성도가 커서 변위가 작게 발생되어 주동 및 수동토압이 완전히 작동되지 않을 수 있으므로 작은 벽마찰각을 적용한다.

- 주동토압 : 평면 활동면 : $\delta_a = \tfrac{2}{3}\phi$ (슬러리월에서는 $\delta_a = \pm \phi/2$)
- 수동토압 : 평면 활동면 : $\delta_p = -\tfrac{2}{3}\phi$ (슬러리월에서는 $\delta_p = -\phi/2$)
  곡면 활동면 : $\delta_p = -\phi$ (슬러리월에서는 $\delta_p = -\phi$)

주동토압에서 벽마찰각의 부호는 벽면에 수직인 선을 기준으로 반시계방향을 양으로 정하며 벽체의 변위에 따라 다르다. 벽체가 수평변위를 일으킬 때에는 부호가 그림 5.31b 와 같지만 벽체가 연직으로 변위를 일으키면 그림 5.31a 와 같이 벽마찰각의 부호가 바뀐다.

수동상태 벽마찰각의 방향은 연직방향 힘의 평형을 고려하여 검토한다. 즉, 연직력, 자중, 주동 및 수동토압의 연직성분의 합력의 방향이 상향이면 수동영역의 수동토압이 과대적용된 것이므로 수동토압에 대한 벽마찰각을 작게 조절한다.

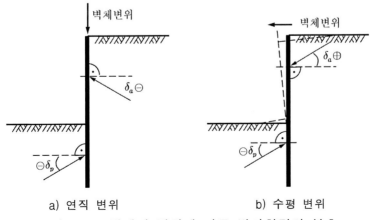

a) 연직 변위   b) 수평 변위

그림 5.31 벽체의 변위에 따른 벽마찰각의 부호

5.5.2 널말뚝 벽의 안정

널말뚝은 굴착면 상부벽체 배면에 작용하는 주동토압을 굴착면 하부벽체 전면의 수동토압으로 지지하는 개념의 흙막이 벽을 말하며, 작용력을 굴착면 하부벽체 전면의 수동토압만으로 지지하면 캔틸레버 널말뚝(cantilever sheet pile wall)이고, 굴착면 상부벽체에 스트럿이나 앵커를 설치하여 작용력 일부를 지지하면 앵커지지 널말뚝(anchor sheet pile wall)이다.

앵커를 설치하여 흙막이 벽의 변위와 모멘트가 감소하면 근입부에서 지지할 수동토압부담이 작아지므로, 앵커를 설치하지 않을 때보다 근입깊이가 감소된다. 스트러트를 설치하면 수평변위가 억제되므로 앵커와 같은 개념으로 해석하여 널말뚝 근입깊이와 앵커 작용력을 구한다.

널말뚝 단면은 최대모멘트 작용위치를 기준으로 정한다.

$$s = \frac{M_{\max}}{\sigma_a} \tag{5.24}$$

여기에서 s 는 널말뚝의 소요 단면계수이고 σ_a 는 널말뚝재료의 허용응력을 나타낸다.

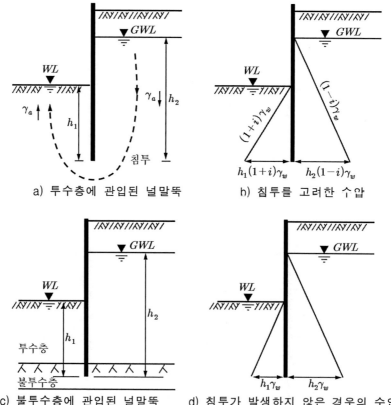

a) 투수층에 관입된 널말뚝   b) 침투를 고려한 수압

c) 불투수층에 관입된 널말뚝   d) 침투가 발생하지 않은 경우의 수압

그림 5.32 널말뚝에 작용하는 수압

최대모멘트 M_{max} 는 전단력이 0이 되는 점에서 발생된다. 널말뚝의 안정을 계산할 때에는 정수압 (hydro-static pressure) 은 물론 침투력 (seepage force) 도 고려한다. 널말뚝의 선단이 불투수층에 관입되어 있으면 (그림 5.32c) 지하수의 침투가 발생하지 않으므로 정수압만 고려하고, 선단이 투수층에 관입되어 있으면 (그림 5.32a) 지하수 침투가 발생하므로 정수압 외에도 침투력을 고려한다.

【예제】 다음의 설명 중에서 틀리는 것이 있으면 정정하시오.

① 널말뚝은 지장물이 없어야 시공이 가능하고 기능을 유지할 수 있다.

② 강널말뚝은 지하수위 아래에서 또는 수중에서 부식을 고려해야 한다.

③ 널말뚝의 벽마찰각은 지반의 강도, 벽체의 조도, 시공법, 상대변위에 의존하여 결정된다.

④ 널말뚝에서 벽마찰은 주동토압일 때에는 $\frac{2}{3}\phi$ 로 수동토압일 때에는 $-\frac{2}{3}\phi$ (평면) 또는 $-\phi$ (곡면 활동면) 로 한다.

⑤ 슬러리월에서는 벽마찰각을 파괴면이 평면일 때는 $\phi/2$, 곡면일 때는 ϕ 로 한다.

⑥ 벽마찰각의 부호는 벽체에 수직인 선을 기준으로 반시계 방향을 양(+)으로 한다.

⑦ 수동상태에서 벽마찰각의 방향은 연직방향의 힘의 평형을 고려하여 검토한다.

⑧ 널말뚝의 안정을 계산할 때에는 정수압과 침투력을 고려한다.

⑨ 선단이 불투수층에 관입되어 있으면 정수압만을 고려하고, 투수층에 관입되어 있으면 정수압과 침투력을 고려한다.

⑩ 캔틸레버 널말뚝에서는 벽체는 강성이며, 지반은 균질하다고 가정한다.

【풀이】 해당 없음

5.5.3 캔틸레버 널말뚝 벽 (cantilever sheet pile wall)

캔틸레버 널말뚝은 굴착벽에 작용하는 수평 주동토압을 준설선 아래에 근입된 부분의 수동토압만으로 지지하며, 앵커를 설치하지 않고 대개 다음과 같이 가정한다.

- 벽체는 강체이다.
- 지반의 강성도는 깊이에 따라 변하지 않는다.
- 지반은 벽체를 구속하지 않는다.
- 벽체는 특정한 점 (그림 5.33 의 D 점) 을 중심으로 회전하며, 변형되지 않는다.

1) 사질토에 근입된 캔틸레버 널말뚝 벽

사질토에 근입된 널말뚝벽체가 D 점을 중심으로 회전하면 그림 5.33a 와 같이 주동 및 수동영역이 형성되며 이에 따라 토압의 분포는 그림 5.33b 와 같이 된다. 그러나 회전중심 D 근처에서는 변위가 매우 작으므로 주동 및 수동토압을 감소시켜서 적용할 수 있다.

회전중심의 D 점 아래에서 수동토압에 도달하기 위해서는 지표까지 연장되는 흙쐐기가 형성될 만큼 큰 변위가 일어나야 하지만 실제로는 그렇게 큰 변위가 발생되기 어렵다.

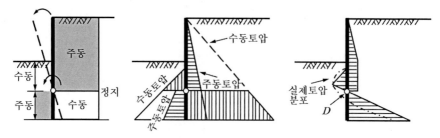

a) 벽체의 변위 및 발생토압   b) 벽체에 작용하는 주동 및 수동토압   c) 벽체의 토압분포

그림 5.33 사질토에 근입된 캔틸레버 널말뚝

따라서 수동토압을 안전율 1.5~2 로 나누어서 설계 수동토압으로 할 수 있다. 결국 사질토에 근입된 캔틸레버 널말뚝에 작용하는 토압의 분포는 그림 5.33c 와 같으며 대개 Krey 방법이나 Blum 의 간편법으로 계산한다.

(1) Krey 방법

사질토에 근입된 캔틸레버 널말뚝에 작용하는 토압을 그림 5.34 와 같이 가정하고 널말뚝에 작용하는 수평력과 모멘트의 평형을 고려하여 널말뚝의 근입깊이 t 를 가정한다. 모멘트는 널말뚝 하단 F 점을 중심으로 취한다.

$$\sum H = 0: \; E_{ah} - \frac{e_5 t}{2} + \frac{(e_5 + e_6)d}{2} = 0 \tag{5.25}$$

$$\sum M_F = 0: \; E_{ah}(a + t - h_0) - \frac{e_5 t^2}{6} + \frac{(e_5 + e_6)d^2}{6} = 0 \tag{5.26}$$

위의 두 식에서 근입깊이 t 를 알고 있으면 d 의 크기와 하단 (F 점)의 순토압 e_s 를 결정할 수 있다. 벽마찰각 δ_p 가 최대로 발휘되기 위해서는 주동 및 수동토압의 연직성분의 합 ΣE_v 가 벽체의 자중보다 작아야 한다 ($\Sigma E_v <$ 벽체의 자중). 그렇지 않을 경우에는 이 조건이 만족하도록 벽마찰각을 줄인다.

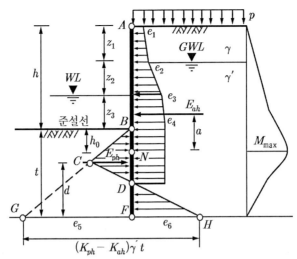

그림 5.34 사질토에 근입된 캔틸레버 널말뚝 (Krey 방법)

Krey 방법으로 사질토에 근입된 널말뚝의 안정을 계산할 때에는 다음의 순서를 따른다.

① 지층별로 Rankine수평주동토압계수 K_{ah} 와 수평수동토압계수 K_{ph} 를 구하여 상재하중, 지층, 지하수위 등을 고려해서 수평토압을 계산하고 그 분포를 그림 5.34와 같이 그린다.

② 순토압이 0이 되는 즉, 널말뚝 전면에 작용하는 수동토압과 널말뚝 배면에 작용하는 주동토압의 크기가 같아지는 깊이 h_0(그림 5.34의 N점)를 구하고 N점 상부의 널말뚝 뒷면에 작용하는 수평주동토압의 합력 E_{ah} 와 그 작용점 a 를 구한다. a 는 N점을 중심으로 모멘트를 취하여 구할 수 있다.

③ 널말뚝의 근입깊이 t 를 가정한다. F점이 결정된다.

④ 널말뚝 전면의 수동토압 분포선($\overline{BC}$)의 연장선($\overline{BG}$)이 널말뚝 하단(F점)을 지나는 수평선과 교점을 G라고 할 때에 선분 $\overline{FG}$의 길이 $e_5 = (K_{ph} - K_{ah})\gamma' t$ 를 구한다.

⑤ 널말뚝의 하단(점 F)에서 널말뚝의 전면에 작용하는 주동토압 $e_a = K_{ah}\gamma' t$ 와 배면에 작용하는 수동토압 $e_p = (q + \gamma z_1 + \gamma' z_2 + \gamma' z_3 + \gamma' t)K_{ph}$ 를 구하여 순횡토압 $e_6 = e_p - e_a$ 를 구하고 e_6 에 해당하는 점 H를 표시한다.

⑥ 널말뚝에 작용하는 수평력의 합력이 0이 되도록 즉, 수평방향 힘이 평형을 이루도록 식(5.25)을 풀어서 널말뚝전면의 수동토압 합력 E_{ph} 의 작용위치 d 를 정한다.

⑦ 널말뚝 하단 F점을 중심으로 모멘트를 취하여 식(5.26)에 의한 모멘트 평형이 이루어지는지 확인한다.

⑧ 모멘트 평형이 이루어지지 않으면 널말뚝 근입깊이 t 를 변화시키며 모멘트가 평형이 될 때까지 ③-⑦ 과정을 반복한다.

⑨ 결과를 종합하여 토압 분포도와 모멘트 분포도를 그림 5.34 와 같이 그린다.

⑩ 널말뚝의 근입깊이를 20~30 % 증가시켜서 실제 근입깊이 $t_s = (1.2 \sim 1.3)t$ 를 정한다.

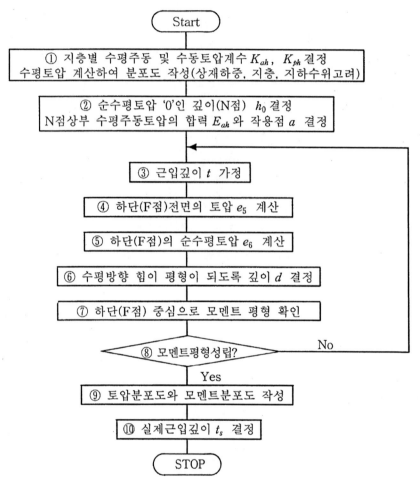

그림 5.35 사질토에 근입된 캔틸레버 널말뚝의 계산(krey의 방법)

(2) Blum 의 간편법

Blum은 캔틸레버 널말뚝의 소요 근입깊이를 간단히 계산할 수 있는 간편법을 제시하였다. 즉, 토압의 분포는 그림 5.37 과 같이 대체로 Krey 방법과 유사하지만 널말뚝에 작용하는 수평력의 합력이 0 이 되는 점 D 에 반력 R 이 작용하는 것으로 간주하였다. 따라서 근입깊이는 그림 5.37 에서 $t_1 + t_2$ 이며, t_2 는 D점을 중심으로 모멘트를 취하고 시산법으로 구한다. 실제의 근입깊이 t 는 계산치에 20 % 를 가산하여 $t = 1.2(t_1 + t_2)$ 로 한다.

Blum 간편법으로 사질토에 근입된 널말뚝의 안정을 점검할 때에는 다음의 순서를 따른다.
① 지층별로 Rankine 이론을 적용하여 수평주동토압계수 K_{ah} 와 수평수동토압계수 K_{ph} 를 구하여 (상재하중, 지층, 지하수위를 고려) 널말뚝에 작용하는 수평토압을 계산하고 그 분포도를 그림 5.37 과 같이 그린다.

② 순토압이 0이 되는 즉, 널말뚝 전면에 작용하는 수동토압과 널말뚝 뒷면에 작용하는 주동토압의 크기가 같아지는 깊이 h_0 (그림 5.37의 N 점)를 $\gamma' h_0 K_{ph} = e_3 + \gamma' h_0 K_{ah}$ 에서 구하고, N 점 위쪽의 널말뚝 뒷면에 작용하는 토압의 합력 E_{ah} 와 그 작용점 a 를 N 점을 중심으로 모멘트를 취하여 구한다.

③ 널말뚝에 작용하는 수평방향 힘이 평형을 이루는 깊이 t_1 (그림 5.37의 D 점)을 $(K_{ph} - K_{ah}) \gamma' (t_1 - h_0) = E_{ah}$ 에서 구한다.

$$t_1 = h_0 + \frac{E_{ah}}{(K_{ph} - K_{ah}) \gamma'}$$

④ D 점을 중심으로 모멘트 평형이 이루어지기 위해 필요한 깊이 t_2 를 구하여 (점 F) 널말뚝의 근입깊이 $t = t_1 + t_2$ 를 결정한다.

⑤ 결과를 종합하여 토압분포도와 모멘트도를 그린다.

⑥ 널말뚝 근입깊이 t 를 20% 증가시켜 실제 근입깊이 $t_s = 1.2(t_1 + t_2)$ 를 계산한다.

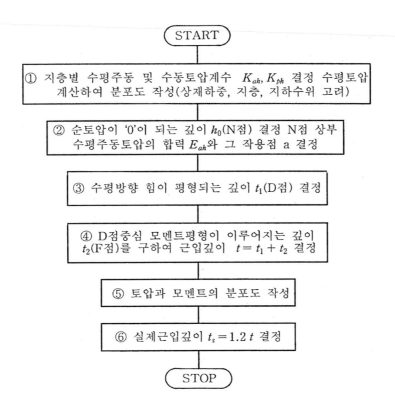

그림 5.36 사질토에 근입된 캔틸레버 널말뚝의 계산 (Blum 법)

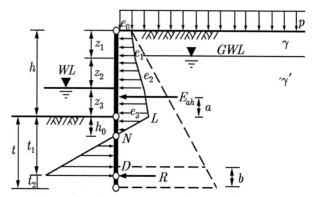

그림 5.37 사질토에 근입된 캔틸레버 널말뚝 (Blum 방법)

2) 점성토에 근입된 캔틸레버 널말뚝 벽

캔틸레버 널말뚝이 점성토에 근입되어 있고 모래로 뒷채움한 경우에는 그림 5.38과 같은 토압분포를 가정하며 먼저 하단 F점을 중심으로 모멘트 평형식을 적용하여 이론적인 근입 깊이 l 을 결정하고 수평방향의 힘의 평형식에서 z_4를 구할 수 있다. 또한 전단력이 0 이 되는 점이 곧 모멘트가 최대가 되는 점이므로 이 점에서 널말뚝의 단면을 결정한다. 널말뚝의 실제의 근입깊이 t_s는 이론적으로 계산된 근입깊이의 1.4~1.6 배 즉, $(1.4$~$1.6)t$로 정한다.

점성토에 근입한 캔틸레버 널말뚝의 계산순서는 다음과 같다.

① 지층별로 Rankine 이론을 적용하여 수평주동토압계수 K_{ah} 와 수평수동토압계수 K_{ph} 를 구하여 (상재하중, 지층, 지하수위를 고려) 준설선 상부 널말뚝의 뒷면에 작용하는 수평토압을 계산하고 그 분포도를 그림 5.38 과 같이 그린다. 준설선상에서 벽체 뒷면에 작용하는 수평주동토압의 크기는 e_3 이다.

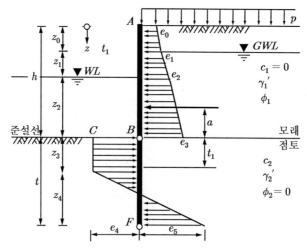

그림 5.38 점성토에 근입된 캔틸레버 널말뚝

② 준설선 상부 널말뚝 배면에 작용하는 토압의 합력 E_{ah} 와 그 작용점 a 를 구한다. t_0 는 B 점을 중심으로 모멘트를 취하여 구한다.

③ 준설선 아래 널말뚝 전면에 작용하는 토압의 크기 e_4 (그림 5.38 의 $\overline{BC}$) 를 결정한다. 널말뚝 전면에는 수동토압 뒷면에 주동토압이 작용하므로 순수평토압 e_4 는,

$$e_4 = e_p - e_a = \left[\gamma_2'(z-h)K_{ph} + 2c\sqrt{K_{ph}}\right] - \left[e_3 + \gamma_2'(z-h)K_{ah} - 2c\sqrt{K_{ah}}\right]$$
$$= \gamma_2'(z-h)(K_{ph} - K_{ah}) - e_3 + 2c(\sqrt{K_{ph}} + \sqrt{K_{ah}})$$

이고, 점토에서는 $\phi = 0$ 이므로 $K_{ph} = K_{ah} = 1$ 이고 $e_4 = 4c - e_3$ 가 된다.

④ 널말뚝 하단의 순수평토압 e_5 를 결정한다. 널말뚝 하단에서는 전면에는 주동토압이 뒷면에서는 수동토압이 작용하므로 순수평토압 e_5 는 다음과 같고,

$$e_5 = e_p - e_a = e_3\frac{K_{ph}}{K_{ah}} + \left[\gamma_2't K_{ph} + 2c\sqrt{K_{ph}}\right] - \left[\gamma_2't K_{ah} - 2c\sqrt{K_{ah}}\right]$$
$$= e_3\frac{K_{ph}}{K_{ah}} + \gamma_2't(K_{ph} - K_{ah}) + 2c(\sqrt{K_{ph}} + \sqrt{K_{ah}})$$

점토에서는 $\phi = 0$ 이므로 $K_{ph} = K_{ah} = 1$ 이고 $e_5 = 4c - e_3$ 가 된다.

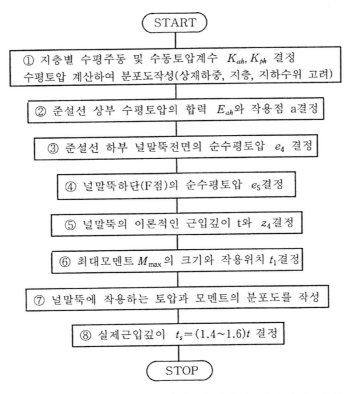

그림 5.39 점성토에 근입된 캔틸레버 널말뚝의 계산

⑤ 널말뚝에 작용하는 수평방향 힘의 평형과 하단 F를 중심 모멘트 평형을 적용한다.

수평방향의 힘의 평형 : $\sum H = 0 : -E_{ah} + e_4 t - \dfrac{1}{2} z_4 (e_4 + e_5) = 0$

F점 중심모멘트 평형 : $\sum M_F = 0 : e_4 t \dfrac{t}{2} - E_{ah}(a+t) - \dfrac{1}{2} z_4 (e_4 + e_5) \dfrac{z_4}{3} = 0$

위 힘과 모멘트가 평형식을 연립해서 풀면 이론적 근입깊이 t와 z_4를 구할 수 있다.

⑥ 최대모멘트의 크기와 작용위치를 구한다. 최대모멘트는 전단력이 0인 지점 즉, $E_{ah} - e_4 t_1 = 0$인 위치에서 발생되므로 최대모멘트 위치는 $t_1 = E_{ah}/e_4$이고 그 크기는 $M_{\max} = E_{ah}(t_1 + a) + \dfrac{1}{2} e_4 t_1^{\,2}$이다.

⑦ 이상의 결과를 종합하여 널말뚝에 작용하는 토압분포와 모멘트분포를 그린다.

⑧ 널말뚝의 근입깊이 t를 $40 \sim 60\,\%$ 증가시켜서 실제 근입깊이 $t_s = (1.4 \sim 1.6)\,t$를 구한다.

5.5.4 앵커지지 널말뚝 벽 (anchored sheet pile wall)

1) 사질토에 근입된 앵커지지 널말뚝 벽

(1) 자유단지지 널말뚝 벽 (free end support sheet pile wall)

그림 5.40과 같이 사질토에 근입된 자유단지지 널말뚝에서 2개의 미지수 즉, 앵커력 V와 근입깊이 t는 널말뚝 하단(F점)과 앵커위치(O점)에서 모멘트 평형조건을 적용하여 구한다. 근입깊이 t와 앵커력 V의 크기가 결정되면 널말뚝 단면력을 결정할 수 있다. 널말뚝의 근입깊이는 지반이 불균질하고 굴착깊이가 고르지 못한 경우를 고려하여 일반적으로 계산치보다 $30 \sim 40\,\%$ 증가시켜서 시공한다 (Das, 1984).

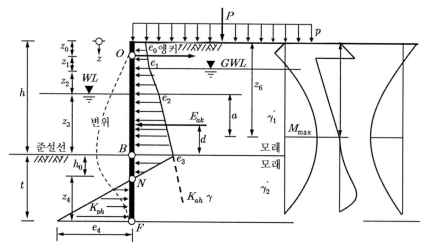

a) 토압분포   b) 모멘트 c) 전단력 d) 수평변위

그림 5.40 사질토에 근입된 앵커설치 자유단지지 널말뚝

사질토에 근입된 자유단지지 앵커설치 널말뚝의 안정은 다음의 순서대로 계산한다.

① 지층별로 Rankine 토압이론을 적용하여 수평주동토압계수 K_{ah} 와 수평수동토압계수 K_{ph} 를 구하고, 상재하중, 지층, 지하수위를 고려하여 준설선 상부 널말뚝의 배면에 작용하는 수평토압을 계산하며 그 분포를 그림 5.40과 같이 그린다. 준설선상에서 벽체 배면에 작용하는 수평주동토압의 크기는 e_3 이다.

② 준설선 아래 수동토압과 널말뚝배면에 작용하는 주동토압의 크기가 같아지는 즉, 순수평토압이 0인 깊이 h_0 (그림 5.40 N 점)를 $\gamma'_2 h_0 K_{ph} = e_3 + \gamma'_2 h_0 K_{ah}$ 에서 구하고,

$$h_0 = \frac{e_3}{\gamma'_2 (K_{ph} - K_{ah})}$$

N 점 상부 널말뚝배면에 작용하는 토압의 합력 E_{ah} 와 작용점 a 를 구한다. a 는 N 점을 중심으로 모멘트를 취하여 구할 수 있다.

③ 널말뚝에 작용하는 수평력의 평형식 ($\Sigma H = 0$)과 앵커위치 O 점 중심의 모멘트 평형식 ($\Sigma M_0 = 0$)을 연립하여 풀어서 z_4 를 구한다.

$$\Sigma H = 0 : -E_{ah} + V + 0.5\gamma'_2 (K_{ph} - K_{ah}) z_4^2 = 0 \tag{5.27}$$

$$\Sigma M_0 = 0 : E_{ah}(z_1 + z_2 + z_3 - a) - 0.5\gamma'_2 (z_{ph} - z_{ah}) z_4^2 \tag{5.28}$$
$$(z_1 + z_2 + z_3 + h_0 + 2/3 z_4) = 0$$

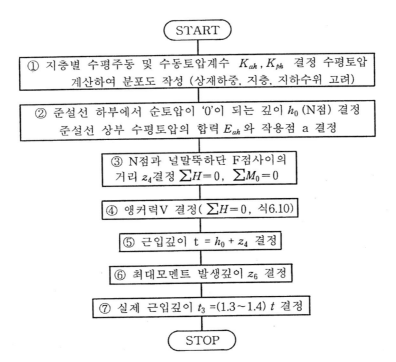

그림 5.41 사질토에 근입된 앵커설치 자유단지지 널말뚝 벽의 계산

④ 수평방향 평형식 식 (5.27) 에서 구한다.

⑤ 널말뚝의 이론적 근입깊이 $t = h_0 + z_4$ 를 구한다.

⑥ 최대모멘트가 발생되는 깊이 z_6 를 구한다. 이 때 최대모멘트 발생위치는 대체로 준설선 상부에 있고, 널말뚝 상단부터 모멘트를 계산해서 그 크기와 위치를 정한다.

$$V - \frac{1}{2}(e_0 + e_1)(z_0 + z_1) - \frac{1}{2}(e_1 + e_2)z_2 - e_2 z_5 - \frac{1}{2}(e_3 - e_2)\frac{z_5}{z_3}z_5 = 0$$

즉, 위식에서 z_5 를 구하여 다음 식에 대입하여 z_6 를 구한다.

$$z_6 = z_0 + z_1 + z_2 + z_5$$

⑦ 실제 근입깊이 $t_s = (1.3 \sim 1.4)t$ 를 결정한다.

(2) 고정단지지 널말뚝 벽 (fixed end support sheet pile wall)

고정단지지란 널말뚝의 하단 F 에서 변위가 0 이고 회전이 구속되었다는 의미이며, 그림 5.42a 와 같이 앵커나 스트러트로 한 점을 지지하고 하부가 구속된 널말뚝이 이러한 조건에 속하며, F 점은 널말뚝 전면의 토압상태가 수동에서 주동상태로 변하는 위치이고 F 점 아래에서 널말뚝에 작용하는 수동토압은 구속력 C 로 대체하여 안정을 검토한다. 앵커력 V 와 준설선 아래에서 모멘트가 0 이 되는 위치 (I 점) 의 전단력 S 가 I 점 상부의 널말뚝에 작용하는 토압을 지지한다고 간주한다. 전단력 S 는 앵커위치 0 점에서 모멘트를 취하여 구할 수 있다. I 점의 위치 (준설선 아래 t_1) 는 Blum (1931) 에 의하여 지반의 내부마찰각 ϕ 와 준설깊이 h 로부터 구한다 (그림 5.42d).

I 점과 F 점사이 널말뚝 부분에서 F 를 중심으로 모멘트를 취하면 깊이 t_0 를 구할 수 있다. 널말뚝의 실제 근입깊이는 이론치보다 20~40 % 깊게 한다.

사질토에 근입되고 앵커를 설치한 고정지지 널말뚝의 안정은 다음과 같이 계산한다.

① 지층별로 Rankine 토압이론을 적용하여 수평주동토압계수 K_{ah} 와 수평수동토압계수 K_{ph} 를 구하고, 준설선 상부 널말뚝에 작용하는 수평토압을 상재하중, 지층, 지하수위를 고려하여 계산해서 분포도를 그린다.

② 준설선아래에서 널말뚝 전면에 작용하는 주동토압과 널말뚝 뒷면에 작용하는 수동토압의 크기가 같아지는 깊이, 즉, 순토압이 '0' 이 되는 깊이 $h_0 = \dfrac{e^3}{\gamma_2(K_{ph} - K_{ah})}$ (그림 5.42a 의 N 점) 를 구하고, N 점 상부 널말뚝 뒷면에 작용하는 주동토압의 합력 E_{ah} 와 작용점 t_0 를 구한다. t_0 는 N 점을 중심으로 모멘트를 취하여 구한다.

③ 준설선 아래 관입부에서 모멘트가 '0' 이 되는 점 I 의 깊이 z_5 를 구하고, I 점에서 수평토압 $e_I = e_3(h_0 - z_5)/h_0$ 을 구한다. z_5 는 Blum (1931) 에 의하여 그림 5.42d 에서 지반의 내부마찰각 ϕ 와 준설심도 h 로부터 구한다.

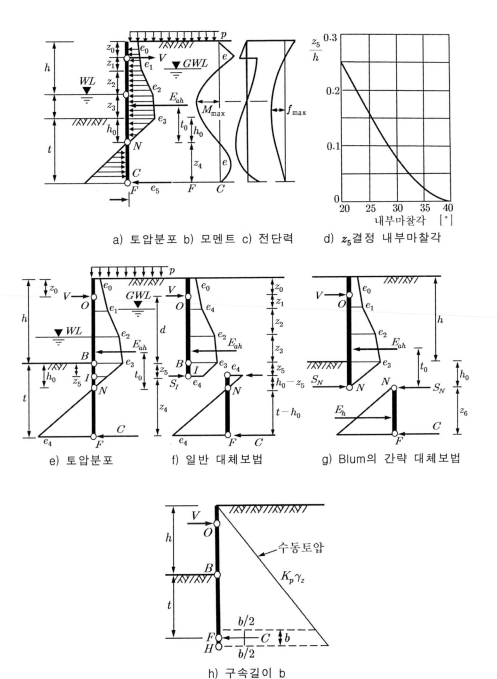

a) 토압분포 b) 모멘트 c) 전단력   d) z_5결정 내부마찰각

e) 토압분포   f) 일반 대체보법   g) Blum의 간략 대체보법

h) 구속길이 b

그림 5.42 사질토에 근입된 앵커설치 고정단지지 널말뚝 벽

④ I 점의 상부 및 하부 널말뚝을 각각 보로 대체하고 작용외력과 수평토압을 표시한다.

⑤ 상부 대체보에서 I 점 중심으로 모멘트 평형식을 적용하여 $\left(\sum M_I = 0\right)$ 앵커력 V 를 구하고, 앵커위치 O 점을 중심으로 모멘트 평형식을 적용하여 $\left(\sum M_0 = 0\right)$ I 점의 전단력 S_I 를 구한다.

⑥ 하부 대체보에서 F 점 중심으로 모멘트 평형식을 적용하여 $\left(\sum M_F = 0\right)$ $\overline{IF}$ 의 길이 z_4 를 구한다

⑦ 널말뚝의 깊이 $t = z_5 + z_4$ 를 구한다.

⑧ 널말뚝의 실제 근입깊이 $t_s = (1.2 \sim 1.4)t$ 를 구한다.

(3) Blum 의 간략 대체보법 (Blum's simplified method for sheet pile wall)

널말뚝의 계산은 매우 복잡하지만 Blum 의 간략 대체보 방법을 적용하여 개략적으로 계산할수 있다. Blum 의 간략 대체보 방법에서는 널말뚝에서 순수평토압이 0 이 되는 N 점에서 모멘트가 0 이 된다고 (즉, 그림 5.42e 에서 $h_0 = z_5$) 가정한다.

모멘트가 0 이 되는 점과 순수평토압이 0 이되는 점이 일치하면, 역학적으로 부정정인 구조물을 2 개 정정구조물로 나누어 생각할 수 있어서 (그림 5.42g) 결국 널말뚝을 2 개의 단순보로 단순화할 수 있다. 지하수압이 걸리는 널말뚝에서 순수평토압이 0 이 되는 점은 지하수압과 토압의 합으로부터 결정한다.

Blum 의 간략 대체보법을 적용하여 다음의 순서대로 계산한다.

① 지층별로 Rankine 토압이론을 적용하여 수평주동토압계수 K_{ah} 와 수평수동토압계수 K_{ph} 를 구하고, 준설선 상부 널말뚝에 작용하는 수평토압을 상재하중, 지층, 지하수위를 고려하여 계산해서 분포도를 그린다.

② 준설선 아래에서 널말뚝 전면에 작용하는 주동토압과 널말뚝 뒷면에 작용하는 수동토압의 크기가 같아지는 깊이, 즉 순토압이 '0' 이 되는 깊이 h_0 (N 점) 를 구한다.

③ N 점을 경계로 상·하부의 널말뚝을 각각 보로 대체하고 작용외력과 수평토압을 표시한다.

④ 상부 대체보에 작용하는 토압의 합력 E_{ah} 와 작용점 t_0 를 구한다. t_0 는 N 점을 중심으로 모멘트를 취하여 구한다.

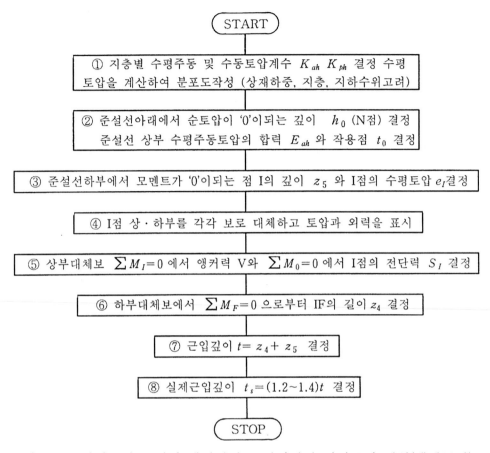

그림 5.43 사질토에 근입된 앵커설치 고정단지지 널말뚝의 계산(대체보법)

⑤ 상부 대체보(그림 5.42g)에서 N점을 중심으로 모멘트 평형식 $\left(\sum M_N = 0\right)$ 에서 앵커력 V를, 수평방향 평형식 $\left(\sum H = 0\right)$ 에서 가상 힘 S_N 을 계산한다.

$$\sum M_N = 0 \quad : \qquad V(h_0 + h - z_0) - E_{ah}t_0 = 0 \tag{5.29}$$

$$\sum H = 0 \quad : \qquad V - E_{ah} + S_N = 0 \tag{5.30}$$

⑥ 하부대체보 (그림 5.42g) 에 대해서 하단 F에 작용하는 토압 e_4 를 구하고,

$$e_4 = 0.5\left(K_{ph} - K_{ah}\right)\gamma z_6 \tag{5.31}$$

F점 중심으로 모멘트 평형식 $\left(\sum M_F = 0\right)$ 을 취하여 하부 대체보 길이 z_6 를 계산한다.

$$\sum M_F = 0 : \qquad 0.5 e_4 z_6 \frac{z_6}{3} - S_N z_4 = 0 \tag{5.32}$$

널말뚝의 토압분포와 하중을 결정하고 수평방향 평형식 $\left(\sum H = 0\right)$을 적용하여 구속력 C를 구한다. C는 널말뚝의 하단부에 작용하여 널말뚝을 구속시키는 수동토압이다.

$$\sum H = 0 : \qquad 0.5 e_4 z_6 - S_N - C = 0 \tag{5.33}$$

⑦ 구속길이 b를 구속력 C로부터 계산한다 (그림 5.42 h).

$$C = b K_p \gamma (h + h_0 + z_6), \quad b = C / [K_p \gamma (h + h_0 + z_6)] \tag{5.34}$$

⑧ 널말뚝의 근입깊이 $t = h_0 + z_6 + b/2$를 결정한다.

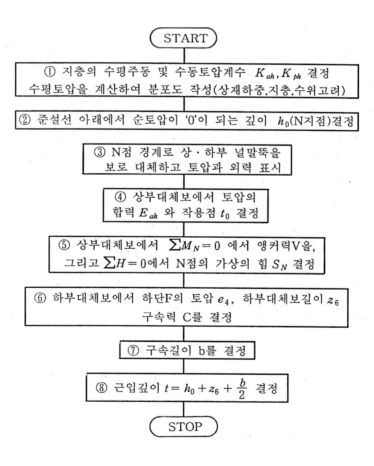

그림 5.44 사질토 근입 앵커설치 고정단지지 널말뚝의 계산
(Blum 의 간략대체보법)

2) 점성토에 근입된 앵커지지 널말뚝 벽

(1) 자유단지지 널말뚝 벽 (free end support sheet pile wall)

앵커를 설치하고 사질토로 뒷채움한 점성토에 근입된 자유단지지 널말뚝에서는 보통 그림 5.45의 토압분포를 가정한다. 먼저 앵커위치 O 점의 중심으로 모멘트를 취하여 이론적 근입깊이 t 를 결정할 수 있으며 수평방향 힘의 평형식을 적용하여 소요앵커력 V 를 구할 수 있다. 전단력이 0인 점에서 모멘트가 최대이므로 이점에서 널말뚝의 단면을 결정한다.

점성토에 근입된 자유단지지 앵커설치 널말뚝의 안정은 다음의 순서대로 해석한다.

① 지층별로 Rankine 이론을 적용하여 수평주동토압계수 K_{ah} 와 수평수동토압계수 K_{ph} 를 구하고 (상재하중, 지층, 지하수위를 고려), 준설선 상부 널말뚝의 뒷면에 작용하는 수평토압을 계산하고 그 분포도 (그림 5.45) 를 그린다. 준설선상에서 널말뚝벽체 배면에 작용하는 수평주동토압의 크기는 e_3 이다.

② 준설선 상부 널말뚝의 뒷면에 작용하는 토압의 합력 E_{ah} 와 그 작용점 a 를 구한다. a 는 B 점을 중심으로 모멘트를 취하여 구한다.

③ 준설선 아래의 널말뚝전면에 작용하는 순토압의 크기 e_4 를 결정한다. 준설선 아래에서는 널말뚝의 전면에 수동토압이 그리고 배면에는 주동토압이 작용하므로 준설선 바로 아래의 순 수평토압 e_4 는,

$$e_4 = e_p - e_a = [\gamma'_2(z-h)K_{ph} + 2c\sqrt{K_{ph}}\,] - [e_3 + \gamma'_2(z-h)K_{ah} - 2c\sqrt{K_{ah}}\,]$$
$$= \gamma'_2(z-h)(K_{ph} - K_{ah}) - e_3 + 2c(\sqrt{K_{ph}} + \sqrt{K_{ah}}) \tag{5.35}$$

점토에서는 $\phi = 0$ 이므로, $K_{ah} = K_{ph} = 1$ 이 되어 윗식은 $e_4 = 4c - e_3$ 이다.

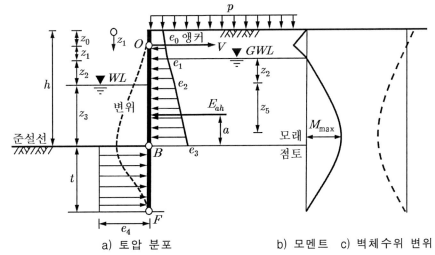

a) 토압 분포   b) 모멘트   c) 벽체수위 변위

그림 5.45 점성토에 근입된 앵커설치 자유단지지 널말뚝 벽

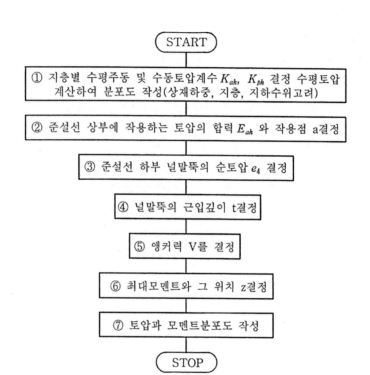

그림 5.46 점성토에 근입된 앵커설치 자유단지지 널말뚝 벽의 계산

④ 앵커위치 O 점을 중심으로 모멘트 평형식을 적용하여 근입깊이 t 를 결정한다.

$$\sum M_0 = 0; \quad E_{ah}(h-a) - e_4 t(h + t/2) = 0 \tag{5.36}$$

⑤ 수평방향의 힘의 평형식을 적용하여 앵커력 V 를 구한다.

$$\sum H = 0: \quad V + e_4 t - E_{ah} = 0 \tag{5.37}$$

⑥ 모멘트가 최대가 되는 위치 즉, 널말뚝에 작용하는 전단력이 0 이 되는 위치인 z_5 를 다음 식에서 구하고 그 위치에서 최대모멘트의 크기를 구한다.

$$V - 0.5(e_0 + e_1)(z_0 + z_1) - 0.5(e_1 + e_2)z_2 - e_2 z_3 - 0.5(e_3 - e_2)\frac{z_5}{z_3}z_5 = 0 \tag{5.38}$$

⑦ 위의 계산 결과를 종합하여 널말뚝에 작용하는 토압과 모멘트 분포를 그림 5.45 와 같이 그린다.

(2) 고정단지지 널말뚝 벽 (fixed end support sheet pile wall)

앵커설치 후 사질토로 뒷채움한 점성토에 근입된 고정단지지 널말뚝에서는 보통 그림 5.47과 같은 토압분포를 가정한다. 자유단지지인 경우와 마찬가지로 먼저 앵커점 O 점을 중심으로 모멘트를 취하면 이론 근입깊이 t 를 결정할 수 있고 수평방향 힘의 평형에서 소요 앵커력 V 를 구할 수 있다. 널말뚝 단면은 모멘트 최대 (전단력이 0) 점에서 결정할 수 있다.

점성토에 근입되고 앵커설치한 고정지지 널말뚝의 안정은 다음과 같이 계산한다.

① 지층별로 Rankine 이론을 적용하여 수평주동토압계수 K_{ah} 와 수평수동토압계수 K_{ph} 를 구하여 (상재하중, 지층, 지하수위를 고려) 준설선 상부 널말뚝의 뒷면에 작용하는 수평토압을 계산하고 그 분포도를 그림 5.47과 같이 그린다.

② 준설선상부널말뚝의 뒷면에 작용하는 토압의 합력 E_{ah} 와 그 작용점 a 를 구한다. 작용점 a 는 B 점을 중심으로 모멘트를 취하여 구한다.

③ 준설선 아래의 널말뚝 전면에 작용하는 순수평토압의 크기 e_4 를 결정한다. 널말뚝 전면에는 수동토압, 배면에는 주동토압이 작용하므로 순수평토압 e_4 는 다음과 같다.

$$e_4 = e_p - e_a = [\gamma'_2(z-h)K_{ph} + 2c\sqrt{K_{ph}}\,] - [e_3 + \gamma'_2(z-h)K_{ah} - 2c\sqrt{K_{ah}}\,]$$
$$= \gamma'_2(z-h)(K_{ph} - K_{ah}) - e_3 + 2c(\sqrt{K_{ph}} + \sqrt{K_{ah}}) \tag{5.39}$$

점토에서는 $\phi = 0$ 이므로 $K_{ah} = K_{ph} = 1$ 이 되어 $e_4 = 4c - e_3$ 이다.

④ 널말뚝하단 F 점의 순수평토압 e_5 를 결정한다. 널말뚝하단에서는 전면에는 주동토압이 뒷면에서는 수동토압이 작용하므로 순수평토압 e_5 는 다음이 된다.

$$e_5 = e_p - e_a = e_3 K_{ph}/K_{ah} + \gamma'_t K_{ph} + 2c\sqrt{K_{ph}} - (\gamma'_2 t K_{ah} - 2c\sqrt{K_{ah}}\,)$$
$$= e_3 K_{ph}/K_{ah} + \gamma'_2 t(K_{ph} - K_{ah}) + 2c(\sqrt{K_{ph}} + \sqrt{K_{ah}}) \tag{5.40}$$

점토에서는 $\phi = 0$ 이므로, $K_{ph} = K_{ah} = 1$ 이 되어 $e_5 = 4c + e_3$ 가 된다.

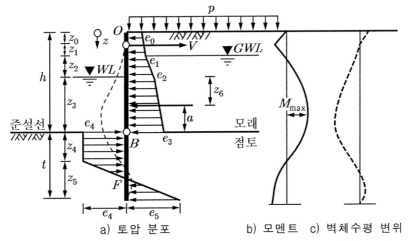

a) 토압 분포   b) 모멘트   c) 벽체수평 변위

그림 5.47 점성토에 근입된 앵커설치 고정단지지 널말뚝 벽

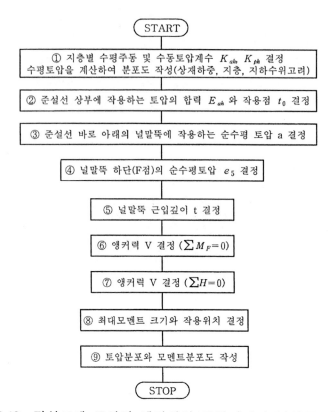

그림 5.48 점성토에 근입된 앵커설치 고정단지지 널말뚝 벽의 계산

⑤ 앵커위치 O 점을 중심으로 모멘트 평형식을 적용하여 널말뚝 근입깊이 t 를 정한다.

$$\sum M_O = 0 : E_{ah}(h-z_0-a)e_4 t \left(h-z_0+\frac{t}{2}\right)+\frac{z_5}{2}(e_4+e_5)\left(h-z_0+t-\frac{z_5}{3}\right)=0$$

(5.41)

⑥ 널말뚝하단 F 점을 중심으로 모멘트 평형식을 적용하여 앵커력 V 를 구한다.

$$\sum M_F = 0 : \ V(h-z_0+t)-E_{ah}(a+t)+e_4 t\frac{t}{2}-\frac{z_5}{6}z_5(e_4+e_5)=0$$

(5.42)

⑦ 수평방향의 힘의 평형식을 적용하여 앵커력 V 를 구한다.

$$\sum H = 0 : V - E_{ah}+e_4 t - 1/2z_5(e_4+e_5)=0$$

(5.43)

$$\therefore V = E_{ah}-e_4 t + 1/2z_5(e_4+e_5)$$

⑧ 최대모멘트의 크기와 작용위치를 구한다. 최대모멘트는 전단력이 0인 지점에서 최대가 되는 점을 이용하여 z_6 를 구하고 그 위치에 모멘트를 구한다.

$$V-0.5(e_0+e_1)(z_0+z_1)-0.5(e_1+e_2)z_2-e_2 z_6 - 0.5(e_3-e_2)\frac{z_6}{z_3}z_6=0 \quad (5.44)$$

⑨ 결과를 종합하여 널말뚝에 작용하는 토압과 모멘트분포를 그리면 그림 5.47 과 같다.

5.5.5 지하수의 영향

불투수층에 근입된 널말뚝에서는 지하수가 널말뚝을 관통하여 흐르지 못하므로 정수압 (hydrostatic pressure) 만 작용한다. 그러나 널말뚝선단이 투수층에 근입된 경우에 지하수위 이하로 지반을 굴착하여 수두차가 발생되면 널말뚝의 주위로 지하수가 흐르고 그 결과 침투수압 (seepage pressure) 이 추가로 작용한다.

그림 5.49 는 지하수 침투에 의해 널말뚝에 작용하는 토압과 수압의 분포를 나타낸다.

지하수의 영향을 받는 널말뚝에서 부력은 지하수의 동수경사와 근입깊이에 의존하기 때문에 소요 근입깊이는 시행착오법으로 다음과 같이 계산한다.

① 근입깊이 t 를 가정한다. 따라서 동수경사가 결정된다.
② 지하수위 상하에서 각각 지반의 단위중량을 구한다.
③ 토압 및 수압을 구한다.
④ 새로운 근입깊이 t' 를 계산한다.
⑤ 가정한 근입깊이 t 와 계산한 근입깊이 t' 가 일치하는 확인한다.
⑥ 가정치와 계산치가 일치할 때까지 근입깊이 t 를 다시 가정하여 위의 과정을 반복한다.

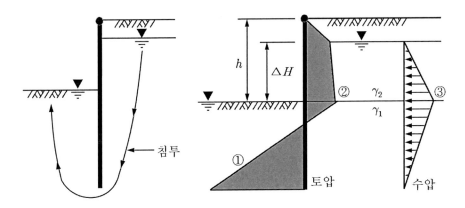

a) 널말뚝주변의 침투 b) 널말뚝에 작용하는 토압분포

① $K_{ph}\gamma_1 + (1+i)\gamma_w - K_{ah}\gamma_2 - (1-i)\gamma_w$
② $K_{ah}\gamma_2 - (1-i)\gamma_w$
③ $W = (1-i)\gamma_w \triangle H$

그림 5.49 지하수 영향을 받는 널말뚝 벽

5.6 슬러리 월

슬러리월 공법 (slurry wall method) 은 지반을 트렌치나 샤프트 형상으로 굴착하는 동안 굴 착흙벽을 지보구조물 대신에 슬러리 (안정액, 5.6.1 절) 로 지보하고 콘크리트를 현장타설하여 지 상에서 지중 연속벽체를 건설하는 공법이며 지보개념적인 측면에서 다이아프레임 월 (diaphragm wall) 이라고도 한다. 슬러리월은 트렌치 굴착 중 뿐만 아니라 콘크리트 타설 후 지 반굴착에 따른 안정성 (5.6.2 절) 도 검토하며, 안정액의 질과 수위를 유지하며 지반을 굴착 (5.6.3 절) 한다.

슬러리월 공법은 가설구조로서 또는 영구 구조물의 일부로서 시공하며 최근에 도심지공사에 서 특히 자주 적용된다. 슬러리월 공법은 시공중에 소음과 진동 및 분진이 적고 벽체의 강성이 크며, 차수성이 좋을 뿐만 아니라 지반의 종류와 지하수 및 굴착깊이의 영향을 적게 받으므로 활용범위가 넓다. 특히 굴착중에 배면의 지중응력이 거의 변화되지 않아 주변지반의 침하가 거 의 없으므로 기존구조물에 인접하여 시공이 가능하다.

5.6.1 안정액

안정액 (slurry) 은 지반굴착공간을 한정된 시간 동안 안정시키는 데 사용하는 몬모릴로나 이트의 현탁액 (suspension) 을 말한다. 몬모릴로나이트는 나트륨 - 몬모릴로나이트 (Na - mont- morillonite) 와 칼슘 - 몬모릴로나이트 (Ca - montmorillonite) 가 있으나 그 중에서 나트 륨 - 몬모릴로나이트가 안정액에 더 적합하다. 나트륨 - 몬모릴로나이트는 점토광물 중에서 흡 수력이 가장 크며, 틱소트로피 (thixotropy) 가 커서 3.5~6 % 중량비로 물에 섞으면 슬러리가 되고 정지 상태에서는 겔 (gel) 이 되어서 어느 정도의 전단강도 (τ_F, 정적유동응력) 를 지니나 교란되면 전단강도가 (τ_{Fr}, 동적유동응력) 아주 작은 액체상태가 된다 (그림 5.50).

나트륨 - 몬모릴로나이트는 미국의 Benton 지방에 특히 많이 분포되어 벤토나이트라고도 말한다. 점토 혼탁액은 이미 1845 년경 부터 폐광과 해저유정을 안정시키는 데 사용되었으나, 이를 이용한 최초의 특허는 1912 년 (Weiss, 1962) 이며, 2 차 세계대전 후에 Lorenz (1950) 와 Veder (1950) 에 의해서 토목공사에 이용되기 시작하였다.

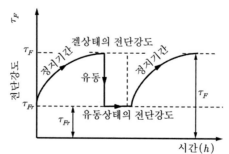

그림 5.50 벤토나이트 슬러리의 유동응력

안정액은 다음의 조건을 만족하도록 세심하게 제조한다.

① 정역학적인 측면에서 지지력이 클수록 좋으므로 안정액의 단위중량 γ_F 는 커야 한다. 그러나 안정액의 농도를 크게 하여도 안정액의 단위중량 γ_F 의 증가량은 작기 때문에 큰 단위중량이 필요한 경우에는 특수물질을 첨가한다.

② 시공측면에서 안정액은 농도가 작을수록 즉, 단위중량 γ_F 가 너무 크지 않아야 좋다.

③ 안정액의 지반내 침투손실을 최소화하기 위해서는 안정액의 지반 내 침투길이 즉, 필터길이 l 이 작아야 한다. 즉, 조립토에서 정적인 유동응력 τ_F 가 커야 한다.

④ 위의 ③과 같은 이유에서 굴착작업 중에 안정액의 손실량이 적어야 한다. 즉, 완전교란(유동) 상태의 전단강도인 동적유동응력 τ_{Fr} 이 작고, 겔상태의 전단강도인 정적유동응력 τ_F 이 커서 틱소트로피 수(thixotropy number), 즉, τ_F / τ_{Fr} 이 커야 한다.

⑤ 안정액 내에서 장비로 굴착해야하므로 굴착깊이가 깊을 때에는 안정액의 단위중량 γ_F 는 너무 크지 않아야 한다. 이는 특히 점토-시멘트 슬러리를 이용한 차수벽을 만들 때 중요하다.

5.6.2 슬러리 월의 안전율

슬러리월 공법에서는 "트렌치 굴착중의 굴착벽의 안정"뿐만 아니라 "콘크리트벽체 설치후 지반굴착에 따른 안정성"도 검토해야 한다. 일반적으로 콘크리트벽체의 안정성은 널말뚝의 안정에 준하여 검토하되 벽체의 강성과 벽마찰을 널말뚝과 다르게 적용한다.

즉, 벽마찰각은 가상파괴형태에 따라 다음과 같이 정한다.

- 평면활동면 : $\delta_a = \pm 1/2\,\phi,\ \delta_p = -1/2\,\phi$ (5.45)
- 곡면활동면 : $\delta_a = \pm 1/2\,\phi,\ \delta_p = -\phi$ (5.46)

이때에 슬러리월의 큰 강성도를 고려해야 하며, 큰 강성도로 인하여 널말뚝보다 변위가 작게 일어나기 때문에 완전한 주동 및 수동토압이 발생되지 못할 수도 있다.

"굴착중의 굴착벽체의 안정"은 굴착벽체에서 굵은 흙입자가 슬러리로 떨어져 나오면서 침식되거나 (내적안정) 굴착배면의 배후로 활동파괴면이 형성되면서 토괴가 슬러리 내부로 활동파괴를 일으키는지 (외적안정) 여부에 대해 검토한다.

1) 슬러리 월의 내적안정 (internal stability of slurry wall)

슬러리월의 굴착시에 굴착벽면에서 굵은 흙입자가 안정액으로 떨어져 나오면 지반이 연속적으로 침식된다 (그림 5.51).

굴착벽면에서 흙입자가 떨어져 나와 안정액에 섞이는데 대한 안전율을 슬러리월의 내적 안전율 (internal safety factor) 이라고 하며 안정액의 단위중량 γ_F 와 흙입자의 크기 등에 의하여 영향을 받고 다음과 같이 정의하고 항상 2.0 이상이어야 한다.

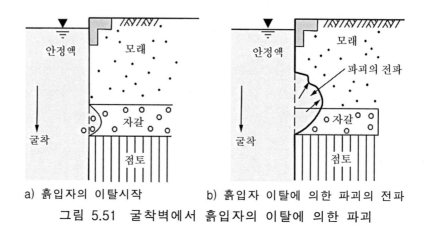

a) 흙입자의 이탈시작   b) 흙입자 이탈에 의한 파괴의 전파

그림 5.51 굴착벽에서 흙입자의 이탈에 의한 파괴

$$\eta_i = \frac{i_0}{i_e} \geq 2.0 \tag{5.47}$$

여기에서 i_0 는 현장지반의 정체경사 (in - situ stagnation gradient) 이며 그림 5.53 의 실험이나 식 (5.50) 으로 구한다 그리고 i_e 는 내적안정을 유지하기 위해서 필요한 소요정체경사 (required stagnation gradient) 이다.

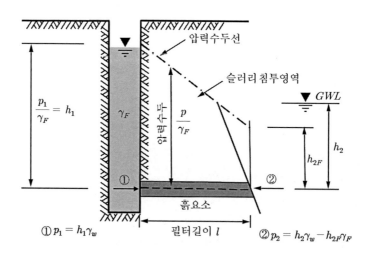

그림 5.52 정체경사의 결정

(1) 현장지반 정체경사의 결정

현장지반에 대한 안정액의 정체경사 i_0 (stagnation gradient)는 다음과 같이 정의하며 그림 5.53과 같은 투수장치 (permeameter)를 이용하여 측정한다 (Mueller -Kirchenbauer, 1969)

$$i_0 = \frac{H}{l} \qquad (5.48)$$

여기에서 l 은 안정액이 지반으로 침입한 길이 즉, 필터길이 (filter length)이고 H 는 전체 수두차이며 그 크기는 다음과 같다.

$$H = h_1 + l + h_2 \frac{\gamma_W}{\gamma_F} \qquad (5.49)$$

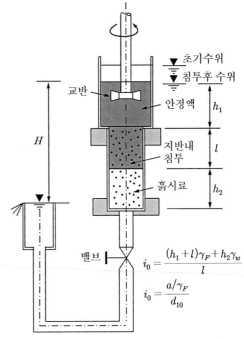

$$i_0 = \frac{(h_1 + l)\gamma_F + h_2 \gamma_w}{l}$$

$$i_0 = \frac{a/\gamma_F}{d_{10}}$$

그림 5.53 정체수두의 측정

또한 이와 같은 시험을 수행하지 않고도 다음과 같이 현장지반의 정체경사 i_0 를 계산할 수 있다. 즉, Karstedt/Ruppert (1980)의 실험에 의하면 정체경사는 정적유동응력 τ_F 에 비례하고 유효입경 d_{10} (effective grain size)에 반비례한다.

$$i_0 = a \frac{\tau_F}{d_{10}} \qquad (5.50)$$

여기에서 비례상수 a 는 $a = 0.2 \sim 0.4$mm m^2/N 이며 벤토나이트의 종류에 따라 다르고 유효입경 d_{10} 은 (mm) 단위이고 정적유동응력 τ_F 은 (N/m^2) 단위이다.

압력수두가 일정하면 정체경사는 필터길이 l 의 역수이며, 점성토에서는 필터길이가 워낙 작기 때문에 정체경사가 매우 크므로 내부안전율이 매우 크다.

반면에 전석층이나 거친 자갈지반에서는 간극이 커서 필터길이 l 이 대단히 크고 안정액이 무한정 흘러나갈 염려가 있으므로 안정액에 미세한 모래, 플라이애쉬 등의 이물질을 첨가하여 안정액의 손실을 줄인다.

(2) 소요정체경사의 결정

소요정체경사 i_e (required stagnation gradient)는 안정액으로 지지된 굴착흙벽에서 흙입자가 이탈되지 않기 위해 필요한 정체경사이며 흙입자의 단위중량 γ_s 와 슬러리의 단위중량 γ_F 및 지반의 내부마찰각 ϕ 로부터 다음과 같이 계산한다.

$$i_e = \frac{\gamma_s - \gamma_F}{\tan\phi} \tag{5.51}$$

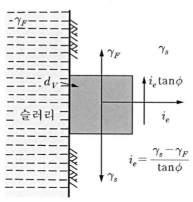

그림 5.54 소요정체경사의 결정

2) 슬러리 월의 외적안정

트렌치내 안정액의 수위가 강하되거나 주변지반의 지하수위가 상승하여 안정액의 유효지지력이 떨어지는 경우 및 외부에 큰 하중이 작용하여 토압이 증가하는 경우에는 주변의 지반에 파괴체가 형성되면서 트렌치 안으로 활동파괴를 일으킨다. 이와 같은 활동파괴발생에 대한 안전율을 슬러리 월의 외적안전율 η_k (external safty factor)이라고 한다.

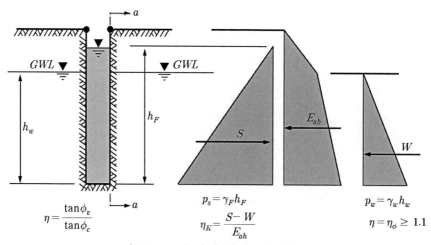

그림 5.55 슬러리 월의 외적안전율

슬러리 월의 외적안전율 η_k 는 안정액의 지지력 즉, $S-W$ 와 수평토압 E_{ah} 를 비교하여 구하며, 항상 1.1 이상이어야 한다.

$$\eta_k = \frac{S-W}{E_{ah}} \geq 1.1 \tag{5.52}$$

여기에서 S 는 안정액의 지지력이며 정수압적으로 작용하고 W 는 지하수압이다.

그런데 슬러리월은 무한정 깊지 않으므로 수평토압 E_{ah} 는 3차원 토압을 적용해야 한다. 3차원 토압 대신에 고전적인 2차원 토압을 적용하면 안정액의 지지력 S 가 상대적으로 지나치게 크게 요구되므로 안정액의 단위중량 즉, 슬러리의 농도를 크게 하는 수밖에 없다. 그러나 안정액의 농도가 너무 크면 필터 케익의 형성이 원활하지 않고 굴착작업에 지장을 주게 되어서 슬러리의 장점을 잘 살리지 못하게 된다. 최근에 유럽을 중심으로 3차원 토압에 대한 연구가 활발한 덕택에 슬러리월의 외적 안정해석기법이 많이 발달하였다.

(1) 안정액의 지지력

안정액은 점토입자를 흡착수 (adsorbed water) 가 둘러싸고 있는 형태이므로 입자간의 접촉점에서는 마찰이 없다. 따라서 안정액의 지지력은 정수압적으로 작용하며 입자간에는 물의 이동이 가능하여 지하수에 의한 압력을 차단하지 않는다. 안정액의 지지력 S 는 안정액의 단위중량 γ_F 와 수두 h_F 및 슬러리월의 길이 L_s 로부터 계산하여 지하수가 있는 경우에는 지하수압 W 만큼 지지력이 감소된다.

$$S = \frac{1}{2}\gamma_F \cdot h_F^2 \cdot L_s - W \tag{5.53}$$

(2) 3차원 토압의 계산

슬러리 월은 한정된 길이로 굴착하므로 수평 및 연직방향 아칭효과 (arching effect) 에 의하여 그 작용토압이 벽체가 무한히 긴 경우 (즉, 2차원 토압) 보다 작으며, 벽체의 길이와 깊이 및 지반상태의 영향을 받는다.

이와 같은 3차원 토압을 구하는 여러 가지 방법이 제시되어 있으나 2차원 흙쐐기 이론을 확장한 Prater 모델과 Piaskowski / Kowalewski 모델이 가장 일반화 되어 있다.

① Prater 모델

Prater (1973) 는 슬러리월과 길이가 같은 3차원 흙쐐기에서 양측면에 활동에 대한 전단저항이 작용한다고 가정하고, 2차원 토압에 비하여 양측면의 전단저항만큼 감소된 3차원 토압 (3-Dim earth pressure) 을 구하였다.

3차원 흙쐐기 측면에 작용하는 전단저항력 T를 구하여 힘의 평형식을 풀면 3차원 토압이 구해진다. 측면 전단저항력 T를 수평토압의 합력 N에 의하여 유발된다.

$$N= \int \sigma_y dA = \int K_y \sigma_z dA = K_y \gamma \int z \, dA \tag{5.54}$$

$$T= N \tan\phi = K_y \gamma \tan\phi \int z \, dA$$

여기에서 쐐기측면의 수직방향 즉, 쐐기의 길이방향으로는 변위가 일어나지 않으므로 토압계수 K_y 는 정지토압계수 K_0 를 적용하는 경우가 많다. 길이 L 이고 깊이 T_s 인 굴착벽 (그림 5.56)에서 수평에 대해 경사 θ 인 활동면을 따라 활동을 일으키고 있는 흙쐐기를 가정하면 여기에 작용하는 힘은 흙쐐기의 자중 G, 수평토압 E_{ah} 및 측면의 전단저항력 T 가 있다. 따라서 수평토압 E_{ah} 는 다음과 같다.

$$E_{ah}= \frac{G(\sin\theta - \cos\theta \tan\phi)-2T}{\tan\phi \sin\theta + \cos 2\theta} \tag{5.55}$$

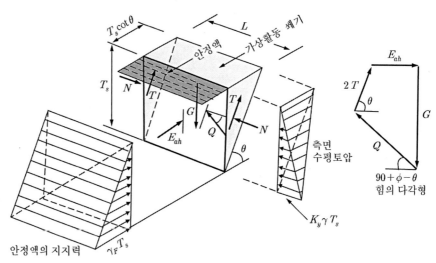

그림 5.56 Prater (1973), Gussmann/Lutz (1981)

여기서, G는 3차원 흙쐐기의 무게 $G= \frac{1}{2}\gamma T_s^2 L \cot\theta$ 이며, 흙쐐기의 측면에 작용하는 전단저항력 T는 수평토압이 그림 5.56과 같이 깊이에 선형적으로 비례하여 분포할 때에는 다음과 같다.

$$T= \frac{1}{6} Ky \, T_s^3 \cot\theta \tan\phi \tag{5.56}$$

여기에서 수평토압계수는 $K_{ah} \le K_y \le K_0$ 이며 활동면의 각도 θ 는 식 (5.55)를 미분하여 $dE_{ah}/d\theta = 0$ 으로부터 구한다.

② Piaskowski / Kowalewski 모델

Piaskowski / Kowalewski (1965) 는 그림 5.57 과 같이 타원형 단면을 갖는 기둥모양 파괴체가 수평에 대해 각도 θ_m 인 활동면을 따라 슬러리 트렌치 방향으로 활동한다고 생각했다. 파괴체 측면에는 아무 힘도 작용하지 않아서 활동 저항력은 파괴체 바닥의 활동면에만 존재하고, 파괴체가 쐐기보다 작으므로 2 차원 토압 E_{ah2D} 보다 작은 3 차원 토압 E_{ah3D} 이 구해진다. 파괴체 크기는 트렌치의 길이 L_s 와 깊이 T_s 에 따라 결정되며 3 차원 토압을 구하는 계산과정이 복잡하지만 그림 5.57 을 이용하며 간단히 구할 수 있다. 여기에서 3 차원 토압은 2 차원 토압에 비하여 상당히 작은 것을 알 수 있다.

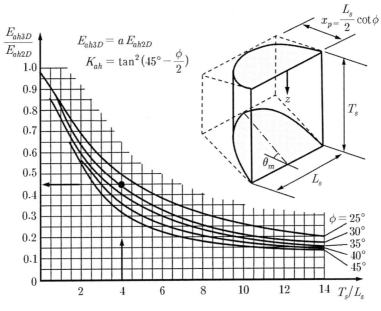

그림 5.57 Piaskowski / Kowalewski 모델

【예제】 길이 $L_s = 3.0\,\text{m}$ 의 트렌치를 깊이 $T_s = 12.0\,\text{m}$ 로 굴착할 때에 굴착흙벽에 작용하는 토압을 구하시오. 단, 단위중량 20kN/m^3 이고 내부마찰각 $\phi = 30^o$ 인 모래지반이다.

【풀이】

$K_{ah} = \tan^2(45^o - 30^o/2) = 0.33$

2 차원 토압 : $E_{ah2D} = 0.5\gamma H^2 K_{ah} L = 0.5\,(20)(12)^2(0.33)(3.0) = 1425.6\text{N}$

3 차원 토압 : 그림 5.57 에서 $T_s / L_s = 12.0/3.0 = 4$ 인 경우에 $a = 0.45$ 이므로

따라서 $E_{ah3D} = aE_{ah2D} = (0.45)(1425.6) = 641\text{kN}$

【예제】 단위중량 $20\,kN/m^3$ 이고 내부마찰각 $\phi = 30^o$ 인 균질한 모래지반에 길이 3.0 m, 폭 0.8 m, 깊이 12.0 m 인 슬러리 월을 굴착하였다. 다음의 물음에 답하시오. 단, 지하수는 지표 아래 2.0 m 에 있고 안정액의 단위중량은 $10.5\,kN/m^3$, 물의 단위중량은 $10\,kN/m^3$ 이다.

   ① 안정액의 유효지지력   ② 3차원 토압   ③ 슬러리 월의 외적안전율

【풀이】

① 안정액의 지지력 식 (5.53)에서 $S = \dfrac{1}{2}\gamma_F h_F^2 L_s = \dfrac{1}{2}(10.5)(12.0)^2(3.0) = 2268\text{kN}$

    지하수의 정수압 $W = \dfrac{1}{2}\gamma_w h^2 L_s = \dfrac{1}{2}(10)(12-2)^2(3.0) = 1500\text{kN}$

    유효 지지력 $S - W = 2268 - 1500 = 768\text{kN}$

② 3차원 토압 앞의 예제에서 $E_{ah} = 648\text{kN}$

③ 슬러리월의 외적안전율은 식 (5.52)에서

$$\eta_k = \frac{S-W}{E_{ah}} = \frac{768}{641} = 1.18 > 1.2 \qquad \text{O.K.}$$

5.6.3 슬러리 월의 시공

슬러리월은 굴착장비에 따라 폭 $30 \sim 80\,\text{cm}$ 로 대개 다음의 순서대로 시공한다 (그림 5.58).

① 슬러리 월 상부를 안정시키고 굴착장비의 작업위치를 유도하기 위하여 철근 콘크리트나 강재로 약 1 m 깊이의 가이드 월 (guide wall) 을 설치한다. 가이드 월은 일정간격을 유지하도록 지지보를 설치한다.

② 장비를 이용하여 지반을 굴착한다. 이때 안정액의 수위가 갑작스럽게 강하되지 않도록 안정액을 채워가면서 굴착한다. 굴착 중에 지중장애물이 있으면 보정하거나 제거한다.

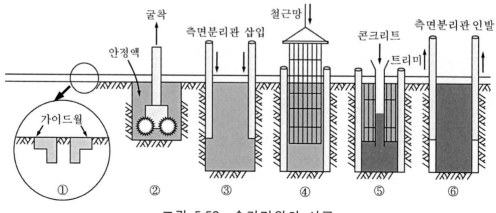

그림 5.58 슬러리월의 시공

③ 굴착 완료된 부분은 일정한 간격으로 측면 분리관을 삽입한다. 측면 분리관은 대개 굴착폭에 꼭 맞는 원형강관을 사용한다.

④ 철근망을 삽입한다. 앵커위치나 스페이서 등 필요한 것들을 설치한 후에 삽입한다.

⑤ 트레미를 이용하여 콘크리트(단위시멘트량 약 $300kg/m^3$)를 타설한다. 안정액은 콘크리트와 섞이지 않고, 콘크리트보다 비중이 작기 때문에 콘크리트 양 만큼 흘러나온다.

⑥ 콘크리트가 굳어지면 측면 분리관을 떼어낸다. 이때에 대개 약간의 진동을 가하는데 이로 인하여 아직 완전히 경화되지 않은 콘크리트가 교란될 수 있으므로 주의한다. 그러나 콘크리트가 너무 굳어지면 분리관을 떼어내기가 불가능하므로 분리관 제거시기가 중요하다.

⑦ 외부로 흘러나온 안정액은 정제하여 다음 굴착에 사용한다. 안정액은 순수한 자연 점토로 제조하므로 환경을 오염시키지 않고, 압밀에 많은 시간이 소요되어, 공사가 마무리된 후 하수구에 배출하여도 바닥에 쌓이지 않는다.

⑧ 이상의 공정은 대개 서로 독립적으로 수행할 수 있으므로 현장에 적합하게 계획을 수립하여 시공한다. 굴착공간은 안정액으로 지지하면 지반의 변위가 거의 발생되지 않으므로, 슬러리월은 기존구조물에 인접하여 시공할 수 있고 'ㄱ형' '+형' 'T형' 등 임의의 형상으로 굴착할 수 있다.

【 예제 】 다음의 설명 중에서 틀린 것이 있으면 정정하시오.

① 슬러리월은 가설 또는 영구구조물로 시공하며, 벽체의 강성도가 크고 차수성이 좋다.

② 안정액은 나트륨-몬모릴로나이트보다 칼슘-몬모릴로나이트가 적합하다.

③ 안정액은 지지력이 클수록 좋으므로 단위중량 γ_F 는 클수록 좋다.

④ '트렌치 굴착중 흙벽의 안정'과 '지반굴착 중 콘크리트벽체의 안정성을 검토한다.

⑤ 슬러리월은 벽체강성이 커서 주동 및 수동토압이 발생될 만큼 변위가 크지 않다.

⑥ 슬러리월의 내적안전율은 굴착벽면에서 흙입자가 떨어져 나오는데 대한 안전율이다.

⑦ 슬러리월의 외적안전율은 굴착벽이 트렌치 내로 활동파괴되는 데 대한 안전율이다.

⑧ 슬러리월의 외적안전율을 계산할 때에 토압은 3차원토압을 적용한다.

⑨ 안정액 지지력은 정수압적으로 작용하고 그 단위중량 γ_F 과 수두로부터 계산한다.

⑩ 슬러리월의 굴착 중에는 슬러리의 수위가 갑작스럽게 변하지 않도록 유의한다.

⑪ 가이드월은 슬러리월 상부 안정화와 굴착장비의 작업위치 유도목적으로 설치한다.

⑫ 콘크리트는 트레미를 이용하여 타설하며 안정액과 혼합되지 않도록 연속적으로 타설한다.

⑬ 측면분리관 제거 시 진동으로 아직 경화되지 않은 콘크리트가 교란되지 않도록 주의한다.

⑭ 안정액은 점토이므로 환경을 오염시키지 않고 압밀시간이 길어 하수배출해도 된다.

⑮ 안정액이 지반 내에 침투한 길이를 필터길이라고 한다.

【 풀이 】 ② 나트륨 몬모릴로나이트가 더 적합하다.

③ 시공측면에서 γ_F 는 너무 크지 않아야 된다.

5.7 엄지말뚝 벽

엄지말뚝식 토류벽은 강재엄지말뚝을 타입하거나 진동압입 또는 보링후 삽입하여 설치한 후에 지반을 굴착하면서 엄지말뚝 사이로 노출되는 벽측에 토류판을 끼워서 지지하는 방법이다. 최초로 독일의 베를린 지하철공사에 적용되었기 때문에 '베를린공법'이라고도 한다.

엄지말뚝 벽 (5.7.1 절)에서는 작용토압을 굴착면 아래지반에 근입된 엄지말뚝의 수동저항으로 지지하므로 이들을 비교하여 안정 (5.7.2 절)을 검토하여 시공 (5.7.3 절) 한다.

5.7.1 엄지말뚝 벽 특성

엄지말뚝 벽 (soldier pile wall)은 경제성이 있으나, 사질토나 점성이 약한 지반 및 소성 지반에서는 지하수위 상부에서만 적용할 수 있다. 지하수위 아래에서는 지반이 세굴되거나 침식되고 강도가 저하되어 굴착공간 및 인접구조물이 손상될 가능성이 크므로 굴착저면 아래로 지하수위를 강하시킨 후에 시공한다. 이 공법은 국내에서 건물터파기나 개착식 지하철 공사 등에 많이 적용되고 있으며 다음과 같은 장단점이 있다.

(장 점)
- 굴착에 따라 자연히 지하수가 낮아지므로 수압이 작용하지 않는다.
- 공사기간이 짧다.
- 널말뚝에 비하여 경제적이다.
- 엄지말뚝은 반복사용이 가능하다.
- 지반을 천공한 후에 엄지말뚝을 삽입하여 설치하면 소음과 진동이 적다.

(단 점)
- 지하수위 저하에 따라 유효응력이 증가되어 지반침하가 일어날 가능성이 크다.
- 굴착후 토류판 설치까지 자립이 안되는 연약지반에서는 적용이 어렵다.
- 굴착저면에서 히빙이나 보일링이 일어나기 쉬운 지반에는 적용이 어렵다.
- 엄지말뚝을 타입하면 진동과 소음이 발생한다.
- 토류판과 굴착면 사이에 공간이 생기면 배면지반이 변형되어 안정문제가 발생된다.

5.7.2 엄지말뚝 벽의 안정

엄지말뚝 벽의 안정 (stability of soldier pile wall)은 굴착저면 하부 엄지말뚝의 수동저항력 E_{ph} 를 굴착저면 상부 벽에 작용하는 주동토압 E_{ah} 로 나눈 값 즉, 안전율 η 로 검토한다.

$$\eta = \frac{E_{ph}}{E_{ah}} \geq 2.0 \tag{5.57}$$

1) 작용토압

엄지말뚝 (폭 b)은 일정한 간격 (순간격 l)마다 깊이 $H+d$로 설치하며, 작용력은 굴착저면 상부 벽체뒷면에 작용하는 주동토압 E_{ah}이고 깊이에 따라 직선 분포한다고 가정한다 (그림 5.59). 따라서 하나의 엄지말뚝에는 폭 $l+b$에 해당하는 주동토압 E_{ah}가 작용한다.

$$E_{ah} = \frac{1}{2}\gamma H^2 K_{ah}(l+b) \tag{5.58}$$

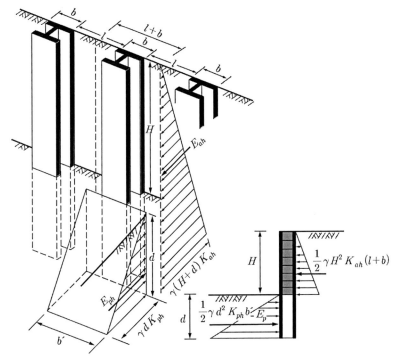

그림 5.59 엄지말뚝 벽의 하중상태

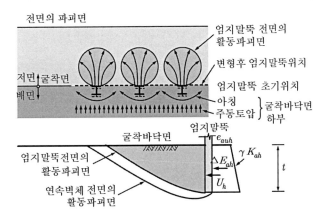

그림 5.60 굴착면 하부 엄지말뚝의 지지 거동

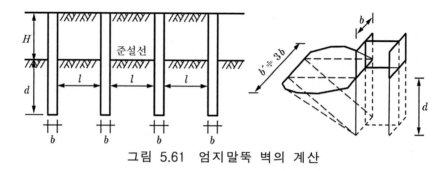

그림 5.61 엄지말뚝 벽의 계산

2) 엄지말뚝의 저항력 (resisting capacity of a soldier pile)

엄지말뚝 벽에 작용하는 힘은 굴착저면 상부 연속벽체에 작용하는 토압이며, 굴착저면 하부에 근입된 폭이 좁은 엄지말뚝의 수동저항에 의하여 지지된다. 수동토압은 3차원 효과에 의해 엄지말뚝 실제 폭 b 가 아니라 유효 폭 $b' = 3b$ 에 대한 것이다 (그림 5.61).

$$E_{ph} = \frac{1}{2}\gamma d^2 K_{ph} b' \tag{5.59}$$

그러나 엄지말뚝의 폭 b 가 근입깊이 d 의 30 % 보다 작거나 ($b < 0.3\,d$), 엄지말뚝의 순간격 l 이 근입깊이 d 보다 작으면 ($l < d$), 인접한 엄지말뚝이 서로 영향을 미쳐서 엄지말뚝이 완전한 3차원거동을 나타내지 않는다(Weissenbach, 1962). 또한, 특수한 지반조건 (연약지반 등)에서는 3차원 효과가 나타나지 않을 수 있다.

【예제】 단위중량 $20\,\mathrm{kN/m^3}$ 이고 내부마찰각 $\phi = 30^o$ 인 균질한 모래지반을 $10\,\mathrm{m}$ 굴착하기 위하여 엄지말뚝 벽을 설치하고자 한다. 엄지말뚝은 H 250 을 사용하여 중심 간격 $2.0\,m$ 로 지반에 타입할 때에 엄지말뚝의 최소 관입깊이를 구하시오.

【풀이】 수평주동토압계수 $K_{ah} = \dfrac{1 - \sin\phi}{1 + \sin\phi} = \dfrac{1 - 0.5}{1 + 0.5} = 0.33$

수평수동토압계수 $K_{ph} = \dfrac{1 + \sin\phi}{1 - \sin\phi} = \dfrac{1 + 0.5}{1 - 0.5} = 3$

작용주동토압 : 식 (5.58) 에서

$$E_{ah} = \frac{1}{2}\gamma H^2 K_{ah}(l+b) = \frac{1}{2}(20)(10)^2 0.33(2.0) = 667\ \mathrm{kN} \qquad \text{①}$$

엄지말뚝의 저항력 : 식 (5.59) 에서

$$E_{ph} = \frac{1}{2}\gamma d^2 K_{ph} b' = \frac{1}{2}(20)d^2(3)(3 \times 0.25) = 22.5d^2 \qquad \text{②}$$

그런데 $E_{ah} = E_{ph}$ 이어야 하므로 $667 = 22.5\,d^2$, $\therefore\ d = 3.15\ \mathrm{m}$

5.7.3 엄지말뚝 벽의 시공

엄지말뚝은 1~3m 간격으로 대개 타입하며 드물게 진동·압입한다. 또한 항타할 때 발생되는 진동과 소음이 문제가 되는 경우에는 먼저 보링하고 나서 엄지말뚝을 삽입한다. 근입깊이는 굴착저면 아래에 1.5~3.0m로 한다. 엄지말뚝 벽의 시공과정은 그림 5.62 와 같다.

굴착면은 지표면으로부터 깊이가 1.0~1.5m 이상이면 지보하고 토류판은 굴착공정이 진행됨에 따라 새로 설치한다. 일반적으로 토류판은 목재널판, 각목, 기성 철근콘크리트판, 현장타설 콘크리트, 숏크리트 등으로 하며, 그라우팅하여 벽체지반을 보강하는 방법도 적용된다 (그림 5.63).

【예제】 다음의 설명 중에서 틀린 것이 있으면 정정하시오.

① 엄지말뚝 벽은 경제성이 있고, 사질토나 점성이 약한 지반 및 소성지반에서는 지하수에 상관없이 적용 가능하다.

② 엄지말뚝 벽의 안정은 작용토압과 엄지말뚝의 수동저항력의 비로 검토한다.

③ 엄지말뚝 벽에 작용하는 토압은 깊이에 따라 직선분포한다고 가정하여 계산한다.

④ 엄지말뚝은 3차원 수동저항하며, 실제 폭의 3배에 해당하는 가상 폭으로 계산한다.

⑤ 엄지말뚝의 근입깊이가 폭의 3배보다 작거나, 순간격이 근입깊이보다 작으면 엄지말뚝은 3차원 거동을 하지 않는다.

⑥ 토류벽은 목재널판, 각목, pc 콘크리트판, 현장타설 콘크리트, 숏크리트 등으로 한다.

【풀이】 ① 지하수위 상부에만 적용한다.

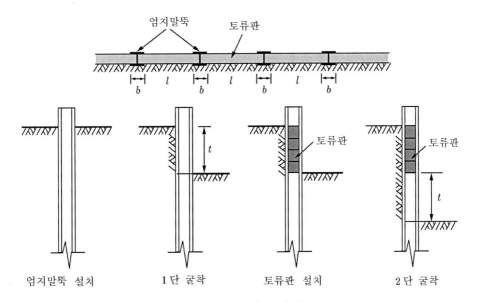

엄지말뚝 설치　　　1단 굴착　　　토류판 설치　　　2단 굴착

그림 5.62 엄지말뚝 벽의 시공

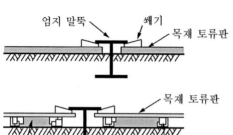

a) 목재 토류판, 각목 등을 직접 흙에 붙인다

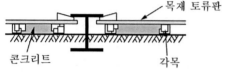

b) 목재 토류판, 각목 등을 전면에 대고 남은 공간을 콘크리트로 채운다.

c) 현장타설 콘크리트

그림 5.63 엄지말뚝 벽의 토류판 설치방법

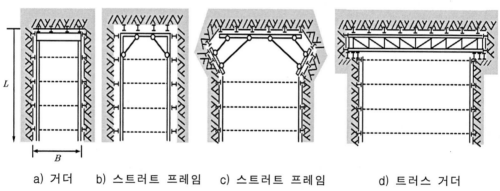

a) 거더 b) 스트러트 프레임 c) 스트러트 프레임 d) 트러스 거더

그림 5.64 모서리 지지 방안

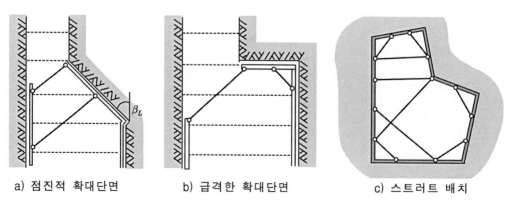

a) 점진적 확대단면 b) 급격한 확대단면 c) 스트러트 배치

그림 5.65 단면 변화구간의 스트러트 배치

5.8 주열식 벽

말뚝을 항타장비로 타입하거나 천공장비로 천공하고 콘크리트를 현장 타설하여 일정한 간격이나 일렬로 연속적으로 설치하여 지반을 지지하고 굴착할 수 있다. 말뚝을 일정한 간격으로 설치하고 지반을 굴착하면 수평방향 아칭작용에 의해 수평토압이 말뚝에 집중되고 말뚝사이에는 토압이 거의 작용하지 않으므로 말뚝사이 흙벽은 지반강성이 크면 토류판을 설치하지 않고 지반강성이 작으면 토류판을 설치하여 지지할 수 있다. 이런 공법을 엄지말뚝 벽(그림 5.66a) 이라 한다. 말뚝을 일렬로 연속설치하여 지반을 지지하고 굴착하는 방법을 주열식 벽(그림 5.66b) 이라 하고 연속성을 향상시키기 위해 일정한 길이만큼 겹칠(그림 5.66c) 수 있다.

주열식 벽체는 기성말뚝을 타입하거나 지반을 천공한 후 말뚝부재를 삽입하거나 콘크리트를 현장 타설하여 연속으로 말뚝벽을 설치하는 방법(5.8.1 절) 과 지반을 스크류 오거장비를 사용하거나 압력수를 분사하여 교반시키고 시멘트 현탁액 등을 주입·혼합하여 지반고결말뚝을 연속으로 시공하여 연속말뚝벽체를 형성하는 방법(5.8.2 절) 이 적용된다. 최근에는 성능이 좋은 지반 천공장비와 특수한 기능을 갖는 현탁액이 개발되어 다양한 형태의 주열식 벽이 현장에 적용되고 있다.

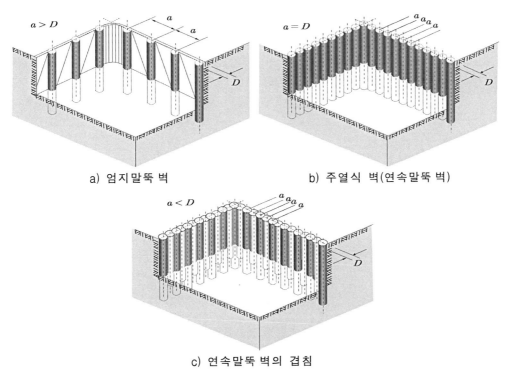

a) 엄지말뚝 벽   b) 주열식 벽(연속말뚝 벽)

c) 연속말뚝 벽의 겹침

그림 5.66 현장타설 말뚝을 이용한 토류벽

5.8.1 CIP 벽

말뚝을 타입하거나 천공장비를 사용하여 소정 깊이까지 정해진 규격 (지름) 으로 천공하고 콘크리트를 현장 타설하거나 말뚝을 삽입해서 형성한 토류벽체를 주열식 벽이라 한다.

CIP벽은 지반을 천공하고 천공홀내에 조립된 철망 또는 H형강을 삽입한 후에 콘크리트를 타설하여 강성이 큰 지중연속벽을 형성하는 것으로 시공된 CIP 의 두부는 철근을 조립하고 거푸집을 설치한 뒤에 콘크리트를 타설하여 일체화한다.

1) CIP 공법의 특성

CIP 공법은 다음과 같은 장·단점이 있다.

- 장 점
① 거의 모든 지반에 적용이 가능하다. 단, 전석층에서는 시공 (천공 등) 이 매우 어렵고, 공사기간과 공사비가 많이 소요되어 가시설로 시공할 필요가 없다.
② 장비의 크기가 다양하여 장소의 크기에 상관없이 시공이 가능하다.
   현장이 넓고 CIP 의 길이가 긴 경우에는 수직정도가 높은 대형장비를 사용한다.
③ 벽체강성이 커서 배면토압에 의한 수평변위가 작게 발생하므로 침하 등에 의한 인접구조물의 영향을 줄일 수 있다.
④ 비교적 저진동과 저소음으로 시공이 가능하다.
⑤ CIP 주면의 마찰력이 커서 지지력이 크다.

- 단 점
① 엄지말뚝 공법에 비해 공사비가 많이 든다.
② 굴착공 하부에 슬라임이 발생할 수 있다.
③ 굵은 자갈층, 전석, 암반 (풍화암, 연암 등) 등에서는 시공이 어렵다
④ 천공 구멍 사이에 틈이 있어서 차수성이 떨어지므로 지하수의 영향을 받을 경우에는 별도의 차수대책 (그라우팅 등) 이 필요하다.

2) 시공방법

CIP 공법은 다음 순서로 시공한다.

① 정확한 위치에 CIP 를 시공하기 위해 콘크리트를 현장타설하거나 H 형강을 2줄로 배치하여 가이드 월 (Guide Wall) 을 설치한다.

② 천공장비로 제시된 깊이까지 천공한다. 대체로 풍화암층하부 1 m 까지 천공하며, 공벽이 붕괴될 경우에는 강재 케이싱을 설치하면서 굴착한다. 콘크리트 타설 후기 시공된 CIP 의 단면적이 변하지 않도록 주의하여 케이싱을 인발한다.

③ 천공 시 슬라임이 생기면 토류벽의 침하원인이 되므로 screw rod 나 air lifting pump 등을 이용하여 배출시킨다. 강재 (H-Pile 등) 를 엄지말뚝처럼 항타하여 설치하는 경우에는 지지층을 확인해야 한다.

④ 조립된 철근망이나 H-Pile 을 공내로 삽입하여 말뚝을 보강한다.

⑤ 트레미 관을 이용하여 콘크리트를 타설한다.

⑥ 말뚝 두부를 정리하고 캡빔 (cap beam) 을 설치한다.

3) 철근보강

CIP 말뚝을 철근망을 삽입하여 보강할 때에는, 원형단면을 단면적이 같은 등가사각형으로 간주하고 Moment 크기에 따라 철근량을 계산한다.

【 예제 】 CIP 공법의 특성이 아닌 것을 찾으시오.

① 거의 모든 지반에 적용이 가능하다. 단, 전석 층에서는 시공 (천공 등) 이 매우 어렵고, 공사기간과 공사비가 많이 소요되어 가시설로 시공할 필요가 없다.

② 장비의 크기가 다양하여 장소의 크기에 상관없이 시공이 가능하다. 현장이 넓고 CIP 의 길이가 긴 경우에는 수직정도가 높은 대형장비를 사용한다.

③ 벽체강성이 커서 배면토압에 의한 수평변위가 작게 발생하므로 침하 등에 의한 인접 구조물의 영향을 줄일 수 있다.

④ 비교적 저진동과 저소음으로 시공이 가능하다.

⑤ CIP 주면의 마찰력이 커서 지지력이 크다.

⑥ 엄지말뚝 공법에 비해 공사비가 많이 든다.

⑦ 굴착공 하부에 슬라임이 발생할 수 있다.

⑧ 굵은 자갈층, 전석, 암반 (풍화암, 연암 등) 등에서는 시공이 어렵다

⑨ 천공 구멍 사이에 틈이 있어서 차수성이 떨어지므로 지하수의 영향을 받을 경우에는 별도의 차수대책 (그라우팅 등) 이 필요하다.

【 풀이 】 해당 없음.

5.8.2 지반고결말뚝 벽

지반고결말뚝 벽은 계획심도까지 천공하고 압력수를 분사하거나 screw rod 를 회전시켜서 지반을 교반시키고 시멘트 현탁액 등과 혼합하여 고결시킨 기둥을 일렬로 연속·시공하여 지중벽체를 형성하는 공법이다 (그림 5.67). 이때에 천공방법과 현탁액의 종류 및 가하는 압력의 크기와 분사방법에 따라 다양한 방법이 파생된다. 지반은 워터제트나 screw rod 로 천공하고, 고결물질은 시멘트 현탁액 (cement suspension) 만 사용하거나 (1 상 주입), 시멘트에 공기나 물을 혼합하거나 (2 상 주입), 3 가지를 모두 혼합한 현탁액 (3 상 주입) 을 시용한다 (그림 5.68).

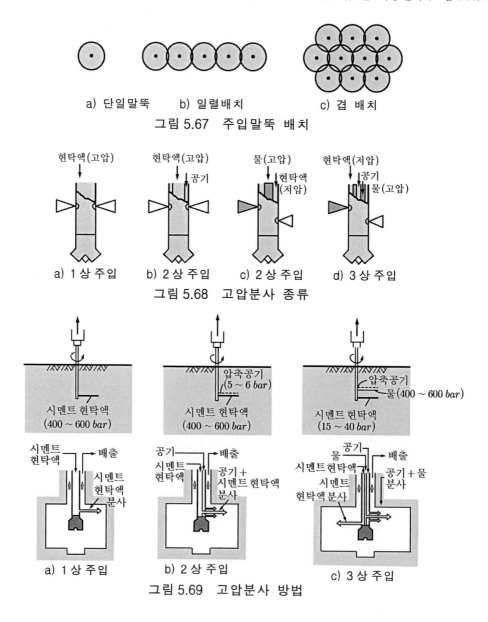

a) 단일말뚝   b) 일렬배치   c) 겹 배치

그림 5.67   주입말뚝 배치

a) 1 상 주입   b) 2 상 주입   c) 2 상 주입   d) 3 상 주입

그림 5.68   고압분사 종류

a) 1 상 주입   b) 2 상 주입   c) 3 상 주입

그림 5.69   고압분사 방법

1) 고압분사말뚝 벽

계획된 위치까지 천공하고 로드를 회전하면서 고압 $(400 \sim 600\,bar)$ 의 시멘트 현탁액을 주입하거나 압력수 $(400 \sim 600\,bar)$ 를 분사하면서 $(15 \sim 40\,bar)$ 로 시멘트를 주입하면 지반이 교반되면서 현탁액과 혼합되며, 공기 $(5 \sim 6\,bar)$ 를 혼합하면 효과가 좋다 (그림 5.69).

시멘트 현탁액을 고압으로 분사하여 기둥을 형성하는 방법을 고압분사말뚝 법 (high pressure injection pile) 이라고 한다 (그림 5.70). 고압분사에 의해 지반과 시멘트현탁액이 고결해서 형성된 물체를 soilcrete 라고 하고, soilcrete 기둥을 일렬 연속적으로 중첩·시공하면 지중벽체를 형성할 수 있다 (그림 5.71).

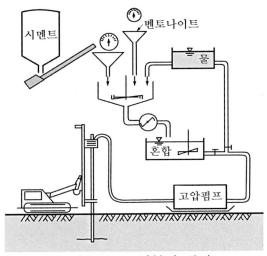

그림 5.70   고압분사 설비

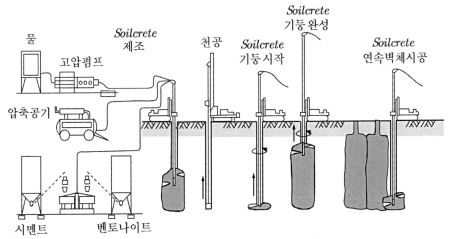

그림 5.71   고압분사 벽체 형성

2) SCW 벽 (Soil Cement Wall)

지중고결말뚝은 천공로드 중공을 통해 시멘트 밀크를 주입하면서 로드를 인발한 후에 조립된 철근을 삽입하고 자갈로 충진 (PIP, Packed In place Pile) 하거나, 로드 중공을 통해 시멘트 밀크를 주입해서 지반과 혼합 (MIP, Mixed In place Pile) 하여 형성시킬 수 있다. SCW 는 MIP 로 주열식벽을 만드는 대표적인 공법으로 현장에 자주 적용된다.

SCW 벽은 중첩 시공하여 차수효과가 우수하므로 차수벽과 흙막이 벽의 복합기능을 갖게 할 수 있다. 또한, 이를 응용한 SIP (Soil cement Injected Precast Pile) 공법을 적용하여 깊은 기초를 시공할 수 있다.

SCW 공법은 다음과 같은 장·단점이 있다.

• 장 점
① 무진동·무소음 공법이다.
② 원지반 흙을 골재로 사용한다.
③ 지반이 약하거나 인접건물 등이 많이 있을 때에 유리한 공법이다.
④ 지반에 직접 시공하므로 굴착 시 벽체배면 뒷채움하지 않아서 지표침하가 적다.
⑤ 수직도가 높다 (1/150).
⑥ 중첩 시공하므로 차수성이 좋아 별도의 차수그라우팅이 필요 없다.
⑦ 흙막이벽체, 차수, 지반보강 역할을 할 수 있다.

• 단 점
① 장비가 대형이어서 좁은 현장에서는 사용이 어렵다. (최소작업장 폭 25m 이상)
② 전석층과 굵은 자갈층에서 작업능률이 현저히 떨어진다.
③ N>50 이면 시공속도가 현저히 떨어져서 비경제적이고, 시멘트 소요량이 많다.
④ 슬라임을 환경 폐기물로 처리해야 한다.
⑤ SCW 에 사용한 H-형강이나 강관말뚝은 회수가 가능하지만 비용이 많이 든다.
⑥ 흙막이벽체 모서리 (직각 코너) 부근에서 시공하기가 어렵다.

SCW 는 점토에서는 시공속도를 천천히 한다. 로드를 빠른 속도로 관입시키면 벽체에 점토 덩어리가 섞여 지하수가 누수될 수 있다. 사질토에서는 점성토에서 보다 빨리 시공할 수 있으나, 조밀한 자갈에서는 시공속도가 늦다. SCW 는 양생되면 수직정도가 떨어져서 48 시간이내에 시공해야 하기 때문에 사전에 시험 천공하여 하루 시공면적 (시공 가능면적 약 $100 \sim 200 \ m^2/day$) 을 결정하는 것이 중요하다.

SCW는 다음 순서로 시공한다.

① 작업장 주변지반을 정리하고 가이드 월 (보통 H-형강 2줄) 을 설치한다.

② 삼축 또는 일축 Auger Crane을 정 위치에 정치한다.

③ 오거의 screw rod를 회전시키면서 천공하고, 로드 중앙을 통해서 시멘트 밀크를 굴착기 선단으로부터 지반으로 분출시켜 지반과 혼합하여 연속벽체를 형성시킨 후 로드를 인발한다(시멘트 밀크와 벤토나이트 주입이 가능하도록 플랜트를 사전에 정치한다).

④ 로드 인발 후 설계도면에 따라 H-형강이나 강관 등의 보강재를 삽입한다.

⑤ Auger를 옆으로 이동시켜 다음 공의 작업을 연속으로 실시한다.

표 5.5 SCW 토질별 배합비

토 질	배 합			일축압축강도 [kgf/cm²]
	시멘트 [kg]	벤토나이트 [kg]	물 [ℓ]	
점성토	250~450	5~15	400~800	5~30
사질토	250~400	10~20	350~700	10~80
사력토	250~350	10~30	350~700	20~100

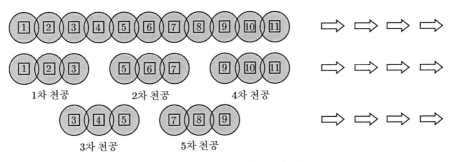

그림 5.72 SCW 시공 순서도

【예제】 SCW공법의 특성이 아닌 것을 찾으시오.

① 무진동·무소음 공법이다.

② 원지반 흙을 골재로 사용한다.

③ 흙막이벽체, 차수, 지반보강 역할을 할 수 있다.

④ N > 50 이면 시공속도가 현저히 떨어져서 비경제적이고, 시멘트 소요량이 많다.

⑤ 슬라임을 환경 폐기물로 처리해야 한다.

⑥ SCW에 사용한 H-형강이나 강관말뚝은 회수가 가능하지만 비용이 많이 든다.

⑦ 흙막이벽체 모서리 (직각 코너) 부근에서 시공하기가 어렵다.

【풀이】 해당 없음.

【연습문제】

【문 5.1】지반을 연직으로 굴착할 때 지반의 전단강도만으로 자립할 수 있는 한계깊이를 구하시오.

【문 5.2】지반을 얕은 굴착하는 형태와 방법을 설명하시오.

【문 5.3】지반을 사면굴착할 때 허용굴착경사를 적용할 수 없는 조건과 대책을 제시하시오.

【문 5.4】일반적으로 굴착사면의 안정해석을 생략해도 무방한 경우를 열거하고 설명하시오.

【문 5.5】지반을 연직 굴착할 때에 깊이에 따라 지보형태를 달리한다. 이를 설명하고, 깊이에 무관하게 반드시 지보해야 하는 경우를 말하시오.

【문 5.6】지중연속벽의 필요성과 설치방법을 설명하시오.

【문 5.7】지중불연속벽을 설치하는 조건과 설치방법을 설명하시오.

【문 5.8】다음 하중이 지표에 작용할 때 토류벽에 작용하는 토압을 구할 방법을 설명하시오.

   ① 등분포하중 ② 띠하중 ③ 선하중 ④ 독립기초 하중

【문 5.9】다단으로 스트러트를 설치한 토류벽에서 토압의 전이원인과 양상을 설명하고 설계시 고려방안을 제시하시오.

【문 5.10】엄지말뚝벽의 장단점을 설명하고 개선방안을 제시하시오.

【문 5.11】엄지말뚝벽은 작용토압을 굴착저면 하부에 근입된 엄지말뚝의 3차원 수동저항으로 지지한다. 엄지말뚝의 설치간격을 정하시오.

【문 5.12】엄지말뚝의 토류판을 현장타설 콘크리트나 숏크리트로 수밀하게 시공할 경우에 발생가능한 문제점을 나열하고 그 대책을 제시하시오.

【문 5.13】널말뚝벽의 장단점을 설명하시오.

【문 5.14】널말뚝에서 벽마찰을 고려하는 방법을 말하시오.

【문 5.15】캔틸레버 널말뚝과 앵커지지 널말뚝의 기능상의 차이점을 설명하시오.

【문 5.16】캔틸레버 널말뚝의 기본가정을 열거하고 그 가정이 필요한 이유를 설명하시오.

【문 5.17】널말뚝의 깊이에 따른 토압분포와 벽체변위 및 모멘트와 전단력 분포를 설명하시오.

【문 5.18】널말뚝에서 지하수를 고려하는 방법을 설명하시오.

【문 5.19】슬러리월공법의 원리를 설명하시오.

【문 5.20】슬러리월의 안정액이 갖추어야 할 조건을 설명하시오.

【문 5.21】간극이 큰 지반에 적용해야 할 안정액을 설명하시오.

【문 5.22】슬러리월에서 3차원토압을 적용해서 외적안정을 계산해야 하는 이유를 설명하시오.

【문 5.23】슬러리월에서 측면분리관을 제거하는 시기와 방법을 설명하고 이유를 말하시오.

【문 5.24】 그림 (5.24)의 캔틸레버 널말뚝에서 $p = 10 \text{kN/m}^2$, $h_1 = 2.0 \text{m}$, $h_2 = 3.0 \text{m}$, $h_3 = 5.0 \text{m}$ 이다. 지반은 균질한 모래(단위중량 $\gamma = 20 \text{kN/m}^3$, $\gamma' = 10 \text{kN/m}^3$, 내부마찰각 $\phi = 30^o$, 점착력 $c' = 0$)이다. Krey 방법과 Blum 간편법으로 다음을 구하시오.
　① 근입깊이　　　② 최대모멘트와 그 위치　　　③ 토압분포도

【문 5.25】 캔틸레버 널말뚝에서 $p = 10 \text{kPa}$, $h_0 = 2.0 \text{m}$, $h_1 = 3.0 \text{m}$, $h_2 = 5.0 \text{m}$ 이다. 준설선 상부는 균질한 모래($c_1 = 0$, $\gamma_1 = 20 \text{kN/m}^3$, $\gamma_1' = 10 \text{kN/m}^3$, $\phi = 30^o$)이고, 하부는 균질한 점토($c_2 = 20 \text{kPa}$, $\gamma_2' = 10 \text{kN/m}^3$, $\phi_2' = 0^o$) 일 때 다음을 구하시오.
　① 근입깊이　　　② 최대모멘트와 그 위치　　　③ 토압분포도

【문 5.26】 앵커설치 자유단지지 널말뚝에서 $p = 10 \text{kPa}$, $z_0 = 1.0 \text{m}$, $z_1 = 1.0 \text{m}$, $z_2 = 3.0 \text{m}$, $z_3 = 5.0 \text{m}$ 이다. 준설선 상하의 지반은 균질하고 단위중량이 $\gamma = 20 \text{kN/m}^3$, $\gamma' = 10 \text{kN/m}^3$, 내부마찰각이 $\phi = 30^o$ 일 때에 다음을 구하시오. 단, 앵커는 수평으로 설치한다.
　① 근입깊이　　② 앵커력　　③ 최대모멘트와 그 위치　　④ 토압분포도

【문 5.27】 문제 3에서 널말뚝을 앵커설치 고정단지지 형태로 할 경우에(그림 5.42) 다음을 구하시오. 또한 Blum의 간략대체보법을 적용하여 결과를 비교하시오.
　① 근입깊이　　② 앵커력　　③ 최대모멘트와 그 위치　　④ 토압분포도

【문 5.28】 앵커설치 자유단지지 널말뚝에서 $p = 10 \text{kPa}$, $z_0 = 1.0 \text{m}$, $z_1 = 1.0 \text{m}$, $z_2 = 3.0 \text{m}$, $z_3 = 5.0 \text{m}$ 이다. 준설선 상부지반은 $c_1 = 0$, $\gamma_1 = 20 \text{kN/m}^3$, $\gamma_1' = 10 \text{kN/m}^3$, $\phi' = 30^o$ 이고, 하부지반은 $c_2 = 0$, $\gamma_2' = 10 \text{kN/m}^3$, $\phi_2' = 0^o$ 일 때 다음을 구하시오. 앵커는 수평으로 설치한다.
　① 근입깊이　　② 앵커력　　③ 최대모멘트와 그 위치　　④ 토압분포도

【문 5.29】 문제 5.5의 널말뚝을 앵커설치 고정단지지로 할 때(그림 5.47) 다음을 구하시오.
　① 근입깊이　　② 앵커력　　③ 최대모멘트와 그 위치　　④ 토압분포도

【문 5.30】 앵커의 용도를 열거하시오.

【문 5.31】 앵커를 설치지반, 적용방법, 정착방법, 재하방법에 따라 분류하시오.

【문 5.32】 앵커보링시에 케이싱을 하는 경우와 하지 않는 경우의 시공상 차이점을 설명하시오.

【문 5.33】 인장형 타이백과 압축형 타이백의 장단점을 설명하고 비교하시오.

【문 5.34】 타이백의 정착부 설치 방법과 정착장을 결정방법을 설명하시오.

【문 5.35】 타이백의 인발저항력 계산식을 유도하시오.

【문 5.36】 얕은 앵커의 외적안정 검토방법을 설명하시오.

【문 5.37】 깊은 앵커의 외적안정 검토방법을 설명하시오.

【문 5.38】 앵커의 크리프거동이 앵커의 안정에 미치는 영향을 설명하시오.

제 6 장 지하수 배수 및 차수

6.1 개 요

지반은 생성원인이 다른 여러 가지 형태의 물을 포함하고 있으며, 그 중에서 지속적으로 일정한 수위를 유지하고 중력에 의해 흐르는 물을 지하수 (ground water) 라 하고, 그 수위를 지하수위 (ground water level) 라고 한다.

지하수위는 대개 지표 하부에 있지만 지표에 노출되어 샘이 되거나 지표를 따라 흐르는 경우도 있다. 지하수는 지표로부터 강우가 침투된 침투수 (seepage water) 나 지반의 절리를 따라 이동하는 절리수 (joint water) 로부터 지속적으로 생성되어 그 수위가 수시로 변한다.

일반적으로 건설공사에서는 다음 목적을 위하여 지하수위를 조절하며 경우에 따라 지하수 조절이 전체공사의 성패를 좌우하는 관건이 되기도 한다.
- 구조물 기초나 하부 구조물의 건설을 위한 굴착공간을 건조한 상태로 유지 (제 6 장)
- 구조물에 작용하는 수압이나 부력을 감소 (제 5 장)
- 구조물의 방수 시스템을 보호 (제 9 장)
- 점성토의 개량 (제 7 장)
- 지표 오염물질의 지반 내 확산 방지 (제 10 장)
- 지반이나 지하수에 포함된 유해물질로부터 구조물이나 설비 또는 인명을 보호 (제 9 장)

하부구조물을 건설하기 위해 지반을 굴착할 때에 굴착공간을 건조한 상태로 유지하고 주변 지반 내 지하수위의 변화를 방지하기 위해서 지하수를 배수 (ground water drainage, 6.2 절) 하기위해 양수우물을 설치하며, 지하수의 수평이동을 막기 위해 지중차수벽 (cut off wall, 6.3 절) 을 건설한다. 피압지하수나 지하수오염 등 지하수와 관련된 특수문제 (6.4 절) 의 발생 가능성을 검토한다. 지하수로부터 음용수를 취득하기 위한 양수우물 (pumping well) 등도 공사 중 배수와 같은 맥락이며, 다만 지하수 수질에 대한 고려 여부만 다를 뿐이다.

6.2 지하수 배수

지하 구조물이나 구조물 기초를 지하수위 하부 지반에 축조하기 위해 굴착한 공간을 건조한 상태로 유지하거나, 기존 또는 건설 중인 구조물이 물에 직접 접촉하지 않도록 하기 위하여, 지하수를 배수한다. 지하수 배수방법은 주로 지반의 입도분포나 투수계수(6.2.1 절)에 따라 결정한다.

조립 지반에서는 중력에 의한 배수(6.2.2 절)가 가능하여 지반 내에 있거나 외부로부터 유입 되는 물 및 침투수를 개수로(open channel)나 수평배수관(horizontal drain) 및 연직우물 (vertical pumping well)을 설치하여 배수한다.

세립 지반에서는 모관력 때문에 중력에 의한 배수가 불가능하므로 부압(suction)을 가하거 나 전기적인 방법으로 배수(6.2.3 절)한다. 지하수 배수를 위한 우물(6.2.4)은 얕은우물과 깊 은우물로 구분한다.

6.2.1 투수성과 지하수 배수

지하수 배수(ground water drainage) 방법은 지반의 입도분포와 투수성에 따라 결정한다. 그러나 정확한 한계가 있는 것은 아니며 다음 여러 가지 인자들을 고려하여 현장에 가장 적합하고 경제적인 방법을 선택한다.
- 굴착공간의 크기와 형태
- 지하수 대수층의 양상 및 지층의 투수성
- 굴착면 주변의 지형과 지하수 조건
- 지하수위 강하 깊이와 지하수 배수 소요기간
- 기존 구조물의 예상 피해
- 현장에서 적용 및 동원 가능한 장비 및 설비
- 배수방법에 따른 경제성

1) 입도분포에 따른 지하수 배수방법

지하수 흐름은 지반의 입도분포에 따라 다르다. 점성토에서는 투수계수가 작아서 배수에 상당히 긴 시간이 필요하므로 중력에 의한 흐름에 의존할 수 없고 진공을 가하여 인공적으로 수두차를 크게 하거나 전기적 특성을 이용해야 배수할 수 있다.

투수성이 좋은 사질토에서는 중력에 의한 흐름으로도 단기간에 지하수를 배수할 수 있 으므로 개수로를 통한 배수가 가능하다.

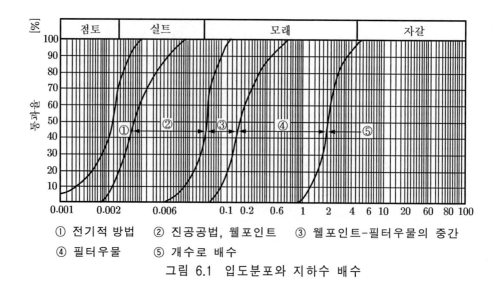

① 전기적 방법   ② 진공공법, 웰포인트   ③ 웰포인트-필터우물의 중간
④ 필터우물   ⑤ 개수로 배수
그림 6.1 입도분포와 지하수 배수

그림 6.1 에는 입도분포 기준으로 현장에서 가장 널리 적용되는 대표적 지하수 배수방법이 제시되어 있으며, 점성토에서는 중력에 의한 배수방법이 없고 모래와 자갈지반에서는 양수 우물 배수방법과 개수로 배수방법이 적용됨을 알 수 있다.

2) 투수계수에 따른 지하수 배수방법

지반의 투수계수 (permeability coefficient) 는 지반의 구조골격과 지하수의 점성 등에 따라 다르며, 이를 기준으로 배수방법을 정할 수 있다. 그림 6.2 는 투수계수에 따라 적절한 지하 수 배수방법을 표시한 것으로 이를 적용하기 위해서 정확한 투수계수를 알아야 한다.

【예제】 다음에서 지하수 배수방법 선정 시 고려사항이 아닌 것은 ?
  ① 굴착공간의 크기와 형태
  ② 지하수 대수층의 양상 및 투수성
  ③ 지하수위 강하 깊이와 지하수 배수 소요시간
  ④ 기존 구조물의 예상피해
  ⑤ 현장에서 적용 및 동원 가능한 장비 및 설비
  ⑥ 경제성
  ⑦ 굴착저면의 지하수 조건
  ⑧ 조립토의 입도분포

【풀이】 해당 없음.

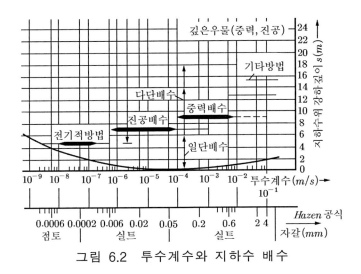

그림 6.2 투수계수와 지하수 배수

6.2.2 조립토의 배수

지반을 굴착할 때에 굴착공간으로 유입된 지표수, 침투수 및 지하수 등을 가장 쉽게 배수하는 방법은 중력 배수법 (drainage by gravity) 이며, 투수계수가 큰 조립지반에 적용하고 대개 개수로 배수, 수평관 배수, 연직우물 배수 방법이 사용 된다 (그림 6.3).

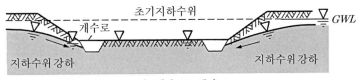

a) 개수로 배수

b) 수평관 배수

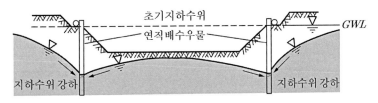

c) 연직우물 배수

그림 6.3 지반굴착 시 조립토의 지하수 배수

1) 개수로 배수

지반굴착 중 굴착면과 굴착저면으로부터 유출되는 지하수는 물론 강우에 의한 물 등을 개수로 (open channel) 나 배수로에 모아서 배수하는 방법을 개수로식 배수방법이라 한다. 개수로의 물은 가장 가까운 집수정 (drainage well) 으로 모아서 배출한다.

지하수의 개수로식 배수방법은 배수시에 지반의 안정이 문제가 되지 않을 경우에만 적용 가능하므로, 암반이나 세립질을 포함하는 빙적토이나 자갈 등 큰 입자를 포함하는 지반에는 적용하기가 어렵다. 사질 실트에서는 지반의 유동이나 기초파괴를 방지하도록 완만한 경사로 굴착하는 등의 안전대책을 세워야 한다.

굴착 깊이가 깊으면 소단을 여러 개 조성한다. 그림 6.3a 는 가장 단순한 개수로 배수시스템을 나타낸다. 배수량은 유선망을 작성하여 산정하며, 경계조건이 단순한 경우에는 해석적으로 구할 수 있다.

폭 L_2, 길이 L_1 인 직사각형 단면에서는 다음 Davidenkopf 식으로 유량을 구할 수 있다.

$$Q = k\,H^2\left[\left(1+\frac{t}{H}\right)m + \frac{L_1}{R}\left(1+\frac{t}{H}n\right)\right] \tag{6.1}$$

여기에서 m, n 은 배수량 계수이며 그림 6.4 에서 구하고, R 은 양수영향권이고, H 는 지하수위부터 굴착저면까지의 거리이며, T 는 굴착저면 이하 지반의 두께를 나타낸다. 위식에서 t 는 T 와 H 중 작은 값을 나타낸다. 즉, $T > H$ 이면 $t = H$ 이고, $T < H$ 이면 $t = T$ 이다.

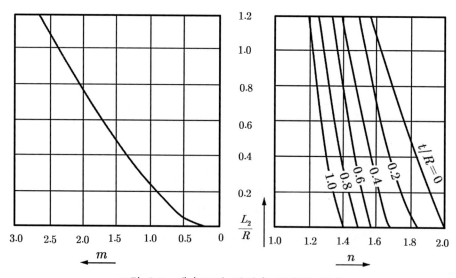

그림 6.4 개수로식 지하수 배수량 계수

2) 수평관 배수

지하수를 포함하고 있는 수평지층으로 구성된 지반의 상부에 불투수성 덮개지층이 없고, 하부에 불투수성 지층이 있으면, 지하수는 지층을 통해 수평배수관 (horizontal drain) 으로 유출시키고 다시 집수정에 모아서 펌프로 배출할 수 있다. 이때 지하수 흐름은 층류 (laminar flow) 이며, Darcy 법칙을 따르고 다음과 같이 가정하여 해석한다.

- 흙의 구조골격과 물은 비압축성이다.
- 투수계수와 물의 점성과 밀도는 일정하다.
- 표면장력과 모관력은 무시한다.
- 지하수의 유입, 유출이 없어서 지하수의 연직방향 흐름의 속도변화가 없다.

침윤선 (seepage line) 은 Darcy 법칙과 연속방정식 (equation of continuity) 으로부터 구할 수 있다. Dupuit (1863) 는 배수영향권 R (influence area) 이내에서 포텐셜 라인 (potential line) 즉, 등수두선이 하부불투수층 경계면에 대해서 수직이라고 가정하였으나, 실제 지하수는 그림 6.5 와 같이 수평배수관에 가까울수록 낮아지므로 항상 수직이 되지는 않는다.

수평배수관 단위길이 당 유량 q 는 지반의 투수계수 k 와 수위 y 를 이용하여 Darcy의 법칙과 연속방정식으로부터 구할 수 있다

$$q = \mathrm{const} = ky\frac{dy}{dx} = \frac{k}{2}\frac{d(y^2)}{dx} \tag{6.2}$$

수평배수관 내 수위는 $y(0) = h$ 이므로, 위 식을 적분하면 다음이 된다.

$$\frac{k}{2}(y^2 - h^2) = qx \quad (x \geq 0) \tag{6.3}$$

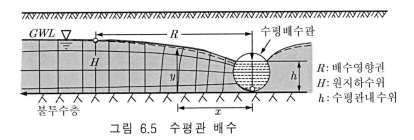

그림 6.5 수평관 배수

그런데 양수 영향권 $x = R$ 에서 지하수 수위가 H 이므로, 유량 q 는 다음이 된다.

$$q = \frac{k}{2}\frac{H^2 - h^2}{R} \tag{6.4}$$

위 식을 식 (6.3) 에 대입하면 다음이 되어, 수평배수관으로부터 거리 x 떨어진 지점의 수위 y 를 구할 수 있다.

$$\frac{y^2 - h^2}{H^2 - h^2} = \frac{x}{R} \tag{6.5}$$

지하수유량 q 를 계산할 때에 양수영향권 R (influence area) 의 영향은 미약하기 때문에 경험식에 의한 값을 사용해도 오차가 크지 않으며, 다음 경험식들이 자주 사용된다.

수평배수 조건 (US Corps of Engineers)

$$R = 1500(H - h)\sqrt{k} \tag{6.6}$$

축대칭우물 조건 (Sichardt, 1927)

$$R = 3000(H - h)\sqrt{k} \tag{6.7}$$

여기에서 양수영향권 R 의 단위는 [m] 이고 투수계수 k 는 [m/s] 이므로 차원이 일치하지 않음을 알 수 있다. Weber (1928) 는 비정상상태에서 간극률 n 인 지반에서 t [sec] 시간 후에 영향권을 계산할 수 있는 다음 식을 제시하였다 (Smoltczyk, 1988).

$$R(t) = 3\sqrt{\frac{kH}{n}t} \tag{6.8}$$

3) 연직 우물 배수

균질한 지층에 굴착한 연직 축대칭 원형우물 (vertical pumping well, 그림 6.6) 의 양수량 q 는 수평배수관에서와 같이 연속법칙과 Darcy 법칙을 적용하여 구할 수 있다.

$$q = 2\pi x y k \frac{dy}{dx} = k\pi x \frac{d(y^2)}{dx} \tag{6.9}$$

우물의 수위가 $y(r_0) = h$ 이므로 위 식을 적분하면 다음이 된다.

$$k\pi(y^2 - h^2) = q\ln\frac{x}{r_0} \tag{6.10}$$

위 식에서 양수영향권 $x = R$ 의 지하수위가 H 이므로, 축대칭 우물에 대한 Thiem (1870) 의 양수량 식은 다음이 된다 (r_0 은 필터층을 포함한 우물의 반경).

$$q = k\pi \frac{H^2 - h^2}{\ln(R/r_0)} \tag{6.11}$$

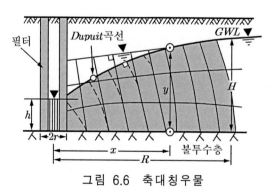

그림 6.6 축대칭우물

Dupuit 식은 $x > 1.5\,H$ 에서 실제와 부합하지만 (Boulton, 1951, Smoltczyk, 1993), 침윤선의 모양과 지하수위가 유량에 아무런 영향을 미치지 못하므로 Thiem 식을 $r_0 \leq x \leq R$ 에 대해서도 적용할 수 있다 (Heinrich, 1973, Smoltczyk, 1993). 그림 6.6 과 같이 우물 바닥이 불투수층이어서 지하수가 측벽에서만 유입되는 경우를 완전관입우물이라고 하고 그렇지 않은 경우를 불완전관입우물이라고 한다. 그러나 불완전관입우물에서도 지하수의 우물 내 유입이 주로 측면에서 일어나므로 위 식을 적용할 수 있으며, 다만 유량을 20 % 증가시켜야 한다 (Herth/Arndts, 1973). 양수량 q 는 유선의 영향을 받지 않는 값이며 이론의 정확성보다 투수계수 k 에 의해 큰 영향을 받는다.

투수계수 k (permeability coefficient) 는 실내투수시험 (laboratory permeability test) 이나 현장 펌프시험 (field pumping test) 으로부터 구한다. 펌프시험을 할 때에는 최소 2 개 관측정 (observation well) 을 굴착하고, 우물중심으로부터 거리가 x_1, x_2 인 곳의 지하수위 y_1, y_2 를 측정하여 다음 식으로 투수계수를 구한다.

$$k = \frac{q}{\pi}\frac{\ln(x_2/x_1)}{y_2^2 - y_1^2} \tag{6.12}$$

우물에서 펌프로 양수하면 정상상태 (steady state) 가 될 때까지 짧게는 몇 시간에서 길게는 몇 주일이 걸릴 수도 있다. 이때 충분한 시간적 여유가 없으면, 시간에 따른 수위 y 를 관측하여 유량을 구할 수 있다 (Herth/Arndts, 1973).

지하수 유출면적 즉, 수위부터 우물바닥까지 깊이 h 가 너무 작지 않은 우물에 대해서 Sichardt (1928) 는 최대 양수량을 구하는 경험식을 제시하였다.

$$q_{\max} = 2\pi\gamma_0\,h\,\frac{\sqrt{k}}{15}\,(\mathrm{m^3/s}) \tag{6.13}$$

여기에서 $\sqrt{k}/15$ 는 최대 유입속도이며, 필터의 한계동수경사 (critical hydraulic gradient) 는 다음과 같아야 한다 (Szechy, 1965).

$$i_{cr} = \frac{1}{15\sqrt{k}} \tag{6.14}$$

【예제】 다음은 조립지반의 배수에 관한 설명이다. 틀린 것이 있으면 정정하시오.

① 조립지반은 대체로 중력배수하며, 개수로, 수평배수관, 연직우물로 배수한다.

② 개수로 배수방법은 배수 시 지반의 안정이 문제가 되지 않을 경우에만 적용 가능하다.

③ 개수로 배수방법은 세립토를 포함하는 빙적토와 자갈 등의 큰 입자를 포함하는 지반에도 적용한다.

④ 수평배수관 배수 시 지하수의 흐름은 층류이고 표면장력과 모세관을 고려한다.

⑤ 수평배수관 배수 시 침윤선은 Darcy 법칙과 연속방정식으로부터 변한다.

⑥ 수평배수관 배수 시 유량은 양수 영향권 R 에 따라 민감하게 변한다.

⑦ 배수용 연직우물에는 필터를 설치한다.

⑧ 현장지반의 투수계수는 실내투수시험이나 현장 펌프시험으로부터 구한다.

【풀이】 ③ 세립 포함 빙적토와 조립 포함 지반에 적용할 수 없다.

⑤ 표면장력과 모관력은 무시한다.

⑥ 양수 영향권 R 에 의한 영향이 적다.

6.2.3 세립토의 배수

중력에 의한 배수는 투수계수 k 값이 $1 \sim 0.001 \, cm/s$ 로 비교적 큰 경우에 한정되며, 블록이나 쇄석에서는 아직 적당한 배수방법이 없다. 세립토에서는 모관력 때문에 중력에 의한 배수가 불가능하므로 부압이나 전기침투를 적용하여 배수를 가속시킨다.

1) 부압 배수

미세 모래나 실트는 과잉간극수압의 크기가 작더라도 유동상태가 되기 때문에 부압배수 (drainage by suction) 방법이 효과가 있다 (Steinfeld, 1951). 즉, 부압을 가하여 수두차를 발생시켜서 배수할 수 있으며 진공설비는 비교적 단기간에 설치할 수 있다.

그림 6.7a 는 사면에서 부압배수방법을 이용하여 배수하는 시스템을 나타내며, $1 \sim 2 \, m$ 간격으로 워터제트나 타입하여 굴착한 구멍에서 진공으로 지하수를 흡입한다. 실제로 부압배수법을 적용하여 지하수위를 약 $6 \, m$ 강하시킨 경우도 있다.

흡입구는 여러 개를 다발로 만들어서 집수관에 연결하고, $50 \, m$ 마다 진공펌프 (벨브레인펌프) 를 설치하여, $70 \, kN/m^2$ 의 부압을 가한다. 지하수위를 더 강하시키려면 더 많은 진공 흡입구를 설치한다. 부압배수방법은 양수유량이 적으므로 대개 사전유량계산이 필요치 않으나 Kovacs (Szechy, 1959) 가 제시하고 Herth/Arndts (1973) 가 입증한 바에 의하면 부압배수방법을 적용하여 부압 Δp 로 지하수위를 s 만큼 강하할 때에 유량 Q 는 다음과 같다.

$$Q = k\pi \left[1 + \frac{\Delta p}{s \, \gamma_w} \right] \frac{H^2 - h^2}{\ln R - \ln A} \tag{6.15}$$

개개의 우물은 그림 6.7b 와 같이 굴착하며, 그림 6.7c 와 같이 워터 제트식으로 굴착하면 효과적이다. 지표부분을 밀폐하기만 하면 그대로 우물에서도 부압으로 수두차를 만드는 방법의 장점을 살릴 수 있다. 물은 집수하여 수중펌프로 퍼낸다.

조립토에 적용하는 소위 웰포인트 공법(well point method)은 부압을 가하지 않는다는
점이 다르다.

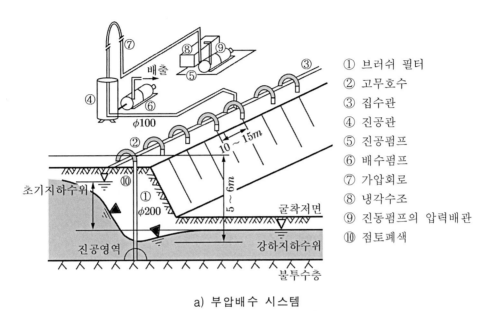

① 브러쉬 필터
② 고무호수
③ 집수관
④ 진공관
⑤ 진공펌프
⑥ 배수펌프
⑦ 가압회로
⑧ 냉각수조
⑨ 진동펌프의 압력배관
⑩ 점토폐색

a) 부압배수 시스템

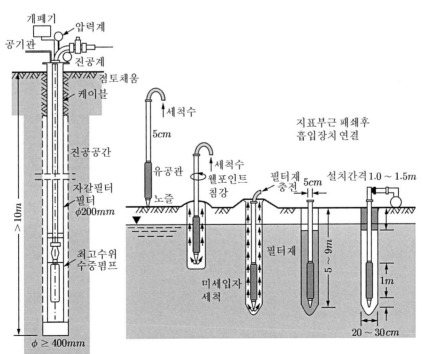

b) 부압우물   c) 워터제트 방법에 의한 부압우물 시공

그림 6.7 부압을 이용한 배수시스템

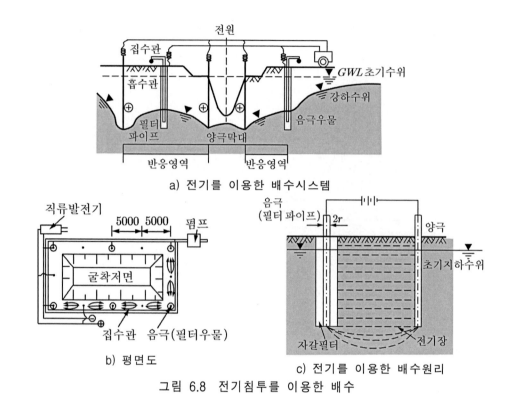

a) 전기를 이용한 배수시스템

b) 평면도

c) 전기를 이용한 배수원리

그림 6.8 전기침투를 이용한 배수

2) 전기침투 방법

지반에 직류전기를 부하하면, 양극과 음극 사이에 전위차가 생겨서 음극 주변에 전기장이 형성되어서 양극주위의 함수비가 작아지고 음극주변에서는 함수비가 증가한다. 이러한 원리로 지하수를 집·배수하는 공법을 전기침투 방법 (electroosmosis method) 이라고 한다 (그림 6.8). 그러나 지반의 전기저항치가 너무 작으면 전기에너지가 열로 소모된다.

이 방법은 에너지 비용문제로 잘 사용하지 않으며, 지반이 간극수를 많이 포함하여 함수비가 액성한계 정도가 될 때만 경제성이 있다 (Smoltczyk, 1962). 형태를 유지하지 못하는 자연사면 또는 파괴가 일어나서 활동 중인 무한사면의 안정화나, 투수계수가 $10^{-8} cm/s$ 보다 작은 지반에서 과잉간극수압을 낮추는데 이 방법을 적용한다 (Chappell/Burton, 1975, Gray, 1976, Smoltczyk, 1993). 함수비를 단 몇 % 만 낮추어도 충분한 효과를 얻을 수 있다.

【예제】 다음의 세립토지반의 배수에 관한 설명 중 틀린 것이 있으면 정정하시오.
① 세립토 지반에서는 부압을 가하여 수두차를 발생시켜서 배수할 수 있다.
② 세립토 지반의 부압배수법이 곧 웰포인트 공법이다.
③ 전기침투 방법은 함수비가 액성한계 정도일 때 경제성이 있다.

【풀이】 ② 웰포인트 방법은 부압을 가하지 않는다.

6.2.4 우물을 이용한 지하수 배수

우물을 굴착하고 양수하면 우물의 수위가 강하하여 주변지반과 수두차가 발생되므로 주변지반으로부터 우물로 지하수가 유입되며, 그때 유량은 지반 투수계수와 우물의 크기 및 수두 차에 의해 결정된다. 따라서 우물을 설치하여 양수량을 조절하면 주변지반의 지하수위를 원하는 깊이로 강하시킬 수 있다.

우물은 얕은 우물이나 깊은 우물로 구분하며, 하나의 대구경 우물을 설치하거나 대체우물의 역할을 하도록 여러 개의 소구경 우물을 설치한다.

1) 얕은 우물

하나의 펌프로 여러 개 우물을 양수할 목적으로 설치하는 우물을 얕은 우물(shallow well)이라 한다(그림 6.9a). 터빈펌프의 흡입고는 최대 8 m 정도이고 마찰손실을 고려하면 펌프의 수위강하능력은 4 m 내외가 된다. 지하수위 강하깊이가 큰 경우에는 여러 개 우물을 다단으로 설치하며(그림 6.9b), 이때에는 한 구간의 작동이 중지되어도 전체에 영향을 미칠 수 있으므로 주의해야 한다. 얕은 우물은 보통 직경 200~300 mm로 굴착하고 약 150 mm 정도 필터층을 설치한다.

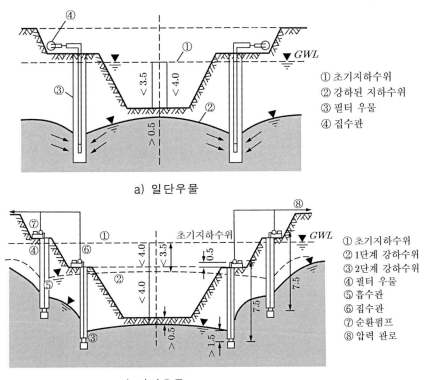

a) 일단우물

b) 다단우물

그림 6.9 얕은 우물에 의한 지하수 배수

2) 깊은 우물

지하수위를 크게 강하시킬 목적으로 설치하며, 모든 우물에 펌프를 설치하고 높은 압력으로 양수하는 우물을 깊은 우물(deep well)이라고 한다. 일반적으로 직경 400~1500 mm로 굴착하며 필터의 직경은 200~1250 mm로 한다(그림 6.10).

우물은 가능한 굴착공간 밖의 먼 곳에 설치하여 지반굴착작업과 구조물 설치작업에 지장이 없도록 한다. 미세입자 세굴을 방지하고 흙 입자가 흘러나와 필터파이프를 막지 않도록 하기 위하여 배수 필터층을 설치하며, 필터재료는 Terzaghi 필터법칙(Terzaghi's filter law)에 따르는 입도분포로 인공 조제하여 그림 6.11과 같이 시공한다.

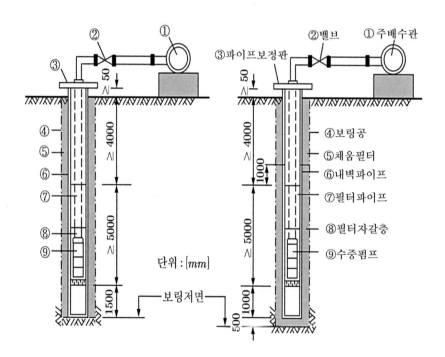

a) 단순형태 깊은 우물   b) 자가필터 형태 깊은 우물

그림 6.10 깊은 우물

【예제】 다음의 설명 중 틀린 것이 있으면 정정하시오.

① 우물에서 물을 양수하면 주변지반 내 지하수와 우물의 수두차가 발생된다.

② 얕은 우물은 하나의 펌프로 여러 개의 우물을 양수하기 위해 설치하는 우물이다.

③ 얕은 우물에서는 필터층을 설치할 필요가 없다.

④ 깊은 우물은 높은 압력으로 양수하기 위하여 우물마다 펌프를 설치하는 우물이다.

【풀이】 ③ 얕은 우물에도 약 150 mm 정도 두께의 필터를 설치한다.

3) 대구경 우물

지하수위의 조절을 위해 설치하는 우물은 대체로 직경 1.0~0.6 m 의 크기로 굴착하고 필터층을 설치한다. 일반적으로 작은 우물 여러 개를 설치하는 것보다 하나의 큰 우물을 설치하는 것이 훨씬 경제적이다.

우물의 깊이는 우물의 양수량에 따라서 유선망이 필터층에서 급격히 떨어지는 것을 고려하여 식 (6.9) 로부터 결정하며, 양수펌프를 설치하려면 목적심도 보다 약 1.5 m 정도 더 깊게 굴착한다. 양수펌프 아래부터 우물저면까지의 깊이는 2 m 이상이어야 하고 3 m 이상의 필터파이프를 설치하며 그 위는 일반 파이프로 연결하고 그 주변은 3~7 mm 크기의 필터용 자갈로 채운다.

주변지반이 세립모래인 경우에는 Terzaghi 필터법칙에 맞게 조제한 필터층을 파이프의 주변에 보통 두 가지 입도로 포설하며, 다만 외각에 있는 필터층의 입자 크기는 1~3 mm 로 한다.

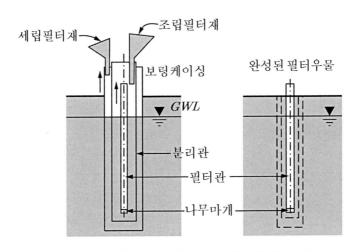

그림 6.11 우물배수 필터층의 조성

우물의 필터층은 지하수압을 확실히 감압하고, 지반의 침식을 막기 위해 설치하며, 시간이 지남에 따라 작은 입자로 메워지거나 석회분이 굳거나 흙 입자가 침전되어서 초기 기능을 부분 상실하게 되므로 필터층의 면적을 약 15 % 크게 설계한다.

우물의 양수량 Q 는 펌프의 용량에 따라 다르며, 펌프는 그 용량의 60 % 정도를 적정수준으로 정하고 (최적 rpm 의 70 %), 효율 η 를 고려한다.

우물의 양수용량은 필터파이프 내벽이 아니라 굴착벽에 대해서 결정하며 소요펌프용량 N(pump capacity)을 다음과 같이 결정한다.

$$N= \frac{Qh}{367\,\eta}\,[kW] \tag{6.16}$$

여기에서 h 는 높이 $[m]$ 이고, Q 는 유량 $[m^3/h]$ 이다.

양수량은 처음에 많다가 시간이 지남에 따라 감소하여 정상상태가 되고 그 이후에는 일정하다. 따라서 용량이 큰 1 대 펌프를 쓰는 것보다 용량이 작은 2 대 펌프를 쓰다가 후에 정상상태가 되면 1 대 펌프를 가동중지하는 편이 더 경제적이다.

양수량이 줄어든다고 해서 압력을 조절해서는 안 된다. 또한 부압 (suction) 이 작용하지 않아야 하며 부압이 걸리면 즉시 우물을 폐쇄하는 것이 좋다.

지하수 조절을 위해 우물을 설치하는 경우에는 장비 설치비용보다 설치 후 운영경비가 더 많이 들기 때문에, 초기 투자비가 다소 많이 들더라도 운영비가 적게 드는 장비를 설치하는 것이 좋다. 전기가 정전되는 경우에 대비하여 용량이 충분한 비상 발전기를 준비한다.

4) 다수의 소구경 우물

지반굴착공사에서는 굴착공간을 건조 상태로 유지하기 위해 굴착공간 밖에 양수우물을 다수 설치하며, 우물을 동심 원주상에 배치할 때는 하나의 대구경우물로 대체할 수 있다 (그림 6.12).

대체우물의 양수량은 n 개의 작은 우물의 양수량 합과 같으며, 대체우물의 반경은 작은 우물들이 이루는 원의 반경 A 에 해당한다. 굴착단면이 길이 L 인 긴 직사각형 모양일 때에는 반경을 굴착 길이의 1/3 즉, $A=L/3$ 로 생각한다.

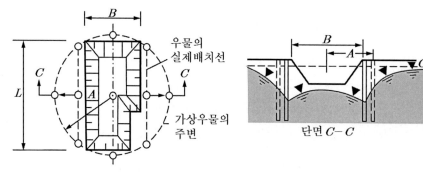

a) 가상 대체우물과 실제 우물   b) 지하수위 강하 단면

그림 6.12 대체우물

대체우물의 양수량 Q 즉, 작은 우물들의 총양수량은 식 (6.11) 로부터 계산한다.

$$Q = k\pi \frac{H^2 - h^2}{\ln R/A} \tag{6.17}$$

우물이 연속으로 배치되지 않을 경우에는, 우물과 우물사이로 흐르는 지하수는 그대로 대체우물의 중앙에 도달하므로 작은 우물의 주변보다 대체우물의 중앙에서 지하수위가 높게 된다. 지하수위가 필요한 양만큼 (보통 굴착저면 아래 $50\,cm$) 강하되었는지 모든 위치에서 확인한다.

Forchheimer (1898) 는 n 개의 작은 우물에 의한 지하수위 강하량 계산식을 제안하였다. 검토하고자 하는 지점의 지하수위를 y, 그 지점에서부터 각 작은 우물까지 거리를 $x_1, x_2 \dots x_n$ 이라 하고, 작은 우물들의 유량을 $q_1, q_2, q_3 \dots q_n$ 이라 하면 다음 식이 성립된다 (그림 6.13).

$$\begin{aligned} n k \pi (H^2 - y^2) = {}& q_1 (\ln R - \ln x_1) + q_2 (\ln R - \ln x_2) \\ & + \dots\dots + q_n (\ln R - \ln x_n) \end{aligned} \tag{6.18}$$

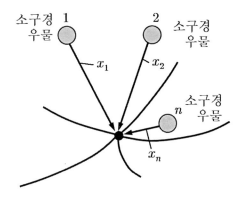

그림 6.13 작은 우물의 양수

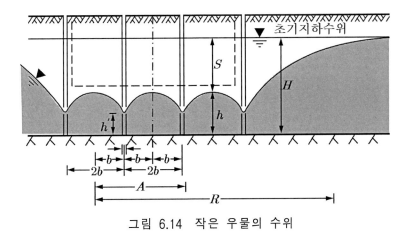

그림 6.14 작은 우물의 수위

이때 작은 우물들의 양수영향권은 다같이 R 이며, 모두 같은 반경 r_0를 갖는다고 가정하며, 여기에서 작은 우물들의 양수량이 모두 같으면 즉,

$$q_1 = q_2 = q_3 = \cdots\cdots = q_n = q \tag{6.19}$$

이면, 식 (6.18) 은 다음과 같이 된다.

$$n k \pi (H^2 - y^2) = q[n R - (\ln x_1 + \ln x_2 + \cdots + \ln x_n)] \tag{6.20}$$

위 Forchheimer 식을 이용하면 양수 중에 임의의 두 지점의 지하수위 차를 구할 수 있고 지하수위 강하를 계산할 수 있다. 그러나 작은 우물의 영향권이 폐쇄된 원형을 이루지 못하기 때문에, 실제보다 너무 큰 q 가 구해진다.

Herth/Arndts (1973) 는 큰 동심원상에서 간격 $2b$ 이고 반경 r_0 인 작은 우물의 수위 h'를 다음과 같이 계산하였다(그림 6.14).

$$h' = \sqrt{h^2 - 1.5q \dfrac{\ln b - \ln r_0}{k \pi}} \tag{6.21}$$

여기에서 계수 1.5 는 간격이 보통인 때 우물계수이며, 우물간격이 근접한 경우에는 큰 값, 즉 2.0 으로 높인다.

【예제】 다음의 설명 중에서 틀린 것이 있으면 정정하시오.
① 작은 우물을 여러 개 설치하는 것보다 큰 우물을 소수 설치하는 것이 경제적이다.
② 우물의 필터층은 측벽에만 설치한다.
③ 양수우물에는 부압이 걸리지 않아야 하며, 부압이 걸리면 즉시 우물을 폐쇄한다.
④ 지하수위 조절을 위한 양수우물은 상비설치 비용보다 설치후의 운영경비가 더 많이 든다.
⑤ 구조물을 설치하기 위해 지반을 굴착할 때에는 지하수위가 굴착저면보다 $50\,cm$ 이상 아래에 있어야 한다.

【풀이】 ② 우물의 필터층은 측벽과 바닥에 모두 필요하다.

6.3 지하수 차수

지중 차수벽 (cut off wall) 은 지하수의 흐름이나 침투를 차단하기 위해 지중에 설치하는 벽을 말하며, 측면뿐만 아니라 굴착면 바닥까지 완전히 둘러싸거나, 지중 불투수층까지 불투수성 벽을 연장하여 설치한다. 차수벽은 대개 암반층까지 설치하나 암반과 지반의 경계면에서 차수가 쉽지 않다. 차수벽으로 지중 연속벽, 차수격벽, 현장타설 주열식벽공법, 복합식벽 등이 자주 시공된다.

압축공기 케이슨이나 쉴드 터널 등을 건설할 때에 굴착부 폐쇄공간은 수압크기로 압축공기를 가하여 물을 차수한다. 지중차수벽은 측면차수벽 (6.3.1 절) 과 바닥차수벽 (6.3.2 절) 이 있다.

6.3.1 측면차수

측면차수벽은 지하수의 수평방향 흐름을 차단하여 굴착공간을 건조한 상태로 유지하거나, 오염물질의 확산을 방지하기 위해 설치한다. 측면차수벽은 지반을 굴착한 후에 강성이 큰 구조부재로 지중연속벽을 설치하거나 지반을 굴착하지 않고 지표에서 차수그라우팅하거나 동결벽체를 설치하여 만든다.

1) 지반을 굴착하고 설치

지반을 굴착하고 구조부재를 설치하여 만드는 차수벽은 다음 방법이 대표적이며, 각각에 대한 상세한 내용은 지반굴착 (제 5 장) 에서 언급하였다.

① 지중연속 차수벽

지중연속 차수벽은 굴착공간을 벤토나이트 슬러리로 지지하면서 지반을 굴착하고, 불투수 물질인 점토 - 시멘트 혼합물로 굴착공간을 채워서 차수벽으로 만드는 방법이다.

② 차수격벽

차수격벽은 지반에 5~8 cm 의 두께로 연속적인 틈을 만든 후에 차수물질로 채워서 만들며, 시공이 신속하고 비용이 적게 들고, 25 m 깊이까지 시공이 가능하지만 두께가 5~8 cm 밖에 안되어 수압이 높을 때에는 불안할 수 있다. 지중에 장애물이 있으면 시공이나 세그먼트간 연결이 어려울 수 있다. 따라서 굴착이 쉬운 사질토 또는 연약점토에 적합하다.

③ 현장타설 주열식 차수벽

현장타설 주열식 차수벽은 작은 직경의 말뚝을 연속적으로 현장타설하여 만든다.

④ 복합식 차수벽

①~③을 조합하여 복합식으로 설치하는 차수벽이다.

2) 지반을 굴착하지 않고 설치

지반을 굴착하지 않고 지상에서 그라우팅하거나 동결시켜서 지중에 연속차수벽을 설치할 수 있다.

(1) 그라우팅 차수벽 (grouted cut off wall)

주입재를 주입하여 지반의 공극을 채우거나, 지반에 강성층을 만들어 투수성을 작게 하여 연속차수벽을 만들 수 있다. 암반에서는 먼저 보링하고 주입 봉을 삽입하며, 연약지반에서는 주입봉을 직접 압입 또는 타입하여 지반에 삽입한 후 주입봉을 통해 주입한다.

차수그라우팅의 적용성과 주입재는 다음 내용을 참조하여 판정하며 여러 가지 주입재가 개발되어 있지만 경제성과 내구성 및 환경 오염등을 생각하면 적합한 주입재는 많지 않다.
- 지반주상도 및 굴착공간 모델
- 지반의 입도분포, 상대밀도, 함수비, 투수성
- 지하수위 및 그 변화
- 지하수의 화학성분(주입재의 적합성 판정)과 흐름방향 및 유속

주입재는 주로 시멘트 현탁액, 점토시멘트 현탁액, 실리카겔 등을 사용하며 지반의 종류와 투수계수에 따라 알맞은 것을 선택한다 (표 6.1).

파쇄성 지반에 시멘트 현탁액을 주입하면 투수계수가 낮아지고 지반이 시멘트에 의해 고결된다. 절리간격이 큰 경우에는 모래나 플라이 애쉬 (fly ash) 등을 첨가할 수 있으며, 물유리를 첨가하거나 2~8% 벤토나이트를 첨가하면 점성이 증가하여 안정된 주입재가 된다.

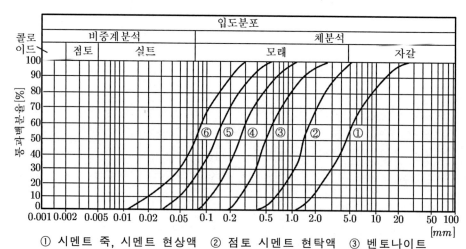

① 시멘트 죽, 시멘트 현상액   ② 점토 시멘트 현탁액   ③ 벤토나이트
④ 액체유리 용액   ⑤ 액체유리 용액   ⑥ 합성수지 용액

그림 6.15 주입재 적용지반

표 6.1 지반의 투수계수에 따른 주입재

지반종류	투수계수 k [m/s]	주 입 재	사용목적	
			차수	강도증가
자갈 거친모래 사질자갈	$k > 5 \times 10^{-3}$	시멘트 현탁액		○
		점토시멘트 현탁액	○	○
		점토현탁액	○	
		점토시멘트 현탁액 및 실라카겔	○	○
모래 실트질모래	$5 \times 10^{-3} > k > 5 \times 10^{-6}$	점토현탁액	○	
		실리카겔	○	○
		고결제	○	○
가는 모래 사질실트	$5 \times 10^{-4} > k > 5 \times 10^{-7}$	실리카겔	○	○
		고결제	○	○

주입재는 시간이 지남에 따라 겔상태가 되어 불투수 필터케익을 형성한다. 점토 - 시멘트 입자는 시멘트 입자보다 크기 때문에 미세한 절리로는 침입되지 않으나 순수 시멘트 현탁액은 0.2 mm 간격의 절리로도 스며든다. 원칙적으로 가장 쉽게 사용할 수 있는 주입재가 가장 경제적인 주입재이다. 시멘트 현탁액을 주입할 수 없으면 화학물질을 써야 하는데, 물유리가 비교적 가격이 저렴하여 자주 이용되는 편이다.

주입재는 일정한 압력으로 주입하며, 주입 중에 주입시스템의 마찰저항으로 주입압의 손실이 발생되고 주입압력이 너무 크면 지반이 전단파괴 된다. 따라서 그라우팅 압력은 주입시스템의 마찰저항에 의한 손실값 보다 크고 지반의 연직토압보다는 작아야 한다. 주입압을 높이면 주입성질이 개선되기보다는 균열발생의 원인이 될 수 있다. 주입압 만큼 간극수압이 증가하므로 Mohr 응력원에서 최고 주입압을 결정할 수 있다.

(2) 동결차수벽 (frost cut off wall)

지반동결공법은 지반을 보링하여 냉각파이프를 삽입설치한 후에 냉매를 순환시켜서 주변의 지반에 있는 지하수를 동결시키는 방법이다. 지반동결공법은 터널이나 수직갱에서 자주 사용하며 깊은 지반굴착에도 적용된다. 전제조건으로 지반의 함수비가 커야 한다.

지반이 동결되면 압축강도가 무근콘크리트와 거의 같은 얼음벽이 형성되고 이로 인해 지하수가 차단되어 연직 또는 연직에 가까운 경사로 지반굴착이 가능하다. 굴착깊이가 깊을수록 경제성이 있으며, 널말뚝을 타입할 수 없는 경우에 적합하다. 그라우팅 효과가 의문시되는 미세한 실트에 적용가능하며, 단지 큰 동력이 필요하고 비용이 많이 드는 단점이 있다. 동결벽체는 굴착지반의 차수와 지지에 적합하며, 유입 지하수량이 많을 때는 벽과 바닥을 모두 동결시킬 수 있다 (그림 6.16d).

굴착저면을 그라우팅하거나 수중콘크리트를 타설하여 차수하고 벽체만을 동결시킬 수도 있다 (그림 6.16a).

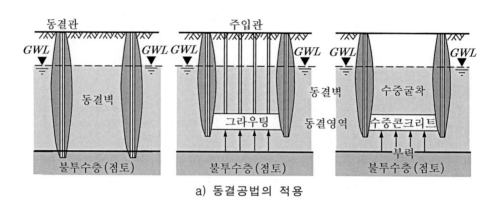

a) 동결공법의 적용

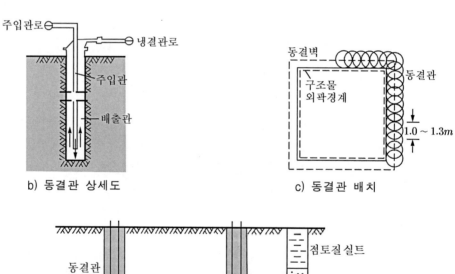

b) 동결관 상세도

c) 동결관 배치

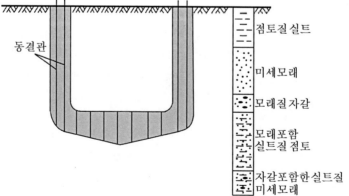

d) 동결 후 굴착

그림 6.16 지반 동결에 의한 차수

지하수가 흐르는 경우에는 지하수와 함께 에너지가 유실되어서 동결에 많은 에너지가 소모되므로 지하수 유속이 $2 \sim 3\,\mathrm{m/day}$ 이하이어야 동결방법을 적용할 수 있다. 동결공법은 공사가 끝난 후에 철거비용이 들지 않으며, 동결부분이 해빙되어도 지하수와 지반의 특성은 거의 변하지 않는다. 굴착벽의 $0.5 \sim 1.0\,\mathrm{m}$ 거리에 $1.0 \sim 1.3\,\mathrm{m}$ 간격으로 케이싱 없이 대개 슬러리를 채워서 안정을 유지하면서 직경 $150 \sim 250\,\mathrm{mm}$ 로 굴착하여 설치한다. 냉매는 암모니아나 탄산가스 또는 액체질소를 이용한다.

【예제】 다음의 설명 중 틀린 것이 있으면 정정하시오.

① 지중차수벽에는 지중연속벽, 차수격벽, 현장타설 주열식 벽, 복합식 벽등이 있다.
② 지하수의 수평방향흐름을 차단하기 위해 설치하는 벽을 측면차수벽이라고 한다.
③ 차수격벽은 시공이 신속하고 비용이 적게 들며 수압에 잘 견딘다.
④ 그라우팅 차수벽은 투수성을 작게 하기 위해 주입재를 그라우팅하여 만드는 벽이다.
⑤ 주입재는 시멘트 현탁액, 점토-시멘트 현탁액, 실리카겔 등이 자주 사용된다.
⑥ 주입재는 지반의 종류와 투수계수에 따라 알맞은 것을 선택한다.
⑦ 시멘트 현탁액이 주입될 수 있는 절리간격은 $0.2\,\mathrm{mm}$ 이상이다.
⑧ 주입압력은 주입시스템의 마찰저항에 의한 손실압력보다 크고 지반의 연직토압보다 작아야 한다.
⑨ 주입 중 지반 내 간극수압은 주입압만큼 증가한다.
⑩ 지반이 동결되면 큰 압축강도를 갖는 얼음벽이 형성되고 이로 인해 지하수가 차수된다.
⑪ 주입에는 큰 동력이 필요하고 비용이 많이 든다.
⑫ 지반을 동결시키는 데에는 암모니아나 탄산가스 또는 액체질소를 이용한다.

【풀이】 ③ 차수격벽은 얇아서 수압 등에 잘 견디지 못한다.

6.3.2 굴착 바닥면 차수

하부구조물을 건설하기 위하여 지하수위 이하로 지반을 굴착할 때에 측면 차수벽을 충분히 깊게 설치하더라도 굴착바닥에서 유입되는 지하수량이 과다할 수가 있다.

특히 지하수위 강하를 엄격히 규제하는 도심지공사에서는 지반을 굴착할 때에 지하수를 양수하기가 어렵다. 이때는 수중콘크리트를 타설하거나 지반동결 또는 그라우팅하여 차수성이 우수하고 부력에 대해 안정한 바닥 슬래브를 설치한다.

1) 수중콘크리트에 의한 바닥면 차수

지반굴착 중에 지하수를 배출하지 않고 수중에서 굴착하고 수중콘크리트를 타설하여 바닥면을 설치한 후에 양수하여 굴착공간을 확보하는 방법이다. 이 경우에는 부력을 고려하여 콘크리트바닥 슬래브의 소요두께를 결정한다.

그림 6.17 과 같이 투수성이 좋은 지반에 단위중량 γ_c 인 수밀 콘크리트를 두께 d 로 타설하면 단위면적당 콘크리트 자중은 $p_s = \gamma_c d$ 가 되고 바닥면의 단위면적당 수압은 $p_w = \gamma_w h$ 가 되어서 결국 소요콘크리트두께는 $p_s = \eta p_w$ 관계로부터 다음과 같다.

$$d = \frac{\gamma_w}{\gamma_c} h \eta \tag{6.22}$$

여기에서 η 는 안전율이고 대개 $\eta = 1.3$ 으로 한다. 바닥 슬래브에는 지하수의 양압에 의한 인장응력이 발생되므로 강섬유 보강콘크리트 등을 사용하여 대응할 수 있다.

2) 그라우팅에 의한 바닥면 차수

차수그라우팅방법은 굴착저면을 차수 그라우팅하여 바닥슬래브를 설치한 후에 굴착을 진행하므로 수중콘크리트와는 달리 건조상태에서 굴착할 수 있는 장점이 있다.

먼저 타입이나 보링 및 워터 제트로 지반에 분사봉을 관입시킨 후에 주입재를 분사하며 주입간격을 조절하여 서로 충분한 길이로 겹치도록 한다 (그림 6.18). 주입간격은 지반의 투수성과 주입재에 따라 결정하며, 시공하기 전에 시험주입을 실시하여 주입 간격을 확인하고 최적화한다.

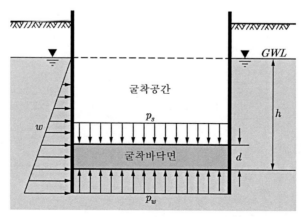

그림 6.17 수중콘크리트 바닥설치

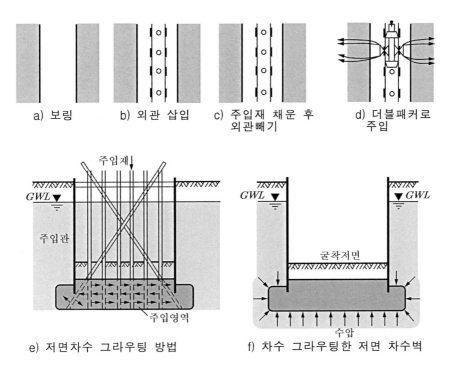

a) 보 링   b) 외관 삽입   c) 주입재 채운 후   d) 더블패커로
                              외관빼기   주입

e) 저면차수 그라우팅 방법   f) 차수 그라우팅한 저면 차수벽

그림 6.18 주입에 의한 저면차수

3) 지반동결에 의한 바닥면 차수

굴착바닥에서 유입지하수량이 많을 때에는 측벽 뿐만 아니라 바닥까지 동결시킬 수 있다 (그림 6.16d). 이때에 바닥면 동결관은 차후에 굴착공정을 고려하여 배치시킨다.

【예제】 다음의 설명 중 틀린 것이 있으면 정정하시오.

① 굴착바닥면 차수를 위하여 설치하는 수중콘크리트 두께는 부력을 고려하여 결정한다.

② 굴착바닥면에 설치하는 슬래브에는 지하수의 양압에 의한 인장응력이 발생될 수 있다.

③ 바닥면 차수 그라우팅 방법은 건조상태에서 굴착하기 위해 적용한다.

④ 그라우팅 간격은 지반의 투수성과 주입재의 종류에 따라 결정된다.

【풀이】 해당 없음.

6.4 지하수 관련 특수문제

지하수위 조절공법은 불완전한 상태에 적용하면 오히려 더 큰 문제를 야기 시킬 수 있다. 따라서 철저한 조사를 통해 지반과 지하수 상태 및 주변여건을 숙지하고, 피압지하수 (6.4.1 절), 지하수위 강하 (6.4.2 절), 지하수의 이용 (6.4.3 절), 지하수의 오염 (6.4.4 절) 등 특수한 문제들의 발생 가능성을 확인한 후에 적용한다.

6.4.1 피압지하수

거친 모래층 상부에 가는 모래층이 있을 경우 등 투수계수가 큰 지층 위에 투수계수가 작은 지층이 있으면 투수계수가 작은 상부층은 대개 불투수층으로 작용하여 지반을 굴착하면 하부층의 지하수는 피압수 (confined ground water) 가 된다 (그림 6.19). 이때에는 지하수에 의한 지반파괴에 대한 안정을 검토해야 하며 불안정하면 지하수의 압력을 낮추어서 (지하수압의 감압) 지반파괴를 방지한다. 이러한 목적으로 굴착하는 우물을 지하수 감압우물이라고 하며 (그림 6.20), 유량은 지하수 대수층의 두께를 h_u 로 하여 다음 두 식으로 계산한다.

$$q = 2\pi k h_u \frac{H-h}{\ln R - \ln t_0} \tag{6.23}$$

$$q = 2\pi k h_u \frac{y-y'}{\ln x - \ln x'} \tag{6.24}$$

여기에서 유량 q 는 대체로 지하수위 강하 크기에만 선형비례하므로 적은 수량을 배수하여도 지하수압을 상당히 감압시킬 수 있다.

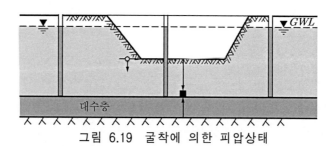

그림 6.19 굴착에 의한 피압상태

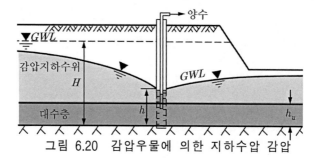

그림 6.20 감압우물에 의한 지하수압 감압

6.4.2 지하수위 강하

일반적으로 지하수위 강하는 광범위하게 일어나며, 지하수위가 강하하면 부력이 감소하여 유효연직응력이 증가하고 이로 인해 광범위한 지반침하(ground settlement)가 일어난다. 또한 지하수위가 강하되면 지표 오염물질이 지반 깊숙이 확산되며, 공기가 소통되어 나무말뚝이 부패되거나 강말뚝이 부식되고, 인근의 넓은 지역에서 수목이 고사하는 문제가 발생하기도 한다. 따라서 지하수위의 강하를 방지하기 위하여 양수한 물을 인위적으로 유입지를 통해 지반으로 다시 유입시키는 경우도 있다.

지하수위 강하에 의한 지반침하는 지하수위의 강하고와 강하곡선에 따라 다르며 대개 우물의 경계에서 지반침하가 크고 거리가 멀어짐에 따라 지반침하가 줄어든다. 압축성이 큰 점성토에서는 압력의 증가로 압밀이 촉진되므로 말뚝에 부마찰력이 작용할 가능성이 있으며, 압밀의 진행에 따라 전단응력은 서서히 증가하는 반면에 압력은 갑작스럽게 증가되어 지반의 전단저항이 충분하지 못해서 지반이 불안정해질 수 있다.

6.4.3 지하수의 이용

지하수위의 강하가 넓은 지역에서 장기간에 걸쳐서 크게 일어나는 경우에는 지하수의 사용량과 공급량이 평형을 이루지 못하여 지하수 사용에 의한 문제가 발생될 수 있다. 또한 구조물이 지하수 흐름을 차단하거나 방해할 때에도 이러한 일이 발생할 수 있으므로 이때에는 지하수의 흐름이 구조물에 의해서 방해받지 않도록 구조물 하부나 주변에 자갈층을 설치해서 지하수의 통로를 만들어 주어야 한다.

6.4.4 지하수의 오염

지하수는 한번 평형이 깨어지면 회복하는데 장기간이 필요하고, 한번 오염되면 회생이 거의 불가능하므로 모든 지하수 취급업무가 엄격하게 관리되어야 한다. 최근에는 배출된 깨끗한 지하수를 다시 지반 내에 유입시켜 초기의 지하수위를 유지하는 공법들이 적용되고 있다.

【예제】 다음의 설명 중 틀린 것이 있으면 정정하시오.

① 지하수가 피압상태이면 지하수로 인한 지반파괴 가능성을 검토한다.
② 지하수위가 강하되면 부력이 감소하고 유효연직응력이 증가되어 지반이 침하된다.
③ 지하수의 흐름은 하부구조물에 의하여 방해 되어서는 안 된다.
④ 한번 오염된 지하수는 회생이 거의 불가능하다.

【풀이】 해당 없음.

【연습문제】

【문 6.1】 다음의 용어를 설명하시오.

(1) 지하수	(2) 지하수위	(3) 침투수
(4) 절리수	(5) 개수로 배수	(6) 양수정
(7) 투수계수	(8) 지하수 중력배수법	(9) 집수정
(10) 층류	(11) Darcy 법칙	(12) 침윤선
(13) 연속방정식	(14) 배수영향권	(15) 현장펌프시험
(16) 관측정	(17) 부압배수법	(18) 웰포인트법
(19) 얕은 우물	(20) 깊은 우물	(21) Terzaghi 필터법칙
(22) 완전우물	(23) 불완전우물	(24) 지중차수벽
(25) 주입	(26) 피압수	(27) 대수층
(28) 지반침하	(29) 대체우물	

【문 6.2】 지반 내에 있는 물중에서 흐름을 예측하고 관리할 수 있는 물의 특성을 설명하시오.

【문 6.3】 지하수 배수방법을 결정하기 위해 고려해야 할 내용들을 설명하시오.

【문 6.4】 조립토에서 배수방법을 설명하시오.

【문 6.5】 세립토에서 배수방법을 설명하고 선택기준을 제시하시오.

【문 6.6】 실제의 불완전우물을 완전우물로 대체하는 방법을 설명하시오.

【문 6.7】 얕은 우물과 깊은 우물로 구분하여 양수하는 이유를 밝히시오.

제 7 장   **지반개량**

7.1 개 요

최근 인간의 활동영역이 확대되고 산업화가 가속되면서 다양한 구조물이 많이 건설됨에 따라 각종 용지가 부족하여 공유수면매립지 등의 연약지반에 구조물을 건설하는 경우가 많아졌다. 그러나 이러한 연약지반은 압축성이 크고 지지력이 작아 직접 구조물을 건설할 수 없는 경우가 많으므로 적합한 지반으로 개량해야 한다.

이와 같이 불량한 지반을 목적에 맞도록 양호한 지반으로 개량하는 작업을 지반개량 (ground improvement) 이라고 하며 최근에 여러 가지 우수한 공법들이 개발되어 실무에 적용되고 있다. 그러나 아직 충분한 검증을 거치지 않은 공법들이 많으므로 신중하게 적용해야 한다.

불량한 지반을 지반상태와 개량상태 지속시간을 고려하여 양호한 상태로 개량 (7.2 절) 하기 위해서는 불량한 지반의 전체 또는 일부를 양호한 지반으로 치환 (7.3 절) 하거나, 표면 (7.4 절) 이나 심층 (7.5 절) 지반을 다지거나 주입 (7.6 절) 하거나 배수 (7.7 절) 하여 지반의 밀도를 크게 하거나, 주입하거나 전기화학적 (7.8 절) 인 방법이나 열을 이용 (7.9 절) 하여 지반을 고결해야 한다.

7.2 지반개량

지반개량은 개량목적에 맞는 적절한 방법 (7.2.1 절) 으로 수행하며 지반의 종류 즉, 점성토 (7.2.2 절), 사질토 (7.2.3 절) 와 지반개량효과의 지속시간 (일시적 또는 영구적) 을 고려하여 (7.2.4 절) 시행한다.

7.2.1 지반개량 목적과 방법

지반개량은 주로 전단강도(지지력) 증대, 압축성(침하) 감소, 투수성과 동적특성을 개선하기 위하여 시행한다.

불량한 지반을 양호하게 개량하기 위해서는 불량한 지반의 전체 또는 일부를 강제로 (7.3.2 절) 또는 굴착·제거하여 양호한 지반으로 치환 (7.3.3 절) 하거나 표면다짐 (7.4 절) 하거나, 심층다짐 (7.5 절) 하거나, 주입 (7.6 절) 하거나 압밀 또는 배수 (7.7 절) 하여 밀도를 증대시키고, 전기화학적 (7.8 절) 방법 또는 열을 이용 (7.9 절) 하여 고결한다.

7.2.2 점성토 개량

점성토의 역학적 거동은 주로 함수비에 따라 달라지므로 보통 연약한 점성토 지반은 지반 내에 있는 물을 배수시켜서 개량하며, 점성토 지반이 너무 연약하거나 개량범위가 넓지 않으면 기계적으로 치환 (7.3 절) 한다. 점성토는 대체로 샌드 드레인 (sand drain) 과 페이퍼 드레인 (paper drain) 을 적용하거나 프리로딩 (preloading) 하여 압밀 (7.7 절) 을 촉진시키거나, 삼투압공법 (MAIS 공법) 이나 생석회 말뚝공법 (quick lime pile method) 으로 지반 내 물을 흡수 (7.8 절) 하거나 지반에 열을 가하여 물을 건조 (7.9 절) 시켜서 함수량을 감소시키는 방법들이 적용되고 있다.

7.2.3 사질토 개량

느슨한 사질토는 상대밀도가 커지도록 개량하며, 이를 위하여 낙하판 (dropping weight) 이나 폭파 (explosive) 나 전기충격 (electrical shock) 등 물리적인 힘 또는 진동을 가하여 표면다짐 (7.4 절) 하거나, 다짐말뚝이나 다짐모래말뚝 (sand compaction pile) 이나 바이브로 플로테이션 (vibrofloatation) 으로 심층다짐 (7.5 절) 하여 간극을 줄이거나, 약액이나 시멘트 등 주입재를 주입 (7.6 절) 하여 간극을 다른 물질로 채워서 개량한다.

7.2.4 일시적 지반개량

지반을 일시적으로 개량할 필요가 있는 경우에는 적용 당시에만 지반의 개량효과를 기대할 수 있는 다음과 같은 방법들이 적용된다.

1) 배수에 의한 수위저하

- 웰 포인트 (well point) 공법 (7.7.3 절)
- 대기압 (atomospheric pressure loading) 공법 (7.7.4 절)

2) 전기적 배수

- 전기침투 (electro-osmsis) 공법 (7.8.1 절)

3) 지반동결

- 동결 (soil freezing) 공법 (7.9.1 절)

【예제】 지반개량의 목적을 설명하시오.

【풀이】 ① 전단강도 증대
② 압축성 감소
③ 투수성 개선
④ 동적특성 개선

【예제】 다음 설명 중에서 틀린 것이 있으면 정정하시오.
① 지반개량은 치환하거나 밀도증대 및 지반고결방법을 적용한다.
② 점성토의 역학적 거동은 주로 함수비에 따라 달라지므로 함수비를 낮추어 개량한다.
③ 점성토의 함수비는 압밀, 흡수, 가열·건조하는 방법으로 감소시킨다.
④ 사질토는 상대밀도를 증가시키는 방법으로 지반을 개량한다.
⑤ 사질토의 상대밀도를 크게 하기 위해서는 간극을 감소시키거나 다른 물질로 채운다.

【풀이】 해당 없음.

【예제】 다음에서 일시적인 지반개량공법이 아닌 것을 고르시오.
① 웰 포인트 공법 ② 대기압 공법 ③ 전기침투 공법 ④ 지반동결 공법 ⑤ 샌드 드레인공법

【풀이】 ⑤

7.3 지반치환

치환공법은 지지력이 작고 압축성이 큰 연약점토의 일부 또는 전체를 양호한 사질토 지반으로 치환 (7.3.1 절) 하는 방법이며, 이를 위하여 연약지반을 전단파괴 시켜서 양질의 지반으로 대체 (강제치환, 7.3.2 절) 하거나 연약지반을 굴착제거하고 양질지반으로 채우는 (굴착치환, 7.3.3 절) 방법들이 적용되고 있다 (표 7.1).

7.3.1 지반치환

연약한 점성토를 양호한 사질토로 치환하는 방법은 공사비가 저렴하고 공기단축이 가능하며, 치환만으로 지지력이 부족하면 치환한 모래를 더 다져서 지반을 확실하게 개량할 수 있다.

치환공법을 적용할 때에는 배출토를 처리할 적당한 사토장이 필요하다. 일반적으로 얇은 연약지반 층은 전부치환하고 두꺼운 연약지반 층은 부분치환 한다.

연약지반을 부분치환 할 때에는 상재하중이 약 30° 의 각도로 분산되며, 같은 깊이에서 등분포한다고 가정하고 분포하중의 크기가 연약점성토의 지지력보다 작아지는 깊이까지 치환한다.

치환 토체에서는 활동파괴에 대한 안정성 등을 검토하며, 치환심도 이하 점성토층에 의한 잔류침하가 상부구조물 허용 침하보다 크면 더 깊은 치환이 필요하다. 실제 치환 폭은 상재하중의 분산 폭을 30° 로 가정해서 정한 하중 폭 이상으로 하며, 시공기술이나 장비 등 현재의 기술로 치환이 가능한 최대 깊이는 대체로 다음과 같다.

- 해상 : 지표면에서 - 30 m 정도
- 육상 : 지표면에서 - 10 m 정도

지반치환방식으로는 굴착기계 (또는 준설선) 로 연약지층을 굴착하고 굴착공간에 양질의 모래를 살포하여 메우는 방식이 가장 일반적이다.

표 7.1 치환공법

공 법		개량방법	적용지반	개량의 적합성			
				전단특성	압축특성	투수특성	동적특성
굴착치환공법			점성토	상	상		
강제치환 공법	재하압출공법	물리에너지	점성토	중	상		
	다짐모래말뚝 공법		점성토	상	상		중
	폭파공법	폭발에너지	점성토	상	상		

7.3.2 강제치환

강제치환공법은 연약지반에 폭파에너지를 가하거나 (폭파치환법) 성토하여 지반의 자중으로 (압축치환공법) 지반파괴를 유도하여 양질의 지반으로 대체하는 치환방법이다.

1) 폭파치환

폭파치환공법은 폭약을 연약지층 내에서 일거에 폭파시켜서 지반파괴를 유도하여 모래로 치환하는 공법으로서 폭파에 수반되는 진동의 영향에 주의를 요한다. 치환단면의 정확도가 떨어지므로 사운딩 조사를 수시로 시행하여 치환상태를 확인할 필요가 있다 (그림 7.1).

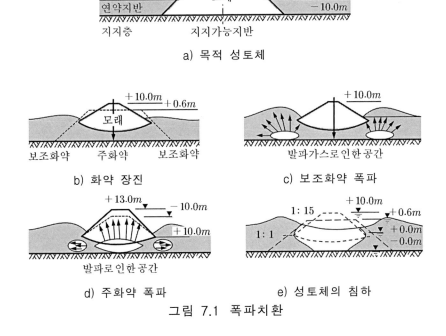

a) 목적 성토체

b) 화약 장진

c) 보조화약 폭파

d) 주화약 폭파

e) 성토체의 침하

그림 7.1 폭파치환

2) 압출치환

압출치환공법은 연약지반의 한쪽에 양질의 지반을 과다하게 성토해서 지반파괴를 유도하여 연약점성토지반을 양질의 지반으로 치환하는 공법이다. 점성토의 강도가 클수록 시공이 곤란하고, 확실성도 적어지며, 파괴면이 예상과 달라지고 연약지반이 부분적으로 남아있을 수가 있다. 그러나 이것을 확인하기가 힘들기 때문에 부등침하 등의 위험성도 충분히 고려하여 시공한다. 치환단면의 정확도가 떨어지므로 사운딩 시험을 수행하여 확인할 필요가 있다 (그림 7.2).

7.3.3 굴착치환

굴착치환공법은 연약지반을 굴착제거하고 그 자리를 양질토로 메워서 지반을 개량하는 방법이며, 필요하면 치환한 지반을 다시 다질 수 있기 때문에 연약지반을 확실하게 개량할 수 있어서 가장 많이 적용되는 공법이다. 시공능률이 떨어지는 단점이 있으나 굴착기계의 대형화 등으로 개선되고 있다 (그림 7.3).

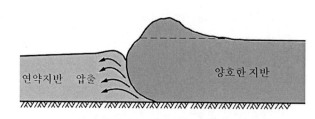

그림 7.2 압출치환공법

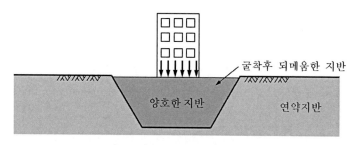

그림 7.3 굴착치환공법

【예제】 다음의 설명 중에서 틀린 것이 있으면 정정하시오.

① 치환공법에는 굴착치환과 강제치환 공법이 있다.

② 얇은 연약지층은 전부 치환하고 두꺼운 연약지층은 부분 치환한다.

③ 치환 깊이는 분포하중의 크기가 연약지층의 지지력보다 작아지는 깊이로 한다.

④ 치환 폭은 하중의 분산 폭을 30°로 가정하여 결정한다.

⑤ 폭파치환공법은 진동에 유의해야하고 치환단면의 정확도가 떨어진다.

⑥ 압출치환은 지반의 강도가 클수록 시공이 어렵고 확실성이 떨어지고 불균질하다.

⑦ 굴착치환이 가장 확실한 치환방법이고 시공능률이 좋다.

【풀이】 ⑦ 굴착치환은 시공능률이 다소 떨어진다.

7.4 표면다짐

다짐은 지반에 외부 에너지를 가하여 입자간의 간격을 좁히고 접촉을 좋게 하여 지반을 개량하는 방법이다. 소성지수가 큰 지반에서는 다짐효과가 떨어지므로 소성지수 I_p 가 동적방법으로 다질 수 있을 만큼 작은지 조사해서 지반의 다짐가능성을 판단한다. 실트 함유량이 20% 이하이고, 점토 함유량이 5% 이하이면 대개 소성지수 I_p 는 10 이하가 되어 다짐효과가 있다. 다짐 가능한 최대 흙입자 크기는 다짐장비 (7.4.1 절) 에 따라 차이가 있다. 세립자의 함유율이 높은 혼합토는 동적하중을 가하지 않고 정적인 방법으로 다진다.

표면다짐 (surface compaction) 에서는 롤러를 이용하여 정적다짐하거나 타격 또는 진동을 가하여 동적으로 다진다. 대부분의 다짐에너지는 공간적으로 확산되어 소산되므로, 다짐효과는 다짐기 주변지반에 한정되어 나타나며, 다짐 깊이는 보통 40~60 cm 에 국한되기 때문에 다짐두께를 이보다 작게 하여 한 층씩 다짐한다 (7.4.2 절). 흙댐을 건설할 때와 같이 입자가 큰 재료를 다지거나 유효 다짐 깊이를 깊게 하기 위하여 거대한 다짐기도 개발되어 있다 (그림 7.4). 다짐성과는 다짐도로 나타내며 다짐도는 다짐 후 건조단위중량의 최대 건조단위중량에 대한 비나 간극률로 나타낸다. 대체로 건조단위중량과 함수비로 다짐상태를 관리 (7.4.3 절) 하고, 다짐재료의 적합성을 판정한다 (7.4.4 절).

7.4.1 다짐장비

흙을 표면에서 다질 때에는 다짐의 영향이 미치는 깊이가 한정되기 때문에 일정한 두께로 흙을 쌓은 후에 고르게 펴고 정적 또는 동적 장비를 이용하여 층별로 다진다. 각종 다짐장비의 특성 및 다짐 층 깊이 등은 대체로 각종 공사시방서에 명시되어 있다. 점성토는 정적롤러로 다지며, 롤러를 사용하면 좁은 면적의 다짐이 가능하다. 사질토나 점성토를 약간만 포함하는 지반은 진동롤러나 진동판으로 다진다. 깊은 심도를 동시에 다질 때에는 바이브로 플로테이션 (vibrofloatation) 등으로 동적다짐 한다. 장비를 이용할 때에는 현장에서 시험을 통하여 다짐횟수를 결정하여 적용한다. 다짐장비의 다짐효과는 지반의 종류와 함수비에 따라 다르다.

일반적으로 다짐장비는 크기와 기능이 다양하나 대개 다음의 두 가지로 분류할 수 있다.

1) 정적다짐장비

장비의 무게에 해당하는 하중을 정적으로 가하여 지반을 가압하고 짓이겨서 다지는 장비이다. 접촉면적을 전체로 하지 않고 부분적으로 하여 흙을 짓이기는 효과를 발생시켜서 다짐효과를 증대시킬 수 있다. 스므드 휠 롤러 (그림 7.4 a), 양족 롤러 (그림 7.4 b), 고무타이어 롤러 (그림 7.4 c), 벨트식 롤러 (그림 7.4 d), 그리드 롤러 (그림 7.4 e) 등이 여기에 속한다.

2) 동적다짐장비

작은 주기로 햄머를 낙하시켜서 좁은 면적을 탬핑하거나 (탬핑 장비) 한 개 또는 여러 개의 다짐판을 진동시켜서 (진동 장비) 주로 사질토 지반을 다진다. 탬핑 장비는 바이브로 탬퍼 (그림 7.4 f) 와 폭발식 탬퍼 (그림 7.4 g) 등이 있으며 진동 장비는 진동롤러 (그림 7.4 h, i) 와 진동판 (그림 7.4 j, k) 등이 있다.

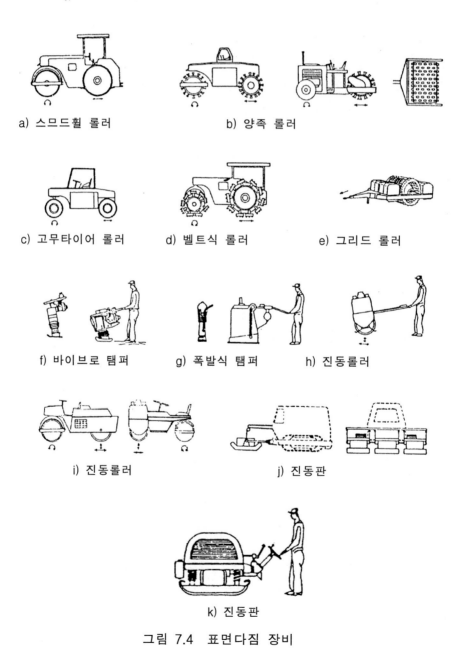

a) 스므드휠 롤러   b) 양족 롤러

c) 고무타이어 롤러   d) 벨트식 롤러   e) 그리드 롤러

f) 바이브로 탬퍼   g) 폭발식 탬퍼   h) 진동롤러

i) 진동롤러   j) 진동판

k) 진동판

그림 7.4 표면다짐 장비

7.4.2 층별 다짐

지반을 성토할 때에는 일정한 두께로 층상으로 성토하면서 다진다. 지표에서 다짐에너지를 가하여 다지면 다짐에너지는 일정한 깊이 (약 40 cm) 까지만 가해지고 그 하부지반에는 영향이 없다 (그림 7.5). 따라서 층별 다짐할 때에는 다짐장비에 해당하는 다짐 깊이까지만 성토하여 다진다. 다짐층 수가 점점 많아지면 다짐의 영향은 없어지고 잔류 다짐압력이 지반의 자중에 의한 수평응력과 거의 같아지거나 작아진다. 대체로 다짐 층 두께의 3 배 거리에 해당하는 깊이까지는 다짐압력 (horizontal pressure by compaction) 이 존재한다 (그림 7.6). 다짐하여 채우는 옹벽 등에서는 지반의 자중에 의한 수평응력 $\sigma_h = k_0 \gamma_z$ 외에 다짐에 의한 다짐압력을 고려하여 설계한다 (그림 7.6).

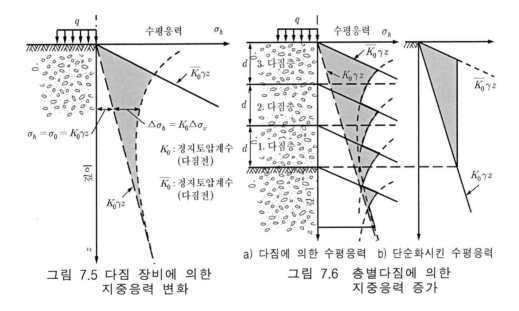

그림 7.5 다짐 장비에 의한 지중응력 변화

a) 다짐에 의한 수평응력 b) 단순화시킨 수평응력

그림 7.6 층별다짐에 의한 지중응력 증가

다짐 층의 두께는 다음의 3 가지 요인에 따라 결정한다.

① 다짐장비의 다짐 깊이 :

다짐 깊이는 다짐의 영향이 충분히 큰 깊이를 말하며 장비의 크기와 무게에 의해 결정된다. 일반적으로 사용하는 다짐장비의 다짐 깊이는 크지 않다.

② 지반의 최대 입경 :

다짐 층의 두께는 최대입경의 2 배보다 작아서는 안 된다.

③ 지반의 소요 다짐도 :

구조물에 따라서 다른 다짐도를 필요로 하며, 다짐 층의 두께를 작게 할수록 높은 정도의 다짐도를 구할 수 있다.

7.4.3 다짐관리

다짐곡선으로부터 지반의 조밀상태와 다짐특성을 알 수 있다. 자연상태 건조단위중량 γ_d 가 최대건조단위중량 $\gamma_{d\max}$ 보다 크면 $(\gamma_d > \gamma_{d\max})$, 이 지반은 조밀내지 매우 조밀한 상태이다. 다짐곡선의 경사가 급하면 지반이 함수비의 변화에 비교적 민감하게 거동하며, 다짐작업에 따라 상대밀도가 급히 변하는 지반이다. 다짐정도는 구조물의 종류와 등급에 따라 달라져야 한다.

도로공사 등에서는 건조단위중량 γ_d 가 표준다짐시험으로 구한 최대건조단위중량 $\gamma_{d\max}$ 를 기준으로 일정한 비율 $(\gamma_d \geq (0.97 \sim 1.00)\,\gamma_{d\max})$ 이상 또는 함수비가 최적함수비 w_{opt} 와 일정한 편차 $(w_{opt} - \Delta w < w < w_{opt} + \Delta w)$ 를 유지하도록 규정되어 있다. 예를 들어, 다짐곡선이 그림 7.7 과 같은 경우에는 건조단위중량이 허용치 γ_{da} 보다 커야하므로 지반의 함수비가 $w_1 < w < w_2$ 인 상태에서 다져야 한다.

현장다짐이 P_2 이면 다짐곡선보다 위에 있으므로 다짐작업은 충분히 크나 함수비가 너무 작은 $(w < w_1)$ 경우이다. 반면에 P_3 는 함수비가 너무 커서 $(w_2 < w)$ 아무리 큰 에너지로 다져도 소요 건조단위중량 γ_{da} 를 구할 수 없는 상태이므로 흙을 건조시켜서 함수비를 낮추거나 지반을 안정시켜야 한다.

P_1 은 함수비로 보면 적당하지만 $(w_1 < w < w_2)$ 다짐에너지가 작은 경우이다. 굵은 (8 mm 이상) 입자를 포함하는 지반의 다짐상태는 다짐곡선으로 판정할 수 없다.

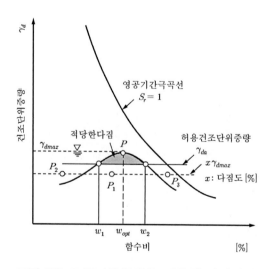

그림 7.7 표준다짐곡선을 이용한 다짐관리

7.4.4 다짐재료의 적합판정

흙지반의 최대입경이 8 mm 미만이면 다짐곡선으로부터 성토재로 적합한지 판정할 수 있다. 즉, 토취장에서 시료를 채취하여 분석하면 지반이 유기질을 포함하거나 소성성이 높은지 알 수 있어서 지반을 판정할 수 있고, 자연함수비 w_n 을 다짐곡선과 비교하여 소요 건조단위중량 γ_{da} 를 구할 수 있는지 알 수 있다.

현장함수비 w_n 이 허용한계 이내이면 소요건조단위중량을 얻는데 문제가 없으므로 현장 흙을 사용하여 즉시 다질 수 있다. 그러나 현장 흙이 허용최적함수비보다 마른 상태이면 물을 추가하여 함수비를 높여서 다져야 하고, 반대로 허용최적함수비보다 젖은 상태이면 흙을 말리거나 안정처리 한 후에 다져야 한다. 현장 흙이 큰 입자를 포함하고 있는 경우에는 적합판정하기가 매우 어렵다.

【 예제 】 다음 설명 중에서 틀린 것이 있으면 정정하시오.

① 표면다짐은 소성지수가 작은 지반에는($I_p < 10$) 효과가 없다.

② 세립자 함유율이 높은 혼합토는 정적으로 표면다짐하고 사질토는 정적 또는 진동을 가하여 표면다짐한다.

③ 표면다짐의 성과는 다짐도로 나타내고 다짐도는 건조단위중량의 최대건조단위중량에 대한 비이다.

④ 동적다짐장비에는 탬핑 장비와 진동 장비가 있다.

⑤ 다짐에너지는 일정한 깊이(40 cm)까지만 가해지고 하부지반에는 영향이 없다.

⑥ 다짐하여 뒤채움하는 옹벽 등에서는 다짐에 의한 수평압력을 고려하여 설계한다.

⑦ 1 회 다짐두께는 장비의 다짐 깊이와 지반의 최대입경 및 지반의 소요다짐도로부터 결정한다.

⑧ 다짐은 최적함수비와 최대건조단위중량을 기준으로 정하고 일정한 편차를 허용하여 관리해야 한다.

⑨ 최대입경이 8 mm 이상으로 큰 흙지반에서 일상 다짐기준을 적용하고자할 때에는 주의를 기울어야 한다.

【 풀이 】 ① 소성지수가 작은 지반에 효과가 좋다.

7.5 심층다짐

다짐을 필요로 하는 연약한 지층이 두껍고 상부구조물의 설계하중이 크면 상재하중의 영향범위가 깊으므로 심층 다짐 (deep compaction) 할 필요가 있다.

심층모래지반은 말뚝 등의 구조부재를 깊게 설치하여 강제로 간극을 줄이거나 (다짐말뚝, 다짐모래말뚝), 큰 에너지나 (낙하판), 큰 동적에너지를 가하여 (바이브로 플로테이션, 폭파, 전기충격) 입자간 간격을 줄이거나 입자를 재배열시켜서 다져서 개량한다 (7.5.1 절). 점성토는 다지면 오히려 구조골격이 흐트러지고 지반이 융기하여 전단강도가 감소하므로 대개 함수비를 줄이는 방법을 적용하여 개량한다 (7.5.2 절).

표 7.2 심층다짐공법

공 법	개량방법	적용지반	개량의 적합성			
			전단특성	압축특성	투수특성	동적특성
기계적 다짐공법	물리에너지	이회토, 유기 질토 제외	상	상	중	중
물세척 공법		사질토	상	상		
바이브로 플로테이션공법		사질, 역질토	상	상		상
다짐모래말뚝공법		사질, 점성토	상	상		상
동압밀공법		사질, 폐기물	상	상		상
폭파다짐공법	폭발에너지	사질토	상	상		중
전기충격 다짐공법	전기에너지	사질, 역질토	상	상		상

7.5.1 사질토 심층다짐

표면다짐은 일정한 깊이 (약 40 cm) 까지만 다져지므로 두꺼운 사질토지반의 개량에는 적용할 수 없다. 따라서 기존의 심층 사질토는 다음 방법으로 개량한다.

· 말뚝 등 구조부재를 깊게 설치하여 간극을 강제로 줄임 :
  다짐말뚝공법, 다짐모래말뚝공법
· 큰 에너지를 가하여 입자간격을 줄임 :
  낙하판 다짐
· 큰 동적에너지를 가하여 입자를 재배열 :
  바이브로 플로테이션, 폭파다짐, 전기충격다짐

1) 다짐말뚝공법

다짐말뚝공법(compaction pile method)은 다수의 나무말뚝이나 콘크리트말뚝 등을 지반에 타입하여 말뚝의 부피만큼 흙을 수평방향으로 압축하여 지반의 간극비를 감소시켜서 사질토지반을 개량하는 공법이다. 이 공법은 아무리 값이 싼 말뚝을 사용하여도 다른 공법에 비하여 재료비가 많이 들기 때문에 경제적인 공법이 못된다. 따라서 역사적으로는 오래된 공법이지만 현재로서는 주로 보조적으로만 사용한다. 반면에 원리가 같은 다짐모래말뚝공법이나 바이브로 플로테이션 공법이 많이 쓰인다.

2) 다짐모래말뚝공법

다짐모래말뚝공법(sand compaction pile method)은 다짐말뚝공법과 같은 원리이나 나무나 콘크리트말뚝을 타입하는 대신에, 충격이나 진동하중을 가하여 지반 내에 공간을 만들고 여기에 모래를 넣고 다져서 다짐모래말뚝을 만드는 공법을 말하며, 여기에는 컴포저 공법이 대표적이기 때문에 통칭하여 컴포저 공법(composer method)이라고도 한다.

이 공법은 느슨한 사질토의 다짐에 현재 가장 널리 활용되고 있으나 연약점성토층에서는 시공 시 점성토가 교란되므로 개량효과가 적다. 모래가 70 % 이상인 사질토에서는 개량효과가 현저하며 경제적으로 가장 우수한 공법 중의 하나이다.

사질토에서는 현장에서 필요한 지반강도에 대한 소요간극비와 원지반의 간극비를 비교하여 다짐정도를 결정한다. 실제 현장에서 대규모로 시공할 때에는 미리 시험시공하여 다짐효과를 충분히 확인한 후에 본 공사를 착수한다.

일반적으로 다짐모래말뚝공법으로 지반을 다지면 다짐모래말뚝과 인접한 주변지반의 강도는 커지지만 모래말뚝에서 멀리 떨어진 지반은 느슨한 채로 남기 때문에 복합지반이 형성되는 경우가 있다. 이때에는 평균 강도나 평균 간극비를 그 지반의 특성으로 할 수 있다.

다짐모래말뚝공법의 다짐효과는 말뚝에서 거리가 가장 먼 지점과 말뚝과 말뚝의 중간지점을 대상으로 판정한다. 다른 사질토 개량공법에서와 같이 지표에서 1 m 정도는 개량효과가 극히 적으므로 이 부분은 제거하든가 바이브로 탬퍼 등으로 추가 다짐할 필요가 있다.

컴포저 공법은 다짐방법에 따라 햄머링 컴포저 공법과 바이브로 컴포저 공법이 있다.

(1) 햄머링 컴포저 공법

햄머링 컴포저 공법(hammering composer method)은 외관과 햄머링용 무거운 내관으로 되어 있는 모래 타설용 관을 지상에서 동시에 지반으로 타입한 후 내관을 통해 모래를 투입하면서 계속 다지고 형성된 모래말뚝만큼 외관을 뽑아 올려서 다짐모래말뚝을 완성하는 공법으로 다음과 같은 순서로 시공한다 (그림 7.8).

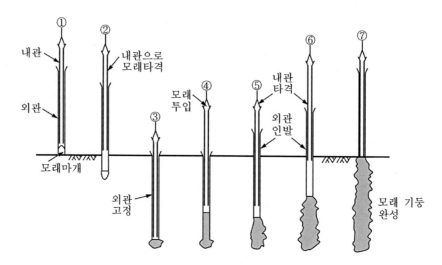

그림 7.8 햄머링 컴포저 공법의 시공 순서

① 내·외관을 지상에 설치하고 외관의 하단에 마개용 모래나 자갈을 넣는다.
② 내관으로 모래마개를 타격하여 외관을 땅속에 타입시킨다.
③ 소정의 깊이까지 타입시킨 후 외관을 고정시키고 내관을 타격하여 모래마개를 지반
  속으로 밀어 넣는다.
④ 내관을 통하여 모래를 투입한다.
⑤ 외관을 약간 뽑아 올리면서 내관을 낙하시켜 모래를 지반에 압입시킨다. 이 동작을
  되풀이하면서 외관을 뽑아 올린다.
⑥ 외관을 지상에까지 뽑아 올려서 모래 기둥을 완성한다.

햄머링 컴포저 공법은 다음과 같은 장단점이 있다.

- 전력 설비가 없는 곳에서도 시공이 가능하다.
- 내관의 낙하고 조절이 가능하여 강력한 타입에너지를 가할 수 있다.
- 무거운 내관(3t 정도)으로 연속적으로 반복하여 충격 타입하기 때문에 파이
  프, 타워, 와이어, 윈치 등의 소모가 크다.
- 충격시공이므로 진동, 소음이 크다.
- 시공관리가 힘들다.
- 기능공의 숙련도에 따라 성과가 좌우된다.
- 주변지반을 크게 교란시킨다.

(2) 바이브로 컴포저 공법

바이브로 컴포저 공법(vibrocomposer method)은 토사의 침입을 막을 수 있도록 특수하게 만든 단관에 진동을 가하여 선단부를 지반에 압입한 후에 모래를 투입하면서 진동을 가하여 다지고 형성된 말뚝길이 만큼 관을 뽑아 올려 다짐모래 말뚝을 형성하는 공법이다.

바이브로 컴포저 공법은 다음 순서로 시공한다(그림 7.9).

① 파이프를 지표면에 설치하고 선단부에 모래마개용 모래나 자갈을 넣는다.
② 파이프 두부에 있는 진동기를 작동시켜서 파이프를 지중에 관입한다. 필요한 경우는 관입을 돕기 위해 워터 제트를 병용한다.
③ 소정의 깊이까지 관입하면 모래를 투입하고 진동시키면서 파이프를 상하로 움직여 모래마개를 땅속으로 밀어 넣는다.
④ 파이프를 상하로 진동을 가하면서 뽑아낸다.
⑤ 파이프를 지상까지 뽑아 올려서 모래 기둥을 완성한다.

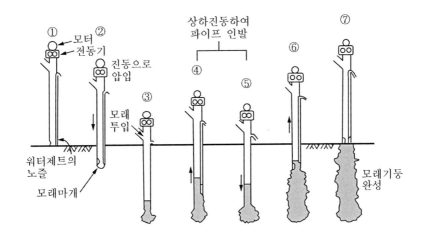

그림 7.9 바이브로 컴포저 공법의 시공순서

바이브로 컴포저 공법은 다음과 같은 장점을 갖는다.

- 시공 상 무리가 없어서 기계적 고장이 적다.
- 진동 - 관입이 연속적으로 되므로 시공능률이 비약적으로 증대된다.
- 충격, 진동, 소음이 적다.
- 진동은 모래의 다짐에 유효하며 균질한 모래 기둥을 만들 수 있다.
- 자동기록 관리가 가능하다.

3) 낙하판을 이용한 사질토 심층다짐

소성지수가 10 이하 (즉, $I_p \leq 10$) 인 모래, 자갈, 잡석, 매립지반은 낙하판으로 큰 충격하중을 가하여 중간 정도의 상대밀도까지 다질 수 있다 (그림 7.10). 이때 크레인 등으로 무게 $W = 100 \sim 200 \,[\mathrm{kN}]$ 인 재하판을 $h\,[\mathrm{m}]$ 만큼 들어 올렸다가 자유낙하 시키면 다짐효과가 미치는 깊이 t 는 다음과 같다.

$$t = \alpha \sqrt{0.1\, Wh} \;\; [\mathrm{m}] \qquad (7.1)$$

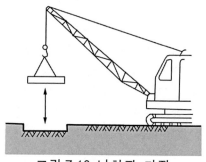

여기서 α 는 경험상수이며 소성지수가 커질수록 작아지고 자갈과 잡석에서 $\alpha = 1$, 실트질 모래에서 $\alpha = 0.6$ 이고 뢰스나 매립토 등 불안정한 구조를 갖는 지반에서는 $\alpha = 0.5$ 가 된다 (Smoltczyk, 1993).

그림 7.10 낙하판 다짐

대략 12 m 깊이까지 다짐효과가 있는 것으로 알려져 있으며, 지표를 4~10 m 간격의 격자로 나누고 각 격자점을 약 5 회 정도 다진다. 지반의 투수계수가 작을수록 타격 후 압밀효과가 일어날 때까지 기다리는 시간을 길게 잡는다.

타격횟수를 증가하여도 다짐효과 개선에는 의미가 적으며 경우에 따라 한 곳을 여러 번 타격하기 보다는 전체적으로 반복 시행하는 것이 효과가 더 좋을 수 있다.

다짐점 간격, 타격횟수, 반복횟수 등으로부터 에너지량을 계산한다. 경험에 비추어 볼 때 지반의 상태에 따른 소요에너지량을 확정하기가 어렵기 때문에 다짐 예정지역에서 시험다짐을 하는 것이 좋으며, 중간 정도의 상대밀도까지만 다질 수 있기 때문에 더 큰 다짐이 필요하면 진동다짐 등을 병행한다.

타격점에는 깊은 구덩이가 생기고 물이 고이므로 배수로를 만들어 배수하고 흙으로 메워서 평탄하게 만든다. 교란되기 쉬운 점토질이나 실트질 지반 특히 연약한 점토에서는 단지 지표면만 부풀고 지반이 교란되어 전단강도가 감소될 수 있으므로 신중히 적용한다.

4) 바이브로 플로테이션 공법

바이브로 플로테이션 공법 (vibrofloatation method) 은 물을 분사하면서 진동기 (바이브로 플로트) 를 소정의 깊이까지 관입시킨 후 동시에 수평방향으로 진동을 가하면서 서서히 인발하면 주변지반이 다져지고 진동기 주변지반에 공간이 생기는데 여기에 모래나 자갈을 채워서 느슨한 사질지반을 개량하는 공법이다 (그림 7.11). 이때 모래나 자갈은 입경이 클수록 좋으나 최대입경이 5 cm 보다 크면 다짐효과가 떨어진다.

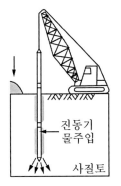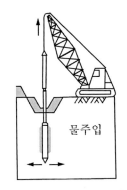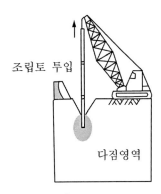

그림 7.11   진동다짐 (Smoltczyk/Hilmer, 1982)

이 공법은 1936년 소련 기술자가 제안하였고, 같은 해에 독일의 Keller도 수평진동방식의 수뢰형 지반다짐용 진동기 (바이브로 플로트)를 개발하였다 (그림 7.12a). 현재는 각국에서 널리 사용되며 20~30 m 깊이까지 시공할 수 있다.

진동기는 2~4 m 길이에 외경 약 40 cm 정도로 전기식 또는 내연기관식이 있으며 30~50 Hz 의 주파수로 작동된다. 진동기는 2개의 무거운 파이프로 이루어지고 선단부분에 분사 노즐이 있어서 물 분사와 가압 및 진동을 동시에 주면 주변 지반은 전단강도가 상실되고 액성화 되므로 진동기를 깊은 위치까지 관입시킬 수 있다. 깨끗한 모래나 자갈 등에서 아주 효과적이며 실트가 25 % 미만 이거나 점토가 5 % 미만인 모래에서도 적용할 수 있다.

진동다짐으로 인하여 생긴 분화구모양의 공간은 나중에 모래로 채우고 다진다. 진동기를 꺼내면서 바닥을 다지며, 다짐구멍을 메운 후에 약 0.5 m 두께의 표토층을 더 쌓고 표면다짐기로 추가 다짐한다. 사질토 중간에 점성토층이 끼어 있는 경우에는 다짐으로 생긴 공간을 모래로 채우기가 어려울 수도 있다.

진동기를 이용한 다짐은 깊이 25 m 까지는 경제성이 있다. 다짐 점의 간격은 1.7~3 m로 하며, 진폭이 20 mm 이면 약 1.2~1.5 m 반경 내 모래나 자갈 지반의 상대밀도를 20~40 % 또는 최대로 80 % 까지 개선할 수 있다. 다짐 가능한 깊이는 모터의 용량에 따라 다르지만 진폭의 크기로 조절하고 있다. 또한, 진동기에 의해 생긴 공간의 크기 즉, 다짐효과를 크게 하기 위해 그림 7.12b 와 같이 진동기에 날개가 달린 것도 있다 (Smoltczyk, 1983).

연직방향으로 진동하는 진동기는 미국의 테라프로브 시스템 (terraprobe system)과 스웨덴의 바이브로윙 시스템 (vibrowing system) 등이 있으며 15 m 까지 작업이 가능하다. 바이브로윙 장비는 날개가 달려 있는 파이프를 연결하여 진동하므로 전 깊이를 동시에 진동할 수 있어서 시간과 비용이 적게 들지만 일반적으로 수평진동보다 연직진동의 진동효율이 떨어지므로 다짐 포인트를 여러 개 잡아야 한다.

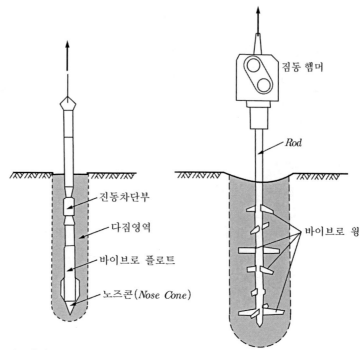

a) 바이브로 플로트 방법   b) 바이브로 윙 방법

그림 7.12 바이브로플로테이션을 이용한 다짐

바이브로 플로테이션 공법은 다음과 같은 장점이 있다.

- 지반을 균일하게 다질 수 있어서 다짐 후에는 지반 자체가 상부구조를 지지할 수 있다.
- 심층다짐을 지표면에서 수행할 수 있다.
- 지하수위의 고저에 영향을 받지 않고 시공할 수 있다.
- 공기가 빠르고 공사비가 싸다.
- 상부구조물이 진동에 민감한 경우에 특히 효과가 있다.

바이브로 플로테이션 공법과 바이브로 컴포저 공법은 다음 내용이 상이하다.

① 진동방향 : 바이브로 컴포저 공법에서는 연직방향으로 진동 또는 충격을 가하지만 바이브로 플로테이션 공법에서는 수평방향으로 진동을 가한다.

② 주변지반의 진동양상 : 바이브로 컴포저 공법이 전단파인데 비하여 바이브로 플로테이션 공법은 종파로 지반에 유리하다.

③ 주변지반의 다짐작용 : 바이브로 플로테이션 공법으로 행한 다짐이 바이브로 컴포저 공법으로 행한 다짐보다 더 직접적이며 다져진 지반이 비교적 균질하다.

④ 다짐모래말뚝 : 바이브로 컴포저 공법에서는 직접 다져서 모래말뚝을 형성하지만 바이브로 플로테이션 공법에서는 자유낙하 시켜 형성하므로 모래말뚝의 강도가 비교적 작다.

5) 폭파다짐

폭파다짐공법은 폭약을 폭발시켜서 지반에 진동을 가하여 느슨한 사질지반을 다지는 공법이다. 다른 개량공법에 비해 경제적이며, 광범위한 연약 사질토층을 대규모로 다질 때에 유리하나 주위 구조물이나 사람 및 동물에 피해를 주지 않도록 신중하게 적용해야 한다.

폭파다짐 공법은 바이브로 플로테이션 공법과 적용지반이 같다. 즉, 실트를 25% 이상 함유하거나 점토를 5% 이상 함유한 지반에는 부적당하고, 완전히 건조하거나 포화된 상태의 사질지반에 가장 적합하다.

불포화지반에서는 물의 표면장력에 의한 겉보기 점착력 때문에 다짐효과가 감소하며 세립토일수록 이 경향이 뚜렷하다. 지하수위가 높고 강우가 많은 지역에서는 완전건조가 어려우므로 물을 주입시켜서 포화시킨 후에 적용하는 것이 좋다.

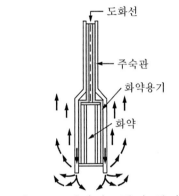

그림 7.13 발파시스템의 선단

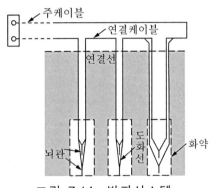

그림 7.14 발파시스템

폭파다짐공법의 다짐 정도는 모래의 입도와 덮개토압에 따라 다르지만 대개 70~80% 정도의 상대밀도가 구해진다. 따라서 N 값 40 정도까지 기대할 수 있는 대단히 경제적이고 효과적인 사질지반 개량공법중의 하나이다.

표층의 0.5~1.0 m 는 잘 다져지지 않으므로 시공 후 굴착하여 제거하거나 탬퍼 등으로 표층을 다지거나 미리 성토하여 재하하고 시공한다. 한 위치에서 여러 번 폭파하면 같은 폭약량이라도 그 효과는 점차 감소하므로, 간격을 조절하여 영향범위가 중복되지 않도록 하는 것이 좋다.

인체가 느낄 수 있는 연직 진폭은 0.008 mm 이며 진폭이 0.05 mm 가 되면 불쾌감을 느끼고 이 값의 10 배가 되어야 구조물이 영향을 받는다. 공사에는 아무런 지장이 없더라도 인체가 느끼는 감은 강력하다. 폭파에너지는 폭약량의 제곱에 비례하고 거리의 제곱에 반비례한다.

소량의 폭발물(ammoniumnitrate, TNT 등)을 사질지반에 설치하고 여러 개를 지연 발파시킨다. 폭발물 설치 격자간격을 $a = 2R$, 발파에 의한 다짐이 1 cm 이상 일어나는 반경을 R [m]이라고 하면 소요된 폭약량 C [kg] 와 다음과 같은 관계가 성립한다.

$$R = K_3 \sqrt[3]{C}$$
$$a = 2K_4 \sqrt[3]{C} \tag{7.2}$$

여기에서 K_3 와 K_4 는 사질토의 상대밀도에 따라 다음 크기를 갖는다.

표 7.3 지반에 따른 발파계수 (Ivanve, 1972)

지반의 종류	상대밀도	K_3	K_4
미세모래	$0 \sim 0.2$	$25 \sim 15$	$5 \sim 4$
	$0.3 \sim 0.4$	$9 \sim 8$	3
	> 0.4	> 7	< 2.5
조립모래	$0.3 \sim 0.4$	$8 \sim 7$	$3 \sim 2.5$
	> 0.4	> 6	< 2.5

화약을 설치하는 위치의 중간에서 피에조미터로 간극수압을 측정하여 폭발로 인한 과잉간극수압이 소멸된 후에 다음 단계를 폭발시킨다. 깊이 방향으로는 장약량을 다르게 하고 상부에서부터 시작하여 지연발파 한다. 일반적으로 적은 양의 화약을 여러 개 사용하는 것이 많은 양을 소수 사용하는 것보다 경제적이고 환경피해가 적게 일어난다. 발파점은 3 m 정도 피복을 가져야 하며 피복층은 실제적으로 잘 다져지지 않는다. 폭파다짐 공법은 넓은 면적의 지반을 중간 정도 상대밀도까지 다짐을 하기에 적합하며 Amsterdam 항만공사에 적용한 사례가 있다 (Smoltczyk, 1982, 1983).

폭파점 간격과 폭약량은 지반 종류, 다짐층 두께, 지하수위, 인접구조물 거리, 소요다짐도, 폭파 중복효과, 폭약 종류 등에 따라 다르므로 일률직으로 성하기 어려우며 현재까지 실시예를 참고하고 시험 시공하여 결정하는 것이 좋다. 일반적으로 폭파지반의 중심은 개량범위의 중심과 일치시키며 폭파 깊이는 전체 두께의 2/3점으로 하는 것이 가장 효과적이다. 폭파점 간격은 3~8 m 이며 3 m 이하의 간격일 때에는 연쇄적인 폭파가 일어날 위험성이 있다.

다짐에 의하여 $1 m^2$ 당 $0.2 \sim 0.8 m^2$ 의 수량이 배출되며, 투수계수가 절반 이하로 작아지는 경우가 자주 있으므로 물의 배출이 원활하도록 시공순서를 정한다. 폭파는 개량범위의 중심에서 외측으로, 순차적으로 시행하며 그 사이에 약간의 시간차를 두고 $100 \sim 200 m^2$ 당 1개 간극수압계를 설치하여 시공 중에 수압이 떨어지는 위험이 발생되지 않도록 하며 상황에 따라서 폭파의 시간간격을 길게 취한다.

시공 후에는 표준관입시험이나 사운딩을 실시하거나 시료를 채취하여 밀도와 강도를 측정하고 지표면의 침하를 측정하여 전체적인 다짐도를 판정하고 관리한다.

6) 전기충격 다짐

전기충격다짐공법(electrical shock compaction method)은 지반에 물을 주입하여 거의 포화시킨 후 방전전극을 지중에 삽입하고 고압전류를 통전하여 충격을 발생시켜서 사질토 지반을 다지는 공법이다(그림 7.15).

폭파다짐공법에 비해서 동일 지점에서 임의 횟수로 방전할 수 있고 다짐에너지(방전에너지)를 원하는 크기로 변화시킬 수 있는 장점이 있다. 또한, 방전작업을 전기적으로 확인할 수 있기 때문에 화약의 경우와 같은 불발의 우려가 없다.

그러나 아직 전기충격다짐 설계법과 시공법이 확립되어 있지 못하며 대개 다음 순서에 맞추어 시공한다.

① 방전 포인트에서 물을 분출시키면서 방전장치를 지반에 관입시키며 파이프를 이어 나가면서 소정의 깊이까지 방전 포인트를 내린다.
② 소정의 깊이에서 5초에 1회의 시간간격으로 30~50회 방전한다. 방전장치를 1~1.5 m 정도 크레인으로 끌어올리고 다시 30~50회 방전하며, 이 작업을 지표면까지 행한다. 이 같은 작업으로 지표면이 직경 1~2 m, 깊이 0.3~0.5 m로 함몰되며 주변에 2~3 cm 폭의 균열이 생긴다.
③ 한 개소의 다짐이 끝나면 1~2 m의 간격으로 포인트를 정하고 위에서와 같은 순서로 시공하여 소정 범위 내 지반을 개량한다.

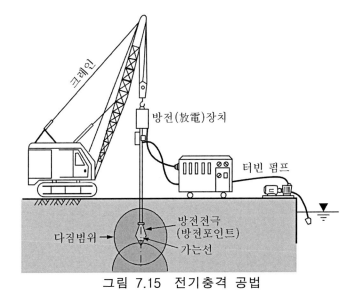

그림 7.15 전기충격 공법

이 공법의 다짐효과는 토질과 밀접한 관련이 있고 세립토를 40 % 이상 함유하는 점성토에서는 거의 효과가 없다. 토피압력이 작은 지표면 부근은 효과가 적으며 도리어 지반이 느슨해질 수도 있다. 방전 전압이 높을수록, 방전횟수가 많을수록, 또 시공 간격이 작을수록 다진 후 사질토의 단위중량과 강도는 증가한다.

【예제】 다음의 설명 중에서 틀린 것이 있으면 정정하시오.

① 연약지층이 두껍고 상재하중이 크면 심층다짐이 필요하다.

② 사질토의 심층다짐공법은 다짐말뚝, 다짐모래말뚝, 바이브로 플로테이션, 낙하판 다짐, 폭파다짐, 전기충격공법 등이 있다.

③ 다짐말뚝공법은 재료비가 많이 들어서 비경제적이므로 보조공법으로 이용된다.

④ 다짐모래말뚝공법은 모래가 70 % 이상인 사질토에 적합하고 복합지반이 형성된다.

⑤ 다짐모래말뚝공법으로 개량된 지반에서는 다짐효과를 말뚝에서 가장 멀리 떨어진 지점과 말뚝과 말뚝의 중간지점을 대상으로 판정한다.

⑥ 햄머링 컴포저 공법은 외관삽입과 모래다짐을 위해서 햄머를 이용하여 타격하고 바이브로 컴포저 공법은 진동을 이용하는 점이 다르다.

⑦ 바이브로플로테이션 공법은 진동기를 수평으로 진동하고 바이브로 컴포저 공법은 연직으로 진동한다.

⑧ 바이브로플로테이션 공법에 적용하는 진동기 중에는 연직으로 진동하는 것도 있다.

⑨ 바이브로플로테이션 공법은 실트를 25 % 미만 함유하거나 점토를 10 % 미만 함유한 지반에 적용할 수 있다.

⑩ 바이브로 플로테이션 공법으로 다짐 가능한 깊이는 진폭의 크기로 조절한다.

⑪ 바이브로 플로테이션 공법에서는 모래말뚝의 강성이 비교적 작다.

⑫ 낙하판을 이용해서 심층 다짐할 수 있는 지반은 소성지수 10 이하이며 한 곳을 여러 번 타격하기보다 전체적으로 반복 시행하는 것이 효과적이다.

⑬ 폭파다짐공법은 완전포화나 건조상태의 순한 사질지반을 대규모로 다질 때 유리하다.

⑭ 폭파다짐 시 폭파는 중앙에서 외측으로 약간의 시간차를 두고 간극수압을 측정하여 관리한다.

⑮ 전기충격 다짐법은 다짐에너지를 임의로 조절하고 작업상태를 확인할 수 있다.

⑯ 전기충격 다짐법은 세립토를 40 % 이상 함유하는 점성토에는 효과가 없다.

【풀이】 ⑨ 점토함유율 5 % 미만

7.5.2 점성토 심층다짐

점성토의 역학적 성질은 구조골격과 함수비에 따라 결정되며 연약 점성토를 다지면 오히려 구조골격이 흐트러져서 교란되므로 개량효과가 적다. 따라서 외부에너지를 가하기보다는 연직이나 수평배수공법을 적용하여 물을 배수시켜서 함수비를 작게 하여 개량한다. 연약점성토 다짐을 위해 모래말뚝을 설치할 때는 치환공법에 준하는 양의 모래를 사용하거나 모래에 생석회를 섞어서 점성토의 탈수를 촉진하고 모래말뚝을 굳히는 생석회 컴포저 공법을 적용한다.

점성토를 심층개량하기 위해서는 전기화학적 고결방법이나 침투압공법 (MAIS공법), 생석회말뚝공법 (chemical pile공법) 등 전기화학적 방법 (7.8절)이나 연직배수방법 (7.7절, 샌드 드레인 공법, 페이퍼드레인 공법) 등을 우선 고려한다.

연약점성토의 개량설계에 모래말뚝의 효과를 정량적으로 반영하기는 아직 어려우며 설계 시에는 다음 사항을 고려한다.

- 경험적으로 재하 후 침하량은 모래말뚝을 시공하지 않는 압밀침하량의 약 50 % 정도이다.
- 압밀소요시간은 샌드 드레인의 경우와 같이 계산한다.
- 활동파괴에 대한 안정계산 할 때에는 안전측으로 모래말뚝의 전단저항만을 고려한다. 그러나 실제로는 모래말뚝과 점성토부분도 모두 전단저항을 발휘하며 각각 최대전단강도를 발휘하는 전단변형률이 다르다.
- 모래말뚝과 점성토의 하중분담 비율은 지표면 부근에서는 모래말뚝의 분담크기가 5~10 배 정도 크지만, 깊어지면 그 차는 작아진다.
- 보통 60~80 cm 직경의 모래말뚝을 사질토지반에서는 1.8~2.2 m 간격, 점성토지반에서는 1.2~1.6 m 간격으로 타설한다. 타설방법에는 해머링 방식과 바이브로 방식이 있는데 시공능률과 품질향상 면에서 바이브로 방식이 많이 쓰인다. 모래말뚝을 설치하면 부등침하량이 훨씬 작아진다.

【예제】 다음의 설명 중에서 틀린 것이 있으면 정정하시오.

① 점성토의 역학적 성질이 구조골격과 함수비에 따라 결정되므로 함수비를 작게 하여 개량한다.

② 기존의 두꺼운 점성토지반을 개량할 수 있는 방법으로는 전기화학적방법, 침투압공법, 생석회말뚝공법, 연직배수공법 등이 있다.

③ 다짐모래말뚝을 적용하여 개량한 경우의 침하량이 모래말뚝이 없을때보다 크다.

【풀이】 ③ 모래말뚝이 없을 때보다 침하량이 작아진다.

7.6 주입

지반의 투수성을 작게 하여 차수하거나 강도를 증가시킬 목적으로 지반의 간극이나 공동에 응결제를 주입하여 고결시키는 작업을 주입 (grouting) 이라고 하며, 다양한 주입재 (7.6.1 절) 와 시공법 (7.6.3 절) 은 물론 현재 여러 가지 특수 주입공법 (7.6.4 절) 이 개발되어 실무에 적용 되고 있다. 시공 전에 시험 (7.6.2절) 하여 지반상태나 주입재 특성을 규명해야 한다.

지반의 지지력을 증대시키고, 투수성을 감소시키며, 지반을 균질・등방성화 되도록 시행하 는 지반주입을 컨설리데이션 그라우팅 (consolidation grouting) 이라고 하며, 모래지반에 점성 이 큰 주입재를 주입하여 주변 모래를 압축하고, 주입재가 굳어지게 하여 지반을 개량하는 방법을 컴팩션 그라우팅 (compaction grouting) 이라 한다. 그 밖에 지중에 차수벽을 설치할 목적으로 실시하는 커튼 그라우팅 (curtain grouting) 이 있다.

7.6.1 주입재 (grout)

지반에 사용하는 주입재는 시멘트 (cement grouting), 점토나 벤토나이트 (clay grouting), 아스팔트 (asphalt grouting), 물유리 (sodium silicate grouting), 약액 (chemical grouting) 등 이 있으며 지반종류에 따라 적용성이 결정 된다 (그림 7.16).

시멘트는 지반의 강도를 증가시킬 수 있는 경제적이고 일반적인 주입재이지만 입자가 크기 때문에 투수성이 좋은 굵은 모래 또는 자갈지반에서만 사용한다. 차수의 목적으로는 주로 점토, 벤토나이트, 아스팔트 등을 주입하며, 이때는 흙 입자들을 결합시키기보다 간극 을 채우는 상황이므로 강도증가는 거의 기대하지 못한다.

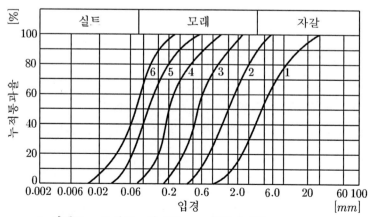

1. 시멘트   2. 점토−시멘트   3. 벤토나이트
4. 물유리 2종   5. 물유리 1종   6. 합성고결제

그림 7.16 주입재 적용지반

1) 물유리계

액체상태 유리 즉, 규산소다 (Sodium silicate, Na_2SiO_3)를 주로 차수목적으로 그림 7.17 의 지반에 적용할 수 있다.

지반에 2 개의 보링공을 뚫고 한 보링공에서는 물유리를 주입하고 다른 보링공에서는 염화칼슘 ($CaCl_2$)을 주입하면, 지반 내에서 반응하여 칼슘실리카와 소금 및 물이 지반 내에 생성된다 (Joosten, 1925).

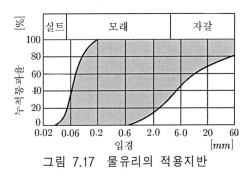

그림 7.17 물유리의 적용지반

$$Na_2O(SiO_2)_n(H_2O)_m + CaCl_2 = Ca(SiO_2)_n + 2NaCl + m(H_2O) \qquad (7.3)$$

이때에 생성된 칼슘실리카 ($Ca(SiO_2)_n$)는 압축강도가 세립토의 최고값과 유사한 3~6 MN/m^2 크기이다. 그런데 물유리는 그 점성이 물보다 25~100 배 크므로 투수성이 큰 지반에만 사용되지만 지하수 수질에 의한 영향을 별로 받지 않고 차수성과 강도특성이 우수하게 개선되는 장점이 있다.

또한 다른 보링공에 염화칼슘 대신 소금($NaCl$)을 주입하면 규산(SiO_2)과 염산(HCl) 및 가성소다($NaOH$)가 생성된다.

$$(Na_2O \ SiO_2) + 3H_2O + NaCl = SiO_2 + 2HCl + 4NaOH \qquad (7.4)$$

연속적으로 두 가지 용액을 주입하므로 화학반응이 진행되지 않고 서로 밀어내거나 점성 때문에 주입범위가 한정되는 경우가 있어서 세립토에서는 적용하기 어렵다.

2) 약액계

약액주입공법 (Chemical grout) 은 강도증가 뿐만 아니라 차수효과를 얻기 위해 산염계통 약액을 주입하는 공법으로, 1914 년dp 독일에서 Joosten 법을 필두로 발달되기 시작하였고, 그 후 수많은 약액이 개발되어 현재 입경 0.01 mm 실트에 주입할 수 있는 약액까지 개발되어 적용되고 있다.

일반적인 주입 약액 및 그 부산물은 지하수를 오염시킬 우려가 있고 지반의 부피가 팽창하며 공사비가 비싸지만 다른 공법들보다는 훨씬 큰 강도증가를 기대할 수 있다.

최근에 개발되어 현장에 적용하는 약액으로는 다음과 같은 것들이 있다.

- 크롬리그닌 (Chrome-Lignin) 계 주입재 :
  점성이 크고, 크롬에 의한 지반오염 문제가 있으며 수중에서 강도가 약하다.

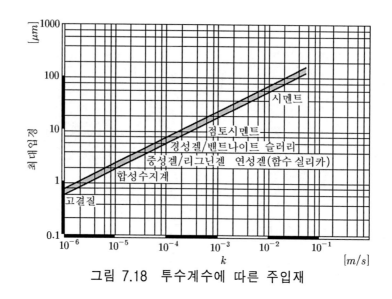

그림 7.18 투수계수에 따른 주입재

- 아크릴 (Acryl) 산염계 주입재 :

   점성이 낮아서 침투성이 우수하나 차수성과 강도는 약하다.

- 아크릴아미드 (Acrylamid) 계 주입재 :

   침투성이 좋아tj 세립토에 사용할 수 있고 겔 (gel) 화 될 때까지 시간조절이 가능하며
   생성된 겔은 수중에서 팽창·수축하지 않으며 차수성이 좋아서 차수목적으로 사용한다.

- 요소 (Urea) 계 주입재 :

   차수성은 아크릴아미드계에 비하여 떨어지나 강도가 커서 강도보강용으로 우수하다.

7.6.2 주입시험

   주입은 흙 지반이나, 암반 또는 구조부재내의 공동, 절리, 균열, 간극들을 다른 재료로 채
우는 작업이며, 효과적인 주입을 위하여 시공에 앞서 다음의 특성을 시험한다.
   - 지반상태(공동, 절리, 균열, 간극)   - 현장 접근성   - 주입재의 거동특성

1) 공동조사

   지반에는 인공 (수직갱, 지하공간, 터널, 광산갱도) 또는 자연적 (석회동굴, 용해동굴) 인
공동이 있으며, 가스나 물 또는 흙으로 일부 또는 전부 채워져 있고, 그 위치나 형상 및 규
모가 다양하므로, 시험굴이나 수직갱 또는 코어 보링을 통해서 다음 내용을 확인해야 한다.
   - 공동의 위치와 규모   - 공동의 상호연결성   - 공동의 폐색성

   그러나 소수의 지점조사로부터 이들을 파악하기가 지극히 어려운 일이며, 지구물리학적
조사 (geophysical exploration) 를 필요로 하는 경우가 많다.

2) 절리나 균열 조사

구조물의 틈이나 균열은 경계조건에 따라 발생위치를 예측할 수 있으므로 조사가 비교적 쉽다. 그러나 암반내의 절리, 균열, 틈 등은 폭이 좁은 대신에 넓은 면적으로 분포되어 있고, 공기나 물 또는 흙 등으로 채워져 있어서 위치, 발생빈도, 규모, 주향, 경사 등을 지질학적 방법으로 확인해야 한다. 수직갱이나 시험굴 조사가 가장 적합하며, 코어보링조사는 직경을 크게 하고 채취 중 시료의 방향이 변하지 않는 특수 장비 보링을 실시해야 한다.

패커를 이용한 투수시험으로 주입에 필요한 특성들을 조사할 수 있다. 특히 보링공내에서 수압파쇄시험을 통해 주입가능성을 파악할 수 있다.

3) 간극조사

흙 지반에서는 흙의 종류에 따라 간극의 크기나 특성이 다르며 간극주입조사를 통해 확인한다. 세립토 (실트, 점토, 콜로이드) 에서는 간극이 작아서 간극주입시험이 어렵고, 입경이 0.1~10 mm 인 지반에서는 간극주입시험을 실시한다. 입경이 10 mm 이상인 지반은 전석층과 거의 같게 거동하므로 몰탈재 등을 주입한다.

주입에 필요한 입도분포, 상대밀도, 투수계수, 간극율 등 물성치는 비교란 시료로부터 구해지는 값들이며, 사질토는 비교란 상태로 시료채취가 어려우므로 현장시험이 매우 중요하다.

주입할 지반의 투수계수는 루전 시험 (Lugeon Test) 으로부터 결정한다 (그림 7.19).

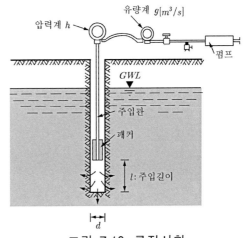

그림 7.19 루전시험

$$Q = \frac{2\pi \sqrt{(\frac{l}{d})^2 - 1}\ k\ h}{\frac{l}{d} + \sqrt{(\frac{l}{d})^2 - 1}}\ [\mathrm{m^3/s}] \tag{7.5}$$

그런데, 주입부분의 치수가 길이 $l = 0.2\,\mathrm{m}$, 직경 $d = 7.5\,\mathrm{cm}$ 인 경우에는 $Q = 0.7 \cdot k \cdot h$ [$\mathrm{m^3/s}$] 이므로 식 (7.5) 로부터 투수계수는 다음과 같다.

$$k = \frac{Q}{0.7\ h}\ [\mathrm{m/s}] \tag{7.6}$$

균질한 지반에 주입공(반경 r)을 통해 주입재(밀도 γ)를 주입하며, 주입체가 거의 구형으로 형성되며(그림 7.20 a), 이때 소요압력 p 는 다음과 같이 계산한다.

$$p - p_0 = \frac{Q \ \gamma\eta_1}{4\pi r k_0 \eta_0} \tag{7.7}$$

여기서, p_0 : 주입 시스템의 초기 압력

Q : 단위시간당 주입량

η : 주입재의 동점성계수

k_0 : 지반의 투수계수

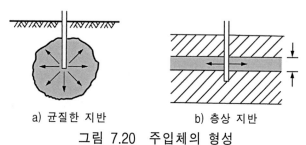

a) 균질한 지반   b) 층상 지반

그림 7.20 주입체의 형성

층상지반에서는 반경 r 인 주입공을 통해서 투수계수가 큰 지층으로 집중 주입되어 원반모양이나 실린더 모양으로 주입체가 형성되며(그림 7.20), 그때 소요압력 p 는 다음과 같다.

$$p - p_0 = \frac{Q \ \gamma\eta_1}{2\pi k_0 \eta_0 e} ln\frac{R}{r} \tag{7.8}$$

여기에서 e 는 주입 층 두께이고, R 은 주입영향권이다.

【예제】 다음의 설명 중 틀린 것이 있으면 정정하시오.

① 지반 내 주입은 강도증가와 차수가 주목적이다.

② 컨설리데이션 그라우팅은 지지력을 증대시키고, 투수성을 감소시키며 지반을 균질화, 등방화시키기 위하여 실시한다.

③ 주입재는 시멘트계, 점토계, 아스팔트계, 물유리, 약액 등이 주로 사용된다.

④ 시멘트는 강도증가에 효과가 있으나 투수성이 좋은 모래나 자갈 지반에만 적용된다.

⑤ 점토, 벤토나이트, 아스팔트는 주로 차수 목적으로 간극을 채우기 위해 주입한다.

⑥ 물유리는 점성이 커서 투수성이 좋은 지반에만 사용되며, 지하수의 수질에 의한 영향이 적고 차수성과 강도특성이 잘 개선된다.

⑦ 약액계 주입재로는 크롬리그린계, 아크릴산염계, 아크릴아미드계, 요소계 등이 있다.

⑧ 주입에 앞서서 지반 내에 공동, 절리, 균열, 간극상태 등을 조사한다.

⑨ 주입에 필요한 자료는 입도분포, 상대밀도, 투수계수, 간극율 등이 있다.

【풀이】 해당 없음

7.6.3 주입시공

주입재의 점성은 시간에 따라 서서히 증가하고 응결시간에 가까워질수록 점성이 커져서 시간이 지날수록 주입이 어려워지므로 주입 중에 점진적으로 주입압 (injection pressure) 을 올려야 한다. 그러나 주입압이 과다하면 국부적으로 지반파괴가 일어나서 주입재가 지표로 흘러나오는 통로가 형성된다. 따라서 주입압은 대개 덮개압력 즉, 덮개지반의 자중보다 작도록 깊이 $1\,\mathrm{m}$ 에 대하여 $0.1 \sim 0.2\,kgf/cm^2$ 까지로 한다.

주입재의 응결시간이 너무 짧으면 주입관이 막히거나 예정범위까지 균일하게 주입되지 않고, 너무 길면 예정 외의 범위까지 주입재가 침투한다. 주입관은 보링하거나, 타설하거나 워터제팅으로 원하는 깊이까지 삽입하여 주입재를 주입한다.

주입재를 효과적으로 주입하기 위해서 다음 방법들이 적용된다.

① 반복주입

지반이 불균질하여 투수계수에 변화가 있는 경우에는, 먼저 점성이 비교적 큰 조립의 주입재를 주입한 후에 다른 주입공에서 점성이 작은 주입재를 반복주입한다.

② 단계주입

지반은 깊이에 따라 투수계수와 간극수압이 다르므로 개량할 지반을 깊이에 따라 여러 구간으로 나누고 각각 다른 조건으로 주입한다. 목적하는 심도까지 보링한 후에 주입관을 인발하면서 주입하면 경제적이지만 때에 따라 주입재가 주입관을 통해 분출할 때가 있다. 따라서 안전하게 지표에서 하부로 내려가면서 보링하고 주입하는 과정으로 단계주입한다.

③ 유도주입

균질한 지반에서는 주입재가 방사상으로 확산되지만 투수성이 큰 지층이 있으면 그 방향으로 흐름이 집중된다. 주입재의 흐름방향을 인위적으로 규제하거나 주입을 쉽게 하기 위하여 웰 포인트나 전기침투 등의 도움을 빌리는 경우가 있는데 이를 유도주입이라 한다.

주입시공에는 불확실 요소가 많으므로 원하는 범위에 충분하고 균일하게 시공되었는지 확인해야 한다. 따라서 시공 후 다수의 보링이나 사운딩을 실시하여 주입성과를 확인해야 한다.

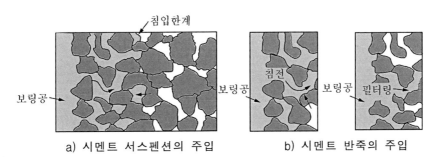

a) 시멘트 서스펜션의 주입   b) 시멘트 반죽의 주입

그림 7.21 주입과정

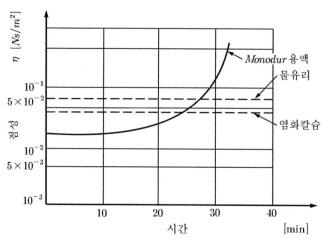

그림 7.22 시간에 따른 주입재 특성의 변화

7.6.4 특수 주입

주입을 통한 지반개량방법은 적용 예가 비약적으로 증가하고 있으며, 시공성이 좋고 환경 친화적인 주입재와 시공법이 개발됨에 따라 적용대상지반이 점점 확대되고 있다.

그 중에서 효과가 입증되어 일반화되고 있는 것으로 젯트 그라우팅법과 분말재를 사용하는 방법들이 있다.

1) 젯트 그라우팅

일반적으로 주입가능성은 간극이 큰 경우에는 제한이 없으나 간극이 작은 경우에는 투수계수가 $k > 5 \times 10^{-8}$cm/s 로 한정된다. 따라서 투수계수가 아주 작은 지반에서 고압의 물이나 현탁액을 회전하면서 분사하면 한정된 범위내의 지반이 교란되어 현탁액과 혼합되며 고결된 후에는 말뚝형태로 시반이 개량된다.

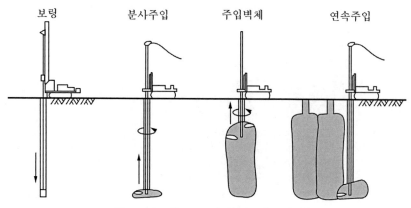

그림 7.23 젯트 그라우팅 시공순서

이때에 회전속도를 조절하면 혼합영역의 크기와 모양을 변화 시킬수 있고 지중벽체도 만들 수 있다 (그림 7.23). 이러한 주입방법을 젯트 분사 그라우팅이라고 한다.

젯트 분사그라우팅은 그밖에 '소일크리트 (soilcrete)', '젯트 그라우팅 (jet grouting)', '로드 인 젯트 (roadinjet)', 'HDI공법' 등으로도 불리우며 주입재는 대개 시멘트나 실리카 및 소일 크리트가 있으며, 지반의 종류에 따라 그림 7.25 과 같이 적용할 수 있다. 지반의 강도와 차수성이 향상되며, 터널에도 적용할 수 있고 (그림 7.24), 약액주입 등이 곤란한 순수한 실트나 풍화암류에도 효과가 좋다 (그림 7.25). 젯트 분사그라우팅은 차수목적 뿐만 아니라 지반 굴착과 터널 등의 지반보강 목적으로 또는 기존구조물의 보강목적으로 적용할 수 있다.

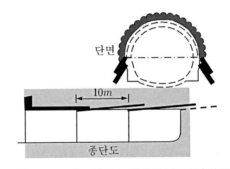

그림 7.24 젯트분사그라우팅의 터널적용

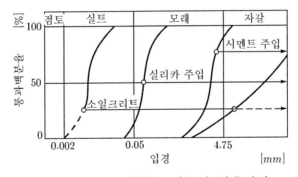

그림 7.25 젯트분사 그라우팅 적용지반

2) 분말계 주입

지반의 간극을 세립의 분말로 채우면 흙의 역학적 특성과 차수성이 향상된다. 벤토나이트뿐만 아니라 고분말도 시멘트를 사용하여 조립모래가 12 % 까지 섞인 자갈에도 주입할 수 있다. 모래를 더 많이 함유하면 실리카계통의 약액을 주입한다.

최근에는 초미립 ($d < 2\,\mu$m) 규사 (SiO_2) 나 CaO ($d < 8\mu$m) 등을 물과 섞어 주입하는 방법도 적용되고 있다. 초미립 규사를 개발자 제안대로 마이크론에스 (Micron S) 라고 한다.

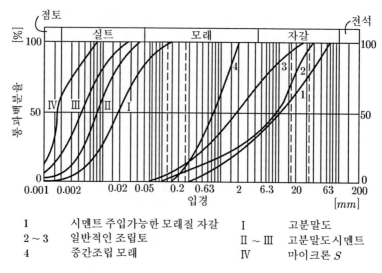

그림 7.26 분말계 주입재의 지반에 따른 적용한계

그림 7.26 은 분말계 주입재의 지반에 따른 적용한계를 나타낸다. 여기에서 입도분포곡선 1은 보통의 주입용 시멘트를 주입할 수 있는 자갈질 모래지반이며, 입도분포곡선 2 와 3 은 시멘트를 주입할 수 없는 지반이다. 고분말도 시멘트의 주입 가능성이 모래 함유량에 매우 민감한 것을 알 수 있다. 고분말도 시멘트는 중간조립 내지 조립 모래에 (곡선 4) 적용할 수 있다. 곡선 2 와 3 은 그 적용한계이다. 마이크론에스의 시험결과 주입대상지반의 입도와 간극의 크기에 따라 분말재의 크기가 다음과 같이 제시되어 있다.

$$\frac{d_{10s}}{d_{90i}} > 10, \ \frac{d_s}{d_{90i}} > 3 \tag{7.9}$$

여기서, d_{10s} 는 주입대상지반의 유효입경, d_{90i} 는 분말재의 90 % 통과입경이다. 수입대상지반의 상대밀도가 크거나 균등계수가 크면 위의 한계 값 보다 큰 값을 적용한다.

【예제】 다음의 설명 중 틀린 것이 있으면 정정하시오.

① 주입재의 점성 때문에 주입 중에는 점진적으로 주입압을 올려야 한다.

② 주입압은 곧 간극수압에 추가되어 어느 한계 이상 커지면 지반 내 유효응력이 영이 된다.

③ 주입재는 반복하여 단계적으로 주입해야 효과가 좋다.

④ 주입성과는 시공 후에 보링이나 사운딩을 실시하여 확인한다.

⑤ 젯트 분사 그라우팅은 투수계수가 큰 지반에 적용하며, 실트나 풍화암류에도 효과가 좋다.

【풀이】 ⑤ 투수계수가 작은 지반

7.7 배수를 통한 지반개량

점성토는 공학적 특성이 함수비에 따라 다르고 투수계수가 작아서 압밀이 일어나는 데 많은 시간이 소요된다. 따라서 구조물의 기초지반으로 부적합하여 개량해야 할 경우가 많으며 대개 치환하거나 배수를 통해 함수비를 낮추는 방법을 적용한다. 연약점성토는 연약지층이 얇거나 개량 대상지역이 넓지 않으면 치환이 가능하지만 개량범위가 넓거나 지층이 두꺼우면 치환이 불가능하거나 비용이 많이 들어서 배수를 통한 지반개량공법(ground improvement by drain)이 일찍부터 발달되어 왔으며, 배수거리를 짧게(샌드 드레인, 페이퍼 드레인, 7.7.1절) 하고 수두차를 크게(프리로딩 7.7.2절, 웰포인트 7.7.3절, 진공압밀 7.7.4절)하여 간극수를 신속히 배출시키는 지반개량방법이 주종을 이루고 있다.

표 7.4 압밀·배수공법

공법		개량방법		적용지반	개량의 적합성			
					전단특성	압축특성	투수특성	동적특성
버티컬 드레인 공법	샌드드레인 공법	물리에너지	하중재하	점성토	상	상		중
	바이브로플로테이션 공법			점성토	상	상		
	프리로딩드레인 공법			매립토	상	상		
프리로딩공법				점성토	중	상		
샌드매트공법				점성토	중	중		
대기압(진공압밀)공법			대기압	점성토		상		
지하수위강하공법			양수	점성·사질토		중	상	
전기침투공법		전기에너지		점성토	상	중		
모세관 건조공법		화학에너지		점성토		중		
반투막공법				점성토		상		

7.7.1 샌드 드레인과 페이퍼 드레인

샌드 드레인(sand drain) 공법은 지반에 모래로 기둥모양의 연직투수층을 설치해서 배수거리를 짧게 하여 압밀을 촉진시켜 압밀시간을 단축하는 공법이고, 페이퍼 드레인(paper drain) 공법은 모래 기둥을 카드 보드(card board)로 대체한 공법이다. 샌드 드레인 공법이나 페이퍼 드레인 공법은 두꺼운 점성토 지반개량공법의 주류를 이루고 있고 원리적으로 동일하며, 투수층의 재료만 다를 뿐이다. 그러나 샌드 드레인에 비하여 페이퍼 드레인 공법은 다음과 같은 장단점이 있다.

- 시공속도가 빠르다. 페이퍼 드레인 공법에서 10 m 깊이의 연직투수층 설치에 소요되는 시간은 이동시간까지 포함해서 개당 2분, 샌드 드레인 공법에서는 개당 20분 정도이다. 보통 샌드 드레인과 같은 효과를 얻는데 페이퍼 드레인은 2~3배의 타설 갯수가 필요하지만, 시공속도는 페이퍼 드레인이 훨씬 빠르다.

- 타설 중 주변지반이 교란되지 않는다.
- 드레인 단면이 깊이 방향으로 일정하여 확실한 시공을 할 수 있다. 반면에 샌드 드레인은 도중에서 절단되는 경우도 많다.
- 배수효과가 양호하다. 페이퍼 드레인의 간격은 얼마든지 작게 시공할 수 있으므로 배수 거리를 더 작게 함으로써 그만큼 더 압밀을 촉진시킬 수 있다.
- 공사비가 저렴하다.
- 페이퍼 드레인은 장기간 사용하면 열화되어 배수효과가 감소한다. 장기간에 걸친 대규모 공사에서는 샌드 드레인이 확실하다.

1) 샌드 드레인과 페이퍼 드레인의 설계

압밀속도는 드레인 간격의 제곱에 반비례하고 드레인의 직경에 거의 비례하므로 공기를 단축하기 위해서는 드레인 직경을 크게 하기보다 드레인 간격을 작게 하는 것이 유리하다.

드레인은 정사각형 또는 정삼각형으로 배치하며 (그림 7.27), 지배영역은 정삼각형 배치일 때는 정육각형의 범위, 그리고 정사각형 배치일 때는 정사각형으로 한다.

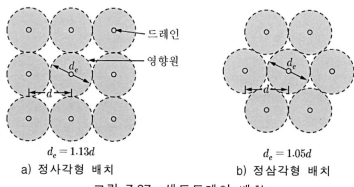

$$d_e = 1.13d$$
a) 정사각형 배치
$$d_e = 1.05d$$
b) 정삼각형 배치

그림 7.27 샌드드레인 배치

지배영역 내 간극수는 중앙에 있는 드레인에 흘러 들어간다고 가정한다. 이들 정사각형 과 정육각형을 같은 면적의 드레인의 영향원 (직경 d_e) 으로 치환하면 다음과 같다.

- 정삼각형 배치 : $d_e = 1.05\,d$
- 정사각형 배치 : $d_e = 1.13\,d$

원주형 점토층이 표면에 작용하는 상재하중에 의해 압밀될 때 압밀방정식은 다음과 같다.

$$\frac{\partial u}{\partial t} = C_v \frac{\partial^2 u}{\partial z^2} + C_h \left(\frac{\partial^2 u}{\partial r^2} + \frac{1}{r} \frac{\partial u}{\partial r} \right) \tag{7.10}$$

여기에서 u 는 (r, z) 점의 간극수압, C_v 는 연직방향 압밀계수, C_h 는 수평방향 압밀계수이다.

수평 및 연직방향의 투수를 고려한 전체 평균압밀도 U는 다음과 같으며, 드레인 간격이 길이의 절반 이하이면 연직방향의 투수는 무시한다.

$$U = 1 - (1 - U_h)(1 - U_v) \tag{7.11}$$

여기에서 U_h는 수평방향 평균압밀도이고, U_v는: 연직방향 평균압밀도이다.

수평방향 평균압밀도 U_h는 변형률이 균등한 경우에는 다음 식으로 나타낼 수 있다.

$$U_h = 1 - e^{-8T_h/\lambda} \tag{7.12}$$

여기에서 $T_h = \dfrac{C_h}{d_e^2} t$ 이고, $\lambda = \dfrac{n^2}{n^2 - 1} \ln n - \dfrac{3n^2 - 1}{4n^2}$ 이며, $n = \dfrac{d_e}{d_w}$ 이다.

따라서 샌드 드레인에 의한 압밀의 진행속도는 수평압밀 시간계수 T_h (time factor)와 샌드 드레인 영향원의 직경 d_e와 드레인의 직경 d_w에 대한 비 n, 즉, $n = d_e/d_w$의 함수이다.

2) 샌드드레인 시공

샌드드레인은 대체로 다음 순서대로 시공한다.

(1) 샌드매트 설치

연약지반 표면에 두께 약 $50\,cm$ 정도로 양질의 모래층 즉, 샌드 매트를 포설하여 샌드 드레인에서 배수되는 물을 측방으로 흐를 수 있게 하고, 장비이동을 가능하게 한다.

(2) 샌드드레인 설치

샌드 드레인은 다음 방법으로 설치하며 $20\,m$ 이상 깊어지면 공사비가 급격히 증가된다.

① 압축공기식 케이싱법

선단을 개폐할 수 있도록 제작한 특수케이싱을 항타하여 원하는 깊이까지 관입시킨 후에 케이싱에 모래를 투입하고 가득 채워지면 모래투입구를 닫고 압력 $5kgf/cm^2$ 정도 압축공기를 가하면서 케이싱을 서서히 인발한다 (그림 7.29). 인발 중에 케이싱내벽의 마찰로 인하여 모래기둥이 끊어지는 일이 없도록 유의한다.

② 워터제트식 케이싱방법

케이싱내부에 워터제트로드를 삽입하여 케이싱선단과 워터제트노즐의 위치를 같게 한 후에 물을 분사하면서 서서히 관입시키면 지반이 교란되어 물과 함께 유출된다. 소정의 깊이까지 관입되면 워터제트 로드를 움직여서 케이싱내부를 청소한 후 모래를 투입하고 케이싱을 서서히 인발한다 (그림 7.30).

③ 오거 보링법

연약지반이 자립성이 가능하면 오거 등으로 굴착한 후에 모래를 투입하여 샌드드레인 기둥을 만드는 방법이며, 케이싱을 하지 않으면 시공깊이가 한정된다.

(3) 재하

지반 내 간극수의 압력수두를 높이기 위하여 지표에 성토하여 사하중을 가하거나, 지하수위를 강하시켜 유효상재하중을 가하는 방법이 있으나, 지하수위 강하로 인해 주변지반이 침하되어 여러 가지 문제가 발생될 수 있으므로 대개 성토방법을 적용한다. 그밖에 진공공법을 적용하여 대기압을 이용할 수도 있다.

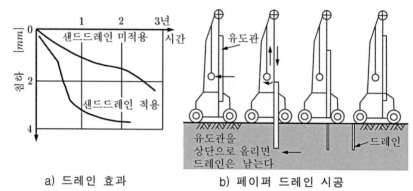

a) 드레인 효과 b) 페이퍼 드레인 시공

그림 7.28 페이퍼드레인 설치

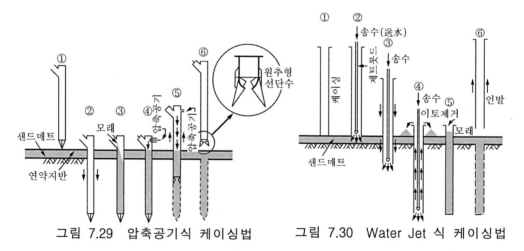

그림 7.29 압축공기식 케이싱법 그림 7.30 Water Jet 식 케이싱법

7.7.2 프리로딩 공법

구조물을 축조하기 전에 미리 하중을 재하(pre-loading)하여 큰 수두차를 발생시켜서 압밀을 촉진시킬 수 있으며, 대개 치환공법 등에 비하여 공사비가 저렴하다. 도로의 성토와 항만의 방파제 등과 같이 구조물 자체를 재하 하중으로 사용할 수 있고, 지반개량 후에 하중을 제거할 필요가 없을 때에 유리하다. 압밀침하가 조기에 종료되며, 구조물에 해로운 잔류침하가 적고 압밀에 의한 지반의 강도증가로 기초지반의 전단파괴를 방지할 수 있다(그림 7.31). 그러나 매우 연약한 점성토층에서는 프리로딩으로 인하여 지반이 전단파괴 되지 않도록 여러 단계로 나누어 소량재하 해야 하기 때문에 공기가 더욱 장기화될 수 있다.

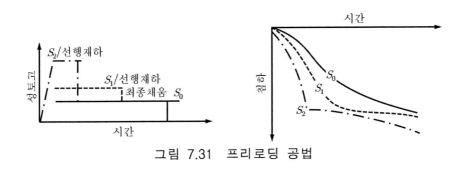

그림 7.31 프리로딩 공법

1) 프리로딩 적용

프리로딩 공법은 소요공기가 길기 때문에 사전에 잘 검토하여 적용해야 한다. 압밀소요시간 t 는 점성토층 두께 H 의 제곱에 비례하며 압밀계수 C_v 에 반비례하므로 즉, $t = TH^2/C_v$ 압밀계수가 작고 두께가 두꺼운 점성토층에서는 압밀소요시간이 너무 길어서 이 공법을 단독으로 적용하지 않고, 샌드 드레인(sand drain)이나 페이퍼 드레인(paper drain)을 병용하게 된다. 압밀의 진행은 시간이 경과함에 따라 늦어져서 프리로딩 공법을 적용하여도 압밀이 완전히 종료되지 않고 다소의 압밀침하가 잔류한다.

재하성토 할 때에 재하성토를 작게 하면 압밀시간이 길게 요구되어 공사기간이 길어지고 압밀시간을 너무 짧게 취하여 재하 성토량이 너무 크면 지반파괴가 일어날 수 있다. 따라서 재하성토가 과다하여 지반이 활동파괴 되지 않도록 필요하중을 여러 단계로 나누어 가하며, 최종재하단계의 안정을 검토하고 이 하중을 여러 단계로 나누어 단계마다 강도증가를 고려하여 활동에 대한 안정성을 검토하면서 제 1단계부터 성토형상을 정한다. 활동파괴에 대한 안정을 확보하기 위해서 성토사면을 너무 완경사로하면 토공량이 너무 많아진다.

2) 프리로딩에 의한 침하

크기 Δp 인 프리로딩에 의한 압밀침하량을 계산할 때에는 지층전체 두께 $2H$ 에 대한 평균압 밀도 U 를 적용한다.

$$s = 2 H m_v \Delta p U \tag{7.13}$$

여기서, m_v 는 점성토의 체적압축계수를 나타낸다.

3) 프리로딩에 의한 강도 증가

압밀이 진행됨에 따라 지반의 강도는 증가되며, 강도증가량 ΔC 는 점성토층의 깊이에 따라 압밀도가 다르므로 이를 고려해서 계산한다.

$$\Delta C = (c/p) \Delta p U \tag{7.14}$$

여기에서 c/p 는 토질시험에서 구한 강도 증가율이고, Δp 는 성토 하중이다.

압밀 완료 후에 프리로딩 하중의 일부 또는 전부를 제거하면 점성토는 약간 팽창하여(압밀량의 10 % 정도 팽창) 강도가 저하되며 이는 구조물의 장기적 안정에 나쁜 영향을 주기 때문에 제거하중이 큰 경우에는 이 영향을 고려한다.

4) 프리로딩 공법의 시공

프리로딩 공법을 효과적으로 시공하기 위해서 항상 다음과 같은 내용대로 계측하거나 검사한다.

- 침하판을 설치하여 침하를 측정한다.
- 압밀침하는 압축특성을 나타내는 체적압축계수 m_v 뿐만 아니라 압밀속도를 결정하는 압밀계수 C_v 에 의해서 지배되므로, 침하관측만으로는 현재 압밀도 U 가 몇 % 인지를 알 수 없고 간극수압의 감소는 압밀계수에 의해서만 영향을 받는다. 따라서 침하관측과 동시에 점성토층의 간극수압을 측정한다.
- 점성토층은 프리로딩에 의해 강도가 증가되며 보통 일축압축시험을 실시하여 강도증가를 확인한다. 강도 확인을 위해 필요한 소요 보링 개수가 너무 많으면 신속하고 간편한 사운딩을 병행하여 보링 개수를 줄인다.
- 여러 가지 계측과 시험에 의한 데이타를 분석하고 압밀상황을 파악하기 위해서 재하성토에서 성토고와 단위중량을 측정하여 재하조건을 명확하게 파악해야 한다.

【예제】 다음 설명 중 틀린 것이 있으면 정정하시오.

① 연약한 점성토지반은 하중·대기압 등의 물리에너지와 전기 및 화학에너지를 가하여 개량한다.
② 프리로딩 공법은 치환공법에 비하여 공사비가 저렴하고 공기가 짧으며, 개량후 하중을 제거할 필요가 없을 때 유리하다.
③ 프리로딩 공법의 소요공기는 점성토층의 두께의 제곱에 비례하고 압밀계수에 반비례 한다.
④ 프리로딩에 의한 압밀침하는 전체지층의 두께에 대한 평균 압밀도를 적용하여 계산한다.
⑤ 프리로딩에 의한 강도증가는 점성토층 깊이에 따라 다른 압밀도를 적용하여 계산한다.
⑥ 프리로딩 시공 중에 침하관측으로 압축특성과 압밀속도를 알 수 있다.
⑦ 프리로딩에 의한 강도 증가는 일축압축시험을 실시하여 확인한다.

【풀이】 ② 공기가 길다.
⑥ 압밀속도는 간극수압을 측정하여 알 수 있다.

7.7.3 웰 포인트 공법

웰 포인트 공법(well point method)은 웰 포인트라는 강제흡수관을 지중에 설치하고 진공을 가해서 지하수를 강제로 배수하여 지하수위를 저하시키는 공법이다.

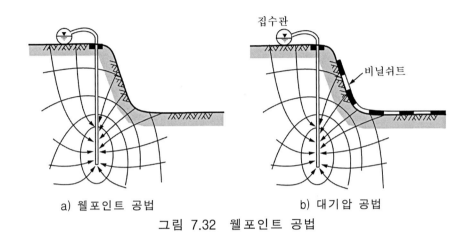

집수관

비닐쉬트

a) 웰포인트 공법   b) 대기압 공법

그림 7.32   웰포인트 공법

1) 적용조건

흙 입자가 미세할수록 투수성이 작아 설치간격이 작아지기 때문에 경제성이 떨어지지만 간편한 설비로 진공을 작동시킬 수 있는 웰 포인트가 개발되어 세립사질토에서 실트질 모래에 이르는 지반에까지 적용 가능해짐에 따라 경제성이 높아졌다. 그러나 입자가 매우 작은 점성토에서는 진공효과가 없으므로 웰 포인트 공법은 무의미하고 전기침투공법이 적용된다.

웰 포인트 공법은 지반굴착 시 배수와 보일링의 방지뿐만 아니라 점성토층의 압밀촉진에도 적용된다. 압밀을 빨리 끝나게 하기 위하여 대개 샌드 드레인 공법과 병용하며, 별도로 재하할 필요가 없으므로 재하시 안정문제가 발생되는 초연약 지반에 적합하다.

웰 포인트 공법에서는 먼저 소정의 지하수위를 유지하는데 필요한 배수량을 산출하고 그에 준하여 기기의 수량과 배치를 결정해서 지하수위의 강하시간을 계산하여 소요공기와 비교해서 다르면 소요공기와 같아질 때까지 기기의 배치와 수량을 변경한다.

투수계수가 $1 \times 10^{-1} \sim 1 \times 10^{-4} cm/\sec$ 인 지반에 적합하며, 투수계수가 이보다 큰 지반에서는($k > 1 \times 10^{-1} cm/\sec$) 절대배수량이, 투수계수가 작은 지반에서는($k < 1 \times 10^{-4} cm/\sec$) 수위 강하시간이 설계지배요소가 된다.

2) 배수량

웰 포인트에서 배수량계산에는 Thiem 의 유량식(식 7.15)을 많이 적용하며, 불투수층까지 굴착한 반경 r_0 인 우물의 배수량 Q 와 강하된 지하수위 h_0 의 관계는 다음과 같다.

$$Q = \frac{1.36k(H^2 - h_0^2)}{\ln R/r_0} \qquad (7.15)$$

여기에서 H 는 대수층의 자연수위이고, R 은 양수영향권이다.

대수층 상부에 불투수층이 있어서 지하수가 피압상태인 경우에 대수층의 두께를 d 라고 하면 다음과 같이 유량 Q 를 구할 수 있다.

$$Q = \frac{2.72kd(H^2 - h_0^2)}{\ln R/r_0} \qquad (7.16)$$

또한, 웰 포인트의 설치범위를 면적이 같은 대구경 우물(반경 r_0)로 대체하고 위 식을 적용하여 필요한 배수량을 산출할 수 있다.

이때에 양수영향권 R 은 대체로 다음식과 같으며 투수계수에 따라 다르게 취한다.

$$R = (100 \sim 500)k + r_0 \text{ [m]} \qquad (7.17)$$

위의 유량계산식에서 영향권 R 에 따른 유량 Q 의 차는 근소하다. 그러나 투수계수 k 는 유량에 직접 비례하므로 현장 양수시험 등에 의하여 정확히 결정해야 한다.

투수계수 k 는 Hazen 식에 유효입경 d_{10} 을 적용하여 다음과 식으로 구할 수 있다.

$$k = 100 d_{10}^2 \qquad (7.18)$$

수두 H 와 h_0 는 하부 불투수층의 상부 경계면을 기준으로 정의하는 높이이다. 투수층의 하부에 불투수층이 없을 때에도 하부 층의 투수계수가 상부 층의 투수계수보다 $1/10$ 미만이면 용출수량이 상부 층에 비해서 $1/10$ 미만이기 때문에 상대적으로 불투수층으로 간주해도 무방하다.

7.7.4 진공압밀 공법

진공압밀 공법(vacuum consolidation method)은 대기압을 하중으로 이용하므로 대기압 공법(atmospheric pressure loading)이라고도 하며, 공기가 통하지 않는 비닐 쉬트 등으로 지표면을 덮고 진공펌프로 지반내의 압력을 감소시켜서 대기압을 하중으로 이용하는 공법이다.

즉, 진공압밀 공법은 침투압 공법이나 웰포인트 공법과 같이 점성토 중의 간극수압을 감소시키고 유효응력을 증가시켜 압밀을 촉진시키는 방법이며, 하중재하를 필요로 하지 않으므로 지표면이 연약하여 성토가 곤란한 매립지나 나중에 성토하중을 반드시 제거해야 하는 경우에 적합하다. 진공압밀 공법은 침투압 공법과 달리 하중 재하를 병용하기가 비교적 쉽다. 웰 포인트 공법에서는 압력이 내려감에 따라 지표면부터 공기침입이 심해 압력저하가 어렵지만 진공 공법에서는 표면을 덮은 비닐막이 공기의 침입을 막으므로 압력저하가 용이하고, 수심이 깊은 해저에서는 대기압과 병용하여 수압을 재하중으로 이용할 수 있다.

진공압밀 공법은 단독으로 적용하여 프리로딩 공법과 같은 효과를 기대할 수 있다. 그러나 공기가 길어지고 유효응력의 증가량이 적기 때문에 보통 페이퍼 드레인공법 등과 병용된다. 진공 공법에서는 이론적으로 $100kN/m^2$ 까지 유효응력의 증가를 기대할 수 있지만, 경험적으로 $70kN/m^2$ 정도가 한계이다. 웰 포인트 공법에서는 압밀기간 중에 지속적으로 펌프를 가동시켜야 하므로 공기의 유지관리를 위하여 관리의 자동화가 필요하다.

【예제】 다음의 설명 중 틀린 것이 있으면 정정하시오
① 페이퍼드레인과 샌드 드레인공법은 원리적으로 동일하다
② 페이퍼드레인은 샌드 드레인에 비하여 시공속도가 빠르고 지반교란이 적으며, 공사비가 저렴하고 장기간 사용하여도 배수효과가 우수하다.
③ 샌드 드레인의 압밀속도는 드레인의 간격의 제곱에 반비례하고 드레인의 직경에 비례한다.
④ 샌드 드레인은 20 m 이상 깊어지면 설치비용이 급격히 증가된다.
⑤ 웰포인트 공법은 흙입자가 미세할수록 설치간격이 작아져서 경제성이 떨어진다.
⑥ 점토에서는 웰포인트 공법이 적용된다.
⑦ 진공압밀공법은 간극수압을 감소시키고 유효응력을 증가시켜서 압밀을 촉진시킨다.
⑧ 진공압밀공법은 페이퍼드레인공법과 병용하여 효과를 높일 수 있다.

【풀이】 ② 장기간 사용하면 열화되어 배수효과가 떨어진다.
⑥ 점토에서는 웰포인트 공법이 부적당하다.

7.8 전기화학적 지반고결

전기화학적 지반고결 공법은 지하수의 전기화학적 특성 (7.8.1절) 또는 삼투 특성 (7.8.2절) 을 이용하거나 석회반응 시 발열 및 체적팽창 특성 (7.8.3절) 을 이용하는 지반개량 공법이다.

7.8.1 전기침투 및 전기화학적 고결

1) 전기침투 공법

물로 포화된 세립토 내에 전극을 설치하여 직류를 보내면 간극의 물은 (+) 극에서 (−) 극으로 흘러서 모인다. 이러한 전기침투 (electroosmosis) 현상을 이용한 공법을 전기침투공법이라 한다. (−) 극에 모인 물을 펌프로 배수하면 지반 내 함수비가 감소하여 전단저항은 증가하고 지지력은 커진다.

전기침투 공법은 비경제적이고 광범위한 지반개량에는 부적합하지만, 함수비를 단 몇 센트만 줄여도 전단강도가 현저히 증가하는 지반에 적용할 수 있다. 산사태 지대와 같이 현장조건이 재하하여 개량할 수 없는 조건이거나 기초지반을 보강하는 경우 등 특수한 조건에서는 유효하게 응용할 수 있다.

2) 전기화학적 지반고결공법

전기화학적 고결공법은 금속의 전기분해를 촉진시켜서 흙의 간극에 금속염을 침적시켜 지반을 경화시키는 방법을 말한다. 지반에 금속 전극을 설치하고 전류를 통하면 전기분해에 의하여 발생된 이온이 전류에 의해 운반되어 점토광물 표면에 부착되어 있는 이온과 교환되며, 결국 흙의 간극에 금속염이 쌓이게 된다. 따라서 전극의 금속재료 (주로 알미늄) 를 적당하게 선택하면 흙을 전기화학적으로 경화시킬 수 있다.

샌드 드레인 속에 음( )극을 실지하면 날수가 더욱 용이하다. 양(+)극으로 철근이나 레일 등 어떤 금속이라도 사용할 수 있으며 전기화학적 경화를 기대할 때에는 알루미늄 등을 사용한다. 전류를 보낸 직후에는 전기 소모량이 많으나 시간이 경과함에 따라 저하하므로 처음에는 전압을 낮게 하고 수시간 후에 적당히 높이는 것이 좋다. 음극의 주위에는 물이 모여서 오히려 함수비가 커지므로 음극과 양극을 교대로 통전하면서 배수한다.

7.8.2 삼투압공법

삼투압공법 (MAIS) 은 함수비가 큰 연약점토층에 반투막을 설치한 중공원통 (침투관) 을 등간격으로 삽입하고 그 속에 농도가 큰 용액을 넣어서 삼투현상을 이용하여 점성토중의 수분을 배출하는 방법이다 (그림 7.33). 반투막은 물 분자는 통과시키지만 용질은 통과시키지 않으므로 지반 내 물만 용액 측으로 흡수되어 지반의 함수비가 작아진다.

이때의 수두차 즉, 삼투압은 상재하중에 해당하며, 용액의 종류와 농도 및 온도에 따라 그 크기를 조절할 수 있어서 흔한 용액으로도 큰 압력을 만들 수 있다.

이 공법은 삼투현상을 이용하지만 점성토 중에 물을 배수하고 강도를 증가시키는 원리는 샌드드레인 공법과 같고, 대기압공법이나 웰 포인트 공법과 같이 상재하중을 가하지 않고서 간극수압을 작게 하여 유효응력을 증가시켜서 수두차를 발생시켜 압밀을 촉진시키는 공법이다.

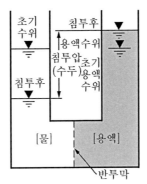

그림 7.33 침투압 원리

삼투압공법은 상재하중이 필요하지 않으므로 두께 1 m 정도 모래매트를 설치하기도 어려운 초연약 지반에서도 쉽게 시공할 수 있고, 연약지반 상 성토에 수반되는 안정문제가 없다. 용액이 물을 흡수하여 농도가 낮아져서 흡수효과가 저하되면 지속적으로 용질을 보급한다.

1) 반투막

반투막은 물 분자는 통과시키지만 용질의 분자를 통과시키지 않는 막이므로 투수성이 작고 매우 얇아야 하며, 국부적으로도 파손되지 말아야 한다. 보통 폴리비닐 알코올의 반투막을 두꺼운 섬유 사이에 삽입하고 나선모양으로 감아서 중공원통형으로 만들어서 사용한다. 중공원통은 직경이 클수록 흙과 접하는 면적이 넓어서 유리하며 보통 25 cm 정도로 한다.

중공원통은 보통 1.25 m 간격으로 정삼각형 배치하며 시공 깊이는 클수록 유효응력이 커져서 유리하다. 현재는 3 m 정도까지 시공이 가능하므로 대개 표층의 개량에 적용된다.

2) 용 액

용액은 물에 녹기 쉽고 분자의 크기가 크며 침투압이 큰 것이면 무엇이라도 좋고, 펄프나 섬유공장의 폐액 등을 이용할 수 있다. 생망초 ($Na_2SO_4 . nH_2O$) 등과 같은 공장폐액을 이용하면 경제적이다. 생망초와 같은 결정질 고체는 취급이 편리하고 효과적이다.

3) 투과수량

반투막에 의한 물의 흡수량은 투과속도, 즉 삼투압의 크기에 비례한다. 삼투압은 일반적으로 극히 크며 용액의 농도와 절대온도에 비례한다. 그러나 전 삼투압이 그대로 유효하게 작용되지는 않으며 토피압력 (총중량)에서 증기압을 뺀 것이 이론적 한계 값이다. 토피압력이 없는 지표면이나 실험실에서는 100 kPa 정도가 한계 값이다.

7.8.3 생석회말뚝공법 (quicklime pile method)

생석회가 물을 흡수하면 발열·반응하여 소석회가 되며 이때 부피가 2배로 팽창하며, 이 원리를 이용하기 위해 연약점성토에 생석회말뚝을 설치하는 지반개량공법을 생석회말뚝공법 (quicklime pile method) 이라 한다.

생석회말뚝은 주위 지반에서 수분을 탈취하여 부피가 커지면서 지반을 수평으로 압축하여 압밀을 촉진시켜 강도를 증가시킨다. 이때 발열반응이므로 지반을 건조시키는 효과도 있다. 또한, 지반과 석회의 접촉부분에서는 특정한 점토광물이 석회와 화학반응하여 탄산칼슘 등을 형성하므로 지반의 강도가 한층 더 증가한다.

생석회말뚝공법은 지반개량공법으로서는 역사가 짧지만 침투압공법과 같은 탈수효과, 소결공법과 같은 건조 및 화학반응효과, 프리로딩 공법에 유사한 압축효과 등을 동시에 가지기 때문에 장래 유망한 개량공법이다.

1) 흡 수

생석회의 화학반응에 필요한 물은 생석회 중량의 0.23배, 실체적비로 1.09배 정도이다. 반응 전 석회는 함수비가 영이어서 수분을 빨아들이는 힘 (suction) 이 커서 점성토 중의 수분이 석회말뚝 쪽으로 이동한다. 석회말뚝이 흡수하는 수량은 모세관 흡수량이며, 근사적으로 석회말뚝이 포화되는데 필요한 수량으로 간주한다.

2) 발 열

생석회가 물을 흡수하여 소석회가 되는 반응은 발열반응이며, 발열량은 생석회 1 kg 당 279 kcal 이며, 발열량의 일부는 지반의 온도상승에 소비되고 전도, 복사, 대류 등에 의해서 소산되며 일부는 물의 증발을 촉구하여 지반을 건조시키는 효과를 나타낸다. 물의 증발에 기여하는 유효열량의 크기는 지반개량구역의 크기와 온도 등에 의해 영향을 받으나 잘 알려져 있지는 않다. 그러나 보통 석회말뚝에 근접한 일부 주변지반에만 열이 가해지며 전체적으로는 열의 효과를 그다지 기대할 수 없다.

3) 팽 창

석회말뚝은 반응 후에 체적이 팽창하며 팽창한 체적의 일부는 지반을 전단변형 시켜서 히빙 등이 발생되지만 대부분의 팽창체적은 지반을 횡방향으로 압축 및 탈수시켜서 압밀을 촉진시킨다. 석회말뚝은 지반의 탈수건조효과가 크며 팽창효과는 보조 역할을 할 때가 많다.

4) 화학반응

석회와 점토광물의 화학반응은 점토광물의 종류에 따라 다르며, 시간적으로 반드시 빠르지는 않지만 이로 인한 강도증가효과가 탈수건조효과에 의한 강도증가보다 훨씬 크고 일축압축강도가 $1 \sim 3\,MPa$ 이 될 경우도 있다.

이 반응은 석회와 점성토가 서로 접하는 약 $5\,cm$ 정도의 주변영역에 한정지만, 발열량이 커서(최고 $400\,℃$) 오히려 시공 도중에 문제가 발생될 때가 많으며 생석회가 인체에 유해하므로 특히 호흡기와 신체에 접촉되지 않도록 주의하여 취급해야 한다.

생석회말뚝공법에서는 탈수에 의하여 지반이 수축하는 대신에 석회말뚝이 팽창하므로 다른 개량공법에서와 같은 심한 침하는 일어나지 않는다. 또한 생석회말뚝이 보통말뚝의 기능도 갖기 때문에 응력이 말뚝에 집중되어서 점성토지반의 침하가 상당히 경감된다.

【예제】 다음 설명 중 틀린 것이 있으면 정정하시오.

① 포화 세립토 내에 전극을 설치하여 직류를 통전하면 간극의 물이 (−)극으로 모인다.
② 지반에 금속 전극을 설치하여 직류를 통하면 흙의 간극에 금속염이 쌓여 경화된다.
③ 침투압공법은 초연약 지반에 적용할 수 있고 성토에 따른 안정성문제가 없다.
④ 생석회는 물을 흡수하면 발열되고 부피가 2배로 팽창한다.
⑤ 생석회말뚝공법은 탈수효과, 건조효과, 화학반응효과, 압축효과 등을 갖는다.
⑥ 생석회말뚝공법을 적용하면 지반은 탈수되어 수축하지만 석회말뚝이 팽창하여 전체 침하는 적게 일어난다.

【풀이】 해당 없음

7.9 열을 이용한 지반개량

지반을 동결시키면 강도가 증가하고 완벽한 불투수 특성을 갖는 원리를 이용하여 터널이나 굴착공간을 한정된 시간동안 안정시키는 목적으로 지반을 동결시키는 공법을 지반동결공법 (7.9.1 절) 이라고 하며, 최근 들어 적용사례가 급증하고 있다.

점성토에 열을 가하여 건조시키면, 지반의 컨시스턴시가 변화하여 역학적 특성이 개선된다. 이러한 원리를 이용하는 지반개량공법을 소결공법 (7.9.2 절) 이라고 하며, 아직은 적용사례가 많지 않다.

표 7.5 열이용 공법

공 법	개량방법	적용지반	개량의 적합성			
			전단특성	압축특성	투수특성	동적특성
동결공법	열에너지	점성토	상		상	
소결공법		점성토	상	상	중	

7.9.1 지반동결

지반동결공법 (ground freezing method) 은 동결관을 지반에 삽입하고 그 속에 액체질소 등 냉매를 통과시켜 주변지반을 동결시켜서 지반을 강도가 크고 불투수성이 높은 특성을 갖는 동결토로 만드는 공법이다.

농결공법은 1862 년 영국에서 비롯되었고 최근에는 세계 각처에서 자주 사용된다. 지반의 동결특성은 제 9 장에서 상세하게 언급되어 있으므로 여기에서는 개략적으로만 설명한다.

동결공법은 터널이나 (그림 7.34) 수직갱뿐만 아니라 깊은 굴착공간의 안정에도 적용되며 지반의 함수비가 충분하기만 하면 모든 토질에 적용이 가능하다.

동결공법은 주입공법을 적용할 수 없는 실트질 지반에서도 적용가능하며 동결흙벽은 강성이 클뿐만 아니라 가장 확실한 차수벽이다. 동결지반의 강도는 동결온도에 따라 다르며 시간에 따라 변화한다.

동결공법은 다음과 같은 장단점이 있다.

• 장 점 :
  – 모든 토질에 적용이 가능하다.
  – 동결지반의 강도는 원지반 강도의 수 배에서 수십 배로 대단히 크다.
  – 고결범위와 고결정도가 균일하다.
  – 동결지반은 차수성이 우수하며, 콘크리트나 암반과의 부착상태도 완전하고 강
    하다.
  – 동결지반의 자연해동속도는 $0.5 \sim 1.0\,\text{cm/day}$ 로 늦어서 정전 등으로 인한 예기
    치 않은 사고가 발생되는 일이 거의 없다.
  – 공사가 완료된 후에 별도의 해체비용이 들지 않는다.

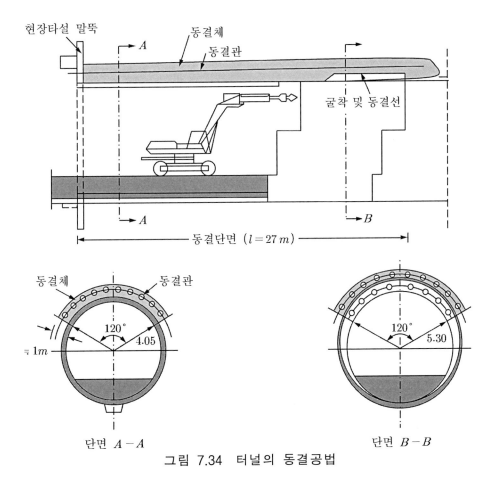

그림 7.34 터널의 동결공법

- 단 점 :
  - 간극수가 동결되면 지반의 부피가 팽창하여 지반과 구조물을 밀어 올린다. 반대로 간극수가 해동되면 지반이 이완되고 컨시스턴시가 달라질 수 있다.
  - 지하수가 흐르는 경우에는 효율이 떨어지며 지하수의 유속이 20 m/day 이상인 지반에서는 동결이 불가능하다.
  - 일반적으로 동결공법의 공사비는 다른 재래공법보다 비싸다. 따라서 다른 공법으로는 시공이 곤란하거나 공기가 부족한 경우에 한정하여 적용된다.

7.9.2 지반소결

지반소결공법(ground burning method)은 지반을 연직 또는 수평으로 보링하고 보링공 속에서 액체 또는 기체연료를 태워서 주위지반을 가열하거나 지반 내 물을 증발시켜 함수비를 낮추어 지반의 강도를 증가시키는 공법이며, 주로 점성토에 적용한다.

소결공법은 기초의 지지력 증대와 침하억제 및 지반의 활동파괴억제 등을 목적으로 적용하지만 아직은 해결해야 할 문제점이 많은 공법이다.

【예제】 다음 설명 중 틀린 것이 있으면 정정하시오.

① 지반을 동결시키면 강도가 증가하고 완벽한 차수성을 갖는다.
② 동결공법은 함수비만 충분하면 모든 지반에 적용 가능하다.
③ 지하수가 빠르게 흐르는 경우에도 동결공법을 적용할 수 있다.
④ 동결공법의 공사비는 기타 재래공법보다 비싸다.
⑤ 소결공법을 적용하면 지지력증대, 침하억제, 활동파괴억제 효과가 있다.
⑥ 소결공법은 모든 지반에 적용가능하다.

【풀이】 ③ 지하수 유속이 20 m/day 이상이면 적용할 수 없다.
⑥ 소결공법은 점성토지반에 주로 적용한다.

【연습문제】

【문 7.1】 지반개량의 목적과 원리를 개략적으로 설명하시오.

【문 7.2】 지반을 일시적으로 개량할 수 있는 방법을 설명하시오.

【문 7.3】 점성토의 개량원리와 방법을 설명하시오.

【문 7.4】 사질토의 개량원리와 방법을 설명하시오.

【문 7.5】 치환공법의 개량방법과 적용지반 및 개량특성을 설명하시오.

【문 7.6】 표면 지반다짐시에 발생하는 다짐토압에 대해서 설명하시오.

【문 7.7】 정적다짐장비와 동적다짐장비의 지반에 따른 적용성과 그 이유를 설명하시오.

【문 7.8】 다짐하여 뒷채움한 옹벽의 설계토압을 정하고 이유를 설명하시오.

【문 7.9】 표면다짐시공에서 다짐상태를 관리하는 방법을 설명하시오.

【문 7.10】 일반 성토다짐과 기존의 두꺼운 지층의 다짐의 차이점을 설명하고 적합한 다짐 방 법을 제시하시오.

【문 7.11】 사질토의 심층다짐방법과 구체적인 공법을 제시하고 설명하시오.

【문 7.12】 햄머링 컴포저 공법과 바이브로 컴포져 공법을 설명하고 상호 비교하시오.

【문 7.13】 바이브로 플로테이션 공법과 바이브로 컴포저 공법을 각각 설명하고 차이점을 비교하여 검토하시오.

【문 7.14】 폭파다짐조건과 적용지반, 방법과 문제점을 설명하시오.

【문 7.15】 점성토를 심층 다짐하는 방법과 문제점을 설명하시오.

【문 7.16】 주입의 일반적인 특성과 문제점 및 해결방안을 설명하시오.

【문 7.17】 압밀 탈수공법의 개량방법과 적용지반 및 개량특성을 설명하시오,

【문 7.18】 샌드 드레인과 페이퍼 드레인을 비교설명하고 우열을 가리고 이유를 말하시오

【문 7. 19】 웰포인트 공법과 진공압밀공법을 설명하고 차이점을 말하시오.

【문 7.20】 침투압공법의 특성과 적용성을 설명하시오.

【문 7.21】 생석회말뚝공법을 설명하고 적용가능성을 말하시오.

【문 7.22】 지반동결공법의 지반에 따른 적용성을 설명하시오.

제 8 장   구조물 방수

8.1 개 요

구조물의 일부 또는 전부가 지하수위 아래에 설치되거나, 유해물질을 포함하고 있는 지반으로부터 구조물과 내부시설을 보호하기 위해서 물이나 습기가 구조물 안으로 유입되는 것을 방지하는 작업을 방수 (waterproofing) 라고 한다.

지하수 방수 (8.2 절) 의 형태와 구성은 지하수의 상태, 유해물질 포함여부, 주변지반이나 내부시설의 종류 및 지하공간의 용도에 따라 결정되므로 철저한 방수조사를 실시하여 방수원칙을 준수하여 시공한다. 방수는 압력이 없는 지하수 (8.3 절) 와 압력수 (8.4 절) 에서 다른 개념으로 실시하며, 터널 (8.5 절) 은 등급에 맞추어 방수한다.

8.2 지하수 방수

지반내에는 다양한 형태의 물 (8.2.1 절) 이나 습기가 존재하며 구조물내로 유입되면 전체 구조물이 기능을 상실하거나 구조물의 기능과 가치가 떨어질 수 있다. 지하수 방수형식 (8.2.2 절) 은 압력의 유무에 따라 정한다. 지하수 방수는 기본원칙 (8.2.3 절) 을 준수하여 시공한다.

8.2.1 지반내의 물

지반에는 여러 가지 형태의 물이 존재하면서 지하공동이나 지반의 절리 및 간극을 채우고 있으며, 정체되어 있거나 흐르면서 지반의 거동이나 구조물에 영향을 미친다.

강우에 의한 물이 증발하지 않거나 지표를 흘러가지 않고 지반으로 스며 들어가면, 지반의 상태와 구성에 따라 다음과 같이 여러 형태로 지반 내에 잔류한다 (그림 8.1).

- **흡착수 (adsorbed water)** : 흙 입자 표면에 붙어있는 물로 얼거나 오븐에서도 증발하지 않고 세립토의 역학적 거동을 좌우한다.
- **모관수 (capillary water)** : 모세관현상에 의하여 지하수위 상부에 있는 흙의 간극에 존재하는 물이다.

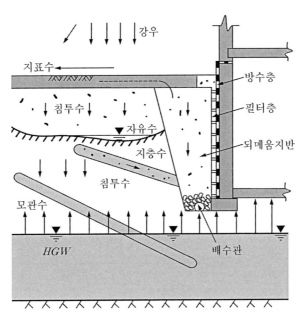

그림 8.1   지반내 물의 형태

· 침투수 (seepage water) : 투수계수가 큰 ($k > 10^{-4} m/s$) 지반 등에서 지표로부터 흙속으로 스며들어서 지하수에 합류하는 물이다. 투수계수가 작은 점성토에서는 오랜 시간이 지나야 지하수에 합류되며, 때로는 정체상태로 있기도 한다.

· 자유수 (free water) : 투수계수가 큰 지층의 하부에 있는 불투수성 지층의 상부경계면에 고여서 수평인 수면을 이루고 있는 물이다.

· 지층수 : 점성토층 사이에 끼어있는 모래층에 고여 있는 물이며 지층 형상에 따라 자유수일 경우도 있다.

· 지하수 (ground water) : 지반 내에서 자유수면을 이루면서 중력에 의하여 간극을 따라 흐르는 물이며 흐름을 예측할 수 있다.

· 지표수 (ground surface water) : 강우에 의한 물이 증발하지 않거나 지반에 유입되지 않고 지표를 따라 즉시 흘러가거나 시간을 두고 서서히 흐르는 물이며, 수목이 우거지거나 초원 등에서 양이 많다. 지표수는 배수로를 설치하거나 지표에 불투수층을 설치하거나 또는 지표를 경사지게 해서 즉시 배수해야 구조물에 영향을 주지 않는다.

【예제】 다음에서 방수의 형태를 결정할 때 고려하지 않아도 되는 것은 ?

① 지하수 상태   ② 유해물질 포함 여부
③ 주변지반의 종류   ④ 지하공간의 용도 ⑤ 액성한계

【풀이】 ⑤ 액성한계

【예제】 다음에서 맞지 않는 것은?

① 지반 내 습기로부터 구조물을 보호하는 일련의 작업도 방수 작업에 속한다.
② 방수는 유해물질을 포함한 지반과 지하수로부터 구조물과 인명을 보호하기 위해 별도로 실시한다.
③ 침투수는 중력에 의하여 흐르며 수압을 작용시키지 않는다.
④ 모래지반에서는 대체로 지하수위가 수평을 이룬다.
⑤ 방수시공은 상부구조물 시공에 비해서 중요도가 떨어진다.

【풀이】 ⑤

표 8.1 지반의 종류에 따른 지반 내 물의 형태

지 반 종 류	지반 내 물의 이동	물의 지반 내 존재 상태
원지반	강우가 일시적으로 고임	지표수
투수성이 큰 자갈이나 모래	신속히 배수	침투수
투수성 작은 변화성 지반	고였다가 서서히 배수	자유수
투수성 지반이 경사지게 협재	경사방향으로 급속히 배수	지층수
투수성 크지 않은 실트질 모래	서서히 침투배수	침투수
투수성 매우 작은 실트나 점토	물을 유지하고 모세관현상으로 상승	모관수
모래질 지반	수평수위 유지	지하수

침투수 (seepage water)는 중력에 외히여 지반내의 절리나 투수층 및 간극을 흐르면서 수압을 작용시키지는 않는다. 그러나 투수계수가 작은 지층이나 구조물에 의하여 흐름이 차단되어 수위가 높아지면 정수압을 작용시킨다. 투수성이 작은 지반 내에 투수성이 큰 모래층이 얇게 끼어 있으면 (그림 8.2a) 시공 중에는 물이 증발하여 드러나지 않지만 구조물이 완공된 다음에 지표수가 이들 층을 통해 유입되어 구조물 주변 되메움 구간에 모이면 구조물에 영향을 미친다 (그림 8.2b).

원지반의 투수성이 작더라도 구조물시공 후에 투수성이 큰 흙으로 되메움하면 (그림 8.2c), 구조물 주변의 지표수가 유입되거나, 원지반에서 유출된 물이 합류하여 구조물 주변에 모인다. 이러한 경우에 방수 또는 배수 대책이 없으면 물이 구조물에 수압을 가하거나 구조물 내부로 유입된다. 흙속의 물이 구조물에 미치는 영향은 구조물과 지하수위의 상대적인 위치 및 지반상태에 따라 달라진다 (그림 8.3).

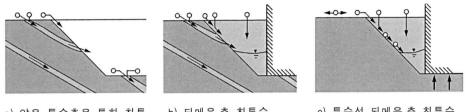

a) 얇은 투수층을 통한 침투   b) 되메움 층 침투수   c) 투수성 되메움 층 침투수

그림 8.2 침투수의 형태와 흐름

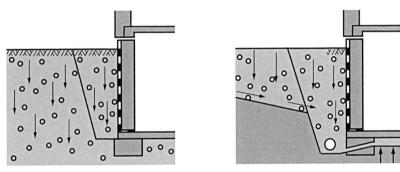

a) 비배수식 방수체계 (투수성 원지반)   b) 배수식 방수체계 (불투수성 원지반)

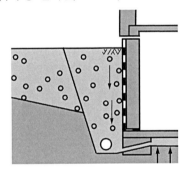

c) 비배수식 방수체계 (지하수 존재)

그림 8.3 지반상태와 되메움부분의 침투

8.2.2 지반내 물에 따른 방수형식과 방수조사

지하수는 여러 가지 형태로 구조물에 영향을 미치므로 현장의 지하수 상태를 확인하여 구조물 방수설계에 고려한다. 방수설계 및 시공 시 지반 내 물은 대개 다음 세 가지 상태로 구분하며 각각 가장 적합한 방수형식을 적용한다.

- 지반 내 습기 : 방습
- 무압 지하수 : 무압방수
- 압력 지하수 : 압력방수

1) 방수형식

압력이 없는 무압 지하수에 대한 무압 방수대책은 압력지하수에 대한 압력 방수대책과 같은 개념으로 실시하며, 다만 방수대책의 강도가 약할 뿐이다. 압력 방수대책은 비용이 많이 들고 완벽한 시공이 어렵기 때문에 가능하면 피한다.

표 8.2는 지반과 지하수 상태에 따른 방수방법을 나타낸다. 터널은 방수가 필요한 대표적인 구조물이다 (8.5 절).

표 8.2 지반과 지하수상태에 따른 방수방법

물의 형태		지 반	물의 상태	방수방법	방수내용
지반 내 습기 및 침투수		투수성 큰 모래지반 $k > 10^{-2} cm/s$	모세관 현상 $k > 10^{-1} cm/s$	방 습	덜 중요한 구조물 : 외벽 칠, 보통 이상 중요한 구조물 : 쉬트방수, 바닥방수
		약투수성 실트질 모래	고이지 않고 느리게 흐름	무압방수	보통 쉬트방수, 바닥방수
자유수 및 지층수	도관배수	약투수성 실트질 모래	물이 배수관에 $0.2\,m$ 미만깊이로 압력 없이 흐름, 최고지하수위가 지하실 바닥 아래	방 습	보통 이상 중요한 구조물 : 쉬트방수, 바닥방수
				무압방수	보통 쉬트방수, 바닥방수
	도관배수안함	약투수성 실트질 모래	최고지하수위가 지하실 바닥까지만 상승 가능	무압방수	보통 쉬트방수, 바닥방수
		약투수성 실트나 모래	지하수위가 지하실 바닥 위까지 상승	압력방수	일반 다층 외벽 방수, 피치쉬트 압착방수
지 하 수		모든 지반	지하수위 하부, 지속적 수압 작용	압력방수	일반 다층 외벽 방수 피치쉬트 압착방수

2) 방수조사

흙과 접촉하는 구조물에서 방수형식(waterproofing system)은 지반공학 전문가가 지반과 물의 종류 및 상태를 충분하게 조사하여 명확히 규명해서 결정해야 한다. 물에 의한 영향이 과소평가 되지 않도록 유의하여 조사한다.

방수를 위한 조사(investigation for waterproofing)에는

- 예비조사
- 지반 및 지하수 상태조사
- 투수계수 결정
- 지하수 화학성분 조사

등이 있다.

(1) 예비조사

방수 예비조사(preliminary investigation for waterproofing)는 기존의 모든 자료로부터 방수에 필요한 정보를 확보하기 위하여 실시한다. 예비조사에서 이용할 수 있는 자료와 취득 가능한 정보는 다음과 같으며 반드시 현장을 확인해야 한다.

- 지형도로 부터 지표의 형상과 규모 및 표면상태
- 지질도로 부터 지반상태 및 지반조사의 방법과 범위
- 수문지질도로 부터 개략적인 지하수 상태
- 근처 지반에 대한 기존의 자료나 지반조사 결과로부터 지반과 지하수 상태
- 인접구조물의 상태로부터 지반과 지하수 상황

(2) 지반 및 지하수상태 조사

방수목적을 달성하기 위해 대개 시험굴을 굴착하여 지반을 조사하고, 중요한 경우에는 보링조사를 실시하여 전체적인 지층의 성상을 조사한다.

- 구조물의 종류와 크기 및 구성
- 지표형상과 지반상태
- 지하수상태
- 주변환경에 대한 또는 주변환경에 의한 영향
- 시공성 및 시공방법

방수설계에는 최고지하수위를 적용하며, 호소나 하안 또는 호안 등에서는 장기 측정한 최고수위에 대한 자료를 이용한다. 대규모 현장에서는 적당한 위치에 지하수위계를 설치하여 주기적으로 지하수위를 측정한다. 지층수나 자유수에 의해서도 구조물이 영향을 받을 수 있으므로 굴착시공 중에 지하수가 발견되지 않더라도 주변지반상태를 주의 깊게 관찰해야 한다.

(3) 투수계수의 결정

방수설계에 있어서 지반의 투수계수(coefficient of permeability)는 매우 중요한 기본적인 인자이며 현장에서 양수시험, 주수시험, 패커시험 등 현장투수시험을 실시하여 구할 수 있으나 비용과 시간이 많이 소요되며, 실내시험은 비교적 간단하지만 신뢰도가 떨어진다.

따라서 투수계수의 결정방법과 크기를 정할 때에 지반공학 전문가의 정확한 판단이 요구된다. 투수계수가 $k = 10^{-4} cm/s$보다 큰 지반에 대해서만 지하수위 상부의 구조물에 대해서 방습시공을 수행한다.

【예제】 다음에서 맞지 않는 것이 있으면 정정하시오.

① 방수를 위한 조사에는 예비조사, 지반조사, 지하수 상태, 투수계수, 지하수 성분조사가 포함된다.
② 방수예비조사는 기존의 자료로부터 방수에 필요한 정보를 얻기 위하여 실시한다.
③ 방수설계에는 지하수의 최고수위를 적용한다.
④ 굴착시공 중에 지하수가 비치지 않으면 방수에 문제가 없다.
⑤ 지하수에 용해되어 있는 유해물질과 각종 염류를 분석하여 방수 시공한다.

【풀이】 ④ 지층의 구조적 특성에 의해 침투수가 구조물에 영향을 줄 수 있다(그림 8.2 참조).

(4) 지하수 화학성분 조사

지하수 속에는 환경오염이나 산성비 또는 흙 속의 특정성분이 용해되어 각종 유해물질이 포함될 수 있다. 또한, 인체나 구조물에는 유해하지 않더라도 배수계통에 침전되어 배수기능을 저하시키는 각종 염류가 용해되어 있을 수 있다.

따라서 지하수의 성분을 분석하여 이를 확인하고 필요한 경우에는 대책을 마련한다.

8.2.3 방수 기본원칙

방수시공은 구조물시공의 중요한 부분이며, 방수가 잘못되면 전체 구조물이 기능을 상실하거나 구조물의 가치가 떨어질 수 있다. 따라서 전문가가 초기부터 주의를 기울여 설계 및 시공해야 한다.

방수 시공을 성공적으로 마무리하기 위해서는 다음의 원칙을 준수해야 한다.

– 방수층은 구조물 표면에 직접 부착하지 않는다 :
  먼저 방수 부착층을 설치하고 그 위에 부착한다. 방수 부착층은 울퉁불퉁하지 않아야 한다.
– 외벽방수는 구조물을 완전히 둘러싸야 한다.
– 방수층 상부는 최고지하수위보다 0.3 m 이상 위에 있어야 한다 :
  투수성이 작은 지반에서는 지표에 물이 고일 수 있으므로 지표면 위로 지표수위 만큼 올려야 한다(그림 8.4).
– 방수층은 항상 연속성 있게 설치해야 한다 :
  바닥에서 벽체로 이어지는 부분은 연속으로 연결하며, 겹친 부분은 항상 100 mm 이상 겹치도록 해야 한다 (그림 8.5).
– 방수층은 항상 4℃ 이상의 건조한 상태에서 접착한다 :
  방수작업하는 동안에는 지하수위를 조절하여 작업환경이 건조한 상태이여야 한다. 방수작업이 완전하게 끝나고 방수층에 수직 압축력이 충분히 작용하는 것을 확인한 후에나 지하수위 조절작업을 중단할 수 있다.

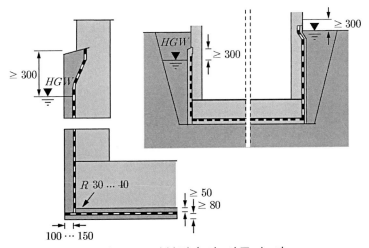

그림 8.4 외부방수의 시공 높이

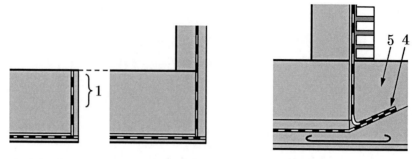

a) 바닥방수　b) 바닥과 벽 연결　c) 연결부 방수보강

그림 8.5　바닥과 벽체 접속부의 방수

방수층에 작용하는 하중은 항상 등분포 압축력이어야 하고 $0.6MN/m^2$를 초과할 수 없다. 이보다 큰 압력이 작용하면 일반 방수재 대신 강판을 사용하거나 구조적 대책을 마련한다.

· 방수층은 면에 수직으로 작용하는 등분포 압축력만 지지할 수 있다 :
　면에 평행한 힘이 작용하면 방수층은 활동층으로 거동하기 때문에 구조적으로 이러한 힘이 작용하지 않도록 한다.

· 방수층은 강성재료로 외부를 보호하고 항상 $10kN/m^2$ 이상 수직압축력으로 밀착한다 :
　그렇지 않으면 부압이 작용하거나 모세관현상에 의하여 방수층이 들뜨거나 물이 방수층 틈사이로 스며든다. 이때에는 방수층을 앵커 등으로 고정한다(그림 8.6).

· 관로 접속부 등에서 방수층이 절단되지 않도록 주의한다 :
　불가피한 경우에는 특수한 방법을 적용한다(그림 8.7).

· 내부 방수 시에는 외부의 지하수위나 지표수위보다 $30cm$ 이상 높게 한다.
　또한 부력에 대해 안정하도록 방수 보호층을 앵커링 하거나 내벽의 자중과 구조형태를 조절 한다(그림 8.8).

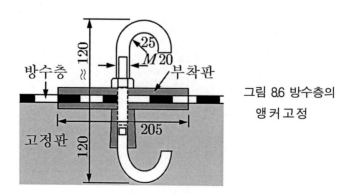

그림 8.6 방수층의
앵커 고정

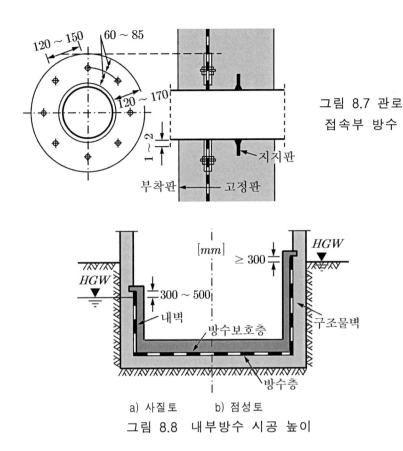

그림 8.7 관로
접속부 방수

그림 8.8 내부방수 시공 높이

【예제】 다음의 설명 중 틀린 것이 있으면 정정하시오.

① 방수층은 구조물 표면에 직접 부착한다.

② 방수층 상단은 최고 지하수위보다 0.3 m 이상 위에 있어야 한다.

③ 방수층은 4℃ 이상의 건조한 상태에서 접착한다.

④ 방수층은 항상 보호층으로 보호해야 한다.

⑤ 방수층에 평행한 방향으로는 힘이 작용하지 말아야 한다.

⑥ 방수층에는 항상 $10 \, \text{kN/m}^2$ 이상의 수직압력이 작용해야 한다.

⑦ 방수층에 작용하는 하중은 항상 $0.6 \, \text{MN/m}^2$ 미만의 등분포 압축력이어야 한다.

⑧ 방수층에 부압이 작용하면 앵커링 한다.

【풀이】 ① 방수층, 부착층을 설치하고 그 위에 부착한다.

8.3 지하수의 방수 및 배수

구조물의 기초바닥이 지하수위보다 상부에 있거나 지하수위보다 하부에 있더라도 유입수량이 적어 배수가 가능한 경우에는 무압 방수형식을 취하여 적은 비용으로 용이하게 방수 시공할 수 있다.

구조물이 지하수에 직접 접촉되지 않더라도 지반의 습기나 침투수에 의한 영향을 받을 수 있으므로, 구조물 벽체 뒤의 되메움부(8.3.1 절)와 구조물 바닥(8.3.2 절)은 물이 고이지 않도록 하며, 배수관(8.3.3 절)을 설치하여 즉시 유출시키고 배출통로(8.3.4 절)를 적합하게 설치해야 한다.

8.3.1 벽체 되메움부 방수

구조물 벽체의 뒤쪽 되메움 부분은 대개 무압방수 형식을 적용한다. 따라서 벽체 뒷면의 되메움 지반을 통해서 주변지반 내의 물이나 지표수가 유입되지 않게 하며, 유입된 물은 고여서 벽체에 수압을 가하지 않도록 배수구를 설치하여 즉시 배출시킨다. 특히 되메움 지반의 다짐이 부족하면 투수성이 커서 물의 통로가 될 수 있다.

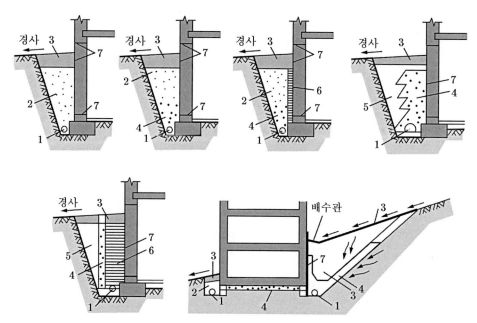

1. 유공배수관   2. 사질토 되메움   3. 점토나 콘크리트 불투수층
4. 자갈 필터층   5. 점성토 되메움   6. 토목섬유 필터층   7. 방수층

그림 8.9 구조물 벽체 되메움부 방수

비배수형 터널은 지하수압이 $3 \sim 4\,kgf/cm^2$ 미만인 경우에 한해 국한하며 그 이상의 큰 수압이 작용하는 경우에는 주변지반을 차수 그라우팅하여 유입수량을 감소시키고 배수 형식을 적용한다. 방수는 쉬트 방수나, 고강도 수밀콘크리트라이닝에 의존하는 경향이 증가하고 있다.

표 8.5 외국의 비배수형 지하철 단선터널의 허용누수량 [단위: ℓ/분/100m]

구분	독일	영국	미국				호주	벨기에
	STUVA	CIRIA	워싱턴 센프란시스코 아틀랜타	보스톤	볼티모아	버팔로	멜버른	앤트워프
지하철 단선터널	0.28	1.39	1.25	2.5	0.97	0.28	0.14	0.14

§ STUVA : 독일의 지하교통 연구협회의 실용터널을 기준한 것임.

§ CIRIA : 영국의 Consdtruction Industry Research and Information Association이 지정
         Class A를 기준한 값임

§ 미국, 호주, 벨기에의 허용누수량은 Tunnelling and Underground Space Technology
  (Vol.6, No.3, 1991)에서 발췌한 것이며, 둘레가 약 20 m인 단선터널을 기준으로 하여
  환산한 것임.

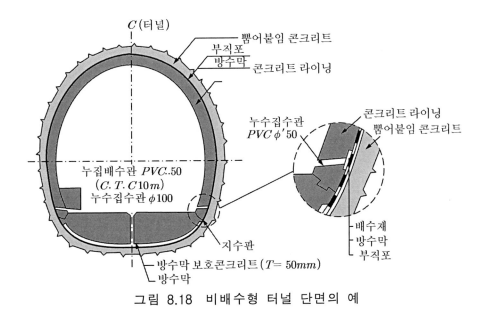

그림 8.18 비배수형 터널 단면의 예

지표수나 주변지반 내 물이 구조물 주변으로 유입되는 것을 방지하기 위해서 다음과 같은 조치를 취한다.
- 배수구를 최소동수경사로 정확하게 설치한다.
- 배수구의 기능이 저하되지 않도록 주의하여 설치한다.
- 되메움한 지표는 콘크리트나 점토 등의 불투수성 재료로 덮어서 지표수의 유입을 차단하고, 표면에 경사를 두어서 지표수가 고이지 않고 즉시 흐르도록 한다.
- 구조물 주변의 배수층은 둘레를 점토등의 불투수성 재료로 감싸서 배수층 내 물이 주변지반으로 유출되지 않도록 한다.

구조물 벽체 뒷쪽 되메움 부분은 침투수나 지층수 등의 물이 구조물 벽에 직접 닿지 않도록 방수층, 침투층, 필터층, 불투수층 등을 그림 8.9와 같은 형태로 설치한다. 지질특성상 자유수나 절리수 등이 존재하는 경우에는 구조물에 수압이 작용할 수 있으므로 기능성이 좋고 단기간동안 수압을 견딜 수 있는 방수체계가 필요하다.

【예제】 다음에서 지표수나 지반 내 물이 구조물 주변으로 유입되는 것을 방지하는 조치가 아닌 것은 ?
① 배수구를 최소동수경사로 설치한다.
② 되메움 지표는 점토나 콘크리트 등으로 덮는다.
③ 구조물 주변의 배수층은 점토 등으로 감싼다.
④ 배수구는 충분히 큰 용량의 것을 사용한다.

【풀이】 해당 없음.

8.3.2 구조물 바닥의 수평배수

구조물 바닥슬래브의 하부지반에 물이 유입될 수 있는 경우에는 하부지반에 수평배수망 (horizontal drainage net)을 설치하여 구조물의 바닥슬래브가 양압을 받거나 동해를 입지 않도록 한다. 수평배수관은 일정한 간격으로 0.5 % 이상되는 경사로 설치하고 주변에 약 15 cm 두께로 모래질 자갈로 필터층을 설치한 후에 바닥 콘크리트를 타설한다. 필터층은 합성수지로 덮어서 콘크리트가 유입되지 않도록 보호한다.

규모가 작은 구조물에서는 수평배수관 없이 필터층만을 설치할 수 있고, 이때에도 배수 기능이 충분히 원활하여 바닥판에 수압이 작용하지 않도록 깊은 배수로에 연결한다. 기초 바닥의 하부지반에 지하수나 자유수 등의 물이 있는 경우에는 빈배합 콘크리트를 굴착바닥에 포설하여 물이 외부에서 유입되지 않고 기초설치 작업이 용이하도록 한다.

그림 8.10은 건물의 일반적인 수평배수 시스템을 나타낸다.

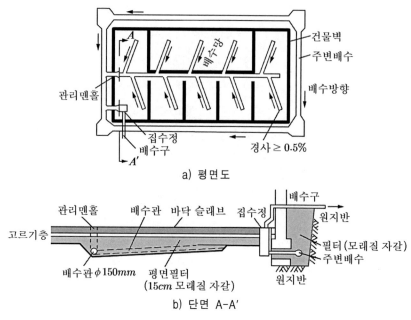

그림 8.10 구조물바닥의 수평배수

8.3.3 지하수 배수시스템

배수관은 무압방수를 실시한 곳에서 유입된 물이 고여서 구조물에 수압을 가하지 않고 신속히 유출될 수 있도록 설치한다. 배수관 주변은 흙 입자의 유실을 방지하고 쉽게 배수 되도록 필터층을 설치하며 필터층 바닥은 거친 자갈이나 깬 자갈 등을 전체적으로 연결이 잘 되도록 얇게 포설 한다. 배수관은 그 바닥이 설치수준보다 20 cm 깊고, 0.5 % 이상 경사 지며 필터층에 직접 닿게 설치한다 (그림 8.11).

배수관은 가능한 강성이 큰 강관 등으로 하고 부직포로 감싸서 지반의 유실을 방지한다. 구조물의 모서리마다 뚜껑 있는 맨홀을 설치하고 배수관을 연결하면 이물질의 투입을 방지 할 수 있고 청소 등의 유지관리에 편리하다.

다음 경우에는 배수관의 기능이 저하되거나 마비될 수 있으므로 유의하여 설치한다.
- 위치가 높아서 물의 유입이 곤란
- 필터가 부적합하여 서로 연결이 안 되거나 유실 지반에 의해 관로가 폐색
- 상재하중 등에 의해 관로가 파손
- 관로의 청소 등 유지관리 중에 관로가 손상
- 지반의 활동파괴 등에 의해 필터층이나 관로의 연결이 단절

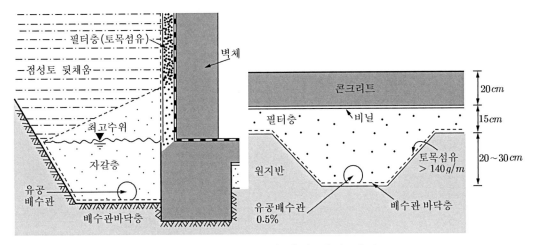

그림 8.11 수평 배수관의 설치 단면

【예제】 다음에서 틀린 내용이 있으면 정정하시오.

① 무압방수 대책은 압력방수대책과 같은 개념으로 실시한다.
② 지반의 습기나 침투수에 대한 방수는 무압방수 대책에 속한다.
③ 무압방수 대책에서는 배수관이 필요하다.
④ 자유수나 절리수가 있는 경우에는 단기간 수압을 견딜 수 있는 방수체계를 취한다.
⑤ 구조물 수평배수 시스템은 수평 배수관과 필터층으로 구성된다.
⑥ 수평배수 시스템의 배수관은 수평으로 설치한다.

【풀이】 ⑥ 약 0.5 % 경사지게 한다.

8.3.4 유출수의 배출

배수관을 통해 흘러나온 물은 다음의 대책을 마련하여 배출시키며, 이것이 불가능하거나 유출된 물이 오염되었을 때에는 압력 방수형식을 택한다.

⑴ 침투정을 통해 지층에 유입

투수층이 충분히 깊으면 배수관을 통해 유출된 물을 침투정 (recharging well) 을 설치하여 지층 속으로 유입시킬 수 있다. 다만, 수질이 양호하고 수량이 많지 않을 경우에만 가능하다. 그림 8.12 는 단순한 형태의 침투정을 나타낸다.

⑵ 우수관로를 통해 우수와 함께 유출

배수관을 통해 집수된 물을 우수관로에 연결하여 배출할 수 있으며, 이때에는 우수가 역류되지 않도록 주의하고 관로의 통수능력을 고려해야한다.

또한 우수관에 연결하기 전에 관계기관으로부터 허가를 취득해야 한다.

(3) 하천 방류

주변에 하천이 있으면 관계기관의 허가를 취득하여 방류할 수 있다. 하천의 물이 역류하여 유입되지 않도록 배수관의 높이가 하천의 최고수위보다 높아야 한다.

(4) 호소 방류

주변에 인공호수 등을 만들어 관로의 물을 방류할 수 있다.

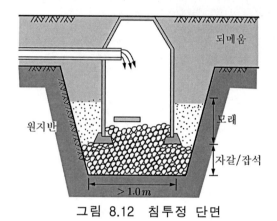

그림 8.12 침투정 단면

【예제】 다음에서 배수관의 기능저하 원인이라고 보기 힘든 것은 ?

① 위치가 높아서 물의 유입이 어려운 경우
② 유실지반에 의해 관로가 막힌 경우
③ 상재하중에 의해 관로가 파손된 경우
④ 활동파괴에 의해 관로가 단절된 경우
⑤ 필터가 부적합하여 물이 유입되지 않는 경우
⑥ 지하수의 압력이 낮은 경우

【풀이】 ⑥ 배수관을 흐르는 물은 중력에 의해 흐르며 압력의 크기에 무관하다.

【예제】 다음에서 배수관 유출수의 배출방법이 아닌 것은 ?

① 침투정을 통한 지반내 유입 ② 우수관 배출 ③ 하천방류 ④ 호소방류 ⑤ 건조

【풀이】 ⑤ 건조

8.4 압력수의 방수

구조물의 일부가 지하수위보다 하부에 있으면 지하수에 의한 압력을 받게 되며, 이때에는 비용이 많이 들고 시공이 어렵더라도 압력방수대책을 적용한다. 또한 구조물 내부의 압력이 외부압력보다 큰 경우에도 마찬가지이다.

구조물 주변지반의 지하수의 수두가 매우 커서 기술적으로 방수가 어려울 때에는 주변지반을 그라우팅하여 지반의 간극을 감소시켜서 투수성을 낮추고 배수를 통해서 지하수의 압력을 낮추어서 일상적인 무압 방수조건으로 만들어서 방수목적을 달성할 수 있다.

압력수에 대한 방수는 조건에 합당한 방수재(8.4.1절)를 선정하여 설계 및 시공하며 피치 방수(8.4.2절)나 합성수지 방수(8.4.3절) 또는 강성으로 방수(8.4.4절)한다.

8.4.1 방수재 조건

방수재는 구조물과 환경에 따라 다른 것을 선택해야 하며, 일반적으로 다음과 같은 조건을 만족시켜야 한다.

- 지반과 물에 포함된 모든 화학물질에 대한 내구성
- 지반보강 및 차수목적 그라우팅 재료에 대한 내구성
- 시공 중이나 완공 후에 예상되는 동적 및 정적하중에 대한 지지력
- 온도변화, 특히 터널의 입구와 램프부분에서 여름과 겨울의 극심한 온도차에 대한 충분한 강성도
- 시공조인트에서 다른 물질간의 변형전달에 대한 적합성

【예제】 다음에서 틀린 내용이 있으면 정정하시오.

① 압력방수에는 배수구가 소용없다.
② 압력방수에는 피치방수, 합성수지 방수 등이 있다.
③ 방수재는 지반과 물에 포함된 모든 물질에 대해 내구성이 있어야 한다.
④ 방수재는 시공 중이나 완공 후 동적 및 정적 하중에 대해 지지력이 충분해야 한다.
⑤ 구조물 연결 조인트에서는 변형전달 가능한 형태로 방수재를 잇는다.

【풀이】 해당 없음.

8.4.2 피치방수

피치 (pitch) 는 석유로부터 생산되고 탄소가 주성분이어서 화학적으로 안정된 재료로서, 산, 염, 알칼리에 대해 내구성이 강하여 가장 많이 사용하는 방수재이다. 피치는 관입시험 등으로 그 재질을 시험하여 사용하고 광물 혼화재나 고무 등을 첨가하여 연화점을 높이거나 발화점을 낮출 수 있다. 아스팔트 (asphalt) 는 피치를 22% 포함한 피치와 광물질의 혼합물이다. 타르 (tar) 는 유기질을 열분해하여 얻으며 터널방수재로는 사용하지 않는다.

피치는 화학적 내구성이 우수하여 지하수나 지반에 포함된 유해물질로부터 구조물을 보호할 수 있으나 유류, 지방, 휘발유, 벤젠 등의 유기용매에 용해되므로 지하수에 이들 성분이 포함되어 있는 경우에는 사용할 수 없다.

피치는 우수한 방수재이지만 다음 이유 때문에 터널 등에서 방수재료로 사용이 제한된다.
- 많은 시간과 비용을 들여서 부착면을 편평하고 건조한 상태로 유지해야 한다.
- 방수층이 쉽게 손상되어 내벽방수로는 부적합하다.
- 벽체에서 미처 흘러나오지 못한 물이 접착상태의 방수재를 뜯어내어 파손위험이 있다.
- 버너를 사용할 경우에 화재위험이 있다.
- 기성 합성수지 방수재를 사용할 경우보다 많은 인력이 필요하다.

피치방수 시에는 다음의 내용에 주의해야 한다.
- 피치가 유동되지 않도록 방수층을 강성 재료로 보호한다.
- 등분포하중이 아니면 하중이 작은 쪽으로 피치가 유동하므로 항상 $10 \sim 600\,kN/m^2$ 등분포 압축응력이 작용하도록 한다.
- 방수층의 온도는 피치가 연화되지 않도록 $30\,℃$ 이하이어야 한다.

1) 피치방수재

피치는 방수효과가 좋은 반면에 강성이 작으므로 양판지나 황마 등의 유기섬유, 유리섬유 등의 무기섬유, 알미늄이나 구리 등의 금속판 그리고 폴리이소부틸렌 (PIB) 같은 합성섬유등으로 보강하여 사용할 때가 많다. 이러한 방수재를 피치 방수재라 하며, 유기섬유는 방부처리를 해서 사용한다.

대표적인 피치 방수재는 다음과 같은 것들이 있다.

① 양판지
피치를 피막하지 않고 피치를 먹인 판지이다.

② 피치판

유리섬유, 황마, 합성섬유, 금속판, 합성수지판 등의 한면 또는 양면에 1.5~2.5 mm 두께의 피치층을 입혀서 총 4~5 mm 두께로 만든 판형재료이며, 서로 용접하여 부착한다.

③ 피치라텍스

15~20 % 의 염화고무라텍스를 피치에 첨가하여 피치의 역학적 특성을 개선한 것으로 여러 층을 겹쳐서 시공하며, 합성수지 판 등을 보강재로 사용한다.

2) 피치 라텍스 방수재

피치 라텍스유제를 각층 2~3 mm 로 하여 총 두께가 5~15 mm 가 되도록 뿜어 붙여서 폐쇄된 벽을 형성한다. 유제와 침전제는 따로 분사하여 공기 중에서 혼합되게 하며, 유제가 과다 분사되어 표면을 따라 흐르는 경우에는 이를 흡입한다. 생고무를 혼합하면 탄성이 커지며, 점성과 강도가 개선되고 풍화 내구성이 커진다. 합성수지계와 병용하면 효과가 좋다.

3) 피치방수 형태

피치를 이용한 방수는 다음과 같은 형태가 있다.

(1) 피치 칠하기

피치를 붓으로 칠하거나 분사기로 분사하여 붙인다. 냉각상태에서 초벌칠한 후에 냉각상태나 끓인 상태 또는 죽 상태로 만든 후 여러 겹 덧칠한다. 피치 칠하기는 내구성이 없어서 터널 등에는 적용하지 않는다.

(2) 피치 바르기

피치에 석분, 천연 아스팔트분, 석면 등을 섞어 만든 혼합물을 냉각상태나 끓인 상태로 나무주걱 등을 써서 여러층 바른다. 각 층은 8 mm 이상 두껍게 끊김 없이 바른다. 터널의 보수시에 적용한다.

(3) 피치 접착

방수지지층에 180 ~ 200℃ 로 끓인 피치를 바르고 그 위에 방수재를 붙이고 압착한다. 피치는 $2 \sim 4 \, kg/m^2$ 정도로 바르며, 외벽방수시공에 적용한다.

(4) 피치 붓기

200℃ 정도의 뜨거운 피치를 방수쉬트 사이에 부어넣고 롤러로 방수쉬트를 압착하여 설치한다. 외벽방수에 적용한다.

(5) 방수판 접착

구조물 벽에 피치층을 1.5~2.0 mm 로 두껍게 바르고 프로판버너로 피치를 녹인 후 방수판을 접착시킨다. 폐쇄공간에서는 화재위험 때문에 버너대신 뜨거운 공기를 이용한다.

5) 조인트방수

단면 변화부나 시공조인트 등에는 인장력이나 전단력이 작용할 수 있으며, 방수재는 이러한 힘을 지지할 수 없다. 따라서 이런 부위에는 힘을 지지할 수 있도록 금속판을 설치하고 그 위에 방수재를 여러 겹 덧칠하여 붙인다. 이때에 덧칠하여 겹치는 횟수는 수압과 작용압력에 따라 표 8.3과 같이 한다.

표 8.3 수두에 따른 방수재 겹침　　　　　　　　　　　　　　　　　　$[MN/m^2]$

수　두 $[m]$	허용최고압력 $[MN/m^2]$	최 소 겹 침 횟 수	
		피치접착	피치방수판
0 < 4		3	3
4 ~ 9	0.6	4	3
9 <		5	4

【예제】 다음 설명 중 틀린 것이 있으면 정정하시오.

① 피치는 화학적으로 안정된 재료이고 산·염기·알칼리에 대해 내구성이 강하다.

② 피치는 쉽게 손상되어 내벽 방수로는 부적합하다.

③ 피치는 유기용매에 용해된다.

④ 피치는 방수효과는 좋으나 강성이 적어서 보강하여 사용한다.

⑤ 단면변화부나 시공 조인트 등에는 금속판으로 보강하여 힘을 지지한다.

【풀이】 해당 없음.

【예제】 다음에서 피치방수형태가 아닌 것은 ?

① 피치 칠하기 　② 피치 바르기 　③ 피치접착 ④ 피치 붓기 ⑤ 피치 방수판 붙이기

【풀이】 해당 없음.

8.4.3 합성수지방수

1) 합성수지 방수재

열가소성 합성수지 방수쉬트는 역학적인 성질(큰 인장강도, 큰 파괴변위, 유연성)이 좋아서 방수재로 자주 적용한다. 다음과 같이 다양한 종류의 합성수지 방수재가 자주 사용되고 있다.

① ECB (에틸렌 코폴리메리산) 수지

열가소성 합성수지 방수재이며 2 mm 이상 두꺼워야 하고 145 ~ 252℃ 의 고온으로 용접한다. 합성수지 쉬트 사이에 끼워서 특수한 경우에 사용한다.

② PE (폴리에틸렌) 수지

박막이나 판형으로 사용하며, 피치에 대한 내구성이 있다. 2.5 mm 이상 두꺼워야 하며, 200 ~ 220℃ (고밀도 PE, HDPE) 또는 230 ~ 250℃ (저밀도 PE, LDPE) 의 뜨거운 공기로 용접한다.

③ PIB (폴리 이소부틸렌) 수지

박막 형태이며 피치에 대한 내구성이 있다. 방수용으로 최소한 1.5 mm 두께를 가져야 하며 특수한 경우 170 ~ 200℃ 뜨거운 공기로 용접한다. PIB 는 독자적으로 사용하지 않으며, 주로 피치막 사이에 부착한다.

④ CSM (염화황 에틸렌) 수지

초기에는 열가소성이나 시간이 지나면 탄성재로 변한다. 방수용으로 최소 1.0 mm 두께를 가져야 하며, 탄성화전에는 210 ~ 250℃ 뜨거운 공기로 용접할 수 있다. 톨루엔이나 트리클로르에틸렌 등으로 접착이 가능하다. 피치 라텍스 층의 보강 등 특수목적으로만 사용된다.

⑸ 연성 PVC

피치에 대해 내구성이 있는 것과 없는 것이 있으며, 방수용으로 최소 1.5 mm 두꺼워야 하고, 180 ~ 300℃ 뜨거운 공기로 용접가능하다. 연성 PVC 방수막은 피치층 사이에 설치한다.

시공 도중에 실수로 방수층이 손상된 경우에는 반드시 같은 재료로 수리한다. 열가소성 합성섬유 대신에 UP (폴리에스터 수지), EP (에폭시 수지), PUR (폴리우레탄 수지), 및 PS (폴리 설팻) 등을 사용할 수 있다. 이들은 취성을 나타내므로 작은 변위에서도 파손된다.

2) 합성수지 방수재의 시공

합성수지 방수쉬트는 다음과 같이 설치하며 도심지 교통터널에서는 위험도에 따라 내부 보호층을 생략할 수 있다.

- 숏크리트면에는 10 mm 두께의 발포재나 부직포를 설치하며 매끄러운 면에는 경성 방수막을 사용한다.
- 방수막을 고주파 또는 뜨거운 공기로 용접하여 고정 띠에 부착하며 접착제는 콘트롤이 불가능하므로 사용을 피한다.
- 내부 지보층을 설치한다. 콘크리트 타설이나 라이닝 설치 시 부분적으로 응력을 받을 수 있고 접촉부는 움직여서 접힐 위험이 있다. 보강구조에서는 숏크리트층으로 보호가 가능하나 비용이 많아진다.
- 방수벽은 블록식으로 하여 잘못된 곳을 발견하거나 교정이 쉽도록 한다.
- 방수 쉬트는 4~5 m 폭으로 준비하고 부착기를 사용하여 부착한다.

3) 연성 PVC 방수

압력수에 대한 방수재로 PVC 계통이 자주 쓰이며, 무압방수나 수영장 등 내부수압이 작용하는 경우에도 사용된다. 내부 및 외부 방수방법이나 외력에 대한 문제는 피치방수의 경우와 같다. 합성수지는 햇빛에 의해 변질될 수 있으므로 작업시 주의를 요하며, 고온의 공기로 용접하여 연결하고 35% 이상 경사진 벽면에서는 1500 mm 이상 겹쳐서 연결한다.

PVC 방수쉬트는 피치방수에 비하여 다음의 장점이 있다.

- 압력을 가하지 않아도 되므로 앵커링할 필요가 없다
- 국부적인 하중변화 등에 대해서 피치보다 덜 민감하다. 큰 절점하중이 작용할 때에만 하중을 분산시키면 된다.
- 방수쉬트는 손상되지 않는 한 60℃ 까지 견딜 수 있다.
- 최소두께 $1.5mm$ 에서도 등분포수직하중을 $2MN/m^2$ 을 견딘다.
- 한 겹으로 충분하다.
- 벽면에 접착하지 않아도 된다.

8.4.4 강성방수

일반 방수재료는 연성이어서 자체적으로 압력을 견디지 못한다. 그러나 강성방수는 어느 정도의 압력을 견딜 수 있는 강성 방수재를 사용하는 방수이며, 수밀콘크리트나 수밀모르타르를 이용하는 경우가 대표적이다. 특히 수밀모르타르는 우연히 내부 방수층으로 유입된 물을 방수하기 위하여 사용한다.

벽체와 바닥을 일체로 하는 경우가 많으며, 이때에는 어느 정도의 수압을 견딜 수 있다. 구조부재의 연결부는 특수한 형태로 방수하며, 터널 등에서는 대개 미세한 크랙을 방지한 수밀콘크리트로 방수하고 있다. 일반적으로 외벽방수에 적용하기가 더 용이하고 방수효과도 더 우수하다. 콘크리트의 수밀성은 시멘트 양과 혼화재 등을 조절하여 얻는다.

【예제】 다음의 합성수지 방수에 대한 설명중에서 틀린 것이 있으면 정정하시오.

① 방수용으로 사용하는 합성수지 쉬트는 열가소성이다.
② 열가소성 합성수지 쉬트는 인장강도가 크고 신축율이 크며, 유연성이 우수하다.
③ 합성수지 쉬트 방수의 손상부위는 유사한 쉬트로 수리한다.
④ 합성수지 쉬트는 고주파나 뜨거운 공기로 용접한다.

【풀이】 ③ 반드시 동일한 쉬트로 수리한다.

8.5 터널의 방수

터널의 방수는 지하수로부터 터널을 보호하고 터널의 기능성을 확보하기 위해서 적합한 등급으로 원칙 (8.5.1절) 에 맞추어 방수하며, 지반과 지하수 조건 및 터널의 용도와 기능에 적절하게 방수형식 (8.5.2 절) 과 배수형식 (8.5.3 절) 을 정하여 시공하고, 시공 후에는 시공 상태를 확인시험 (8.5.4 절) 한다. 그러나 비용이 많이 들고, 완전무결한 시공을 기대하기가 어려운 만큼 기술적으로 매우 어려운 작업이다.

8.5.1 터널의 방수등급과 원칙

터널은 방수가 필요한 가장 대표적인 하부구조물이며, 작업공간이 한정되고, 지하수의 압력이 커서 방수시공이 어려운 구조물이다. 작용수압이 크거나, 지하수가 인체나 콘크리트에 유해한 물질을 포함하거나, 터널 내 설비가 습기에 민감하거나, 또는 콘크리트의 온도변화가 큰 경우에는 반드시 방수한다. 터널을 굴착하는 동안이나 완공된 배수 터널을 운영하는 동안에 터널내로 유입된 지하수를 배수하면, 터널주변지반의 지하수위가 강하되어 지반침하나 오염물질의 확산 및 터널 안정성저하 등의 문제가 발생될 수 있다 (그림 8.13). 이때에는 터널라이닝은 수압을 받지 않으며 무압방수한다.

비배수 터널에서는 완공 후에 지하수위가 회복되면 지하수위 강하나 배수에 따른 문제가 발생하지 않는 대신에 터널라이닝에 수압이 작용하므로 압력방수 해야 한다. 이때에는 터널라이닝이 수압을 지지할 수 있도록 보강해야 한다.

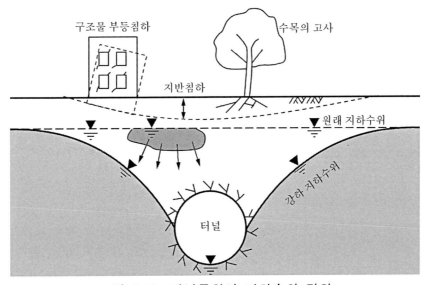

그림 8.13 터널굴착과 지하수위 강하

1) 터널의 방수등급

터널의 방수에는 많은 경비가 소요되고 고도의 기술이 필요하므로 항상 완전무결한 방수를 요구할 수 없고 지반조건이나 기후조건 및 터널의 기능에 따라 최소한의 기준에 맞추어 그 형식과 방수정도를 정한다. 그러나 겨울에 추위로 인하여 습윤상태의 콘크리트가 얼어서 열화될 수 있는 조건에서는 높은 등급의 방수가 요구될 수도 있다.

- **교외지 철도터널** : 누전의 염려가 없는 한 철도운행에 지장을 줄 정도로 방울지거나 고드름이 형성되지 않을 만큼 방수한다.
- **도로터널** : 방울지거나 흐르는 물은 겨울철에 노면결빙을 초래할 위험이 있으므로 벽이 젖어드는 정도만 허용한다.
- **도시 지하철터널** : 누전이나 시설물 부식의 위험이 있으므로 비교적 높은 등급의 방수가 필요하다.

2) 터널방수의 원칙

터널의 방수시공은 일반적인 하부구조물의 방수공법을 따르며, 방수작업이 대개 밀폐되거나 협소한 공간에서 진행되므로 품질관리가 매우 어렵다. 따라서 다음의 원칙을 준수하여 정밀하게 진행해야 한다.

- 방수재의 형상은 현장에 적합해야 한다.
- 방수형식이 재료적, 기술적으로 간단해야 한다.
- 배수구를 설치하고 청소가 가능하도록 방수는 단면별로 시행한다.
- 방수층은 손상되지 않도록 반드시 피복한다.
- 방수층 설치장비가 반자동식이나 자동식으로 효율적이어야 한다.
- 시공 중 발생되는 결함을 쉽게 제거할 수 있어야 하고 시공 중에도 방수성능검사가 가능해야 한다.
- 접속부의 연결 및 접착이 쉽고, 모서리나 단부에서 정확히 밀착되고, 가동부의 시공이 간단해야 한다.
- 시공이 간편하고, 작업에 일관성이 있으며, 품질관리가 가능해야 한다.
- 방수도급자의 하자보증이 가능해야 한다.

3) 터널의 방수층 설치위치

터널의 방수는 합성수지 쉬트를 사용하는 쉬트 방수가 주류를 이루고 피치를 칠하고 그 위에 금속판이나 방수 쉬트를 붙이는 경우도 있다. 방수층은 터널의 형상이나 기능 및 굴착방법에 따라서 외벽이나 중간 벽 및 내벽에 설치한다.

(1) 중간벽 방수

굴착면에 숏크리트를 타설하여 면을 고른 후에 방수층을 설치하고 그 위에 라이닝을 설치하는 방법으로 지반조건과 굴착방법에 따라 여러 가지 형태가 있다(그림 8.14 a).

(2) 외벽 방수

라이닝을 먼저 시공하고 라이닝의 외부에 방수층을 설치한 다음에 굴착면과 방수층사이의 공간을 되메우는 형식으로 재래식터널 공법이나 개착식터널 공법에서 적용하는 방식이다. 최근에 일반적으로 적용하는 NATM 등의 터널공법에서는 외벽방수 할 공간이 없으므로 적용하지 않는다(그림 8.14 b).

(3) 내벽 방수

방수막을 부착할 공간이 없는 경우에 방수층을 라이닝 내벽에 부착하거나 별도의 방수 목적으로 내부벽을 시공하는 방법으로 오래된 터널의 보수 시에 적용할 수 있다. 또한 내벽방수는 피압 도수터널이나 유해물질을 포함하는 하수터널에 적용한다. 보통 비교적 얇은 강철판을 대고 그 사이를 콘크리트로 채우면 라이닝에 철판을 부착한 형태가 된다. 이때에는 철판의 부식을 방지하기 위하여 철판의 표면에 콜탈이나 시멘트를 입힌다. 아연이나 알루미늄을 입힌 철판을 쓰면 방수비용은 많이 들지만 효과적이다(그림 8.14 c).

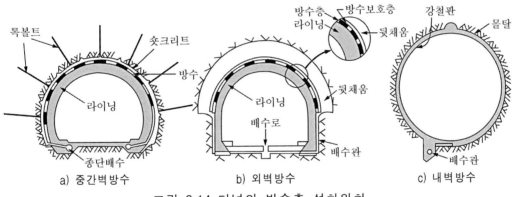

그림 8.14 터널의 방수층 설치위치

8.5.2 터널의 방수형식

터널의 방수형식은 다음의 요인을 고려하여 결정하며, 그 중에서도 지반조건과 지하수 상태가 가장 중요하다.
- 지반조건(지반종류, 주변구조물 형태)
- 지하수 상태(수량 및 수두)
- 터널의 용도
- 방수의 시공성

1) 지반조건과 방수형식

터널의 굴착방법과 단면형상 및 지보 시스템은 지반과 지하수상태에 따라 결정된다. 따라서 Lauffer의 지반분류(표 8.4)에 따라 지하수조건을 고려하여 방수형식을 정할 수 있다.

터널 내부로 유입되는 물의 수량이 많지 않고 압력이 없는 침투수 상태이면 인버트를 제외한 측벽과 천단은 방수하여 물을 하부로 모아서 종단으로 배수하는 배수형으로 한다. 이때에 종단배수를 대개 터널의 하부측변에 두므로 터널단면이 마제형인 경우가 많다. 쉴드 터널인 경우에는 세그멘트의 조인트방수로 충분하다.

터널내부로 유입되는 물이 수량이 매우 많거나 압력수 상태이면 터널라이닝을 구조적으로 유리한 원형이나 타원형으로 하고, 전단면을 방수하여 비배수형으로 한다. 쉴드 터널인 경우에는 세그멘트 위에 방수층을 설치하고 그 위에 콘크리트로 내부라이닝을 설치한다.

그림 8.15는 Lauffer의 지반분류에 따른 굴착방법을 나타내고, 그림 8.16은 터널단면형태와 지하수상태 및 방수시스템을 나타낸다.

표 8.4 Lauffer의 지반분류

지 반 등 급	지 반 상 태	무지보 지지시간	무지보 구간[m]
A	견고함	20년	4.0
B	약간 견고함	6개월	4.0
C	절리가 약간 있음	1주	3.0
D	비교적 절리가 많음	5시간	1.5
E	절리가 심함	20분	0.8
F	압축에 약함	2분	0.4
G	압축에 매우 약함	10초	0.15

2) 지하수 상태와 방수형식

터널이 지하수면보다 위에 있어서 모관수 영향만을 받은 경우에는 모세관현상에 의한 습기의 터널유입을 막는 방습차원의 방수형식이 적합하다. 인접한 호소나 수로 및 강우 등 물이 터널 내로 침투되는 조건에서는 터널에 압력을 가하지 않는 한 침투수를 배수시설로 유도하여 배수시킨다(배수형식). 압력수가 상존할 때에는 수두를 낮추는 방법을 병용한다.

해저터널 등과 같이 터널 내로 유입되는 지하수의 수두가 너무 높거나 수량이 너무 많으면 다음과 같은 방법으로 수량을 감소시키거나 차단시킨다.

① 차수그라우팅

터널주변의 지반에 그라우팅하여 차수층을 형성하거나 절리 등의 유로를 차단하여 터널내부로의 유입수량을 감소시키거나 차수한 후에 배수형으로 터널을 건설하여 라이닝의 수압부담을 크게 줄일 수 있다. 대개의 해저터널에서 적용한다.

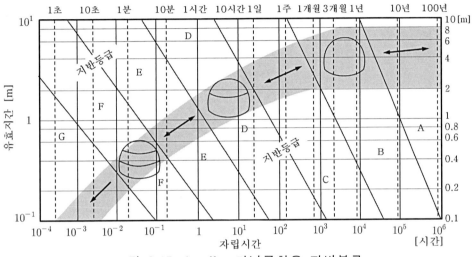

그림 8.15 Lauffer 터널굴착용 지반분류

	지반등급	방수형식	횡 단 면
1a	견고하거나 절리가 약간 있는 지반 (A,B,C등급) 전단면굴착	무압방수	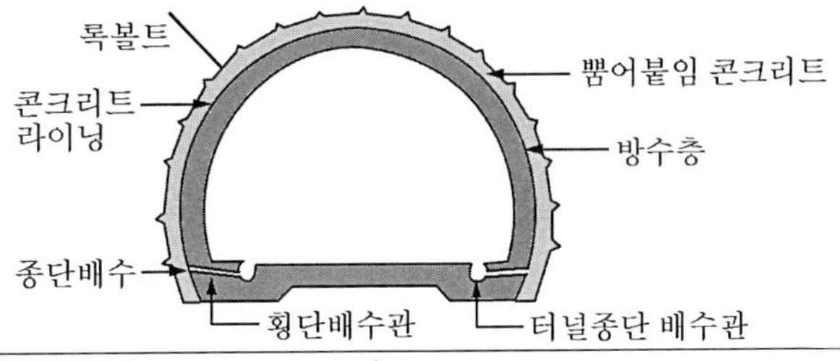 록볼트, 콘크리트 라이닝, 종단배수, 횡단배수관, 뿜어붙임 콘크리트, 방수층, 터널종단 배수관
1b		압력방수	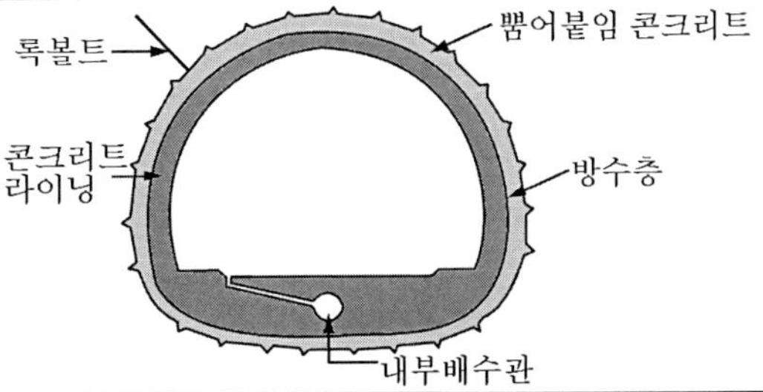 록볼트, 콘크리트 라이닝, 뿜어붙임 콘크리트, 방수층, 내부배수관

그림 8.16 지반에 따른 터널단면과 방수형식 (계속)

1c	절리가 심한 지반 (D등급) 2단계 분할 굴착	무압방수	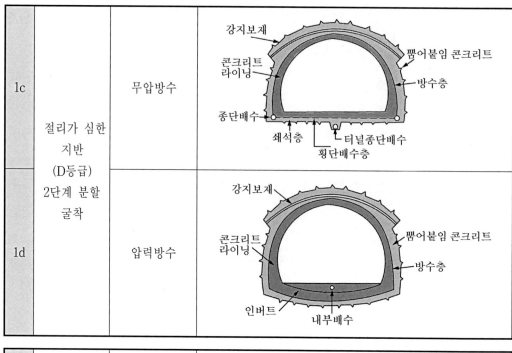
1d		압력방수	

1e	투사 지반 (E,F,G등급) 다단계굴착	주철 또는 강재 세그멘트에서 압력수에 대한 조인트 방수	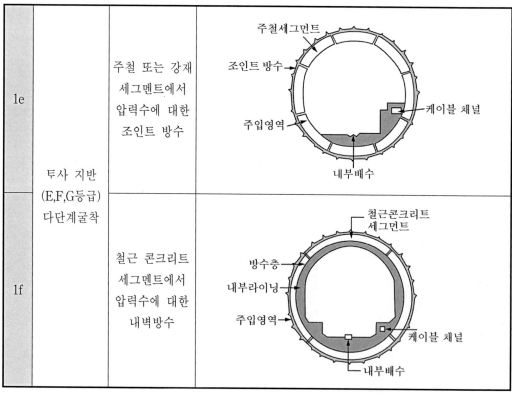
1f		철근 콘크리트 세그멘트에서 압력수에 대한 내벽방수	

그림 8.16 지반에 따른 터널단면과 방수형식

② 수밀콘크리트 라이닝 시공

콘크리트 공극은 서로 연결되어 있지 않으므로 고강도 수밀 콘크리트 라이닝을 설치하여, 별도의 방수시공 없이도 물을 차단하고 수압을 지지할 수 있다 콘크리트를 통해 소량의 물이 흘러나오더라도 콘크리트 라이닝 표면에서 증발되므로 균열만 발생하지 않으면 터널내부가 지하수로부터 안전하다. 어느 정도의 습기를 허용하는 터널에 적용한다.

【예제】 다음의 터널에 대한 방수 설명 중에서 틀린 것이 있으면 정정하시오.

① 주변지반에서 지하수위 강하가 일어나선 안 되는 곳에서는 압력방수한다.
② 터널의 방수는 지하수로부터 터널을 보호하고 기능성을 확보하기 위해 실시한다.
③ 터널의 방수에서 완전무결한 시공은 거의 불가능하다.
④ 터널의 방수 기준은 지반조건이나 기후조건 및 터널의 기능에 따라 최소한으로 한다.
⑤ 터널의 방수는 밀폐되거나 좁은 공간에서 실시하므로 품질관리가 어렵다.
⑥ 터널의 방수층은 중간벽, 외벽, 내벽에 설치한다.
⑦ 내벽 방수는 도수터널이나 하수터널 등에 적용한다.
⑧ 터널의 방수형식은 지반조건, 지하수 상태, 터널의 용도, 시공성 등을 고려하여 정한다.

【풀이】 해당 없음.

8.5.3 터널의 배수형식

터널을 방수하더라도 주변지반으로부터 유입되는 물을 배수하여(배수형 터널) 라이닝에 과도한 수압이 작용하지 않도록 할 수 있다. 또한 지하수위 강하를 방지하기 위하여 유입수를 배수하지 않고(비배수형 터널) 수압을 라이닝이 부담하도록 할 수 있다.

1) 배수형 터널

배수형 터널(drained tunnel)은 콘크리트 라이닝에 과도한 수압이 작용하지 않도록 유입된 물을 배수하는 형식의 터널을 말하며, 국내에서 빈번히 적용하고 있다.

배수형 터널은 다시 인버트를 제외한 부분은 방수하여 물을 차단하고 유입된 물은 유도하여 콘크리트라이닝 외부에 설치된 배수로를 통하여 배수하는 외부배수형식과 라이닝 내부에 설치된 배수로를 통하여 배수하는 내부배수 형식으로 구분한다(그림 8.17). 내부 배수형 터널의 내부배수로는 접근이 가능하여 유지관리가 가능한 장점이 있으나, 터널내부에 습기에 민감한 시설이 있거나 유해 지하수로부터 콘크리트라이닝을 보호해야 할 경우에는 외부 배수형으로 한다.

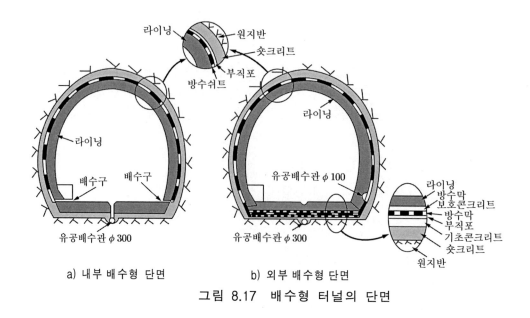

a) 내부 배수형 단면   b) 외부 배수형 단면

그림 8.17 배수형 터널의 단면

배수형 터널은 유입수 처리나 배수시설 유지관리에 비용이 많이 들기 때문에 유입수량을 최대로 억제하는 시공법을 병행하는 것이 좋으며 배수시설의 기능이 충분히 잘 유지되어야 한다.

배수형 터널형식은 지하수가 유해물질을 함유하지 않거나, 유입수량이 적거나, 주변지역에서 배수로 인한 지하수위 강하가 심각한 사회와 경제 및 환경적인 문제를 야기시키지 않는 경우에 채택하며, 지하수의 수두가 높더라도 지반의 투수성이 작아서 터널내로의 유입수량이 적은 경우에도 적용한다. 유입수량이 많을 경우에도 차수그라우팅 등으로 유입수량을 현격히 감소시켜서 배수형 터널을 적용할 수 있다.

2) 비배수형 터널

배수로 인하여 지하수위가 저하되면 터널주변 시설물이 영향을 받는 경우나, 지하수에 유해물질이 함유된 경우, 오염물질의 확산을 피하기 위하여 지하수위를 보존해야 할 경우, 또는 지하수유입을 차수하기가 어려운 곳 등에서는 지하수를 인위적으로 배수하지 않는 비배수형터널 (undrained tunnel) 을 채택한다. 비배수 터널에서는 지하수압이 콘크리트라이닝에 작용하므로 이에 대비하여야 하며, 방수막이 손상되지 않고 시공이음부 등에서 누수되지 않도록 기술적으로 철저하게 시공해야 한다. 최근 들어 환경보존의 중요성이 강조되면서 점차 배수형 대신에 비배수 형식으로 바뀌어가고 있다. 비배수형 터널이더라도 완전무결한 방수를 기대하기는 기술적으로 거의 불가능하다. 따라서 나라별로 비배수형 터널에 대한 허용누수량 (allowable leakage) 을 정하고 있다. 표 8.5 는 외국의 허용누수량이며, 국내에서도 토목학회 등에서 지하철 단선터널을 기준으로 $1.0\,\ell/분/100\,\mathrm{m}$ 를 추천하고 있다.

비배수형 터널의 라이닝은 지하수위에 해당하는 정수압을 고려하여 설계하며, 지하수위는 계절적 요인이나 주변여건 등을 고려한 최고수위를 채택한다. 콘크리트라이닝은 건조수축, 크리프, 온도변화 등에 따른 균열이 발생하지 않도록 품질을 관리하며, 배력 철근을 시공이음부에서 절단하여 라이닝 세그먼트 별로 독자 거동하도록 하고, 시공 이음부는 누수되지 않도록 지수판을 설치한다.

8.5.4 방수시험

방수기능은 사후에 악화될 뿐이고 개선되는 일이 없으므로 충분히 여유 있게 유의하여 시공해야 하며 방수상태는 시공직후에 다음의 시험을 통해서 검사하며 때로는 두 가지 이상의 방법으로 확인한다.

- 육안으로 확인한다.
- 방수층 사이에 공간이 있는지 두드려서 소리로 확인하며, 이는 많은 경험이 필요하다.
- 못 등으로 긁어 본다. 누수와 단순 결로를 구분할 수 있다.
- 일정위치에서 코아를 채취하여 확인한다.
- 고압전류로 확인한다. 습기가 있으면 전극을 벽면에 대었을 때에 방송잡음이 나온다. 단, 시험위치의 전도도가 지반보다 낮고 방수층이 전도성이 있어야 한다.
- 압축공기 또는 진공을 가하거나 압력수를 주입하고 압력이 변화되는지 확인한다.

【예제】 다음에서 틀린 내용이 있으면 정정하시오.

① 터널주변지반에서 터널내로 유입되는 물을 배수하는 터널을 배수형터널이라 한다.
② 지하수위가 강하되어선 안 될 곳에서는 비배수형 터널을 선택한다.
③ 내부 배수형 터널에서는 배수로의 집근이 가능하여 유지관리가 가능하다.
④ 주변지반이 오염된 곳에서는 비배수형으로 터널을 건설한다.
⑤ 장차 환경보존의 차원에서 비배수형식으로 가는 것이 바람직하다.
⑥ 비배수형터널에서는 누수가 일어나서는 안된다.
⑦ 비배수형터널에서 라이닝이 지지할 수 있는 압력은 $3 \sim 4\,kg/cm^2$ 미만으로 유지해야 한다.
⑧ 비배수형 터널에서는 지하수위에 해당하는 정수압을 고려하여 설계한다.
⑨ 방수기능은 사후에 악화될 뿐이고 개선되는 일이 없다.

【풀이】 ⑥ 비배수형 터널이라도 완전무결한 방수시공이 불가능하기 때문에 최소한의 누수량은 허용된다.

【연습문제】

【문 8.1】 방수의 목적을 말하시오

【문 8.2】 지반 내에 존재하는 물의 종류와 생성원인 및 구조물에 미치는 영향에 대해서 상세히 설명하시오

【문 8.3】 지층의 구조적 특성에 의해 침투수가 구조물에 영향을 주는 경우를 예를 들어 설명하시오.

【문 8.4】 방수를 위한 조사 내용과 방법을 설명하시오.

【문 8.5】 무압방수와 압력방수를 비교하여 개념적인 차이를 설명하시오.

【문 8.6】 배수관에서 유출된 물을 처리하는 방법을 설명하시오.

【문 8.7】 방수재의 기본조건을 설명하시오.

【문 8.8】 피치방수재의 형태와 장단점을 설명하시오.

【문 8.9】 연성 PVC 방수가 피치방수에 비하여 유리한 점을 열거하시오.

【문 8.10】 강성 방수가 필요한 경우를 이유를 들어 설명하시오.

【문 8.11】 터널 방수시공에서 지켜야할 원칙을 열거하고 설명하시오.

【문 8.12】 도버해협의 channel 터널의 방수형식에 대해서 설명하시오.

【문 8.13】 일본의 홋가이도와 혼슈를 잇는 세이칸 터널의 방수 방법에 대해서 아는 대로 설명하시오.

【문 8.14】 국내 마포대교 하부의 해저터널 방수 방법을 설명하시오.

【문 8.15】 방수 시공상태를 확인할 수 있는 시험방법을 설명하시오.

【문 8.16】 장차 비배수 터널을 지향하는 이유를 설명하시오.

제 9 장   지반동결

9.1 개 요

점성토는 함수비에 따라 컨시스턴시 (consistency) 가 달라지고 컨시스턴시 지수가 $I_c < 0.5$ 이면 작용하중에 의하여 지반이 유동 (ground flow) 하여 굴착하기가 어렵다.

또한 지하수면 아래의 느슨한 모래지반은 전단강도가 작아서 액상화 될 가능성이 있고 지하수 유출량이 많으므로 굴착하기가 매우 어렵다. 이런 경우에 지반을 동결시키면 지반의 전단강도가 증가하여 지반이 유동하거나 액상화 되지 않음은 물론 완전한 차수가 가능하여 별도의 흙막이 구조물을 설치하지 않고도 지하수 변동 없이 지반을 굴착할 수 있다. 이와 같이 지반의 온도를 인위적으로 빙점이하로 낮추어 지반 내 물을 결빙시켜서 지지구조체로 이용할 뿐만 아니라, 완전한 차수효과를 얻는 방법을 지반동결공법 (ground freezing method) 이라고 한다. 지반동결공법은 Pötsch (1883) 가 처음 제안하였고 Gebhardt/König (1898) 가 현장에 적용하였으며 시간이 갈수록 그 적용 예가 증가하고 있다.

간극 내 물이 결빙되어 흙입자를 결합시키므로, 지반이 동결되면 지하수의 수위와 질은 변하지 않으나 강도가 커지고 불투수성 재료가 되어서 완전한 차수 (cut of water) 층이 된다. 특히 액상화가능성이 있는 포화모래나 유동가능성이 있는 점성토를 굴착하거나 터널이나 수직갱을 굴착할 때에 좋은 효과를 기대할 수 있다.

동결체를 구조적으로 유리한 원형이나 타원형 단면으로 형성하여 터널지보재나 토류벽체로 이용할 수 있고, 굴착바닥 하부지반을 동결하여 차수 바닥층의 기능을 갖도록 할 수 있다. 지반 동결공법은 현장타설 주열식 벽이나 슬러리월과 병행하여 시공할 수 있다. 지반동결에는 초기 비용이 다소 많이 들지만 지하수가 오염되지 않으므로 환경 문제가 중요시 되는 최근에는 점차 수요가 증대되고 있다.

지반은 액체가스나 냉각액을 순환시키는 시스템으로 동결시키며 (9.2 절) 소요 역학적 특성 (9.3 절) 을 획득할 수 있도록 설계하고 (9.4 절) 시공 (9.5 절) 해야 한다.

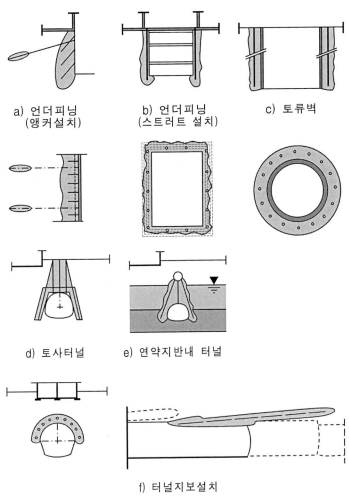

a) 언더피닝
(앵커설치)

b) 언더피닝
(스트러트 설치)

c) 토류벽

d) 토사터널

e) 연약지반내 터널

f) 터널지보설치

그림 9.1 지반동결 적용 예

【예제】 다음에서 틀린 것을 정정하시오.

① 유동성인 점성토지반을 동결시키면 전단강도가 증가되어서 유동하지 않는다.

② 지하수 아래의 사질토는 동결이 어렵다.

③ 지반은 동결시키면 수위와 수질은 변하지 않는다.

④ 지반 동결공법은 현장타설 주열식 벽이나 슬러리월과 병행하여 시공할 수 있다.

⑤ 지반동결에는 초기 비용이 다소 많이 든다.

⑥ 액상화가능성이 있는 포화모래나 유동가능성이 있는 점성토도 동결 후 굴착할 수 있다.

【풀이】 ② 포화사질토는 유속만 크지 않으면 쉽게 동결시킬 수 있다.

9.2 지반 동결시스템

흙은 고체(흙입자)와 액체(물) 및 기체(공기)로 이루어지고, 입자 간 결합이 거의 없거나 극히 약한 복합재료이다. 그러나 지반에 동결관을 삽입하고 주변의 열을 흡수하여 지반의 온도를 빙점(freezing point) 이하로 낮추면 간극속의 물이 결빙되어 흙입자를 결합시키므로, 동결된 지반은 강도가 큰 완전한 불투수성 고체가 된다. 동결체는 처음에는 동결관 주변에만 형성되고 시간이 갈수록 그 크기가 커져서 이웃한 동결체와 접촉되어 일체가 되며 그 후에는 두께가 점점 증가한다.

지반에 설치한 동결관에 기화열이 큰 액체가스(9.2.1 절)나 냉각액(9.2.2 절)을 순환시켜서 지반 내 열을 흡수하여 지반을 동결시킨다.

9.2.1 액체가스 지반동결시스템

동결관에 탄산가스와 산소 및 질소 등 액체가스(liquid gas)를 직접 순환시켜서 지반을 동결시킬 수 있으며 액체가스의 특성은 표 9.1 과 같고, 주로 질소 가스를 사용한다. 질소 가스는 대기압상태에서 순도 99.9 %로 생성할 수 있는 중성가스이고, 보통 $-192 \sim -196℃$의 액체 상태로 탱크에 담아서 운반 및 보관한다. 보통 액체 질소는 $600 \sim 75{,}000\,\ell$ 압력 탱크에 담긴 상태에서 자기기화 되므로 별도의 펌프가 필요 없다.

질소 가스는 가연성이 아니므로 유해하지 않으며 무취, 무미이다. 질소 가스는 배출구에 물방울이 맺혀서 안개가 생기므로 무대장식으로 자주 이용한다. 1 기압 15℃ 에서 무게 1.17 kg 부피 $1.448\,\ell$의 액체 질소는 약 $1\,m^3$의 질소 가스가 되며, 이때 248kJ 의 열에너지가 필요하다. 절대온도 77K($-196℃$)의 가스온도를 288 K($+15℃$)로 올리는 데에는 $518 - 248 = 270\,\mathrm{kJ}/m^3$의 열량이 필요하다(단, 1 kJ = 0.239 kcal).

표 9.1 액체 가스의 특징

액체가스	비등점 [℃]	융해점 [℃]	잠재열(비등) [kJ/kg]
탄산가스		-79	582
산소	-183	-218	214
질소	-196	-210	201

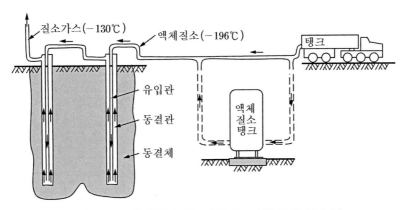

그림 9.2 액체질소를 이용한 지반동결시스템

액체질소를 이용하여 지반을 동결시키면 액체질소의 기화열이 크기 때문에 동결시간이 비교적 짧아서 냉각액체를 이용하는 경우보다 경제적이다. 따라서 액체질소 가스를 이용하는 지반동결시스템은 동결체 형성을 마무리하거나, 차수벽이나 슬러리 월에서 누수 및 지하수 흐름속도가 커서 급속한 동결이 필요한 경우에 특히 적합하다.

9.2.2 냉각액 지반동결시스템

냉각액을 사용하는 지반동결시스템은 냉매대신 냉각액을 동결관에 유통시켜서 지반이 열을 흡수하고 냉매는 냉각액을 냉각시키는 역할만 하게 하여, 소량의 냉매로 지속적으로 지반을 동결시킬 수 있는 시스템이며 냉매 순환계통과 냉각액 순환계통으로 구성된다 (그림 9.3).

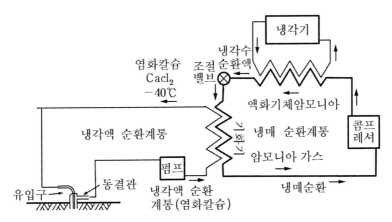

그림 9.3 냉각액을 이용한 지반동결 시스템

냉매는 주로 암모니아를, 냉각액은 대개 빙점이 약 $-55\,°C$ 인 $30\,\%$ 염화칼슘($CaCl_{12}$)용액을 사용한다. 냉각액은 대개 1단계 순환과정에서 $-25\,°C$ 정도 되고, 2단계 순환과정에서 약 $-45\,°C$ 로 냉각된다.

냉매순환계통은 암모니아 가스를 가압하여 액체 암모니아로 만드는 컴프레서와 액체암모니아를 기화시켜서 냉각액의 열을 흡수하는 기화기로 구성되며, 기화된 암모니아 가스는 다시 컴프레서로 가압하여 액화하는 순환계통이다.

냉각액 순환계통은 냉매순환계통의 기화기에서 냉각된 냉각액을 동결관에 유통시켜서 주변지반의 열을 흡수하여 지반을 동결시키는 순환계통이며, 동결관을 지나면서 열량을 흡수하여 온도가 높아진 냉매는 다시 기화기에 보내져서 냉각된다.

【예제】 다음의 설명 중 틀린 것을 찾아서 정정하시오.

① 지반동결에 사용하기 적합한 액체 가스는 탄산가스, 산소, 질소가 있다.
② 질소 가스는 가연성이 아니고 무해, 무취, 무미이다.
③ 액체 가스를 사용하면 지반을 짧은 시간에 확실하게 동결 할 수 있다.
④ 차수벽에서 누수 되거나 지하수 흐름속도가 너무 클 때에는 액체 가스를 사용하기에 부적합하다.
⑤ 액체가스를 이용하는 동결시스템은 냉각액을 이용하는 동결시스템보다 설비가 더 간단하다.
⑥ 냉각액 동결시스템에서는 냉매로 대개 암모니아를 사용하고 냉각액으로 염화칼슘용액을 사용한다.

【풀이】 ④ 액체가스 동결시스템의 적용에 적합하다.

9.3 동결지반의 역학적 특성

동결지반은 간극 내 물이 얼어서 간극을 채우고 흙 입자들을 결합시키고 있기 때문에 그 역학적 (응력-변형률) 거동 (9.3.1 절) 은 동결시간과 온도뿐만 아니라 지반상태와 얼음의 질에 의해 결정되며, 최근에는 수치해석 (9.3.2 절) 하여 지반의 동결과정을 해석할 수 있다.

9.3.1 동결지반의 강도 및 변형특성

지반이 동결되면 함수비와 동결온도에 따라 다소 차이가 있으나 무근 콘크리트와 거의 같은 압축강도를 가지며, 동결지반의 강도 및 변형특성에 영향을 미치는 인자는 다음과 같다.

- 지반 : 세립토 함유율, 입도 분포, 퇴적방법, 지층형상, 간극체적, 포화도, 투수성
- 얼음 : 온도, 동결거동, 재하속도, 재하시간, 결빙 안 된 물의 양

동결지반의 강도 및 변형특성은 주로 세립토의 함유정도와 포화도 및 물의 점성에 따라 다음과 같이 달라진다.

- 전단강도가 증가한다 (내부마찰각은 약간 작아지나 점착력이 크게 증가한다).
- 압축강도가 거의 무근콘크리트만큼 증대된다.
- 압축강도의 25~30 % 에 해당하는 인장강도를 갖게 된다.
- 크리프 거동이 뚜렷해진다.
- 강도특성이 온도와 시간에 따라 변한다.

동결지반의 강도 및 변형특성은 지반을 동결한 후에 비교란 시료를 채취하여 보통의 지반공학적 시험을 실시하여 구한다. 즉, 일축압축시험을 통해 일축압축강도와 크리프 곡선 및 시간에 따른 변형거동을 구하고, 삼축압축 시험하여 강도정수를 구한다.

1) 압축 및 인장강도

흙 지반이 동결되면 전단강도와 압축강도가 증가할 뿐만 아니라 동결 전에 없던 큰 인장강도를 갖게 되어 공학적으로 매우 유리한 고체재료가 된다.

그림 9.4 는 여러 가지 지반을 영하10℃ 에서 동결한 후에 일축 압축시험하여 측정한 동결지반의 일축압축거동을 나타낸다. 동결지반의 일축압축강도는 세립분이 많을수록 작아지며, 조립토일 수록 취성거동을 보인다.

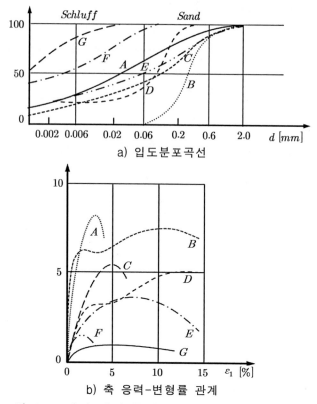

a) 입도분포곡선

b) 축 응력-변형률 관계

그림 9.4 여러 가지 동결지반의 일축압축거동

지반을 동결하면 압축강도가 증가하고 동결 전에 없던 인장강도를 갖게 된다. 동결지반의 압축강도는 온도가 낮아질수록 계속 증가하며 실트보다 모래에서 증가폭이 크다 (그림 9.5a).

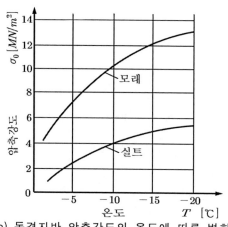

a) 동결지반 압축강도의 온도에 따른 변화

그림 9.5 동결지반의 인장 및 압축강도의 온도와 시간에 따른 변화 (계속)

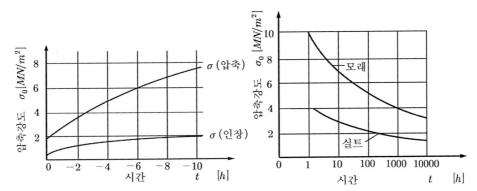

b) 미세모래 동결체의 압축 및 인장강도   c) 동결지반의 압축강도의 시간에 따른 변화
그림 9.5 동결지반의 인장 및 압축강도의 온도와 시간에 따른 변화

반면에 인장강도는 일정한 온도에 도달하면 더 이상 증가하지 않고 일정한 값에 수렴한다 (그림 9.5b). 동결지반의 압축강도는 시간이 지남에 따라 감소하며, 세립분이 적을수록 이러한 경향이 뚜렷하다 (그림 9.5c).

표 9.2 동결지반의 물성치

지 반 종 류	함 수 비 w [%]	건조단위중량 γ_a [kN/m^3]	간극율 w	포화도 S_r	일축압축강도	
					$T=-10^o C$ q_{g10} [MPa]	$T=-20^o C$ q_{g20} [MPa]
자갈, 모래 (지하수변위)	min : 2~4 max : 6~8	14.9~20.8	0.44~0.22	0.15~0.3	0.34~4.8	1.0~7.0
자갈, 모래 (지하수면아래)	24.7~9.9[*3]	16~21[*2]	0.4~0.21	~1.0	8[*1]~10[*1]	14[*1]~20[*1]
세립 모래 (지하수면아래)	17.8[*3]	18[*2]	0.32	~1.0	10[*2]	18[*2]

*1 : 시험결과로부터 보간법으로 정함,   *2 : 예상치,   *3 : 계산치, $\gamma_s = 26.5$ kN/㎥

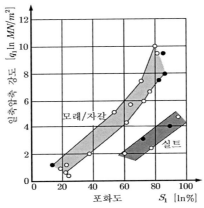

그림 9.6 동결지반의 포화도-일축압축강도 관계 (온도 -10℃)

동결지반의 압축강도는 지반의 포화도에 크게 의존하며, 동결체가 소요강도를 확보하기 위해서는 지반의 포화도가 일정치 (최소한 $S_r = 0.5 \sim 0.7$) 이상이어야 한다 (그림 9.6). 따라서 포화도가 낮은 지반은 특수한 방법으로 포화도를 높인 후에 동결시킨다 (9.5 절 참조).

2) 동결지반의 전단강도

지반을 동결하면 내부마찰각은 약간 감소하지만 점착력은 크게 증가하여 전체적으로 전단강도가 증가한다. 특히 모래에서 점착력이 크게 발생된다 (그림 9.7). 동결지반의 파괴에 이르는 축변형률은 동결 전에 비하여 감소한다 (그림 9.8a).

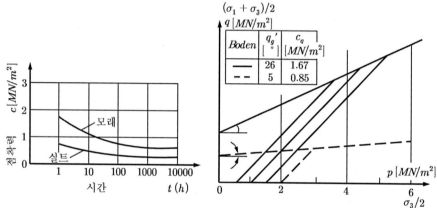

a) 시간에 따른 점착력의 변화   b) 지반동결에 따른 내부마찰각의 변화

그림 9.7 지반동결에 따른 점착력과 내부마찰각

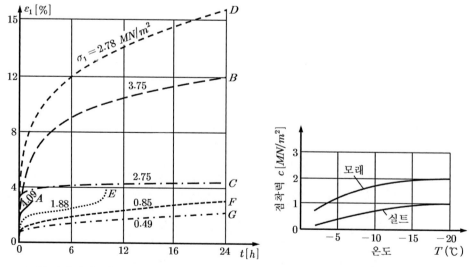

a) 동결시간에 따른 축변형률의 변화   b) 동결온도에 따른 점착력 변화

그림 9.8 동결지반강도의 온도와 시간에 따른 변화

점착력은 동결온도가 낮아질수록 증가하다가 $-20℃$ 이하가 되면, 거의 일정한 값에 수렴한다 (그림 9.8b). 일정한 온도에서 동결된 지반의 점착력은 시간경과에 따라 감소 (그림 9.7a) 하므로, 동결지반의 강도는 표 9.3과 같이 단기 (약 1주일미만) 와 장기 (3개월 이상) 로 구분하여 적용한다.

표 9.3 동결지반의 단기강도와 장기강도

구 분	단기강도				장기강도			
	σ_D	ϕ	c	E	σ_D	ϕ	c	E
	$[MPa]$	°	$[MPa]$	$[MPa]$	$[MPa]$	°	$[MPa]$	$[MPa]$
비점성토 중간조밀	4.5	20~25	1.5	500	3.6	25~30	1.2	250
점성토 $I_C > 0.75$	2.2	15~20	0.8	300	1.6	15~20	0.6	120

단, $T = -10℃$, 완전포화상태

3) 동결지반의 크리프 거동

동결지반은 크리프 거동이 뚜렷하며, 세립분이 많은 지반일수록 크리프 거동이 작게 나타난다 (그림 9.9).

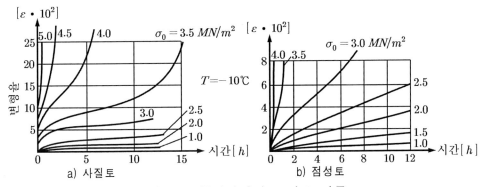

그림 9.9 동결지반의 크리프 거동

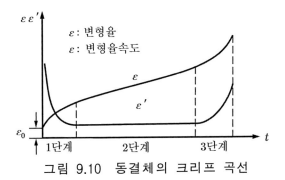

그림 9.10 동결체의 크리프 곡선

동결지반의 크리프 거동은 동결 후에 일축압축강도의 절반에 해당하는 크기의 하중을 최대 주응력으로 가한 상태에서 시간에 따른 축변형률의 변화를 측정하여 확인한다. 그러나 실무에서는 동결지반 내 발생응력이 공칭 크리프를 고려한 기준치보다 작도록 설계하기 때문에 동결지반의 크리프 거동은 비교적 의미가 적다.

9.3.2 지반 동결거동 수치해석

지반의 동결거동은 유한요소법 등을 적용하여 수치해석 할 수 있으며, 이를 위해 동결체의 구성방정식 (constitutive law) 이 정확해야 한다. 동결체의 구성방정식을 정할 때에는 동결체를 균질한 등방성재료로 가정하고 $-10℃$ 를 기준으로 재하시간 동안 평균강도를 적용한다.

그밖에 다음 내용을 고려할 수 있다.
- 시공단계에 따른 시간별 강도변화
- Mohr 파괴 포락선에 대한 전단 및 인장거동
- 온도변화에 따른 강도변화와 불균질성 고려

보통 동결체 외곽은 $-2℃$, 중심부는 $-18℃ \sim -20℃$ 를 가정하고 시공공정을 고려하고 유한요소법 (FEM) 등으로 역학적 계산을 수행할 수 있다 (그림 9.11). 동결체는 자체의 안정성도 검토해야 하며, 이때에 크리프 특성을 고려할 수 있다.

터널에서는 동결체에 수직응력만 작용하도록 설계하며 대체로 다음의 강도를 적용한다.
- 압축응력 (경계응력) : $540 \sim 1300 \, kPa$
- 인장응력   : 고려하지 않음
- 강도정수   : $c = 75011 \, kPa$, ϕ : 고려 안함
- 동결체 평균온도   : $t = -10 \sim -15^o C$

표 9.4 동결지반의 물성치 (예)

지반종류	실험치 ($T = -10^oC$)			역학계산용 물성			
	포화도 S_r	일축압축강도 $q_a \, [MPa]$	탄성계수 $E_q \, [MPa]$	$E(t) \, [MPa]$ 2 d	60 d	허용 $\sigma_{Da} \, [MPa]$	허용 $\sigma_{za}^* \, [MPa]$
자갈, 모래 중간조밀내지조밀	0.2	1.2~2.0	150~300	150	100	0.3	0.05
	1.0	8.0~10.0	1000~1200	850	480	1.8	0.35
가는 모래 조밀내지매우조밀	1.0	10.0	1200~1400	900	600	2.0	0.40

* 주 : $S_r = 1$ 에서 $\sigma_{za} = 0.2 \, \sigma_{Da}$, ,
  $S_r = 0.5 \sim 0.7$ 에서 $\sigma_{za} = 0.15 \, \sigma_{Da}$

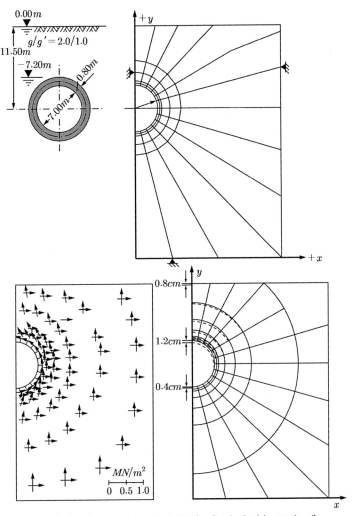

그림 9.11 동결지반거동의 수치해석(FEM) 예

【 예제 】 동결지반의 강도 및 변형특성이 아닌 것은 ?

① 전단강도가 증가한다.

② 내부마찰각은 약간 증가한다.

③ 점착력이 크게 증가한다.

④ 큰 인장강도를 갖게 된다.

⑤ 크리프 거동이 뚜렷해진다.

⑥ 강도특성이 동결온도와 시간에 따라 변한다.

【 풀이 】 ② 내부마찰각은 약간 감소한다.

9.4 지반의 동결설계

동결공법을 성공적으로 적용하기 위해서는 동결체의 형상(9.4.1절)을 정하고 지반조사 (9.4.2절)를 철저하게 실시하여 필요한 자료를 확보해야 한다. 또한, 흙의 동결메커니즘 (freezing mechanism)을 이해하여 동결벽체의 형성과정(9.4.3절)과 동결지반의 소요강도에 도달되는 전체소요열량(9.4.4절)과 시간(9.4.5절)을 예측하고 필요에 따라 수치해석(9.4.6 절)을 실시하여 이에 따라 동결관의 설치간격과 냉각방법을 정한다.

이때에 고려해야할 인자들은 다음과 같다.

- 동결간격과 동결관 설치의 정밀도
- 지층의 구성과 형상
- 지하수의 유속과 흐름방향 및 초기온도
- 냉각장치의 용량과 동결관 온도
- 동결체의 형상과 중심온도 및 열량분포
- 지반 내에 설치할 열전달 장치의 위치와 온도영향

9.4.1 동결벽체의 형상

동결벽체는 완전히 폐합하여 일체형으로 하며, 구조적으로 유리하도록 원형이나 타원형 또는 정사각형으로 설치한다(그림 9.12). 필요에 따라 동결 벽체에 앵커나 스트러트를 설치 할 수도 있다. 동결벽체는 대개 0.8~1.5m 정도 두께로 시공하여, 널말뚝과 같이 굴착 저면 하부 지반에 근입시키거나 중력식 옹벽과 같이 중력식 벽체를 두껍게 하여 설치할 수 있다.

벽체가 두꺼울 때에는 하나의 동결관으로 오랜 시간을 냉각시키기보다는 동결관을 2~3열 로 배치하여 동결 시간을 단축시킬 수 있다(그림 9.13).

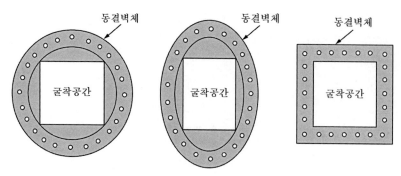

그림 9.12 동결벽체의 설계 형상

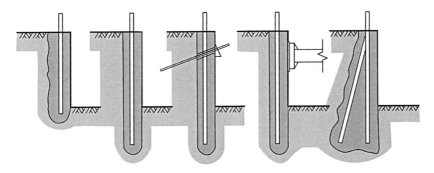

a) 얕은 동결벽 b) 깊은 동결벽 c) 앵커설치 d) 스트러트 설치 e) 두꺼운 동결벽

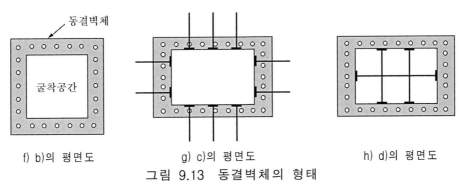

f) b)의 평면도   g) c)의 평면도   h) d)의 평면도

그림 9.13 동결벽체의 형태

9.4.2 지반동결을 위한 조사

동결지반은 간극이나 절리에 있는 물의 동결에 의하여 흙입자들이 서로 결합된 상태이므로 다음 요소에 의하여 영향을 받는다.

- 물의 상태 (함수비, 지하수 유속과 유량, 지하수 흐름방향, 수질)
- 지반상태 (상대밀도, 세립분 함유율, 구성광물, 투수계수, 유기질함량)

따라서 지반을 보링조사하여 지층의 성상과 구조를 파악하고, 각 지층의 시료를 채취하여 세립분 함유율과 유기질 함량 및 함수비를 구해서 지반의 동결거동을 예측한다.

또한, 지반의 투수계수와 지하수 유속, 유량 및 흐름방향 등 지하수의 흐름 상태를 파악한다. 지하수의 수질은 동결 에너지와 소요시간을 결정하는 직접적인 요소이다.

지반의 동결메커니즘과 동결지반의 강도 및 변형특성에 영향을 미치는 인자들은 일상적인 토질시험과 열역학적 특성시험을 실시하여 구한다.

9.4.3 동결체 형성과정

지반에 동결관을 삽입하고 냉각액을 순환시키거나, 동결관에서 액체가스를 기화시키면 동결관 주변 지반의 온도가 낮아져서 지반이 동결되고 시간이 지날수록 동결체의 크기가 커진다.

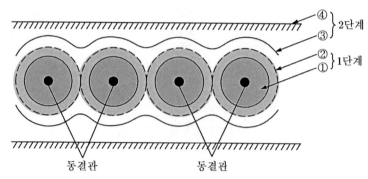

동결관　　　　　　　동결관
① 축대칭 동결체 형성　② 동결체 서로 연결
③ 동결체 두께 증가　④ 완성된 동결벽
그림 9.14 동결벽체의 형성과정

동결두께가 원하는 값에 도달되면, 이후부터는 주변지반이나 시스템에 유입되는 열량만큼만 냉각시키면 되기 때문에 동결유지 비용이 크게 증가하지 않는다.

지반의 동결과정은 대체로 두 단계로 구분할 수 있다 (그림 9.14).

　1 단계 : 동결관을 중심으로 축대칭으로 동결되어 그 크기가 확대되는 단계
　2 단계 : 인접한 동결체가 서로 접촉된 후에 일체로 성장하여 커지는 단계

이러한 지반의 동결과정을 해석하기 위하여 다음과 같이 가정한다.

- 지반은 균질하고 등방성이다.
- 동결관의 외벽온도는 일정하다.
- 지하수는 흐르지 않는다.
- 열전도체가 더 이상 없다.
- 동결관의 수평거리는 일정하다.

9.4.4 지반동결 소요열량

지반을 동결시키기 위해서는 지반으로부터 흡수해야 할 열량은 얼지 않은 지반의 열량과 지반의 잠열 및 동결지반의 열량의 합이다.

지반의 동결과정은 2차원 열흐름이며, 영향인자들이 많아서 이들을 모두 고려한 정확한 해를 구하기가 어렵기 때문에 실무에서는 대체로 간략한 해법을 적용한다.

흙은 고체인 흙 입자와 액체인 물로 구성되어 있으므로 함수비 w % 인 단위부피 $(1\,dm^3)$ 의 흙을 구성하고 있는 흙 입자의 무게는 γ_d kg·중이고 물의 무게는 $\gamma_d\,w/100$ kg·중이다.

이 흙의 온도를 $\Delta t\,{}^\circ C$ 높이는데 필요한 열량 g 는 다음과 같다.

$$g = (흙입자\ 열용량)\Delta t + (물의\ 열용량)\Delta t$$
$$= (흙입자의\ 비열)(흙입자의\ 질량)\Delta t + (물의\ 비열)(물의\ 질량)\Delta t \tag{9.1}$$

비열은 질량 $1\,kg$ 인 어떤 물질의 온도를 $1\,{}^\circ C$ 높이는데 필요한 열량을 말하며, 질량에 상관없이 물질의 온도를 $1\,{}^\circ C$ 높이는데 필요한 열량을 열용량이라고 한다. 흙을 동결시키면 고체인 흙입자는 상태가 변하지 않으나 액체인 물은 고체인 얼음으로 상태가 변하므로 잠열 (潛熱) 을 고려해야 한다. 여기에서 질량 $1kg$ 인 물질의 상태를 변화시키는데 필요한 열량을 잠열이라고 하며, 얼음의 잠열 즉, 융해열은 80 kcal/kg 이다.

흙 (온도 t_1) 을 동결시켜 온도가 t_2 가 되기 위해 단위부피 흙이 흡수해야 할 열량 g 는,

$$g = C_s m_s (t_1 - t_2) L m_w + C_w m_w t_1 - C_i m_i t_2 \tag{9.2}$$

이고, 여기에서
C_s : 흙입자의 비열 $C_s = 0.17\,\text{kcal/kg}\,{}^\circ\text{C} = 0.71\ \text{kJ/kg}{}^\circ\text{C}$
$\qquad\qquad C_w$: 물의 비열 $C_w = 1.0\ \text{kcal/kg}{}^\circ\text{C} = 4.2\ \text{kJ/kg}{}^\circ\text{C}$
$\qquad\qquad C_i$: 얼음의 비열 $C_t = 0.5\ \text{kcal/kg}{}^\circ\text{C} = 0.21\ \text{kJ/kg}{}^\circ\text{C}$
$\qquad\qquad m_s$: 흙 단위부피당 흙입자 질량, $m_s = \gamma_d / g$ [kg]
$\qquad\qquad m_w$: 흙 단위부피당 물의 질량, $m_i = m_s w/100$ [kg]
$\qquad\qquad m_i$: 얼음의 질량, $m_i = m_w$
$\qquad\qquad L$: 물의 잠열 (융해열), $L = 80\ \text{kcal/kg}$

따라서 위 식은 다음과 같이 된다.

$$g = \frac{\gamma_d}{g}\left\{ C_s (t_1 - t_2) + \frac{w}{100}(L + C_w t_1 - C_i t_2) \right\} \tag{9.3}$$

따라서 체적 V 인 흙을 동결시키는데 필요한 총열량 Q 는 다음과 같다.

$$Q = g \cdot V \ \ [\text{kcal}] \tag{9.4}$$

지반과 물에 대한 일반적인 값을 적용하면 식 (9.3) 은 대체로 다음으로 단순화된다.

$$g = (2.2 \sim 2.8)\,w \ \ [\text{kcal/d}\,\text{m}^3]$$
$$= (9.2 \sim 11.7)\,w \ \ [\text{kJ/d}\,\text{m}^3] \tag{9.5}$$

9.4.5 지반동결 소요시간

동결체 형성시간은 동결관의 간격, 지반의 종류와 함수비 및 동결체 온도에 따라 결정된다. 그림 9.15a 는 동결관의 간격과 함수비에 따라 $-20℃$ 인 동결벽체의 형성시간이며, 그림 9.15b 는 함수비 $w = 30\%$ 인 지반에서 동결관의 간격과 온도에 따른 동결벽체 형성시간이다. 여기 에서 동결관 거리와 동결벽체 두께에 따라 동결소요시간이 급하게 증가함을 알 수 있다.

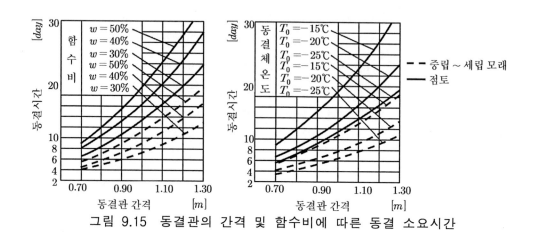

그림 9.15 동결관의 간격 및 함수비에 따른 동결 소요시간

9.4.6 지반동결과정 해석

지반의 동결과정은 여러 가지 경계조건을 고려하고 유한요소법 (FEM) 등을 이용하여 해 석할 수 있다. 그림 9.16 은 중립 및 조립자갈 지반에서 동결시간에 따른 동결벽체의 형성과 그 온도분포를 해석한 결과이며, 시간이 지남에 따라 동결벽체가 두꺼워지고 온도가 낮아 지며 4 일 (96 시간) 이후에는 거의 일정한 두께의 동결벽체가 형성되는 것을 알 수 있다.

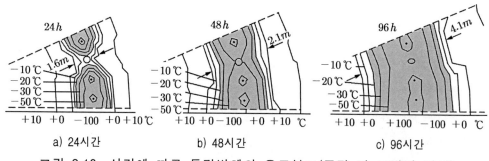

그림 9.16 시간에 따른 동결벽체의 온도분포(중립 및 조립질 자갈)

9.5 지반의 동결시공

지반의 동결시공은 비교적 단순한 공정이지만, 설계와 시공의 정확성과 지속적인 관리시스템 및 시공 중 철저한 품질관리가 필요하다. 특히 동결 전 지반의 포화도를 관리 (9.5.1 절) 해야 하고, 동결관이 정확히 설치 (9.5.2 절) 되어야 한다. 또한, 냉각시스템이 적합해야 하고 동결체의 폐색 (9.5.3 절) 이 확실해야 하며, 동결체의 소요강도와 형상에 도달되는데 필요한 동결시간과 소요열량을 정확히 예측하여야 지반동결시공의 장점을 잘 살릴 수 있다. 따라서 철저한 시공관리 (9.5.4 절) 하에 콘크리트가 동해 (9.5.5 절) 를 입지 않도록 한다.

9.5.1 지반의 포화도 관리

동결체의 압축강도와 변형특성 (탄성계수) 은 지반의 종류, 구조골격 및 온도이외에도 포화도 S_r 에 크게 의존한다 (그림 9.6). 도심지 얕은 터널에서와 같이 동결체 일부가 지하수위 상부에 위치하고 그 지반의 포화도가 낮은 경우에는 동결체의 품질 (일축압축강도, 탄성계수) 이 기준치에서 미달할 수 있다.

동결체가 필요한 역학적 특성을 확보하기 위해서는 포화도가 최소한 $S_r = 0.5 \sim 0.7$ 이 되어야 하므로, 포화도가 이보다 낮은 지반에서는 다음의 방법으로 지하수위 상부에 있는 지층의 함수비를 증가시켜야 한다.
 - 지하수 흐름을 차단하는 지중 댐 역할을 하는 차수벽 등을 지하수 흐름 방향의 하류에 설치해서 지하수위를 상승 시킨다 (그림 9.17).
 - 지반 내에서 주수하여 인위적으로 함수비를 증가 시킨다 (그림 9.18).

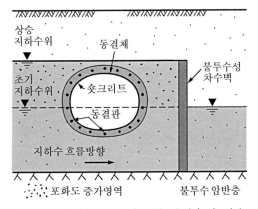

그림 9.17 차수벽을 이용한 지하수위 상승

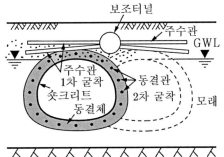

그림 9.18 물주입을 통한 포화도 상승

그러나 지하수 차수벽은 설치비용이 많이 들기 때문에 단순히 지하수위를 상승시킬 목적만으로는 적용하기 어려우며, 지하수위 상승높이가 작더라도 지하수의 흐름속도가 너무 빨라서 동결공법의 적용이 어려운 경우 등의 특수한 경우에만 적용한다.

지반의 함수비를 증가시킬 목적으로 예상 동결체의 종방향과 횡방향으로 특수 주수관등을 설치하여 지중에 물을 주입할 수 있다. 그림 9.18 은 터널공사에서 동결 전에 물을 주입하여 포화도를 증가시키는 방법을 나타낸다.

모래와 자갈 등 조립토는 투수성이 커서 인위적으로 포화도를 증가시키기가 세립토 보다 쉬운 반면에 포화도를 높이는데 매우 많은 수량이 소요되고, 주수한 물이 쉽게 빠져나가서 주수효과가 적다. 이런 경우에 물이 빠져나가는 것을 저지하거나 속도를 늦추기 위하여 주수하는 물의 점성 (viscosity) 을 높일 수 있으나 점성이 커지면 동결체의 간극을 채우는데 많은 시간이 소요된다. 물의 점성은 고점성 물질을 첨가하여 높일 수 있으며, 점성첨가물은 소량 첨가하여도 점성이 크게 증가하고, 동결체의 강도특성에 영향을 주지 않으며 물에 완전히 용해되고 지하수를 오염시키지 않아야 한다.

주수관의 배치, 압력 및 형상은 지반에 적합하도록 조절하여 설치하고 지속적으로 주수하여 포화도를 증가시킨다.

9.5.2 동결관 설치

동결관은 약 $0.75 \sim 1.5\,m$ 간격으로 지반을 천공하여 설치한다. 동결관은 내·외관의 이중으로 되어 있어서 내부 (유입) 관으로 유입된 액체 가스나 냉각액이 외부 (유출) 관으로 흘러나오면서 주변의 열을 흡수한다 (그림 9.19). 내부 (유입) 관은 대개 $\varPhi\,38\,mm\,(1.5\,in)$ 의 PVC 관을 쓰며, 외부 (유출) 관은 $\varPhi\,88.9 \times 6.45\,mm$ 의 강관을 사용한다. 강관은 낮은 온도에 견딜 수 있는 특수강이라야 한다. 지반동결공법을 적용하는 기간이 2 년 미만이면 DIN 2448 의 St 52-3 강재 쓰며, 2 년 이상이면 US-standard API 에서 정한 J55 강재를 사용한다.

동결관은 연결시공 후에 연결부에서 냉매나 냉각가스가 새지 않도록 최소 $50\,bar$ 의 압력으로 누출여부를 확인한다. 이때 시험압력은 동결관망의 길이, 동결관의 크기 및 작업압력에 따라 조절한다.

동결관은 정확히 천공하고 설치해야 동결종결시간이나 열용량 및 에너지소비량이 중첩되거나 부족하여 미동결 부분 즉, 부동창 (不動窓) 이 생기지 않는다. 따라서 보링오차를 1 % 이내로 유지해야 하며 이를 위해 특수 보링장비가 필요하다. 보링심도를 $90\,m$ 로 한 경우도 있다.

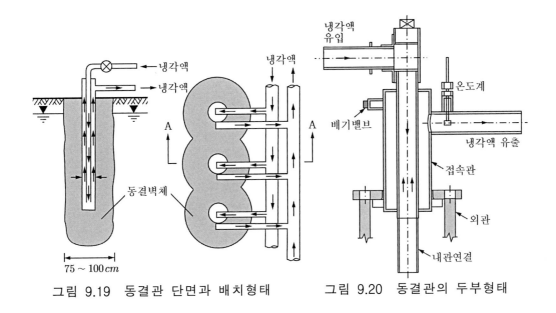

그림 9.19 동결관 단면과 배치형태   그림 9.20 동결관의 두부형태

9.5.3 동결체의 폐색

지반을 동결시킬 때에 지하수의 유속이 크면 부분적으로 동결체가 형성되지 않을 수 있으며, 이를 부동창이라고 한다.

간극내의 지하수 유속이 작으면 (<0.5 m/day) 동결관 주위로 축대칭형태의 동결체가 형성되지만, 유속이 1.0 m/day 이상 크면, 동결체가 타원형으로 형성된다 (그림 9.21).

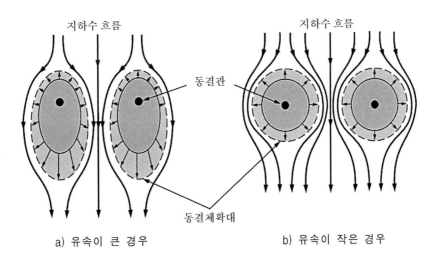

a) 유속이 큰 경우   b) 유속이 작은 경우

그림 9.21 지하수 유속에 따른 동결체의 형상

동결시간이 길어지면 동결체가 점점 커지면서 궁극적으로 서로 연결되지만 연결되지 않은 부분에서는 유속이 빨라지고 흐름이 집중되므로 (그림 9.22), 이를 폐색시키는데 각별한 노력과 많은 비용이 소요된다.

부동창은 다음 대책을 취하여 없앨 수 있다.

- 주입하여 지반의 투수계수를 낮춘다.
- 흐름의 하류 측에 주입 또는 진동·압입하여 차수벽 등을 설치해서 지하수 유속을 낮추고 상류 측 수위를 상승시켜서 지반의 함수비를 증가시킨다.
- 지하수 흐름의 상류 측 동결벽체로부터 1~3 m 떨어진 곳에 별도의 냉각관을 설치하여 미리 냉각시키면 동결체 형성이 빨라진다.

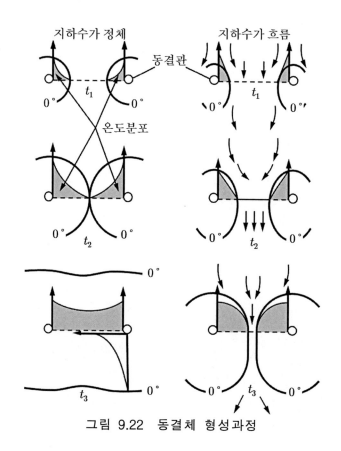

그림 9.22 동결체 형성과정

9.5.4 동결 시공관리

지반을 동결할 때에는 동결이 완료될 때까지 다음 내용을 규칙적으로 측정하여 시공과정과 동결체의 유지과정을 관리한다.

- 냉각회로의 유입 및 유출온도와 냉각액의 유량
- 냉각액의 유입 및 유출온도
- 각 냉각관의 두부에서 유출냉각액의 온도
- 냉각장치와 냉각액 순환장치의 압력

그밖에 장기간 동안 동결할 때나 특별히 크리프 거동의 관찰이 필요할 때에 동결체를 따라서 종횡으로 온도측정용 보링공을 설치하고 온도를 측정해서 동결체의 형성과정을 관찰할 수 있다. 그림 9.23 은 동결체 형성과정에 대한 측정결과이다.

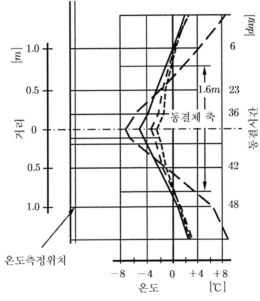

그림 9.23 동결체 횡단면의 온도분포

9.5.5 동결체에 대한 콘크리트 타설

동결벽체에 직접 접촉하여 콘크리트나 숏크리트를 타설하면 동결체와 접촉된 두께 1 cm 정도의 콘크리트는 동결되어 콘크리트 강도가 미달될 수 있으나 나머지 부분은 제대로 양생되는 것으로 알려져 있다.

콘크리트가 동결되지 않고 소요단면을 유지하도록 하기 위해서는 골재를 가열하거나 특수 거푸집을 사용하여 콘크리트가 동결되기 전에 충분한 강도를 갖게 할 수 있다.

콘크리트가 일정한 강도에 도달되기 위해서는 일정한 시간이 흘러야 하며 동결벽체는 거푸집 역할을 한다. 이때에 오히려 콘크리트가 동결벽체를 융해시키므로, 융해되는 두께가 너무 크지 않아야 하고 이를 고려하여 동결체의 두께를 결정해야 한다. 콘크리트는 혼합하거나 펌핑하는 과정에서 $+10 \sim +20℃$ 를 유지해야 한다.

【예제】 다음의 설명 중 틀린 것을 찾아서 정정하시오.

① 동결관은 약 $0.75 \sim 1.5 \, m$ 간격으로 지반을 보링하여 설치한다.

② 동결시스템은 시공의 정확성과 지속적인 관리 시스템이 필요하다.

③ 동결관은 PVC 로 된 내관과 강재로 된 외관으로 구성된다.

④ 동결관은 연결 후에 $50 \, bar$ 의 압력을 가하여 누출여부를 확인한다.

⑤ 동결관의 수직도에 대한 시공오차는 약 1% 미만이어야 한다.

⑥ 지반동결을 시공하기 위해서는 지반의 포화도가 $S_r = 0.3$ 이상이어야 한다.

⑦ 부동창이 생기지 않게 하려면 지하수의 유속이 $20 \, m/day$ 보다 작아야 한다.

⑧ 동결체에 접촉되어 콘크리트를 타설하면 콘크리트 강도에 문제가 발생된다.

⑨ 조립토에서 지하수 유속이 너무 크면 고점성 첨가물을 주수하여 유속을 낮춘다.

【풀이】 ⑥ 포화도 $S_r = 0.5 \sim 0.7$ 이상이어야 한다.

　　　　⑧ 두께 $1 \, cm$ 만 영향 받는다.

【연습문제】

【문 9.1】 지반을 동결했을 때 새로 나타나는 동결지반의 특성을 설명하시오.

【문 9.2】 지반을 동결시킬 때에 지반과 지하수가 어떤 조건이어야 하나 ?

【문 9.3】 지반을 동결시킬 때에 액체가스를 이용하여 어떻게 하나 ?

【문 9.4】 지반을 동결시킬 때에 냉각액을 이용하여 어떻게 하나 ?

【문 9.5】 동결지반의 강도 특성을 설명하시오.

【문 9.6】 동결지반의 변형특성을 설명하시오.

【문 9.7】 실트지반을 동결시킬 때 다음의 값을 예측하시오.

   ① 압축강도
   ② 인장강도
   ③ 점착력
   ④ 내부마찰각
   ⑤ 온도
   ⑥ 탄성계수

【문 9.8】 지반의 동결설계를 위하여 반드시 알아야 할 값과 사항들을 설명하시오.

【문 9.9】 지반내 유기질이 지반의 동결특성에 미치는 영향을 설명하시오.

【문 9.10】 지반의 동결과정을 해석할 때의 기본 가정을 열거하시오.

【문 9.11】 $1m^3$(무게 18kN)의 지반이 15℃에서 -20℃로 동결 될 때에 소요되는 열량을 계산하시오. 단, 필요한 물성치는 합리적인 값으로 가정하시오.

【문 9.12】 동결관 설치시에 주의 해야할 사항들을 설명하시오.

【문 9.13】 동결지반의 포화도를 증가시키는 방법들을 설명하시오.

【문 9.14】 동결체에 부동창이 형성되었을 때에 이를 폐색하는 방안을 제시하시오.

제 10 장   **폐기물 매립장**

10.1 개 요

최근에 사회가 급속하게 산업화됨에 따라 인구가 폭발적인 증가로 인해 폐기물이 급격히 증가하여 자연의 자정능력한계에 근접하고 있다. 따라서 지구의 질 (물, 공기, 흙) 은 점점 더 악화되어, 인간의 생존마저 위협하는 상황이 되어서 물, 공기, 흙의 오염속도를 늦추거나 중지시키며, 나아가서 자연상태로 환원시키려는 노력이 절실히 필요하게 되었다.

폐기물은 발생원인과 구성물질 및 독성에 따라 가정폐기물, 산업폐기물 및 특수 폐기물로 분리하여 매립하거나 소각하며, 일부는 재활용하고 있다. 그런데 폐기물을 소각할 때에 발생하는 각종 대기오염 물질은 대기 중에서 확산속도가 빠르고 피해지역이 광범위하므로 소각하지 않고 매립하여 오염물질의 확산을 방지하는 것이 현재의 추세이다. 따라서 안전한 폐기물 매립장을 건설하며, 매립장 주변의 흙과 지하수를 오염원 (source) 으로부터 보호하고 지하수에 의한 오염 물질의 확산을 방지하는 일이 지반공학과 관련 깊게 발달되어 왔다. 즉, 지중에 차단층을 설치하여 주변의 지반과 지하수를 오염원과 분리시키고, 오염된 지하수를 양수하여 정화한 후에 지반에 환원시키며, 매립 폐기물에서 발생하는 침출수 (leachate) 와 가스가 유출되어 확산되지 않도록 필터로 거르고 집수시스템으로 모아서 처리하고 있다.

이와 같이 오염원을 한곳에 모으고 불투수성 재료로 격리시켜서, 오염물질의 확산을 방지하고, 보관내지는 처리하는 장소를 폐기물 매립장 (waste disposal site) 이라고 한다.

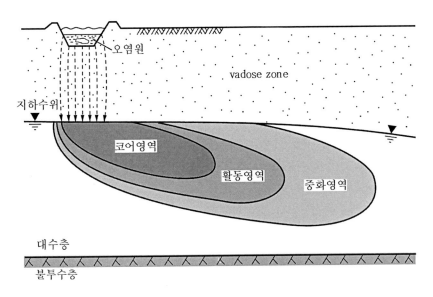

그림 10.1 지반오염 확산 개념도

그림 10.1 은 오염원에서 발생한 오염물질이 지하수에 합류된 후에 지하수와 같이 이동하여 넓은 지역으로 확산되는 과정을 나타내는 개념도이다.

폐기물 매립장은 지형조건과 폐기물의 상태에 따라 다양한 형태 (10.2 절) 로 건설하며, 침출수가 유출되지 않도록 라이너 즉, 차단층을 설치하고 (10.3 절) 폐기물의 분해과정에서 발생된 침출수 (10.4 절) 와 가스 (10.5 절) 는 유출되지 않고 모아서 즉시 배출할 수 있는 시스템을 갖추며 쌓아 놓은 폐기물은 붕괴되지 않고 전체적으로 안정 (10.6 절) 하게 건설한다.

【 예제 】 다음에서 폐기물 매립장을 건설하는 이유가 아닌 것은 ?

① 폐기물을 소각하면 대기가 오염된다.
② 주변의 흙과 지하수를 오염원으로부터 분리한다.
③ 오염원을 한곳에 모아서 보관하거나 처리한다.
④ 폐기물을 재활용하기 위해서 모아서 보관한다.

【 풀이 】 ④

10.2 매립장 형태

폐기물 매립장은 지상이나 지하에 건설하며, 독성이 강한 특수폐기물은 대개 지하수 유동이 적은 지하 깊은 곳에 매립하고 보통의 폐기물은 지상에 매립하는 경우가 많다. 폐기물을 지상에 매립하는 경우에는 지하수가 오염되지 않도록 특수하게 설치한 매립장에 매립한다.

지상매립장은 지형조건에 따라 지표 (10.2.1 절) 와 계곡 (10.2.2 절) 및 굴착매립장 (10.2.3 절) 으로 구분하며 현장상황에 따라 다양한 변종이 있다. 지하매립장 (10.2.4 절) 은 독성이 강하거나 확산속도가 빠른 특수 폐기물을 안전하게 저장하고 관리하기 위하여 자연 또는 인공적인 지하공동 (underground opening) 에 건설한다.

10.2.1 지표 매립장

지표매립장은 지표에 설치하는 가장 일반적인 형태의 매립장이며 지표수 (surface water) 가 유입되거나 폐기물에서 발생한 침출수가 외부로 유출되어 지하수가 오염되는 것을 방지하고 침출수를 모아서 처리하기 위하여 다음과 같은 기본구조를 갖추고 있다 (그림 10.2).

- 바닥라이너 및 캡 : 침출수의 지중유출이나 지표수의 매립장 내 유입을 차단하기 위하여 설치하는 불투수성 바닥 (바닥라이너) 과 덮개 (캡)

- 침출수의 집수 및 배수시스템 : 침출수가 외부로 유출되지 않도록 한 곳으로 모으는 집수 및 배수시스템

- 가스포집 및 배기시스템 : 폐기물에서 발생하는 가스를 포집 처리하거나 배기하는 시스템

그 밖에 외부 지하수나 침투수 (seepage water) 가 매립장 내부로 유입되어 침출수와 섞이지 않도록 설치하는 지하수 차수벽 (ground water cutoff wall) 이나, 기타 수리학적 대책 등이 있다.

지표매립장은 수평지반에 폐기물을 적재하고 캡을 씌우는 형식 (지상매립, 그림 10.3a) 과 지반을 굴착한 후에 원래의 지표 또는 지표 위까지 폐기물을 매립하고 캡을 씌우는 형식 (굴착매립, 그림 10.3b) 이 있다.

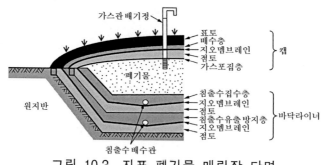

그림 10.2 지표 폐기물 매립장 단면

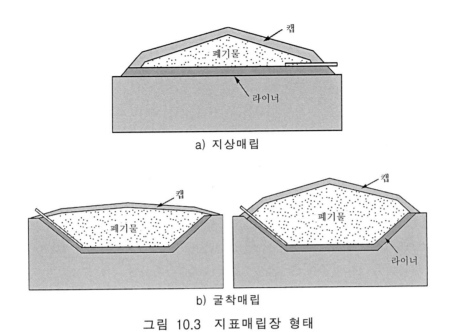

a) 지상매립

b) 굴착매립

그림 10.3 지표매립장 형태

10.2.2 계곡 매립장

계곡매립장은 자연상태 계곡지형을 이용하는 매립장이며, 계곡의 입구에 댐을 건설하고 계곡 내에 폐기물을 적재하므로 비교적 안전하고 경제적이며 산악지나 구릉지에 적합하다. 그러나 지형적인 특성 때문에 즉, 표토층이 경사져서 계곡 내 지표수가 매립장내로 집중되어, 침출수량이 많아지거나 라이너의 안정문제가 발생될 수 있고, 계곡이 하천의 상류이거나 지형적으로 높은 지대에 있을 경우에는 유사시에 오염물질의 대규모 확산이 우려되기도 한다.

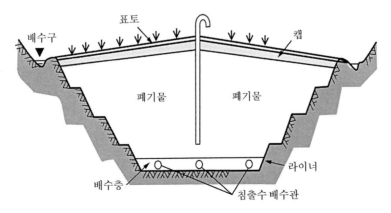

그림 10.4 계곡 매립장 형태

10.2.3 굴착 매립장

용도가 끝난 채석장(quarry)이나 토취장(borrow pit)의 구덩이는 대개 양질토로 매립하여 다른 용도로 사용하거나, 폐기물 매립장으로 이용한다. 이들의 바닥이 불투성 양호한 암반인 경우에는 측면의 벽체에서만 방수처리가 필요하다.

대개 측벽은 경사가 급하기 때문에 점토라이너(clay liner)나 지오멤브레인(geomembrane)을 설치할 수 없으므로 구조적으로 안정하고 강성을 갖도록 철근콘크리트 패널을 설치하고 앵커 등으로 고정한 후에 그 위에 지오 멤브레인을 접착하여 수밀성을 확보한다. 콘크리트 패널과 원지반 흙벽사이에는 자갈 등을 채워서 필터 층을 설치하여, 원지반에서 유출된 물이 침출수와 섞이지 않도록 유도·배수한다.

매립의 진행과 더불어 측벽도 연속적으로 쌓아 올린다. 폐기물이 분해되어 침하되면 벽체와의 접촉부에 전단응력이 발생되어 철근 콘크리트 판에 부착된 지오 멤브레인이 변형될 수도 있다. 그림 10.5는 굴착매립장의 일반적인 단면을 나타낸다.

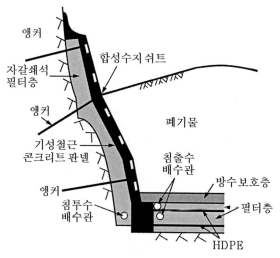

그림 10.5 굴착매립장의 단면

10.2.4 지하 매립장

최근 들어 독성이 강한 방사능 폐기물 등 특수폐기물을 지상에 매립하지 않고 지하수의 흐름이 적어서 확산될 위험성이 없고 생태계에 영향을 적게 미치는 지하에 저장하는 예가 늘고 있다. 이러한 매립장을 지하매립장이라고 한다.

특히 폐광동굴이나 천연암반동굴 등 자연 또는 인공적인 지하공동(underground opening)을 이용하면 매우 유리하다. 따라서 지하매립장은 규모와 형태가 매우 다양하다.

【**예제**】 다음의 설명 중에서 틀린 것을 찾아서 정정하시오.

① 폐기물 매립장의 형태는 대체로 지형조건과 현장상황에 따라 정한다.

② 지하 깊은 곳은 지하수의 흐름이 거의 없어서 오염원의 확산이 느리므로 독성이 강한 폐기물의 매립에 적합하다.

③ 바닥라이너와 캡은 불투수성 점토나 수지계통의 재료를 이용하여 만든다.

④ 침출수는 매립장 외부로 유출되지 말아야 되며 외부지하수나 침투수는 내부로 유입되어도 무방하다.

⑤ 매립지의 원지반이 불투수성 암반이나 점토이면 바닥라이너를 생략할 수 있다.

⑥ 계곡매립장에서는 지표수가 매립장내로 집중되거나 표토 층이나 라이너의 안정문제가 발생된다.

⑦ 굴착매립장의 측벽은 경사가 급하여 라이너 설치가 어려워서 특수한 대책이 필요하다.

【**풀이**】 ④ 외부지하수나 침투수가 매립장 내부로 유입되어선 안 된다.

10.3 바닥 라이너와 캡

폐기물로부터 발생되는 침출수가 외부로 유출되어 지하수를 오염시키거나 외부지하수가 매립장 내로 유입되는 것을 방지하기 위하여 폐기물 매립장 바닥을 불투수성 재료 즉, 점토(10.3.1절)나 지오 멤브레인 (geo-membrane)(10.3.2절) 또는 이들을 병용(10.3.3절)하거나 특수 재료를 이용(10.3.4절)하여 차단하는데 이를 바닥라이너 (liner) 라고 한다.

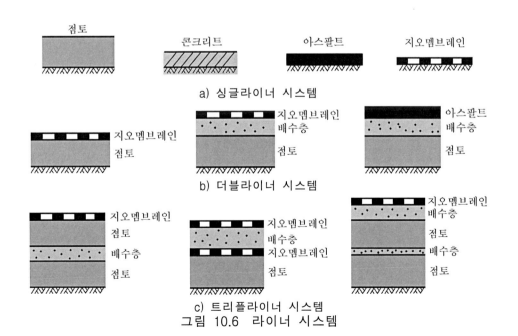

a) 싱글라이너 시스템

b) 더블라이너 시스템

c) 트리플라이너 시스템

그림 10.6 라이너 시스템

또한, 매립이 완료된 후에는 지표수나 강우등이 유입되지 않도록 매립장 상부 표면을 점토나 지오 멤브레인 등 불투수성 재료로 덮는데 이를 캡(cap)이라고 한다.

바닥라이너와 캡은 점토나 지오 멤브레인 또는 이들을 병용하거나, 콘크리트나 아스팔트 등 불투수성 특수재료로 설치한다. 또한 폐기물의 독성, 성토량, 침출수량 및 기초지반의 강성등을 고려하여, 단일 층이나 이중 또는 삼중 층으로 설치한다. 그림 10.6 은 가장 대표적인 라이너 시스템(liner system)을 나타낸다.

바닥라이너는 지반공학적으로 활동파괴에 대해 안정해야 하며, 폐기물 퇴적시 찢겨져서 흘러내리지 않아야 하므로 사전에 재료와 안정성을 검토하여 설치한다.

캡은 배수층, 지오텍스타일(geo-textile), 지오 멤브레인, 점토 등으로 구성하며 각 층에 전단력의 발생 원인이 있는지 확인한 후에 설치한다.

그림 10.7 은 일반적인 폐기물 매립장의 구조를 나타낸다.

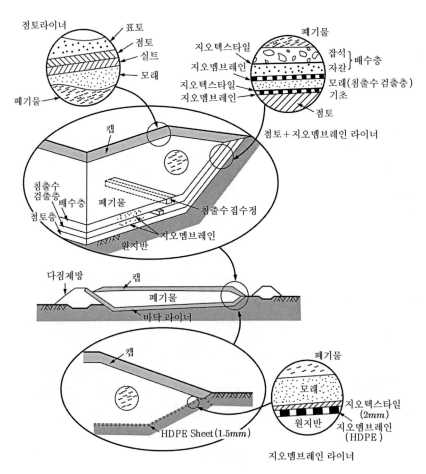

그림 10.7 바닥라이너와 캡

원지반이 점토 등 불투수성 지반이거나 (그림 10.8a), 투수성 지반이더라도 하부 불투수성 지반까지 차수벽이 설치된 경우에는 (그림 10.8b) 바닥라이너를 생략할 수 있다 (그림 10.8a, b).

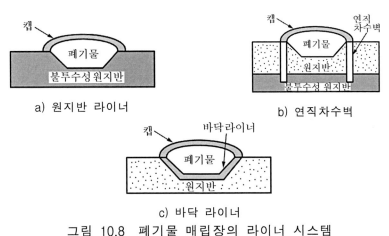

a) 원지반 라이너   b) 연직차수벽

c) 바닥 라이너

그림 10.8 폐기물 매립장의 라이너 시스템

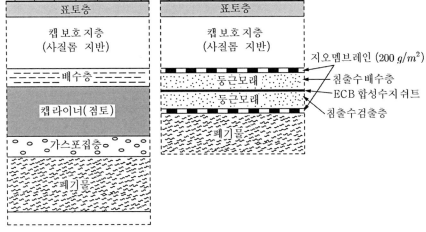

그림 10.9 캡 라이너 구조

10.3.1 점토 라이너

폐기물 매립장의 바닥라이너는 불투수성 점토를 25~30 cm 두께로 다짐하여 설치하는 경우가 많고 (그림 10.10), 대개 다음 재료를 다짐시험과 투수시험을 통해 적합성을 판정·적용한다.

 - 점토, 점토 + 실트 + 모래 혼합토 등 자연산 흙
 - 자연산 점토입자를 개량한 흙
 - 일정한 규격으로 혼합해서 만든 흙

스멕타이트 (smectite) 계통의 점토광물은 팽창성이 커서 약간의 물만 함유하여도 투수성이 급격히 저하되지만, 일라이트 (illite) 나 카올리나이트 (kaolinite) 등 점토광물 (clay mineral) 은 팽창성이 적어서 투수성이 스멕타이트 보다 큰 반면에 침출수에 포함된 유해물질에 대한 안정성이 좋다. 폐기물은 시간이 지남에 따라 분해되어 부피가 감소하므로 큰 침하나 부등침하가 발생된다. 따라서 점토 라이너 층은 다음 조건을 만족해야 한다.

- 투수계수가 $k < 5 \times 10^{-10}$ m/s 로 작아야 한다.
- 최적다짐 하여 ($D_{pr} \geq 0.95$) 단위중량을 크게 하고 투수계수를 낮추어야 한다.
- 유해물질을 잘 흡착하도록 점토함유율이 높아야 한다.
- 부등침하에도 균열이 발생되지 않을 만큼 변형성이 좋아야 한다.
- 폐기물 성토체가 안정성을 유지할 수 있을 만큼 전단강도가 충분히 커야한다.

캡에 다음과 같은 사태가 발생되어 지표수 차단효과가 떨어지면 지표수가 유입되어 침출수와 합류되므로, 배수시스템을 통해서 배출시켜야 할 침출수량이 많아진다.
- 건조한 날씨에 캡의 표면이 건조되어 수축균열 발생
- 수목의 뿌리가 관입하여 유입통로생성
- 부등침하에 의해 균열과 침하구덩이 형성

팽창성 점토로 된 캡에서는 균열이 발생되더라도, 지표수가 유입되면 균열주변 흙이 팽창하여 균열이 막히거나 좁아진다. 그러나 팽창하기 전에 투수성 흙이 지표수와 함께 균열로 흘러 들어가면 장차 지표수의 유입통로가 될 수 있다.

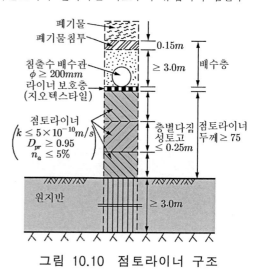

그림 10.10 점토라이너 구조

10.3.2 지오멤브레인 라이너

폐기물 매립장에서 점토 대신 차수층으로 사용하는 지오멤브레인은 대개 두께 2.0~2.5 mm 의 고밀성 폴리에틸렌 (HDPE, High Density Polyethylene) 이며, 그밖에 저밀성 폴리에틸렌 (LDPE, Low Density Polyethylene), 염화 폴리에틸렌 (CPE, Chlorinated Polyethylene), 염화황 폴리에틸렌 (CSPE, Chlorosulfonated Polyethylene), 염화폴리비닐 (PVC, Polyvinyl Chloride) 등이 사용된다.

LDPE 는 현장 작업성이 좋고 이방향 신축률이 좋으며 유기용매에 대한 투수율이 높은 반면에 시공 및 적재 시에 쉽게 손상된다. 폭이 2~6 m 로 판매되고, 현장에서 펼쳐놓고 이중 용접하여 진공시험 등으로 용접상태를 확인할 수 있다.

　　폐기물에서 유기용매만 제거할 수 있다면 지오 멤브레인만 사용하여 바닥라이너를 설치할 수 있으며 지오 멤브레인은 다음 조건을 만족해야 한다.

- 물과 무기질 유해물질이 투과하지 않아야 한다.
- 변질되지 않고 화학적으로 안정해야 한다.
- 탄산칼슘 등 유기용매에 용해되지 않아야 한다.
- 응력변화에 대해 용이하게 변형되어야 한다.
- 지오멤브레인을 펴고 용접하기 등 취급과 현장시공성이 좋아야 하며, 태양광선에 변질되거나 부풀음이 발생하는 등 변형되지 않아야 한다.

　　방수공법의 발달과 더불어 유사시에 보수가능한 이중 지오 멤브레인(double geomembrane) 방수법이 개발되어 폐기물 매립장의 라이너와 캡에 적용되고 있어서 시공상태를 진공시험을 통해 확인할 수 있고 관리용 맨홀이나 배수관을 통해서 사용 중에도 상태를 확인하여 보수할 수 있다.

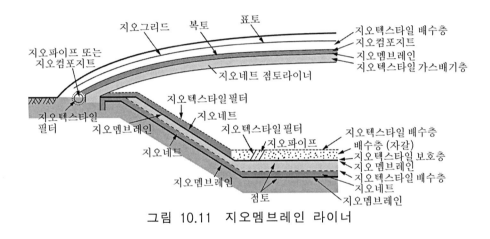

그림 10.11　지오멤브레인 라이너

10.3.3 점토와 지오멤브레인 병용 라이너

　　폐기물 매립장의 방수효과를 높이기 위하여, 점토와 지오 멤브레인을 병용하여 라이너를 건설할 수 있다. 이때에는 점토층의 표면을 고른 후에 지오 멤브레인이 접히거나 손상되지 않도록 밀착하고 주입하여 접착시킨다. 이렇게 하여 지오 멤브레인을 통과하는 물질의 양을 급격히 감소시켜서 지오 멤브레인의 상하면 사이에 고이는 침출수량을 극소화할 수 있다.

　　그러나 점토와 지오 멤브레인을 병용할 때에는 다음 문제를 해결해야 한다.

- 폐기물은 온도가 높고 하부지반은 온도가 낮아서 점토라이너에 온도차에 의한 균열이 발생할 수 있다.
- 지하수위가 점토라이너층보다 3 m 이상 강하되면, 중력과 모세관작용에 의하여 점토라이너가 건조되어 균열이 발생할 수 있다.

- 점토라이너 상부표면의 요철이 심하면, 폐기물의 매립과정에서 지오 멤브레인이 접히거나 요철될 수 있다.
- 굴착식 매립장에서는 측벽 점토라이너와 지오 멤브레인 간에 물주머니가 생성될 수 있다.
- 폐기물 매립 중에 발생된 손상을 간과할 수 있다.

점토라이너 하부지반이 건조되지 않도록 점토라이너 하부에도 지오 멤브레인을 설치할 수 있고, 독성이 강한 폐기물에서는 트리플라이너 개념으로 침출수를 완전차단 한다 (그림 10.13).

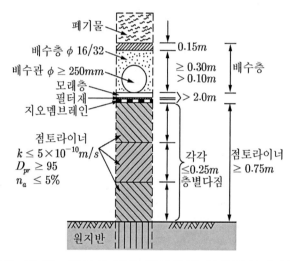

그림 10.12 점토와 지오 멤브레인 병용라이너 구조

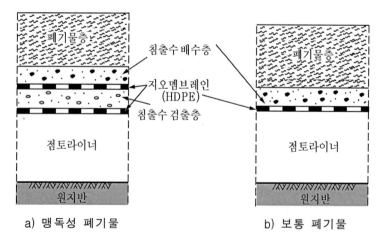

a) 맹독성 폐기물 b) 보통 폐기물

그림 10.13 폐기물의 독성에 따른 합성수지와 점토 병용 라이너

10.3.4 특수 라이너

각기 다른 점토광물을 층상으로 설치하여 점토라이너를 만들어서 위험성이 높고 복잡한 성분을 갖는 특종폐기물 매립장의 바닥라이너로 이용할 수 있다. 점토광물은 팽창성, 수밀성, 유해물질 흡착성 및 저항성에 따라 종류를 구분하여 사용한다.

또한, 아스콘에 피치, 석분, 첨가재 등을 혼합하여 고열로 설치하고 다져서 방수층을 만들 수 있으며, 이때에는 지오 멤브레인 라이너에 비하여 라이너층이 두껍고 기계적 거동에 대한 내구성이 있는 장점이 있다. 보통 두께의 지오 멤브레인 라이너에 비하여 수밀성이 우수하며, 피치성분이 유기용매에 용해될 가능성은 있으나 대개 아스콘의 구조골격 사이에 피치가 채워져 있기 때문에 피치는 표면에서만 용해된다. 아스팔트재가 유동성이 없으므로 유기용매가 확산되는 것을 방지하게 된다.

【예제】 다음에서 라이너와 캡에 사용하는 지오 멤브레인이 갖추어야 할 조건이 아닌 것은?
① 물과 무기질 유해물질이 투과하지 않아야 한다.
② 변질되지 않고 화학적으로 안정해야 한다.
③ 탄산칼슘 등 유기용매에 용해되지 않아야 한다.
④ 변형성과 현장시공성이 좋아야 하며, 태양광선에 변질되지 말아야 한다.

【풀이】 해당 없음

【예제】 다음의 설명 중에서 틀린 것이 있으면 정정하시오
① 폐기물 매립장의 바닥라이너는 점토나 지오 멤브레인으로 만든다.
② 바닥라이너와 캡은 활동파괴 되거나 손상되지 말아야 한다.
③ 캡은 지표로부터 배수층, 지오텍스타일, 지오 멤브레인, 점토 등으로 구성한다.
④ 하부 불투수성 지반까지 차수벽을 설치할 때에는 바닥라이너를 생략할 수 있다.
⑤ 라이너에 사용하는 점토재료는 다짐시험과 투수시험을 통해 적합성을 판정한다.
⑥ 점토라이너의 투수계수는 $k < 5 \times 10^{-10} m/s$ 이어야 한다.
⑦ 라이너 점토재료는 전단강도가 크고 변형성이 높으며 점토함유율이 높아 야 한다.
⑧ 점토라이너는 다짐도가 $D_{pr} \geq 0.95$ 이어야 한다.
⑨ 일라이트나 카오리나이트는 팽창성이 적으나 유해물질에 대한 안정성이 좋다.
⑩ 바닥라이너나 캡에 쓰이는 지오 멤브레인은 두께 2.0~2.5 mm HDPE가 대표적이다.
⑪ 라이너 점토광물은 팽창성, 수밀성, 유해물질 흡착성 및 저항성을 고려해서 사용한다.
⑫ 아스콘에 피치, 석분, 첨가재 등을 혼합하여 고열로 설치하는 라이너는 지오 멤브레인에 비하여 두껍지만 기계적 거동에 대한 내구성이 적다.

【풀이】 ⑫ 내구성이 크다.

10.4 침출수 배수

침출수(leachate)는 폐기물의 분해과정에서 발생되는 유기질과 무기질이 고농도로 함유된 액체이며, 폐기물의 종류에 따라 성분이 다르고, 다음의 원인에 의하여 발생된다.

- 매립중이나 매립후에 캡이 없거나 손상된 상태에서 지표수가 유입
- 폐기물에 함유된 유기물의 생화학적 반응에 의한 산물
- 폐기물 자체의 함수

침출수는 바닥라이너 상부 배수층으로 유입되어 집수관로(10.4.1 절)를 통해 모아져서 처리장으로 수송된다. 침출수 배수관로(10.4.2 절)는 침출수가 고이지 않도록 설치해야 한다.

10.4.1 침출수 집수관로

침출수량은 폐기물의 습도와 두께를 알면 예측할 수 있으며 아직 흠뻑 젖지 않은 매립 직후의 폐기물에서는 적으면 $1\,m^3/ha \cdot d$ 까지 다양하다. 침출수의 온도는 배수관로에서 $38℃$ 까지 측정된다. 침출수의 배수를 위해 $16{\sim}32\,mm$ 크기의 거친 자갈 등을 $30{\sim}50\,cm$ 두께로 포설하여 배수층을 설치하며 투수계수가 $k < 10^{-3}\,m/s$ 이하로 떨어지면 안된다. 침출수는 석회(탄산칼슘)를 분해시킬 수 있는 성분을 포함할 수 있으므로, 배수층 재료는 석회함량이 $20\,\%$ 미만인 자갈을 이용한다. 침출수와 함께 세립분이 유출되어 필터기능이 떨어지지 않도록 배수층의 입도를 조절하며, 유기질이 침착될 가능성이 있기 때문에 폐기물과 배수층 사이에는 필터층을 설치하지 않는다.

침출수의 배수를 위한 집수관로는 그림 10.14 와 같이 일정한 경사(종단경사 1 % 이상)로 관망을 형성하고 침출수는 지선을 통해 집수정(sump)에 모아서 펌프장을 거쳐서 처리장으로 이송하여 처리한다. 저면 방수층의 기울기는 배수층이 있는 경우에는 3 % 이상이어야 한다.

10.4.2 침출수 배수관로

배수 및 집수관로는 합성수지재로 하며, 구멍이나 홈의 면적이 전체면적의 2/3 이상인 것을 사용한다. 구멍보다는 홈파진 것이 세척하기 좋고 덜 막히기 때문에 유리하다. 홈의 폭은 침출수와 함께 유출되는 입자의 크기에 따라 결정되며 12 mm 이상이고, 관로는 유지관리용 비디오 카메라나 청소용 로봇이 드나들 수 있도록 내경이 25 cm 이상 되어야 한다.

관로의 안정검토 시 다음 내용을 검토해야 한다.

- 관로 직경, 벽두께, 홈 크기
- 상재하중, 매립물질에 의한 하중, 교통량하중, 필터재의 접촉점에서 절점재하
- 관로 기초 지반, 주변온도

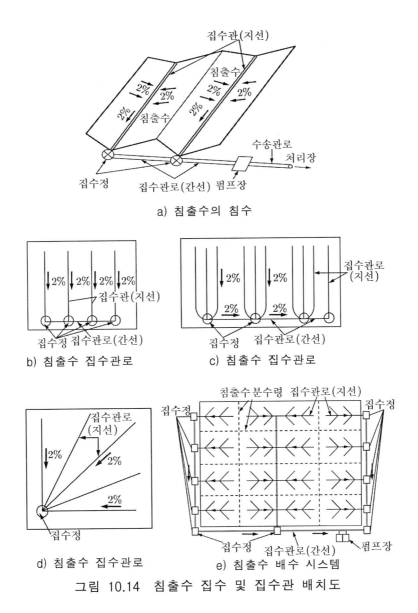

그림 10.14 **침출수 집수 및 집수관 배치도**

배수관로는 다음의 경우에 침전물이나 기타물질이 침착되므로 주기적으로 청소하며, 배수층의 침착물은 고압분사로도 완전히 제거하기가 어렵기 때문에 발생여부를 끊임없이 관찰한다.

- 관로 연결부에서 사이폰이 작동되지 않아서 시스템에 공기가 유입되어 탄산염이나 산화철이 발생된 경우
- 산소공급과 탄산염 부분압력과 온도저하 등 환경변화로 물리화학적 반응이 진행된 경우
- 미생물 반응에 의하여 슬라임이 생겨서 이완되거나 유출된 경우

배수관로의 유지관리를 위하여 $300\,\mathrm{m}$ 미만의 간격으로 관리맨홀을 설치한다. 맨홀사이의 관로는 직선으로 배치하고 분기하지 않는다. 관리맨홀은 깊기 때문에 폐기물의 침하 시에 부마찰에 의한 영향을 받아서 파손될 수 있다. 따라서 강성이 충분히 큰 재료를 사용하고, 맨홀의 기초를 크게 하여 부마찰이 작용할 때에도 지지력이 허용치 이내가 되도록 하거나 맨홀의 벽을 가변성으로 하여, 침하 시에도 선단에 큰 하중이 가해지지 않게 한다. 맨홀이 움직이면 연결된 침출수 집수관, 정수관, 송기관등의 관로들이 손상될 가능성이 있다.

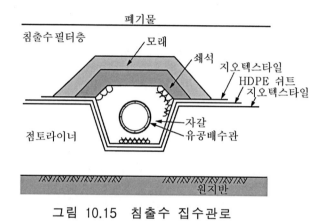

그림 10.15 침출수 집수관로

【예제】 다음에서 침투수 생성원인이 아닌 것은?

① 매립 중 캡이 없는 상태에서 유입된 지표수

② 손상된 캡을 통해 유입된 지표수

③ 폐기물의 생화학적 반응으로 생성된 물

④ 폐기물 자체의 함수

【풀이】 해당 없음

【예제】 다음의 설명 중 틀린 사항을 찾아서 정정하시오

① 침출수의 온도는 $38\,^{\circ}\mathrm{C}$ 까지도 올라간다.

② 배수층에 사용하는 거친 자갈은 석회함량이 $20\,\%$ 미만이어야 한다.

③ 침출수 배수 관망은 종단 $1\,\%$ 이상 경사져야 한다.

④ 배수관로는 직경 $25\,\mathrm{cm}$ 이상이어야 한다.

⑤ 관리맨홀에는 부마찰력이 작용할 수 있으나 작으므로 특별히 고려할 필요 없다.

⑥ 배수관로는 강성이 충분히 커야한다.

【풀이】 ⑤ 부마찰을 고려하여 파손되지 않도록 한다.

10.5 가스 포집

폐기물의 분해과정에서 폐기물 내의 유기물이 생화학적으로 분해되어 가스가 발생된다. 보통의 가정폐기물에서 발생되는 가스는 메탄가스(CH_4)가 전체 부피의 50~70 % 이고 탄산가스(CO_2)가 30~50 % 이다. 메탄가스는 탄산가스에 비하여 독성이 강한 환경오염 물질이나, 이를 연소시키면 물과 탄산가스가 발생되므로, 폐기물 매립장에서는 메탄가스를 포집하여 연소시켜서 유해가스의 양을 줄이고 부수적으로 에너지를 취득할 수 있다.

폐기물 매립장에서 가스를 포집하는 목적은 다음과 같다.

- 냄새 제거
- 매립정점부의 가스압력 강하
- 매립부의 식물성장 조건 조성

가정 폐기물 1 ton 에는 다소 차이가 있으나 대략 200 kg 의 유기물질이 포함되어 있고 이로부터 매립 후 약 10 년간 총 150 kg 정도의 가스가 발생되며, 그 후에는 매 10 년마다 절반 정도로 발생가스의 양이 감소된다.

배출가스는 가스포집시스템을 설치하여 포집한다 (그림 10.16). 폐기물 매립체에서 가스는 폐기물의 안정화 과정에서 발생하며, 이를 위하여 최소한의 수분이 필요하다. 그러나 대개는 폐기물 매립 중에 강우에 의해 유입되는 수분만으로도 충분하다.

매립이 종료된 직후에도 침하가 계속되므로 일정한 시간이 경과한 후에 캡을 설치하고, 설치시기는 가스발생에 필요한 수분 확보시기로 맞춘다. 가스포집시스템은 수평관과 연직관으로 구성되며 매립 초기부터 가스를 포집할 수 있고 폐기물이 높아지면 연장한다.

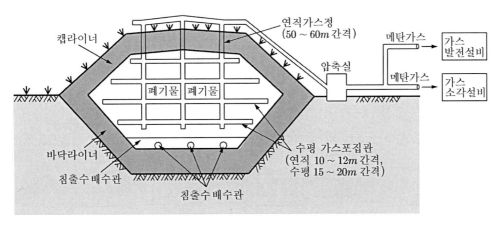

그림 10.16 가스포집 시설

포집된 가스는 압축실로 보내서 약 100 $Mbar$로 압축하여 용기에 저장하거나 가스발전설비나 가스소각설비로 보내서 연료로 이용한다. 가정폐기물 매립체 내부의 온도는 70℃까지 되므로 이를 고려하여 가스포집시설의 재료를 선택한다. 가스포집시스템은 수평포집시스템과 연직가스정으로 구성한다.

연직 가스정은 다음과 같이 설치한다 (그림 10.17).
- 직경은 약 0.9m로 약 50~60m 간격으로 설치한다.
- 가스정 선단은 바닥라이너 층 상부 2~3m에 두어서 폐기물의 침하 시 발생되는 부마찰력에 의해 선단응력이 집중되어 라이너 층이 손상되지 않도록 한다.
- 필터관은 석회성분이 없는 거친 자갈로 채운다.
- 공기가 유입되지 않도록 상단부 주변을 점토로 폐색한다.
- 중앙을 향하여 약 3%를 주어 폐기물 분해에 따른 부등침하에 견딜 수 있도록 한다.
- 수증기로 포화된 가스를 냉각시키는 냉각관을 설치하며, 겨울에 얼지 않도록 충분히 깊은 곳에 설치한다.

수평 가스포집시스템은 연직으로 10~12m 간격, 그리고 수평으로 15~20m 간격으로 설치한다.

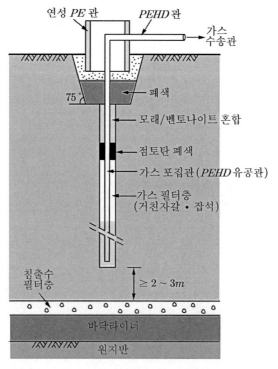

그림 10.17 연직 가스정 상세도

10.6 매립장의 안정

폐기물 매립장의 각 구성요소와 매립 성토체는 지반공학적으로 안정해야 한다. 즉, 매립하중에 의한 기초지반의 침하와 활동파괴 (10.6.1 절), 침출수 배수시스템의 파괴 (10.6.2 절), 점토라이너의 건조균열, 관통, 파이핑, 썻김 등 라이너 시스템의 파괴 (10.6.3 절), 매립사면의 파괴 (10.6.4 절)에 대해 안정해야 한다.

매립 폐기물은 생화학적 작용에 의하여 매립장의 공사 중은 물론 운영 중 및 폐쇄 후에도 시간이 흐름에 따라 변질되어 그 물리적 및 역학적 특성이 달라지므로 각각의 상태에 대해서 폐기물 매립 성토체와 매립장 구성요소의 안정성을 검토한다.

10.6.1 기초지반의 안정

1) 기초지반의 침하

매립성토를 진행하면 폐기물 자중에 의해 기초지반에 부등침하가 발생될 수 있고, 기초지반이 침하되면 라이너와 캡에 균열이 생기거나 침출수 배수시스템이 파손될 염려가 있다.

기초지반의 침하 s (settlement) 는 일상적인 지반침하와 같은 방법으로 계산한다. 침하 s 는 즉시침하 s_e (immediate settlement) 와 압밀침하 s_c (consolidation settlement) 및 이차압축침하 s_2 (secondary compression) 의 합이다.

$$s = s_e + s_c + s_2 \tag{10.1}$$

폐기물은 안정성을 확보하기 위하여 일정한 경사를 갖는 사면형태로 매립하므로 매립사면의 선단부와 중앙부에서 하중의 크기가 달라서 부등침하가 발생된다. 기초 지반층의 두께가 일정하지 않은 경우에도 부등침하가 발생된다.

이와 같은 부등침하는 기초지반의 압축특성을 적용하여 해석적으로 정확히 구할 수 있으며 사다리꼴 분포하중에 의한 지반침하를 계산하는 표나 그래프 등을 이용하여도 충분히 정확한 값을 구할 수 있다.

부등침하가 발생되어 매립 성토체의 중앙부근에 침하구덩이가 생성되면 지표수의 유입이 많아져서 침출수량이 증가하며 부등침하가 심하면 라이너나 캡에 균열이 발생될 수 있다.

2) 매립하중에 의한 기초지반의 활동파괴

해안매립장 등에서는 기초지반이 연약한 실트나 실트질점토층일 경우가 많으며, 이러한 지반은 전단강도가 작아서 매립성토가 진행됨에 따라 성토체의 자중에 의해 그림 10.18 과 같이 성토체와 기초지반에 전단파괴가 일어날 수 있다.

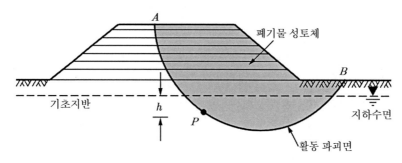

그림 10.18 매립 기초지반의 전단파괴

일반적으로 폐기물 성토는 일정한 속도로 진행되기 때문에 성토하중이 선형비례하여 증가한다고 볼 수 있으며, 성토가 완료된 후에는 성토하중이 일정한 크기로 유지된다.

지반 내에 발생되는 전단응력도 성토하중과 같은 양상을 나타낸다 (그림 10.19a). 성토하중에 의하여 기초지반 내에 과잉간극수압 (excess pore water pressure) 이 발생되며, 성토고가 높아짐에 따라 같이 증가하다가 성토완료 후에 압밀이 진행되면 서서히 감소한다 (그림 10.19b).

따라서 기초지반의 지중유효응력 (effective stress) 은 성토완료시 최소로 떨어졌다가 압밀이 진행됨에 따라 서서히 증가하고 압밀이 완료되면 일정한 값을 유지한다. 따라서 기초지반의 전단파괴에 대한 안전율은 그림 10.19c 와 같이 성토 완료직후에 최소로 되었다가 그 이후에는 서서히 증가하여 일정한 값을 유지하며, 매립성토 속도에 따라 양상이 다소 달라질 수 있다.

매립성토 직후부터 압밀이 진행되므로 기초지반의 전단강도 (shear strength) 는 성토완료 후부터 서서히 증가하고 압밀이 완료된 후에는 일정한 값을 유지한다 (그림 10.19d). 폐기물 매립성토 시 기초지반의 전단파괴에 대한 안전율 η (safety factor) 는 다음과 같이 정의한다.

$$\eta = \frac{\text{지반의 전단강도}}{\text{지반의 전단응력}} = \frac{\tau_f}{\tau_a} \tag{10.2}$$

일정한 활동파괴면 (sliding failure surface) 을 가정하여 안정을 검토하며 매립 성토체와 기초지반의 성질이 다르므로, 전단응력과 전단강도는 가상 활동파괴면의 평균치를 적용한다.

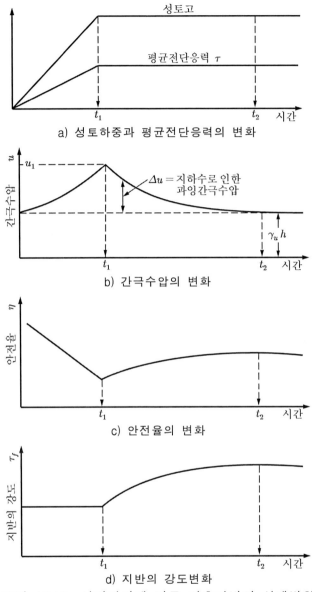

a) 성토하중과 평균전단응력의 변화

b) 간극수압의 변화

c) 안전율의 변화

d) 지반의 강도변화

그림 10.19 시간경과에 따른 기초지반의 상태변화

10.6.2 침출수 배수시스템의 안정

매립장 기초지반에서 지층특성이나 폐기물 매립 성토체의 하중에 의하여 부등침하가 발생되면 라이너시스템에 과다한 인장변형이나 휨 변형이 발생되고, 집수관의 휨 파괴 되거나 전단파괴 되어 침출수가 유출될 수 있다.

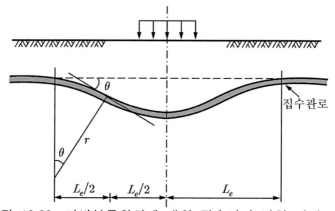

그림 10.20 지반부등침하에 대한 집수관의 변형 경계조건

부등침하로 인한 집수관의 변형상태는 그림 10.20 과 같고, 이와 같이 변형된 상태에서 집수관의 축방향 인장응력 σ_a 는 다음과 같다.

$$\sigma_a = E(\theta/\sin\theta - 1) \tag{10.3}$$

또한, 집수관에 작용하는 휨응력은 지반을 탄성체로 가정하여 보 이론으로 부터 계산하고, 휨모멘트는 하중의 중앙 지점 ($a = b$ 지점)에서 최대가 되고 그 크기는 다음과 같다.

$$\sigma_{b\max} = \frac{q'D}{4I\beta^2}e^{-\beta l}\sin\beta l \tag{10.4}$$

집수관에 발생되는 최대 인장응력 σ_t 는 다음의 값으로 설계해야 하며 허용인장응력 σ_{al} 보다 작아야 한다.

$$\sigma_t = \sigma_a + \sigma_{bmax} \ \langle \ \sigma_{al} \tag{10.5}$$

10.6.3 라이너의 안정

육상 폐기물 매립장에서는 대체로 침출수의 유출로 인한 지하수의 오염을 방지하기 위하여 한층 이상의 라이너 시스템을 설치하여 차폐하고 있다.

1) 지오멤브레인의 안정

라이너 시스템은 그 접촉면에서 전단강도가 작기 때문에 잠재적인 파괴면이 될 수 있으므로 수직응력수준을 성토고에 맞추어서 직접전단시험이나 인발시험을 실시하여 그 안정성을 검토한다. 이때에는 대개 접촉면의 잔류강도 (residual strength) 를 적용한다.

라이너에 사용하는 지오멤브레인은 침하 중앙에서는 인장력을 받고, 측면 사면부에서는 압축력을 받으므로 (그림 10.21) 실내시험에서 구한 전단저항치를 적용하는데 주의해야 한다.

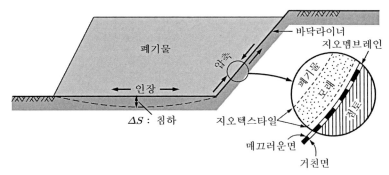

그림 10.21 라이너 시스템의 안정

2) 점토 라이너의 건조균열 (desiccation cracks)

점토라이너가 건조되면 표면장력 (surface tension)에 의한 표면균열이 발생하고 부피가 감소하며, 그 정도는 다음의 요인에 의하여 영향 받는다.

- 점토광물의 형태
- 점토입자배열, 크기, 표면적
- 점토에 흡착된 양이온의 종류와 비율

그 밖에 지진이나 부등침하 또는 다짐 등에 의하여 인장응력이 발생할 때에도 점토라이너에 균열이 발생될 수 있다.

3) 라이너 관통파괴 (penetration)

다음과 같은 원인에 의해 라이너에 구멍이 발생되면 라이너가 기능을 잃을 수 있다.

- 들짐승이나 식물의 뿌리가 하부라이너에 구멍을 낸 경우
- 맨홀, 침투수 집수정, 건축설비등의 시공불량
- 침투구조물 주변지반의 다짐 불량
- 불충분한 봉합 (sealing)

4) 라이너의 침식 및 씻김파괴

투수성이 크게 차이나는 두 개의 지층이 서로 접해 있고 투수성이 작은 지반의 수두가 크면 그 경계부분에서는 투수성이 작은 지반에서 큰 지반으로 흐르는 물에 의하여 투수성이 작은 지층의 세립분이 투수성이 큰 지층의 간극을 따라 이동하여 투수성이 작은 지반이 침식 (erosion) 되거나 씻김 (sufosion) 이 일어나서 지반의 압축성과 강도특성이 변한다.

지반의 일부나 일정한 통로를 따라 미세 입자가 이동하면 침식 (erosion) 이라하고 (그림 10.22), 지반 전체에서 미세입자가 이동하면 이를 지반 씻김 (suffosion) 이라 (그림 10.23) 한다. 침식이나 씻김 모두 지반의 외부나 내부 또는 지층 경계면에서 발생한다.

점토라이너는 투수성이 매우 작기 때문에 점토라이너에서 일반 지층으로 물이 흐르면 그 경계면에서는 세립분이 간극을 따라 이동하여 침식이나 씻김이 발생할 수 있으며 점토 라이너의 침식이나 씻김에 대한 안정성은 주변지반에 따라 상대적으로 변화한다. 따라서 주변지반과 접촉부분에서는 Terzaghi 필터법칙 (Terzaghi's filter rule)에 적합하도록 변화 층을 설치한다.

침식이나 씻김은 구조적 안정성이 낮고 분산성이 큰 흙에서 일어나며 그 영향요소는 다 음과 같다.

- 치환성 Na (나트륨) 함유율
- 흙의 균열상태
- 투수계수
- 동수경사
- 침투수의 화학성분
- 다짐 함수비

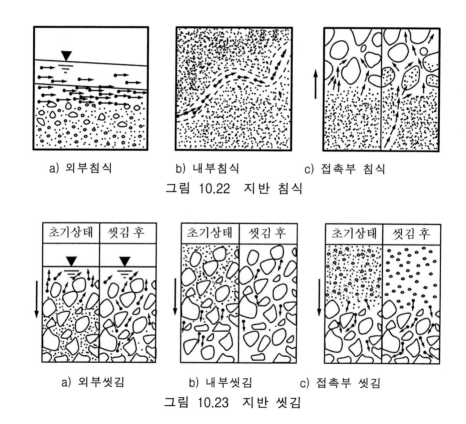

a) 외부침식 b) 내부침식 c) 접촉부 침식

그림 10.22 지반 침식

a) 외부씻김 b) 내부씻김 c) 접촉부 씻김

그림 10.23 지반 씻김

10.6.4 제방 및 매립 성토체 사면의 안정

폐기물 매립장에는 매립 폐기물의 전체 또는 일부가 횡방향으로 확산되는 것을 방지하기 위해 설치하는 제방사면과 폐기물 매립 성토체의 사면이 있다. 따라서 각각에 대해서 안정성을 검토해야 한다.

1) 제방사면의 안정

매립폐기물 제방이 파괴되면 오염물질이 확산되거나 침출수가 유출된다. 따라서 제방사면을 따라 천층활동파괴(shallow sliding failure), 국부활동파괴(local sliding failure), 대규모 활동파괴로 구분하여 안정성을 검토한다(그림 10.24).

(1) 천층 활동파괴 (shallow sliding failure)

제방사면의 지표를 따라서 얕은 심도로 활동파괴 되는 경우이며, 대개 지반의 전단강도가 작을 때에 일어난다.

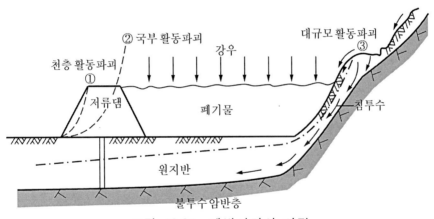

그림 10.24 제방사면의 안정

(2) 국부 활동파괴 (local sliding failure)

지반의 전단강도가 국부적으로 작을 때나, 지반의 전단강도에 비하여 제방사면의 경사가 클 때에 일어난다. 경사를 작게 하면 피할 수 있다.

(3) 대규모 활동파괴(large scale sliding failture)

점토라이너에 활동파괴 면이 형성되어 활동하거나 측벽에 인장응력이 발생되어 계곡전체가 활동파괴를 일으킬 경우이다. 점토층 위에 지오멤브레인이 설치되면 발생가능성이 크다.

2) 폐기물 성토사면의 안정

폐기물 매립장이 급경사지에 설치된 경우와 발생가스의 폭발 등에 의한 충격으로 폐기물 성토사면이 불안정해진 경우 또는 계획고를 초과하여 성토할 경우에는 폐기물 매립 성토체가 활동파괴 될 수 있다. 시간에 따라 그 성질이 변하는 폐기물을 오판한 경우에도 활동파괴가 일어날 수 있다. 이를 고려하여 폐기물 매립 성토체 사면의 안정을 검토해야 한다.

이러한 활동파괴에 대한 안정에 영향을 미치는 요소는 다음과 같다.
- 폐기물의 구성성분, 매립방법, 물리화학적 특성, 매립후 경과시간
- 중간 또는 최종 복토지층의 역학적 특성
- 매립 성토체의 경사와 높이
- 외부로부터 유입되는 침투수의 유무 및 간극수압의 크기

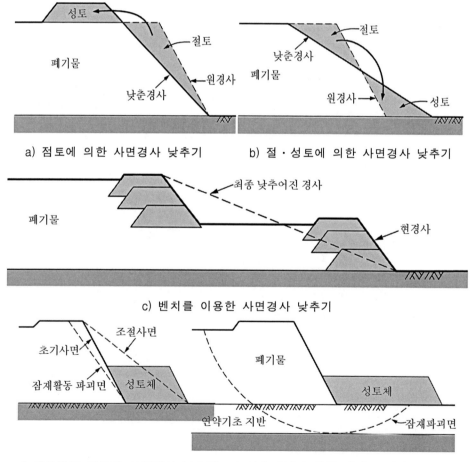

a) 점토에 의한 사면경사 낮추기   b) 절·성토에 의한 사면경사 낮추기

c) 벤치를 이용한 사면경사 낮추기

d) 성토체를 이용한 사면경사 낮추기   e) 기초지반의 활동 파괴용 성토체 설치

그림 10.25 폐기물 사면의 안정대책

이러한 활동파괴에 대해서 다음과 같이 안정대책을 세운다.

– 기초지반의 강도가 충분히 크면, 매립 성토체 사면의 경사를 낮춘다. 즉, 사면을 절토하여 경사를 낮추거나 (그림 10.25a), 상부는 절토하고 하부는 성토한 후에 경사를 낮추거나 (그림 10.25b), 선단부에 벤치를 설치하거나 (그림10.25c), 선단부에 성토체 (berm) 를 설치한다.

– 석회나 시멘트로 그라우팅하여 성토체의 압축성을 낮추고 강도를 증가시킨다.

【 예제 】 다음의 설명 중 틀린 것을 찾아 정정하시오.

① 폐기물 매립장의 구성요소와 매립 성토체는 지반공학적으로 안정해야 한다.

② 매립 성토체와 매립장 구성요소는 활동파괴, 배수시스템 파괴, 라이너 파괴, 매립사면 파괴, 건조균열, 관통, 파이핑, 씻김 등에 대해 안정해야 한다.

③ 매립장 기초지반이 침하되면 라이너와 캡시스템이 균열되거나 파손될 염려가 있다.

④ 매립하중에 의하여 기초지반이 전단파괴 되는데 대한 안전율은 매립 후 시간이 지날수록 작아진다.

⑤ 바닥라이너 시스템의 라이너는 잠재 파괴면이 될 수 있으며 잔류강도를 적용하여 안정을 검토한다.

⑥ 매립폐기물의 확산방지 제방이 파괴되면 오염물질이 확산되거나 침출수가 유출된다.

⑦ 폐기물 성토체는 외부충격이나 초과성토에 의하여 활동파괴 될 수 있다.

⑧ 점토라이너가 건조되어 발생되는 균열 정도는 점토광물의 형태, 점토입자의 배열과 크기 및 점토에 흡착된 양이온의 종류와 비율에 따라 영향을 받는다.

⑨ 라이너에 구멍이 생기는 원인으로 들짐승이나 식물의 뿌리를 들 수 있다.

⑩ 투수성이 작은 지반에서 큰 지반으로 갑자기 바뀌면 지반 씻김이 일어날 수 있다.

⑪ 지반의 일부나 미세한 통로를 따라 미세입자가 이동하는 것을 씻김이라 한다.

⑫ 지반 전체에서 미세입자가 이동하는 것을 씻김이라 한다.

【 풀이 】 ④ 매립 직후에 가장 작고, 시간이 지날수록 증가한다.

⑪ 지반의 일부나 미세한 통로를 따라 미세입자가 이동하는 것을 침식이라 한다.

【연습문제】

【문 10.1】 폐기물을 처리하는 방법을 설명하시오.

【문 10.2】 폐기물 매립장의 기본형식을 설명하시오.

【문 10.3】 폐기물 매립장의 형태를 말하고 각각의 적용조건을 설명하시오.

【문 10.4】 지표매립장의 기본설비와 기본조건을 설명하시오.

【문 10.5】 굴착매립장과 계곡매립장의 특성과 우려되는 내용을 설명하시오.

【문 10.6】 지하매립장에 매립하기에 적합한 폐기물과 그 이유를 말하시오.

【문 10.7】 바닥라이너의 역할과 대표적인 단면구성을 설명하시오.

【문 10.8】 바닥라이너로 사용하는 흙의 종류를 말하시오.

【문 10.9】 점토라이너층의 기본조건 5가지를 말하시오.

【문 10.10】 캡층의 지표수 차단효과가 떨어지는 상태를 말하시오.

【문 10.11】 폐기물 매립장에서 점토 대신 사용할 수 있는 지오멤브레인의 종류와 각각의 특성을 설명하시오.

【문 10.12】 지오멤브레인이 갖추어야 할 조건을 말하시오.

【문 10.13】 점토와 지오멤브레인을 병용 사용하여 차수층을 설치할때에 먼저 해결해야 할 사항들을 말하시오.

【문 10.14】 폐기물매립장에 적용할 수 있는 특수한 형태의 라이너를 설명하시오.

【문 10.15】 침출수 발생원인을 말하시오.

【문 10.16】 침출수 배수관로의 안정성을 위해 검토해야할 사항들을 말하시오.

【문 10.17】 침출수 배수관로에 침전물이나 침착이 발생되는 원인을 설명하시오.

【문 10.18】 폐기물 매립장에서 가스를 포집해야할 필요성과 포집방법을 설명하시오.

【문 10.19】 연직가스정의 설치요령과 방법을 설명하시오.

【문 10.20】 폐기물매립장에서 지반공학적으로 안정성을 검토해야할 내용을 설명하시오.

【문 10.21】 폐기물 매립장의 기초지반의 침하에 의해 발생되는 문제점을 말하시오.

【문 10.22】 폐기물 매립성토시 기초지반의 전단파괴에 대한 안전율의 변화를 매립성토단
　　　　계별로 설명하시오.

【문 10.23】 기초지반의 부등침하로 인하여 침출수 배수시스템이 받는 영향을 설명하시오.

【문 10.24】 폐기물 매립장의 라이너시스템의 안정성 검토방안을 설명하시오.

【문 10.25】 폐기물 매립장에서 제방의 필요성과 안정성에 대해서 논하시오.

【문 10.26】 폐기물 성토사면의 활동파괴에 대한 안정에 미치는 영향과 안정대책을 설명하시오.

【문 10.27】 점토라이너의 건조발생요인을 열거하고 설명하시오.

【문 10.28】 점토라이너가 관통파괴 되는 경우를 설명하시오.

【문 10.29】 점토라이너의 침식과 씻김파괴에 대해서 설명하시오.

참 고 문 헌

◆ 공 통 ◆

Brinch Hansen J./Lundgren, H. (1960) Hauptprobleme der Bodenmechanik. Springer Verlag.

Caguot A./Kerisel J. (1967) Grundlagen der Bodenmechanik, Springer Verlag, Berlin/ Heidelberg/New York.

Coulomb M. (1773) sur une application des regles de Maximis and Minimis a quelques problemes de Statique, relatfs a l' Architecture.

Das B. M. (1984) Advanced Soil Mechanics, PWS-Kent, Boston.

EAB (1985) Empfehlungen des Arbeitsausschusses Ufereinfassungen, Ernst & Sohn, Berlin.

EAB (1988) Empfehlungen des Arbeitskreises Baugruben, Ernst & Sohn, Berlin /Muenchen.

Fang H. Y. (1991) Foundation Engineering Handbook 2nd ed. Chapman & Hall.

Farmer J. M. (1968) Engineering properties of Rock. E. & F. N Spon Ltd. London.

Gudehus G. (1982) Bodenmechanik, Springer Verlag, Berlin.

Harr M. E. (1962) Groundwater and Seepage. McGraw Hill, New York.

Kezdi A. (1964) Bodenmechanik, Bd. 1 u. 2. Berlin/Budapest.

Kögler F./Scheig A.(1948) Baugraund und Bauwerke. 5. Afl. Bering.

Lambe W. T. (1969) Soil mechanics, John & Wiley, New York.

Lang H. J./Huder J. (1990) Bodenmechanik und Grundbau, Springer-Verlag, Berlin.

Ohde J. (1951) Grundbaumechanik. Huette, Bd. III, 27. Aufl. pp. 886.

Poulos H. G./Davis E. H. (1974) Elastic solutions for soil and rock mechanics. Wiley.

Powers K. (1972) Advanced soil physics. John Wiley & Sons.

Powrie W. (1997) Soil mechanics concepts and applications. Champman & Hall.

Ruebener/Stiegler (1982) Einfuehrung in Theorie und Praxis der Grundbautechnik, Werner- Verlag, Duesseldorf.

Rübener R. (1985) Grundbautechnik für Architekten, Werner-Verlag, Düsseldorf.

Schmidt H. H. (1996) Grundlagen der Geotechnik, Teubner, Stuttgart.

Schulze W. E./Simmer K. (1978) Grundbau 2, 15. Aufl., Verlag Teubner, Stuttgart.

Scott (1974) Soil Mechanics and Foundation, 2. Auflage, Applied Science Publishers, London.

Scott R. F. (1981) Foundations Analysis, Printice Hall, Engelwood Clnts N.J.

Scherif G. (1974) Elastisch eingespannte Bauwerke, Ernst & Sohn, Berlin, Heft 10.

Simmer K. (1994) Grundbau, Bodenmechanik und erdstatische Berechnungen. Beuth.

Smoltczyk U. (1982) Grundbau Taschenbuch T1., T2., T3., Ernst & Sohn, Berlin/Muenchen.

Smoltczyk U. (1990) Bodenmechanik und Grundbau, Vorlesungsumdruck, Uni Stuttgart.

Smoltczyk U. (1993) Bodenmechanik und Groundbau, Verlag. Paul Daver GmbH, Stuttgart.

Smoltczyk U. (1993) Grundbau Taschenbuch, 4.Aufl. Ernst & Sohn, Berlin.

Sokolovski V. V. (1960) Statics of Soil Media, London, Ed. Butterworth.

Sokolovski V. V. (1965) Statics of Granular Media, Oxford et al., Pergamon Press.

Szabo I. (1956) Höhere Technische Mechanik, Springer-Verlag, Berlin/Göttingen/Heidelberg.

Szechy K. (1965) Der Grundbau, 2. Band, 1. Teil Springer-Verlag , Wien-New York.

Taylor D. W. (1956) Fundamentals of Soil Mechanics, John Wiley&Sons, New York.

Terzaghi K. (1925) Erdbaumechanik auf Bodenphysikalischer Grundlage, Deuticke. Leipzig/Wien.

Terzaghi K./Jelinek R. (1954) Theoretische Bodenmechanik, John Wiley & Sons, New York.

Terzaghi K. (1954) Theoretische Bodenmechanik. Springer. Berlin/Goettingen/Heidelberg.

Terzaghi K./Peck (1967) Die Bodenmechanik, in der Baupraxis, Springer Verlag, Berlin.

Terzaghi K./Peck R. B. (1967) Soil mechanics in engineeing practice. 2nd ed. Wiley.

Terzaghi K./Peck R. B./Mesri G. (1996) Soil mechanics in engineering practice 3rd. ed. John Wiley & Sons.

Tomlinson (1963) Foundation Design and Construction, Sir Isaac Pitman & Sons. London

Tschebotarioff (1973) Foundations, Retanining and Earth Structures, McGraw-Hill, New York.

Tuerke H. (1983) Staik im Erdbau, Ernst & Sohn, Berlin/Muenchen.

Ualtham U. C. (1994) Foundation of engineering geology, Chapman & Hall.

Veder (1979) Rutschungen und ihre Sanierungen. Springer-Verlag, Wien.

Weissenbach A. (1975) Baugrunben, Teil I Berlin-München-Düsselden.

Wood (1990) Soil behavior and critical state soil mechanics. Cambridge.

Yong R. Y./Warkentin B. P. (1975) Soil properties and behavior. Elsevier.

이상덕 (1995) 전문가를 위한 기초공학, 엔지니어즈.

이상덕 (1998) 토질역학 , 새론.

이상덕 (1997) 토질시험-원리와 방법, 새론.

황정규 (1992) 건설기술자를 위한 지반공학의 기초이론, 구미서관.

◆ 1. 지반조사 ◆

Bishop A. W./Henkel D. J. (1962) The measurement of soil properties in the triaxial test. 2nd. ed. Edward Arnold, London.

Bjerrum L. (1973) Problem of soil mechanics and construction on soft days, State-of-the art report In : Proc 8th ICSMFE, Moskau.

Casagrande A. (1932) Research on the Atterberg Limits of soil, Public Loads 13.

DIN-Taschenbuch (1988) Erkundung und Untersuchung des Baugrundes., Ernst & Sohn.

Gibbs, H. J. AND HOLTZ, W. G., 1957, Reserch on determining the density of sands by spoon penetration testing. In Proceedings of the 4th International Conference on Soil Mechanics, London.

Hansen B. (1961) Shear-Box-Tests on Sand. Proc. 5th. ICSMFE Vol 1. pp. 127-132.

Henkel D. J./Wade N. H. (1966) Plane strain Test on a saturated Remolded Clays. ASCE, Vol.

92. Smy pp. 67-80.

Hunt R. E. (1984) Geotechnical Engineering Investigation Manual, McGraw-Hill, New York. 983p.

Hvorslev M. J. (1948) Subsurface exploration and sampling of soils for civil engineering purposes. WES, Vicksburg M.S. 465p.

Janbu N. (1963) Soil Compressibility as determined by Oedormeter and Triaxial Tests. Proc. Europ. Conf. Problems of Settlements and Compressibility of Soils, Wiesbaden.

Lackner E. (1950) Berechnung mehrfach gestützter Spundwände. Verlag Wilhelm Ernst & Sohn. Berlin-München.

Lade P. V./Duncan J. M. (1973) Cubical Triaxial Tests on cohesionless Soil, ASCE Vol. 99, pp. 793-812.

Meigh, A. C. (1987) Cone Penetration testing, CIRIA Ground Eng, Rpf. In Situt Testing, Butterworth Publishers, Stonehawk, MA.

Melzer K. J. (1968) Sonderuntersuchungen in Sand, Mit. Heft 43 TH Aachen.

Peck R. B. (1969) Advantages and limitations of the observational method in applied soil mechanics. Geot. 19. No.1 pp 171-187.

Proc. ASCE Specialty Conf. on In Site Measurement of Soil Properties Rileigh 182 (1975).

Proc. 1st. Symp on Soil Sampling State-of-the-Art ign current Practice of Soil Sampling, Singapore (1979).

Proc. 1st Symp on Penetration Testing, Orlando 182 (1988).

Proc. In Situ '86 ASCE Speciality. Conf on Use of In Situ Tests in Geotech. Enf. ASCE Spec. Pub. 6. Blacksburg (1986).

Proctor (1933) Design and Construction of rolled Earth Dams. Eng. News Records III. p.2254.

Olson R. E. (1974) Shearing Strengths of Kaolinite, IIIite, Montmorillonite. ASCE. vol. II. pp. 1215-1229.

Sanglerat G. (1972) The penetrometer and Soil Exploration, Elsevier, Amsterdam.

Schulze E./Muhs H. (1967) Bodenuntersuchungen fuer Ingenieurbauten. 2. Aufl. Springer Verlag. Berlin-Heidelberg-New York.

Skempton A. W. (1954) The Porepressure Coefficient A and B, Geotechnique 4. p. 143-147.

◆ 2. 얕은 기초의 지지력과 침하 ◆

Boulton N. S.(1951) Das Stroemungsnetz in einem Gravitations Brunnen (engl.). Journ. Inst. Civil Enging., London, S.534

Bjerrum L.(1963) Discussion. In : Proc. Europ. CSMFE, Vol. II. Wiesbaden.

Borowicka H. (1943). Uber ausmitting bela-stete starre Platten auf elastschisotropem Untergrung, Ingenieur-Archiv.

Boussinesq M. J.(1885) Application des potentiels a l'etude de l'equilibre et du mouvement des solides elastiques. Lille (Daniel)

Bowles, J. E. (1988). Foundation Analysis and Design, 4th Edition, McGraw-Hill.

Brinch-Hansen J.(1961) A general formula for bearing capacity. Ingeniøren 5, Bull. Dgi, No.11

Briske R.(1957) Erddruckverlagerung bei Spundwandbauwerken. 2. Aufl. Berlin.

Cernica (1994). Geotechnical Engineering, John N. Cernica Wiley international edition.

De Beer E. E.(1970) Experimental determination of the shape factors and the bearing capacity factors of sand. Geotechnique 20. No.4.

Janbu,N.(1957) Earth pressure and bearing capacity calculation by generalized procedure of slices. Proc. Icsmfe. London.

Kany M.(1974) Berechung von Flaechengruendungen. 2.Aufl. Ernst u. Sohn.

Leussink H./Blinde A./Adel P. G.(1966) Versuche uber die Sohldruckverteilung unter starren Gruendungskoerpern auf kohaesionslonsem Sand, Veroeff. Inst. f. Bodenmechanik, TH Karlsruhe.

Muhs H.(1976) Beitraege zur Bodenmechanik und zum Grundbau aus dem In- und Ausland. Mitt. d. Deutschen Forschungsgesellschaft fuer Bodenmechanik (Degebo) an d. Techn. Un. Berlin. Degebo Helf 32.

Meyerhof G. G.(1951) The ultimate bearing capacity of foundation. Geotechnique 2, 227-242.

Meyerhof, G. G.(1956) Penetration tests and bearing capacity of cohesionless soils, Proceedings ASCE, Vol. 82, No. SM1.

Meyerhof G. G.(1963) Some recent research on the bearing capacity of foundations, Cannadian Geotechnical Journal, Vol. 1, No. 1.

Meyerhof G. G.(1965) Shallow foundations, Proceedings ASCE, Vol. 91, No. SM2.

Polshin, D. E. and Tokar, R. A.(1957), 'Maximum Allowable Non-Uniform Settlement of Structures.' Porc., The 4th Int' I Conf. on Soil Mech. and Foun. Engr., Butterworth, England.

Prandtl L.(1920) Ueber die Haerte plastischer Koerper, Nachrichten der Kgl. Ges. der Wissenschaften, Goettingen, Math.-phys. klasse, S. 74-85.

Schaak H.(1972) Setzung eines Gruendungskoerpers unter dreieckfoermiger Belastung mit konstanter, bzw schichtweise konstanter Steifezahl Es. Bauing. 47, S. 220.

Sherif G./Koenig G.(1975) Platten und Balken auf nachgiebigem Untergrund. Springer.

Skempton A. W.(1951) The bearing capacity of clays. Proc. Brit. Bldg. Research Congress 1, pp. 180-189.

Skempton A. W./McDonald D. H.(1956) Allowable settlement of buildings, Proceedings ICE, Vol. 5, Part.

Sommer H.(1978) Neuere Erkenntnisse ueber die zulaessigen Setzungsunterschiede von Bauwerken : Schadenkriterien. Deutsche Baugrundtagung, Berlin.

Steinbrenner W.(1934) Tafeln zur Setzungsberechung. - Schriftenreihe der Strasse, 4: 121

Weiss K.(1978) 50 Jahre Deutsche Forschungsgesellschaft fuer Bodenmechanik. Mitt. d. Deutschen Forschungsgesellschaft fuer Bodenmechanik TU Berlin. Degebo, Heft 32.

Vesic A. S.(1973) Analysis of ultimate loads of shallow foundations, ASCE, Vol. 99, No. SM.

VSS(1966) Vereinigung schweiz. Strassenfachmaenner, Stutzmauern, Bd. I. Zuerich.

◆ **3. 깊은 기초** ◆

Arz P./Schmidt H. G./Seitz J./Semprich S. (1991) Grundbau. Abschnitt B des Beton-Kalenders./Teil H. Ernst & Sohn. Berlin. S. 381-634.

Bjerrum L.(1963) Discussion. In : Proc. Europ. CSMFE, Vol. II. Wiesbaden.

Bjerrum L.(1973) Problems of soil mechnics and construction on soft clays and structurally unstable soils (collapsible, expansive and others). Proceed. 8th ICSMFE, Moskau, Vol. 3, S. 111-159.

Boussinesq J.(1885) Application des potentials a L'Etude de L'Equilibre et du mouvement des Solides Elastiques, Gauthier-Villars, Paris.

Briske R.(1957) Erddruckverlagerung bei Spundwandbauwerken. 2. Aufl. Berlin.

Broms,B. (1964a) "the Lateral Resistance of Piles in Cohesive Soils," J.Soil Mech. Found. Div.,ASCE, Vol.90,pp.27-63.

Burland, J. B./Wroth, G. P.(1974) Settlement of buildings and associated damage : State-of-the-art review. Proc. Conf. Settlement of Structures, Cambridge. London: Pentech. press.

Davis E. H./Poulos H. G.(1972) Rate of settlement under two- and three-dimensional conditions. Geotechnique 22, S. 95-114.

Davisson M.T. and Gill H.L. (1963). Laterally loaded piles in a layered soil system. Journal of Soil

Erler H. (1982) Senkkästen. Grundbau Taschenbuch. 3. Aufl. Teil 2. Seite 423-458. Verlag W. Ernst & Sohn. Berlin.

Gibson R. E.(1967) Some results concerning displacements and stresses in a nonhomogenous elastic half-space. Geotechnique 17, s.58-67.

Girmscheid G. (1991) Erfahrungen beim Entwurf und der Ausführung von offenen Senkkästen. Bautechnik. 8/ S. 259-266.

Greer D. M. Garnder (1986) Constuction of drilled Pier Foundations, John Wiley & Sons Inc. New York 246p.

Jordan E. J.(1977) Settlement in sand : Methods of calculating and factors affecting. Ground Engineering, Jan. 77.

Kany M.(1974) Berechung von Flaechengruendungen. 2.Aufl. Ernst u. Sohn.

Lambe T. W.(1964) Methods of estimating settlement. Journal SMF Div. ASCE, 90, S.43

Lingenfelser H. (1992) Senkkästen. Grundbau-Taschenbuch. Teil 3. 4. Aufl. Herausg.U. Smoltczyk. Verlag Ernst & Sohn. Berlin. S. 333-378.

Lorenz H./Fehlmann H. B. (1967) The Lorenz Fehlmann method of caisson sinking. Water and Water Engineering.

Mansur, C. L and Kaufman. J. M. (1956), "Pile Tests, Low-Sill Structure, Old River,

Louisiana," Journal of Soil Mechanics and Foundation Division, ASCE.

Matlock, H. and Reese, L. C., (1960). Gemeraöoyed solutions for laterally loaded piles. Journal of Soil Mech & Foundation Division, ASCE,86,63-91.

Meyerhof, G.G. (1976) "Bearing Capacity and Settlement of Pile Foundations," American Society of Civil Engineers (ASCE) Journal of Geotechnical Engineering Division.

Peck R. B.(1948) History of building foundation in Chicago. Univ. of Ill. Eng. Exp. Stat. Bull, 373.

Reese L. C. /O′Neil M. W. (1988) Drilled Shafts, Construction procedures and Design Methods US Dept of Trans. Fed. Hwy Admin Pub No. FHWA-HI-88-042, ADSC-TL-4.

Schaak H.(1972) Setzung eines Gruendungskoerpers unter dreieckfoermiger Belastung mit konstanter, bzw schichtweise konstanter Steifezahl Es. Bauing. 47, S. 220.

Siemer H.(1970) Spannungen und Setzungen des Halbraumes unter waagerechten Flaechenlasten. Bautechnik, Heft 5.

Schulze E./Muhs H. (1967) Bodenuntersuchungen fuer Ingenieurbauten. 2. Aufl. Springer Verlag. Berlin-Heidelberg-New York.

Schwald R./Schneider H. (1992) Gesteuerte Absenkung eines offenen Zylinders. Vorträge der Baugrundtagung in Dresden. Herausg. DGEG. S. 33-47.

Semple R.M. and W.J. Rigden (1984) "Shaft Capacitz of Driven Pipe Piles in Clay." Proceedings, Szmposium on Analzsis and Design of Pile Foundation, ASCE, edited bz J.R.Meyer.

Skempton A. W./Bjerrum L.(1957) A contribution to the settlement analysis of foundations on clay. Geotechnique 7, p.168.

Skempton A. W./McDonald D. H.(1956) Allowable settlement of buildings, Proceedings ICE, Vol. 5, Part.

Smoltczyk H.-U.(1960) Ermittlung eingeschraenkt plastischer Verformungen im Sand unter Flachfundamenten. Verlag Ernst & Sohn. Berlin

Sommer H.(1978) Neuere Erkenntnisse ueber die zulaessigen Setzungsunterschiede von Bauwerken : Schadenkriterien. Deutsche Baugrundtagung, Berlin.

Tomlinson, M.J. (1957). "The Adhesion of Piles Driven in Clay," Proc. 4th Intern. Conf. Soil Mech., London, Vol. 2, pp.

Van Der Veen, C. The Bearing Capacity of a Pile. Ⅲ International Conference on soil Mechanics and Foundation Engineering - Ⅲ ICSMFE, Zurich, Swityerland, Vol. 2, (1953).

Vesic A. S.(1973) Analysis of ultimate loads of shallow foundations, ASCE, Vol. 99, No. SM.

Vijazvergiza V.N and J.A. Focht Jr. (1972) "A New Waz to Predict Capacitz of Piles in Claz." Offshore Technologz Conference, Houston May 1972.

Winkler E.(1867). Die lehre von elasticitat und festigkeit, (H. Dominic us), Prague, 182-184.

◆ 4. 옹 벽 ◆

Bodenvernagelung, Zulassungsbescheid (1988), Bilfinger+Berger Bauaktiengesellschaft. Caquot A. /Kerisel F. Tables for the Calculation of Passive Pressure. Active Pressure and Bearing Capacity of Foundations. Gauthier-Villars. Paris.

Empfehlungen des Arbeitskreises. Geotechnik der Deponien und Altlasten -GDA der Deutschen Gesellschaft für Erd und Grundbau e. V. Ernst & Sohn Verlag. Berlin. (1990).

Floss R./Thamm B. R. (1976) Bewehrte Erde-Ein neues Bauverfahren in Erd-und Grundbau, Die Bautechnik, 7, S. 217-226.

Frank H. (1978) Formänderungsverhalten von Bewehrter Erde-Untersuchung mit Finiten Elementen, Nr.78-2. Mitteilung des Lehrstuhls für Grundbau und Boden mechanik. Techische Universität Braunschweig.

Geil M. (1989) Untersuchungen der physikalischen und chemischen. Eigenschaften von Bentonit-Zement-Suspensionen im frischen und erhärteten TU Braun-schweig. Heft 28.

Gray H. (1958) Contribution to the Analysis of Seepage Effects in Backfills Geotecknique.

Hansen J. B. (1953) Earth Pressure Calculation, Copenhagen Huntington Earth Pressures and Retaining Walls. John Wiley & Sons, New York/London.

Ingold T. S. (1979) Retaining Wall Performance During Backfilling ASCE GT5.

Jelinek R/Ostermayer, H. (1967) Zur Berechnung von Frangedämmen Die Baute chnik 44, S. 167-171.

Jumikis A. R. (1962) Active and Passive Earthpressure Coefficient Table, New Brunswick-New Jersey.

Lee K. L./Dean B. / Vageron J. M. J. (1973) Reinforced Earth Retaining Walls. ASCE Vol 99. SM10.

Lorenz H. H./Neumeuer R. (1954) Ueber die Berechnung des Erddruckes in folgeeiner Linienlast, Die Bautechnik.

Maluche E. (1976) Stuetzkonstruktion aus Bewehrter Erde. Vorträge der Baugrundtagung in Nürnberg, S.653-668.

Müller-Kirchenbauer H./Walz B./Kilchert M. (1979) Vergleichende Untersuchungen Berechnungsverfahren zum Nachweis der Sicherheit gegen Gleitflächen-bildung bei suspensionsgestützten Erdwänden. Veröffentlchung Grundbauin-stitut TU Berlin. Heft 5.

Ohde I. (1938) Zur Theorie des Erddrucks unter besonderer Berücksichtigung Erd - ruckverteilung, Die Bantechnik 16. S. 176-180.

Schmidt H. (1966) Culmannsche E-Linie bei Ansatz von Reibung und Kohaesion Die Bautechnik 43.

Seed H. B./Whitman R. V. (1970) Design of Earth Retaining Structures for Dynamic Loads. Lateral Stresses in the Ground and Design of Earth Retaining Structures. ASCE. cornell University.

Spotka H. (1977) Einfluss der Bodenverdichtung mittels Oberflaechen-Ruettel- geraeten auf den

Erddruck einer Stuetzwand bei Sand, Mitt. Baugrund- institut Stuttgart Nr. 7.

Steinfeld K. (1976) Ueber Stuetzwaende in der Bauweise Bewehrte Erde (La terre armee), Strasse und Autobahn, Heft 4.

Thamm B. (1981) Messungen an einer Stützkonstruktion aus Bewehrter Erde unter statischer und dynamischer Belastung. Geotechnik, Heft 4, S.179-193

VSS Schweizerische Normen-Vereinigung

VSS(1966) Vereinigung schweiz. Strassenfachmaenner, Stutzmauern, Bd. I. Zuerich.

◆ 5. 지반굴착과 토류벽 ◆

Behrendt J. (1970) Die Schlitzwandbauweise beim U-Bahnbau in Köln, Der Bauingenieur 45, S.121-126.

Blum H. (1951) Beitrag zur Berechnung von Bohlwerken unter Berücksichtigung der Wandverformung. Verlag Wilhelm Ernst & Sohn.

Blum H. (1931) Einspannungsverhaeltnisse bei Bohlwerken, Ernst&Sohn, Berlin.

Breth H./Romberg W. (1972) Messungen an einer rückverankerten Wand. Deutsche Gesellschaft für Erd-und Grundbau e. V. Essen. Vorträge der Baugrundtagung in Stuttgart.

Breth H./Stroh D. (1980) Das Tragverhalten von Injektionsankern in Ton, Vortraege Baurundtagung Duesseldorf. S.57-82.

Breth H./Romberg W. (1972) Messungen an einer verankerten Wand, Vortraege Baugrundtagung, Stuttgart, S.807-823.

Briske R. (1958) Anwendung von Druckumlagerungen bei Baugrubenum-schliessungen, Die Bautechnik 35, S. 242-244 und S. 279-281.

Briske R. (1957) Erddruckverlagerung bei Spundwandbauwerken, 2. Auf. Ernst&Sohn Berlin.

Cox A, D. (1961) Axially symmetric plastic deformations in soils, Phil. Trans. Soc. A1036, 254, S.1-45.

Davidenkoff R./Franke L. (1966) Raeumliche Sickerstroemung in eine umspundete Baugrube in Grundwasser, Die-Bautechnik 43, S .401-409.

DS801(VUO) Vorschrift für Baugrubenwänd und Tunnelbauwerke unterirdisch geführter Bahnen in offener Bauweise.

Egger P. (1972) Influence of Wall Stiffness and Anchor Prestressing on Earth Pressure Distribution, Proc. 5th ECSMFE Madrid, S. 259-265.

Franke E. (1974) Ruhedruck in kohäsionslosen Böeden. Die Bautechnik 1974, heft 1, S.18.

Goldscheider M./Kolymbas D. (1980) Berchnung der Standsicherheit verankerter Stuetzwaende. Geotechnik 3, H. 3, S.93-105. H. 4, S.156-164.

Gussmann, P./Lutz W. (1981) Schlitzstabilität bei anstehendem Grundwasseer, Geotechnik 2, S. 70-81.

Gussmann P./Lee. S. D. (1990) Bearing Capacity of the Pad Foundation near the Slurry Trench, Eureop Spec Conf. MFE, Santander, Spain.

Huder J. (1972) Stability of Bentonite Slurry Trenches with some Experiences in Swiss Practice, proc. 5. ECSMFE IV-9, S. 517-522.

Jelinek R./Ostermayer H. (1976) Verpressanker in Boeden, Bauingenieur 51. S.109-118.

Jelinek R/Ostermayer, H. (1967) Zur Berechnung von Frangedämmen Die Baute chnik 44, S. 167-171.

Jelinek R./Ostermayer H. (1966) Verankerung von Baugrundumschliessungen, Vortraege Baugrundtagung, Muenchen. S.271-310.

Jelinek R./Terzaghi K. (1967) zur Berechnung von Frangedämmen und verankerten Stuetzwaenden. Bautechnik Heft 5 und 6, S. 167 und 203.

Jelinek R. (1960) Ueber die Standsicherheit von Fangrdaeme der Baugrund tagung, Frankfurt. Karstedt J. (1980) Untersuchungen zum aktiven raeumlichen Erddruck in rolligem Boden bei hydrostatischer Stuetzung der Erdwand, Dissertation TU Berlin.

Karstedt J. P. (1982) Untersuchungen zum aktiven raeumlichen Erddruck im rolligen Boden bei hyraulischer Stützung der Erdward. Mitteiling des Grundbauinstitutes der TU-Berlin, Heft 10.

Karstedt J./Ruppert F. R. (1980) Standsicherheitsproblem bei der Schlitzwandbauveise, Baumaschine u. Bautechnik, S.327-334.

Kilchert M./Karstedt J. (1984) Standsicherheitsberechnung von Schlitzwaenden nach DIN 4126.

Kilchert M. (1983) Untersuchungen zum Einfluss der Leitwaende auf die Standsicherheit vor gestuezten Erdschlitzen. Veröffentlichung des Grundbau institutes der TU Berlin, Heft 13.

Kraemer H. (1977) Abschaetzung der Tragfaehigkeit von Verpressankern durch Anwendung der Korrelationstheorie. Mitt. H. 12. Inst. f. Grundbau und Bodenmechanik TU Hannover.

Krey H./Ehrenberg J. (1936) Erddruck, Erdwiderstand und Tragfaehigkeit des Baugrundes. Ernst & Sohn. Berlin.

Lackner E. (1950) Berechnung mehrfach gestützter Spundwände. Verlag Wilhelm Ernst & Sohn. Berlin-München.

Lee. S. D. (1987) Untersuchungen, zur Standsicherheit von Schlitzen im Sand neben Einzelfundamenten. Dissertation, Mitt 27. Institut fuer Geotechnik. Uni Stuttgart.

Lorenz H. (1950) Über die Verwendung thixotroper Flüssigkeiten im Grundbau

Lutz W. (1983) Trägfähigkeit des geschlitzten Baugrunds neben Linienlasten. Mitteilungen des Grundbauinstitutes der Universität Stuttgart, Heft 19.

Mayer G. (1983) Untersuchungen zum Tragverhalten von Verpreßankern im Sand. Veroeffentlichungen des Grandbauinstituts der TU Berlin, H.12.

Mueller-Kirchenbauer H. (1977) Zur Standsicherheit von Schlitzwaenden in geschichtetem Untergrundc Veroeffentl Grundbau Institut. TU Berlin, Heft 1, 72-88.

Mueller-Kirchenbauer H./Walz B./Kilchert M. (1979) Vergleichende Untersuchungen der

Berechnungsverfahren zum Nachweis der Sicherheit gegen Gleitflaechen- bildung bei suspensionsgestuetzten Erdwaenden. Berlin, Heft 5.

Nendza H. (1973) Sicherung tiefer Baugruben neben Bauwerken. Der Tiefbau Heft 8, S.698.

Ohde J. (1938) Zur Theorie des Erddruckes unter besonderer Beruecksichtigung der Erddruckverteilung, die Bautechnik 16, S. 176-180, S. 241-245, S. 331-335, S. 480-487, S. 570-571 und S, 753-761.

Ostermayer H./ Scheele F. (1977) Research on ground anchors in noncohesive soils. Proc. IX. ICSMFE, Tokyo.

Ostermayer, H., and Scheele, F. (1978). "Research on ground anchors in non-cohesive soils." Rev. Francaise Geotech.,(3), 92 - 99

Petersen, G./Schmidt H. (1973) Zur Berechnung von Baugrubenwaenden nach dem Traglastver- fahren, Die Bautechnik 3, S. 85-91

Piaskowski A./Kowalewski Z. (1965) Application of thixotropic Clay Suspensions for Stability of vertical Sides of deep Trenches without strut, Proc. 3rd, ICSMFE.

Prater E. G. (1973) Die Gewoelbebildung der Schlitzwaende, Der Bauingenieur 48, S. 125-131.

Pulsfort M. (1986) Untersuchungen zum Tragverhalten von Einzelfundamenten neben suspensionsgestützten Erwänden begrenzter Länge, Dissertation, Bergische Universität Wuppertal, Bericht Nr. 4.

Ruppert F. R. (1980) Bentonitsuspensionen fuer die Schlitzwandherstellung, Tiefbau Ingenieurbau Stassenbau 8.

Schmidit, H. (1966) Culmannsche E-Linie bei Ansatz von Reibung und Kohaesion. Die Bautechnik 43, S. 80-82 und Zuschrift Die Bautechnik 45(1968), S. 36.

Schimidt H. (1974) Zur Ermittlung der kritischen tiefen Gleitfuge von mehrfach verankerten hohen Baugrubenwaeden, Die Bautechnik 51, S.210-212.

Schulz, H.: Die Sicherheitsdefinition bei mehrfach verankerten Stpützänden. Proc. 6, Europ. Conf. SMFE, Wien 1976, Vol. 1.1,S. 189-196.

Schurr, E./ Babendererde S./ Waninger K. (1979) Aufgelöste Elementwand beim Stadtbahnbau in Stuttgart. Bauingenieur 53, S.299-303.

Soos. P. (1972) Anchors for carrying heavy tensile Loads into the Soil. Proc. 5. Eur. Conf. SMEF, Madrid, Vol. 1, S. 555-563.

Smoltezyk U./Vogt N./Hilmer K. (1979) Lateral Earth Pressure due to Surcharge Loads. Proc. 7. Europ. Conf. Soil Mech. Found. Eng., Brighton. London, vol. 2, S. 131-139.

Stroh D. (1974) Berechnung verankerter Baugruben nach der Finite Element Methode, Heft 13. TH Darmstadt.

Stroh D. (1974) Berechnung verankerter Baugruben nach der Finite-Element-Methode. TH Darmstadt, H. 13.

Tschebotarioff G. P. (1952) Einfluss der Gewoelbebildung auf die Erddruckverteilung, Dissertation, Aachen.

Ulrichs K. R. (1981) Untersuchungen der das Trag-und Verformungsverhalten verankerter Schlitzwaende in rollingen Boeden, die Bautechnik 58. 4. H.   S.124-132.

Veder   Ch.(1975)   Die   Schlitzwandbauweise-Entwicklung.   Gegenwart   und   Zukunft. Österreichische   Ingenieur-Zeitschrift. 18. Jahrgang. Heft 8.

Vidal H. (1969)La Terre Armee. Annales de l'Institut Technique du Batiment et des Travaux Publics, Nr.259/260, S.1099-1155.

VSS (1966) Stuetzmauer.

Walz B. (1976) Groesse und Verteilung des Erddruckes auf einen runden Senkkasten, Dissertation. TU Berlin.

Walz B./Pulsfort, M. (1983) Ermittlung der rechnerischen Standsicherheit suspensionsgestützter Erdwände auf der Grundlage eines prismatischen Bruchkörpermodells. Tiefbau, Ingenieurbau, Straßenbau, Heft 1 und Heft 2.

Washbourne J. (1984) The three-dimensional stability analysis of diaphragm wall excavations, Ground Engineering 17, Heft 4, S. 24-29.

Weiss F. (1967) Die Standsicherheit flüssigkeitsgestützter Erdwände. Bauingenieur-Praxis, Heft 70, Verlag Wilhelm Ernst&Sohn, Berlin/München.

Weissenbach A. (1962) Der Erdwiderstand vor schmalen Druckflaechen. Die Bautechnik 39, S. 204-211.

Weissenbach (1977) Baugruben. Verlag W. Ernst & Sohn, Berlin/Muenchen /Duesseldorf   Teil I Konstruktion und Bauausfuehrung, 1975. Teil II Berechnungsgrundlagen, 1975. Teil III Berechnungsverfahren, 1977.

Weissenbach A. (1974) Empfehlungen der Arbeitskreises Baugruben, Die Bautechnik 51. S. 228-232.

Werner H.-U. (1975) Das Tragverhalten von gruppenweise angeordneten Erdankern. Die Bautechnik 52, S. 387-390.

Wernick E. (1978) Tragfaehigkeit zylindrischer Anker in sand unter besonderer Beruecksichtigung des Dilatanzverhaltens, Uni Karlsruhe H. 75.

◆ 6. 지하수 배수 및 차수 ◆

Boulton N. S.(1951) Das Stroemungsnetz in einem Gravitations Brunnen (engl.). Journ. Inst. Civil Enging., London, S.534

Brauns J./ Schulze, B. (1989) Long-term effects in drainage systems of slopes. Proc. 12th ICSMFE, Vol. 3, Rio de Janeiro.

Brauns J./ Schulze, B. (1988) Wirkung von vertikalen Dränagebohrungen in durchströmten Hängen. Bautechnik 11/88. Verlag Ernst u. Sohn, Berlin.

Carman P. C. (1956) Flow of Gauss through Porous Media, Academic Press, New York.

Casagrande A. (1937) Seepage through dams. Boston Soc. of Eng., 1925-1940.

Cedergren H. R. (1967) Seepage, Drainage and Flow Net. John Wiley & Sons.

Chapman T. G. (1957) Two-Dimensional Groundwater Flow through a Bank with Vertical Faces. Geotechnique 7, 35-40, 140-143.

Chappell B. A/Burton P. L. (1975) Electro-Osmosis Applied to Unstable Embankment. J   . Geotechn. Engng. Div. Proc. ASCE 101, S. 733-740.

Darchler R. (1936) Grundwasserstroemung. Wien, Springer.

Darcy H. (1863) Les fontaines publiques de la ville de Dijon. Paris, Dunod.

Davidenkopf R./Franke L. (1966) Raeumliche Sickerstoemung in eine umspundete Baugrubein Grundwasser. Die-Bautechnik 43, S. 401-409.

Dupuit J. (1863) Etudes theoretiques sur le movement des eaux. Paris, Dunod. Forchheimer (1898) Grundwasserspiegel bei Brunnenanlagen. Z. osterrt. Ing. Verein.

DH Gray. (1970) Electrochemical hardening of clay soils. Géotechnique, 81 – 93 pötsch

Harr M. E. (1962) Groundwater and seepage. McGraw-Hill. New York.

Hazen A. (1911) Discussion on 'Dams on sand Foundations' Translation of ASCE Vol. 72.

Henke K. F. (1970) Sanierung von Böschungsrutschungen durch Anwendung von Horizontal Draingebohrungen und Elektrosmose. Bauing. 45, S. 235-241.

Herth W./ Arndts E. (1973) Theorie und Praxis der Grundwasserabsenkung 3. Auf. Ernst&Sohn.

Hvorslev M. J. (1951) Time lag and soil permeability in groundwater observations, Bulletin No. 36 Waterways Experimental Station. US Coorps of Engineers, Vicksburg, Mississippi.

Kezdi A./Marko (1969) Erdbauten-Standsicherheit und Entwaesserung, Werner, Duesseldorf.

Knaupe (1979) Baugrubensichherung und Wasserhaltung. Verlag fuer Bauwesen, Berlin.

Kramer J. (1979) Bemessung von Grundwasserabsenkungsanlagen mit Vakuumtiefbrun nen. Tiefbau Nr. 1. S. 10-13.

Sichardt W. (1927) Das Fassungsvermögen von Bohrbrunnen und seine Bedeutung für größere Absenktiefen. Diss. TH Berlin.

Steinfeld K. (1951) Die Entwässerung von Feinböden. Die Bautechnik 28, S. 269.

Szechy K. (1959) Beitrag zur Theorie der Gurundwasserabsenkungen. Die Bautechnik.

Thiem A. (1870) Über die Ergiebigkeit artesischer Bohrlöcher , Schachtbrunnen und Filtergalerien. Z. Gas-und Wasserversorgug.

안수한 (1976) 수리학, 동명사

◆ 7. 지반개량 ◆

ASCE (1982) Grouting in Geotechincal Engineering 1018p.

Balthaus H. (1990) In situ-Hochdruckwäsche kontaminierter Böden. Vortäge der Baugrundtagung in Karlsruhe, Deutsche Gesellschft für Erd-und Grundb며, Essen.

Bjerrum L. J./M/Eide O. (1967) Application of electro-osmosis to a foundation Problem in a

Norwegian quick clay. Geot. 17. p 214-235.

Brown R. E. (1977) Vibroflotation Compaction of cohensionless Soils, Journal of GE Div. ASCE 103, S. pp.1437-1451.

Cambefort H. (1969) Bodeninjektionstechnik (Deutsche Bearbeitung Back, K.), Bauverlag Wiesbaden/Berlin.

Casagrande L. (1983) Review of stabilization of soils by means of electro- osmosis - state - of -the-art. BSCES/ASCE 69. No.2 p 255-302.

Chappell B. A/Burton P. L. (1975) Electro-Osmosis Applied to Unstable Embankment. J . Geotechn. Engng. Div. Proc. ASCE 101, S. 733-740.

Floss R. (1970) Vergleich der Verdichtungs- und Verformungseigenschaften unstetiger   und stetiger Kiessande hinsichtlich ihrer Eignung als ungebundenes Schuttmaterial im Stassenbau. Berlin, Ernst & Sohn.

Franke E. (1962) Überblick über den Entwicklungsstand der Erkenntnisse auf dem ebie der Elektroosmose und einige neuere Schlußfolgerungen. Bautechnik 39, Heft 6 u. 10.

Graf E. (1969) Compaction Grouting Technique and Observations, Journal Soil Mechanics and Foundation Division, Proc. ASCE, SM 5,S. 1151-1158.

Greenwood D. A. (1972) Baugrundverbesserung durch Tiefenverdichtung, Bautechnik 19, S. 367-375.

Greenwood, D. A. (1970) Mechanical improvement of soils below ground surface, Ground Engineering. Proc. Conf. Inst. Civ. Eng. London, S. pp.11-22 und 65-67.

Hansbo S./ Jamiolkowski M./ Kok L. (1981) Consolidation by vertical drains, Geo't 31. No. 1, pp.45-66.

Hunder J. (1971) Verdichtung von Steinschuttdammen. Strasse und Autobahn 22 Heft 10.

Ingles O. G./Metcalf J. B. (1973) Soil Stabilization Principles and Practice John Wiley & Sons.

Ivanov P. L. (1972) Compaction of noncohesive soils by explosives. Trans. for USBR, published by Indians Nat'l Sa. Doc. Centre New Delhi 2119p.

Johnson, S. J. (1970) Foundation Precompression with vertical Sand Drains, journal SMF Div. ASCE 96, S. 145-175.

Joosten H. J (1958) Das Joosten-Verfahren Harlem-Selbstererlag.

Kirsch, K. (1979) Erfahrungen mit der Baugrundverbesserung durch Tiefenruettler. Geotechnik H. I, S. 21-32.

Kutzener C. (1991) Injektionen im Baugrund. Ferdinand Enke Verlag Stuttgart.

Lo K. Y./Ho K. S. (1991) Field Test of electro-osmotic strengthening of soft senstive clay Can. Geotech. J. 28 No1. p 74-83.

Mayne P. W./Jones J. S./Dumas J. C. (1984) Ground response to dynamic compaction. J. ASCE 110 GT 6 pp.757-774.

Meissner, H./Petersen, H. (1990) Einpereßtechniken zur Erddruckerhöhung und zum Anheben von Bauwerken. Bauingenieur 65, S. 83-89.

Ménard. L. (1974) La consolidation dynamique des sols de fondation. Annales de L'Institut Technique du batiment et de Travaux Publics, Suppl. Nr. 320, S. 194-222.

Mesri G. /Feng T.W (1991) Surcharging to secondary settlement. Proc. Int. Conf. Geotech. Eng. Coastal Development. Yokohama, 1. pp.356-364.

Mitchell J. K. (1981) Soil Improvement-state-of-the-art Proc. 10th ICSMFE, Stockhol

Monahan E. J. (1994) Contruction of Fills. 2nd Ed. John Wiley & Sons.

Moseley M. P. (1993) Ground improvement, London, Chapman and Hall.

Planneret A. (1965) Das Ruetteldruckverfahren, seine Weiterentwicklung und Anwendung fuer Gruendungsaufgaben, Institut fuer Grundbau und Bodenmechanik, TH Wein, H. 6, S. 54-74.

Poremba H. (1976) Stand der Injektionstechnik bei der Herstellung chemischer Bodenverfestigungen. Vorträge der Baugrundtagung Nürnberg. 733-787.

Powers J. P. (1992) Construction Dewatering Wily. NewYork 2nd. Ed.

Priebe H. (1978) Abschätzung des Setzungsverhaltens eines durch Stopfverdichtung verbesserten Baugrundes Die Bautechnik 53. S. 160-162.

Proc of ASCE. (1987) Symp. on Soil Improvement A Ten Year Update Special Pub. No.12.

Proctor R. R. (1933) Fundamental principles of soil compaction. Eng. News Record 3 No. 9-13.

Samol H./Priebe H. (1985) Soil fracturing An injection method for Ground Improvement, Proc. XIth ICSME San Francisco, Vol. 3.

Schaad (1958) Praktische Anwendungen der Elektro-Osmose im Gebiet des Grundbaues, Bautechnik, Heft 6.

Schulze B. (1992) Injektionssohlen Theoretische und experimentelle Untersuchungen zur Erhöhung der Zurverlässigkeit. Veröffentlichung des Institutes für Bodenmechanik und Felsmechanik, Universität Karlsruhe, Heft 126.p.

Tausch N./ Poremba H. (1979) Herstellung von Sohldichtungen mittels Weichgelinjek-tionen. Geotechnik 4/ S. pp.187-195.

Voss R./Floss R. (1968) Die Bodenverdichtung im Strassenbau, 5. Auf Werner-Verlag ZTVE-StB, Zusaetzlsche Techniche Vorschriften und Richtlinien für Erdarbeiten im Strassenbau. Forschunggeesellschaft für das Strassenwesen.

Wittke W./Breder, R. (1985) Injektionsverfahren zur Abdichtung von Fels-und Lockergestein unter Verwendung von Zementpasten, Taschenbuch fuer den Tunnelbau, S. 203-234.

Yoo J. S./ Selig E. T. (1979) Dynamics of vibratory roller compaction J. ASCE 105 GT10 pp.1211-1231.

◆ 8. 구조물 방수 ◆

AIB (1969) Auweisung fuer Abdichtung von Ingenieurbauwerken 3. Ausg. Deutsche

Bundesbahn.

Braun E./Metelmann P./Thun D./Vordermeier E. (1976) Die Berechnung bituminoeser Bauwerksabdichtungen. Arbeitsgemeinschaft d. Bitumen Industrie e.V.

DIN 4031 (압력방수) Wasserdruckhaltende bituminoese Abdichtung fuer. Bauwerke : Richtlinien fuer Bemessung u. Ausfuehrung.

DIN 4117 (방습) Abdichtung von Bauwerken gegen Bodenfeuchtigkeit : Richtlinien fuer die Ausfuehrung.

DIN 4122 (무압방수) Abdichtung von Bauwerken gegen nichtdrueckendes Oberflae-chenwasser und Sickerwasser mit bituminoesen Stoffen, Metallbaendern und Kunststoff Folien ; Richtlinien.

DIN-Taschenbuch 71 (1996) Abdichtungsarbeiten VOB/StLB, Beuth.

Emig K. F./Arndt A. (1976) Abdichtung mit Bitumen, Arbeitsgemeinschaft der Bitumen -Industrie Heft 33, 2. Aufl.

Girnau G./Haack K. (1969) Tunnelabdichtungen, STUVA, koeln.

Haack A. (1973) Neue Entwicklungen bei aufgespritzten Bitumen-Latex. STUVA Nachrichten 33.

Haack A./Emig K. F. (1980) Abdichtungen, Grundbautaschenbuch 3. Aufl. T1.Ernst & Sohn.

Lufsky K. (1983) Bauwerksabdichtung 4. Aufl. Teubner, Stuttgart.

Mäkelt A. (1951) Baustoffe Teubner.

Thun D./Quirling H. (1976) Bituminöse Abdichtung gegen Feuchtigkeit im Hoch-und Tiefbau. Bitumen und Asphalt Taschenbuch 5. Auf.

◆ 9. 지반동결 ◆

Arz P./Metzenbauer R. (1988) Sicherugsmaßnahmen beim Bau des U-Bahnloses U6/3 in Wien für den Vortrieb unter Druckluft, Vorträge der Baugrundtagung in Hamburg, Seite 287-312, DGEG.

Böning M./Jordan P./Seidel H. W./Uhlendorf W.(1992) Baugrundvereisung beim Teilbaulos 3.4H der U-Bahn Düsseldorf, Bautechnik 69.

Gudehus G./Orth, W. (1985) Unterfangung mit Bodenvereisung, Bautechnik 6.

Jessberger H. J. (1981) Mechnisches Verhalten von gefrorenem Boden. Taschenbuch für den Tunnelbau, DGEG.

Jessberger H. L. (1980) Bodenfrost und Eisdruck. Grundbautaschenbuch, Teil 1, 3. Auflage, Literatur.

Könz P./Garbe L./Aerni K. (1978) Anwendung des Gefrierverfahrens im Tunnelbau. Schweizerische Bauzeitung, Heft 8, S.3-16.

Krabbe W. (1978) Praktische Erfahrungen mit dem Vereisugsverfahren bei grossen Verkehrstunnelbauten, Baugrudtagung Berlin.

Maidl B./Weiler (1978) Erfahrungen mit der Lueckenverisung von Schlitzwaenden bei Stroemendem Grundwasser, Baugrundtagung Berlin.

Pause H./Hollstege W. (1979) Baugrundvereisung zur Herstellung von Tunnel bauwerken, Bauingenieur Nr. 54.

Range R./Koening R. (1992) Entwicklung neuer Richtbohrsysteme für lange, zielgenaue Horizontalbohrungen im Bauingenieurwesen. Vorträge der Baugrundtagung in Dresden, DGEG.

◈ 10. 폐기물 매립장 ◈

August H. (1985) Untersuchungen zum Permeationsverhalten kombinierter Abdichtungssysteme. Mitteilung des Institutes Für Grundbau und Bodenmechanik. Technische Universität Braunschweig. Heft Nr. 20/.

Brandl H. (1989) Der Einfluß von Deponie-Sicker-wässern auf bindige Böden bzw. mineralische Dichtschichten. Geotechnik 12/.

Empfehlungen des Arbeitskreises Geotechnik der Deponie und Altlasten - GDA. Bautechnik 9/92.

Fey t./Song E. (1988) Neuartige Schachtbauwerke für Deponien Bauwirtschaft. 3/.

Gabener H. G. (1984) Über die Abweichungen vom Darcy'schen Gesetz bei der Durchströmung bindiger Böden. Bautechnik 10/.

Hass H. (1989) Zur Eignung von Deponiedichtungen aus Asphaltbeton. Tiebau BG. 10/. Schmid G. (1992) Deponie Technik, Vogel.

Steinkamp S. (1988) Erfahrungen mit dem Entwässerungssystem der Zentraldeponie Hannover. Veröffentlichungen des Grundbauinstitutes der Landesgewerbean-stalt Bayern, Heft 51.

찾 아 보 기

■ 저자약력

이 상 덕 (李 相德, Lee, Sang Duk)
서울대학교 토목공학과 졸업 (공학사)
서울대학교 대학원 토목공학과 토질전공 (공학석사)
독일 Stuttgart 대학교 토목공학과 지반공학전공 (공학박사)
독일 Stuttgart 대학교 지반공학연구소 (IGS) 선임연구원
미국 UIUC 토목공학과 Visiting Scholar
미국 VT 토목공학과 Visiting Scholar
현 아주대학교 건설시스템공학과 교수

기초공학(제3판)

초판발행 1999년 2월 27일(도서출판 새론)
초판6쇄 2006년 3월 19일
2판 1쇄 2011년 9월 12일
3판 1쇄 2014년 9월 5일(도서출판 씨아이알)

저   자 이상덕
펴 낸 이 김성배
펴 낸 곳 도서출판 씨아이알

책임편집 박영지, 이지숙
디 자 인 윤지환, 임하나
제작책임 황호준

등록번호 제2-3285호
등 록 일 2001년 3월 19일
주   소 100-250 서울특별시 중구 필동로8길 43(예장동 1-151)
전화번호 02-2275-8603(대표)   **팩스번호** 02-2275-8604
홈페이지 www.circom.co.kr

I S B N 979-11-5610-071-3 93530
정   가 28,000원